现代
机械设计手册

第二版

液力传动设计

马文星　主编

化学工业出版社
·北　京·

《现代机械设计手册》第二版单行本共20个分册，涵盖了机械常规设计的所有内容。各分册分别为：《机械零部件结构设计与禁忌》《机械制图及精度设计》《机械工程材料》《连接件与紧固件》《轴及其连接件设计》《轴承》《机架、导轨及机械振动设计》《弹簧设计》《机构设计》《机械传动设计》《减速器和变速器》《润滑和密封设计》《液力传动设计》《液压传动与控制设计》《气压传动与控制设计》《智能装备系统设计》《工业机器人系统设计》《疲劳强度可靠性设计》《逆向设计与数字化设计》《创新设计与绿色设计》。

本书为《液力传动设计》，主要介绍了液力传动设计基础、液力变矩器、液力机械变矩器、液力偶合器、液黏传动等。本书可作为机械设计人员和有关工程技术人员的工具书，也可供高等院校相关专业师生参考。

图书在版编目（CIP）数据

现代机械设计手册：单行本. 液力传动设计/马文星主编. —2版. —北京：化学工业出版社，2020.2
ISBN 978-7-122-35656-7

Ⅰ.①现… Ⅱ.①马… Ⅲ.①机械设计-手册②液力传动-手册 Ⅳ.①TH122-62②TH137.33-62

中国版本图书馆CIP数据核字（2019）第252649号

责任编辑：张兴辉　王烨　贾娜　邢涛　项潋　曾越　金林茹　　装帧设计：尹琳琳
责任校对：宋夏

出版发行：化学工业出版社（北京市东城区青年湖南街13号　邮政编码100011）
印　　装：大厂聚鑫印刷有限责任公司
787mm×1092mm　1/16　印张22½　字数768千字　2020年2月北京第2版第1次印刷

购书咨询：010-64518888　　售后服务：010-64518899
网　　址：http://www.cip.com.cn
凡购买本书，如有缺损质量问题，本社销售中心负责调换。

定　　价：89.00元　

《现代机械设计手册》第二版单行本出版说明

《现代机械设计手册》是一部面向“中国制造 2025”，适应智能装备设计开发新要求、技术先进、数据可靠、符合现代机械设计潮流的现代化机械设计大型工具书，涵盖现代机械零部件设计、智能装备及控制设计、现代机械设计方法三部分内容。旨在将传统设计和现代设计有机结合，力求体现“内容权威、凸显现代、实用可靠、简明便查”的特色。

《现代机械设计手册》自 2011 年出版以来，赢得了广大机械设计工作者的青睐和好评，先后荣获全国优秀畅销书、中国机械工业科学技术奖等，第二版于 2019 年初出版发行。为了给读者提供篇幅较小、便携便查、定价低廉、针对性更强的实用性工具书，根据读者的反映和建议，我们在深入调研的基础上，决定推出《现代机械设计手册》第二版单行本。

《现代机械设计手册》第二版单行本，保留了《现代机械设计手册》（第二版 6 卷本）的优势和特色，结合机械设计人员工作细分的实际状况，从设计工作的实际出发，将原来的 6 卷 35 篇重新整合为 20 个分册，分别为：《机械零部件结构设计与禁忌》《机械制图及精度设计》《机械工程材料》《连接件与紧固件》《轴及其连接件设计》《轴承》《机架、导轨及机械振动设计》《弹簧设计》《机构设计》《机械传动设计》《减速器和变速器》《润滑和密封设计》《液力传动设计》《液压传动与控制设计》《气压传动与控制设计》《智能装备系统设计》《工业机器人系统设计》《疲劳强度可靠性设计》《逆向设计与数字化设计》《创新设计与绿色设计》。

《现代机械设计手册》第二版单行本，是为了适应机械设计行业发展和广大读者的需要而编辑出版的，将与《现代机械设计手册》第二版（6 卷本）一起，成为机械设计工作者、工程技术人员和广大读者的良师益友。

化学工业出版社

前言

FORWORD

《现代机械设计手册》第一版自2011年3月出版以来，赢得了机械设计人员、工程技术人员和高等院校专业师生广泛的青睐和好评，荣获了2011年全国优秀畅销书（科技类）。同时，因其在机械设计领域重要的科学价值、实用价值和现实意义，《现代机械设计手册》还荣获2009年国家出版基金资助和2012年中国机械工业科学技术奖。

《现代机械设计手册》第一版出版距今已经8年，在这期间，我国的装备制造业发生了许多重大的变化，尤其是2015年国家部署并颁布了实现中国制造业发展的十年行动纲领——中国制造2025，发布了针对“中国制造2025”的五大“工程实施指南”，为机械制造业的未来发展指明了方向。在国家政策号召和驱使下，我国的机械工业获得了快速的发展，自主创新的能力不断加强，一批高技术、高性能、高精尖的现代化装备不断涌现，各种新材料、新工艺、新结构、新产品、新方法、新技术不断产生、发展并投入实际应用，大大提升了我国机械设计与制造的技术水平和国际竞争力。《现代机械设计手册》第二版最重要的原则就是紧密结合“中国制造2025”国家规划和创新驱动发展战略，在内容上与时俱进，全面体现创新、智能、节能、环保的主题，进一步呈现机械设计的现代感。鉴于此，《现代机械设计手册》第二版被列入了“十三五国家重点出版物规划项目”。

在本版手册的修订过程中，我们广泛深入机械制造企业、设计院、科研院所和高等院校进行调研，听取各方面读者的意见和建议，最终确定了《现代机械设计手册》第二版的根本宗旨：一方面，新版手册进一步加强机、电、液、控制技术的有机融合，以全面适应机器人等智能化装备系统设计开发的新要求；另一方面，随着现代机械设计方法和工程设计软件的广泛应用和普及，新版手册继续促进传动设计与现代设计的有机结合，将各种新的设计技术、计算技术、设计工具全面融入传统的机械设计实际工作中。

《现代机械设计手册》第二版共6卷35篇，它是一部面向“中国制造2025”，适应智能装备设计开发新要求、技术先进、数据可靠、符合现代机械设计潮流的现代化的机械设计大型工具书，涵盖现代机械零部件及传动设计、智能装备及控制设计、现代机械设计方法及应用三部分内容，具有以下六大特色。

1. 权威性。《现代机械设计手册》阵容强大，编、审人员大都来自设计、生产、教学和科研第一线，具有深厚的理论功底、丰富的设计实践经验。他们中很多人都是所属领域的知名专家，在业内有广泛的影响力和知名度，获得过多项国家和省部级科技进步奖、发明奖和技术专利，承担了许多机械领域国家重要的科研和攻关项目。这支专业、权威的编审队伍确保了手册准确、实用的内容质量。

2. 现代感。追求现代感，体现现代机械设计气氛，满足时代要求，是《现代机械设计手册》的基本宗旨。“现代”二字主要体现在：新标准、新技术、新材料、新结构、新工艺、新产品、智能化、现代的设计理念、现代的设计方法和现代的设计手段等几个方面。第二版重点加强机械智能化产品设计（3D打印、智能零部件、节能元器件）、智能装备（机器人及智能化装备）控制及系统设计、数字化设计等内容。

（1）“零件结构设计”等篇进一步完善零部件结构设计的内容，结合目前的3D打印（增材制造）技术，增加3D打印工艺下零件结构设计的相关技术内容。

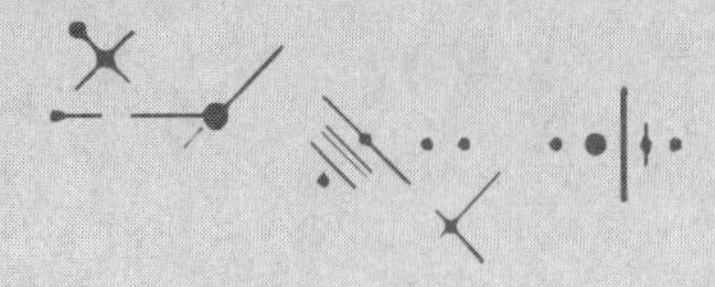

“机械工程材料”篇增加3D打印材料以及新型材料的内容。

(2) 机械零部件及传动设计各篇增加了新型智能零部件、节能元器件及其应用技术，例如“滑动轴承”篇增加了新型的智能轴承，“润滑”篇增加了微量润滑技术等内容。

(3) 全面增加了工业机器人设计及应用的内容：新增了“工业机器人系统设计”篇；“智能装备系统设计”篇增加了工业机器人应用开发的内容；“机构”篇增加了自动化机构及机构创新的内容；“减速器、变速器”篇增加了工业机器人减速器选用设计的内容；“带传动、链传动”篇增加并完善了工业机器人适用的同步带传动设计的内容；“齿轮传动”篇增加了RV减速器传动设计、谐波齿轮传动设计的内容等。

(4)“气压传动与控制”“液压传动与控制”篇重点加强并完善了控制技术的内容，新增了气动系统自动控制、气动人工肌肉、液压和气动新型智能元器件及新产品等内容。

(5) 继续加强第5卷机电控制系统设计的相关内容：除增加“工业机器人系统设计”篇外，原“机电一体化系统设计”篇充实扩充形成“智能装备系统设计”篇，增加并完善了智能装备系统设计的相关内容，增加智能装备系统开发实例等。

“传感器”篇增加了机器人传感器、航空航天装备用传感器、微机械传感器、智能传感器、无线传感器的技术原理和产品，加强传感器应用和选用的内容。

“控制元器件和控制单元”篇和“电动机”篇全面更新产品，重点推荐了一些新型的智能和节能产品，并加强产品选用的内容。

(6) 第6卷进一步加强现代机械设计方法应用的内容：在3D打印、数字化设计等智能制造理念的倡导下，“逆向设计”“数字化设计”等篇全面更新，体现了“智能工厂”的全数字化设计的时代特征，增加了相关设计应用实例。

增加“绿色设计”篇；“创新设计”篇进一步完善了机械创新设计原理，全面更新创新实例。

(7) 在贯彻新标准方面，收录并合理编排了目前最新颁布的国家和行业标准。

3. 实用性。新版手册继续加强实用性，内容的选定、深度的把握、资料的取舍和章节的编排，都坚持从设计和生产的实际需要出发：例如机械零部件数据资料主要依据最新国家和行业标准，并给出了相应的设计实例供设计人员参考；第5卷机电控制设计部分，完全站在机械设计人员的角度来编写——注重产品如何选用，摒弃或简化了控制的基本原理，突出机电系统设计，控制元器件、传感器、电动机部分注重介绍主流产品的技术参数、性能、应用场合、选用原则，并给出了相应的设计选用实例；第6卷现代机械设计方法中简化了烦琐的数学推导，突出了最终的计算结果，结合具体的算例将设计方法通俗地呈现出来，便于读者理解和掌握。

为方便广大读者的使用，手册在具体内容的表述上，采用以图表为主的编写风格。这样既增加了手册的信息容量，更重要的是方便了读者的查阅使用，有利于提高设计人员的工作效率和设计速度。

为了进一步增加手册的承载容量和时效性，本版修订将部分篇章的内容放入二维码中，读者可以用手机扫描查看、下载打印或存储在PC端进行查看和使用。二维码内容主要涵盖以下几方面的内容：即将被废止的旧标准（新标准一旦正式颁布，会及时将二维码内容更新为新标准的内容）；部分推荐产品及参数；其他相关内容。

4. 通用性。本手册以通用的机械零部件和控制元器件设计、选用内容为主，主要包括机械设计基础资料、机械制图和几何精度设计、机械工程材料、机械通用零部件设计、机械传动系统设计、液压和气压传动系统设计、机构设计、机架设计、机械振动设计、智能装备系统设计、控制元器件和控制单元等，既适用于传统的通用机械零部件设计选用，又适用于智能化装备的整机系统设计开发，能够满足各类机械设计人员的工作需求。

5. 准确性。本手册尽量采用原始资料，公式、图表、数据力求准确可靠，方法、工艺、技术力求成熟。所有材料、零部件和元器件、产品和工艺方面的标准均采用最新公布的标准资料，对于标准规范的编写，手册没有简单地照抄照搬，而是采取选用、摘录、合理编排的方式，强调其科学性和准确性，尽量避免差错和谬误。所有设计方法、计算公式、参数选用均经过长期检验，设计实例、各种算例均来自工程实际。手册中收录通用性强、标准化程度高的产品，供设计人员在了解企业实际生产品种、规格尺寸、技术参数，以及产品质量和用户的实际反映后选用。

6. 全面性。本手册一方面根据机械设计人员的需要，按照“基本、常用、重要、发展”的原则选取内容，另一方面兼顾了制造企业和大型设计院两大群体的设计特点，即制造企业侧重基础性的设计内容，而大型的设计院、工程公司侧重于产品的选用。因此，本手册力求实现零部件设计与整机系统开发的和谐统一，促进机械设计与控制设计的有机融合，强调产品设计与工艺技术的紧密结合，重视工艺技术与选用材料的合理搭配，倡导结构设计与造型设计的完美统一，以全面适应新时代机械新产品设计开发的需要。

经过广大编审人员和出版社的不懈努力，新版《现代机械设计手册》将以崭新的风貌和鲜明的时代气息展现在广大机械设计工作者面前。值此出版之际，谨向所有给过我们大力支持的单位和各界朋友表示衷心的感谢！

主　编

目录

CONTENTS

第19篇 液力传动设计

第1章 液力传动设计基础

第2章 液力变矩器

第3章 液力机械变矩器

第4章 液力偶合器

第5章 液黏传动

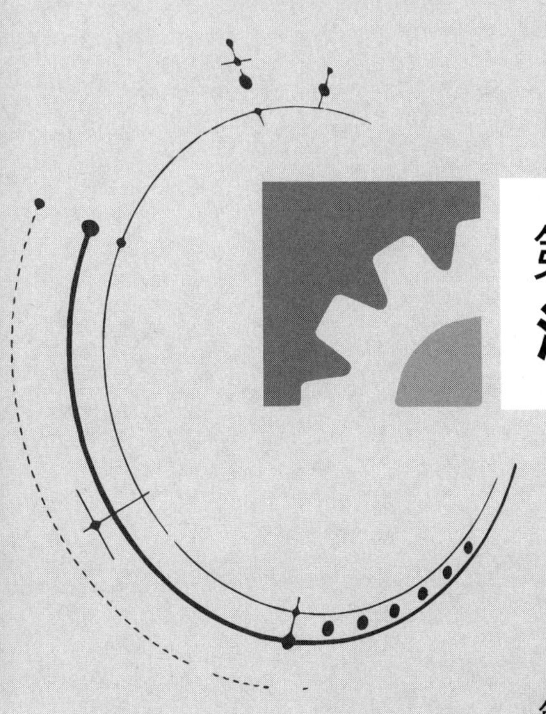

第 19 篇
液力传动设计

篇主编：马文星

撰　稿：马文星　杨乃乔　王宏卫　邹铁汉
宋　斌　刘春宝　卢秀泉　王松林
宋春涛　曹晓宇　熊以恒　潘志勇
邓洪超　才　委　何延东　赵紫苓
姜丽英　侯继海　王佳欣　魏亚宵

审　稿：方佳雨　刘春朝　刘伟辉

第1章　液力传动设计基础

1.1　液力传动的定义、特点及应用

表 19-1-1　液力传动的定义、特点及应用

<table>
<tr><td>定义</td><td colspan="2">在传动系统中,若有一个或一个以上的环节以液体为工作介质传递动力,则此传动系统定义为液体传动系统。在液体传动系统中,以液体传递动力的环节称为液体传动元件
运动液体的能量以三种形式存在,即压力能、动能和位能。在液体元件传递能量的过程中,机械能首先转变为液体能,再由液体能转变为机械能。以液体为工作介质,在两个或两个以上叶轮组成的工作腔内,主要依靠工作液体动量矩的变化传递或实现能量的变换,则称为液力传动,其相应的元件称为液力传动元件。在传动系统中若有一个或一个以上的环节采用液力元件传递动力时则称为液力传动系统
液力传动元件的基本形式为液力变矩器和液力偶合器,其简图如图(a)和图(b)所示
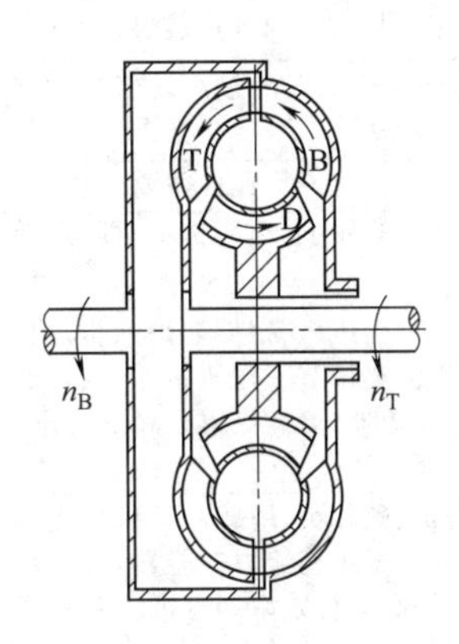

图(a)　液力变矩器
B—泵轮;T—涡轮;D—导轮
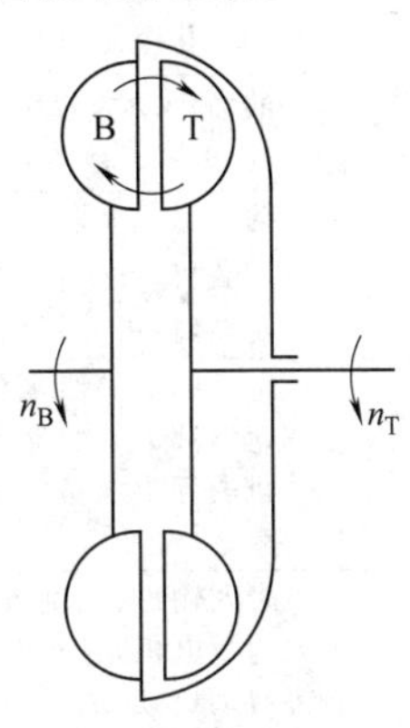

图(b)　液力偶合器
B—泵轮;T—涡轮
基本的液力变矩器由泵轮、涡轮和导轮三个叶轮组成,形成一个封闭的工作液体循环流动空间,各叶轮上分布若干空间弯曲叶片。液力偶合器为仅由泵轮和涡轮两个叶轮组成的元件,且一般为径向排列的平面直叶片</td></tr>
<tr><td rowspan="4">分类</td><td colspan="2">液力传动元件分为液力变矩器、液力偶合器和液力机械变矩器。通常,液力变矩器、液力偶合器和液力机械变矩器与机械变速器组合在一起而成为液力传动装置</td></tr>
<tr><td>液力变矩器</td><td>液力变矩器的基本结构形式由泵轮、涡轮和导轮三个叶轮组成。泵轮的输入端和涡轮输出端不存在刚性连接。由于导轮的作用使得在输出轴转速较低时,涡轮输出转矩大于泵轮输入转矩。实际上它是以液体为工作介质的转矩变换器,故称液力变矩器</td></tr>
<tr><td>液力偶合器</td><td>液力偶合器只有泵轮和涡轮两个叶轮,若忽略轴承、密封等机械损失,理论上其涡轮输出转矩等于泵轮输入转矩。泵轮和涡轮不存在刚性连接,涡轮输出转速小于泵轮输入转速,存在转差。随着负载的变化,转差也变化。若将液力偶合器的涡轮固定,充入工作液体后固定的涡轮对旋转的泵轮起到制动减速作用,即为液力减速器。实际上液力减速器是工作在涡轮输出转速为零速工况的液力偶合器,其作用不是传动而是耗能制动减速</td></tr>
<tr><td>液力机械变矩器</td><td>液力机械变矩器一般由液力变矩器与齿轮机构组合而成,同样具有无级变矩和变速能力,其性能相当于一个新的液力变矩器。其特点是存在功率分流。按功率分流方式分为功率内分流液力机械变矩器和功率外分流液力机械变矩器。功率内分流液力机械变矩器的功率分流产生在液力变矩器内部,如双涡轮液力变矩器、导轮可反转液力机械变矩器等;而液力变矩器与行星机构的各种组合传动属于功率外分流液力机械变矩器,动力机的功率被液力变矩器和行星排的构件分流,部分功率经由液力变矩器传动,其他功率则经由机械元件传递</td></tr>
</table>

续表

特点	自动适应性能	当外载荷增大时,液力变矩器涡轮输出转矩随之增加,转速自动降低;而外载荷减小时,涡轮输出转矩随之减小,转速自动升高,这种特点称之为自动适应性。利用这一性能可简化传动系统操纵,易于实现自动控制
	透穿性能	透穿性是指泵轮转速(或转矩)不变时,泵轮转矩(或转速)随涡轮转矩和转速变化(载荷变化)而变化的性能。液力变矩器类型和结构不同,其透穿性也不同。分为不可透穿、正透穿、负透穿、混合透穿等几种透穿性能。各类液力偶合器均具有可透穿性
	防振隔振性能	液力传动为柔性传动,输入端和输出端无刚性连接,可以减弱动力机的扭振和来自负载的振动,减缓冲击,提高动力机和传动装置的寿命,并提高车辆乘坐舒适性
	无级调速性能	在动力机外特性和载荷特性不变的情况下,可调式液力变矩器和调速型液力偶合器都可无级地调节工作机的转速,因而可节能
	反转制动性能	轴流式或者离心涡轮式液力变矩器具有良好的反转制动性能
	带载启动性能	装有液力传动的设备可以带载启动,实现动力机空载起步、软启动,使动力机的稳定工况区扩大。如果动力机是内燃机则不易熄火
	多机并车性能	当工作机采用多台动力机驱动时,液力传动易于并车并能自动协调载荷分配
	过载保护性能	在一定的泵轮转速下,泵轮、涡轮和导轮的转矩只能在一定范围内随工况变化。如果载荷转矩达到涡轮的最大转矩,则涡轮转速减小直至为零。在此过程中,各叶轮的转矩不会超出其固有的变化范围,因而对动力机和工作机均可起到过载保护作用
	效率	液力传动的效率随工况变化,液力变矩器的最高效率为 85%~90%,液力偶合器的最高效率为 96%~98%
	辅助系统	除普通型和限矩型液力偶合器外,通常液力元件需要外加补偿、润滑和冷却等辅助系统
应用	作为车辆的传动系统	装载机、推土机、平地机、叉车等工程车辆、内燃机车、重型卡车、军用车辆和商用车应用液力变矩器,均可获得优良性能
	用于工作机的调速	电厂的锅炉给水泵、锅炉送风机与引风机、钢厂转炉除尘风机、石油管道输油泵等设备采用调速型液力偶合器,可按工艺流程需要调节工作机转速,因而具有明显的节能效果;挖泥船及钻机的起重设备应用可调式液力变矩器,可满足提升和下放作业频繁交替、变速和操作简单的要求
	用于大惯量设备的启动	带式输送机、刮板输送机、球磨机、破碎机、塔式起重机等大惯量设备启动困难,需要选用较大容量电机,且对电网有冲击。应用限矩型液力偶合器可使电机空载起步,实现软启动,即缓慢启动负载,从而降低电机容量,提高运行效率和电机功率因数,使设备顺利启动与运行,并具有节能效果
	对设备的过载保护	刮板输送机、带式输送机等设备应用限矩型液力偶合器,在过载时可保护设备不受损坏。工程机械的载荷变化很大,常常过载,液力传动可防止过载,传动系统零部件寿命大大提高
	多动力的并车传动	在船舶、钻机及其他机械中采用几个动力机驱动同一工作装置,应用液力传动使多机并车,实现动力机工作协调和功率平衡,并可顺序延时启动,降低启动冲击载荷和电流
	用于反转方向	要使工作机正、反转换向,可用液力传动来实现,如采用液力自动换挡变速器
	用于车辆和设备的减速制动	液力减速器是一种特殊的液力偶合器,在重型卡车、内燃机车、下运带式运输机有广泛的应用。液力变矩器的涡轮反制动性可控制重物下放的速度,在特种起重设备上有应用

1.2 液力传动的术语、符号

1.2.1 液力传动术语

表 19-1-2 **液力传动术语**(GB/T 3858—2014)

序号	术　语	代号	定　义	备　注
1	液力传动		以液体为工作介质,在两个或两个以上叶轮组成的工作腔内,主要依靠工作液体动量矩的变化传递能量的传动	
	液力元件		液力偶合器、液力变矩器的总称,是液力传动的基本单元	

续表

序号	术　语	代号	定　义	备　注
1	液力偶合器		只有泵轮和涡轮两个叶轮，输出转矩和输入转矩相等的液力元件	日本称“流体继手”，英德称“Fluid coupling”
	液力变矩器		输出转矩和输入转矩之比随工况改变的液力元件	
	液力机械变矩器		由液力元件和齿轮机构组成的传动元件，其特点是存在内、外功率分流	
	液力传动装置		由液力元件与齿轮传动机构组成的传动装置	
	液力偶合器传动装置		由液力偶合器与齿轮传动机构组成的液力传动装置	
	液力变矩器传动装置		由液力变矩器与齿轮传动机构组成的液力传动装置	
	辅助系统		为保证液力元件或液力传动装置正常工作所必需的补偿、润滑、冷却、操纵及控制等系统的总称	
	补偿系统		为补偿液力元件的泄漏，防止汽蚀和保证冷却而设置的供液系统	
2			液力偶合器	
	普通型液力偶合器		没有任何限矩、调速机构及其他措施的液力偶合器	英德称“Often filling fluid coupling”
	限矩型液力偶合器		采用某种措施在低转速比时限制力矩升高的液力偶合器	
	静压泄液式限矩型液力偶合器		利用侧辅腔与工作腔的静压平衡，在低转速比时减少工作腔的液体充满度，以限制力矩升高的液力偶合器	
	动压泄液式限矩型液力偶合器		利用液体动压作用，在低转速比时减少工作腔液体充满度，以限制力矩升高的液力偶合器	
	复合泄液式限矩型液力偶合器		利用液流的动、静压作用，在低转速比时减少工作腔液体充满度，以限制力矩升高的液力偶合器	
	调速型液力偶合器		通过改变工作腔充液率来调节输出转速的液力偶合器	英称“Variable filling fluid coupling”
	进口调节式调速型液力偶合器		通过改变工作腔进口流量来调节输出转速的调速型液力偶合器	
	出口调节式调速型液力偶合器		通过改变工作腔出口流量来调节输出转速的调速型液力偶合器	
	复合式调速型液力偶合器		同时改变工作腔进口和出口流量来调节输出转速的调速型液力偶合器	
	单腔液力偶合器		具有一个工作腔的液力偶合器	
	双腔液力偶合器		具有两个工作腔的液力偶合器	
	闭锁式液力偶合器		通过某种机构的作用使得在高转速比时输出、输入轴同步运转的液力偶合器	
	液力减速器		泵轮（转子）旋转，涡轮（定子）固定，工作在制动工况的特殊液力偶合器，又称液力制动器	
3			液力变矩器	
	正转液力变矩器		在牵引工况下涡轮和泵轮转向一致的液力变矩器	
	反转液力变矩器		在牵引工况下涡轮和泵轮转向相反的液力变矩器	
	综合式液力变矩器		具有偶合器工况区的液力变矩器	
	可调式液力变矩器		可通过某种措施（如转动叶片等）来调节特性参数的液力变矩器	
	双泵轮液力变矩器		具有连续排列的两个泵轮且两个泵轮之间有一个离合器的液力变矩器	

续表

序号	术语	代号	定义	备注
3	导叶可调液力变矩器		导轮叶片可以绕轴转动从而调节特性参数的液力变矩器	
4	液力机械变矩器			
	外分流液力机械变矩器		由液力变矩器与齿轮机构组成，在液力变矩器外部进行功率分流的液力机械变矩器	
	内分流液力机械变矩器		由液力变矩器和齿轮机构组成，在液力变矩器内部进行功率分流的液力机械变矩器	
	双涡轮液力变矩器		具有连续排列的两个涡轮的功率内分流液力变矩器	
	复合分流液力机械变矩器		由液力变矩器与齿轮机构组成，可在液力变矩器内部和外部进行功率分流的液力机械变矩器	
5	叶轮、结构及性能			
	叶轮		具有一列或多列叶片的工作轮	
	向心叶轮		使工作液体由周边向中心流动的叶轮	
	离心叶轮		使工作液体由中心向周边流动的叶轮	
	轴流叶轮		使工作液体沿着轴向流动的叶轮	
	泵轮	B	将动力机机械能转变为工作液体动能的叶轮	
	涡轮	T	将工作液体动能转变为机械能输出的叶轮	
	导轮	D	在液力变矩器中，使工作液流动量矩发生变化，但不输出也不吸收机械能，一般情况下不转动的固定叶轮	
	叶片		是叶轮的主要导流部分，它直接改变工作液体的动量矩	
	工作腔		由叶轮叶片表面和引导工作液体运动的内、外环表面所限制的空间(不包括液力偶合器的辅助腔)	
	循环圆		工作腔的轴面投影图，以旋转轴线上半部的形状表示	
	有效直径	D	工作腔的最大直径	
	辅助腔		在液力偶合器中，用来调节工作腔液体充满度的不传递能量的无叶片空腔	
	前辅腔		位于泵轮和涡轮中心部位的泄液最先进入的辅助腔	
	后辅腔		由泵轮外壳与后辅腔外壳构成的辅助腔	
	侧辅腔		由涡轮外侧和外壳构成的辅助腔	
	导管腔		供导管伸缩滑移以导出工作液体的辅助腔	
6	性能定义与参数			
	转速比	i	涡轮转速与泵轮转速之比 $i=\frac{n_T}{n_B}$	n_T——涡轮转速 n_B——泵轮转速
	变矩比	K	负的涡轮转矩与泵轮转矩之比 $K=-\frac{T_T}{T_B}$	T_T——涡轮转矩 T_B——泵轮转矩
	效率	η	$\eta=Ki$	
	转差率	S	液力偶合器泵轮与涡轮转速差与泵轮转速之百分比 $S=\left(\frac{n_B-n_T}{n_B}\right)\times100\%$	$S=1-i$
	充液量	q	充入液力元件工作腔中的工作液体量	

续表

序号	术　　语	代号	定　　义	备　　注
6	充液率	q_c	充入液体元件工作腔中的工作液体量与腔体总容量之百分比	
	泵轮转矩系数	λ_B	评价液力元件能容大小的参数，其值 λ_B 为 $\lambda_B=\dfrac{T_B}{\rho g n_B^2 D^5}$ $(\mathrm{min^2 \cdot r^{-2} \cdot m^{-1}})$	ρ——工作液体密度 g——重力加速度
	内特性		液力元件工作腔中液流内部流动参数之间的关系	
	外特性		泵轮转速(或转矩)不变时，液力元件外特性参数与涡轮转速之间的关系	
	通用外特性		不同泵轮转速(或不同泵轮转矩或不同充液率)下的外特性	
	原始特性		泵轮转矩系数、效率、变矩系数与转速比的关系	
	透穿性		透穿性是指泵轮转速(或转矩)不变时，泵轮转矩(或转速)随涡轮转矩和转速变化(载荷变化)而变化的性能	
	全特性		包括牵引、反转和超越等全部工况的液力元件的外特性	
	输入特性		不同转速比时，液力元件输入转矩与转速的关系	
	输出特性		液力元件与发动机共同工作时，输出转矩与其输出转速的关系	

1.2.2　液力元件图形符号

表 19-1-3　　液力元件图形符号 (JB/T 4237—2013)

图形符号	液力元件形式	图形符号	液力元件形式
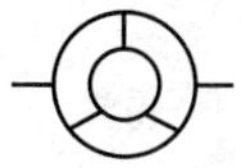	单级、单相向心涡轮液力变矩器	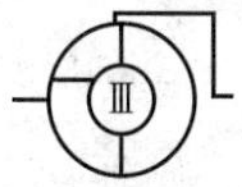	三级离心涡轮液力变矩器
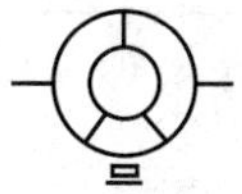	单级、二相向心涡轮液力变矩器	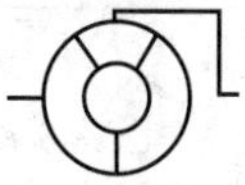	轴流涡轮液力变矩器
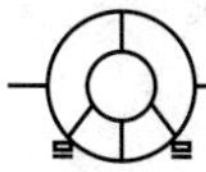	单级、三相向心涡轮液力变矩器	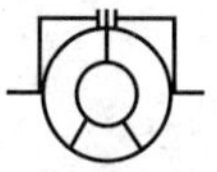	带闭锁的液力变矩器
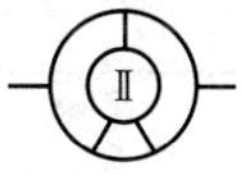	二级向心涡轮液力变矩器	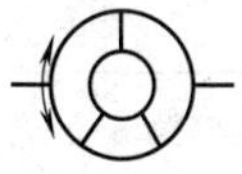	双向正转液力变矩器
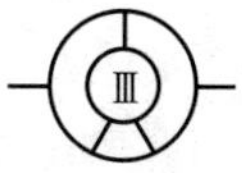	三级向心涡轮液力变矩器	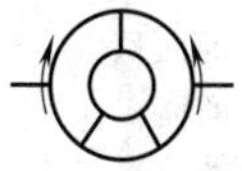	反转液力变矩器
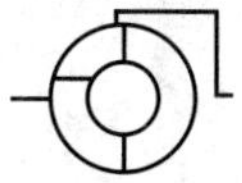	单级离心涡轮液力变矩器	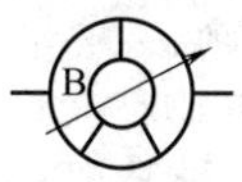	泵轮可调液力变矩器
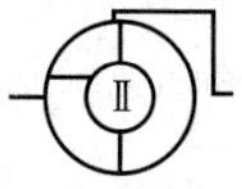	二级离心涡轮液力变矩器	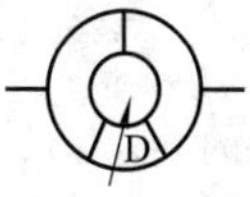	导轮可调液力变矩器

续表

图形符号	液力元件形式	图形符号	液力元件形式
	双泵轮液力变矩器（代表液黏调速离合器）		进口调节式调速型液力偶合器
	普通型液力偶合器		复合调节式调速型液力偶合器
	动压泄液式限矩型液力偶合器，泵轮内径约为涡轮内径的 4/5		前置齿轮式液力偶合器传动装置
	静压泄液式限矩型液力偶合器		后置齿轮式液力偶合器传动装置
	阀控延充式限矩型液力偶合器		复合齿轮式液力偶合器传动装置
	多角形限矩型液力偶合器（以 D 圆外切等八边形代表其腔形）		双腔液力偶合器
	可调节充液量的液力偶合器		液力减速器
	出口调节式调速型液力偶合器		液力偶合变矩器

1.3　液力传动理论基础

1.3.1　基本控制方程

表 19-1-4　　基本控制方程

<table>
<tr><td>流量方程</td><td>对于如图(a)所示的一维管路流动，若流动为均质不可压缩流体流动，则有
$$v_1A_1=v_2A_2 \quad (19\text{-}1\text{-}1)$$
式中　A_1——过流断面 1 的面积；
A_2——过流断面 2 的面积；
v_1——过流断面 1 的液流平均流速；
v_2——过流断面 2 的液流平均流速
式(19-1-1)即为流量方程或连续性方程
定义平均速度与过流断面面积乘积为流量 Q，则式(19-1-1)也可写成
$$Q_1=Q_2=\cdots=Q_i=Q=常数 \quad (19\text{-}1\text{-}2)$$
式(19-1-2)是流量方程的又一表达式。式中流量 Q 一般是指体积流量。在已知流量 Q 和过流断面面积 A_i 的情况下，根据流量方程可求得液体流经该过流断面的平均流速 v_i</td></tr>
</table>

续表

<table>
<tr><td>流量方程</td><td>

$$v_i=\frac{Q}{A_i}$$

液体在液力元件叶轮流道里流动时，若忽略液体在各叶轮之间的漏损，可认为液体在各叶轮流道中的流动遵循流量方程

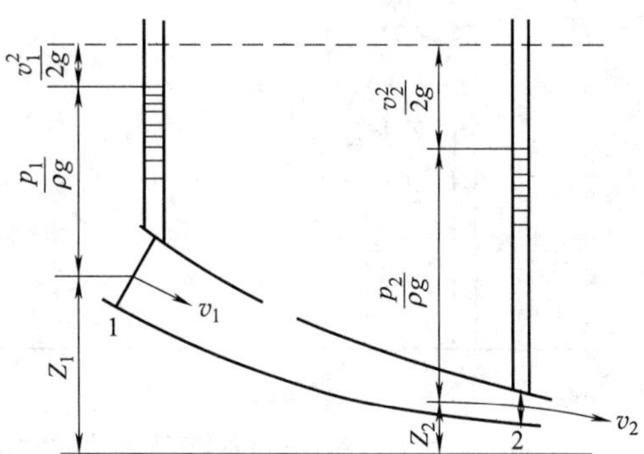

图(a)　液体在管路中的流动

</td></tr>
<tr><td>伯努利方程</td><td>

当连续的、不可压缩的流体沿着任何形状的静止流道作稳定流动的过程中，当没有能量的输入和输出时，在流道任意两个缓变流的过流断面上，都将遵循下面的等式关系

$$Z_1+\frac{p_1}{\rho g}+\frac{v_1^2}{2g}=Z_2+\frac{p_2}{\rho g}+\frac{v_2^2}{2g}+\sum h_s \tag{19-1-3}$$

式中　Z_1，Z_2——断面 1 和断面 2 处单位质量液体位能的平均值；
$\frac{p_1}{\rho g}$，$\frac{p_2}{\rho g}$——断面 1 和断面 2 处单位质量液体压力能的平均值；
$\frac{v_1^2}{2g}$，$\frac{v_2^2}{2g}$——断面 1 和断面 2 处单位质量液体动能的平均值；
$\sum h_s$——单位质量液体由断面 1 流至断面 2 时能量损失总和

式(19-1-3)即为实际液体在静止流道中流动时能量守恒定律的表达式，也称为液体做绝对运动时的伯努利方程

在式(19-1-3)中，如果不考虑液体在流动中的损失，可看出，在任意一个缓变流动的过流断面上，单位质量液体都具有三种形式的能量，即位能、压力能和动能。这三种能量随着过流断面面积的大小而变化，但能量之和却是不变的，守恒的

液体质点在液力元件旋转叶轮中的运动是一种复合运动，如图(b)所示。液体一方面相对于叶轮流道做相对运动，同时又随着叶轮做旋转运动(牵连运动)。在这种情况下，就必须把上述的绝对伯努利方程转化为相对运动的伯努利方程。取叶轮的进口断面为断面 1，出口断面为断面 2，其表达式为

$$Z_1+\frac{p_1}{\rho g}+\frac{w_1^2}{2g}-\frac{u_1^2}{2g}=Z_2+\frac{p_2}{\rho g}+\frac{w_2^2}{2g}-\frac{u_2^2}{2g}+\sum h_s$$

或为

$$Z_1+\frac{p_1}{\rho g}+\frac{w_1^2}{2g}+\frac{u_2^2-u_1^2}{2g}=Z_2+\frac{p_2}{\rho g}+\frac{w_2^2}{2g}+\sum h_s \tag{19-1-4}$$

式中　Z_1，Z_2——叶轮断面 1 和断面 2 的平均位置高度，亦即叶轮进口断面和出口断面的平均位置高度；
w_1，w_2——叶轮进口断面 1 和出口断面 2 处液体质点的平均相对速度；
u_1，u_2——叶轮进口断面 1 和出口断面 2 处液体质点随叶轮旋转的牵连速度，亦即圆周速度；
$\sum h_s$——单位质量液体质点从叶轮断面 1 流至断面 2，即从叶轮进口断面流至出口断面的能量损失总和

在旋转的叶轮中，由于存在能量的输入和输出，因此，进口处的总能量与出口处的总能量不再保持恒等。对图(b)所示的泵轮，由于出口处半径 R_{B2} 大于入口处半径 R_{B1}，出口处圆周速度 u_{B2} 大于进口处的圆周速度 u_{B1}，所以出口处的总能量大于入口处的总能量，这是因为液体在旋转的泵轮中流动时，由于圆周运动使液体产生离心力，在离心力的作用下，液体从泵轮进口流至出口时获得了能量，其大小为

$$E_B=\frac{u_{B2}^2-u_{B1}^2}{2g}$$

液体在泵轮旋转过程中所获得的能量正是其所吸收的机械能

</td></tr>
</table>

续表

伯努利方程	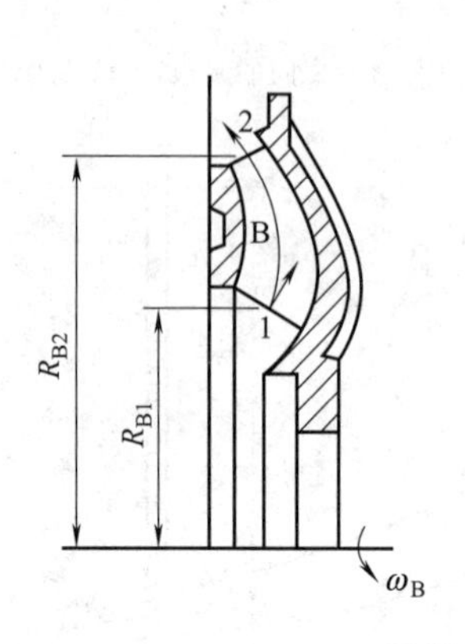 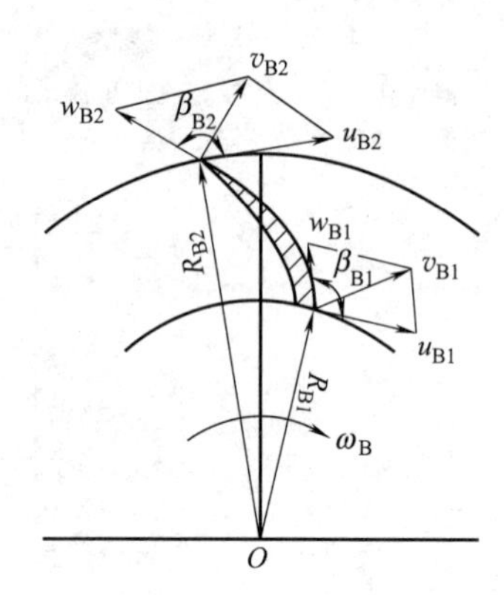 图(b)　液体在旋转叶轮中的流动 液体在涡轮[图(c)]流道中运动时能量的变化情况与在泵轮中能量变化情况相反。因为涡轮出口处半径 R_{T2} 小于入口处半径 R_{T1}，出口处圆周速度 u_{T2} 小于入口处圆周速度 u_{T1}，所以，出口处的总能量比入口处总能量小，其值为 $$E_T=-\frac{u_{T2}^2-u_{T1}^2}{2g}$$ 上式说明液流在涡轮中流动时，能量是减少的，这部分减少的能量 E_T 转换成机械能通过涡轮轴输出 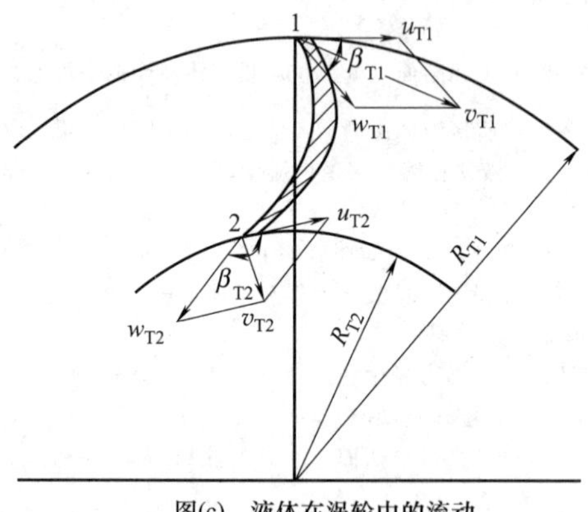 图(c)　液体在涡轮中的流动
三维流动基本方程	液力变矩器是流道封闭的多叶轮透平机械，每个叶轮的流道都相当复杂，其实际的流动是非定常的、三维的、不可压缩的、黏性流体的流动 均质不可压缩流体连续性方程为 $$\nabla \mathbf{V}=0 \quad (19\text{-}1\text{-}5)$$ 式中　∇——哈密尔顿算子 实际流体都是有黏性的，而且对于液力变矩器，其工作液体为液力传动油，黏度相对较大，忽略黏性会带来很大的误差。对于所讨论的不可压缩流体，若假定 μ 为常数，则有 $$\frac{d\mathbf{V}}{dt}=\boldsymbol{F}-\frac{1}{\rho}\nabla p+\frac{1}{\rho}\mu\nabla^2\mathbf{V} \quad (19\text{-}1\text{-}6)$$ 式中　p——黏性流体平均意义上的压力； μ——工作液体的动力黏度； $\boldsymbol{F}$——流体的质量力 式(19-1-6)即为实际流体运动的动量方程

1.3.2　基本概念和定义

表 19-1-5　基本概念和定义

叶轮	泵轮	泵轮与输入轴刚性连接，由动力机带动其旋转。泵轮从动力机吸收机械能，并使之转化为液流动能。泵轮以字母 B 表示
	涡轮	涡轮与输出轴直接相连，使液体动能转化为机械能并向工作机输出。涡轮以字母 T 表示
	导轮	导轮直接或间接（如通过单向离合器）固定在不动的壳体上。导轮不旋转，既不吸收也不输出能量，只是通过叶片对液流的作用来改变液流流动方向，进而改变液流的动量矩，以改变涡轮转矩，达到“变矩”的目的，可在一定工况区使导轮自由空转。以字母 D 表示
		从液流的流动方向来分类，叶轮有向心式、离心式和轴流式三种 工作液体由周边向中心流动的叶轮称为向心叶轮，工作液体由中心向周边流动的叶轮称为离心叶轮，沿着轴向流动的称为轴流叶轮。在液力元件中，泵轮均为离心式，导轮多为向心式或轴流式，涡轮则三种形式都有
工作腔及其结构参数	工作腔	由叶轮叶片间通道表面和引导液流运动的内、外环间表面所限制的空间构成工作腔。当液力元件工作时，液流在工作腔内循环流动，不断进行机械能和液体动能的转换。工作腔不包括液力偶合器的辅助腔
	辅助腔	在液力偶合器中，用来调节工作腔液体充满度的不传递能量的空腔称为辅助腔
	有效直径	工作腔的最大直径，以字母 D 表示，如图所示
	轴线和轴面	液力元件各叶轮共同的旋转轴线称为轴线，见图中 o'-o'。通过轴线的平面称为轴面。轴面有无穷多个，图即为一个轴面
	循环圆	工作腔的轴面投影图称为液力元件的循环圆。其上部和下部相对于轴线 o'-o' 对称，所以，习惯上只用轴线上一半图形表示。循环圆表示了液力元件的形式、各叶轮的排列顺序、相互位置和相关的几何尺寸，它概括了一个液力元件的几何特性
	内环和外环	叶轮流道的外壁面称为外环，内壁面称为内环，如图所示
	叶片进口边和出口边	叶轮进口处和出口处在轴面上的旋转投影称为叶片进口边和出口边，见图
	叶片进口半径和出口半径	叶片进口边和出口边与平均流线的交点至轴线的距离称为叶片进口半径和出口半径，分别以 R_{i1} 和 R_{i2}（i=T，D，B）表示，见图
	叶轮流道	两相邻叶片与内外环所组成的空间称为叶片流道，叶轮叶片流道的总和称为叶轮流道
	叶片骨线	叶片沿流线方向截面形状的几何中线称为叶片骨线
	叶片角	在平均流线处叶片断面的骨线的切线方向与圆周速度正向间的夹角称为叶片角，以 β_y 表示
	液流角	相对速度与圆周速度正向间的夹角称为液流角，以 β 表示。若假定叶片无穷多，无限薄，则 $\beta=\beta_y$，如表 19-1-4 中图（b）和图（c）所示
	流面	液力元件中液流的运动非常复杂。通常假定液体质点是沿着无穷多同轴线的旋转曲面而运动，各个旋转曲面上液体质点不能彼此逾越，亦即各液体质点运动的迹线都位于各自的旋转曲面上，这些旋转曲面称为流面
	平均流面	位于叶轮内环和外环流面之间的一个流面。它把叶轮流道分成两部分，使这两部分的流量相等，均等于循环流量的一半，这个特定的流面称为叶轮流道的平均流面
	平均流线	平均流面与轴面的交线称为在轴面上的平均流线，如图所示

续表

工作腔及其结构参数	平均流线	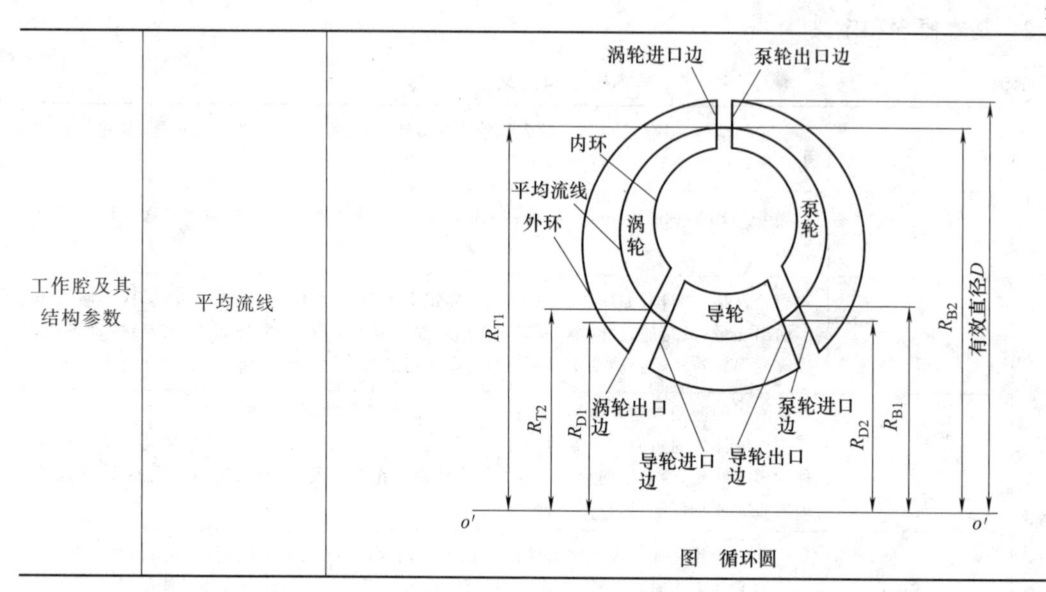

图　循环圆

1.3.3　液体在叶轮中的运动

液力偶合器叶轮的叶片是对旋转中心呈放射性布置的径向平面直叶片，而液力变矩器的叶片是周向分布同向排列的弯曲叶片。虽然形状有所不同，但它们对液体的流动作用具有相同的属性。液体在叶轮中的运动是一种复杂的空间三维流动，直接进行分析很困难。在分析液体和叶轮的相互作用与液体在叶轮中的运动时做如下假设。

① 叶轮中的总液流由许多流束组成，流动轴对称。

② 叶轮的叶片数无穷多，叶片无限薄，出口液流方向决定于叶片出口角，与进口角无关。即认为工作液体在各个工作流面上的运动是轴对称的，它们的相对运动轨迹与各个流面上叶片骨线相一致。

③ 同一过流断面上各点轴面速度相等。故所有计算可按平均流线进行。

依据以上假设，液体在流道内的三维空间流动被简化为一维束流流动。所以在研究液体在叶轮中的运动时，只要对一个轴面进行讨论即可，不必对流动空间每一个流体质点的运动情况进行分析。

1.3.3.1　速度三角形及速度的分解

在叶轮中任一液体质点相对于固定坐标系的运动速度称为绝对速度，以 $\boldsymbol{v}$ 表示。

液体质点在泵轮和涡轮中的运动是一种复合运动，液体既在旋转的叶轮流道中做相对运动，又随叶轮一起做圆周运动，即牵连运动。故绝对速度 $\boldsymbol{v}$ 为圆周速度 $\boldsymbol{u}$ 和相对速度 $\boldsymbol{w}$ 的矢量和。

$$\boldsymbol{v}=\boldsymbol{u}+\boldsymbol{w} \tag{19-1-7}$$

为简便起见，通常将表示速度的平行四边形简化为速度三角形，见图 19-1-1，其中 β 为叶片角。

为便于研究和计算，绝对速度 $\boldsymbol{v}$ 分解为两个相互垂直的分速度 $\boldsymbol{v}_{\mathrm{u}}$ 和 $\boldsymbol{v}_{\mathrm{m}}$，如图 19-1-1 所示。

$$\boldsymbol{v}=\boldsymbol{v}_{\mathrm{u}}+\boldsymbol{v}_{\mathrm{m}} \tag{19-1-8}$$

式中　v_{u}——圆周分速度（绝对速度在圆周速度方向上的投影，与轴面速度垂直）；

v_{m}——轴面分速度（绝对速度在轴面上的投影，与轴面流线相切）。

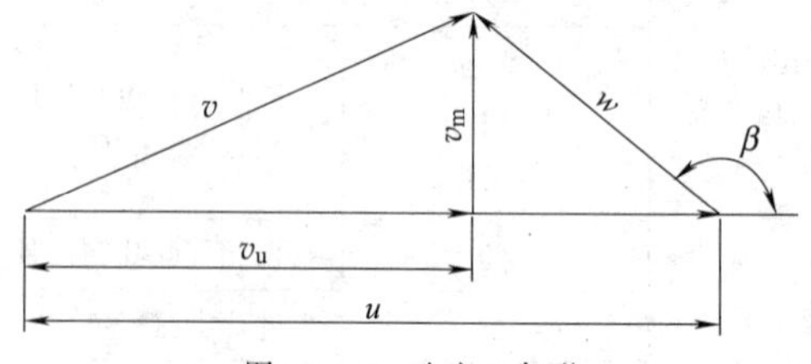

图 19-1-1　速度三角形

通常情况下，圆周速度、轴面速度和叶片角均为已知，用几何作图法即可作出速度三角形。

圆周速度 u 为

$$u=r\omega=\frac{n\pi R}{30} \tag{19-1-9}$$

式中　R——流体质点所在位置半径，m；

ω——叶轮角速度，rad/s；

n——叶轮转速，r/min。

根据假设，同一轴面液流过流断面上各点的轴面速度相等。因此轴面速度为

$$v_{m}=\frac{Q}{A_{m}\psi} \qquad (19\text{-}1\text{-}10)$$

式中　Q——循环流量（工作液体在工作腔内循环流动时，单位时间内流过叶轮流道任何过流断面的工作液体的体积称为循环流量），m^3/s；

A_m——垂直于轴面分速度的过流断面的面积，m^2；

ψ——因叶片厚度使过流断面面积减少的排挤系数，$\psi<1$，$\psi=1-\frac{z\delta}{2\pi R\sin\beta}$，其中 z 为叶片数，δ 为叶片法向厚度。

依据速度三角形，按下列各式可求得相对速度 w、圆周分速度 v_u 和绝对速度 v 的值。

$$w=\frac{v_{m}}{\sin\beta}$$

$$v_{u}=u+v_{m}\cot\beta=R\omega+\frac{Q}{A_{m}\psi}\cot\beta \qquad (19\text{-}1\text{-}11)$$

$$v=\sqrt{v_{u}^{2}+v_{m}^{2}}$$

在分析液力元件特性时，用得比较多的是工作液体的轴面分速度和圆周分速度。

1.3.3.2　速度环量

在运动的流体内，任意作一封闭曲线，曲线上某点的速度矢量在曲线切线上的投影沿着该封闭曲线的线积分，称为速度矢量沿着封闭曲线的速度环量，以 Γ 表示。

$$\Gamma=\oint v\cos(\boldsymbol{v}\cdot \mathrm{d}s)\mathrm{d}s$$

对于叶轮，其平均流线上某一点的速度环量为该点的圆周分速度与其所在位置的圆周长度的乘积。

$$\Gamma=2\pi R v_{u} \qquad (19\text{-}1\text{-}12)$$

式中　R——平均流线上某点所在位置的圆周半径。

速度环量的大小，与流动特性及封闭曲线形状有关，标志着该处液流旋转运动的强弱程度。

1.3.3.3　液体在无叶栅区的流动

为方便讨论，对叶轮进出口位置的标注做如下规定：

a——叶轮进口处液流即将进入叶片流道的位置；

b——叶轮进口处液流刚刚进入叶片流道的位置；

c——叶轮出口处液流即将流出叶片流道的位置；

d——叶轮出口处液流刚刚流出叶片流道的位置。

显然，在 b 和 c 的位置时，工作液体在叶片流道中运动，受到叶片的约束。在 a 和 d 的位置时，工作液体处于无叶栅区，不受叶片的约束，见图 19-1-2。

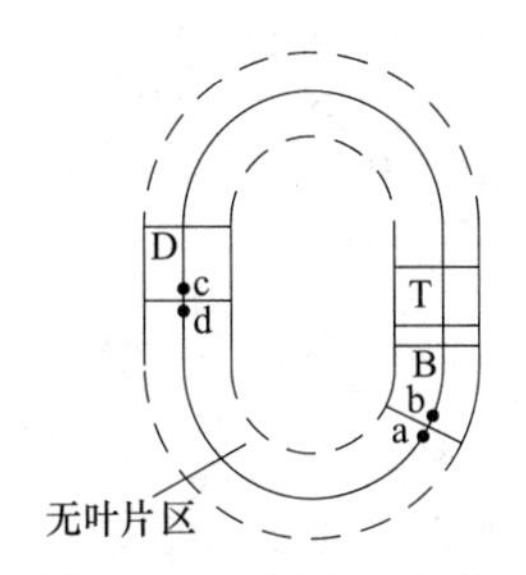

图 19-1-2　无叶片区示意

液流在无叶片区流动时，因无外力矩的作用，如果不考虑无叶片区的液流损失，单位时间内液流流过任一断面的动量矩不发生变化，即

$$\rho QR_{d}v_{ud}=\rho QR_{a}v_{ua}=\text{常数}$$

上式即为无叶片区环量保持定理。

在叶轮叶片进口前的 a 处到刚刚进入叶片流道的 b 处，这段距离虽然很短，但工作液流进入 b 处后，因受到叶片的约束作用，迫使工作液体沿着叶片的骨线方向流动，使圆周分速度有很大改变。一般情况下 $v_{ub}\neq v_{ua}$。圆周分速度的突变使工作液流在叶片进口处产生冲击。仅当 $v_{ub}=v_{ua}$ 时，叶片进口处才无冲击。此时，液流在进口处的流动方向与叶片骨线相一致。

在设计液力元件时，常选无冲击工况为设计工况，并以上角标 * 来表示这一工况。显然，在无冲击工况时

$$\Gamma_{a}^{*}=\Gamma_{b}^{*}=\Gamma_{c}^{*}=\Gamma_{d}^{*}=\text{常数}$$

对叶轮排列顺序为泵轮—涡轮—导轮的液力元件，其叶片进口无冲击的条件为

泵轮：$R_{B1}v_{uB1}=R_{D2}v_{uD2}$　或　$\Gamma_{B1}=\Gamma_{D2}$

涡轮：$R_{T1}v_{uT1}=R_{B2}v_{uB2}$　或　$\Gamma_{T1}=\Gamma_{B2}$

导轮：$R_{D1}v_{uD1}=R_{T2}v_{uT2}$　或　$\Gamma_{D1}=\Gamma_{T2}$

无冲击工况时，叶轮进口的叶片角 β_1 等于进口的液流角 β_{1y}。在以后分析问题时，认为叶轮出口的叶片角等于出口的液流角，即 $\beta_2=\beta_{2y}$。实际上因为叶轮的叶片数目是有限的，而且叶片具有一定的厚度，液体质点的相对运动方向与大小将受液体惯性力和轴向漩涡的影响，从而产生某种变化，特别是当液体离开工作叶轮时，液流的相对速度方向将与叶片骨线的切线方向有着明显的偏离现象。因此，$\beta_{2y}\neq\beta_2$。在实际计算时，引入有限叶片修正系数 ξ 来对出口的液流偏离进行修正。

1.3.4　欧拉方程

1.3.4.1　动量矩方程

叶轮作用在液体上的转矩与液体作用在叶轮上的

转矩大小相等方向相反，可依据动量矩方程求得

$$T=\rho Q(R_2 v_{u2}-R_1 v_{u1}) \tag{19-1-13}$$

式中 ρ——工作液体密度，kg/m^3。

以速度环量表示为

$$T=\frac{\rho Q}{2\pi}(\Gamma_2-\Gamma_1) \tag{19-1-14}$$

由此可见，液体质点流过叶轮叶片流道的过程，也就是液体速度环量发生变化的过程，由 Γ_1 变到 Γ_2。对于给液流能量的叶轮（泵轮），$\Gamma_2>\Gamma_1$；对于从液流中吸收能量的叶轮（涡轮），$\Gamma_2<\Gamma_1$。由此可知，液力传动主要是靠液体速度环量的变化来传递能量的。

1.3.4.2 理论能头

在叶轮中，假设叶片无限多和无限薄的情况下，不考虑液流在叶轮中的液力损失，叶轮的理论能头增量以 $H_{t\infty}$ 表示，它与流速具有如下关系

$$H_{t\infty}=\frac{u_2 v_{u2}-u_1 v_{u1}}{g} \tag{19-1-15}$$

式（19-1-15）称为欧拉方程，对于叶片式机械而言，它是一个最基本的方程式。如果用环量来表示，式（19-1-15）也可写成

$$H_{t\infty}=(\Gamma_2-\Gamma_1)\frac{\omega}{2\pi g}$$

对于泵轮而言，如果输入的机械能无损失地全部转化为液体动能，则其理论能头为

$$H_{Bt\infty}=\frac{u_{B2} v_{uB2}-u_{B1} v_{uB1}}{g}$$

对于涡轮，如液体动能完全转化为机械能，则其理论能头为

$$H_{Tt\infty}=\frac{u_{T2} v_{uT2}-u_{T1} v_{uT1}}{g}$$

对于导轮，因为其固定在壳体上不转动，即角速度 $\omega=0$，液流流经导轮时，不存在机械能和液体动能的相互转换，因此 $H_{Dt\infty}=0$。实际上，液体流经叶轮时必然产生能量损失，故泵轮的实际能头较 $H_{Bt\infty}$ 为小，涡轮的实际能头较 $H_{Tt\infty}$ 为大。

1.4 液力传动的工作液体

液力元件普遍采用矿物油作为工作液体。为满足防燃防爆要求，煤矿井下应用限矩型液力偶合器须按规定采用清水（pH≤7）或采用水基难燃液为工作液体。

1.4.1 液力传动油的基本要求

液力传动油除作为工作介质外，还起润滑和冷却的作用，有时还一同作为液力机械传动装置及其液压操纵系统的工作介质，对机械传动部分进行润滑、冷却和操纵。因此，应根据具体结构和使用条件来选择油的种类。对液力传动油的基本要求见表 19-1-6。

表 19-1-6 液力传动油的基本要求

项 目	说 明
黏度	黏度是衡量工作油黏稠程度的指标，它表示液体流动时分子间摩擦阻力的大小。液力传动油的黏度应适当，过大和过小都不利。黏度过大引起液力元件流动损失大，效率降低，过小不能保证机械部分的良好润滑与密封。在保证良好润滑的前提下，黏度越小越好。一般要求，在 100℃时油的运动黏度 $\nu_{100}=(5\sim8)\times10^{-6}m^2\cdot s^{-1}$。在使用过程中，黏度可能变大或变小，当黏度变化超过新油黏度的 20%时，工作油必须更换
黏度指数	黏度随温度变化而变化的性能称为黏温性能，用黏度指数来表示。黏度变化越大，黏度指数越小。液力传动要求油的黏度指数大些，以保证低温和高温时都有良好的润滑性能，一般要求黏度指数大于 90～100，或者要求 50℃与 100℃时运动黏度之比 $\nu_{50}/\nu_{100}<4.5$
闪点	油受热蒸发与空气混合所形成的可燃气体，接触明火即燃烧的最低温度称为闪点。液力传动中，油温经常达到 80～110℃，有时甚至高达 150℃，故要求闪点高一些，一般要求闪点比最高工作油温高 40～60℃
凝点	工作油失去流动性能时的温度称为凝点。凝固主要是因油中含有固体石蜡的缘故，脱蜡越深，凝点越低。但高度脱蜡会使黏温性能变坏和油的价格提高。所以，要求凝点比使用气温稍低即可，一般为－40～－30℃
泡沫	液力传动要求油的抗泡沫性能良好。工作中产生泡沫过多，会使传递功率下降，效率降低，换挡失灵，冷却效果下降及油品加速老化。常用若干毫升油中气泡的个数来表示抗泡沫性，如 50/0 则表示 50mL 的油中有 0 个气泡
相对密度	有效直径相同的液力元件，工作油的相对密度越大，传递功率越大。故要求油的相对密度尽可能大
抗氧化安定性	抗氧化安定性不好，工作油很快变质，黏度增大，产生大量酸类、胶质、沥青和沉淀物，使腐蚀加剧并引起管道堵塞。因此，液力传动要求工作油具有良好的抗氧化性能
酸值	油中的酸值过大，腐蚀性增大。一般要求酸值低于(以 KOH 计)1.2～1.5mg/g

1.4.2　常用液力传动油

国内外液力传动用油的种类较多。国外液力传动油的分类是按照 ASTM（美国材料试验学会）和 API（美国石油学会）的分类方案，将液力传动油分为 PTF-1、PTF-2、PTF-3 等 3 类。目前我国将液力传动油归类到液压油分类标准（GB/T 7631.2—2003）中，产品代号为 HA（自动传动系统用油）和 HN（液力变矩器和液力偶合器用油），但是在其备注中指出 HA 和 HN 的组成和特性的划分原则待定。

国内一般采用 22 号汽轮机油或者液力传动专用油。

8 号液力传动油是以低黏度精制馏分油为基础油，然后加入增黏、降凝、抗磨、抗氧化、防锈、抗泡沫等添加剂制成，具有良好的黏温性、抗磨性和较低的摩擦因数，它接近于 PTF-1 级油，适用于轿车、轻型载货汽车的自动变速器。6 号液力传动油是以 22 号汽轮机油为基础油，再加入增黏、降凝、清净分散、抗氧化、抗腐、防锈、抗泡沫等添加剂制成。与 8 号液力传动油相比具有更好的抗磨性，但黏温性稍差，它接近于 PTF-2 级油，适用于内燃机车和重型货车的多级变矩器和液力偶合器。

对于液力元件与自动换挡控制系统共用同一种油的传动装置，一般可采用 8 号液力传动油。对于工程机械、风机、水泵等用的液力元件，可采用 6 号液力传动油。

内燃机车液力传动的专用油有Ⅰ和Ⅱ两种。

这些油的性能参数见表 19-1-7。

1.4.3　水基难燃液

限矩型液力偶合器在煤矿井下刮板输送机上得到广泛的应用。由于井下工况恶劣，屡有因液力偶合器高温喷油引起火灾的事故发生。目前，已有几种国产的水基难燃液用于井下的限矩型液力偶合器，其理化性能见表 19-1-8。

表 19-1-7　液力传动用油的性能参数指标

性能	22 号汽轮机油	8 号液力传动油	6 号液力传动油	内燃机车液力传动专用油	
				Ⅰ	Ⅱ
相对密度(20℃)	0.901	0.860	0.872	0.872	0.865
黏度/$10^{-6}m^2\cdot s^{-1}$				23.6(50℃) 5.8(100℃)	23.2(50℃) 5.9(100℃)
运动黏度比($\nu_{50}/\nu_{100}\leqslant$)		3.6	4.2	4.1	3.9
闪点(不低于)/℃	180	150	180	197	190
凝点(不高于)/℃	−15	−50 −25①	−25	−25	−38
氧化后酸值(以 KOH 计)/mg·g^{-1}	0.02			1.03	1.11
铜片腐蚀(100℃×3h)		合格	合格		
抗泡沫性/mL		50/0(93℃) 25/0(24℃)	55/0(120℃) 10/0(80℃)	10/0(120℃) 10/0 (80℃)	
抗乳化度时间(≤)/min	8				
临界载荷(≥)/N		785	824	824	785
灰分/%				0.21	0.22
磨损直径(2.94MPa/20min)/mm				0.332	0.41
颜色	无色透明	红色透明	浅黄色透明	淡黄色透明	淡黄色透明

① −50℃适用于长城以北地区，−25℃适用于长城以南地区。

表 19-1-8　国内液力传动水基难燃液性能参数

性能指标		WG-5	MCD	HW-3A	HW-4	KYP	HG-3
浓缩物	外观	红色透明液体	红棕色液体	深红色固体粉末	深红色透明液体	双液型不透明液体	深褐色透明油状物
	闪点/℃	—	>130	—	—	KYP-1>130 KYP-2 无	240
	与水配比	55∶45	5∶95	3∶97	根据需要①	4∶96	5∶95
配制后难燃液性能							
相对密度		1.038	1.006	1.01	1.03～1.08	1.01	0.99
闪点/℃		—	—	—	—	—	—
黏度(50℃)/$10^{-6}m^2\cdot s^{-1}$		2.82	1	0.93	1.04	0.94	1.05

续表

性能指标		WG-5	MCD	HW-3A	HW-4	KYP	HG-3
配制后难燃液性能							
凝点/℃		−40		−5	−70～−10	−5	−2
pH值		8.1	8	8～9	10～11	8	7.5～8.5
稳定性	高温		120℃,3h 不分层	90℃,2h 不分层	90℃,2h 不分层	90℃,48h 不分层	90℃,400h 不分层
	高速离心			2000r/min 30min 不分层	2000r/min 30min 不分层	1000r/min 30min 不分层	5500r/min 30min 不分层
发泡消泡	发泡高度/mL	300		20	5	20	48
	消泡时间/s	150	600	180	30	150	285
抗磨性能	P_B/N	980	490	618	510		785
	P_d/N			4903	1236		1569
	d_t^p/mm	$d_{30}^{30}=0.56$	$d_{30}^{40}=0.6$	$d_{30}^{40}=0.76$	$d_{30}^{40}=0.59$	$d_{60}^{20}=0.73$	$d_{30}^{40}=0.54$～0.64
抗腐性能		对铝、钢、铜 50℃静泡48h, 50℃,1200r/min, 200h,无锈蚀	铝65℃,1.92×10^{-2}mm/年 钢65℃,8.7×10^{-2}mm/年	铜、钢、铁、铝、标准试片90℃ 24h质量变化 ＜5/10000g	铜、钢、铁、铝、标准试片90℃ 24h质量变化 ＜5/10000g	铝100℃,48h 质量损失 0.035% 钢100℃,48h质量损失0.03%	铝90℃,400h, 1.08×10^{-2}mm 钢90℃,400h, 4.73×10^{-3}mm
水质适应范围		蒸馏水或 去离子水	≤500×10^{-6} 生活用水	≤500×10^{-6} pH6～11 自来水或 矿井水	≤500×10^{-6} pH6～11 自来水或 矿井水	≤160×10^{-6}	≤500×10^{-6} pH5～7 自来水
橡胶密封适应性		40℃,1个月 质量、体积 无变化	70℃,168h 质量变化 ＜6%	质量变化 ＜1%	质量变化 ＜1%	100℃,24h 质量变化 ＜8.6%	90℃,400h 质量变化 ＜3.09%
工业经验		装机试验 5个月无 异常	装机试验 一年无异常	装机试验 5664h 无异常	装机试验 1904h 无异常	装机试验 106天 无异常	装机试验 16个月 无异常

① HW-4适于露天使用。根据需要改变水的对比度，凝点可从−70～−10℃变化，表中的参数水的配比为90%。

第2章　液力变矩器

2.1　液力变矩器的工作原理、特性

2.1.1　液力变矩器的工作原理

2.1.1.1　液力变矩器的基本结构

最简单的液力变矩器是由泵轮、涡轮、导轮三个元件组成的单级单相三元件液力变矩器，基本结构如图 19-2-1 所示。液力变矩器的工作腔内充满工作液体，利用工作液体的旋转运动和沿工作叶轮叶片流道的相对运动构成工作液体的复合运动，实现能量的传递和转换。单级三元件液力变矩器主要零部件的连接与作用见表 19-2-1。

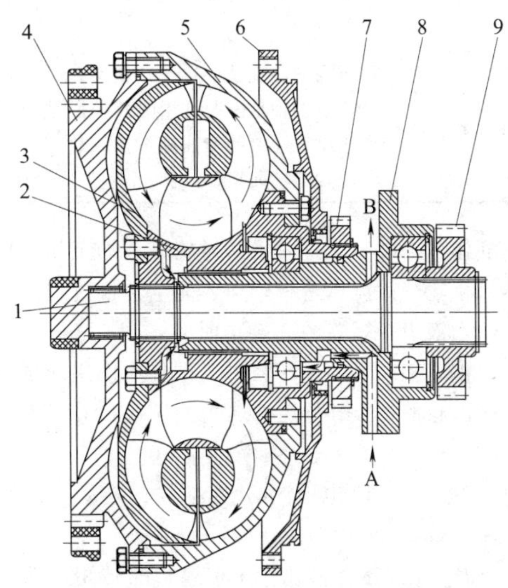

图 19-2-1　单级三元件液力变矩器结构
A—工作液进口；B—工作液出口；
1—涡轮轴；2—导轮；3—涡轮；4—驱动轮；
5—泵轮；6—隔板；7—油泵主动齿轮；
8—导轮座；9—变速箱主动齿轮

2.1.1.2　液力变矩器的工作过程和变矩原理

（1）液力变矩器的工作过程

连接液力变矩器泵轮的驱动轮在动力机带动下旋转，导致泵轮叶片流道内的工作液体产生环绕变矩器轴线的旋转运动和向泵轮叶片流道出口方向的流动，使泵轮叶片流道内的工作液体获得速度和动能，实现动力机机械能向工作液体动能的转换。获得动能的工作液体从泵轮叶片流道出口流向涡轮叶片流道入口，进入涡轮叶片流道冲击涡轮叶片，使涡轮获得转速和转矩，实现工作液体动能向机械能的转换；涡轮带动涡轮轴旋转，将机械能传递至变速箱主动齿轮，从而实现动力机输出能量至变速箱主动齿轮的非机械刚性连接传递过程。能量转换后的工作液体从涡轮叶片流道出口流出，部分流向导轮叶片流道入口，经导轮叶片流道流向导轮叶片流道出口，从泵轮叶片流道入口进入泵轮叶片流道，重新加入工作循环；从涡轮叶片流道出口流出的另外一部分工作液体，经导轮座与涡轮轴之间的间隙，流向导轮座上的工作液体出口，进入冷却循环系统，最后流入变速箱内的工作液池。同时，为保证液力变矩器工作时工作腔内充满工作液体，并保证工作液体具有一定的压力，工作液池内的

表 19-2-1　单级三元件液力变矩器主要零部件的连接与作用

名称	连接与定位	主 要 作 用
泵轮	左端与驱动轮螺栓连接，右端与泵轮毂螺栓连接；泵轮毂用单列向心轴承支撑于导轮座上；单列向心轴承外圈被泵轮毂轴承座及孔用弹性挡圈轴向定位，内圈被导轮及导轮座台肩轴向定位	将传递来的动力机的机械能转变为工作液体的动能，实现动力机机械能向工作液体动能的转换 代号：B
涡轮	与涡轮毂螺栓连接，涡轮毂与涡轮轴键连接，涡轮毂左右两侧被涡轮轴上的轴用弹性挡圈轴向定位	将泵轮产生的工作液体的动能转换为涡轮旋转机械能，通过涡轮轴输出 代号：T
导轮	与导轮座键连接，左侧被导轮座上的轴用弹性挡圈轴向定位，右侧与支撑泵轮的单列向心轴承的内圈压紧实现轴向定位	将完成能量转换后从涡轮叶片流道出口流出的工作液体引导流向泵轮，实现工作液体在叶轮流道内的循环，并承受涡轮与泵轮的转矩差 代号：D

续表

名称	连接与定位	主要作用
驱动轮	左侧与动力机输出连接，右侧与泵轮螺栓连接	将动力机产生的机械能传递给泵轮
导轮座	右侧与变速箱壳体螺栓连接	支撑和固定导轮，防止导轮旋转和轴向移动；支撑泵轮轴承；开有工作腔内工作液体的进出口通道，保证工作液体在液力变矩器工作时的正常进出循环冷却
涡轮轴	用单列向心轴承支撑于导轮座；单列向心轴承外圈被导轮座的轴承座及孔用弹性挡圈轴向定位，内圈被与涡轮轴键连接的变速箱主动齿轮、轴用弹性挡圈和涡轮轴台肩轴向定位	将涡轮产生的机械能输出到变速箱主动齿轮

工作液体被泵吸出，过滤后经导轮座上的工作液体进口进入泵轮叶片流道进口，加入能量转换过程。

(2) 液力变矩器的变矩原理

在稳定工况下，循环腔中工作液体作用于泵轮的转矩、涡轮的转矩、导轮的转矩的代数和等于零。

$$T_{BY}+T_{TY}+T_{DY}=0 \tag{19-2-1}$$

式中 T_{BY}——工作液体作用于泵轮的转矩，即泵轮液力转矩，N·m；

T_{TY}——工作液体作用于涡轮的转矩，即涡轮液力转矩，N·m；

T_{DY}——工作液体作用于导轮的转矩，即导轮液力转矩，N·m。

因液力变矩器工作轮的机械效率均接近于100%，在不考虑机械效率的情况下，存在以下关系

$$\begin{cases}T_{BY}=T_B\\T_{TY}=T_T\\T_{DY}=T_D\end{cases} \tag{19-2-2}$$

式中 T_B——泵轮转矩，N·m；

T_T——涡轮转矩，N·m；

T_D——导轮转矩，N·m。

因此，存在液力变矩器各工作轮转矩平衡方程

$$T_B+T_T+T_D=0 \tag{19-2-3}$$

式(19-2-3)也可写成

$$-T_T=T_B+T_D$$

由上式看出，在偶合工况点以下，$T_D>0$，因此$|-T_T|>|T_B|$。由于导轮的存在，液力变矩器能够变矩。

2.1.1.3 液力变矩器常用参数及符号

表19-2-2 液力变矩器常用性能参数及符号

符号/单位	名称	说明
i	转速比	涡轮转速与泵轮转速之比 $i=\frac{n_T}{n_B}$
i^*	最高效率转速比	与最高效率 η^* 对应的转速比
i_P	许用最低效率下的转速比	与液力变矩器许用最低效率 η_P 对应的转速比
i_{P1}	高效区起点转速比	效率曲线与 η_P 交点的低值转速比
i_{P2}	高效区终点转速比	效率曲线与 η_P 交点的高值转速比
i'	负透穿与正透穿分界转速比	在泵轮转矩系数特性曲线中具有混合透穿特性的液力变矩器正透穿性与负透穿性分界的转速比
i_K	偶合器工况转速比	在偶合器工况($K=1$)条件下的转速比
K	变矩系数	负的涡轮转矩与泵轮转矩之比 $K=-\frac{T_T}{T_B}$
K_0	失速工况变矩系数	失速工况($i=0$)条件下的变矩器变矩系数
K_P	许用变矩系数	与 η_P 对应的变矩器变矩系数
K'_P	高效区起点变矩系数	与转速比 i_{P1} 对应的变矩系数
K''_P	高效区终点变矩系数	与转速比 i_{P2} 对应的变矩系数

续表

符号/单位	名　称	说　明
K^{D}	动态变矩系数	非稳定状态下(如车辆加速、制动、振动、冲击等)变矩器的变矩系数 $K^{D}=-\frac{T_{T}^{D}}{T_{B}^{D}}$
η	液力变矩器的效率	$\eta=Ki$
η_{P}	许用最低效率	正常工作允许的最低效率。对工程机械 $\eta_{P}=0.75$，对汽车 $\eta_{P}=0.80$
η^{*}	最高效率	液力变矩器能够达到的最高效率
G_{η}	高效区范围	由变矩器效率曲线和许用最低效率水平直线所构成的转速比范围 $G_{\eta}=\frac{i_{P2}}{i_{P1}}$
η^{D}	动态变矩器效率	非稳定状态下(如车辆加速、制动、振动、冲击等)变矩器的效率
$\lambda_{B}/(r\cdot min^{-1})^{-2}\cdot m^{-1}$	泵轮转矩系数	当循环圆有效直径 $D=1m$、泵轮转速 $n_{B}=1r/min$ 及 $\rho g=1N/m^{3}$ 时泵轮上的转矩
$\lambda_{B0}/(r\cdot min^{-1})^{-2}\cdot m^{-1}$	失速工况时的泵轮转矩系数	在失速条件下($i=0$)的泵轮转矩系数
$\lambda_{BK}/(r\cdot min^{-1})^{-2}\cdot m^{-1}$	偶合器工况下的泵轮转矩系数	在偶合器工况下($i=i_{K}$,$K=1$)的泵轮转矩系数
$\lambda_{B}^{*}/(r\cdot min^{-1})^{-2}\cdot m^{-1}$	最高效率工况下的泵轮转矩系数	与最高效率 η^{*} 对应的泵轮转矩系数
$\lambda_{B}^{D}/(r\cdot min^{-1})^{-2}\cdot m^{-1}$	动态泵轮转矩系数	非稳定状态下(如车辆加速、制动、振动、冲击等)变矩器的泵轮转矩系数
T	透穿性系数	失速工况时的泵轮转矩系数与偶合器工况下的泵轮转矩系数的比值，即 $\lambda_{B0}/\lambda_{BK}$
$Q/m^{3}\cdot s^{-1}$	工作液体循环流量	在变矩器工作腔各叶轮中往复循环的体积流量
$\overline{q}$	无量纲流量	$\overline{q}=\frac{Q}{R^{3}\omega_{B}}$，$R$ 为特征半径

表 19-2-3　液力变矩器叶轮结构、性能参数常用符号

符号/单位	名　称	说　明
R_{ji}/m	叶轮循环圆中间流线半径	j 替换为B代表泵轮，T代表涡轮，D代表导轮 i 替换为1代表叶轮进口，2代表叶轮出口
r_{ji}/m	叶轮循环圆中间流线无量纲半径	
$\beta_{ji}/(°)$	液流角(叶片角)	j 替换为B代表泵轮，T代表涡轮，D代表导轮 i 替换为1代表叶轮进口，2代表叶轮出口，除液力计算内容外也代表叶片角
$\beta_{yji}/(°)$	叶片角	
b_{ji}/m	叶轮流道轴面宽度	j 替换为B代表泵轮，T代表涡轮，D代表导轮 i 替换为1代表叶轮进口，2代表叶轮出口
δ_{ji}/m	叶片法向厚度	
A_{ji}/m^{2}	进出口处叶轮流道与轴面速度垂直的流道截面积	
a_{ji}	进出口处无量纲过流面积	
α_{ji}	进出口处综合无量纲参数	
l_{j}/m	叶轮循环圆上中间流线长度	
Z_{j}	叶片数	
$\omega_{j}/rad\cdot s^{-1}$	叶轮旋转角速度	
$n_{j}/r\cdot min^{-1}$	叶轮转速	
$v_{ji}/m\cdot s^{-1}$	工作液体平均绝对速度	
$u_{ji}/m\cdot s^{-1}$	工作液体圆周速度	

续表

符号/单位	名　　称	说　　明
$w_{ji}/\mathrm{m \cdot s^{-1}}$	工作液体相对速度	j 替换为 B 代表泵轮，T 代表涡轮，D 代表导轮 i 替换为 1 代表叶轮进口，2 代表叶轮出口
$v_{\mathrm{m}ji}/\mathrm{m \cdot s^{-1}}$	工作液体轴面分速度	
$v_{\mathrm{u}ji}/\mathrm{m \cdot s^{-1}}$	工作液体圆周分速度	
$T_{j\mathrm{Y}}/\mathrm{N \cdot m}$	叶轮液力转矩	
$T_j/\mathrm{N \cdot m}$	叶轮转矩	
$T_j^{\mathrm{D}}/\mathrm{N \cdot m}$	叶轮动态转矩	
H_j/m	叶轮理论能头	
h_j	叶轮理论无量纲能头	
$\eta_{j\mathrm{Y}}$	叶轮的液力效率	
$\eta_{j\mathrm{M}}$	叶轮的机械效率	
η_{v}	变矩器容积效率	

2.1.2 液力变矩器的特性

液力变矩器各种性能参数变化的规律即为液力变矩器特性，反映液力变矩器特性的曲线称为液力变矩器特性曲线，液力变矩器特性分类如下。

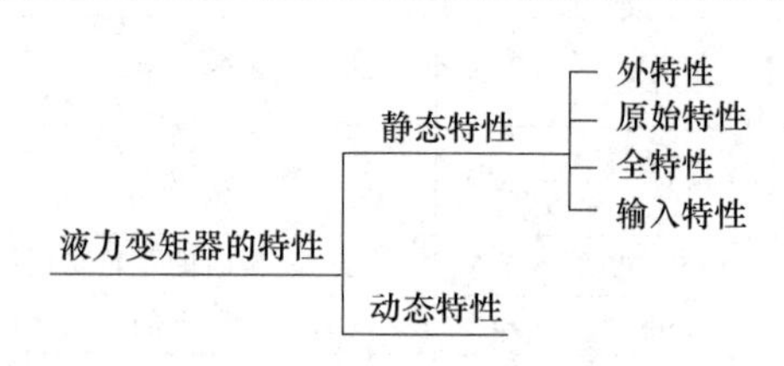

表 19-2-4　　液力变矩器的特性

分　　类		说　　明
静态特性	外特性	在牵引工况（即正常工况）条件下，液力变矩器的泵轮转速 n_{B}（或泵轮转矩 T_{B}）一定时，反映泵轮转矩 T_{B}（或泵轮转速 n_{B}）、涡轮转矩 T_{T}、变矩器效率 η 随涡轮转速 n_{T} 变化的规律为液力变矩器的外特性。图(a)为具有不同透穿性液力变矩器的外特性曲线 (ⅰ)不透穿　(ⅱ)正透穿 (ⅲ)混合透穿　(ⅳ)负透穿 图(a)　液力变矩器的典型外特性曲线 液力变矩器在使用过程中，泵轮转速 n_{B} 受动力机控制因素的影响会产生变化。泵轮在不同转速条件下的液力变矩器外特性曲线族，构成液力变矩器的通用外特性曲线。图(b)为具有正透穿外特性液力变矩器的通用外特性曲线（从左至右分别为不同泵轮转速 n_{B1}、n_{B2}、n_{B3}、n_{B4} 所对应的液力变矩器外特性曲线，且 $n_{\mathrm{B1}}<n_{\mathrm{B2}}<n_{\mathrm{B3}}<n_{\mathrm{B4}}$）

续表

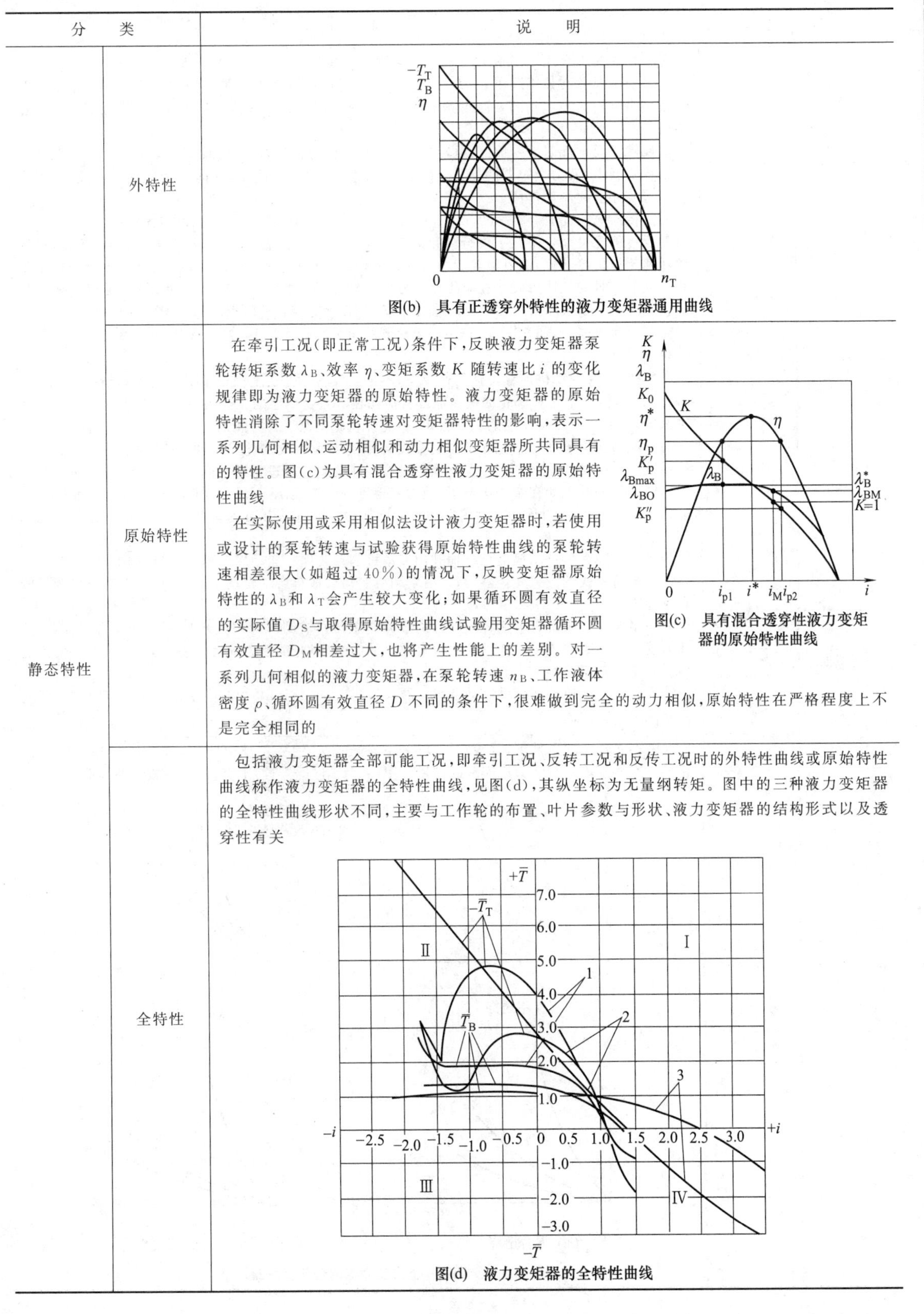

分类		说明
静态特性	外特性	图(b)　具有正透穿外特性的液力变矩器通用曲线
	原始特性	在牵引工况(即正常工况)条件下,反映液力变矩器泵轮转矩系数 λ_B、效率 η、变矩系数 K 随转速比 i 的变化规律即为液力变矩器的原始特性。液力变矩器的原始特性消除了不同泵轮转速对变矩器特性的影响,表示一系列几何相似、运动相似和动力相似变矩器所共同具有的特性。图(c)为具有混合透穿性液力变矩器的原始特性曲线 在实际使用或采用相似法设计液力变矩器时,若使用或设计的泵轮转速与试验获得原始特性曲线的泵轮转速相差很大(如超过40%)的情况下,反映变矩器原始特性的 λ_B 和 λ_T 会产生较大变化;如果循环圆有效直径的实际值 D_S 与取得原始特性曲线试验用变矩器循环圆有效直径 D_M 相差过大,也将产生性能上的差别。对一系列几何相似的液力变矩器,在泵轮转速 n_B、工作液体密度 ρ、循环圆有效直径 D 不同的条件下,很难做到完全的动力相似,原始特性在严格程度上不是完全相同的 图(c)　具有混合透穿性液力变矩器的原始特性曲线
	全特性	包括液力变矩器全部可能工况,即牵引工况、反转工况和反传工况时的外特性曲线或原始特性曲线称作液力变矩器的全特性曲线,见图(d),其纵坐标为无量纲转矩。图中的三种液力变矩器的全特性曲线形状不同,主要与工作轮的布置、叶片参数与形状、液力变矩器的结构形式以及透穿性有关 图(d)　液力变矩器的全特性曲线

续表

分类		说明
静态特性	全特性	全特性曲线综合表示了液力变矩器在各种可能工作条件下的特性 ①牵引工况　在该工况下，$-T_T$、T_B、i 均为正值，特性曲线在第Ⅰ象限内表示。在牵引工况能量是由泵轮传至涡轮的。汽车和工程机械正常行驶或机械设备正常运行时液力变矩器工作在牵引工况 ②反转工况　此时 i 为负值，但转矩 $-T_T$ 和 T_B 仍为正值，特性曲线位于第Ⅱ象限内。在汽车和工程机械中，液力变矩器的反转工况发生在爬坡倒滑的情况下，此时下滑迫使涡轮反转，液力变矩器实际上起制动作用 ③反传工况　此时 $-T_T<0$，$i>0$，特性曲线在第Ⅳ象限内。在汽车和工程机械中，液力变矩器的反传工况可能发生在下坡行驶和拖车启动发动机的情况下，此时泵轮与涡轮同向旋转，但涡轮转速超过泵轮转速，而且涡轮变为主动部分，泵轮变为被动部分。发动机可能产生制动转矩阻止车辆下坡时的加速行驶。在常用汽车液力变矩器的特性中，$-T_T$ 是在点 $i=1$ 前后转变符号的，当 $i>1$，$n_T>n_B$ 时，$-T_T<0$，因此在汽车中常把反传工况称作超越工况。在反传工况，涡轮向变矩器输入能量，如 $T_B>0$，则泵轮也输入能量，此时变矩器起制动作用，如 $T_B<0$，则能量由涡轮传至泵轮 必须指出，在发动机连续工作的情况下，不论是反转工况还是反传工况时的制动情况（$-T_T<0$，$T_B>0$），传至泵轮和涡轮的机械能都将消耗在液力变矩器的工作液体中转变为热能。在这些工况下，液力变矩器工作油的温升很快，不允许在此工况下长时间工作 各种液力变矩器的一个共同缺点是在反向传递功率时，效率较低。这是因为液力变矩器的叶片系统一般都是根据在牵引工况下获得良好性能的观点来进行设计的，而在反传工况下，叶片的工作性能很差。例如在牵引工况下，液力变矩器的变矩比 $K=2\sim6$；而在反传工况下，变矩比可能低于1。所以，液力传动车辆用发动机进行制动和用拖车启动发动机时，要比机械传动车辆困难得多 为了保证液力传动车辆能可靠地利用发动机制动或拖车启动发动机，可采用如下措施 ①采用闭锁式的液力变矩器，当需要发动机制动或拖车启动发动机时，可将液力变矩器的泵轮和涡轮闭锁 ②采用在内环中带有辅助径向叶片的液力变矩器。辅助叶片与内环形成一个液力偶合器，当液力变矩器在牵引工况时辅助叶片没有明显的影响，但在反传工况时，可利用它显著增大由涡轮传至泵轮的转矩 ③安装液力减速器作辅助制动装置。制动转矩大小的调节是由改变工作液体在液力减速器内的充液量来实现的
	输入特性	反映不同转速比条件下，泵轮转矩 T_B 随泵轮转速 n_B 的变化规律即为输入特性。输入特性曲线可供液力变矩器与动力机匹配时使用。图(e)为不同透穿性液力变矩器的输入特性曲线 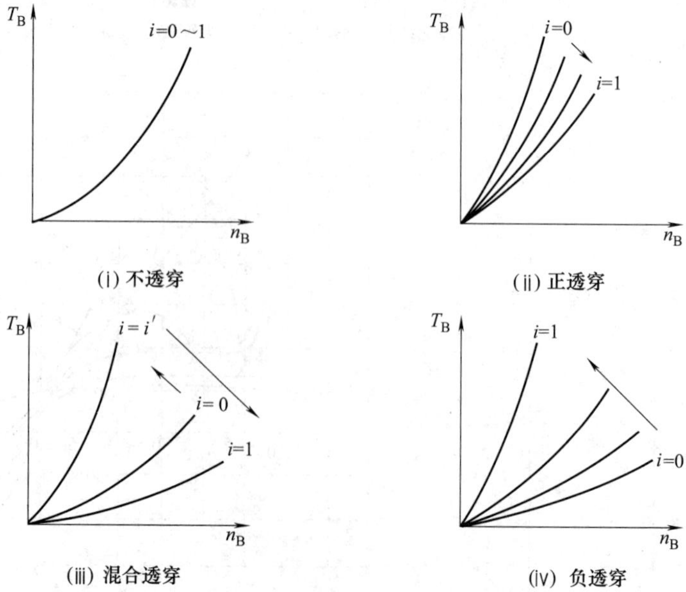 T_B　i=0～1　n_B (ⅰ) 不透穿 T_B　i=0　i=1　n_B (ⅱ) 正透穿 T_B　$i=i'$　i=0　i=1　n_B (ⅲ) 混合透穿 T_B　i=1　i=0　n_B (ⅳ) 负透穿 图(e)　液力变矩器的输入特性曲线

续表

分　类	说　明
动态特性	液力变矩器在车辆起步、加速、制动、振动、冲击等非稳定状态下工作时的特性称为动态特性。动态特性曲线描述液力变矩器泵轮动态转矩 T_B^D 及其角速度 ω_B、涡轮的动态转矩 T_T^D 及其角速度 ω_T、转速比 i 与时间 t 的关系。实际测定液力变矩器在不同的非稳定状态下的动态特性参数，数据整理后绘制液力变矩器的动态特性曲线

2.2　液力变矩器的分类及主要特点

表 19-2-5　液力变矩器分类

分类方法	类　型
工作轮排列顺序	B—T—D(泵轮—涡轮—导轮)(正转)
	B—D—T(泵轮—导轮—涡轮)(反转)
刚性连接涡轮数量	单级
	两级
	三级
	多级
导轮数量	单导轮
	双导轮
泵轮数量	单泵轮
	双泵轮
非刚性连接涡轮数量	单涡轮
	双涡轮

分类方法	类　型
可实现的传动形态	单相
	两相
	多相
涡轮形式	轴流式
	离心式
	向心式
泵轮与涡轮能否闭锁	闭锁式
	非闭锁式
变矩器特性是否可调	可调式
	不可调式

表 19-2-6　典型液力变矩器简图、基本特点及其特性曲线

类　型	简　图	基本特点	特性曲线
正转 (B—T—D)	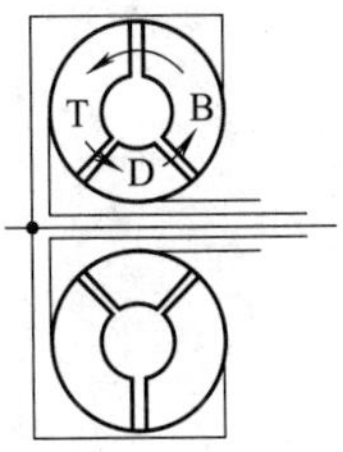	可能获得的失速变矩比比反转型大；泵轮转矩 T_B 只与泵轮转速 n_B、流量 Q 有关。采用不同的涡轮形式，可具有不同的流量变化特性和多种透穿性能	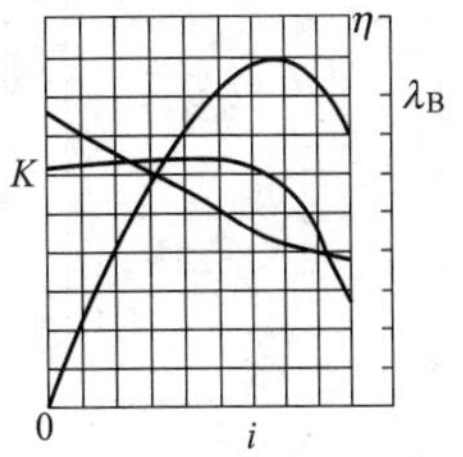
反转 (B—D—T)	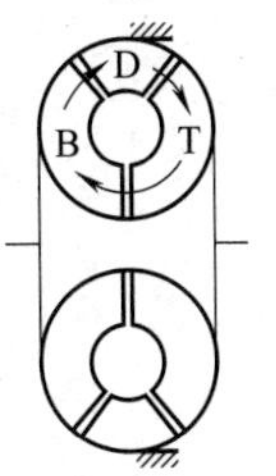	导轮为轴流式，可能获得的失速变矩比小于 B—T—D 型；泵轮入口液流取决于涡轮出口液流；泵轮转矩 T_B 在不同工况下受流量 Q 和涡轮转速 n_T 的直接影响；受泵轮入口、涡轮入口液流方向变化剧烈引起冲击损失增大的影响，效率低于正转型	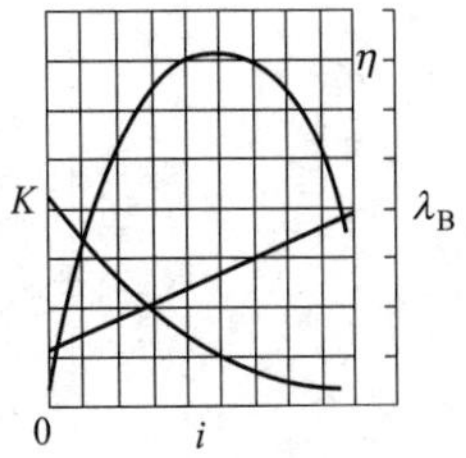

续表

类型	简图	基本特点	特性曲线
向心式	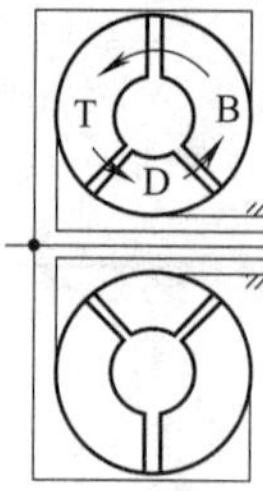	最高效率 η^* 高于其他形式涡轮液力变矩器，可达86%～91%；具有较大的透穿性选择范围，甚至可以达到负透；能容大于其他形式涡轮液力变矩器；失速变矩比 K_0 较低，但在高效区的 K 较高	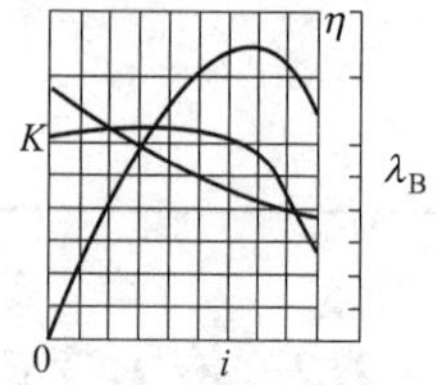
离心式	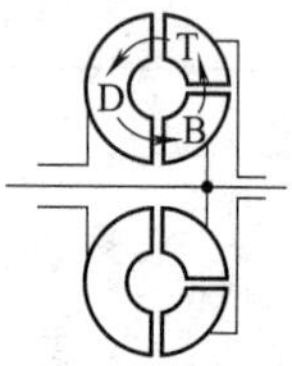	流量变化范围窄，可获得小的正透穿、负透穿率或基本不透穿性能	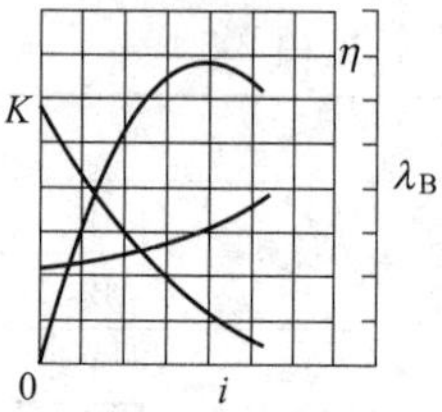
轴流式	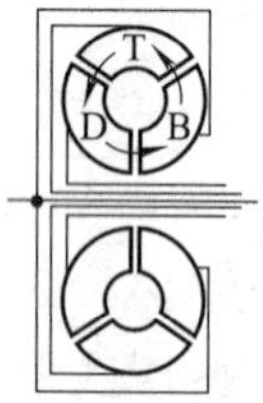	流量变化范围较窄，只能获得小的正透穿或基本不透穿性能	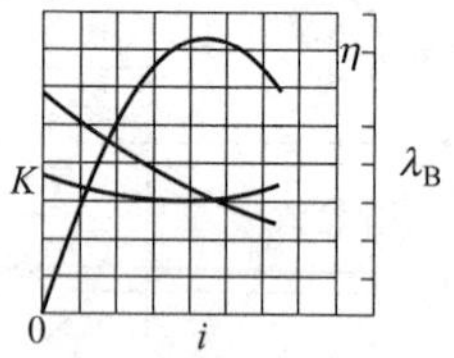
单级单相（三元件导轮固定）	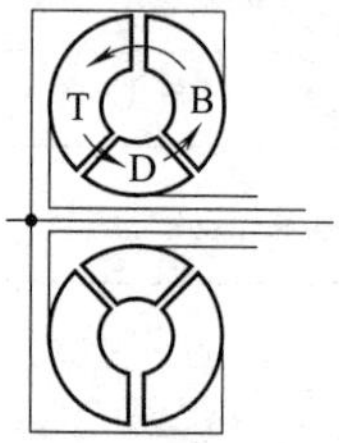	在全部类型液力变矩器中，为结构最简单、工作最可靠、制造和维修最方便、性能最稳定类型，最高效率一般不低于86%，失速变矩比一般为3～4	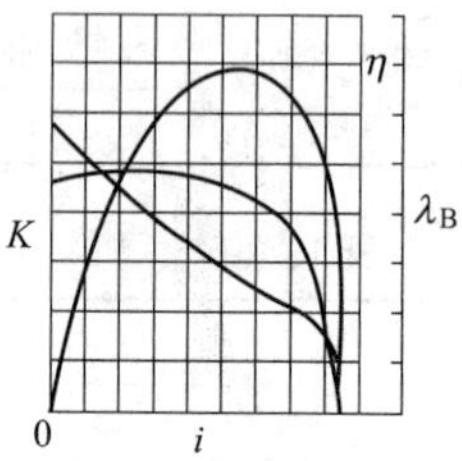
综合式	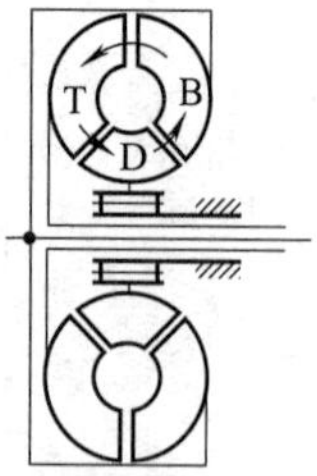 单导轮综合式	效率一般可达到88%～92% 因具有偶合器工况，最高效率可达95%～97%	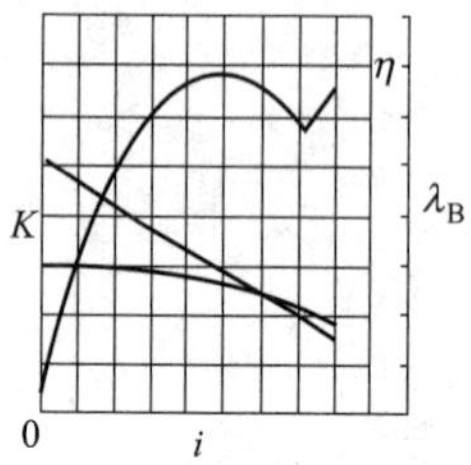
	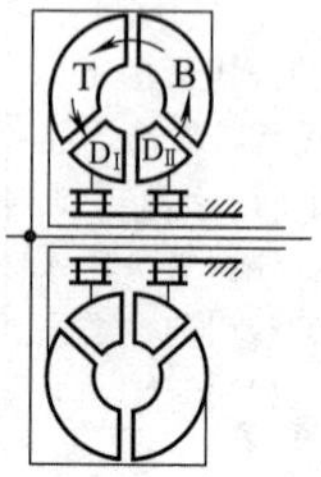 双导轮综合式		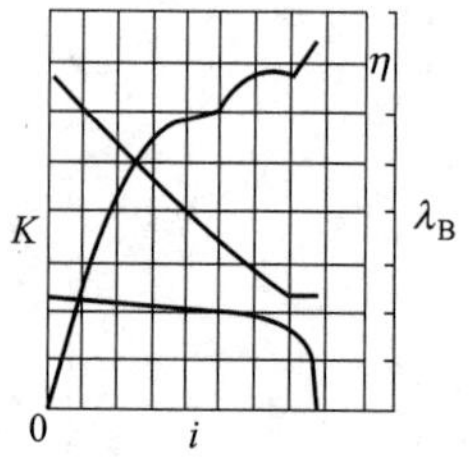

续表

类　型	简　图	基本特点	特性曲线
双泵轮可变能容	T, $B_Ⅱ$, $B_Ⅰ$, L, D	离合器L分离，能容最小；离合器L完全接合，能容最大；离合器L部分接合，能容处于最大与最小之间；通过改变能容，可充分利用发动机的功率	η, λ_B, K, 0, i
双涡轮	$T_Ⅰ$, $T_Ⅱ$, B, D	为液力机械内分流变矩器，需机械汇流机构；可获得较宽的高效区、宽广平滑的转矩变化范围，变速箱挡位可减半；最高效率低于综合式2%～3%	η, λ_B, K, 0, i
单级四相双泵轮	T, $B_Ⅰ$, $B_Ⅱ$, $D_Ⅰ$, $D_Ⅱ$	可减少低转速比的冲击损失，提高低转速比效率；可增大能容	η, λ_B, K, 0, i
导轮可反转	单向轮结构	可获得较大的失速变矩系数，使变速箱结构大为简化；最高效率可达85%，高效区范围较宽；结构比较复杂	η, λ_B, K, 0, i
	摩擦制动器结构		η, λ_B, K, 0, i
闭锁式	闭锁时涡轮转动	高转速比条件下由液力传动改变为纯机械传动，提高传动效率	η, λ_B, K, 0, i

续表

类　型	简　图	基本特点	特性曲线
闭锁式	闭锁时叶轮不转动	高转速比条件下由液力传动改变为纯机械传动，提高传动效率，但结构复杂	
可调式	导轮叶片旋转可调式 泵轮叶片旋转可调式	可根据负荷情况，强制改变液力变矩器的外特性	

2.3　液力变矩器的压力补偿及冷却系统

为避免液力变矩器工作腔内压力过低而产生汽蚀，并降低因功率损失产生的大量热量导致的工作液体过高温升，需要采用补偿泵将工作液体以一定的压力和流量输送到液力变矩器内，形成工作液的压力补偿和冷却循环。液力变矩器工作液体循环路径见图 19-2-2；典型的液力变矩器外部压力补偿及冷却循环系统见图 19-2-3。

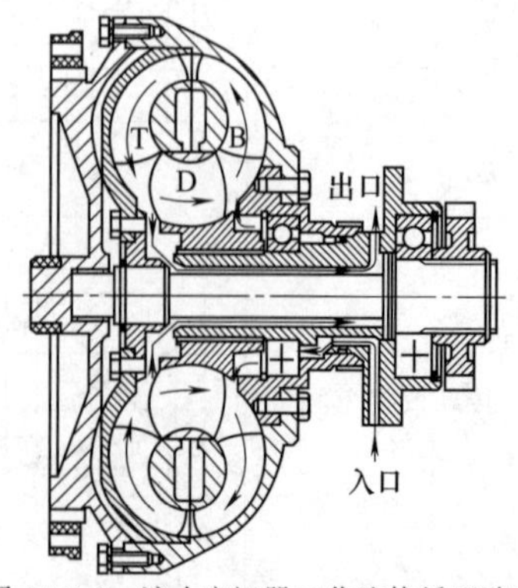

图 19-2-2　液力变矩器工作液体循环路径

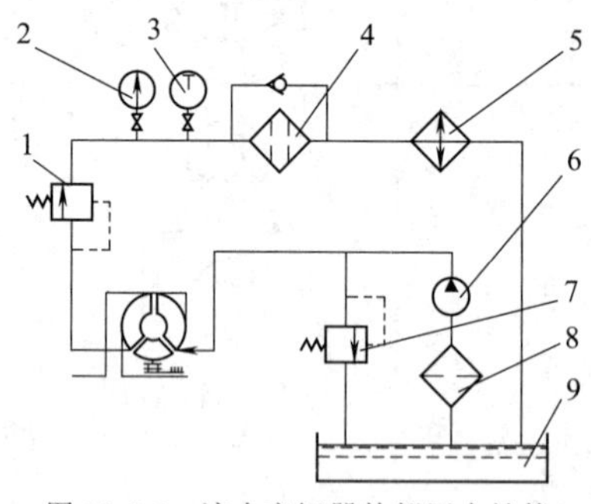

图 19-2-3　液力变矩器外部压力补偿及冷却循环系统原理

1—背压阀；2—压力表；3—油温表；4—精滤油器；5—冷却器；6—液压泵；7—安全阀；8—粗滤油器；9—油箱

2.3.1　补偿压力

为消除汽蚀，泵轮进口处工作液体应具有的最小补偿压力 p_{bmin} 值可按式（19-2-4）计算

$$p_{\text{bmin}}=p_{\text{t}}+Cn_{\text{B}}^{2}D^{2} \qquad (19\text{-}2\text{-}4)$$

式中　p_{bmin}——最小补偿压力，MPa；

p_{t}——工作液体的汽化压力，通常取 $p_{\text{t}}=0.098\text{MPa}$；

C——抗汽蚀稳定性系数，MPa·(r·min^{-1})$^{-2}$·m^{-2}。

受汽蚀现象复杂性及诸多影响因素的限制，抗汽蚀稳定性系数C只能采用试验的方法确定。试验时保持泵轮转速n_B和涡轮转速n_T为定值（即保持某一恒定工况），在不同补偿压力p_b下测定泵轮转矩T_B和涡轮转矩T_T。当补偿压力p_b足够大时，测定参数值（或泵轮转矩系数λ_B和涡轮转矩系数λ_T）或效率η不变；当补偿压力p_b小于某一极限值p_{bmin}时，转矩系数和效率开始下降；随补偿压力值的降低，转矩系数和效率值急剧下降，并伴随产生噪声。在一定转速比下，液力变矩器的汽蚀特性曲线如图19-2-4所示。

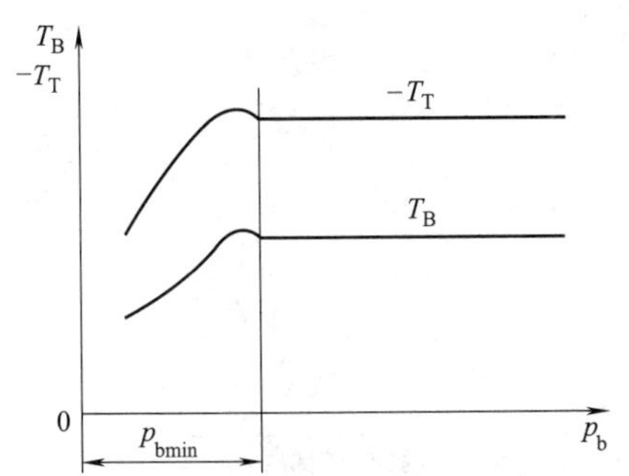

图19-2-4 液力变矩器的汽蚀特性曲线

将p_{bmin}值代入式（19-2-4）即可得到试验液力变矩器的抗汽蚀系数C。通常情况下，制动工况（$i=0$）时的最小补偿压力值为所有工况条件下最小补偿压力值的最大值。为避免液力变矩器产生汽蚀，须保证补偿压力$p_b>p_{bmin}$。

若液力变矩器几何相似，且在相似工况下工作，即可根据试验液力变矩器测得的最小补偿压力计算相似液力变矩器的最小补偿压力。

$$p_{bmin}=\frac{(n_B^2D^2)_S}{(n_B^2D^2)_M}(p_{bmin}-1)_M+1 \quad (19\text{-}2\text{-}5)$$

式中，下标M代表试验（模型）液力变矩器；S代表相似（实物）液力变矩器。

表19-2-7列出了部分液力变矩器补偿压力推荐值。

表19-2-7 部分液力变矩器补偿压力数值

型　号	泵轮转速 n_B/r·min^{-1}	有效直径 D/m	生产厂家推荐的补偿压力 p_b/MPa
DZ-161铲运机液力变矩器	2000	0.375	0.63
ZL-35装载机	1900	0.355	0.42
阿里逊系列	2400	0.465	0.7～1.0
李施霍姆-斯密司	1800	0.510	0.5
5m^{3}装载机液力变矩器	2100	0.433	0.5
YB355-2	1800	0.355	0.42
ZL-50装载机	2200	0.315	0.56
SH380液力变矩器	2000	0.465	0.4

2.3.2 冷却循环流量和散热面积

能量损失导致的工作液体发热程度与液力变矩器传递的功率及效率有关。在$i=0$时，$\eta=0$，液力变矩器所传递的发动机功率全部转变为热量，在数分钟内将导致工作液体温度急剧升高。一般变矩器工作液体的正常工作温度在80～110℃。受密封材料耐热性、液力传动油变质老化、传动系统润滑性等条件限制，液力变矩器出口的最高许用油温为115～120℃，极短时间内允许达到130℃，故必须设置必要的工作液体冷却系统。根据理论与实验研究结果，液力变矩器的功率损失约为原动机额定功率的20%～25%，传动系的功率损失约为原动机额定功率的5%～8%。通常情况下，认为30%的发动机额定功率转变为使液力变矩器工作液体温升的热量。单位时间产生的热量为

$$q_s=0.3P_{eN} \quad (19\text{-}2\text{-}6)$$

式中　q_s——液力变矩器工作液获得的热量，kJ；

P_{eN}——发动机额定功率，kW。

冷却循环流量（工作液体循环流量）Q_1按式（19-2-7）计算，散热面积F按式（19-2-8）计算。

$$Q_1=\frac{0.3P_{eN}}{c\rho\Delta T} \quad (19\text{-}2\text{-}7)$$

$$F=\frac{0.3P_{eN}}{k\Delta T'} \quad (19\text{-}2\text{-}8)$$

式中　Q_1——冷却循环流量，m^3·s^{-1}；

F——散热面积，m^2；

c——工作液体质量热容，$c=7.66\times10^{-3}$kJ·(kg·K)$^{-1}$；

ρ——工作液体密度，kg·m^{-3}；

ΔT——冷却器进口与出口的温度差，一般取$\Delta T=285\sim288$K；

k——传热系数，油冷却器可取$k=1.7\times10^{-3}\sim2.98\times10^{-3}$kW·(m^2·K)$^{-1}$，油散热器可取$k=1.28\times10^{-4}\sim2.13\times10^{-4}$kW·(m^2·K)$^{-1}$；

$\Delta T'$——工作液体在冷却器（或散热器）中与水（或空气）的平均温差，油冷却器可取$\Delta T'=283$K，油散热器可取$\Delta T'=303\sim323$K。

补偿泵的排量应根据工作液体的冷却循环流量，并考虑油泵的效率及系统的泄漏确定；由于使用工况的不稳定性，散热面积F在根据式（19-2-8）计算的基础上，需样机试验进一步确定合适的散热面积。

2.4 液力变矩器的设计方法

2.4.1 相似设计法

相似设计就是根据某一具体的使用要求，即设计

工况的功率、转矩、转速等参数，从现有的变矩器中选择一种原始特性基本符合要求的变矩器作为模型变矩器，经过对过流部分几何尺寸的相似放大和缩小得到一新的液力变矩器。所谓原始特性符合要求，主要是指变矩器的失速变矩系数 K_0、设计工况泵轮转矩系数 λ_B^*、设计工况转速比 i^*、效率 η^*、高效区范围 G_η、透穿性系数 T 等一些有代表性的性能参数满足整车（机）传动系匹配及性能要求。

新设计的变矩器各过流部分的线性尺寸参数即为模型变矩器各相应的尺寸参数与线性比例尺 C 之积，而各角度参数应对应相等。线性比例尺 C 定义为所设计的变矩器有效直径 D_S 与模型变矩器有效直径 D_M 之比。至于结构，则可根据工艺、强度等方面进行设计，即非过流部分的尺寸不必受尺寸比例系数的限制。

表 19-2-8　　相似设计法

<table>
<tr><td>相似原理</td><td colspan="2">相似设计方法的理论基础是相似原理。根据传递功率的不同和匹配的要求计算出液力变矩器的有效直径，根据样机进行放大或缩小。要使放大或缩小后的液力变矩器与样机变矩器具有基本相同的性能，必须保证两液力变矩器中的液体流态和受力情况相似，即几何相似、运动相似和动力相似，也即符合力学相似原则。该方法可以方便地进行变矩器的设计，是工程上比较通用的方法，但条件是必须有模型样机
根据相似原理可以确定两个相似的液力元件间各种线性尺寸、各种速度和转速之间的关系
$$\frac{R_{B1M}}{R_{B1S}}=\frac{R_{B2M}}{R_{B2S}}=\frac{R_{T1M}}{R_{T1S}}=\frac{R_{T2M}}{R_{T2S}}=\frac{R_{D1M}}{R_{D1S}}=\frac{R_{D2M}}{R_{D2S}}=\frac{D_M}{D_S}=常数 \quad (19\text{-}2\text{-}9)$$
$$\frac{v_{1M}}{v_{1S}}=\frac{u_{1M}}{u_{1S}}=\frac{w_{1M}}{w_{1S}}=\frac{v_{m1M}}{v_{m1s}}=\frac{v_{u1M}}{v_{u1S}}=\frac{v_{2M}}{v_{2S}}=\frac{u_{2M}}{u_{2S}}=\frac{w_{2M}}{w_{2S}}=\frac{v_{m2M}}{v_{m2S}}=\frac{v_{u2M}}{v_{u2S}}$$
$$=\frac{D_M n_{BM}}{D_S n_{BS}}=\frac{D_M n_{TM}}{D_S n_{TS}}=常数 \quad (19\text{-}2\text{-}10)$$
式中，下标 M 表示模型液力元件；下标 S 表示设计的液力元件</td></tr>
<tr><td rowspan="5">相似定律</td><td colspan="2">根据相似原理还可以推导出相似的液力元件在流量、能量、功率和转矩方面的四个相似定律</td></tr>
<tr><td>第一相似定律</td><td>它表示边界条件相似（即几何相似）的液力元件，在等倾角工况下流量 Q 和有效直径 D、泵轮转速 n_B 之间的关系
$$\frac{Q_M}{Q_S}=\left(\frac{D_M}{D_S}\right)^3\frac{n_{BM}}{n_{BS}} \quad (19\text{-}2\text{-}11)$$
它说明两个相似的液力元件，其流量之比与有效直径比值的三次方、泵轮转速比值的一次方成比例</td></tr>
<tr><td>第二相似定律</td><td>该定律表示边界条件相似的液力元件在等倾角工况下，能头和几何尺寸、转速之间的关系
$$\frac{H_M}{H_S}=\left(\frac{D_M}{D_S}\right)^2\left(\frac{n_{BM}}{n_{BS}}\right)^2 \quad (19\text{-}2\text{-}12)$$
该表达式说明相似的液力元件，其能头的比值和有效直径之比的二次方、泵轮转速比的二次方成比例</td></tr>
<tr><td>第三相似定律</td><td>该定律表示边界条件相似的液力元件在等倾角工况下，功率与几何尺寸、泵轮转速的关系
$$\frac{P_M}{P_S}=\left(\frac{D_M}{D_S}\right)^5\left(\frac{n_{BM}}{n_{BS}}\right)^3\left(\frac{\rho_M}{\rho_S}\right) \quad (19\text{-}2\text{-}13)$$
它表明相似的液力元件，其功率之比等于有效直径之比的五次方、泵轮转速之比的三次方、液体密度之比一次方的乘积</td></tr>
<tr><td>第四相似定律</td><td>第四相似定律表示相似的液力元件的转矩与几何尺寸、转速之间的关系
$$\frac{T_M}{T_S}=\left(\frac{D_M}{D_S}\right)^5\left(\frac{n_{BM}}{n_{BS}}\right)^2\left(\frac{\rho_M}{\rho_S}\right) \quad (19\text{-}2\text{-}14)$$
这个定律表明，相似的液力元件其转矩之比和有效直径之比的五次方、泵轮转速比值的二次方、工作液体密度之比一次方成比例</td></tr>
<tr><td>其他</td><td colspan="2">此外，有关相似液力元件的其他问题也可以由相似原理解决。如
相似的液力元件供油压力计算公式为
$$\frac{p_{gM}}{p_{gS}}=\left(\frac{D_M}{D_S}\right)^2\left(\frac{n_{BM}}{n_{BS}}\right)^2 \quad (19\text{-}2\text{-}15)$$
相似液力元件轴向力计算公式为
$$\frac{F_M}{F_S}=\left(\frac{D_M}{D_S}\right)^4\left(\frac{n_{BM}}{n_{BS}}\right)^2 \quad (19\text{-}2\text{-}16)$$</td></tr>
</table>

表 19-2-9　相似设计的具体步骤

步骤	内　容
1	根据车辆或机械的整机性能要求对液力变矩器提出需要的性能要求
2	选择模型液力变矩器。根据发动机和工作机械的工作条件、具体要求以及已知数据，在现有的液力变矩器中，选择最优者作为模型。从而就确定了模型液力变矩器的原始特性曲线
3	计算液力变矩器有效直径。根据发动机特性和变矩器的原始特性，按式(19-2-17)初步算出所设计液力变矩器要求的有效直径 $$D=\frac{1}{\sqrt[5]{\lambda_B^* \rho g}}\sqrt[5]{\frac{T_B}{n_B^2}}=\frac{1}{\sqrt[5]{\lambda_B^* \rho g}}\sqrt[5]{\frac{T_e}{n_e^2}} \quad (19\text{-}2\text{-}17)$$ 式中　λ_B^*——模型液力变矩器最高效率时的泵轮转矩系数； T_e——发动机的有效转矩； n_e——发动机的转速 D 应根据具体要求(如系列标准等)来校核或修改
4	决定线性比例尺。根据液力变矩器的几何相似条件决定线性比例尺
5	绘制液力变矩器制造加工图样。按比例尺 C 放大或缩小模型液力变矩器各部分尺寸，所有叶片形状、叶片角和叶片数目必须保证与模型相同 在液力元件的流场中，考虑的主要作用力为惯性力和黏性力。如果在两个流场中两种流动的雷诺数相同，说明在这两种流动中惯性力和黏性力所占的比例相同，即这两个流场符合动力相似原则。虽然新机和样机之间的性能存在一定的差别，但根据实践经验，根据相似理论制造出的新变矩器，其泵轮转速在不低于样机的 40% 的条件下，其性能与样机的偏差仅在 2%～3% 的范围内 当模型和实物尺寸及泵轮转速相差较大时，其效率的差别也比较大。一般尺寸越大、转速越高，其效率也越高。其修正公式为 $$\eta_S^*=1-(1-\eta_M^*)\left(\frac{n_{BM}}{n_{BS}}\right)^{0.25}\left(\frac{D_M}{D_S}\right)^{0.5} \quad (19\text{-}2\text{-}18)$$

根据相似理论，对于任何一组相似的液力变矩器，其原始特性相同，故可以利用相似理论进行两个方面的工作：

第一，对于大型的新设计的液力变矩器，可以利用模型试验来检测其预定的性能。由于大尺寸、大功率的液力传动装置进行全负荷试验比较困难，因此可以采用制作模型样品进行试验来确定其预定性能。

第二，选取一个比较成熟的性能优良的液力变矩器样机，用相似理论来放大或缩小其尺寸，制造出符合使用要求的新变矩器。这是目前液力变矩器设计和研制中常用的方法。

2.4.2　统计经验设计法

以大量试验数据和资料统计中所归纳出的规律、图表为基础，运用设计人员的经验进行综合分析，从而确定变矩器的主要几何参数。该方法适合对已有变矩器进行改进设计，对全新设计变矩器的性能预测的精度不高。同时由于主要依靠数据与图表，所以不适合于优化设计优选参数，也不便于用计算机进行计算分析。

表 19-2-10　统计经验设计法

项目		说　明
叶片参数对变矩器性能的影响	泵轮叶片出口角 β_{B2} 对性能的影响	泵轮叶片出口角 β_{B2} 是影响变矩器性能的一个重要角度参数。机车启动和运转变矩器之所以具有不同的性能，其中主要一个因素就是各自具有不同的 β_{B2} 值。现有变矩器泵轮出口角 β_{B2} 一般在 40°～120°。改变 β_{B2} 值对设计工况值的影响，比改变涡轮和导轮参数对设计工况的影响还要显著。随着 β_{B2} 的增大，失速变矩比 K_0 将增大，泵轮转矩系数 λ_B、最高效率 η^* 和透穿性系数 T 以及偶合器工况点的效率则均将降低

续表

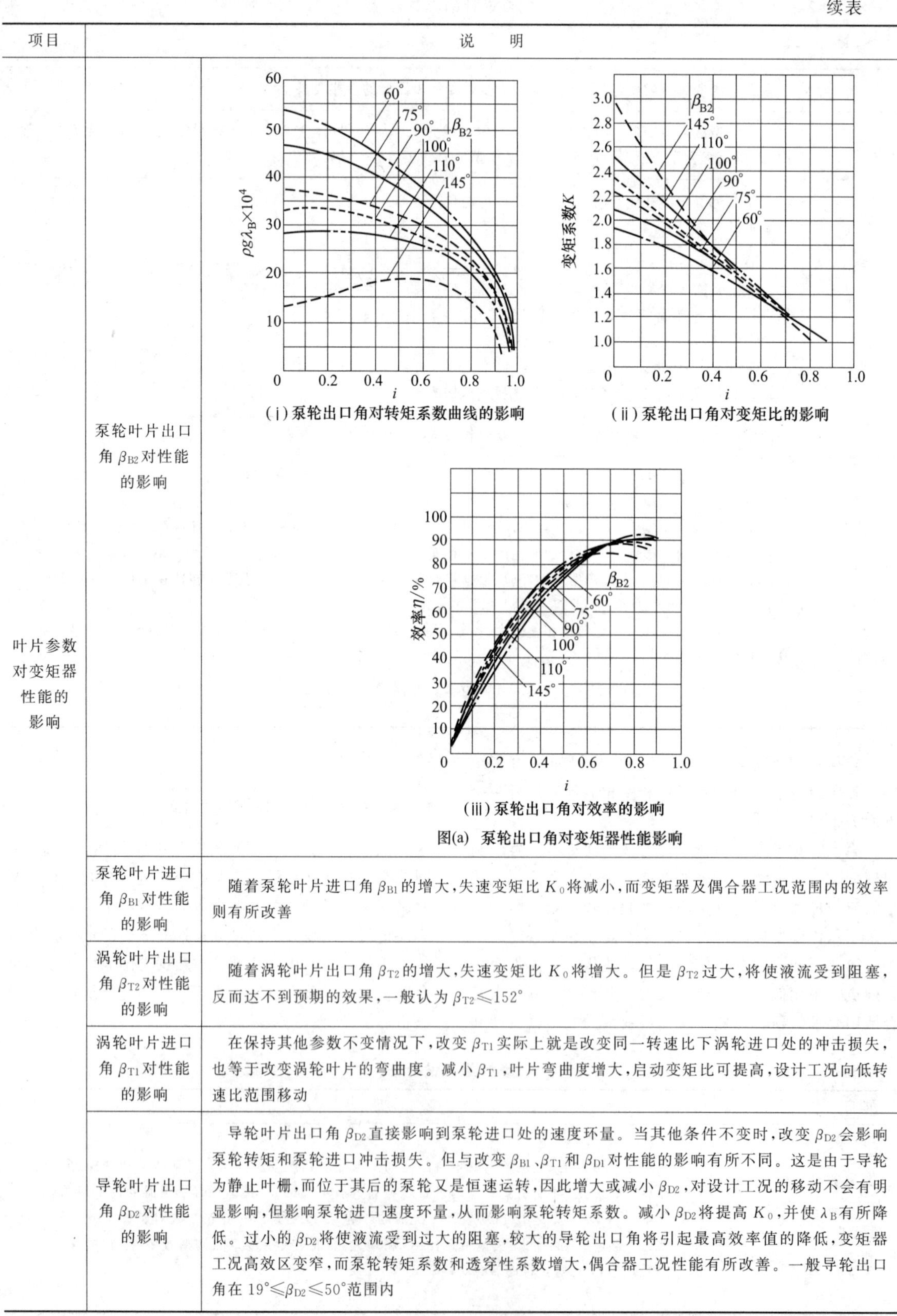

项目		说　　明
叶片参数对变矩器性能的影响	泵轮叶片出口角 β_{B2} 对性能的影响	(ⅰ)泵轮出口角对转矩系数曲线的影响 (ⅱ)泵轮出口角对变矩比的影响 (ⅲ)泵轮出口角对效率的影响 图(a)　泵轮出口角对变矩器性能影响
	泵轮叶片进口角 β_{B1} 对性能的影响	随着泵轮叶片进口角 β_{B1} 的增大，失速变矩比 K_0 将减小，而变矩器及偶合器工况范围内的效率则有所改善
	涡轮叶片出口角 β_{T2} 对性能的影响	随着涡轮叶片出口角 β_{T2} 的增大，失速变矩比 K_0 将增大。但是 β_{T2} 过大，将使液流受到阻塞，反而达不到预期的效果，一般认为 $\beta_{T2}\leqslant152°$
	涡轮叶片进口角 β_{T1} 对性能的影响	在保持其他参数不变情况下，改变 β_{T1} 实际上就是改变同一转速比下涡轮进口处的冲击损失，也等于改变涡轮叶片的弯曲度。减小 β_{T1}，叶片弯曲度增大，启动变矩比可提高，设计工况向低转速比范围移动
	导轮叶片出口角 β_{D2} 对性能的影响	导轮叶片出口角 β_{D2} 直接影响到泵轮进口处的速度环量。当其他条件不变时，改变 β_{D2} 会影响泵轮转矩和泵轮进口冲击损失。但与改变 β_{B1}、β_{T1} 和 β_{D1} 对性能的影响有所不同。这是由于导轮为静止叶栅，而位于其后的泵轮又是恒速运转，因此增大或减小 β_{D2}，对设计工况的移动不会有明显影响，但影响泵轮进口速度环量，从而影响泵轮转矩系数。减小 β_{D2} 将提高 K_0，并使 λ_B 有所降低。过小的 β_{D2} 将使液流受到过大的阻塞，较大的导轮出口角将引起最高效率值的降低，变矩器工况高效区变窄，而泵轮转矩系数和透穿性系数增大，偶合器工况性能有所改善。一般导轮出口角在 $19°\leqslant\beta_{D2}\leqslant50°$ 范围内

续表

<table>
<tr><th>项目</th><th colspan="2">说　明</th></tr>
<tr><td rowspan="2">叶片参数对变矩器性能的影响</td><td>导轮叶片出口角 β_{D2} 对性能的影响</td><td>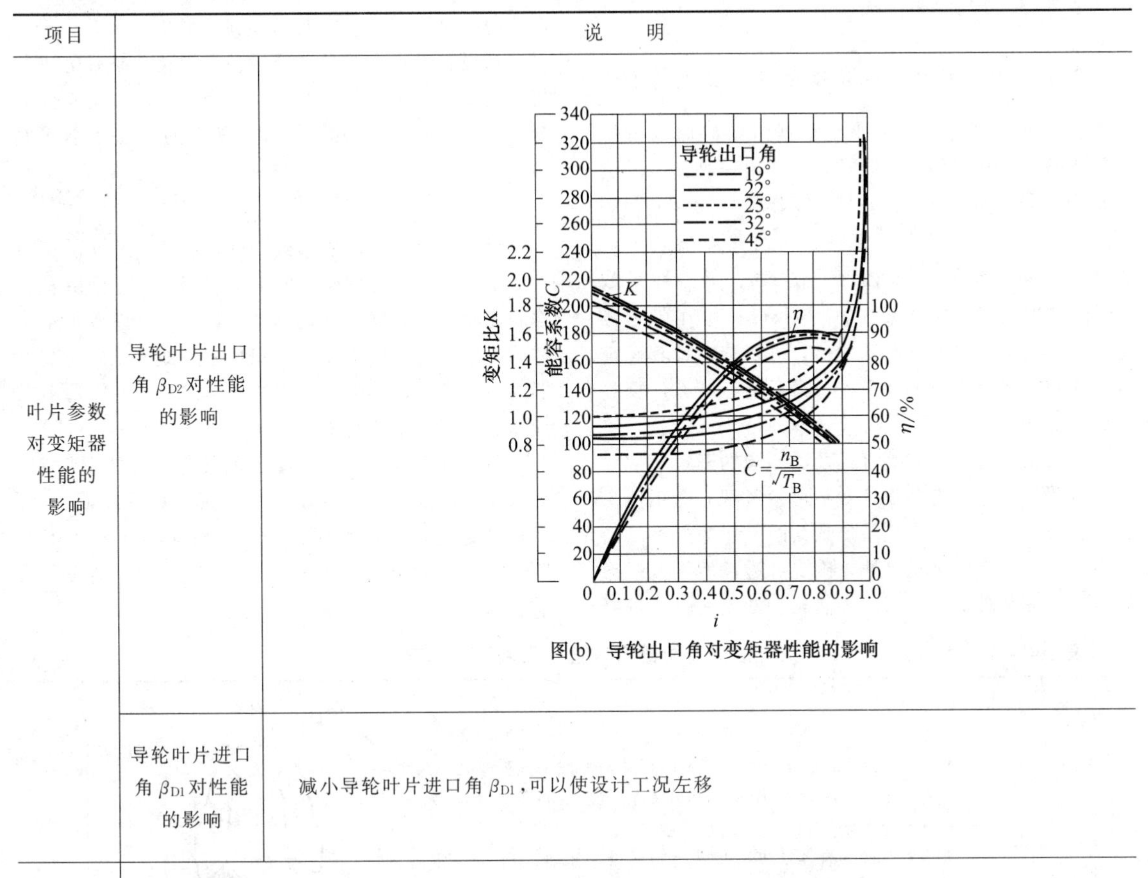

图(b)　导轮出口角对变矩器性能的影响</td></tr>
<tr><td>导轮叶片进口角 β_{D1} 对性能的影响</td><td>减小导轮叶片进口角 β_{D1}，可以使设计工况左移</td></tr>
<tr><td>尺寸和工艺因素对变矩器性能的影响
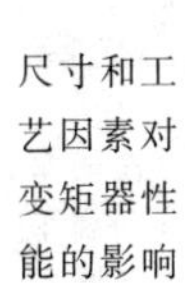</td><td colspan="2">随着变矩器尺寸的加大，它的效率可以提高，这是由于尺寸的加大可使相对粗糙度减小，微观几何尺寸不再相似，摩擦损失减少所致。图(c)示出了变矩器的最高效率随其 D 值的增大而提高的情况
根据图(c)及某些试验资料，当有效直径 D 从 300～340mm 增大到 $D=420$～480mm 时，η^* 可增高 1%～2%，K_0 增高的比值则更大一些
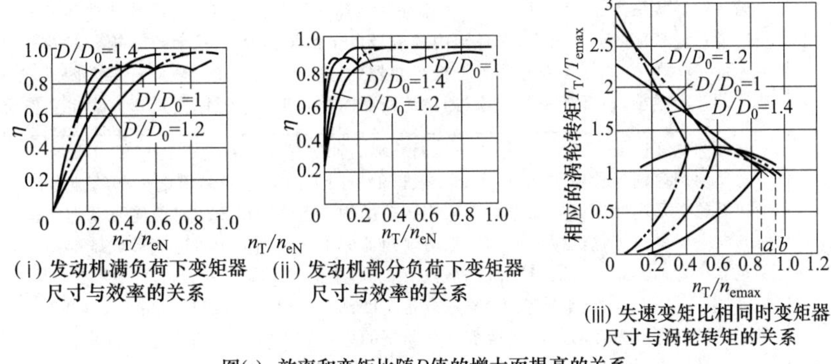

(ⅰ) 发动机满负荷下变矩器尺寸与效率的关系　(ⅱ) 发动机部分负荷下变矩器尺寸与效率的关系　(ⅲ) 失速变矩比相同时变矩器尺寸与涡轮转矩的关系
图(c)　效率和变矩比随 D 值的增大而提高的关系
工艺因素对变矩器特性也有明显的影响。例如一种轿车综合式变矩器的涡轮出口角在制造偏差为±1°时，就使效率变化 0.5%，使 K_0 变化 2.5%。因此，保证叶片进、出口角的误差在一定范围内，将对变矩器的性能起决定性影响。叶片间流道的表面粗糙度如能达到或低于 Ra1.6μm，一般已满足要求。粗糙度再低对效率的提高不甚显著，因此不必对其提出过高的要求</td></tr>
</table>

2.4.3　理论设计法

2.4.3.1　基于一维束流理论的设计方法

液力变矩器的设计主要是根据给定的原动机特性，再根据工作机的工作要求，设计出一种新型的能使动力机与工作机具有良好共同工作特性的液力变矩器。该变矩器的性能参数包括：失速变矩系数 K_0、设计工况转速比 i^*、高效区范围 G_η、透穿性系数 T、设计工况泵轮转矩系数 λ_B^* 等。设计中在确定液力变矩器有效直径及循环圆之后，进行液力计算确定叶片角度，然后进行叶片设计，最后进行特性计算验证设计结果。

（1）液力变矩器有效直径及循环圆的确定

在设计开始时有些设计参数可参考现有变矩器来初步选择确定。由动力机与负载共同工作条件可以确定变矩器应具有何种透穿性，确定可透性后可大致确定变矩器是何种形式——向心涡轮、轴流涡轮还是离心涡轮以及是否为综合式液力变矩器等，再进一步确定液力变矩器有效直径及循环圆的形状。

若设扣除动力机各辅助设备所消耗功率后由动力机传给变矩器泵轮轴的有效功率为 P_{eN}，转速和转矩分别为 n_{eN} 和 T_{eN}，由此可得变矩器的有效直径 D 为

$$D=\sqrt[5]{\frac{T_{eN}}{\lambda_B^* \rho g n_{eN}^2}} \tag{19-2-19}$$

设计工况泵轮转矩系数的确定有两种情况。其一是如果液力变矩器安装空间有一定限制时，则由安装空间先确定变矩器的有效直径。这里要考虑变矩器壳体的厚度及连接所需要的空间尺寸。即要先确定变矩器的有效直径，再由原动机输送给变矩器的净功率来计算变矩器的泵轮转矩系数 λ_B^*。

另一种情况是，若变矩器的外形尺寸不受限制，则可先选定设计工况变矩器的泵轮转矩系数 λ_B^*，然后求出变矩器的有效直径 D。一般向心涡轮变矩器 λ_B^* 的取值范围为 $\lambda_B^*=(1.5\sim4.0)\times10^{-6}$，离心涡轮变矩器 $\lambda_B^*=(0.6\sim2.5)\times10^{-6}$。

表 19-2-11　　液力变矩器有效直径及循环圆的确定

循环圆形状的相对参数	直径比 m	直径比 $m=D_0/D$，D_0 为循环圆内径。对一般失速变矩比 K_0 要求不高的变矩器，$m=1/3$；而对失速变矩比 K_0 要求高的变矩器，m 的取值范围为 0.4～0.45。m 的选取要考虑变矩器结构布置等因素，因 m 太小对单向离合器及多层套轴的布置带来困难。当 m 选定后，循环圆内径也就确定下来了，这时要确定过流断面面积，即确定循环圆的形状。统计资料表明，圆形循环圆最佳过流面积约为变矩器有效直径总面积的 23% 图(a)　变矩器循环圆的几何参数
	循环圆形状系数 a	循环圆形状系数 $a=L_1/L_2$。L_1 为循环圆内环的径向长度，L_2 为循环圆外环的径向长度。a 减少显然会使流道过流断面的面积增大，循环圆内的流量也就相应的增大，从而使泵轮转矩系数增大。一般 a 的取值范围为 $a=0.43\sim0.55$。a 较小虽然会使变矩器的能容增大，但给叶轮设计带来困难，叶片严重扭曲，且内环处叶片的节距减小，使排挤系数减小(即过流断面面积减小)。另外，流道弯曲大也会使流动损失增加
	循环圆宽度比 w	循环圆宽度比 $w=B/D$。式中 B 为循环圆的轴向宽度。一般 w 的取值范围为 0.2～0.4 常见的循环圆形状如图(b)所示。一般近似于圆形的循环圆多用于汽车的液力传动中。这种变矩器的泵轮和涡轮常采用冲压焊接而导轮则采用铸造结构。近年来由于轿车前轮驱动而使轿车变矩器循环圆向扁平的方向发展。而工程机械上使用的液力变矩器的工作轮则多用铸造成形或铣削加工。近似圆形的循环圆的变矩器还有轴流式变矩器，这种变矩器多用于起重运输机械。蛋形循环圆的变矩器一般用于工程机械，如装载机、推土机、铲运机、平地机等，其特点是宽度比小，叶片可做成柱面叶片，以便于加工。长圆形循环圆，多用于内燃机车液力传动及需要调节叶片角度的可调式液力变矩器中。这种变矩器的叶片便于铣削加工，可大大提高过流元件表面的光洁度，从而减小流动损失 有效直径及循环圆的形状确定以后，便可画出循环圆的形状，确定其各有关尺寸，并可将泵轮、涡轮及导轮进出口位置确定下来。亦可采用参考现有变矩器循环圆进行设计或采用三圆弧设计法设计 进一步便可做出各工作轮的轴面图及确定平均流线(中间流线)。要注意的是在确定循环圆形状时，应使各过流断面面积尽量相等。在确定各工作轮进出口半径时，可参考已有性能较好的同类型变矩器。变矩器叶轮的进出口边在轴面图上是形状各异的，大部分为直线，也有曲线形状。不论何种形状，均由设计者在叶轮设计时确定。一般两工作轮进出口边之间要留 2～3mm 的间隙

续表

循环圆形状的相对参数	循环圆宽度比 w	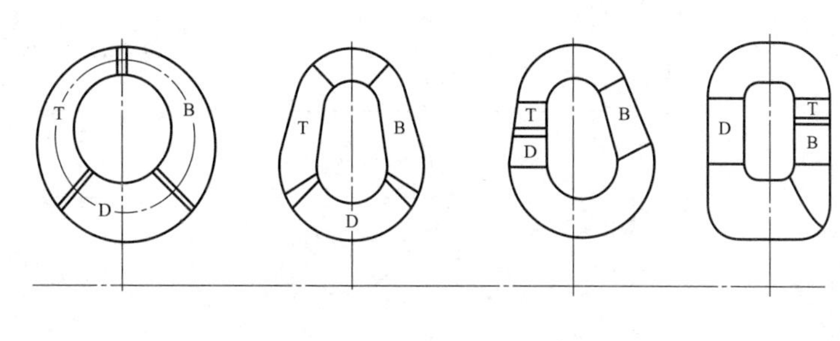 (i)圆形　(ii)蛋形　(iii)半蛋形　(iv)长方形 **图(b)　常见的变矩器循环圆形状** 在计算叶轮进出口处过流断面面积时应考虑排挤系数。因排挤系数 ψ 是叶片数、叶片厚度及叶片安放角的函数，当叶轮和叶片尚未设计出时 ψ 是一个未知数。而为进行设计计算又必须知道 ψ 的数值，所以必须先选定 ψ 的值。考虑到由于工况变化引起的冲击损失，所以涡轮及导轮叶片在进口处头部都有较大的圆角半径。而泵轮进口处由于导轮不动，其来流方向基本不变，因此其叶片头部圆角半径可以小些。在第一次计算时，可先取 $\psi=0.85$。而叶片出口处一般较薄，其厚度主要受加工工艺限制，一般铸造叶片最小厚度 $\delta=2\sim3$mm，所以排挤系数可选大一些，即可取 $\psi=0.92$。冲压叶片厚度一般为 0.8～1.5mm，排挤系数可选更大一些。当第一次设计计算结束后，进行第二次迭代计算时，则可根据第一次计算求出的叶片角等参数精确地计算出排挤系数 ψ

(2) 单级液力变矩器液力计算

由于流动的复杂性，变矩器的特性指标与几何参数关系之间并非只有单值唯一解的某种完全确定的数学关系。即使重新设计一个变矩器，也必然要参照已有各种变矩器，并在分析其性能和几何参数关系的基础上来进行液力计算。因此在液力计算中有些参数靠经验来选定，并与解析计算交叉进行，一般做 2～3 次渐进计算。

表 19-2-12　　单级液力变矩器液力计算

液力特性的换算	动力机传给泵轮的转矩中有一部分是用于克服机械摩擦(包括轴承密封处的摩擦转矩及泵轮的圆盘摩擦转矩)后剩余的转矩才由泵轮传给流体 $T_{By}=T_B\eta_{Bj}$ 而涡轮的输出转矩 $-T_T$ 则是涡轮的液力转矩 $-T_{Ty}$ 克服了涡轮的机械摩擦转矩后才形成的 故有 $-T_T=-T_{Ty}\eta_{Tj}$ 由此可得 $T_B=T_{By}+T_{Bj}+T_{ByPT}+T_{ByPD}$ 由于轴承、密封中摩擦转矩很小，约占泵轮及涡轮液力转矩的 0.005～0.01，故泵轮转矩又可写为 $T_B=[1+(0.005\sim0.01)]T_{By}+f_{yp}\rho[2R_B^5(1-i)^2+R_D^5]\omega_B^2$　(19-2-20) 涡轮转矩可写为 $-T_T=-T_{Ty}-T_{Tj}-T_{TyPD}+T_{TyPB}$ $=[1-(0.005\sim0.01)](-T_{Ty})+f_{yp}\rho[2R_T^5(1-i)^2-R_D^5 i^2]\omega_B^2$ (19-2-21) 由上式可计算出泵轮和涡轮的液力转矩 T_{By} 和 $-T_{Ty}$ 液力变矩比则为 $K_y=\dfrac{-T_{Ty}}{T_{By}}$ 液力效率为 $\eta_y=K_y i$	T_{ByPT}——泵轮对涡轮的圆盘摩擦转矩 T_{ByPD}——泵轮对导轮的圆盘摩擦转矩 $f_{yp}=\dfrac{0.0465}{\sqrt[5]{Re}}$ $Re=\dfrac{R^2\omega_B}{\nu}$ f_{yp} 为圆盘摩擦因数；R 为圆盘最大外半径；ν 为工作液体的运动黏度值；R_B、R_T、R_D 分别为泵轮、涡轮、导轮圆盘最大外半径

续表

<table>
<tr><td rowspan="6">变矩器叶轮参数的无量纲表达式</td><td>相对半径</td><td>$$r_{ji}=\frac{R_{ji}}{R} \tag{19-2-22}$$</td><td>R——变矩器的特征尺寸，一般以平均流线在泵轮出口处的半径 R_{B2} 为特征尺寸，即 $R=R_{B2}$</td></tr>
<tr><td>相对面积 a_{ji}</td><td colspan="2">$$a_{ji}=\frac{A_{ji}}{R^2} \tag{19-2-23}$$</td></tr>
<tr><td>相对流量 $\overline{q}$</td><td>$$\overline{q}=\frac{Q}{R^3\omega_B} \tag{19-2-24}$$</td><td>Q——变矩器工作腔中的循环流量</td></tr>
<tr><td>叶轮平均流线在进出口处的综合无量纲表达式 α_{ji}</td><td>$$\alpha_{ji}=\frac{r_{ji}\cot\beta_{ji}}{a_{ji}} \tag{19-2-25}$$</td><td>β_{ji}——工作轮进出口处的叶片角</td></tr>
<tr><td>叶轮转矩和泵轮转矩系数无量纲表达式</td><td colspan="2">泵轮转矩无量纲表达式为
$$T_{By}=\rho\overline{q}r^5\omega_B^2[1-\overline{q}(\alpha_{B2}-\alpha_{D2})] \tag{19-2-26}$$
泵轮转矩系数的无量纲表达式则为
$$\overline{\lambda}_B=\frac{T_{By}}{\rho R^5\omega_B^2}=[1-q(\alpha_{B2}-\alpha_{D2})]q \tag{19-2-27}$$
需要指出的是，无量纲的泵轮转矩系数 $\overline{\lambda}_B$ 与用于原始特性计算时的泵轮转矩系数 λ_B 在数量上是不相同的。由 $\lambda_B=\frac{T_{By}}{\rho g n_B^2 D^5}$ 可得 $\overline{\lambda}_B$ 与 λ_B 之间的关系为
$$\overline{\lambda}_B=894.565\left(\frac{D}{R}\right)^5\lambda_B \tag{19-2-28}$$
λ_B 的数量级一般为 $A\times10^{-6}$，而 $\overline{\lambda}_B$ 的取值范围一般为 $\overline{\lambda}_B=0.05\sim0.4$。式(19-2-28)也可写为
$$\lambda_B=0.00112\left(\frac{D}{R}\right)^5\overline{\lambda}_B \tag{19-2-29}$$
涡轮转矩为
$$T_{Ty}=\rho\overline{q}R^5\omega_B^2[r_{T2}^2 i-1-\overline{q}(\alpha_{T2}-\alpha_{B2})] \tag{19-2-30}$$
涡轮转矩系数的无量纲表达式为
$$\overline{\lambda}_T=\frac{T_{Ty}}{\rho R^5\omega_B^2}=[r_{T2}^2 i-1-\overline{q}(\alpha_{T2}-\alpha_{B2})]\overline{q} \tag{19-2-31}$$
导轮转矩及转矩系数的无量纲表达式
$$T_{Dy}=\rho\overline{q}R^5\omega_B^2[-r_{T2}^2 i+\overline{q}(\alpha_{T2}-\alpha_{D2})] \tag{19-2-32}$$
$$\overline{\lambda}_{Dy}=[-r_{T2}^2 i+\overline{q}(\alpha_{T2}-\alpha_{D2})]\overline{q} \tag{19-2-33}$$</td></tr>
<tr><td>叶轮及损失能头的无量纲表达式</td><td colspan="2">泵轮能头的无量纲表达式
$$h_B=1-\overline{q}(\alpha_{B2}-\alpha_{D2})=\frac{\overline{\lambda}_B}{\overline{q}} \tag{19-2-34}$$
涡轮能头的无量纲表达式
$$h_T=i[r_{T2}^2 i-1-\overline{q}(\alpha_{T2}-\alpha_{B2})]=\frac{\overline{\lambda}_T}{\overline{q}}i \tag{19-2-35}$$
导轮能头的无量纲表达式
$$h_D=[r_{D2}^2 i_D-r_{T2}^2 i-\overline{q}(\alpha_{D2}-\alpha_{T2})]i_D \tag{19-2-36}$$
当 $i_D=0$ 时，$h_D=0$
摩擦损失能头的无量纲表达式为
$$\sum h_{mi}=\sum\frac{H_{mi}g}{R^2\omega_B^2}=\frac{\overline{q}^2}{2}\left[\xi_{mB}\left(\frac{1+\cot^2\beta_{B1}}{\alpha_{B1}^2}+\frac{1+\cot^2\beta_{B2}}{\alpha_{B2}^2}\right)+\xi_{mT}\left(\frac{1+\cot^2\beta_{T1}}{\alpha_{T1}^2}+\frac{1+\cot^2\beta_{T2}}{\alpha_{T2}^2}\right)+\xi_{mD}\left(\frac{1+\cot^2\beta_{D1}}{\alpha_{D1}^2}+\frac{1+\cot^2\beta_{D2}}{\alpha_{D2}^2}\right)\right] \tag{19-2-37}$$</td></tr>
</table>

续表

<table>
<tr>
<td rowspan="4">变矩器叶轮参数的无量纲表达式</td>
<td>叶轮及损失能头的无量纲表达式</td>
<td>冲击损失能头的无量纲表达式为

$$\sum h_{ci}=\frac{\sum H_{ci}g}{R^2\omega_B^2}=\frac{\zeta_{CB}}{2}\left[r_{B1}-\frac{\bar q}{r_{B1}}(\alpha_{B1}-\alpha_{D2})\right]^2+\frac{\zeta_{CT}}{2}\left[r_{T1}i-\frac{r_{B2}^2}{r_{T1}}-\frac{\bar q}{r_{T1}}(\alpha_{T1}-\alpha_{B2})\right]^2+\frac{\zeta_{CD}}{2}\left[-\frac{r_{T2}}{r_{D1}}i-\frac{\bar q}{r_{D1}}(\alpha_{D1}-\alpha_{T2})\right]^2$$

$$=\frac{\zeta_{CB}}{2}\left[r_{B1}-\frac{\bar q}{r_{B1}}(\alpha_{B1}-\alpha_{D2})\right]^2+\frac{\zeta_{CT}}{2}\left[r_{T1}i-\frac{1}{r_{T1}}-\frac{\bar q}{r_{T1}}(\alpha_{T1}-\alpha_{B2})\right]^2+\frac{\zeta_{CD}}{2}\left[-\frac{r_{T2}^2}{r_{D1}}i-\frac{\bar q}{r_{D1}}(\alpha_{D1}-\alpha_{T2})\right]^2 \quad (19\text{-}2\text{-}38)$$

一般在设计计算中，取 $\zeta_{ci}=1$</td>
</tr>
<tr>
<td>能量平衡的无量纲表达式</td>
<td>$$h_B+h_T+h_D-\sum h_{mi}-\sum h_{ci}=0$$

$$A\bar q^2+B\bar q+C=0 \quad (19\text{-}2\text{-}39)$$

式中

$$A=-\xi_{mB}\left(\frac{1+\cot^2\beta_{B1}}{a_{B1}^2}+\frac{1+\cot^2\beta_{B2}}{a_{B2}^2}\right)-\xi_{mT}\left(\frac{1+\cot^2\beta_{T1}}{a_{T1}^2}+\frac{1+\cot^2\beta_{T2}}{a_{T2}^2}\right)-\xi_{mD}\left(\frac{1+\cot^2\beta_{D1}}{a_{D1}^2}+\frac{1+\cot^2\beta_{D2}}{a_{D2}^2}\right)+\frac{\zeta_{CB}}{r_{B1}^2}(\alpha_{B1}-\alpha_{D2})^2+\frac{\zeta_{CT}}{r_{T1}^2}(\alpha_{T1}-\alpha_{B2})^2+\frac{\zeta_{CD}}{r_{D1}^2}(\alpha_{D1}-\alpha_{T2})^2$$

$$B=2\zeta_{CB}(\alpha_{B1}-\alpha_{D2})+2\zeta_{CT}\left(i_{TB}-\frac{1}{r_{T1}^2}\right)(\alpha_{T1}-\alpha_{B2})-2\zeta_{CD}\frac{r_{T2}^2}{r_{D1}^2}i_{TB}(\alpha_{D1}-\alpha_{T2})-2(\alpha_{B2}-\alpha_{D2})-2i_{TB}(\alpha_{T2}-\alpha_{B2})$$

$$C=-\zeta_{CB}r_{B1}^2-\zeta_{CT}\left(r_{T1}i_{TB}-\frac{1}{r_{T1}}\right)^2-\zeta_{CD}\left(\frac{r_{T2}^2}{r_{D1}}i_{TB}\right)^2+2+2i_{TB}(r_{T2}^2i_{TB}-1)$$</td>
</tr>
<tr>
<td>变矩比及效率的无量纲关系式</td>
<td>变矩比 K 的无量纲表达式

$$K_y=-\frac{\overline{T}_{Ty}}{\overline{T}_{By}}=-\frac{\lambda_T}{\lambda_B}=\frac{1-r_{T2}^2i_{TB}+(\alpha_{T2}-\alpha_{B2})\bar q}{1-\bar q(\alpha_{B2}-\alpha_{T2})} \quad (19\text{-}2\text{-}40)$$

效率的无量纲表达式

$$\eta=K_yi_{TB}=\frac{1-r_{T2}^2i_{TB}+(\alpha_{T2}-\alpha_{B2})\bar q}{1-\bar q(\alpha_{B2}-\alpha_{T2})} \quad (19\text{-}2\text{-}41)$$</td>
</tr>
<tr>
<td>比转数的无量纲表达式</td>
<td>泵轮

$$n_{SB}=\frac{3.65n_B\sqrt{q_B^*}}{(H_B^*)^{3/4}} \quad (19\text{-}2\text{-}42)$$

涡轮

$$n_{ST}=\frac{3.65n_T\sqrt{q_T^*}}{(H_T^*)^{3/4}} \quad (19\text{-}2\text{-}43)$$

统计资料表明性能较好的单级向心涡轮变矩器 $n_{SB}=90\sim120$，$n_{ST}=60\sim70$</td>
</tr>
<tr>
<td>排挤系数及过流断面面积的计算</td>
<td colspan="2">要计算出工作轮进出口处过流断面面积，必须知道工作轮进出口处的排挤系数

$$\psi_{ji}=1-\frac{Z_j\delta_{ji}}{2\pi R_{ji}\sin\beta_{ji}}$$

由上式可知，排挤系数与工作轮叶片数、叶片在进出口处的厚度及该处的叶片角有关。排挤系数在初步设计时先设定一数值，待第一轮计算结束后再精确计算

叶片数可根据经验公式计算或按统计资料进行选取。叶片数多，可相应地减小有限叶片数时对液流偏离的影响。但叶片数过多，又会增大叶片对液流的排挤，使摩擦表面积增加，从而使流动的摩擦损失加大，会使变矩器的效率降低、能容减小。因此对变矩器来说，应存在着一个合理的叶片数的组合。但由于变矩器的形式较多，工作轮又包括泵轮、涡轮和导轮，有的变矩器还有两个涡轮、两个导轮，因此很难从理论上求得一个最佳的叶片数组合。目前只能根据统计资料来选取，但为防止液流的脉动，各叶轮叶片数最好是互为质数或互不相等。如下表所列是各工作轮叶片数及排挤系数范围</td>
</tr>
</table>

续表

排挤系数及过流断面面积的计算

变矩器各工作轮叶片数及排挤系数

工作轮		铸造叶片 $\delta_{\min}=2\sim3\text{mm}$		冲压叶片 $\delta_{\min}=0.8\sim1.5\text{mm}$	
		Z_i	ψ_{ij}	Z_i	ψ_{ij}
泵轮	进口	10～25	0.86～0.92	25～38	0.87～0.94
	出口		0.93～0.97		0.95～0.98
涡轮	进口	15～30	0.83～0.87	23～35	0.96～0.98
	出口		0.81～0.87		0.84～0.90
导轮Ⅰ	进口	14～37	0.80～0.87		
	出口		0.83～0.88		
导轮Ⅱ	进口	13～31	0.85～0.88		
	出口		0.86～0.87		

注：冲压叶片一般只用于泵轮、涡轮叶片，而导轮则为铸造叶片。

各工作轮叶片数也可用下面的经验公式来计算

$$Z_i=C_i\frac{R_{i2}}{l_i}\tag{19-2-44}$$

R_{i2}——工作轮出口半径，m

l_i——轴面图上工作轮平均流线的展开长度，m

C_i——经验系数。对泵轮 $C_B=9.5\sim12.5$；对涡轮 $C_T=11\sim19$；对导轮 $C_D=10\sim15$。叶片厚度小时取 C_i 较大值

变矩器工作轮进出口处过流断面面积为

$$A_{ji}=\psi_{ji}2\pi R_{ji}b_{ji}\tag{19-2-45}$$

求出面积 A_{ji} 后，便可计算出工作轮进出口处面积的无量纲值 a_{ji}

$$a_{ji}=\frac{A_{ji}}{R^2}=\frac{A_{ji}}{R_{B2}^2}$$

当工作轮进出口过流断面面积互不相等时，可先求出过流断面面积的均方值，以便对循环圆形状进行修正，面积均方值为

$$a=\sqrt{\frac{\sum a_{ji}^2}{6}}$$

变矩器液流角的确定

液力计算主要是保证满足性能要求，在这个前提下还应使变矩器具有较高的效率，即应使变矩器中流体的摩擦损失和冲击损失最小。保证设计工况无冲击损失几何参数的确定即为在设计工况时，认为工作轮进口处的冲角为零，并由此来确定工作轮的进口叶片角，而由于有限叶片数的影响，在工作轮出口处液流要产生偏离，液流角与叶片角并不相等，要求叶片角，需先求出液流角

在新设计一种变矩器时，一般都把设计工况点定为变矩器的最高效率点。这样在设计工况时

$$\overline{\lambda}_B^*=[1-(\alpha_{B2}-\alpha_{D2})\overline{q}^*]\overline{q}^*\tag{19-2-46}$$

$$K_y^*=\frac{1-r_{T2}^2i^*+(\alpha_{T2}-\alpha_{B2})\overline{q}^*}{1-(\alpha_{B2}-\alpha_{D2})\overline{q}^*}\tag{19-2-47}$$

由冲角为零的条件，可得：

对泵轮无冲击入口时

$$r_{B1}-\frac{\overline{q}^*}{r_{B1}}(\alpha_{B1}-\alpha_{D2})=0\tag{19-2-48}$$

对涡轮无冲击入口时

$$r_{T1}i^*-\frac{1}{r_{T1}}-\frac{\overline{q}^*}{r_{T1}}(\alpha_{T1}-\alpha_{B2})=0\tag{19-2-49}$$

对导轮无冲击入口时

$$-\frac{r_{T2}^2}{r_{D1}^2}i^*-\frac{\overline{q}^*}{r_{D1}}(\alpha_{D1}-\alpha_{T2})=0\tag{19-2-50}$$

式(19-2-46)～式(19-2-50)和能量平衡方程(19-2-39)是计算叶轮进出口液流角的基本方程式

在进行第一次设计计算时可根据统计资料 $\zeta_{mj}=0.04\sim0.06$ 来选取，并在第二次计算时予以校验修正。第一次计算可取 $\eta_y^*=1.0$，变矩系数 K_y^* 可由 $K_y^*=\frac{\eta_y^*}{i_{TB}^*}$ 预先估算。待第一次计算完后再对 K_y^* 进行检验计算。联立上述方程，将其他参数以导轮参数表示，则

续表

<table>
<tr>
<td>变矩器液流角的确定</td>
<td>

$$\alpha_{B2}-\alpha_{D2}=\left(1-\frac{\bar{\lambda}_B^*}{\bar{q}^*}\right)\frac{1}{\bar{q}^*}$$

$$\alpha_{B1}-\alpha_{D2}=\frac{r_{B1}^2}{\bar{q}^*}$$

$$\alpha_{T1}-\alpha_{B2}=\frac{1}{\bar{q}^*}(r_{T1}^2 i^*-1)$$

$$\alpha_{D1}-\alpha_{T2}=-\frac{r_{T2}^2}{\bar{q}^*}i^*$$

$$\alpha_{T2}-\alpha_{B2}=\frac{1}{\bar{q}^*}(-1+r_{T2}^2 i^*+K_y^*\lambda_B^*)$$

或写为

$$\left.\begin{aligned}
\cot\beta_{B2}&=\left[\left(1-\frac{\bar{\lambda}_B^*}{\bar{q}^*}\right)\frac{1}{\bar{q}^*}+\alpha_{D2}\right]a_{B2}\\
\cot\beta_{B1}&=\left(\frac{r_{B1}^2}{\bar{q}^*}+\alpha_{D2}\right)\frac{a_{B1}}{r_{B1}}\\
\cot\beta_{T1}&=\left[\frac{1}{\bar{q}^*}\left(r_{T1}^2 i^*-\frac{\bar{\lambda}_B^*}{\bar{q}^*}\right)+\alpha_{D2}\right]\frac{a_{T1}}{r_{T1}}\\
\cot\beta_{T2}&=\left\{\frac{1}{\bar{q}^*}\left[\lambda_B^*\left(K_y^*-\frac{1}{\bar{q}^*}\right)+r_{T2}^2 i^*\right]+\alpha_{D2}\right\}\frac{a_{T2}}{r_{T2}}\\
\cot\beta_{D1}&=\left[\frac{\lambda_B^*}{\bar{q}^{*2}}\left(K_y^*-\frac{1}{\bar{q}^*}\right)+\alpha_{D2}\right]\frac{a_{D1}}{r_{D1}}
\end{aligned}\right\}\qquad(19\text{-}2\text{-}51)$$

导轮出口角的数值可由统计资料给出，一般变矩器导轮出口角的范围为 19°～25°。试验表明，当变矩器其他参数不变，随 β_{D2} 的增大，K_0 减小，而设计工况转速比 i^* 和 $\bar{\lambda}_B^*$ 将增大。可由设计要求求出的 λ_B^* 先选定 β_{D2}。$\bar{\lambda}_B^*$ 由设计要求及所配动力机可以求出，其取值范围为 $\bar{\lambda}_B^*=0.1\sim0.4$。由此可见，对较小的 $\bar{\lambda}_B^*$ 值，可取较小的导轮出口角，反之要想得到较大的 $\bar{\lambda}_B^*$，则应取较大的导轮出口角

由选定的 β_{D2} 再给出一系列的 $\bar{q}^*$，则可求出其余各角度参数值。而将这一系列角度参数值代入能量平衡方程中，则可求得在任意工况 i 下变矩器的性能参数 η_y、T、G_η、K_y 等值。当 $i=0$ 时，则可求得 K_{0y}、$\bar{\lambda}_{B0}$ 值

通过上述计算，可以得到所设计的变矩器的综合性能曲线，即 $K_0=K_0(\bar{q}^*)$、$\eta_y^*=\eta_y^*(\bar{q}^*)$、$T=T(\bar{q}^*)$、$\beta_{ji}=\beta_{ji}(\bar{q}^*)$。从综合性能曲线中可以得出满足性能要求的液流角组合

</td>
</tr>
<tr>
<td>相对速度和摩擦阻力系数的计算</td>
<td>

在第一次近似计算中，因需预先设定摩擦阻力系数值，因此只能在第一次计算后再精确计算该系数值。如图(a)所示，工作轮入口及出口处叶片法向厚度为 δ_{ji}。该厚度与加工工艺和工作轮的大小有关。一般涡轮及导轮进口处叶片为减小冲击损失而做的头部圆弧较大。叶片周向厚度为

$$\delta_{uji}=\frac{\delta_{ji}}{\sin\beta_{yji}}\qquad(19\text{-}2\text{-}52)$$

叶片入口及出口处流道宽度 b_{ji} 为

$$b_{ji}=\frac{aR^2}{2\pi Rr_{ji}-\delta_{ji}Z_j/\sin\beta_{yji}}\qquad(19\text{-}2\text{-}53)$$

按式(19-2-53)计算的前一级工作轮出口与下一级工作轮进口流道宽度可能不相等，这会引起液流的突然收缩或扩大，而使流动的损失增加。解决办法是在下一步设计叶片时适当修改叶片的法向厚度 δ_{ji} 或修改叶片数，也可适当修改循环圆形状，使其进出口处过流断面面积相等

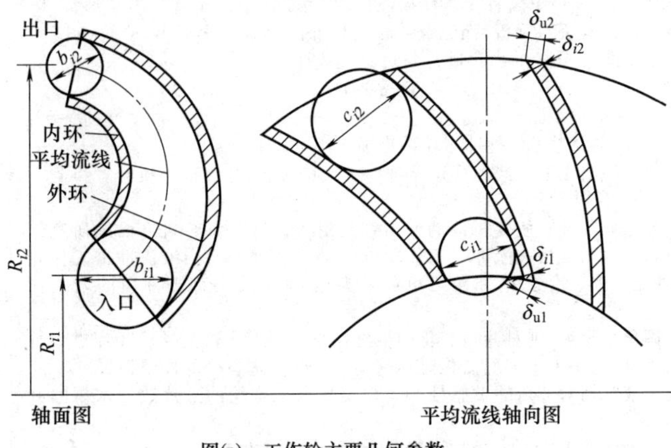

图(a) 工作轮主要几何参数

</td>
</tr>
</table>

续表

相对速度和摩擦阻力系数的计算	工作轮垂直于相邻两叶片间流道的宽度 C_{ji} 为 $$C_{ji}=\frac{2\pi Rr_{ji}}{Z_j}\sin\beta_{yji}-\delta_{ji} \qquad (19\text{-}2\text{-}54)$$ 工作轮流道的水力半径及其平均值为 $$R_{yji}=\frac{C_{ji}b_{ji}}{2(C_{ji}+b_{ji})} \qquad (19\text{-}2\text{-}55)$$ $$R_{yp}=\sqrt{\frac{R_{yj1}^2+R_{yj2}^2}{2}} \qquad (19\text{-}2\text{-}56)$$ 工作轮中循环流量为 $$q=\overline{q}R^3\omega_B$$ 工作轮轴面速度在进出口处分别为 设计工况 $$v_{mji}^*=\frac{q^*}{A_{ji}}$$ 启动工况 $$v_{mji0}=\frac{q_0}{A_{ji}}$$ 工作轮进出口处的相对速度为 $$w_{ji}=\frac{q}{A_{ji}\sin\beta_{ji}}=\frac{v_{mji}}{\sin\beta_{ji}} \qquad (19\text{-}2\text{-}57)$$ 工作轮叶片间流道内相对速度均方值为 $$w_{jp}=\sqrt{\frac{w_{j1}^2+w_{j2}^2}{2}} \qquad (19\text{-}2\text{-}58)$$ 工作轮流道雷诺数 $$Re_j=\frac{4R_{yjp}w_{jp}}{\nu} \qquad (19\text{-}2\text{-}59)$$ 在初步设计了叶片后，可以从叶片图上得到叶片的长度 l_i，从而计算摩擦阻力系数，叶轮和叶片的各个几何参数均为已知，返回排挤系数及过流断面面积的计算进行第2次和第3次液力计算，并从综合性能曲线 $K_0=K_0(\overline{q}^*)$、$\eta_y^*=\eta_y^*(\overline{q}^*)$、$T=T(\overline{q}^*)$、$\beta_{ji}=\beta_{ji}(\overline{q}^*)$ 中找出满足性能要求的液流角组合	
变矩器工作轮叶片角的确定	在求出液流角 β_{ji} 后，为制造工作轮必须求出叶片角 β_{yji}。求叶片角 β_{yji} 需要考虑两个方面的问题：一方面是在叶轮出口处，由于有限叶片数的影响，液体要发生偏离，叶片角与液流角之间有一差值 $\Delta\beta_{j2}$；另一方面为减小工作轮中的漩涡损失，在工作轮进口处要有一定的冲角，即来流相对速度并非以零冲角进入工作轮。两者综合考虑来确定工作轮叶片的安放角 β_{yji} 由液流角来求叶片角多借用水泵等叶片式流体机械中的经验公式，因此有一定的近似性 $$v_{uj2}=k_zu_{j2}+v_{mj2}\cot\beta_{yj2} \qquad (19\text{-}2\text{-}60)$$ $$k_z=1\pm\frac{\pi}{Z_j}\sin\beta_{yj2} \qquad (19\text{-}2\text{-}61)$$ 式中对泵轮用负号，对涡轮则用正号。对轴流及离心涡轮，取 $k_z=1$ 式(19-2-60)及式(19-2-61)中只有 β_{yj2} 为未知数，故可解出叶片角 β_{yj2} 根据对液力变矩器试验资料分析，涡轮及导轮出口处液流偏离角很小，一般 $\Delta\beta_{T2}=\Delta\beta_{D2}=2°\sim6°$，因此涡轮及导轮的出口叶片角可由下式计算 $$\beta_{yT2}=\beta_{T2}+\Delta\beta_{T2}$$ $$\beta_{yD2}=\beta_{D2}-\Delta\beta_{D2} \qquad (19\text{-}2\text{-}62)$$ 对叶片进口角 β_{yj1}，主要考虑何种冲击使冲击损失小 苏联汽车设计研究院对JIT型液力变矩器进行了大量实验，并进行分析计算得到下列规律 ①涡轮入口正冲角比负冲角使变矩器的冲击损失更大。这与汽轮机方面的研究结果是一致的。所谓正冲角是指液流冲击工作轮叶片的工作面。而当液流冲击工作轮叶片的背面时，冲角为负。但无论冲角为负还是为正，冲击损失都随冲角的增大而增大 ②入口边叶片圆角半径大，则对冲角变化的敏感性小。所以涡轮及导轮叶片进口处一般圆角半径较大，以减小由于工况变化时对这两种工作轮进口处的冲击损失 ③稠密叶栅比稀疏叶栅对冲角的敏感性小。故变矩器工作轮的叶片数比水泵的叶轮叶片数要大得多 ④扩散流道叶栅中的冲击损失大于收缩流道叶栅的冲击损失	v_{uj2}——工作轮出口液流绝对速度的圆周分量 u_{j2}——工作轮出口处的牵连(圆周)速度 v_{mj2}——工作轮出口处的轴面速度 k_z——有限叶片数修正系数

续表

变矩器工作轮叶片角的确定

图(b)为一系列 JIT 型变矩器(铸造工作轮,叶片头部为圆头)试验数据处理计算而确定的冲击损失系数与冲角之间的关系

从图中可见,冲击损失系数 ζ_{ci} 值并非定值,$\zeta_{ci}=0.5\sim2.5$。这给设计计算带来困难,因此建议在设计计算时取 $\zeta_{ci}=1$,但这样会产生误差,即计算某一工况特性与试验结果会有一些差别,例如在启动工况 $i_{TB}=0$ 时,失速变矩比 K_0 的误差可能达15%～25%

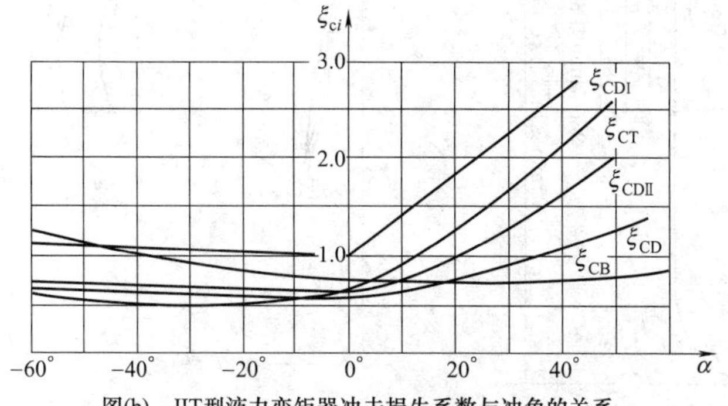

图(b)　JIT型液力变矩器冲击损失系数与冲角的关系

泵轮入口处一般采用正冲角,$\alpha_{B1}=3°\sim10°$,故叶片角 β_{yB1} 为液流角与冲角之差

$$\beta_{yB1}=\beta_{B1}-\alpha_{B1} \tag{19-2-63}$$

导轮入口一般采用负冲角,导轮冲角正负以泵轮旋转方向来判别

$$\beta_{yD1}=\beta_{D1}+\alpha_{D1} \tag{19-2-64}$$

涡轮入口采用负冲角

$$\beta_{yT1}=\beta_{T1}-\alpha_{T1} \tag{19-2-65}$$

为制作叶片模具还必须知道叶片内外环叶片角。目前有两种方法确定内外环流线的叶片角。一种是认为圆周分速度 v_u 为等势流动,即进出口处有 $v_{u1}R_1=\text{const}$ 及 $v_{u2}R_2=\text{const}$。另一种观点认为循环圆中流体流动为反势流,即 $\frac{v_u}{R}=\text{const}$

按第一种观点计算其他流线上叶片角,有

$$\cot\beta_{yki}=\frac{R_{ji}}{R_{ki}}\cot\beta_{yi}-\frac{R_{ji}^2\omega_j}{R_{ki}v_{mji}}+\frac{R_{ki}\omega_j}{v_{mji}} \tag{19-2-66}$$

按第二种方法 $\frac{v_u}{R}=\text{const}$ 来计算内外环流线进口或出口处叶片角为

$$\cot\beta_{yki}=\frac{R_{ki}}{R_{ji}}\cot\beta_{yji} \tag{19-2-67}$$

实践表明,按上述两种方法设计的工作轮叶片,其最高效率基本相同,只是启动工况转矩系数稍有差别。但按 $\frac{v_u}{R}=\text{const}$ 设计的工作轮叶片扭曲较小,便于铸造或机加工成形。而按环量不变即 $v_uR=\text{const}$ 设计的叶片空间扭曲较大,工艺性能不好

β_{yki}——液流内外环流线的进口或出口叶片角,$k=1$ 代表内环,$k=2$ 代表外环
β_{yi}——叶轮叶片平均流线进口或出口处的叶片角
R_{ki}——叶轮叶片在内外环处进口或出口半径
R_{ji}——工作轮平均流线的进口或出口半径
ω_j——工作轮的角速度
v_{mji}——叶轮在进口或出口处的轴面分速度,且认为内外环与平均流线处 v_{mij} 相等

变矩器效验计算

验算过流面积 A_{ji}、沿平均流线上 v_uR 及相对速度 w 的变化规律是否符合要求。如不符合要求可修改循环圆形状或修改叶片厚度变化规律

(3) 叶片设计方法(表 19-2-13)

表 19-2-13　　叶片设计方法

环量分配法	环量分配法的理论基础是束流理论,它认为:在选定的设计速比下,循环圆平面中间流线上每增加相同的弧长,液流沿叶片中间流线应增加相同的动量矩,以保证流道内的流动状况良好,设计步骤如下

续表

环量分配法

①对循环圆平面中间流线进行等分，并过等分点作垂直于中间流线的元线，见图(a)

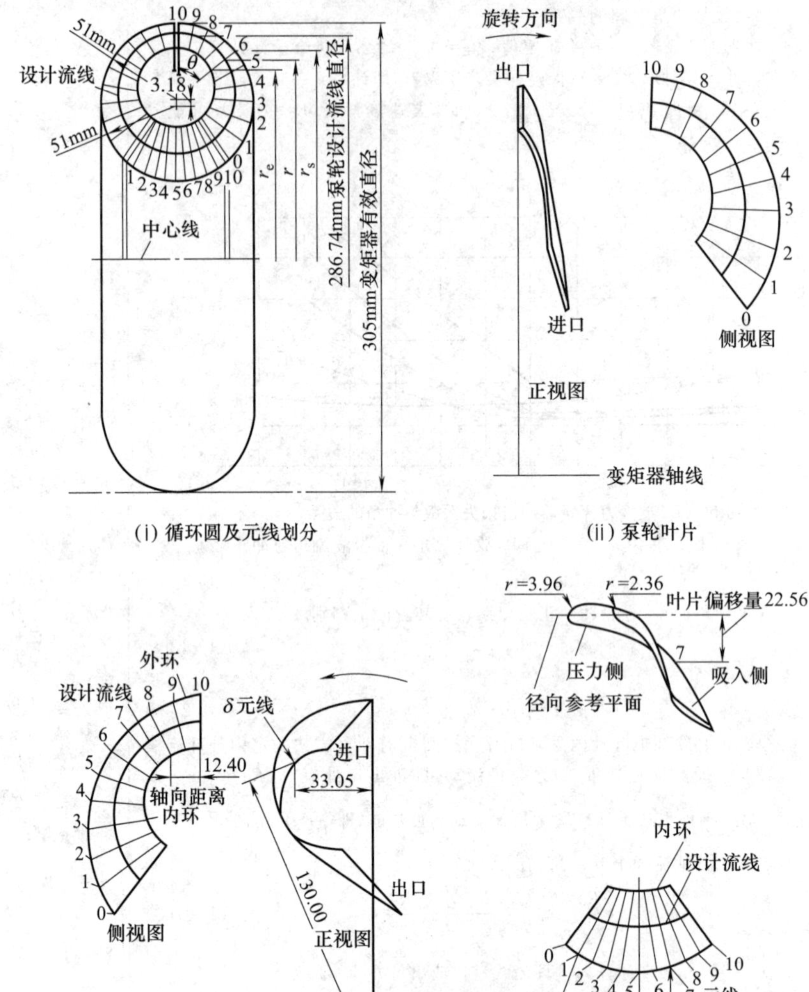

图(a)　变矩器循环圆及叶片

②确定循环流速 v_m

$$v_m=\frac{-R_{B2}^2\omega_B\pm\sqrt{(R_{B2}^2\omega_B)^2+\frac{4(R_{B2}\cot\beta_{B2}-R_{D2}\cot\beta_{D2})T_B}{\rho A_{B2}}}}{2(R_{B2}\cot\beta_{B2}-R_{D2}\cot\beta_{D2})}$$

③在泵轮转矩方程 $T_B=\rho Q(v_{uB2}r_{B2}-v_{uB1}r_{B1})$ 中，括号项是确定泵轮动量矩变化的一个因数。计算 $v_{uB2}r_{B2}-v_{uB1}r_{B1}$，即工作轮进、出口动量矩的变化，并按等动量矩增量方案对各条元线进行分配

④应用速度环量公式 $\Gamma=\oint v_u\mathrm{d}s=2\pi Rv_u$ 及圆周分速度公式 $v_u=u+v_m\cot\beta$ 计算中间流线上对应等分点的角度 β，$\cot\beta=\left(\frac{v_uR}{R}-u\right)\frac{1}{v_m}$

⑤按式(19-2-67)确定内、外环流线上对应点的角度

续表

方法	项目	内容	说明
环量分配法		⑥利用内、外环半径和偏移量，确定叶片的形状。为了确定任意叶片元线上的偏移量 x_k，可利用公式 $$x_k = R_k \sin\left(\theta + \sum_{i=0}^{k} \frac{J_i}{r_i}\right) \qquad (19\text{-}2\text{-}68)$$ $$J_i = e\cot\beta$$	e——设计流线上相邻两点之间的弧长 θ——元线起点所在轴面与径向参考平面的夹角 R_k——元线与设计流线或内、外环交点的半径 k——元线的序号，$k=0,1,2,\cdots$
	叶片的加厚	叶片加厚是针对铸造叶片而言的，加厚的原则是使液流流经流道时液力损失(包括冲击、摩擦、扩散等损失)最小，叶片所受载荷均匀。反映在叶形设计上要求叶面光滑过渡和过流面积变化平缓。为在计算机上实现叶片加厚，可参考以下加厚公式	
	泵轮叶片加厚公式	$$\bar{\delta} = b_1 + b_2\bar{l} + b_3\bar{l}^2 + b_4\bar{l}^3 \qquad (19\text{-}2\text{-}69)$$ 对于叶片厚度变化不大的泵轮有 $$\bar{\delta} = \overline{\delta_1} \qquad (19\text{-}2\text{-}70)$$	$\bar{\delta}$——无量纲叶片厚度($\bar{\delta}=\delta/L$，δ 为叶片某一点厚度，L 为叶片中心线弧长) $\bar{l}$——无量纲叶片长度($\bar{l}=l/L$，l 为叶片中间流线由进口至某一点的弧长) b_1,b_2,b_3,b_4——拟合系数，其参考值分别为 0.00577、0.19153、-0.23513、0.05393 $\overline{\delta_1}$——叶片进口无量纲厚度
	涡轮叶片加厚公式	$$\bar{\delta} = T_1 + t_1 + t_2\bar{l} + t_3\bar{l}^2 + t_4\bar{l}^3 + t_5\bar{l}^4 \qquad (19\text{-}2\text{-}71)$$ 式中，系数 t_1、t_2、t_3、t_4、t_5 的参考值分别为 0.01418、0.0902、-0.3059、-0.8891、0.4904	
	导轮叶片加厚公式	$$\bar{\delta} = \bar{l}/(d_1 + d_2\bar{l} + d_3\bar{l}^2) \qquad (19\text{-}2\text{-}72)$$ 式中，系数 d_1、d_2、d_3 的参考值分别为 0.329、3.232、25.859	
	程序框图	编程进行叶片设计的环量分配法程序框图如图(b)所示。设计结果如图(a)所示	

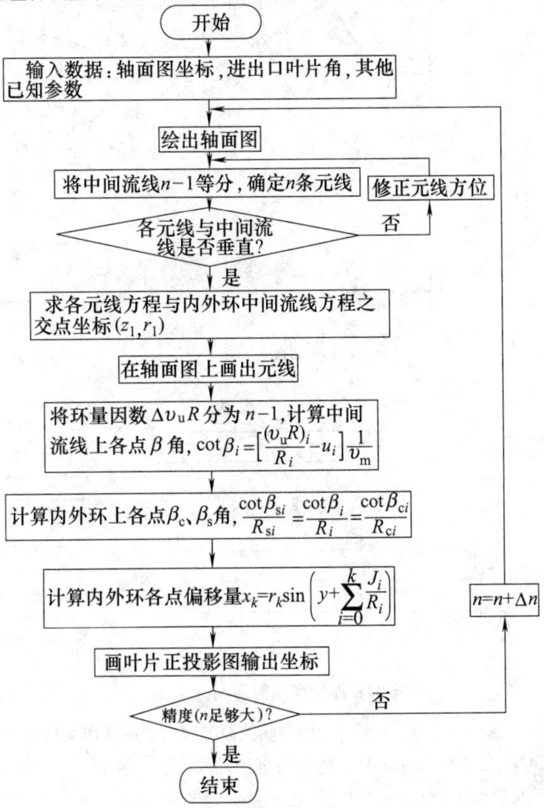

开始

输入数据：轴面图坐标，进出口叶片角，其他已知参数

绘出轴面图

将中间流线 $n-1$ 等分，确定 n 条元线

各元线与中间流线是否垂直？ 否 → 修正元线方位；是 ↓

求各元线方程与内外环中间流线方程之交点坐标 (z_1, r_1)

在轴面图上画出元线

将环量因数 $\Delta v_u R$ 分为 $n-1$，计算中间流线上各点 β 角，$\cot\beta_i = \left[\frac{(v_u R)_i}{R_i} - u_i\right]\frac{1}{v_m}$

计算内外环上各点 β_c、β_s 角，$\frac{\cot\beta_{si}}{R_{si}} = \frac{\cot\beta_i}{R_i} = \frac{\cot\beta_{ci}}{R_{ci}}$

计算内外环各点偏移量 $x_k = r_k \sin\left(y + \sum_{i=0}^{k} \frac{J_i}{R_i}\right)$

画叶片正投影图输出坐标

精度(n 足够大)？ 否 → $n=n+\Delta n$ → 返回绘出轴面图；是 ↓

结束

图(b)　叶片设计程序框图

续表

等倾角射影法又称保角变换法，是将空间面或空间曲线展开表示在平面上，而倾角保持相等。应用投影于多圆柱面的等倾角射影法，旋转曲面上的曲线投影于多圆柱面上展开后，展开线不仅保持倾角与曲面上曲线的倾角相等，而且长度也相等。现举例说明应用投影于多圆柱面而展开的等倾角射影法来进行液力变矩器叶轮的叶形设计

等倾角投影法

作图步骤

①在轴面图上，将流线轴面投影按等距 dl 分成若干段，得 0、1、2、…点[见图(c)中(ⅰ)]。一般取 10～15 个点。当尺寸大时，则点数多一些；当尺寸小时，可以少一些。应该注意点数不能过少，否则绘出的叶形误差较大

②作多圆柱面等倾角射影图。首先作一系列平行线 0、1、2、…，其间距等于 dl，但最后一行的间距不一定等于 dl，因为流线轴面投影长度可能不能被 dl 等分。在 0 线上定一点 a_2[见图(c)中(ⅲ)]，通过 a_2 点作已知的叶片角 β_{y2}，得一条直线。在最后一条线上，作已知叶片角 β_{y1}，并平行移动，使展开线所占圆弧夹角及与另一条直线的交点合适，从而可以定出 g_2 点。光滑连接点 a_2 和点 g_2，形成的曲线 a_2g_2 即为展开线。它与平行线 0、1、2、…相交于 a_2、b_2、c_2、d_2、e_2、f_2、g_2 点，自各点作垂线得线段 dn1，dn2，…，dn6

③作正投影图。对应轴面投影图上 0、1、2、…点，以其半径作圆弧线得 0、1、2、…圆弧[见图(c)中(ⅱ)]。自圆弧线上的 a_1 点，连 oa_1 射线，自射线 oa_1 与圆弧线 1 的交点，在圆弧线 1 上取一段弧长，其长等于等角射影图上的 dn1 长，其方向与等角射影图上 dn1 的方向相同，从而得到 b_1 点。连 ob_1 射线，自此射线与圆弧线 2 的交点，在圆弧线 2 上取一段弧长，其长等于等角射影图上的 dn2 长，其方向与等角射影图上 dn2 的方向相同，从而得到 c_1 点。利用同样的方法，依次得到 d_1、e_1、f_1、g_1 点。将这些点连成光滑曲线，就得到了曲面上曲线的正投影线

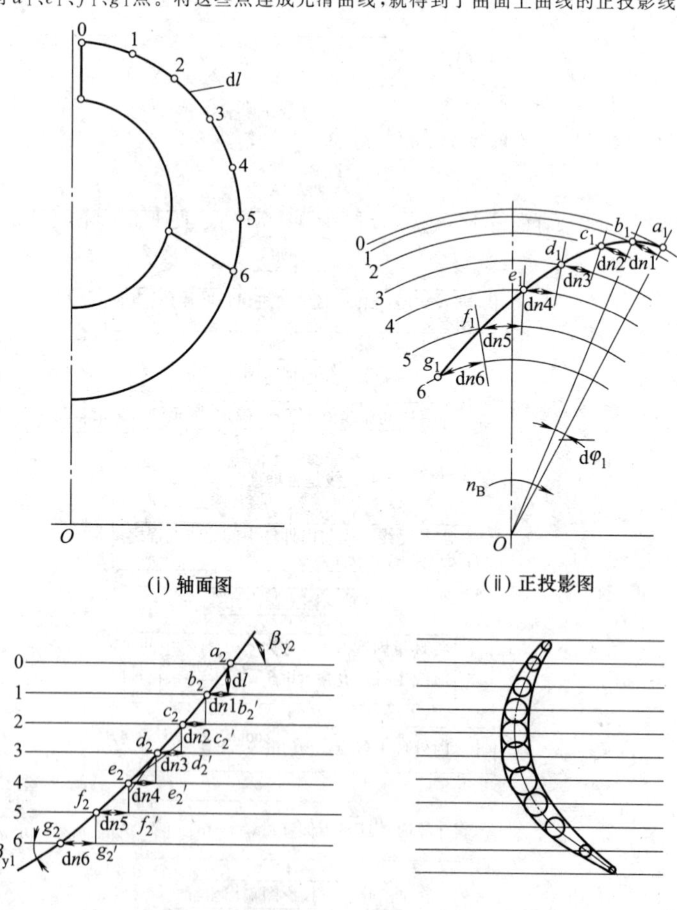

图(c) 用多圆柱面等倾角射影法作泵轮的外环流线

实际应用中，可以在等倾角射影图上对叶型直接加厚[图(c)中(ⅳ)]，然后用上述方法把叶片工作面和非工作面的型线映射到正投影图上，即得到叶片图

(4) 液力变矩器特性计算

利用确定的液力变矩器几何参数，液力计算得到的叶片角度和各种损失系数，根据特性计算关系式计算出所设计的液力变矩器特性，可以验证设计结果是否满足设计要求，如不满足，则返回修改设计。理论计算求特性的实质为利用流量 Q 表示液力变矩器各种能头的表达式，通过能量平衡方程式（19-2-39）求解 Q，然后求得各速比 i 下的效率 η、转矩系数 K 以及泵轮转矩 T_B或泵轮转矩系数 λ_B。

$$K=-\frac{T_T}{T_B}$$

$$\eta=-\frac{H_T}{H_B}\quad 或\quad \eta=Ki$$

$$\lambda_B=\frac{T_B}{\rho g n_B^2 D^5}$$

2.4.3.2　CFD/CAD 现代设计方法

表 19-2-14　CFD/CAD 现代设计方法

<table>
<tr><td>湍流基本方程</td><td colspan="3">由基本方程组(19-1-5)和方程组(19-1-6)经时均化处理得到湍流时均控制方程如下
$$\frac{\partial \overline{u}}{\partial x}+\frac{\partial \overline{v}}{\partial y}+\frac{\partial \overline{w}}{\partial z}=0 \qquad (19\text{-}2\text{-}73)$$
$$\rho\frac{\mathrm{d}\overline{\mathbf{V}}}{\mathrm{d}t}+\rho\frac{\partial}{\partial x_j}\overline{(u_i'u_j')}=\rho\mathbf{F}-\nabla\overline{p}+\mu\nabla^2\overline{\mathbf{V}} \qquad (19\text{-}2\text{-}74)$$
上述两式为湍流的时均连续方程和时均的动量方程，二者构成湍流的基本控制方程组
式(19-2-74)即著名的 Reynolds 时均方程，它是采用 Reynolds 时均的动量方程，它多了一个与 $-\rho\overline{u_i'u_j'}$ 有关的项，该项称为 Reynolds 应力或湍流应力，它的存在使方程组不封闭，为使方程组封闭，必须对 Reynolds 应力作出某种假定，即建立应力的表达式或引入新的湍流模型方程)，通过这些表达式或湍流模型，把湍流的脉动值与时均值等联系起来</td></tr>
<tr><td rowspan="3">湍流模型</td><td colspan="3">根据对 Reynolds 应力做出的假定或处理方式不同，目前常用的湍流模型包括 Reynolds 应力模型和涡黏模型两类</td></tr>
<tr><td rowspan="2">Reynolds 应力模型</td><td>在 Reynolds 应力模型中，直接构建表示 Reynolds 应力的方程，然后与 Reynolds 时均方程组联立求解。通常情况下，Reynolds 应力方程是微分形式的，称为 Reynolds 应力方程模型
$$\frac{\mathrm{d}}{\mathrm{d}t}(\overline{u_i'u_j'})=\frac{\partial}{\partial x_l}\left(C_k\frac{k^2}{\varepsilon}\times\frac{\partial\overline{u_i'u_j'}}{\partial x_l}+\frac{\mu}{\rho}\times\frac{\partial\overline{u_i'u_j'}}{\partial x_l}\right)+P_{ij}-\frac{2}{3}\delta_{ij}\varepsilon-C_1\frac{\varepsilon}{k}\left(\overline{u_i'u_j'}-\frac{2}{3}\delta_{ij}k\right)-C_2\left(p_{ij}-\frac{2}{3}\delta_{ij}p_k\right) \qquad (19\text{-}2\text{-}75)$$
$$P_{ij}=-\left(\overline{u_i'u_k'}\frac{\partial\overline{u_j}}{\partial x_k}+\overline{u_j'u_k'}\frac{\partial\overline{u_i}}{\partial x_k}\right)$$</td><td>C_k，C_1，C_2——经验系数，一般可取 C_k= 0.09 ～ 0.11，C_1=1.5～2.2，C_2=0.4～0.5</td></tr>
<tr><td>相应的湍流动能 k 方程则为
$$\frac{\mathrm{d}k}{\mathrm{d}t}=\frac{\partial}{\partial x_l}\left(C_k\frac{k^2}{\varepsilon}\times\frac{\partial k}{\partial x_l}+v\frac{\partial k}{\partial x_l}\right)+P_k-\varepsilon \qquad (19\text{-}2\text{-}76)$$
上述 Reynolds 应力模型方程中还包括一个未知量 ε，即湍流耗散率，因此还需要建立一个关于 ε 的方程，因已有了可用 k 表示的湍流速度尺度，所需的只是一个标量的湍流长度或时间尺度。为此，首先建立湍流耗散率 ε 的微分方程，再对其中各项进行一系列的模型化，最后可得
$$\frac{\mathrm{d}\varepsilon}{\mathrm{d}t}=\frac{\partial}{\partial x_l}\left(C_\varepsilon\frac{k^2}{\varepsilon}\times\frac{\partial\varepsilon}{\partial x_l}+v\frac{\partial\varepsilon}{\partial x_l}\right)-C_{\varepsilon1}\frac{\varepsilon}{k}\overline{u_i'u_j'}\frac{\partial\overline{u_i}}{\partial x_l}-C_{\varepsilon2}\frac{\varepsilon^2}{k} \qquad (19\text{-}2\text{-}77)$$
这样由式(19-2-73)～式(19-2-77)一起组成了湍流的完备方程组，总共 12 个微分方程，12 个未知量</td><td>C_ε=0.07～0.09，$C_{\varepsilon1}$=1.41～1.45，$C_{\varepsilon2}$=1.9～1.92</td></tr>
</table>

续表

<table>
<tr>
<td rowspan="2">湍流模型</td>
<td>涡黏模型</td>
<td>在涡黏模型方法中，不直接处理 Reynolds 应力项，而是引入湍动黏度(turbulent viscosity)，或称涡黏系数(eddy viscosity)，然后把湍流应力表示为湍动黏度的函数，该方法的关键在于确定湍动黏度
涡动黏度的提出来源于 Boussinesq 的涡黏假设，该假设建立了 Reynolds 应力相对于平均速度梯度的关系，即
$$-\rho\overline{u_i'u_j'}=\mu_t\left(\frac{\partial\overline{u}_i}{\partial x_j}+\frac{\partial\overline{u}_j}{\partial x_i}\right)-\frac{2}{3}\left(\rho k+\mu_t\frac{\partial\overline{u}_i}{\partial x_i}\right)\delta_{ij}\quad(19\text{-}2\text{-}78)$$
k 的定义为
$$k=\frac{1}{2}(\overline{u_1'^2}+\overline{u_2'^2}+\overline{u_3'^2})\quad(19\text{-}2\text{-}79)$$
引入上述假设后，计算湍流流动的关键就在于如何确定 μ_t，所谓湍流模型，在这里也就是把 μ_t 与湍流时均参数联系起来的关系式。依据确定 μ_t 的微分方程数目的多少，湍流模型又分为零方程模型、一方程模型及两方程模型
零方程模型是指不需要微分方程而是用代数关系式把湍流黏性系数与时均值联系起来的模型，常用的有常系数模型、Prandtl 混合长度理论等，由于其经验系数没有通用性，零方程模型只能针对某些特定的简单流动条件使用。一方程模型采用 Prandtl-Kolmogorov 假设，并引入了湍流脉动动能方程即 k 方程，从而将湍流黏性系数与能表征湍流流动特性的脉动动能联系了起来，但一方程模型中仍然需要用经验的方法规定长度标尺的计算公式，而实际上湍流长度标尺本身也是与具体问题有关的，应该由一个微分方程来确定，于是就导致了两方程模型的产生。目前两方程模型在工程中使用最广泛、最基本的是标准 k-ε 模型，即分别引入关于湍动能 k 和耗散率 ε 的方程</td>
<td>μ_t——湍动黏度，它是空间坐标的函数，取决于流动状态而不是流体物性
$\overline{u}_i$——时均速度
δ_{ij}——符号(当 $i=j$ 时，$\delta_{ij}=1$；当 $i\neq j$ 时，$\delta_{ij}=0$)
k——湍动能</td>
</tr>
<tr>
<td>标准 k-ε 模型</td>
<td colspan="2">k-ε 模型属于两方程模型，它沿用涡黏性概念，则 Reynolds 方程可表示为
$$\rho\frac{\mathrm{d}\overline{\mathbf{V}}}{\mathrm{d}t}+\rho\frac{\partial}{\partial x_j}\overline{(u_i'u_j')}=\rho\mathbf{F}-\nabla\overline{p}+\mu\nabla^2\overline{\mathbf{V}}\quad(19\text{-}2\text{-}80)$$
将时均连续性方程式(19-2-73)代入得
$$\rho\frac{\mathrm{d}\overline{\mathbf{V}}}{\mathrm{d}t}=\rho\overline{\mathbf{F}}-\nabla\overline{p}+(\mu+\mu_t)\nabla^2\overline{\mathbf{V}}\quad(19\text{-}2\text{-}81)$$
这样，如果确定了湍动黏度 μ_t，由式(19-2-80)和式(19-2-81)就可以求解流体的湍流流动。两方程模型中 μ_t 用式(19-2-82)估计
$$\mu_t=c_\mu k^2/\varepsilon=c_\mu k^{\frac{1}{2}}l\quad(19\text{-}2\text{-}82)$$
式中 c_μ 常取为 0.09，k 为湍流能量，ε 为湍流能量耗散率，l 为某一长度尺度，这三者的关系为
$$\varepsilon=k^{3/2}/l\quad(19\text{-}2\text{-}83)$$
在两方程模型中 k 和 ε 都是由相应的输运方程确定的，一般 k 由式(19-2-84)确定
$$\rho\frac{\mathrm{d}k}{\mathrm{d}t}=\frac{\partial}{\partial x_j}\left[\left(\mu+\frac{\varepsilon_{\mathrm{m}}}{\sigma_k}\right)\frac{\partial k}{\partial x_j}\right]+G_k-\rho\varepsilon\quad(19\text{-}2\text{-}84)$$
其中 σ_k 为常数，$G_k=-\rho\overline{u_i'u_j'}\frac{\partial\overline{u}_i}{\partial x_j}$
标准 k-ε 模型中的 ε 遵从如下方程
$$\rho\frac{\mathrm{d}\varepsilon}{\mathrm{d}t}=\frac{\partial}{\partial x_j}\left[\left(\mu+\frac{\varepsilon_{\mathrm{m}}}{\sigma_k}\right)\frac{\partial k}{\partial x_j}\right]+C_{1\varepsilon}\frac{\varepsilon}{k}G_k-C_{2\varepsilon}\rho\frac{\varepsilon^2}{k}\quad(19\text{-}2\text{-}85)$$
式中 $C_{1\varepsilon}=1.44$，$C_{2\varepsilon}=1.92$，$\sigma_k=1.0$
标准 k-ε 模型具有几个特性：它可以模拟层流向湍流的转变(数值计算中要求网格密度很大)；对于低 Reynolds 数流动，尤其是壁面附近的流动，上述模型要做低 Reynolds 数修正</td>
</tr>
</table>

续表

流场模拟及特性计算方法	多运动参考系法和混合平面法中的稳态交互面去除了周向瞬态特性，因此不能反映流场的瞬态特性，而滑动网格法能够准确地反映出上下游叶轮之间的物理量传递，描述出变矩器流场的瞬态特性，因此采用滑动网格法对变矩器瞬态流场进行计算。图(a)为滑动网格计算的示意图 滑动网格法计算最为精确，相应对网格模型要求较高，同时要求相对滑移的交界面在空间上始终相交，当此方法应用到多叶轮的共同工作的液力变矩器流场模拟中应选取整体流道作为计算模型，这样保证各工况下三个叶轮交界面在计算中始终相交。计算域及网格模型如图(b)所示 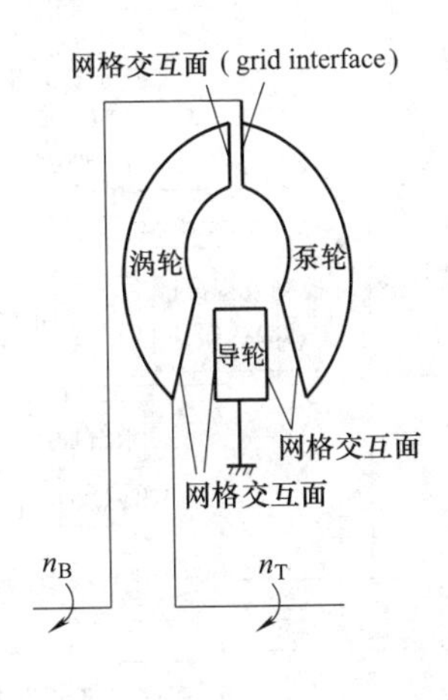 图(a)　滑动网络计算模型 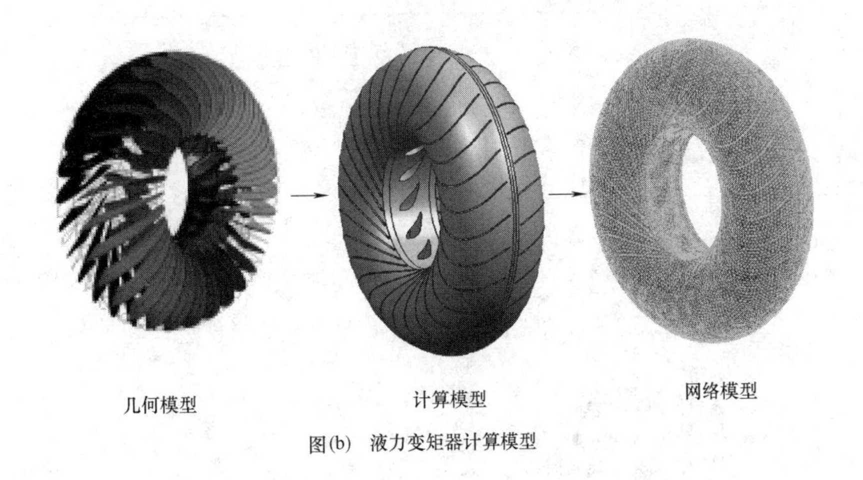 图(b)　液力变矩器计算模型
CFD/CAD设计流程	综上所述，液力变矩器 CFD/CAD 设计过程如图(c)所示，计算中采用分离式求解器，压力速度耦合算法为 SIMPLE 算法，空间离散格式为一阶上游迎风格式，湍流模型为标准 k-ε 模型，收敛条件为两次迭代残差小于 10^{-3}。计算中采用的边界条件有：在叶轮交互面设置网格分界面，其他边界都为壁面条件，叶轮转速与台架试验转速一致

续表

<table>
<tr><td>CFD/CAD设计流程</td><td>
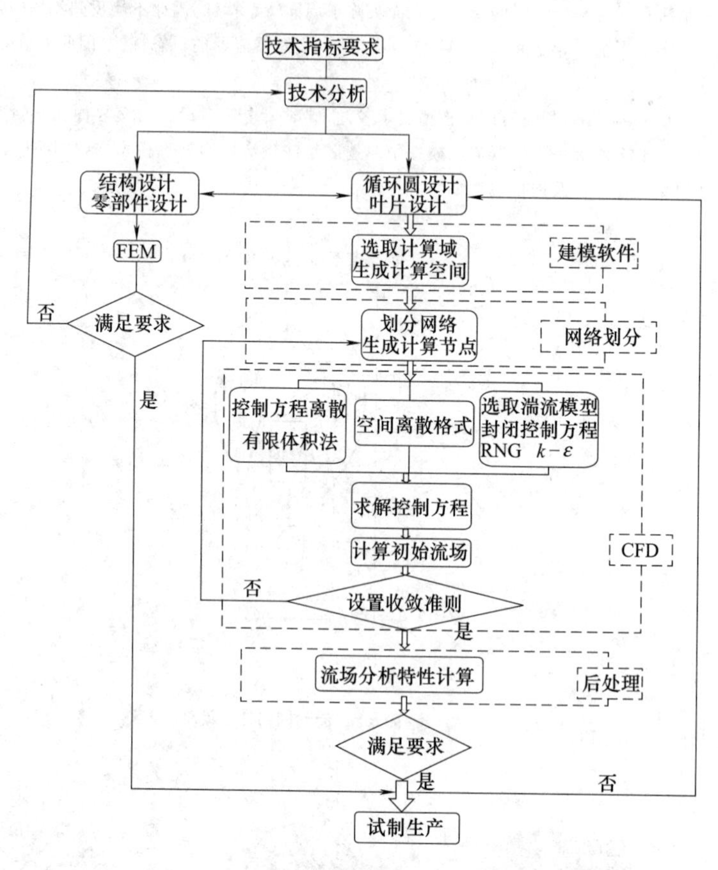

图(c) 液力变矩器CFD /CAD设计流程
</td></tr>
<tr><td>特性计算</td><td>
利用 CFD 软件预测变矩器性能关键是求得各叶轮的转矩，基于流场数值模拟得到的流场压力和速度解，可求得计算域壁面网格单元上压力与黏性力等，再对所有叶片表面单元上的转矩（相对于旋转轴）进行积分可得到叶轮转矩

$$T=\boldsymbol{R}\times\frac{\partial}{\partial t}\iiint_V\rho\boldsymbol{v}\,\mathrm{d}V+\boldsymbol{R}\times\oint\!\!\!\int_{A_2}\rho\boldsymbol{v}(\boldsymbol{v}\cdot\mathrm{d}A)-\boldsymbol{R}\times\oint\!\!\!\int_{A_1}\rho\boldsymbol{v}(\boldsymbol{v}\cdot\mathrm{d}A)\qquad(19\text{-}2\text{-}86)$$

式中 T——转矩；
A_1——控制体的流入表面；
A_2——控制体的流出表面；
A——控制体的全部控制面；
V——控制体体积；
$\frac{\partial}{\partial t}\iiint_V\rho\boldsymbol{v}\mathrm{d}V$——控制体内流体动量对时间的变化率；
$\oint\!\!\!\int_A\rho\boldsymbol{v}(\boldsymbol{v}\cdot\mathrm{d}A)$——单位时间内通过所有控制表面的动量代数和；
$\boldsymbol{v}$——控制体中任一点的速度矢量；
$\boldsymbol{R}$——控制体中任一点在坐标系中的矢径；
ρ——工作液体密度

求得各叶轮转矩后，可以得到液力变矩器外特性和原始特性
</td></tr>
</table>

2.4.4　逆向设计法

根据所拥有的资料或实物不同，反求工程的基本方法分为软件逆向设计法、影像逆向设计法和实物逆向设计法。液力变矩器的关键技术是其内部叶片参数和流道参数，而很难获得这些叶片的影像和参数，因此主要采用实物逆向设计法。

逆向设计的几个主要问题如下。

① 液力变矩器叶型是决定其性能的最关键参数，须精确测量。而叶片形状往往是空间三维扭曲曲面，叶片间的空间又极其狭小，造成测量上的很大困难。传统的各种测量方法很难将其精确测量出来。测量的不精确将造成液力变矩器性能的下降。

② 液力变矩器内部的流动是黏性三维非稳定流动，极其复杂。传统的理论和设计方法基于一维束流理论，用于逆向设计分析的精度不够。虽然目前国内外大力研究液力变矩器三维流动设计理论与方法，但在实用方面还有限制。

③ 影响液力变矩器的性能除关键的叶片参数外，还有诸如循环圆参数、叶片数、无叶栅区大小、工艺、材料、叶片加工方法、装配等因素。这些因素相互影响相互制约，需在反求过程中具体问题具体分析，才能得到最佳结果。

考虑到叶片为三维扭曲曲面，叶片间空间狭小，为了能准确测量液力变矩器的叶片形状，可采用光电非接触三坐标扫描测量仪进行测量。该测量仪主要由扫描镜头、支架、计算机及相应软件组成，如图 19-2-5 所示。计算机内具有将扫描图像转化为数据点云的相应软件。由于在测量中不存在探头接触，为非接触测量，故其测量精度很高，并且适合于各种复杂曲面。

下面以循环圆有效直径 $D=380$mm 液力变矩器为例，说明逆向设计方法。

由于液力变矩器叶轮上具有多个叶片，且叶片形状是空间三维扭曲曲面，故光电扫描仪的光线照射不到大部分叶片表面。因此，为不破坏叶轮，在测量之前要设法将叶片曲面的形状提取出来，提取变矩器叶型的方法采用硅橡胶法。

图 19-2-5　光电非接触三坐标扫描测量仪

测量步骤如下。

① 将叶轮实物或叶片硅橡胶型芯经喷涂处理后贴上参考点（黑色的小圆点）放置在扫描工作台上。

② 将扫描仪的镜头对准叶轮或型芯实物开始扫描，得到第一个数据文件。

③ 将扫描仪绕工作台旋转一个角度（根据实物的复杂程度确定，如 30°、45°、90°）继续扫描，得到第二个数据文件，第三个数文件…

④ 由于叶轮和型芯是三维实物，为获得其全部信息，还须将其在工作台上翻转 180°。然后继续重复从各个不同角度进行扫描。

⑤ 分别对泵轮、涡轮、导轮、泵轮硅橡胶型芯、涡轮硅橡胶型芯、导轮硅橡胶型芯进行上述扫描，则得到了完整描述它们的数据文件。

⑥ 用光电扫描仪自带的软件对各个叶轮及其型芯的数据文件进行处理，则得到各个叶轮及其型芯的三维点云图，如图 19-2-6 和图 19-2-7 所示。

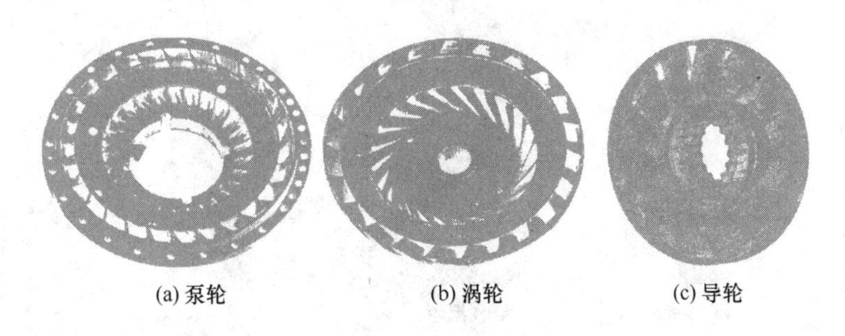

(a) 泵轮　(b) 涡轮　(c) 导轮

图 19-2-6　叶轮点云

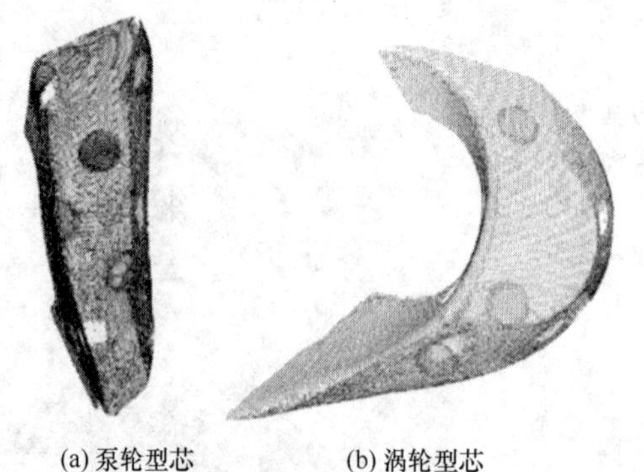

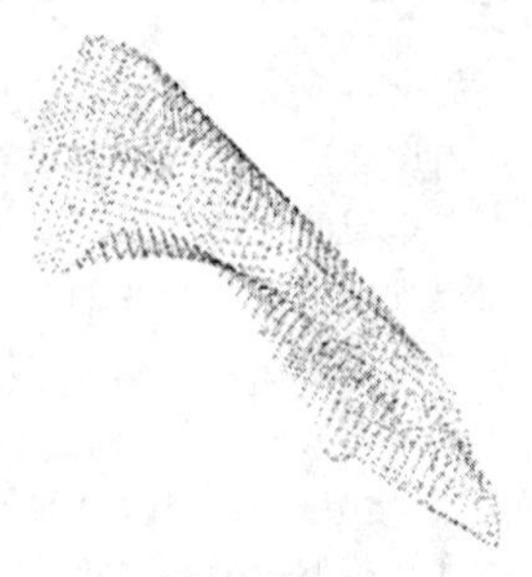

(a) 泵轮型芯　(b) 涡轮型芯　(c) 导轮型芯

图 19-2-7　叶片型芯点云

通过光电扫描仪测量并由其所带软件处理得到的点云图尚不是所要求的叶轮和叶型型芯三维模型。还需使用相关软件建立所需要的叶轮和型芯三维模型。

首先，把各个叶轮和叶型型芯的点云图从光电扫描仪所带软件导入到一个能够处理点云图的曲面处理软件。然后使用该软件将离散的点云处理成连续的曲面。

由于在扫描叶轮时光线无法进入叶片间流道，故大部分叶片型面扫不到，反映叶片型面的是扫描叶型型芯的信息。因此存在一个重要问题是须将各叶轮和各叶型型芯分别相互对接定位，即把各叶型型芯分别嵌入各叶轮中，最后形成叶轮和叶片统一体的三维模型。经过处理，得到如图 19-2-8 和图 19-2-9 所示的各叶轮和各叶片的三维模型。

将各叶轮的三维模型按轴面和轴向投影两个视图，得到各叶轮的二维图。将各叶轮提取出一个叶片，其在叶轮内外环上的空间定位位置不变，按轴面和轴向且轴向视图向轴面视图旋转投影的方式投影两个视图。

上述投影后的各叶轮和叶片导入 AutoCAD，按液力变矩器叶轮和叶片的设计要求和方法标注形位公差和尺寸公差，则得到二维图，即各叶轮的零件图和叶型图，如图 19-2-10 和图 19-2-11 所示。

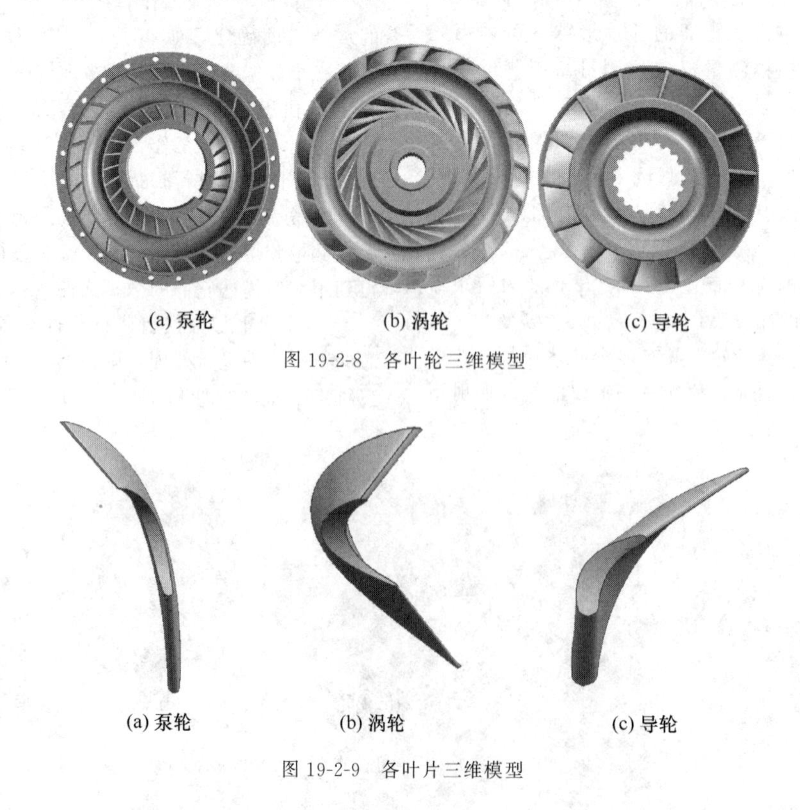

(a) 泵轮　(b) 涡轮　(c) 导轮

图 19-2-8　各叶轮三维模型

(a) 泵轮　(b) 涡轮　(c) 导轮

图 19-2-9　各叶片三维模型

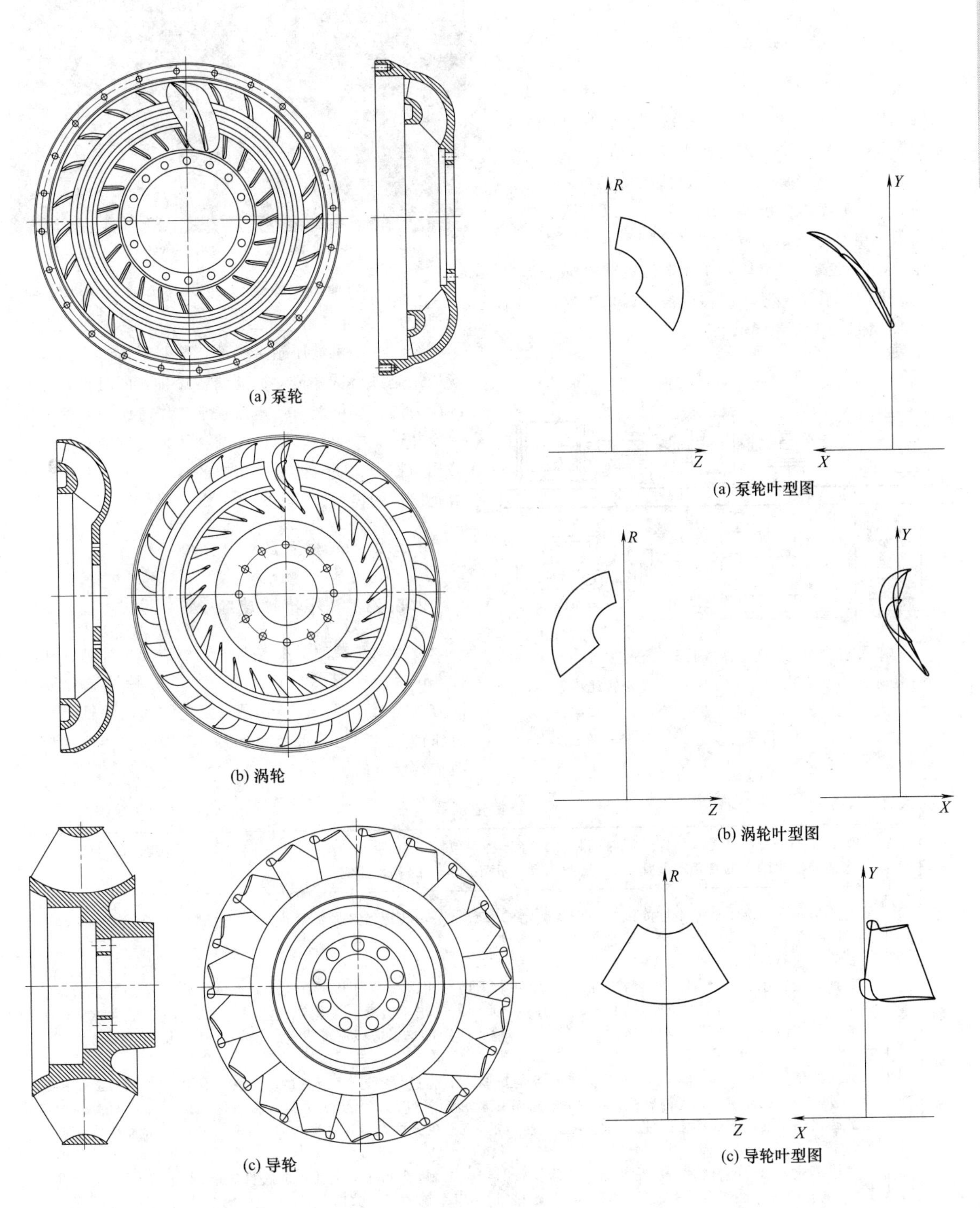

(a) 泵轮

(b) 涡轮

(c) 导轮

图 19-2-10　各叶轮零件图

图 19-2-11　各叶片叶型图

2.5 液力变矩器的试验

2.5.1 试验台架

液力变矩器试验台主要分为以下三个部分：试验台的主体测试部分、油路供给系统和控制及数据采集系统。试验台的组成示意如图19-2-12所示。

试验台的主体测试部分，包括电动机1、液力变矩器4、转矩转速传感器3、测功机5以及联轴器2等设备。电动机是试验台的动力装置，测功机是试验的能量吸收装置，二者联合工作，确定试验所需要的参数。其他的转矩转速传感器则是数据采集装置。图19-2-13为液力变矩器试验台。

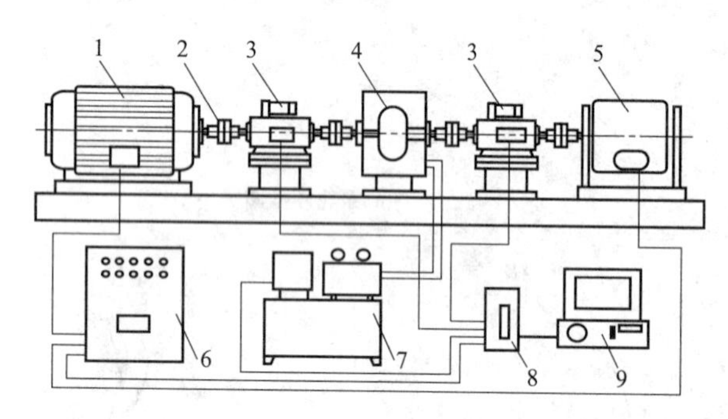

图19-2-12　液力变矩器试验台系统组成示意

1—驱动变矩电动机；2—联轴器；3—转矩转速传感器；4—液力变矩器；5—交流矢量测功机；6—控制柜；7—液压站；8—信号转换卡；9—工控计算机

图19-2-13　液力变矩器试验台

试验台的控制及数据采集系统主要包括控制柜6、信号转换卡8和工控计算机9。试验台的油路供给系统，主要由液压站7和油路控制阀体组成。其中液压站是试验试件传动油的储备设备，同时也是油路的压力源，提供液力变矩器正常工作时所需要的油压并冷却试验中的传动油；控制阀体则负责油路的压力分配与控制，完成液力变矩器的各个工况，并提供润滑及回油的控制。

2.5.2 试验方法

2.5.2.1 外特性试验

液力变矩器的基本性能试验包括外特性试验和内特性试验。按照GB/T 7680—2005外特性试验测定液力变矩器外部特性。它是以泵轮轴和涡轮轴上的转矩和转速之间的关系来表示的。分为静态特性试验和动态特性试验。

表19-2-15　外特性试验

静态特性试验		液力变矩器的静态特性是指稳定工况时的特性。静态特性包括牵引、反传、反转及零速四种工况。分别测量出液力变矩器输入轴和输出轴上的转矩和转速，然后绘制出T_T、η、T_B与n_T的关系曲线
	原始特性试验	一般指牵引工况下的基本性能试验。需要测定的参数有泵轮转矩、转速，涡轮转矩、转速，进口油温、油压，出口油温、油压 试验方法有以下两种 一种是定转速试验，一般在工程机械的液力元件上采用。在试验过程中液力元件输入轴的转速保持不变。试验时主要调节平衡电机，改变负载，同时也改变了液力元件的输出轴转速。泵轮转速不得大于设计值，最大试验转速一般按所匹配的动力机上所示转速的100%确定。输入转速的选择应以所配发动机额定转速的百分比来考虑。如100%、80%、50%等 另一种是定转矩试验，常用于汽车液力变矩器的试验。试验过程中，液力元件的输入转矩保持不变。最大试验转矩一般取动力机标定工况下静转矩的100%。部分试验转矩可自定。定转矩法的试验条件和液力元件与汽油机或两级调速式柴油机匹配的实际使用条件是比较接近的，汽油机或两极调速式柴油机，当油门开度一定时其特性近于等转矩 大功率液力元件的特性试验，往往因为试验设备的功率限制，不能完成全功率的特性试验，只能在低转速下进行试验，试验所得特性与全功率的特性有些差别，如果积累有系统的经验数据，可以用经验的办法对特性进行修正 当通过试验取得了参数后，用$T_B=T_B(n_T)$，$T_T=T_T(n_T)\eta=\eta(n_T)$，这三条曲线关系来表示液力变矩器的性能，称之为外特性曲线，如图(a)所示。应用$\lambda_B=\lambda_B(i)$，$\eta=\eta(i)$，$K=K(i)$这三条曲线表示液力变矩器的性能时，称之为液力变矩器的原始特性，见图(b)

续表

<table>
<tr><td rowspan="2">静态特性试验</td><td>原始特性试验</td><td>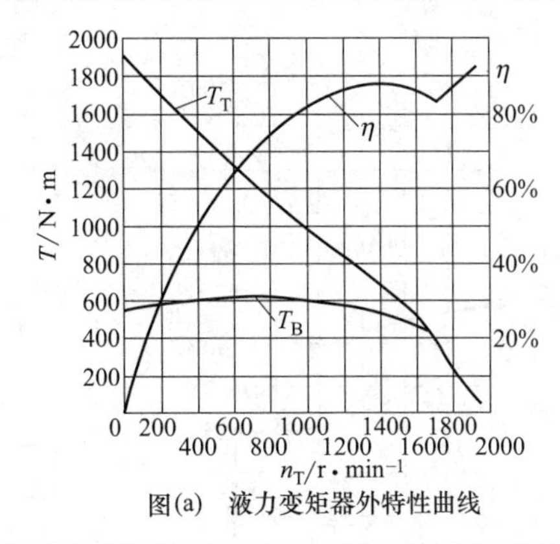

图(a)　液力变矩器外特性曲线
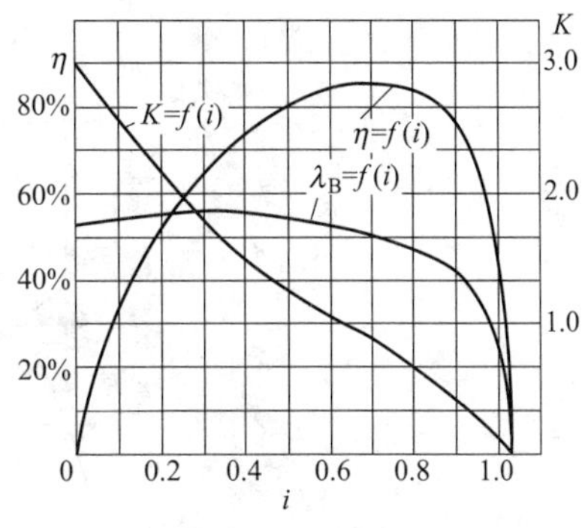

图(b)　液力变矩器原始特性曲线</td></tr>
<tr><td>全外特性试验</td><td>若把牵引工况、反传工况和反转工况的特性曲线绘制在同一坐标上，即可得到液力变矩器的全特性曲线
①反转工况特性试验。转速比 i 在零到负值区段，涡轮与泵轮反向旋转，泵轮和涡轮同时输入功率。液力元件的这种工况在实际某些使用情况下出现。液力元件在涡轮反转工况下的特性需要通过试验测定
试验过程具体是将涡轮轴端吸收功率的测功电机改为能驱动涡轮轴反转的电机。试验的操作方法是先将泵轮轴端驱动的电机开动，使泵轮以很低速度旋转，再将涡轮轴端驱动电机开动，使涡轮以很低转速反转。然后逐步提高泵轮的转速至试验的转速。改变涡轮轴端驱动电机的转速，在各个不同的稳定转速比下，同时进行各参数的测量，绘制出以 $\lambda_B=\lambda_B(i)$，$K=K(i)$ 表示的反转工况特性曲线，见图(c)
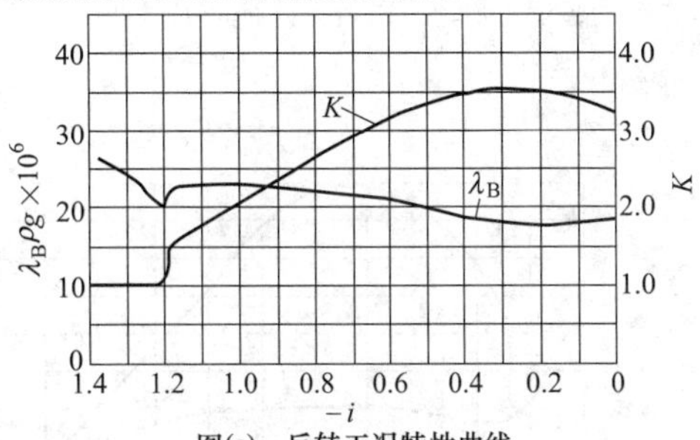

图(c)　反转工况特性曲线
②超速工况(反传工况和超越制动工况)特性试验。涡轮以大于泵轮的转速同向旋转，转速比在1附近到大于1。泵轮轴转速较高的超速工况没有什么现实意义，但是泵轮处于低速运转下的超速工况却是经常遇到的，这种工况相应于车辆的滑行工况。滑行工况下泵轮转速可以很低，甚至等于零
超速工况特性试验时涡轮轴端的测功电机应进行驱动。试验的操作方法是先将涡轮轴端的电机正向驱动(作电动机用)，然后调节泵轮轴端的测功电机(作发电机用)的转矩和转速(按照发动机最小油门时发动机运转消耗于汽缸摩擦的转矩与转速的关系，调节泵轮轴的转矩)。使涡轮轴的转速由低速逐渐升高，在各试验点进行测量
试验时要测量的参数与原始特性相同。一般采用定泵轮转矩方法试验，综合式液力变矩器允许采用定涡轮转矩试验。反传工况特性见图(d)，图中 $i_c=n_B/n_T$，$K_c=-T_B/T_T$，$\eta_c=K_c i_c$。图(e)所示为以容量系数(汽车领域常用)表示的牵引工况性能曲线
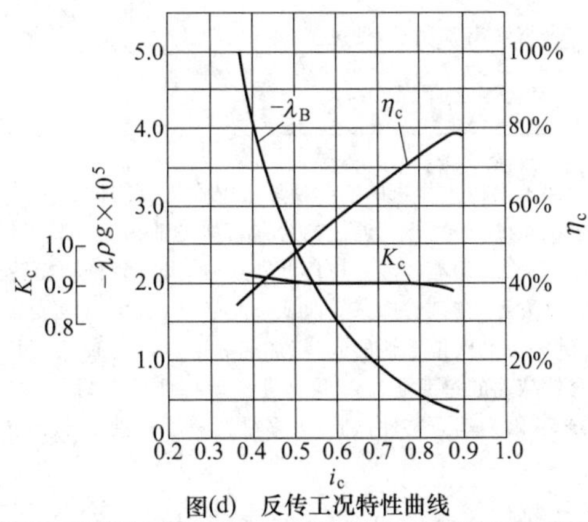

图(d)　反传工况特性曲线</td></tr>
</table>

续表

<table>
<tr><td rowspan="1">静态特性试验</td><td>全外特性试验</td><td>

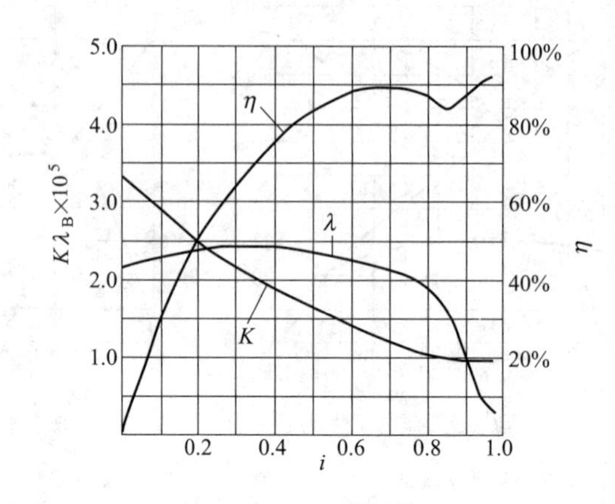

图(e) 牵引工况特性曲线

将各工况绘制在同一坐标上，便得到了图(f)，即液力变矩器全外特性曲线。从图中可以看出：牵引工况是在正常的工况下获得的，转速比和泵轮与涡轮转矩之比 K 为正值，外特性位于直角坐标的第一象限内；反转工况由于涡轮反转，转速比为负值，而泵轮和涡轮的转矩之比值 K 仍为正值，外特性曲线位于直角坐标的第二象限内；反传工况虽然转速比为正值，但其涡轮变为主动部分，K 值为负，所以特性曲线位于第四象限内

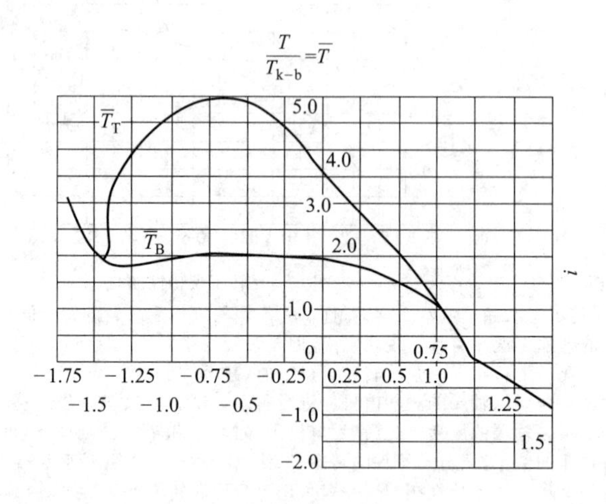

图(f) 液力变矩器全外特性曲线

启动工况的试验方法是将输出轴制动，使 n_T 为零，泵轮转速按设定的增量逐次提高，直到预定值的最大值(不得超过最大设计转矩值)

</td></tr>
<tr><td colspan="2">动态特性试验</td><td>

动态特性试验是在试验台架上模拟工作机的实际使用工况而进行的试验。动态试验台的动力可以用直流电动机或发动机。负载可用做过动平衡试验的飞轮，飞轮通过离合器与涡轮轴相连。其工作原理为：当动力机带动飞轮而逐渐升速时，动力机的机械能转换成为飞轮的动能。动力机逐渐减速时，飞轮能将动能转换为驱动工作机的机械能。根据惯性飞轮在外转矩作用下的运动微分方程，在试验中只要改变飞轮转速，就可以改变转矩值，只要根据车辆的质量选择适当的飞轮数量和大小，就可以在试验台上模拟车辆的起步、加速和减速等各种负荷特性。根据需要，可以在试验台上完成在规定时间内的突然加速或突然减速的过渡状态试验。进行动特性试验时，一切参数的测取都取瞬时值，包括油温及油压。热交换器应选择得足够大，因为动态特性试验，大多是在液力元件效率比较低的区段进行的，所以连续重复试验时发热量很大

</td></tr>
</table>

2.5.2.2　液力元件内特性试验

表 19-2-16　液力元件内特性试验

项目		内容
试验任务		①探讨液力元件工作腔中的液流结构,即速度和压力的分布,涡流、二次流、分离、回流的规律 ②确定液流进入和离开工作轮时的情况,研究液流的冲击和偏离
测试方法	探针测试法	流体的流速大小和方向的测量可由压力测量间接实现。探针是常用的结构简单、工作可靠、制造成本低廉的仪器,在流场测试中得到广泛应用。对于平面液流采用三孔圆柱形测压管,而五孔测压管是用来测量空间液流参数的 探针测试法的缺点是:探针有一定体积,插入流场后对流场产生扰动,改变流场的形态,难以得到确切的结果。近来出现了电子探针、热膜探针等,可提高测量精度和动态灵敏度
	直观流线法	直观流线法是利用流动可视化技术,在液力变矩器叶轮叶片表面上建立流动模型,即建立内部液流流动情况的直观表现,用来观察液流在流动传递动力过程中的情况,分析判断在各种工况条件下流道中液体流动是否匀顺,是否产生了冲击、旋涡、分离及回流等现象。据此提出最佳的流动模型,作为改进设计的依据
	显示追迹法	显示追迹法是在流体中加入小粒子或气泡进行追迹照相。这种方法可以显示液流的连续运动过程,但只能用来做定性的分析
	激光多普勒测速仪(LDA)	激光测速仪的优点是:它无需将任何器件插入流场,只需将激光束射入被测流场,聚焦在被测点上,同时将被测点散射出来的光接收下来进行处理,就能确定被测点的流速,不扰动流场;能测量固定和旋转叶轮流道内的流动,同时测出流速的大小和方向,其精度在 0.5%~2%之间;适用的流速范围广,动态响应好。故而将其应用到液力变矩器内部流场测试研究中。激光多普勒测速仪是根据光的多普勒效应实现的 按测量的维数可分为一维、二维和三维流速计 用激光测量叶轮内部流场的流速分布,是一种非常有力的测量手段,目前常用二维激光多普勒测速仪测量液力元件流场。但是也有许多需注意的问题,如所测得的速度是介质中杂质微粒的速度;由于叶片是扭曲的,不能测量叶轮内部所有区域;还有因外壳的光学噪声和叶轮旋转速度变化引起测量结果值产生脉动现象等。所以在进行测量时,应注意变矩器测量用窗口的开设问题;如何测涡轮流场的问题;以及工作介质的选择和温度的控制问题等
	粒子图像测速(PIV)	PIV 技术是一种可以同时获得流场中多点测量流体或粒子速度矢量的光学图像技术,主要通过记录流场中示踪粒子在很短时间段内的位移来计算粒子的速度;PIV 技术以常规流动显示设备和图像设备为基础,用计算机图像处理系统处理图像,然后用彩色显示参数变化,给出丰富的流场信息和高质量的图像;突破了单点测量限制,集“可视化”与“定量测量”于一体;是一种现代的流动显示与测量技术,是光学测量技术、计算机应用技术、图像处理技术相结合的产物。PIV 基于最基本的流体速度测量方法,其基本原理是:实验时在流场中播入粒子,用激光脉冲器发出激光束经过一系列光学元件形成可调制的激光片光源照射流场,用多次曝光记录粒子场在不同时刻的图像,测出在已知时间间隔内流体质点(示踪粒子)在某切面上的位移,即可算出粒子的速度 示踪粒子在流动显示与测量中的地位极其重要。若在流场中的粒子浓度很高,实际记录的不是粒子的图像,而是粒子群的散斑图像及其位移,即激光散斑测速(LSV)技术,早期用过。若粒子浓度很稀,识别与跟踪单个或少数粒子,则为粒子跟踪测速(PTV)技术。如果粒子浓度中等,4~10 个粒子/最小分辨容积,实际上不是确定单个粒子速度而是确定最小分辨容积内所有粒子的统计平均速度,无论采用光学杨氏条纹法或是自相关、互相关法,定义为粒子图像测速(PIV) 为保证流体的流动不受外加示踪粒子的影响,为此所加的粒子浓度应足够低,粒子的尺寸应足够小。其次,为了保证释放到流体中的示踪粒子的运动能真实地反映流体质点的运动,要求示踪粒子能很好地跟随流体质点的运动,即每个粒子的当地速度应和当地流体质点速度一致。考虑到粒子应对激光有较好的散射作用,一般使用 d_p=0.03~0.06mm 的粒子。种类有聚苯乙烯、聚酰胺、三氧化二铁、铝、云母+氧化铁混合物等。铝粉对激光的散射效果最好,而聚酰胺的密度最接近工作介质的密度

续表

测试方法	粒子图像测速(PIV)	图(a)为粒子图像测速系统;图(b)为液力元件 PIV 测试图像  图(a) 粒子图像测速系统  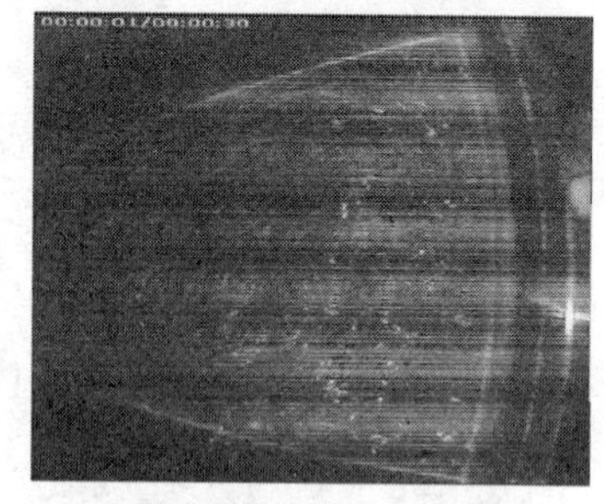 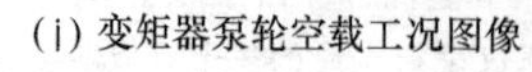 (ⅰ)变矩器泵轮空载工况图像 (ⅱ)偶合器涡轮制动工况图像 图(b) 液力元件PIV测试图像

2.6 液力变矩器的选型

2.6.1 液力变矩器的形式和参数选择

传动系统位于动力机和工作机之间，不仅传递运动和动力，而且要求其协调工作。因此液力传动的形式和参数选择必然与动力机的特性、工作机的载荷性质以及作业状况密切相关。

大多数液力变矩器应用在如各类车辆、工程机械和内燃机等移动式机械上，并且在固定式设备如油田、矿山、地质等设备中也得到广泛应用。移动式机械中，中小型汽车的动力机以汽油机为主，重型汽车、工程机械和内燃机车的动力机以柴油机为主。室外作业的固定式设备以柴油机为动力，室内以异步电动机为动力。

表 19-2-17 根据工作机的载荷状况和功能要求选用变矩器的原则

工作机	选用原则
汽车及以运输为主的各类车辆	要求起步平稳,加速性好;换挡时动力不中断,无冲击,舒适性好;容易驾驶,改善司机的工作条件;操纵性好,并容易实现自动化;液力减速,交通安全性好;有良好的隔离和吸收振动与冲击的功能;可靠性好;能以蠕动的速度稳定行驶,通过性好;前进速度高,倒退仅作为掉头或没有速度要求等。这类功能要求的各类车辆,可以选用二相单级液力变矩器或闭锁变矩器,配合各种操作形式和动力范围的变速器。其中小轿车由于功率储备大,道路条件好,动力机多为汽油机,转矩储备大。液力变矩器仅在起步加速和换挡的过程中发挥作用,随着车辆从加速过渡到偶合工况或闭锁,可选择大透穿系数($T\geqslant2.0$)、较小的零速变矩器系数($K_0=1.7\sim2.2$)的液力变矩器。对于公共汽车、旅游车、轻型货车和中、重型载重汽车等,液力变矩器仅在加速、换挡和道路条件差时应用;重型矿用自卸车在一挡或二挡,液力变矩器还需克服特殊恶劣道路条件行使。所以可以选择透穿系数 $T\geqslant1.4$、零速变矩系数 $K_0\geqslant2.2$ 的闭锁变矩器。对于要求液力变矩器液力减速作用的旅游车和公共汽车还可以选择扩展动力范围的外分流或内分流液力机械变矩器。变速器各挡间传动比的比值,不闭锁的挡传动比取 1.6～1.8,特殊要求的可提高到 2.2～2.5。既可用变矩器又可闭锁的挡传动比取 1.4～1.6,不用变矩器只闭锁的挡传动比取 1.2～1.4

续表

工作机	选用原则
工程机械及以作业为主的各类机械	除基本要求与汽车及以运输为主的各类车辆类似外，还特别要求能够自动适应急剧变化并且周期循环重复作业的载荷；机动性好，前后掉头频繁、空载后退的速度甚至较前进速度快；全动力换挡，可由任何前进挡直接挂到后退挡；生产效率高，能够边行走边作业，行走和作业的动力分配可以任意调节。由此功能要求的各类工程机械、林业机械等，可以选用单相单级液力变矩器配合 1～4 挡全逆转变速器，也可选用内分流液力机械变矩器配二挡全逆转或前二倒一挡的变速器。对某些小吨位叉车，由于仅配有换向器，没有变速器，为了满足车速的要求，而选用二相单级变矩器。轮式工程机械可选中小透穿系数 $T=1.1\sim1.5$、大中零速变矩系数 $K_0=2.6\sim3.3$ 的液力变矩器，也可选 $K_0=4.0\sim6.0$ 的内分流液力机械变矩器。对于履带式工程机械，由于车速低，动力范围不大，且希望司机能够感知载荷的变化状况，可选用透穿系数 $T=1.5\sim2.2$、零速变矩系数 $K_0=2.2\sim2.6$ 的液力变矩器，也可选用透穿系数大的外分流液力变矩器 这类机械中凡要求边行走边作业的具有并联动力流的机械，如装载机和叉车，可以选择具有上述参数的可调液力变矩器 对于石油钻机，钻进时载荷脉动大，冲击强。而且随着井深的增加，载荷增大，脉动和冲击也加剧。要求变矩器有宽的动力范围，较大的零速变矩系数和较小的透穿系数。起钻时载荷平稳，但载荷变化大，轻载、空载占的时间长。要求变矩器的空载损失小，效率高。可以选择具有上述特性的闭锁变矩器。但为了解决传动系统的可靠性问题，需要限制输出转速，则就要选用改变充液率的可调变矩器或其他可调变矩器
内燃机车类轨道车辆	内燃机车的特点是功率大，要求恒功率均匀无级地调速。由于其大容量爪牙式换挡离合器同步换挡及控制复杂，可靠性差，因此不能采用串联机械变速器的方案。但可采用液力换挡的多循环圆的液力传动装置。由 2～3 台液力元件组成，每台液力元件在不同的速度范围内运转。低速范围起步运转时，为了得到好的起步加速性能应选用零速变矩系数大的变矩器——启动变矩器。在中速或高速范围运转时可采用设计工况转速比大的变矩器或偶合器，即运转液力元件。运转的液力元件充满油，不运转的液力元件排空。换挡过程，一台液力元件排油的同时，另一台液力元件充油，动力不会中断，向心涡轮液力变矩器不能满足机车对启动的要求，充排油系统在结构上也难于实现，铸造叶轮尺寸较大高速离心强度不足，而且空间扭曲叶型的加工工艺存在一些问题，因此机车上选用单相单级离心涡轮液力变矩器。变矩器的启动变矩比 $K_0>5\sim6$，负透性，透穿系数 $T=0.8\sim0.85$。运转变矩器高效运转工况区内基本不透，$T=0.95\sim1.0$，效率高于 80% 的动力范围 $d_{80}\geqslant2.2$
恒载荷调速的设备	载荷接近恒定要求调速的设备，如活塞泵、搅拌机等，选用可调液力变矩器，如导轮叶片可转动的可调变矩器，经济性较好

2.6.2　液力变矩器系列型谱

液力变矩器系列化与任何产品一样，使其具有更好的互换性及便于用户选用。

变矩器系列化包括两个方面的内容：一是在功能方面的系列化，即同一基本规格的产品，采用不同结构参数的变化，其中最主要的是工作轮叶栅参数的变化，即叶片进出口角度参数的变化，以满足不同类型机械的使用要求；二是基本性能参数规格方面的系列化。它用来满足不同转速及功率等级等方面的不同要求。而变矩器系列化首先是将变矩器进行分类，如分为向心涡轮变矩器、轴流涡轮变矩器、离心涡轮变矩器等，然后将其中某一类型变矩器系列化。

变矩器在参数系列化方面，通常将有效直径 D 分挡。按优先数规则将 D 分挡，并保证相同的公比值，即 $\frac{D_2}{D_1}=\frac{D_3}{D_2}=\frac{D_4}{D_3}=\cdots$，且将 D 圆整为整数值。

而同一循环圆有效直径 D 的变矩器再通过不同角度参数的组合，又可使力矩系数 λ_{MB}^* 具有一系列不同的数值。泵轮在设计工况下的输入功率为

$$P_B^*=\frac{\pi n_B^*}{30}M_B^*=K\lambda_{MB}^*n_B^*D^5$$

式中，$K=\frac{\pi}{30}\rho g$，当工作液选定后，则 K 为常数。而 D 又为一定值，则

$$\lg P_B^*=3\lg n_B^*+C$$

当令 $D=D_1$、D_2、$D_3\cdots$优选数系列时，P_B^* 与 n_B^* 在双对数坐标图上则为一组平行线。再令 $\lambda_{MB}^*=\lambda_{MB1}^*$、$\lambda_{MB2}^*$、$\lambda_{MB3}^*\cdots$，则又可得到在同一 D 值下的一组平行线。图 19-2-14 所示为向心涡轮液力变矩器系列型谱。如图 19-2-15 所示为轴流涡轮变矩器的系列型谱。图中标示数值分别为变矩器有效直径和能容的平均值。以 400-35 为例，它表示变矩器的有效直径 $D=400\text{mm}$，而 $\lambda_B^*\rho\times10^4\approx35$，若 $n_B^*=1000\text{r/min}$，则 $M_B=350\text{N}\cdot\text{m}$。

一般要求所有 $\lg P_B^*$ 直线应在双对数坐标图上均匀覆盖工程应用中所能达到的全部功率、转速范围，而且相邻两有效直径之间应有一定的功率重叠区，以便于实际选用。

这里要提及的是液力偶合器也有系列型谱。但由于偶合器都是径向直叶片，故其系列化只是有效直径 D 的分挡，按优先数系来进行系列化。

2.6.3　液力变矩器与动力机的共同工作

液力变矩器与动力机共同工作的动力性和经济性的好坏，决定于其是否合理匹配。

液力变矩器与动力机的共同工作即动力机与变矩器输入端之间转矩或功率的平衡。为此必须了解动力机输进变矩器的输入功率，泵轮和涡轮的特性曲线族。

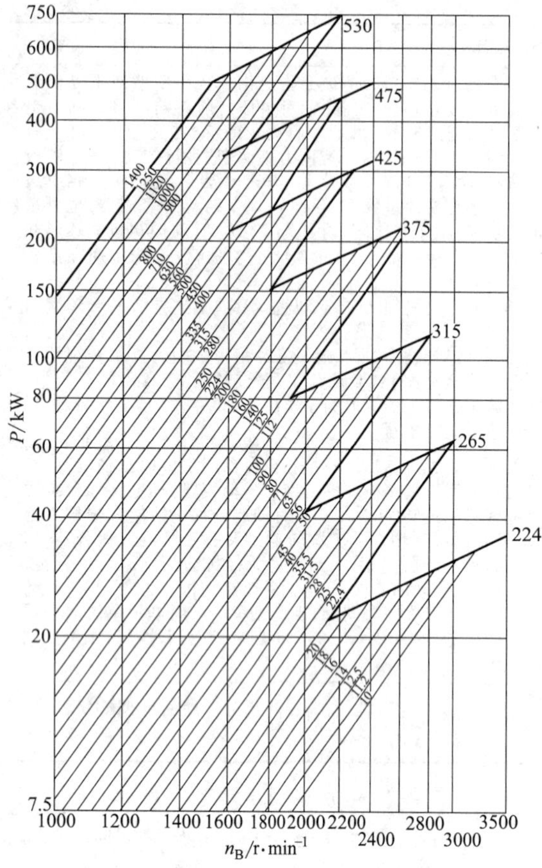

图 19-2-14　向心涡轮液力变矩器系列型谱

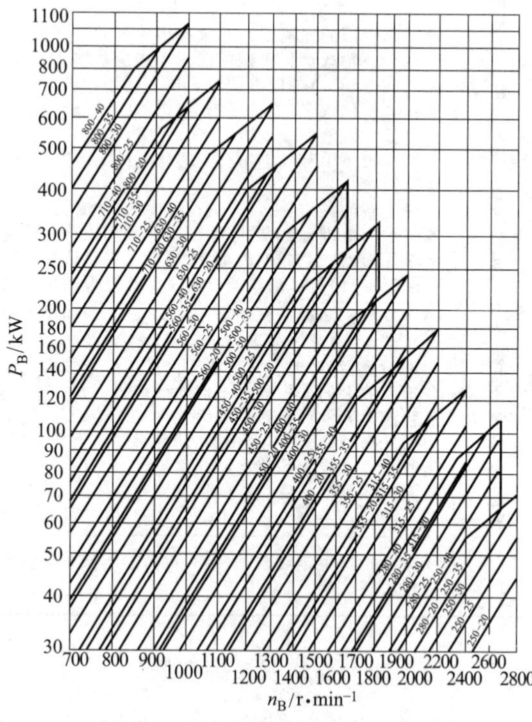

图 19-2-15　轴流涡轮变矩器系列型谱

2.6.3.1　输入功率

动力机特性曲线有些是不带辅助元件实验得到的。辅件中风扇功率与转速的三次方成正比。通常用动力机功率的百分数（%）表示辅件功率。

从动力机功率减去全部辅件功率可得到变矩器的输入功率

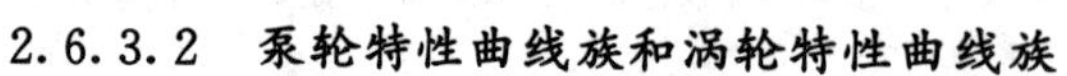

$$P_{1d}=P_d-\sum P_f=f(n_d) \qquad (19\text{-}2\text{-}87)$$

功率与转速呈线性关系时

$$P_{1d}=P_d-k_1P_{db}(n_d/n_{db}) \qquad (19\text{-}2\text{-}88)$$

功率与转速呈立方关系时

$$P_{1d}=P_d-k_2P_{db}(n_d/n_{db})^3 \qquad (19\text{-}2\text{-}89)$$

式中　P_{1d}——动力机输给变矩器的输入功率；

P_d，n_d——相应动力机的功率、转速；

P_{db}，n_{db}——相应动力机的标定功率、转速；

k_1，k_2——百分数，缺乏试验数据时，按 k_2 = 6%～10%估算。

2.6.3.2　泵轮特性曲线族和涡轮特性曲线族

表 19-2-18　　泵轮特性曲线族和涡轮特性曲线族

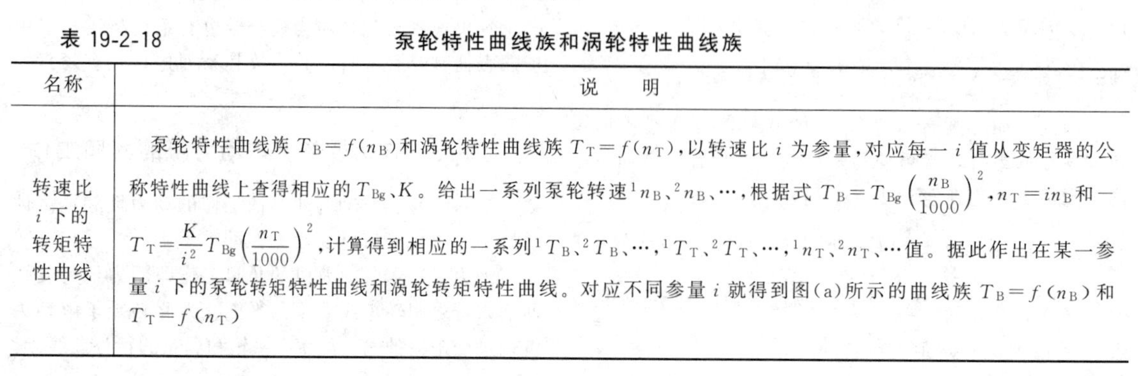

名称	说　明
转速比 i 下的转矩特性曲线	泵轮特性曲线族 $T_B=f(n_B)$ 和涡轮特性曲线族 $T_T=f(n_T)$，以转速比 i 为参量，对应每一 i 值从变矩器的公称特性曲线上查得相应的 T_{Bg}、K。给出一系列泵轮转速 ${}^1n_B$、${}^2n_B$、…，根据式 $T_B=T_{Bg}\left(\frac{n_B}{1000}\right)^2$，$n_T=in_B$ 和一 $T_T=\frac{K}{i^2}T_{Bg}\left(\frac{n_T}{1000}\right)^2$，计算得到相应的一系列 ${}^1T_B$、${}^2T_B$、…，${}^1T_T$、${}^2T_T$、…，${}^1n_T$、${}^2n_T$、…值。据此作出在某一参量 i 下的泵轮转矩特性曲线和涡轮转矩特性曲线。对应不同参量 i 就得到图(a)所示的曲线族 $T_B=f(n_B)$ 和 $T_T=f(n_T)$

续表

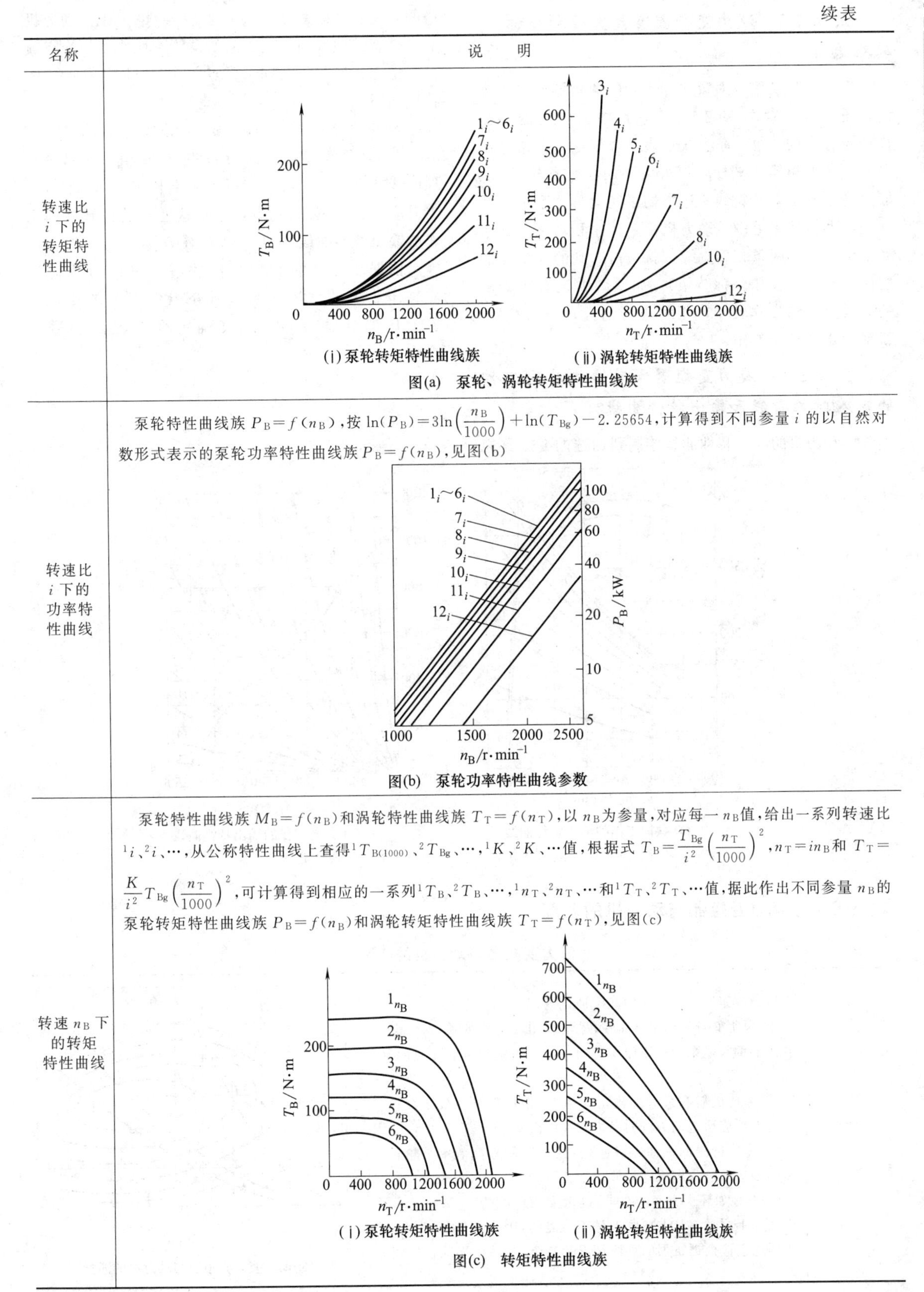

名称	说　明
转速比 i 下的转矩特性曲线	(ⅰ)泵轮转矩特性曲线族　(ⅱ)涡轮转矩特性曲线族 图(a)　泵轮、涡轮转矩特性曲线族
转速比 i 下的功率特性曲线	泵轮特性曲线族 $P_B=f(n_B)$，按 $\ln(P_B)=3\ln\left(\frac{n_B}{1000}\right)+\ln(T_{Bg})-2.25654$，计算得到不同参量 i 的以自然对数形式表示的泵轮功率特性曲线族 $P_B=f(n_B)$，见图(b) 图(b)　泵轮功率特性曲线参数
转速 n_B 下的转矩特性曲线	泵轮特性曲线族 $M_B=f(n_B)$和涡轮特性曲线族 $T_T=f(n_T)$，以 n_B为参量，对应每一 n_B值，给出一系列转速比 ${}^1i$、${}^2i$、…，从公称特性曲线上查得 ${}^1T_{B(1000)}$、${}^2T_{Bg}$、…，${}^1K$、${}^2K$、…值，根据式 $T_B=\frac{T_{Bg}}{i^2}\left(\frac{n_T}{1000}\right)^2$，$n_T=in_B$和 $T_T=\frac{K}{i^2}T_{Bg}\left(\frac{n_T}{1000}\right)^2$，可计算得到相应的一系列 ${}^1T_B$、${}^2T_B$、…，${}^1n_T$、${}^2n_T$、…和 ${}^1T_T$、${}^2T_T$、…值，据此作出不同参量 n_B的泵轮转矩特性曲线族 $P_B=f(n_B)$和涡轮转矩特性曲线族 $T_T=f(n_T)$，见图(c) (ⅰ)泵轮转矩特性曲线族　(ⅱ)涡轮转矩特性曲线族 图(c)　转矩特性曲线族

2.6.3.3　液力变矩器有效直径和公称转矩选择

生产厂提供用双对数坐标表示的变矩器的系列型谱（图 19-2-14、图 19-2-15），它是根据变矩器的公称转矩作出的，每一条直线代表一个规格（一组叶栅系统）的变矩器。坐标轴、最大和最小公称转矩线、极限转速和极限转矩线所包络的区间就是一个尺寸系列变矩器的功率范围。动力机标定转速和功率落到系列型谱图上的两条相邻直线，就是初选到的变矩器的规格（有效直径和公称转矩）。如型谱中没有所要求的有效直径和公称转矩，则需进行前述的（2.4 节）新型变矩器设计工作。

2.6.3.4　液力变矩器和动力机共同工作的输入特性曲线和输出特性曲线

把动力机的净外特性曲线绘制到初选的变矩器规格的泵轮特性曲线 $T_B=f(n_B)$（参量 i）上。动力机的净外特性曲线与不同 i 值的泵轮特性曲线的交点就是在稳定状态下的共同工作点，称为共同工作的输入特性［图 19-2-16（a)］。

查得各交点坐标 T_B、n_B，根据式 $T_T=KT_B$，$n_T=in_B$，计算得到一系列的 T_T、n_T 值。在涡轮特性曲线族 $T_T=f(n_T)$（参量 i）上相应每一 i 值，画出对应（T_T、n_T）的点。连接这些点就得到共同工作的输出特性曲线［图 19-2-16（b)］。

根据动力机的类型、特性，工作机的载荷性质、作业状况，以及下面所介绍的匹配原则，反复上述的计算分析，最终确定变矩器的型号和规格。

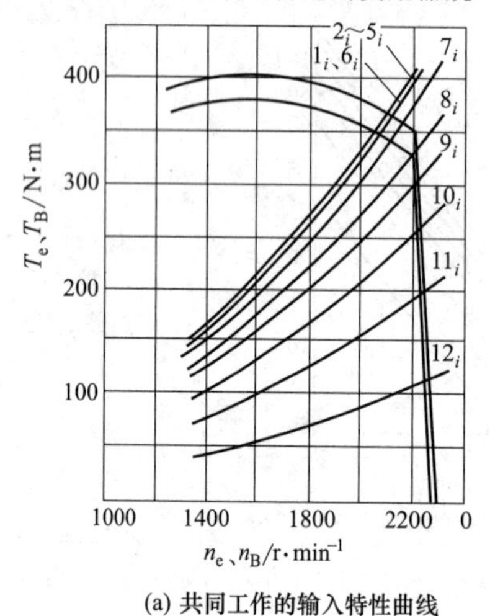

(a) 共同工作的输入特性曲线

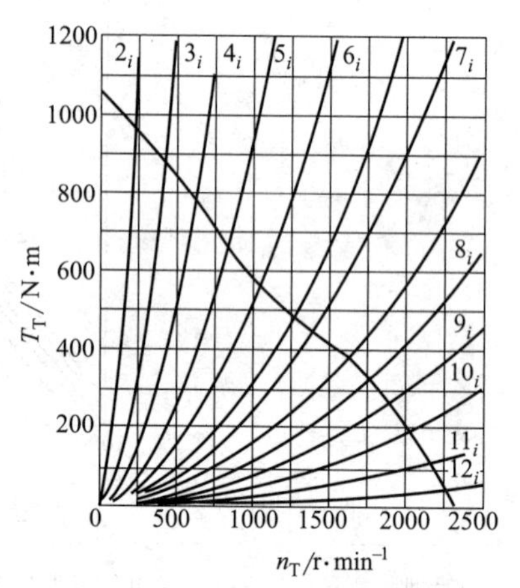

(b) 共同工作的输出特性曲线

图 19-2-16　液力变矩器和动力机共同工作的特性曲线

2.6.4　液力变矩器与动力机的匹配

表 19-2-19　　液力变矩器与动力机的匹配

匹配原则	液力变矩器与动力机的匹配原则有以下几个方面 ① 为使车辆起步加速性好，尽量利用动力机的最大转矩，变矩器的零速泵轮转矩曲线应通过动力机的最大转矩点[图(a)] ② 为使机器有最大的输出功率，变矩器的最高效率泵轮转矩曲线应通过动力机的最大功率的转矩点 ③ 为使机器的燃油经济性好，变矩器的最高效率泵轮转矩曲线应通过内燃机的最低比油耗区 ④ 其他如环保方面的要求，排污少，噪声小等 实际上同时满足上述要求是不可能的，因为它们相互间是矛盾的。应根据机器的具体情况和特点，分清主次综合处理	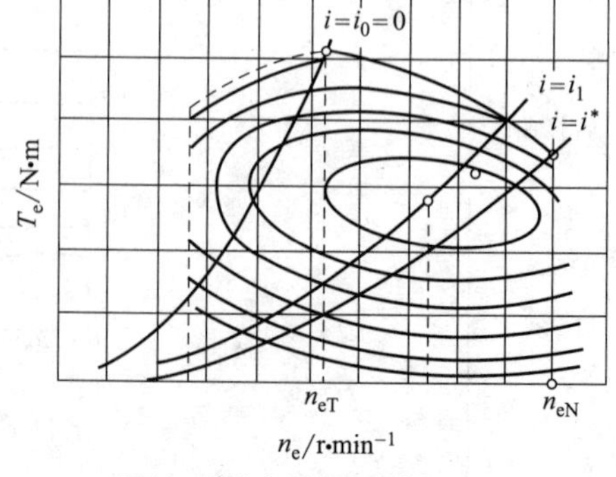 图(a)　液力变矩器与动力机的匹配

续表

<table>
<tr><td>汽车液力变矩器与内燃机的匹配</td><td colspan="2">轿车应用大透穿的二相单级液力变矩器，主要运转工况为偶合工况。偶合区最高效率工况($i_{h\eta}=0.97\sim0.98$)的泵轮转矩抛物线应通过汽油机的净标定功率的转矩点，而零速工况的泵轮转矩抛物线交汽油机净外特性于$n_{B0}=(0.35\sim0.45)n_{eN}$($n_{eN}$为动力机标定转速)的转速[图(b)]。近年来为了减小变矩器尺寸，提高效率，轿车出现闭锁变矩器，这是由于主要运转工况为闭锁，仅从提高起步加速性能考虑，取$n_{B0}\geqslant n_{eT}$(n_{eT}为动力机最大转矩点的转速)
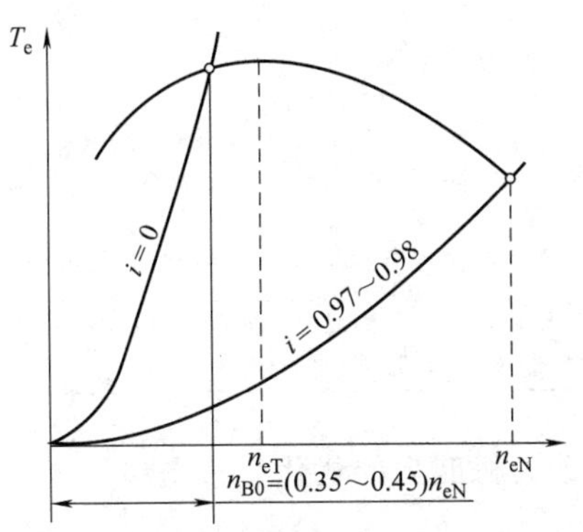

图(b) 轿车二相单级液力变矩器与汽油机的匹配
对于公共汽车、旅游车、轻型货车和重型公路汽车等，液力变矩器仅在起步加速、换挡和道路条件差时使用，随着车速的提高自动闭锁。为提高起步加速性，尽量利用内燃机的最大转矩。变矩器和内燃机的匹配点取$n_{B0}\approx n_{eT}$
对于重型军用越野车和牵引车、重型矿用自卸车等非公路车辆，绝大多数应用单级闭锁液力变矩器。变矩器除起步加速和换挡时起作用外，在头挡或头二挡必须克服特殊恶劣路面条件行使，必须兼顾起步加速性能和充分发挥内燃机的动力。变矩器和内燃机的匹配点取$n_{B0}=n_{eT}\sim0.9n_{eb}$，下限值相应透穿系数大的，上限值相应透穿系数小的变矩器</td></tr>
<tr><td rowspan="2">工程机械液力变矩器与内燃机的匹配</td><td>轮式装载机的匹配</td><td>轮式装载机上液力变矩器并联有提供工作装置动力的液压系统。动力机的功率按作业所需发挥的最大功率选区，而转移工地行驶时功率富裕，发动机处于部分载荷下运转。因此液力变矩器与内燃机的匹配根据最高车速的要求选择，而根据作业时内燃机转速的允许下限值校核
液力变矩器的容量
$$T_{Bg1}=2.653fGv_{max}/\eta\eta_j(n_{eb}/1000)^3 \quad (19\text{-}2\text{-}90)$$
变矩器1挡，传动系统的总传动比
$$i_{z1}=10^3F_{max}R_g/K_0T_{Bg0}(n_{eb}/1000)^2\eta_j \quad (19\text{-}2\text{-}91)$$
作业时内燃机全油门转速的允许下限
$$n_{e0}/n_{eb}=\sqrt{(\varphi_T T_{eb}-0.1592pQ_g)/K_0T_{Bg0}} \quad (19\text{-}2\text{-}92)$$
$$\varphi_T=n_{e0}/T_{e0}$$
式中 T_{Bg1}，T_{Bg0}——相应泵轮转速1000r/min时，$\eta=0.7\sim0.8$(高转速比区)和$i=0$工况泵轮转矩，N·m；
f——车轮与地面的滚动摩擦因数；
G——机器所受的重力(空载)，kN；
v_{max}——最高车速，km/h；
η_j——传动系统机械效率；
η——相应最高车速行驶时液力变矩器的效率($\eta=0.7\sim0.8$)；
i_{z1}——变速器一挡，传动系统总传动比；
R_g——车轮滚动半径，m；
F_{max}——最大牵引力，kN；
p——工作泵压力，MPa；
Q_g——工作泵公称流量，L/min；
n_{e0}，T_{e0}——相应作业时涡轮零速工况内燃机的转速、转矩</td></tr>
<tr><td>履带推土机的匹配</td><td>履带推土机作业所需的液压系统动力较小，而且在长距离的推土作业中只有短时间调整推土板位置时使用。因此应充分利用内燃机动力，并考虑推土板堆满土提起时不至于使内燃机熄火。变矩器与内燃机的匹配点取$n_{B0}\approx0.8n_{eb}$，而$n_{B\eta}=(0.9\sim0.95)n_{eb}$($n_{B\eta}$为变矩器最高效率工况泵轮转矩抛物线与内燃机净外转矩曲线的交点转速)</td></tr>
</table>

续表

工程机械液力变矩器与内燃机的匹配	叉车的匹配	小吨位叉车传动系统中仅有前进、后退换向器，没有变速器，动力范围全由变矩器与内燃机的匹配来保证。因此应根据最高车速来选择变矩器容量，而根据最大爬坡度的要求校核 液力变矩器的容量 $T_{Bgh\eta}=2.653fGv_{max}/\eta_{h_\eta}\eta_j(n_{eb}/1000)^3$　(19-2-93) 传动系统总传动比 $i_z=0.377n_{eb}i_{h_\eta}R_g/v_{max}$　(19-2-94) 满足爬坡要求的条件 $K_{(i=0.1)}T_{Bg(I=0.1)}[n_{e(i=0.1)}/1000]^2\geqslant(f+\sin\alpha)GR_g/i_z\eta_j$　(19-2-95) 式中　下标 $i=0.1$——相应工况变矩器的参数； 下标 h_η——相应变矩器偶合工况区最高效率工况的参数； α——最大爬坡度 对于大吨位叉车，变矩器与内燃机的匹配应充分发挥动力机的动力，取 $0.9n_{eb}\leqslant n_{B\eta}<n_{eb}$
	石油钻机的匹配	石油钻机变矩器与内燃机的匹配应保证在正常转进时能充分发挥内燃机的动力，轻载时有较高的转速，减少辅助工时，取 $n_{B\eta}\approx n_{eb}$

2.6.5　液力变矩器与动力机匹配的优化

液力变矩器与动力机匹配的优化目标函数，随不同功能要求的机器而异。如对汽车，由于液力变矩器仅在起步加速和换挡时起作用，因此优化的目标函数应该是加速度和平均车速。本节仅讨论液力变矩器在整个运转范围内起作用的机器，如工程机械等。

这类液力变矩器与动力机匹配的主要评价指标是动力性和经济性。对于没有并联功率流或它的幅值或时间小到可以忽略不计的情况，动力性优化的目标函数为输出功率的均值 $E(P_T)$，经济型优化的目标函数为单位有效功所消耗的燃油 $E(g_e/\eta)$。而优化的设计变量为各种类型液力变矩器尺寸系列的有效直径和公称转矩。写成优化的形式有

设计变量

$$X=[D,\lambda_{Bh}]^T \tag{19-2-96}$$

目标函数

$$\left.\begin{aligned}-F_1(X)&=E(P_T)\\F_2(X)&=E(g_e/\eta)\end{aligned}\right\} \tag{19-2-97}$$

约束条件

$$\left.\begin{aligned}&G_1(X)=v_L-v_{max}\leqslant0\\&G_2(X)=v_{max}v_U\leqslant0\\&G_3(X)=F_L-F_{max}\leqslant0\\&G_4(X)=F_{max}-F_U\leqslant0\\&G_5(X)=E[g_e/\eta]-\{g_e/\eta\}\leqslant0\\&E(P_T)=\int_{nT_{min}}^{nT_{max}}f(n_T)P_T(n_T)dn_T\\&E(g_e/\eta)=\int_{nT_{min}}^{nT_{max}}f(n_T)g_e/\eta(n_T)dn_T\end{aligned}\right\} \tag{19-2-98}$$

式中　$P_T(n_T)$，$g_e/\eta(n_T)$——液力变矩器与内燃机共同工作的功率和比油耗输出特性；

$f(n_T)$——机器运转期间涡轮转速的概率密度，如按均匀分布则 $f(n_T)=\frac{1}{n_{Tmax}-n_{Tmax}}$；如按常态分布则 $f(n_T)=\frac{1}{\sigma\sqrt{2\pi}}e^{\frac{-[nT-E(nT)]^2}{2\sigma^2}}$，$\sigma$ 为n_T的均方差；

v_L，v_U——最高车速的上下限；

F_L，F_U——最大牵引力的上下限；

$\{g_e/\eta\}$——变矩器与内燃机共同工作比油耗的许用值。

讨论的优化为双目标的优化问题。构造复合目标函数

$$-F_3(X)=[E(P_T)]^a[E(g_e/\eta)]^{-(1-a)} \tag{19-2-99}$$

指数 a 可以根据设计者从不同侧重角度出发选取。

实际机器作业时，内燃机不会总是处于最大载荷（最大油门）下运转，根据载荷状况司机要进行干预。这种情况下需要掌握涡轮转矩和涡轮转速的二维概率密度 $f(T_T,n_T)$ 的统计信息，才有可能进行上述匹配的优化。

对于具有并联功率流的场合，除上述信息外，还需要掌握油泵压力分布的统计信息。

2.7　液力变矩器的产品型号与规格

2.7.1　单级单相向心涡轮液力变矩器

(1) 冲焊型单相单级向心涡轮液力变矩器的产品型号、规格与技术参数（表 19-2-20）

表 19-2-20　冲焊型单相单级向心涡轮液力变矩器的产品型号、规格与技术参数

型　号	有效直径 /mm	公称转矩 /N·m	特　性	外形尺寸	生　产　厂
YJH200B	200	10.6	见图 19-2-18	见图 19-2-17	陕西航天动力高科技股份有限公司
YJH200-3	200	10	见图 19-2-20	见图 19-2-19	陕西航天动力高科技股份有限公司
YJH200-4	200	10	见图 19-2-22	见图 19-2-21	陕西航天动力高科技股份有限公司
YJC200B	200		见图 19-2-23		浙江拓克沃特科技有限公司
YJH240A	240	20	见图 19-2-25	见图 19-2-24	陕西航天动力高科技股份有限公司
YJC240B	240		见图 19-2-26		浙江拓克沃特科技有限公司
YJC265	265	34	见图 19-2-27		浙江拓克沃特科技有限公司
YJH265	265	30	见图 19-2-29	见图 19-2-28	陕西航天动力高科技股份有限公司
YJH265B	265	30	见图 19-2-31	见图 19-2-30	陕西航天动力高科技股份有限公司
YJH265D-2	265	30	见图 19-2-33	见图 19-2-32	陕西航天动力高科技股份有限公司
YJH265D-3	265	30.3	见图 19-2-35	见图 19-2-34	陕西航天动力高科技股份有限公司
S11	265	50	见图 19-2-37	见图 19-2-36	陕西航天动力高科技股份有限公司
S11-1	265	48	见图 19-2-39	见图 19-2-38	陕西航天动力高科技股份有限公司
YJH280	280	52	见图 19-2-41	见图 19-2-40	陕西航天动力高科技股份有限公司
YJH280A	280	42	见图 19-2-43	见图 19-2-42	陕西航天动力高科技股份有限公司
YJH280B	280	53	见图 19-2-45	见图 19-2-44	陕西航天动力高科技股份有限公司
YJH280C	280	42	见图 19-2-47	见图 19-2-46	陕西航天动力高科技股份有限公司
YJH280D	280	55	见图 19-2-49	见图 19-2-48	陕西航天动力高科技股份有限公司
YJH280G	280	47	见图 19-2-51	见图 19-2-50	陕西航天动力高科技股份有限公司

续表

型　号	有效直径/mm	公称转矩/N·m	特　性	外形尺寸	生产厂
YJH280G-1	280	50	见图19-2-53	见图19-2-52	陕西航天动力高科技股份有限公司
YJC300	300	74.6	见图19-2-54		浙江拓克沃特科技有限公司
YJH300	300	81	见图19-2-56	见图19-2-55	陕西航天动力高科技股份有限公司
YJH300-1	300	87	见图19-2-58	见图19-2-57	陕西航天动力高科技股份有限公司
YJH300A	300	60	见图19-2-60	见图19-2-59	陕西航天动力高科技股份有限公司
YJH300B	300	55	见图19-2-62	见图19-2-61	陕西航天动力高科技股份有限公司
YJH300B-1	300	55	见图19-2-64	见图19-2-63	陕西航天动力高科技股份有限公司
YJH300C	300	55	见图19-2-66	见图19-2-65	陕西航天动力高科技股份有限公司
YJH300C-1	300	56	见图19-2-68	见图19-2-67	陕西航天动力高科技股份有限公司
YJH300C-2	300	34.5	见图19-2-70	见图19-2-69	陕西航天动力高科技股份有限公司
YJH300D	300	84	见图19-2-72	见图19-2-71	陕西航天动力高科技股份有限公司
YJC310	310	51	见图19-2-73		浙江拓克沃特科技有限公司
YJH310	310	78	见图19-2-75	见图19-2-74	陕西航天动力高科技股份有限公司
YJC315	315	60	见图19-2-76		浙江拓克沃特科技有限公司
YJH315	315	62	见图19-2-78	见图19-2-77	陕西航天动力高科技股份有限公司
YJH315A	315	71	见图19-2-80	见图19-2-79	陕西航天动力高科技股份有限公司
YJH315D	315	56	见图19-2-82	见图19-2-81	陕西航天动力高科技股份有限公司
YJH315F	315	70	见图19-2-84	见图19-2-83	陕西航天动力高科技股份有限公司
YJH340	340	125	见图19-2-86	见图19-2-85	陕西航天动力高科技股份有限公司
YJH340A	340	90	见图19-2-88	见图19-2-87	陕西航天动力高科技股份有限公司
YJC345	345	121	见图19-2-89		浙江拓克沃特科技有限公司

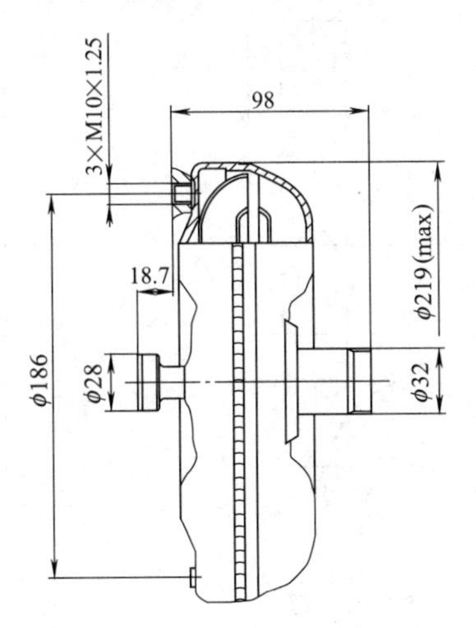

图 19-2-17　YJH200B 液力变矩器

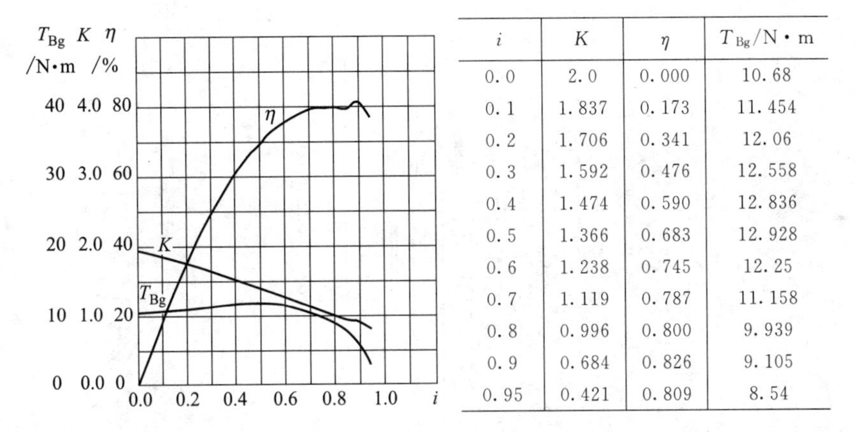

i	K	η	T_{Bg}/N·m
0.0	2.0	0.000	10.68
0.1	1.837	0.173	11.454
0.2	1.706	0.341	12.06
0.3	1.592	0.476	12.558
0.4	1.474	0.590	12.836
0.5	1.366	0.683	12.928
0.6	1.238	0.745	12.25
0.7	1.119	0.787	11.158
0.8	0.996	0.800	9.939
0.9	0.684	0.826	9.105
0.95	0.421	0.809	8.54

图 19-2-18　YJH200B 液力变矩器特性

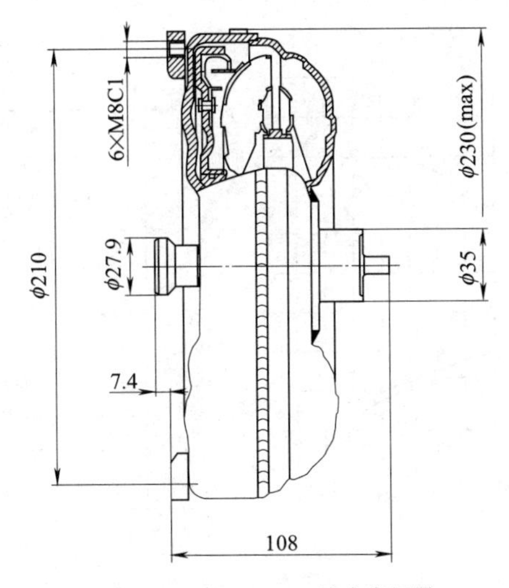

图 19-2-19　YJH200-3 液力变矩器

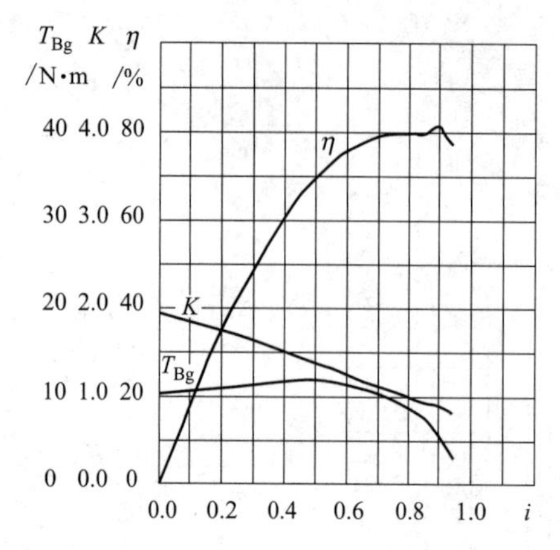

i	K	η	T_{Bg}/N·m
0.0	1.93	0.000	12.485
0.1	1.85	0.181	12.72
0.2	1.748	0.351	13.19
0.3	1.64	0.492	13.668
0.4	1.52	0.609	14
0.5	1.39	0.694	14.26
0.6	1.256	0.757	13.787
0.7	1.128	0.792	12.485
0.8	1	0.799	10.71
0.9	0.904	0.814	6.893
0.95	0.8	0.769	3.461

图 19-2-20 YJH200-3 液力变矩器特性

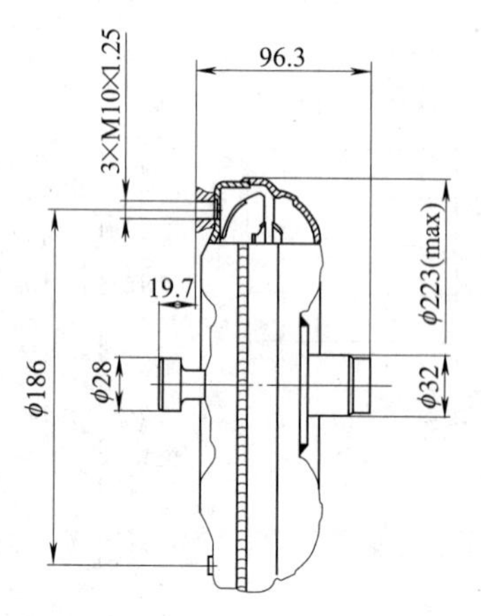

图 19-2-21 YJH200-4 液力变矩器

i	K	η	T_{Bg}/N·m
0.0	1.94	0.000	12.485
0.1	1.857	0.181	12.72
0.2	1.751	0.351	13.19
0.3	1.639	0.492	13.668
0.4	1.52	0.600	14
0.5	1.393	0.694	14.26
0.6	1.256	0.756	13.787
0.7	1.127	0.792	12.485
0.8	1	0.799	10.71
0.9	0.902	0.803	6.893
0.95	0.8	0.768	3.461

图 19-2-22 YJH200-4 液力变矩器特性

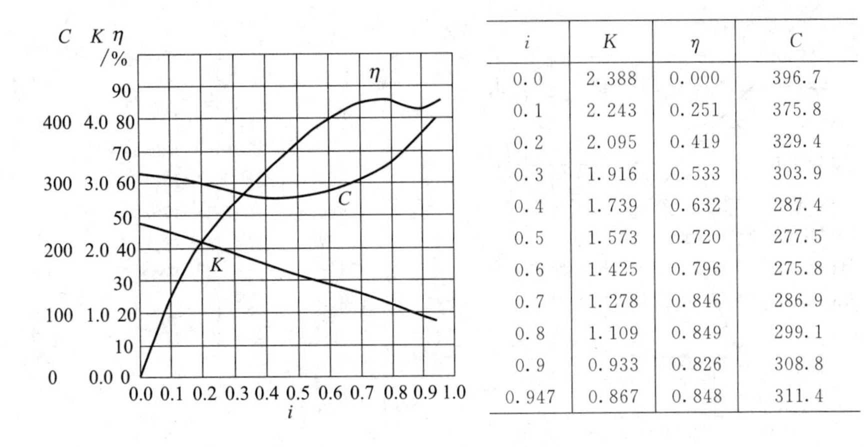

i	K	η	C
0.0	2.388	0.000	396.7
0.1	2.243	0.251	375.8
0.2	2.095	0.419	329.4
0.3	1.916	0.533	303.9
0.4	1.739	0.632	287.4
0.5	1.573	0.720	277.5
0.6	1.425	0.796	275.8
0.7	1.278	0.846	286.9
0.8	1.109	0.849	299.1
0.9	0.933	0.826	308.8
0.947	0.867	0.848	311.4

图 19-2-23　YJC200B 液力变矩器特性

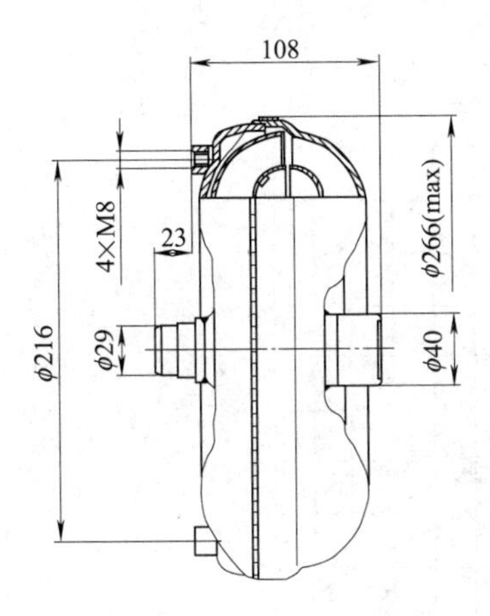

图 19-2-24　YJH240A 液力变矩器

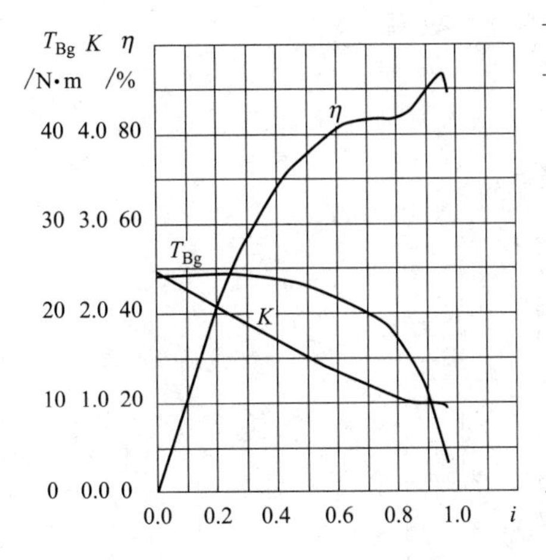

i	K	η	T_{Bg}/N·m
0.0	2.46	0.000	24.124
0.1	2.26	0.209	24.32
0.2	2.067	0.413	24.51
0.3	1.88	0.565	24.22
0.4	1.7	0.676	23.82
0.5	1.5	0.753	23
0.6	1.34	0.805	21.77
0.7	1.2	0.831	20
0.8	1.04	0.831	17.42
0.9	1	0.896	11.02
0.97	0.91	0.886	3.05

图 19-2-25　YJH240A 液力变矩器特性

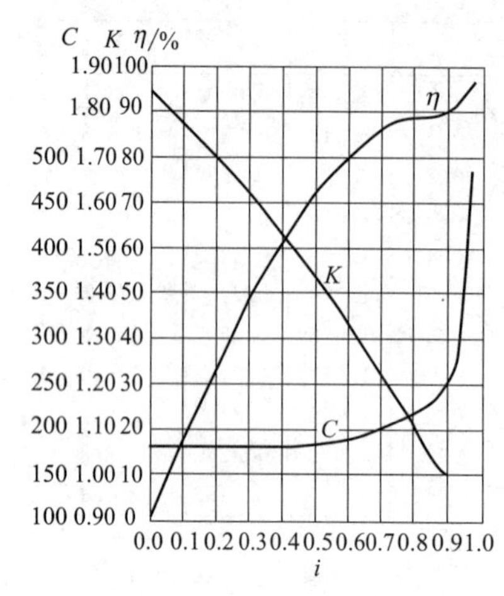

i	K	η	C
0.0	1.842	0.000	179.3
0.1	1.770	0.172	180.1
0.2	1.696	0.337	178.3
0.3	1.616	0.485	178.0
0.4	1.527	0.609	181.0
0.5	1.435	0.714	180.2
0.6	1.328	0.795	189.1
0.7	1.220	0.853	197.2
0.8	1.099	0.884	214.6
0.9	0.997	0.895	249.0
0.97	1.004	0.956	481.4

图 19-2-26　YJC240B 液力变矩器特性

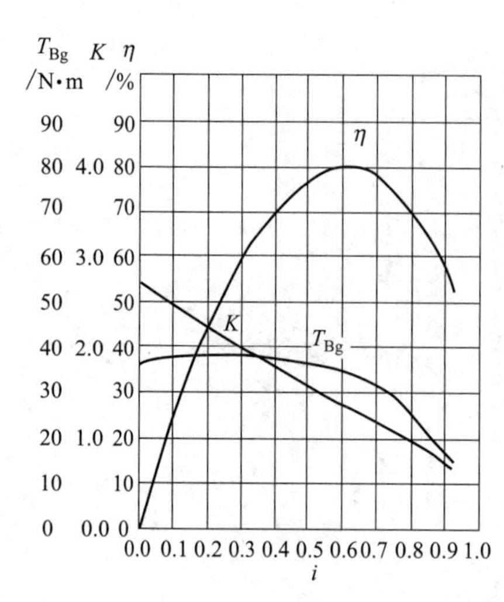

i	K	η	T_{Bg}/N·m
0.0	2.704	0.000	36.16
0.1	2.460	0.252	38.00
0.2	2.227	0.441	38.54
0.3	1.997	0.598	38.26
0.4	1.774	0.703	37.57
0.5	1.571	0.768	36.57
0.6	1.362	0.800	34.48
0.7	1.160	0.782	31.69
0.8	0.986	0.703	25.15
0.9	0.735	0.575	16.55
0.92	0.683	0.522	14.36

图 19-2-27　YJC265 液力变矩器特性

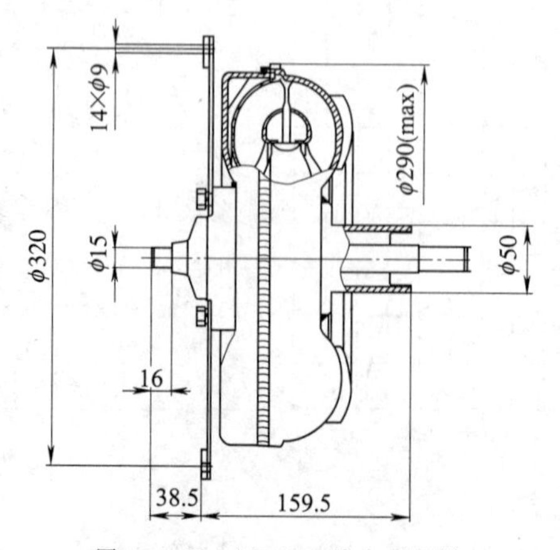

图 19-2-28　YJH265 液力变矩器

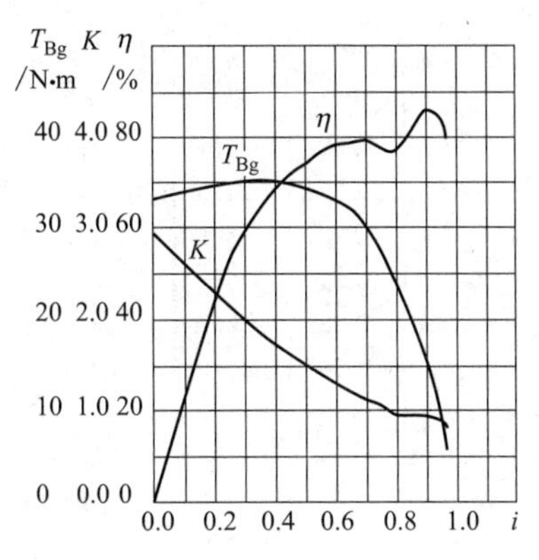

i	K	η	T_{Bg}/N·m
0.0	2.96	0.000	33.4
0.1	2.65	0.219	34.2
0.2	2.30	0.440	34.9
0.3	2.00	0.598	35.5
0.4	1.72	0.690	35.4
0.5	1.49	0.747	34.3
0.6	1.30	0.787	33.1
0.7	1.12	0.798	30.4
0.8	0.96	0.777	23.7
0.9	0.97	0.863	15.0
0.965	0.83	0.796	5.6

图 19-2-29　YJH265 液力变矩器特性

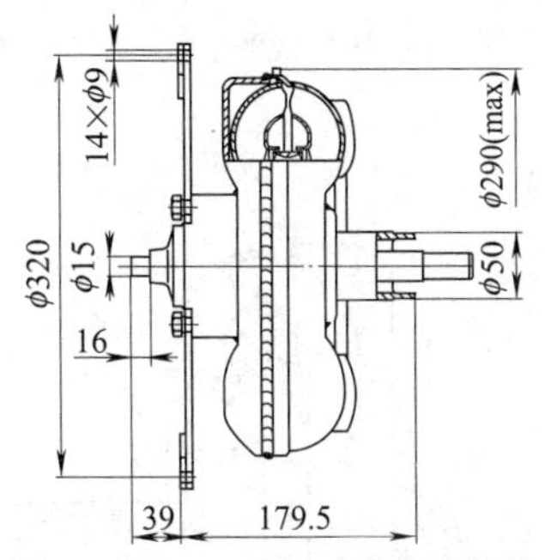

图 19-2-30　YJH265B 液力变矩器

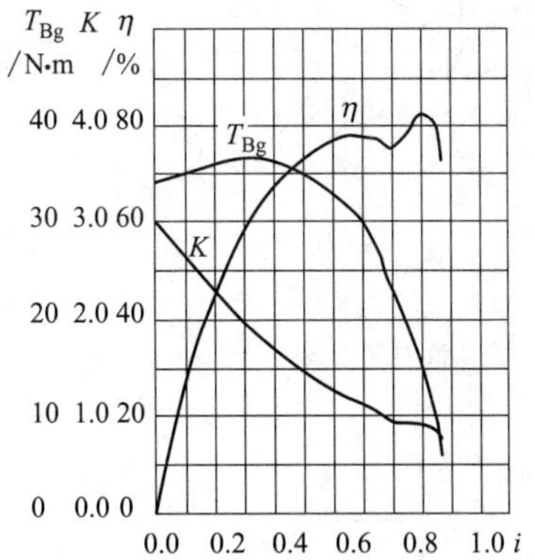

i	K	η	T_{Bg}/N·m
0.0	3.00	0.000	34.14
0.1	2.66	0.273	35.09
0.2	2.29	0.457	35.92
0.3	1.93	0.588	36.59
0.4	1.68	0.674	36.29
0.5	1.46	0.728	34.96
0.6	1.28	0.769	32.90
0.7	1.10	0.777	29.93
0.8	0.93	0.753	22.84
0.9	0.91	0.825	15.04
0.967	0.74	0.723	5.77

图 19-2-31　YJH265B 液力变矩器特性

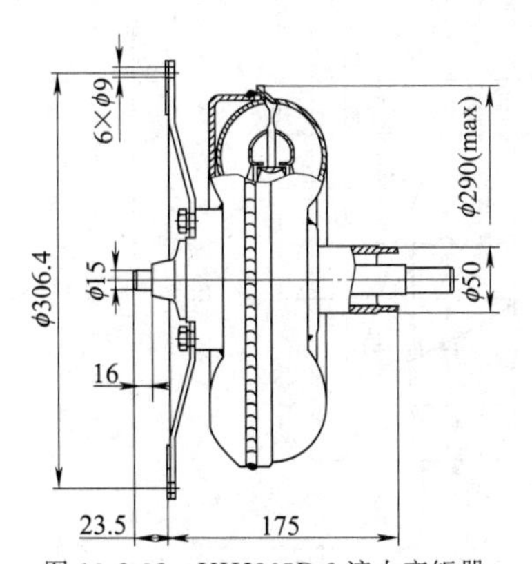

图 19-2-32　YJH265D-2 液力变矩器

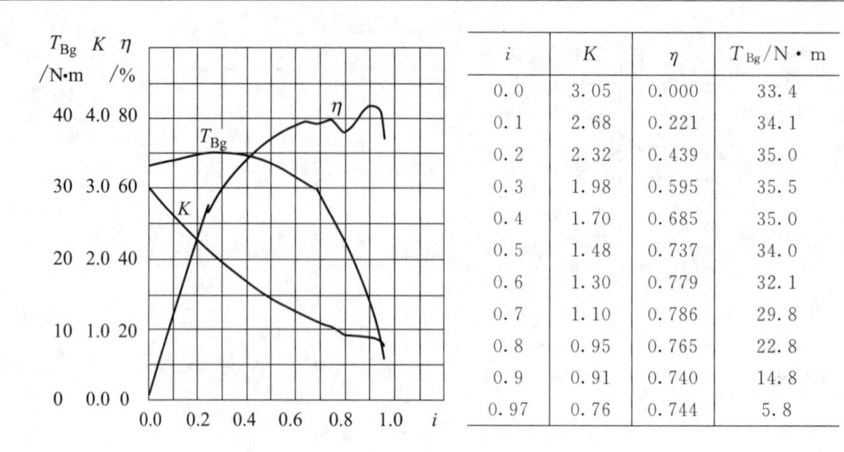

i	K	η	T_{Bg}/N·m
0.0	3.05	0.000	33.4
0.1	2.68	0.221	34.1
0.2	2.32	0.439	35.0
0.3	1.98	0.595	35.5
0.4	1.70	0.685	35.0
0.5	1.48	0.737	34.0
0.6	1.30	0.779	32.1
0.7	1.10	0.786	29.8
0.8	0.95	0.765	22.8
0.9	0.91	0.740	14.8
0.97	0.76	0.744	5.8

图 19-2-33　YJH265D-2 液力变矩器特性

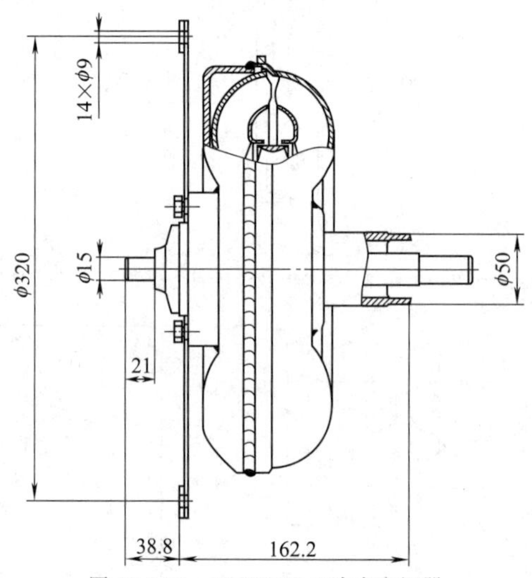

图 19-2-34　YJH265D-3 液力变矩器

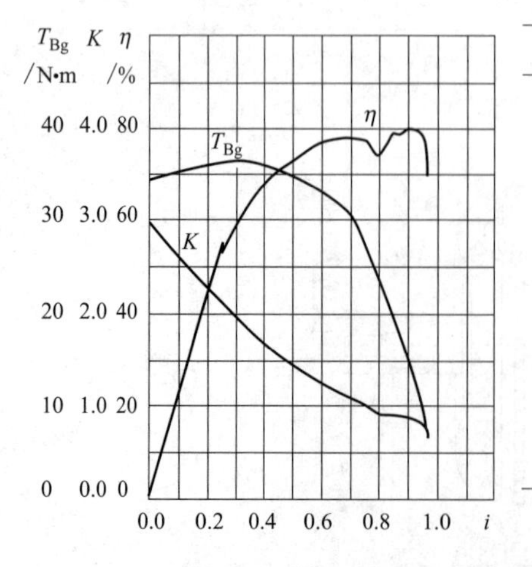

i	K	η	T_{Bg}/N·m
0.0	3.00	0.000	34.6
0.1	2.65	0.216	35.3
0.2	2.31	0.437	36.0
0.3	1.96	0.592	36.6
0.4	1.68	0.676	36.0
0.5	1.46	0.731	34.8
0.6	1.29	0.769	33.0
0.7	1.11	0.781	30.3
0.8	0.93	0.745	23.7
0.9	0.88	0.800	15.8
0.96	0.72	0.697	6.6

图 19-2-35　YJH265D-3 液力变矩器特性

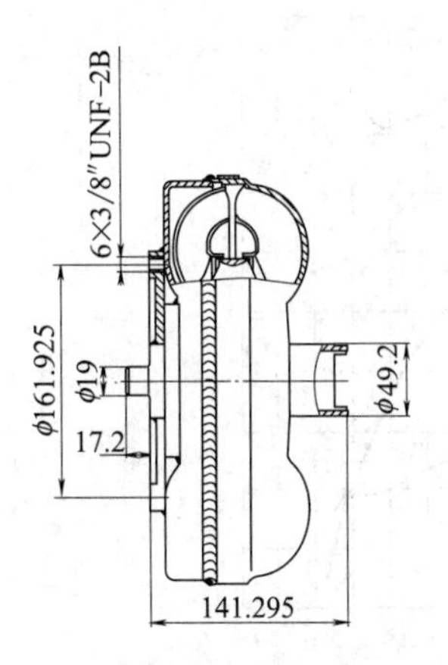

图 19-2-36　S11 液力变矩器

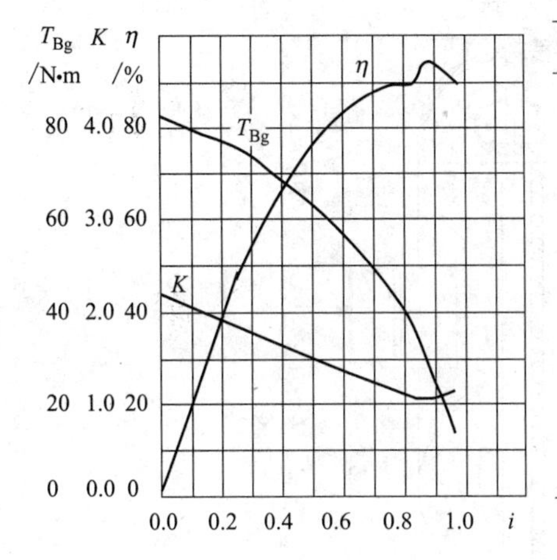

i	K	η	T_{Bg}/N·m
0.0	2.22	0.000	83.6
0.1	2.08	0.188	81.2
0.2	1.96	0.378	78.6
0.3	1.81	0.546	74.8
0.4	1.65	0.669	70
0.5	1.51	0.764	64.4
0.6	1.38	0.835	57.2
0.7	1.27	0.888	50
0.8	1.13	0.906	41.2
0.9	1.09	0.951	25.4
0.97	1.16	0.916	13.8

图 19-2-37　S11 液力变矩器特性

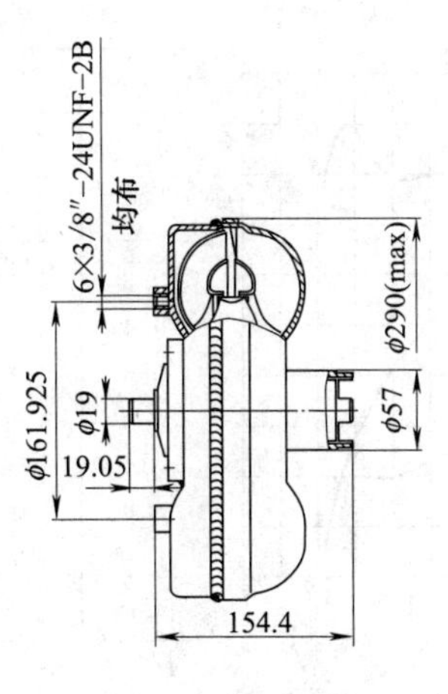

图 19-2-38　S11-1 液力变矩器

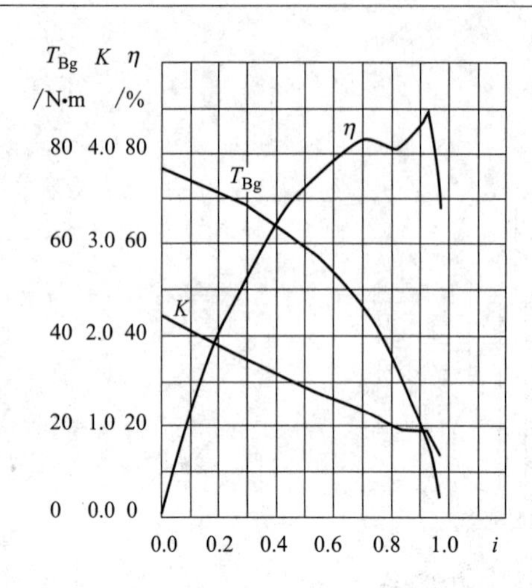

i	K	η	T_{Bg}/N·m
0.0	2.22	0.000	76.8
0.1	2.07	0.213	74.8
0.2	1.89	0.386	72
0.3	1.74	0.517	69
0.4	1.59	0.637	64.6
0.5	1.45	0.727	60.2
0.6	1.31	0.793	54.4
0.7	1.17	0.827	47
0.8	1.02	0.815	36.2
0.9	0.94	0.856	22.6
0.98	0.68	0.671	4

图 19-2-39　S11-1 液力变矩器特性

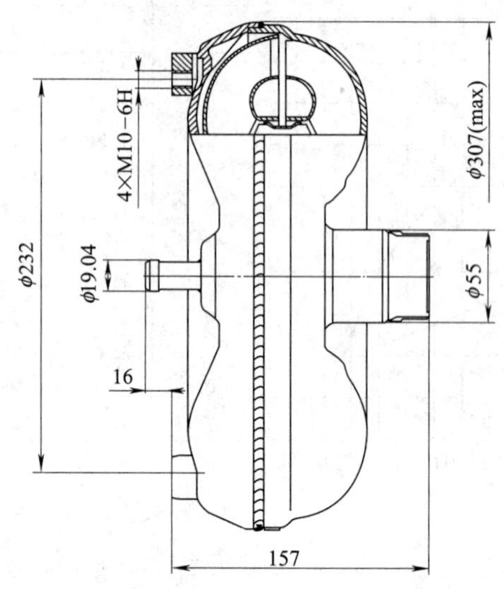

图 19-2-40　YJH280 液力变矩器

i	K	η	T_{Bg}/N·m
0.0	2.75	0.00	56.55
0.1	2.46	0.23	58.26
0.2	2.22	0.43	60.19
0.3	1.96	0.59	61.65
0.4	1.72	0.69	61.59
0.5	1.51	0.76	59.50
0.6	1.33	0.79	56.09
0.7	1.14	0.80	50.35
0.8	0.99	0.80	41.31
0.9	0.98	0.89	28.13
0.98	0.78	0.77	4.05

图 19-2-41　YJH280 液力变矩器特性

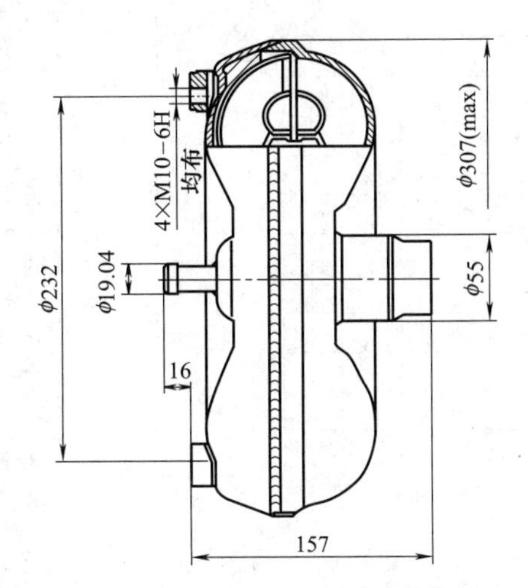

图 19-2-42　YJH280A 液力变矩器

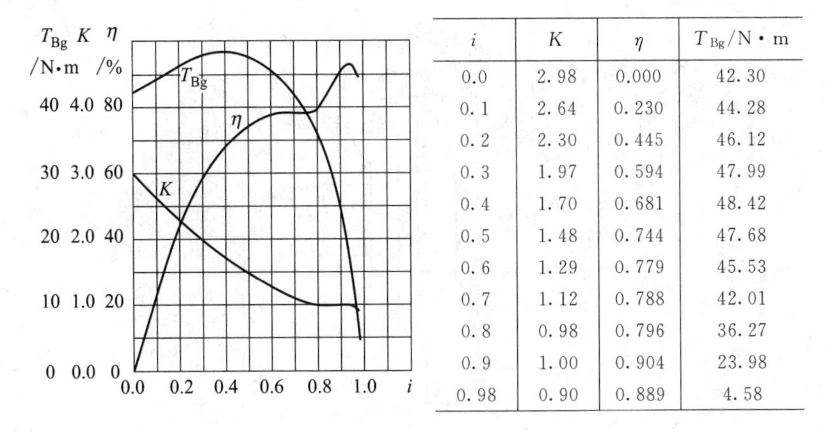

i	K	η	T_{Bg}/N·m
0.0	2.98	0.000	42.30
0.1	2.64	0.230	44.28
0.2	2.30	0.445	46.12
0.3	1.97	0.594	47.99
0.4	1.70	0.681	48.42
0.5	1.48	0.744	47.68
0.6	1.29	0.779	45.53
0.7	1.12	0.788	42.01
0.8	0.98	0.796	36.27
0.9	1.00	0.904	23.98
0.98	0.90	0.889	4.58

图 19-2-43　YJH280A 液力变矩器特性

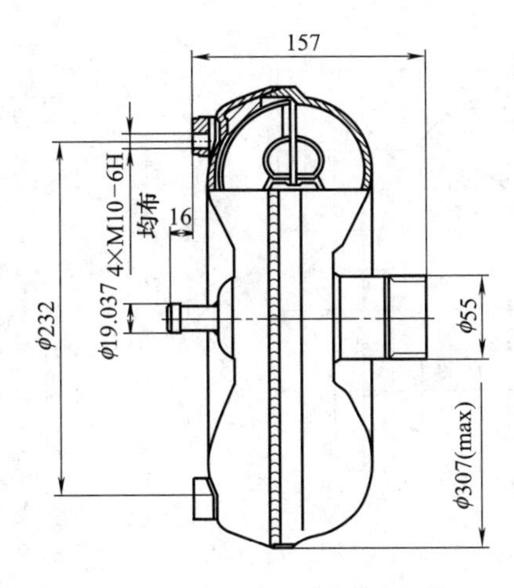

图 19-2-44　YJH280B 液力变矩器

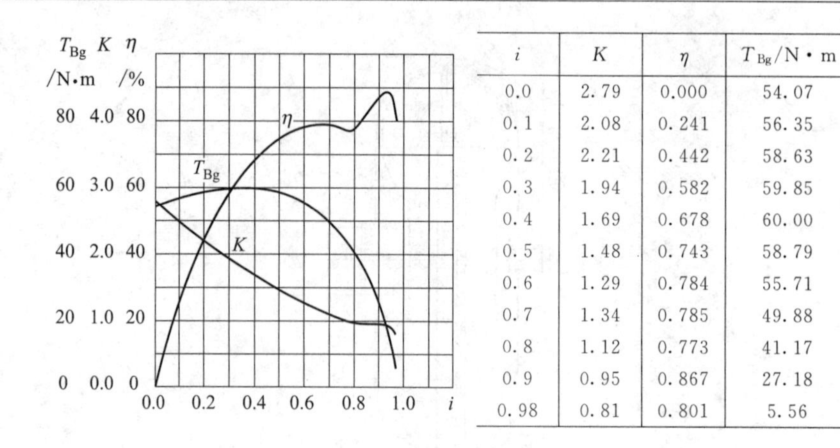

i	K	η	T_{Bg}/N·m
0.0	2.79	0.000	54.07
0.1	2.08	0.241	56.35
0.2	2.21	0.442	58.63
0.3	1.94	0.582	59.85
0.4	1.69	0.678	60.00
0.5	1.48	0.743	58.79
0.6	1.29	0.784	55.71
0.7	1.34	0.785	49.88
0.8	1.12	0.773	41.17
0.9	0.95	0.867	27.18
0.98	0.81	0.801	5.56

图 19-2-45 YJH280B 液力变矩器特性

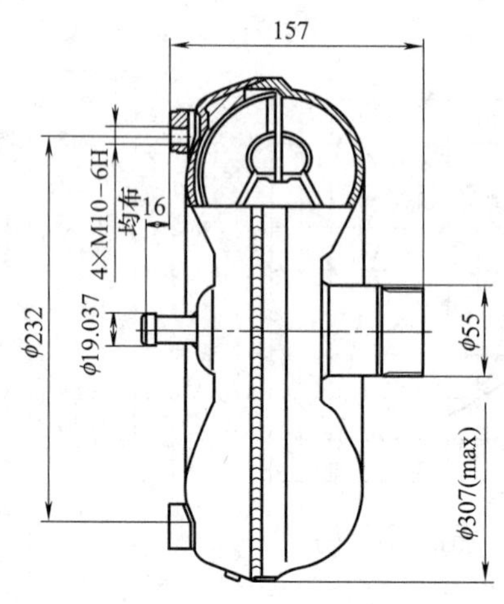

图 19-2-46 YJH280C 液力变矩器

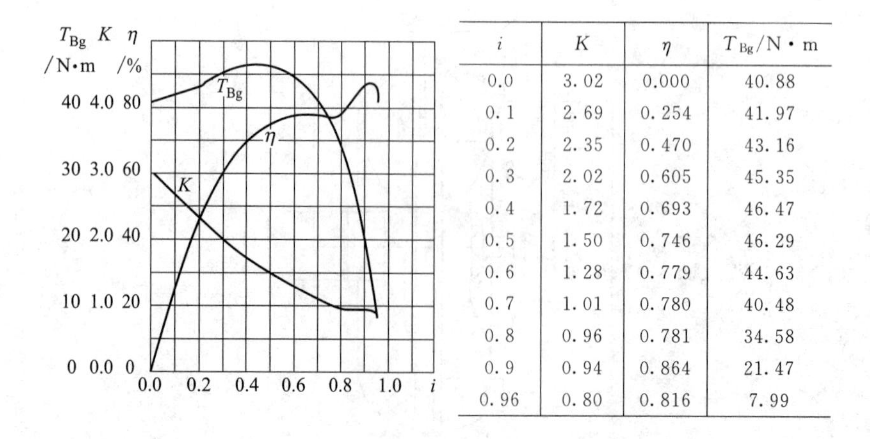

i	K	η	T_{Bg}/N·m
0.0	3.02	0.000	40.88
0.1	2.69	0.254	41.97
0.2	2.35	0.470	43.16
0.3	2.02	0.605	45.35
0.4	1.72	0.693	46.47
0.5	1.50	0.746	46.29
0.6	1.28	0.779	44.63
0.7	1.01	0.780	40.48
0.8	0.96	0.781	34.58
0.9	0.94	0.864	21.47
0.96	0.80	0.816	7.99

图 19-2-47 YJH280C 液力变矩器特性

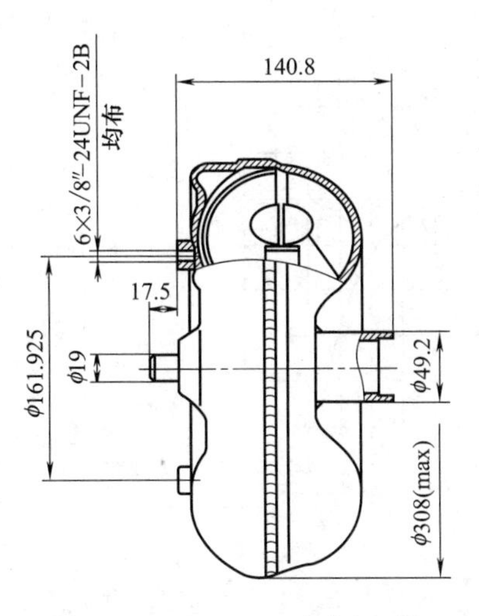

图 19-2-48　YJH280D 液力变矩器

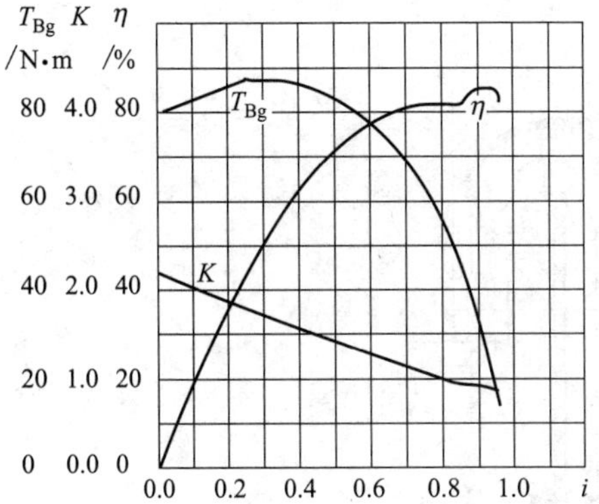

T_{Bg} K η
/N·m　/%
80　4.0　80
60　3.0　60
40　2.0　40
20　1.0　20
0　0.0　0
0.0　0.2　0.4　0.6　0.8　1.0　i
T_{Bg}
η
K

i	K	η	T_{Bg}/N・m
0.0	2.20	0.000	79.54
0.1	2.04	0.181	82.80
0.2	1.87	0.362	85.86
0.3	1.72	0.513	87.28
0.4	1.58	0.626	86.14
0.5	1.43	0.714	83.29
0.6	1.29	0.779	77.68
0.7	1.16	0.812	69.24
0.8	1.02	0.818	57.10
0.9	0.94	0.851	33.98
0.97	0.84	0.822	13.90

图 19-2-49　YJH280D 液力变矩器特性

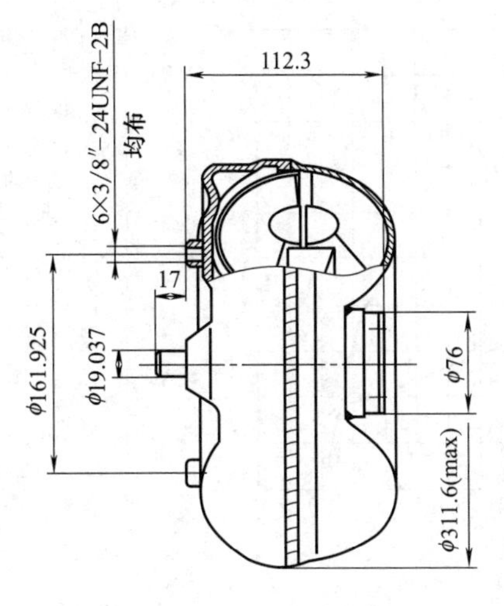

图 19-2-50　YJH280G 液力变矩器

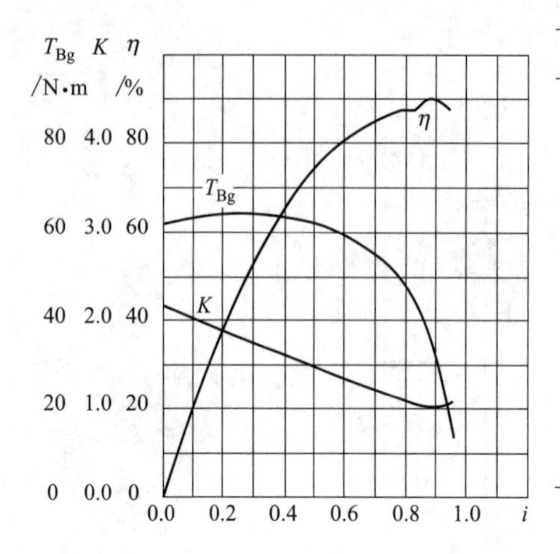

i	K	η	T_{Bg}/N·m
0.0	2.16	0.000	62.00
0.1	2.03	0.187	63.14
0.2	1.88	0.366	63.82
0.3	1.75	0.531	64.18
0.4	1.62	0.652	63.33
0.5	1.47	0.741	62.33
0.6	1.34	0.806	59.32
0.7	1.22	0.853	54.92
0.8	1.10	0.875	47.32
0.9	1.02	0.899	32.78
0.97	1.08	0.875	13.12

图 19-2-51 YJH280G 液力变矩器特性

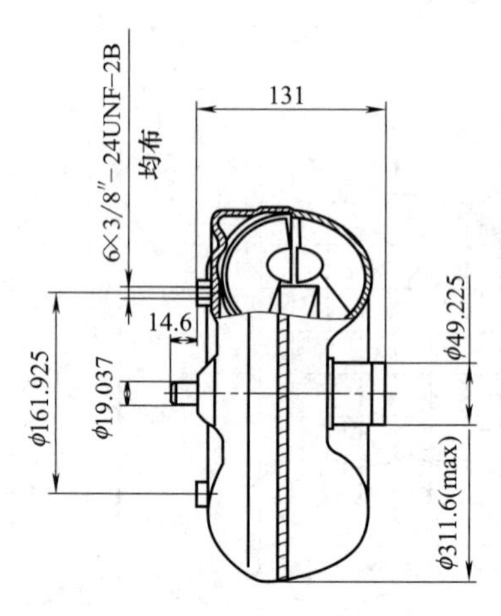

图 19-2-52 YJH280G-1 液力变矩器

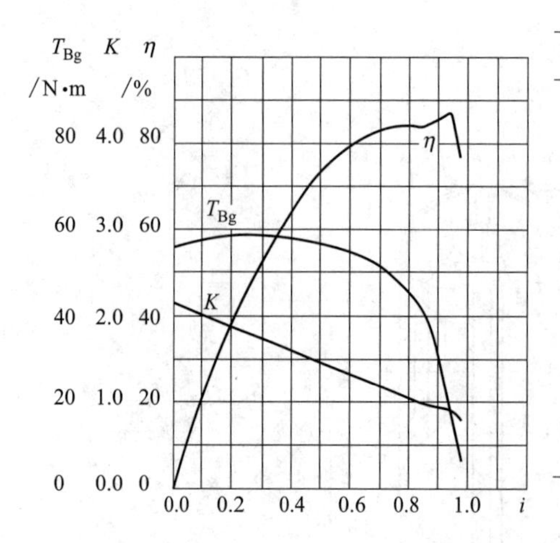

i	K	η	T_{Bg}/N·m
0.0	2.15	0.000	56.07
0.1	2.02	0.192	57.43
0.2	1.88	0.375	58.69
0.3	1.75	0.524	58.23
0.4	1.61	0.643	57.68
0.5	1.46	0.733	56.62
0.6	1.32	0.798	54.93
0.7	1.19	0.835	51.81
0.8	1.05	0.844	46.61
0.9	0.94	0.852	31.45
0.98	0.79	0.769	6.63

图 19-2-53 YJH280G-1 液力变矩器特性

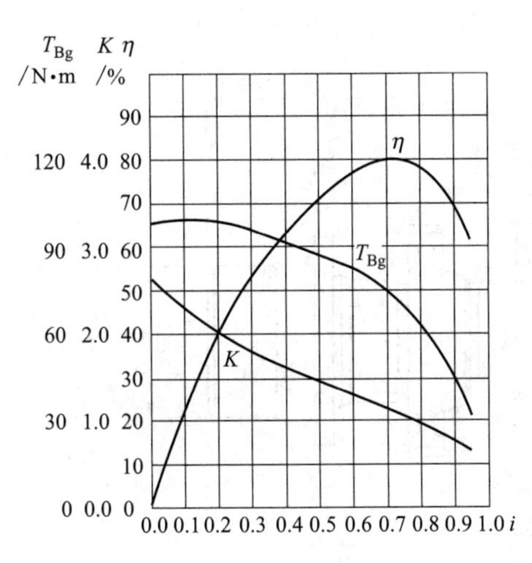

i	K	η	T_{Bg}/N·m
0.0	2.61	0.000	98.1
0.1	2.29	0.223	99.3
0.2	2.02	0.399	98.8
0.3	1.79	0.528	95.7
0.4	1.61	0.628	91.4
0.5	1.44	0.708	86.9
0.6	1.27	0.767	82.0
0.7	1.11	0.799	74.6
0.8	0.97	0.778	62.8
0.9	0.76	0.690	44.2
0.95	0.64	0.619	32.0

图 19-2-54　YJC300 液力变矩器特性

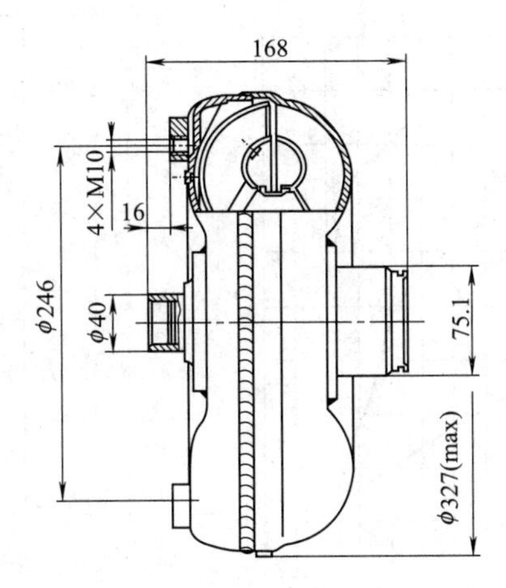

图 19-2-55　YJH300 液力变矩器

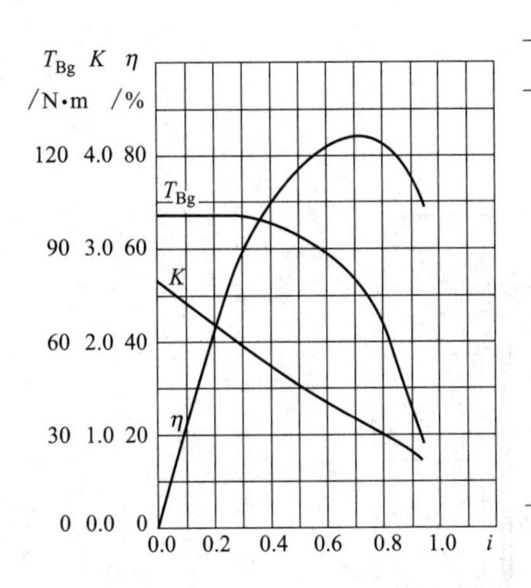

i	K	η	T_{Bg}/N·m
0.0	2.67	0.000	103
0.1	2.47	0.219	102
0.2	2.22	0.429	101
0.3	2.05	0.610	100
0.4	1.78	0.701	100
0.5	1.57	0.783	96
0.6	1.41	0.836	90
0.7	1.22	0.856	81
0.8	1.04	0.829	67
0.9	0.83	0.763	38
0.94	0.74	0.705	28

图 19-2-56　YJH300 液力变矩器特性

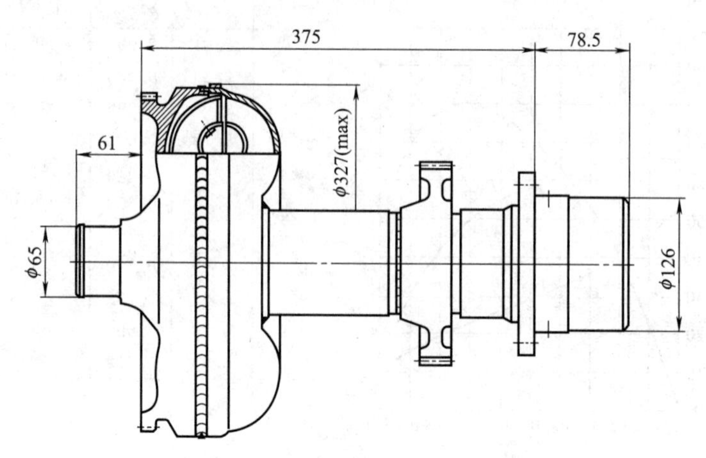

图 19-2-57　YJH300-1 液力变矩器

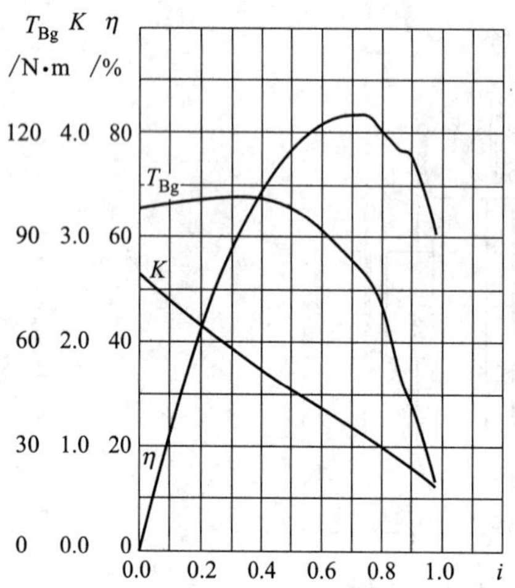

i	K	η	T_{Bg}/N·m
0.0	2.70	0.000	101
0.1	2.45	0.221	103
0.2	2.21	0.442	104
0.3	1.99	0.595	104
0.4	1.79	0.713	104
0.5	1.59	0.794	102
0.6	1.40	0.841	95
0.7	1.23	0.862	87
0.8	1.02	0.830	72
0.9	0.85	0.778	44
0.97	0.63	0.628	20

图 19-2-58　YJH300-1 液力变矩器特性

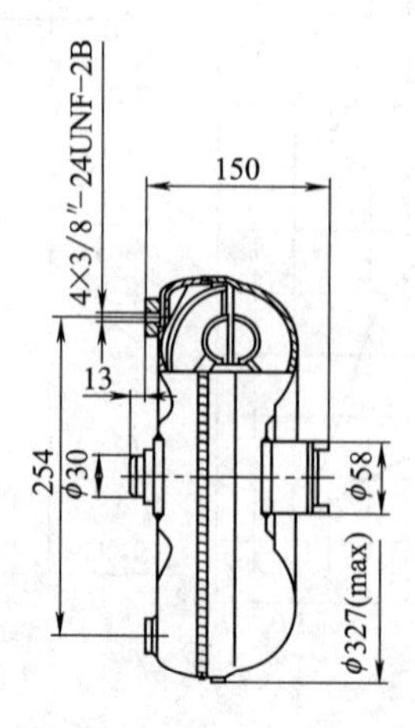

图 19-2-59　YJH300A 液力变矩器

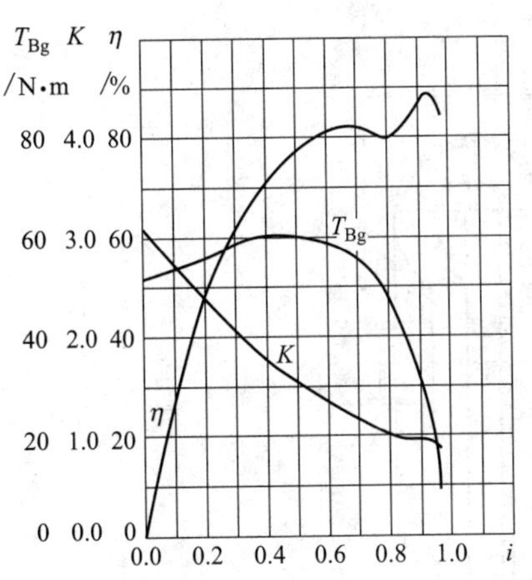

i	K	η	T_{Bg}/N·m
0.0	3.24	0.000	54
0.1	2.89	0.286	56
0.2	2.52	0.505	59
0.3	2.15	0.649	61
0.4	1.85	0.741	63
0.5	1.63	0.814	63
0.6	1.43	0.850	62
0.7	1.23	0.863	59
0.8	1.04	0.839	51
0.9	0.86	0.911	33
0.97	0.42	0.873	18

图 19-2-60　YJH300A 液力变矩器特性

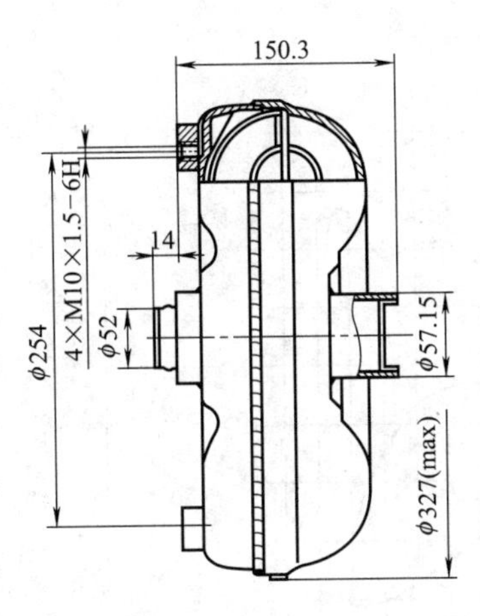

图 19-2-61　YJH300B 液力变矩器

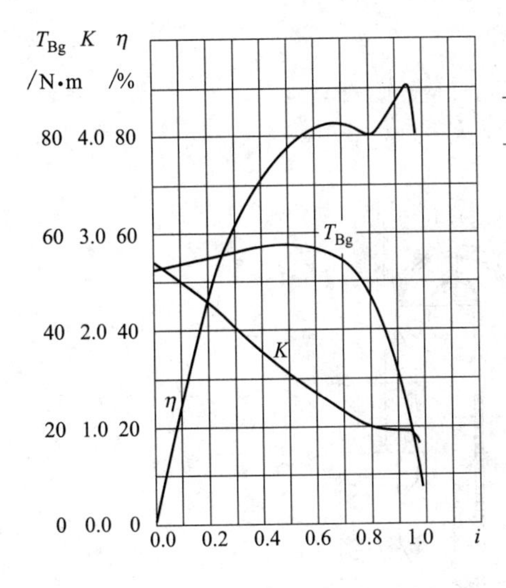

i	K	η	T_{Bg}/N·m
0.0	2.67	0.000	51
0.1	2.43	0.229	52
0.2	2.24	0.449	54
0.3	1.99	0.593	55
0.4	1.76	0.698	57
0.5	1.52	0.758	57
0.6	1.31	0.796	56
0.7	1.13	0.802	53
0.8	0.98	0.787	46
0.9	0.94	0.853	32
0.96	0.80	0.784	7

图 19-2-62　YJH300B 液力变矩器特性

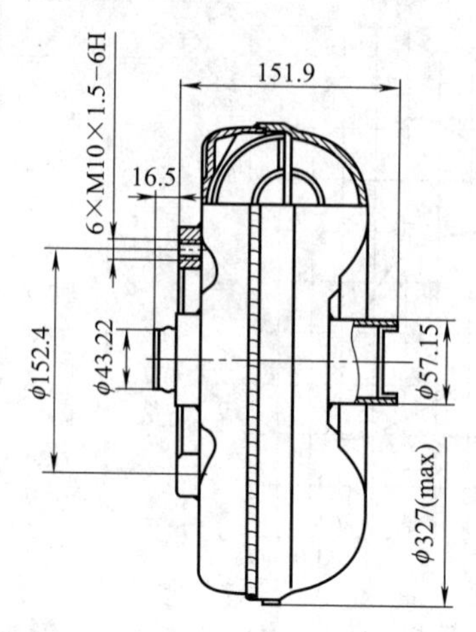

图 19-2-63　YJH300B-1 液力变矩器

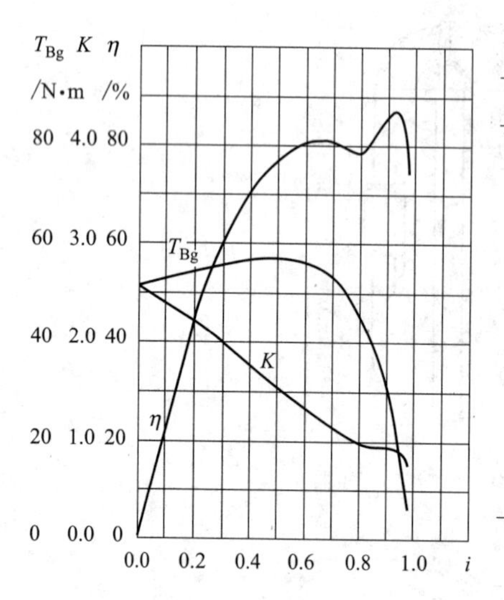

i	K	η	T_{Bg}/N·m
0.0	2.82	0.000	54
0.1	2.61	0.248	56
0.2	2.40	0.480	57
0.3	2.11	0.634	59
0.4	1.80	0.732	59
0.5	1.62	0.812	60
0.6	1.43	0.856	59
0.7	1.23	0.870	56
0.8	1.04	0.840	49
0.9	0.99	0.912	35
0.97	0.86	0.836	7

图 19-2-64　YJH300B-1 液力变矩器特性

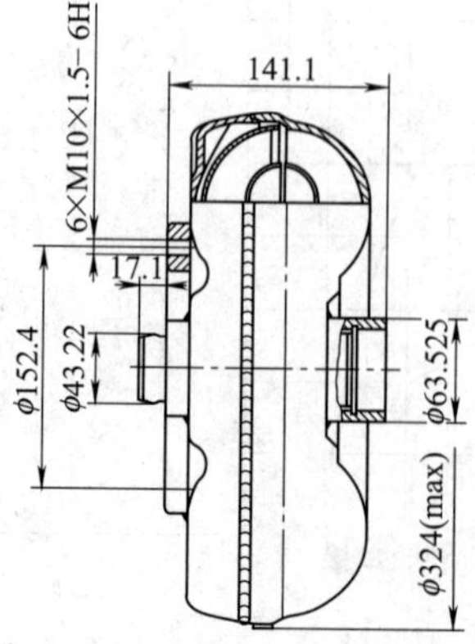

图 19-2-65　YJH300C 液力变矩器

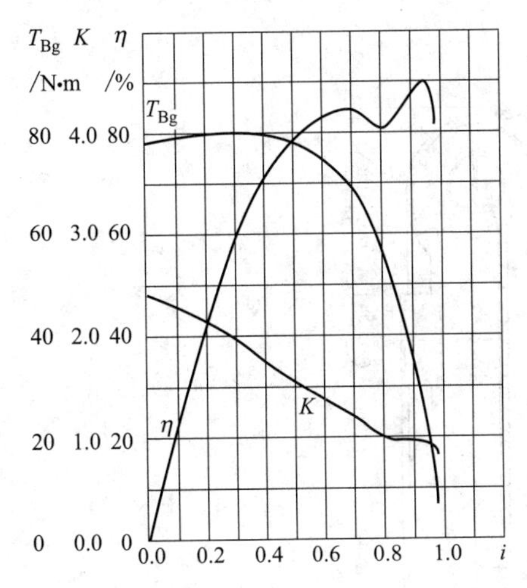

i	K	η	T_{Bg}/N·m
0.0	2.74	0.000	53
0.1	2.53	0.239	54
0.2	2.33	0.468	56
0.3	2.07	0.625	56
0.4	1.80	0.724	59
0.5	1.57	0.792	59
0.6	1.37	0.828	57
0.7	1.21	0.843	55
0.8	0.95	0.822	48
0.9	0.97	0.892	33
0.98	0.81	0.824	7

图 19-2-66　YJH300C 液力变矩器特性

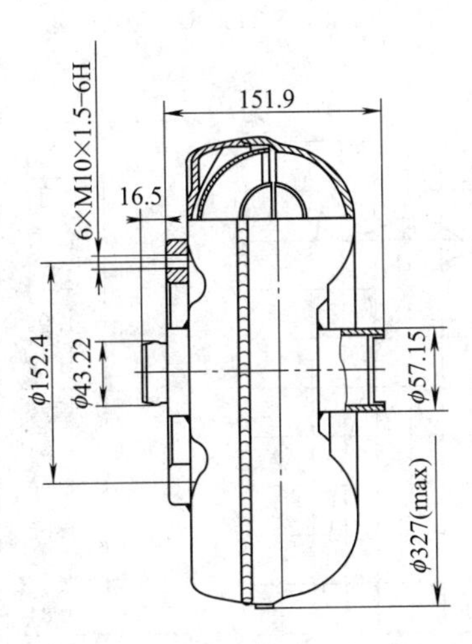

图 19-2-67　YJH300C-1 液力变矩器

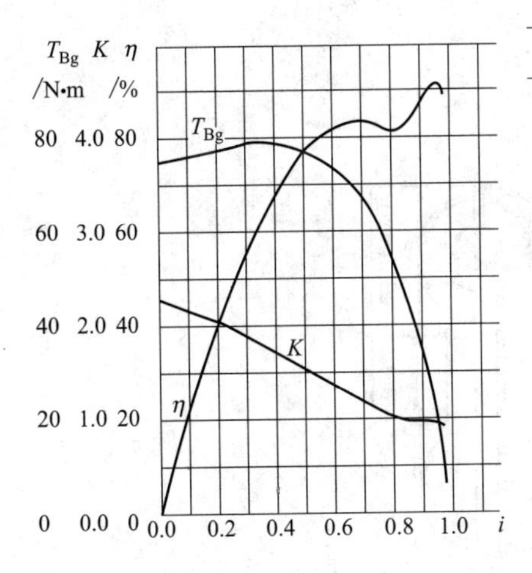

i	K	η	T_{Bg}/N·m
0.0	2.75	0.000	53
0.1	2.54	0.237	54
0.2	2.34	0.465	56
0.3	2.06	0.615	57
0.4	1.81	0.728	59
0.5	1.60	0.789	59
0.6	1.39	0.827	58
0.7	1.21	0.839	56
0.8	1.01	0.816	48
0.9	0.98	0.885	33
0.97	0.84	0.813	8

图 19-2-68　YJH300C-1 液力变矩器特性

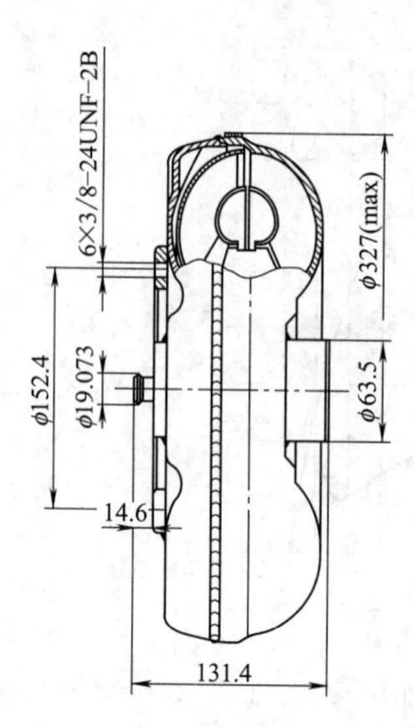

图 19-2-69 YJH300C-2 液力变矩器

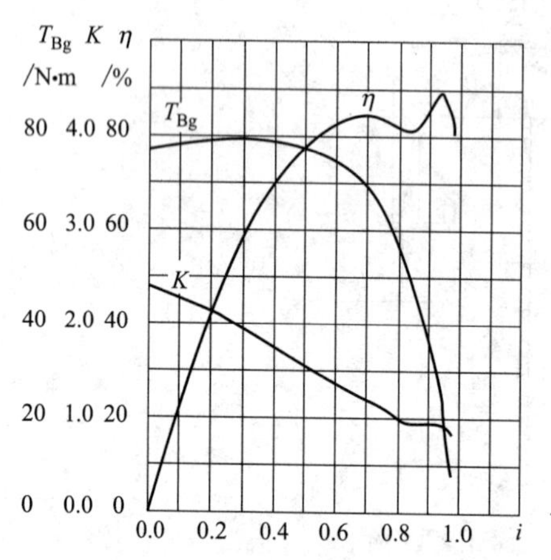

i	K	η	T_{Bg}/N·m
0.0	2.41	0.000	77.2
0.1	2.27	0.218	78.4
0.2	2.14	0.429	79
0.3	1.96	0.588	79.4
0.4	1.74	0.703	79.2
0.5	1.56	0.781	77.8
0.6	1.37	0.825	74.8
0.7	1.20	0.843	69
0.8	1.02	0.823	56.4
0.9	0.95	0.859	37.4
0.98	0.84	0.810	8.0

图 19-2-70 YJH300C-2 液力变矩器特性

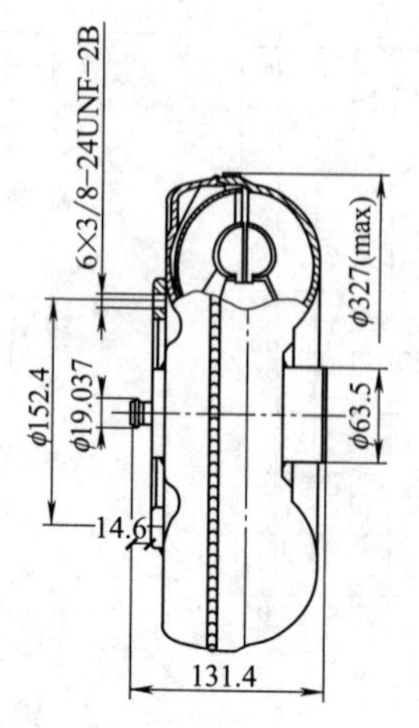

图 19-2-71 YJH300D 液力变矩器

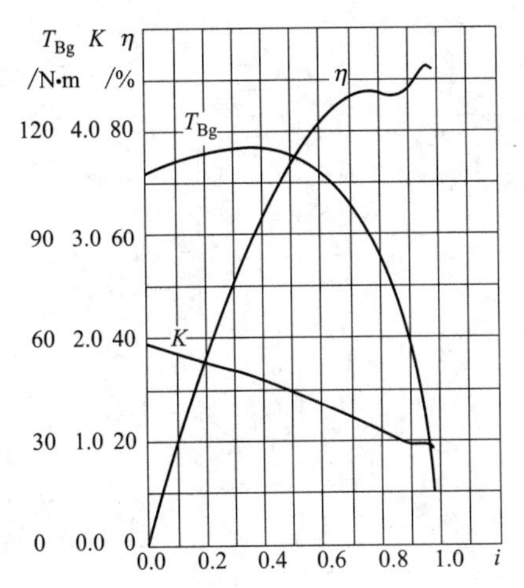

i	K	η	T_{Bg}/N·m
0.0	1.92	0.000	107.1
0.1	1.84	0.178	110.7
0.2	1.76	0.351	112.8
0.3	1.66	0.500	114.6
0.4	1.58	0.629	114.6
0.5	1.47	0.738	111.9
0.6	1.35	0.816	105.3
0.7	1.23	0.861	96.9
0.8	1.08	0.870	83.1
0.9	0.97	0.877	59.4
0.98	0.92	0.912	15.3

图 19-2-72　YJH300D 液力变矩器特性

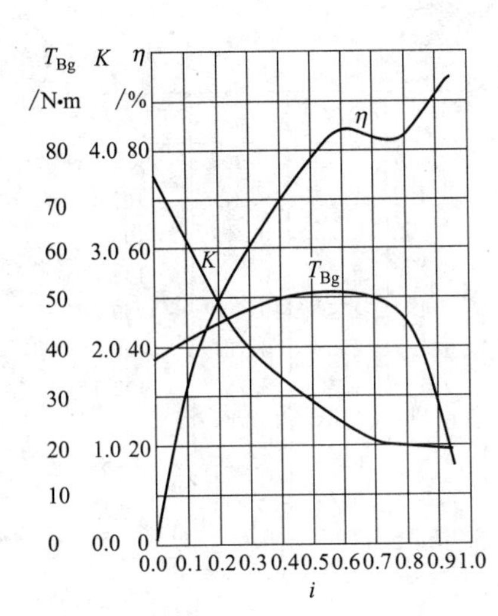

i	K	η	T_{Bg}/N·m
0.0	3.75	0.000	37.2
0.1	3.10	0.322	41.1
0.2	2.46	0.493	44.9
0.3	1.99	0.603	48.0
0.4	1.70	0.687	50.1
0.5	1.44	0.775	51.2
0.6	1.22	0.841	51.1
0.7	1.05	0.821	50.1
0.8	1.01	0.833	45.6
0.9	1.00	0.912	28.8
0.95	0.97	0.946	16.2

图 19-2-73　YJC310 液力变矩器特性

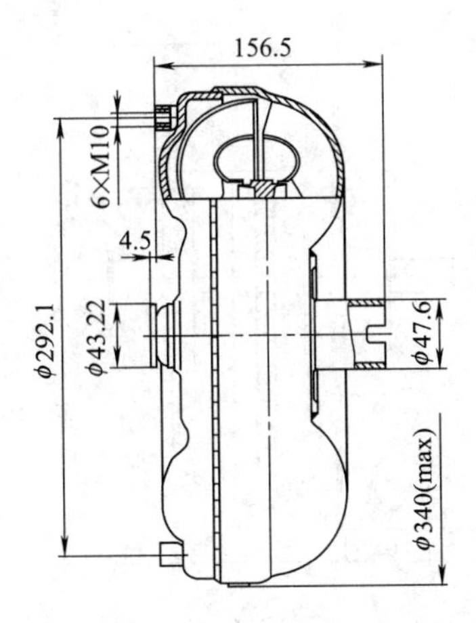

图 19-2-74　YJH310 液力变矩器

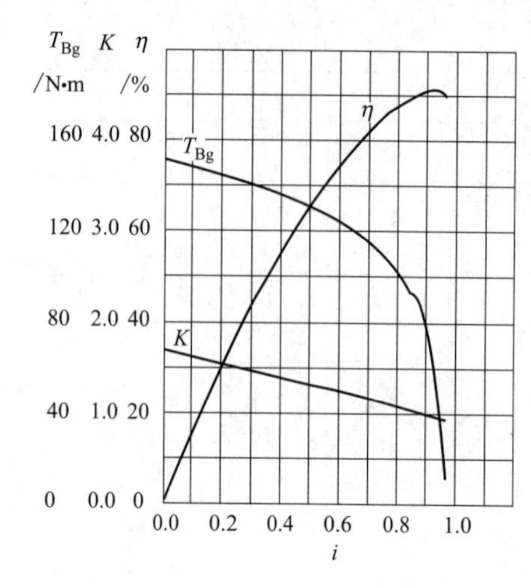

i	K	η	T_{Bg}/N・m
0.0	1.693	0.000	151.62
0.1	1.606	0.148	147.66
0.2	1.626	0.296	144.1
0.3	1.446	0.437	140
0.4	1.373	0.551	136.34
0.5	1.31	0.657	130.96
0.6	1.242	0.747	123.96
0.7	1.163	0.820	114.52
0.8	1.084	0.875	100.98
0.9	1	0.907	77.84
0.965	0.918	0.893	11

图 19-2-75　YJH310 液力变矩器特性

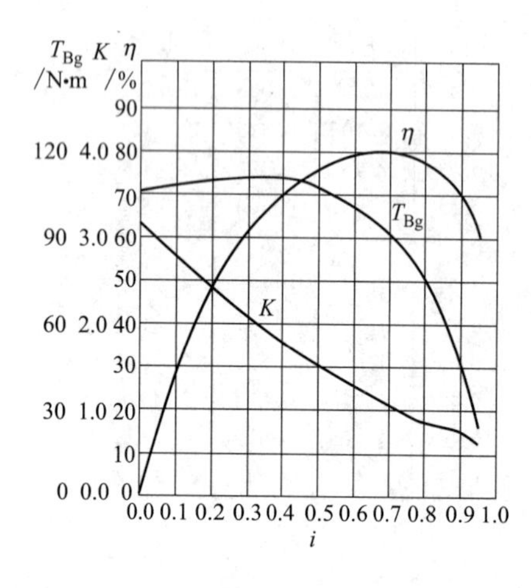

i	K	η	T_{Bg}/N・m
0.0	3.13	0.000	106
0.1	2.77	0.277	107.2
0.2	2.40	0.475	108.5
0.3	2.04	0.609	109.7
0.4	1.74	0.698	109.7
0.5	1.52	0.757	106.9
0.6	1.30	0.789	102.5
0.7	1.05	0.798	90.8
0.8	0.86	0.779	75.6
0.9	0.76	0.698	45.1
0.95	0.65	0.603	20.6

图 19-2-76　YJC315 液力变矩器特性

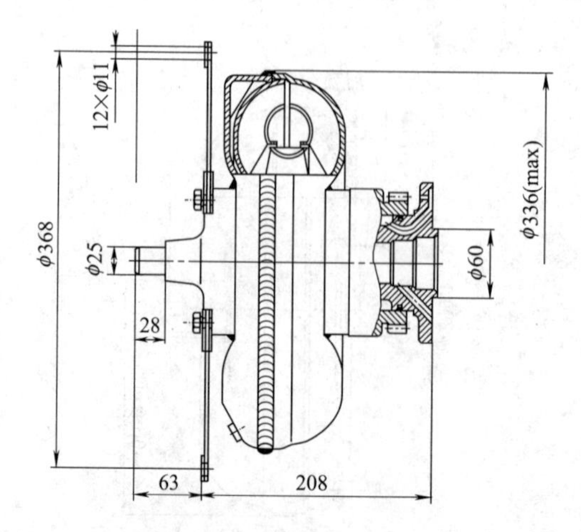

图 19-2-77　YJH315 液力变矩器

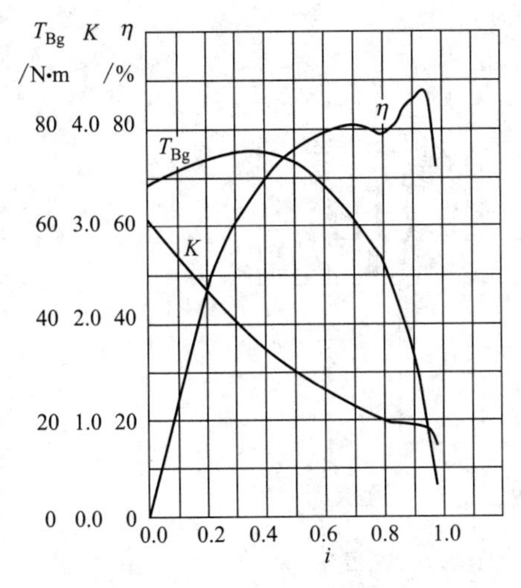

i	K	η	T_{Bg}/N·m
0.0	3.07	0.000	69
0.1	2.73	0.241	72
0.2	2.37	0.473	75
0.3	2.04	0.613	76
0.4	1.76	0.704	76
0.5	1.52	0.761	74
0.6	1.32	0.799	69
0.7	1.16	0.815	62
0.8	0.99	0.796	53
0.9	0.96	0.867	34
0.98	0.74	0.722	6

图 19-2-78　YJH315 液力变矩器特性

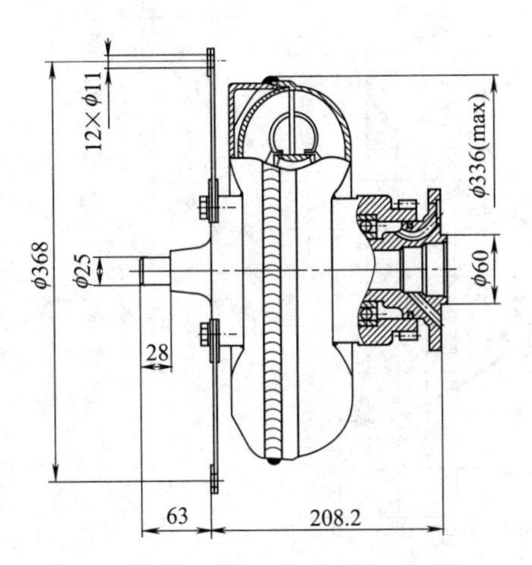

图 19-2-79　YJH315A 液力变矩器

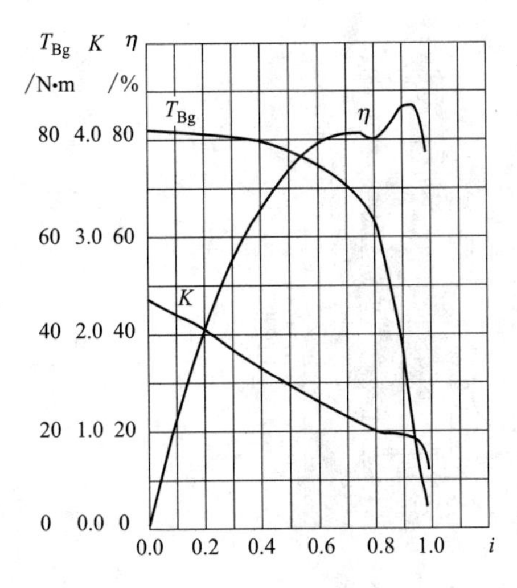

i	K	η	T_{Bg}/N·m
0.0	2.36	0.000	82
0.1	2.21	0.223	81
0.2	2.06	0.411	81
0.3	1.85	0.554	81
0.4	1.65	0.660	80
0.5	1.47	0.739	78
0.6	1.32	0.791	75
0.7	1.16	0.814	71
0.8	1.00	0.804	64
0.9	0.96	0.869	35
0.98	0.70	0.774	5

图 19-2-80　YJH315A 液力变矩器特性

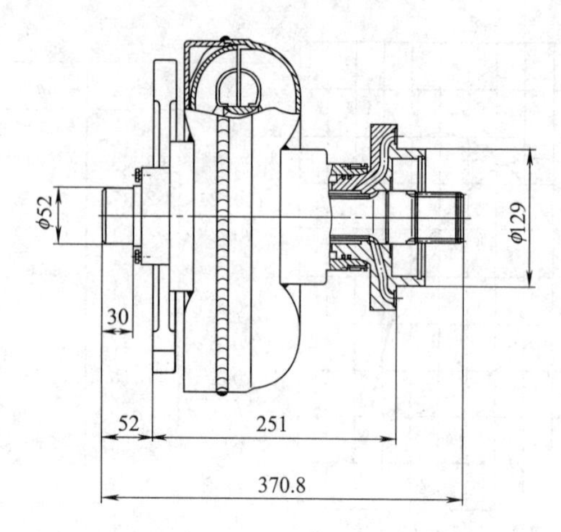

图 19-2-81　YJH315D 液力变矩器

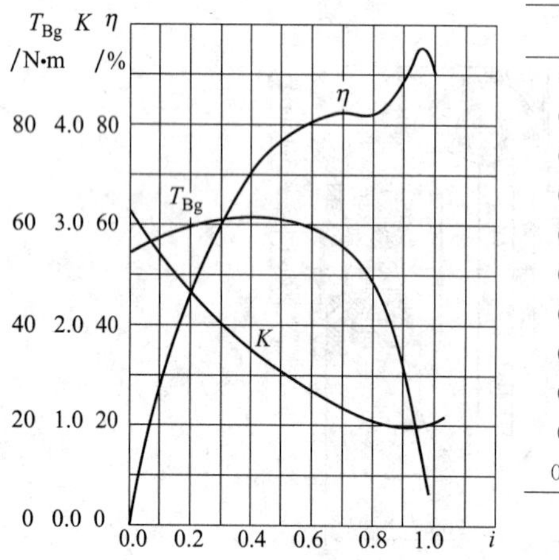

i	K	η	T_{Bg}/N·m
0.0	3.16	0.000	55
0.1	2.75	0.262	58
0.2	2.34	0.467	60
0.3	2.03	0.609	62
0.4	1.77	0.711	62
0.5	1.55	0.776	61
0.6	1.35	0.813	59
0.7	1.17	0.828	56
0.8	1.03	0.825	50
0.9	0.99	0.894	32
0.98	1.05	0.933	6

图 19-2-82　YJH315D 液力变矩器特性

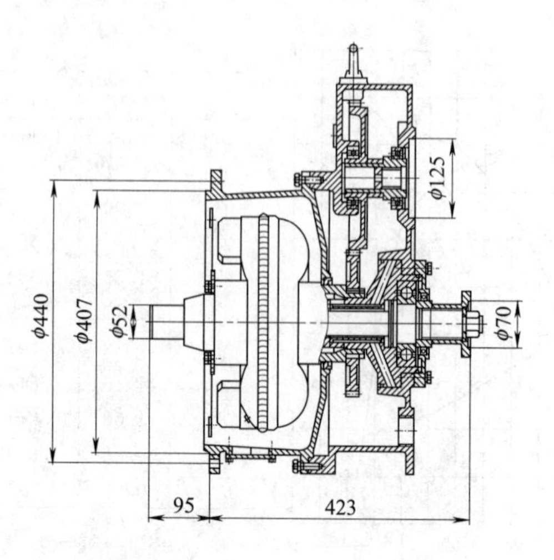

图 19-2-83　YJH315F 液力变矩器

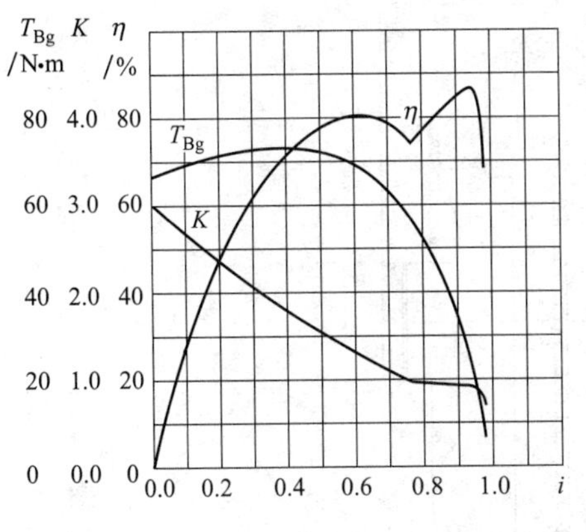

i	K	η	T_{Bg}/N·m
0.0	3.02	0.000	67
0.1	2.70	0.261	69
0.2	2.37	0.474	72
0.3	2.07	0.621	73
0.4	1.78	0.716	74
0.5	1.55	0.777	73
0.6	1.34	0.806	70
0.7	1.13	0.788	63
0.8	0.96	0.770	51
0.9	0.94	0.849	34
0.98	0.70	0.684	6

图 19-2-84　YJH315F 液力变矩器特性

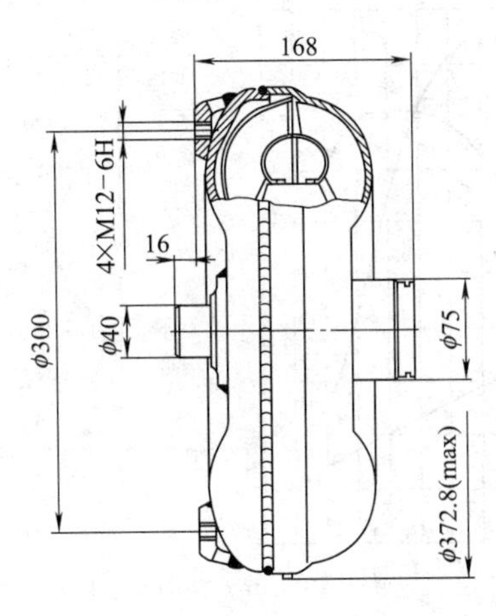

图 19-2-85　YJH340 液力变矩器

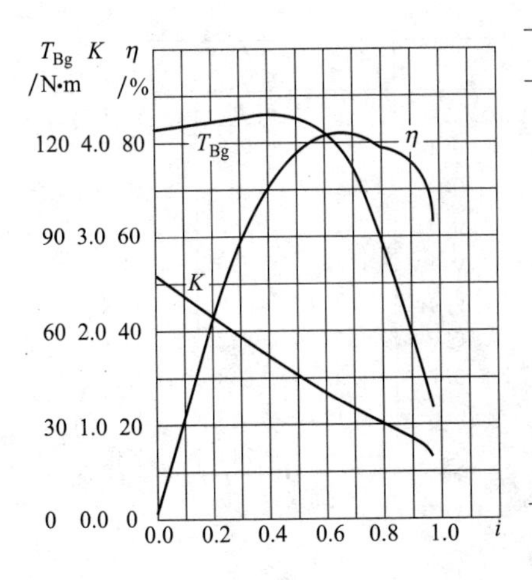

i	K	η	T_{Bg}/N·m
0.0	2.617	0.000	125.487
0.1	2.398	0.207	126.85
0.2	2.197	0.415	128.37
0.3	2.0	0.600	129.39
0.4	1.77	0.710	129.89
0.5	1.556	0.780	128.79
0.6	1.36	0.818	124.34
0.7	1.176	0.825	113.03
0.8	0.997	0.800	89.516
0.9	0.853	0.770	58.08
0.98	0.646	0.637	33.68

图 19-2-86　YJH340 液力变矩器特性

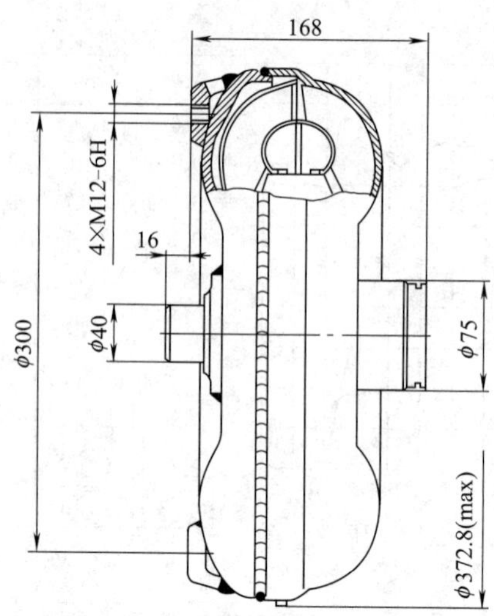

图 19-2-87 YJH340A 液力变矩器

i	K	η	T_{Bg}/N·m
0.0	2.146	0.000	146.55
0.1	2.018	0.196	146.97
0.2	1.877	0.376	147.18
0.3	1.743	0.520	147.54
0.4	1.606	0.638	147.5
0.5	1.46	0.730	143.52
0.6	1.326	0.790	135.13
0.7	1.161	0.805	120.6
0.8	1.014	0.805	90.4
0.9	0.89	0.798	63.72
0.98	0.736	0.718	39.84

图 19-2-88 YJH340A 液力变矩器特性

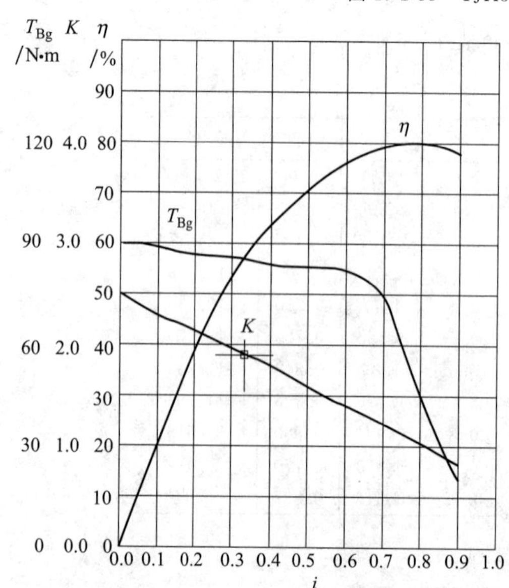

i	K	η	T_{Bg}/N·m
0	2.66	0.00	89.7
0.1	2.44	0.246	88.9
0.2	2.28	0.439	87.5
0.3	2.12	0.600	86.7
0.4	1.93	0.693	85.5
0.5	1.74	0.766	85.2
0.6	1.52	0.822	84.1
0.7	1.37	0.856	75.6
0.8	1.15	0.860	43.2
0.9	0.95	0.742	18.3

图 19-2-89 YJC345 液力变矩器特性

（2）铸造型单相单级向心涡轮液力变矩器的产品型号与规格（表 19-2-21）

表 19-2-21　**铸造型单相单级向心涡轮液力变矩器技术参数**

型号	有效直径/mm	公称转矩/N·m	转速/r·min^{-1}	功率/kW	特性	外形尺寸	匹配动力机	应用主机	生产厂
YJ265	265	23.6	2400		见图 19-2-91	见图 19-2-90			青州市北联工业有限公司
YJ280	280	31.4	2400		见图 19-2-93	见图 19-2-92			青州市北联工业有限公司
YJ280-1	280	31.5	2400	48	见图 19-2-95	见图 19-2-94	495,4102	1.0t、1.5t 装载机	山推股份公司液力变矩器厂
YJ280-4	280	38	2400	59	见图 19-2-97	见图 19-2-96	6105	1.5t、1.8t 装载机	山推股份公司液力变矩器厂
YJ305	305	46.5	2200			见图 19-2-98		铲运机	大连液力机械有限公司
	305	100	2200		见图 19-2-100	见图 19-2-99			杭州前进齿轮箱集团股份有限公司
YJ315	315	60.4	2200			见图 19-2-101		装载机	大连液力机械有限公司
YJ315X(S)	315	60	2300	81	见图 19-2-103	见图 19-2-102	LR6105G9A	3.0t 装载机	山推股份公司液力变矩器厂
YJ315D	315	71.9	2300		见图 19-2-105	见图 19-2-104			青州市北联工业有限公司
YJ315S	315	73.85	2300		见图 19-2-107	见图 19-2-106			青州市北联工业有限公司
YJ320B	320	60	2300		见图 19-2-109	见图 19-2-108			青州市北联工业有限公司
YJ320	320	133.3	2300		见图 19-2-111	见图 19-2-110			杭州前进齿轮箱集团股份有限公司
YJ350	350	192.5	2300		见图 19-2-113	见图 19-2-112			杭州前进齿轮箱集团股份有限公司
YJ355	355	138	1800	100	见图 19-2-115	见图 19-2-114	6BT	96kW（130 马力）推土机	山推股份公司液力变矩器厂
YJ375	375	150	2200		见图 19-2-117	见图 19-2-116			青州市北联工业有限公司
YJ375A	375	155	2200	147	见图 19-2-119	见图 19-2-118	WD615.67G3	5.0t 装载机	山推股份公司液力变矩器厂
YJ375	375	427	2200		见图 19-2-121	见图 19-2-120	WD615.67G3		杭州前进齿轮箱集团股份有限公司
YJ380	380	190	1850	122	见图 19-2-123	见图 19-2-122	WD615	TY160 推土机	山推股份公司液力变矩器厂
YJ409	409	290	1800			见图 19-2-124		推土机	大连液力机械有限公司
YJ409B	409	280	1800	162	见图 19-2-126	见图 19-2-125	NT855-C280	162kW（220 马力）推土机	山推股份公司液力变矩器厂
YJ435	435	368	2000	235	见图 19-2-128	见图 19-2-127	NT855-C360	235kW（320 马力）推土机	山推股份公司液力变矩器厂
YJ450	450	460	2000		见图 19-2-130	见图 19-2-129	KTA19-C52	SD42 推土机	山推股份公司液力变矩器厂

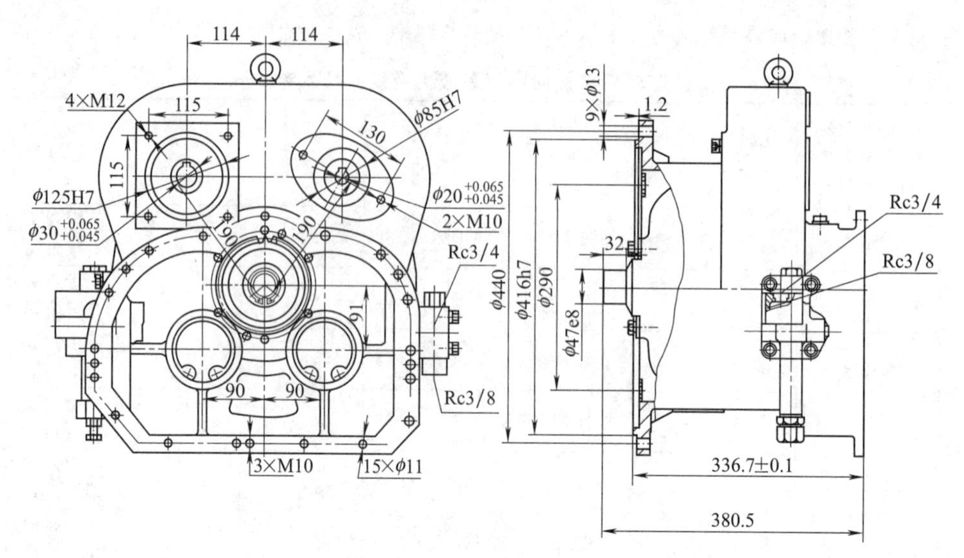

图 19-2-90 YJ265 液力变矩器

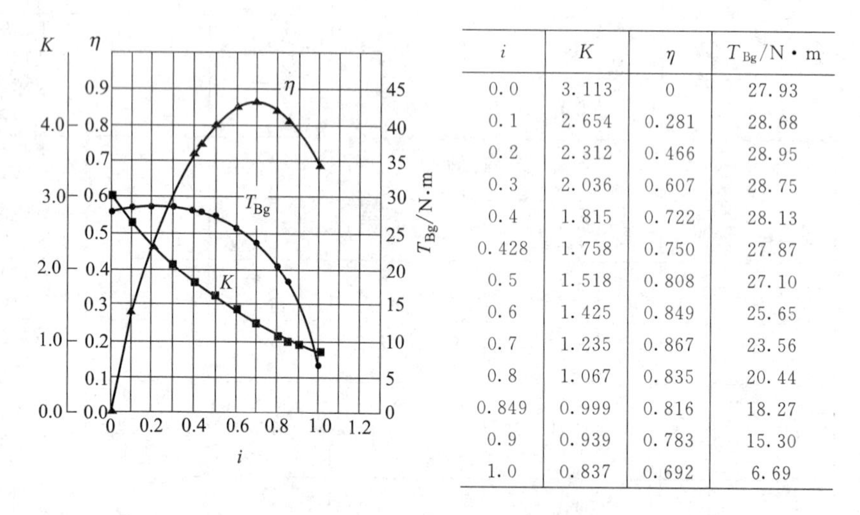

i	K	η	T_{Bg}/N·m
0.0	3.113	0	27.93
0.1	2.654	0.281	28.68
0.2	2.312	0.466	28.95
0.3	2.036	0.607	28.75
0.4	1.815	0.722	28.13
0.428	1.758	0.750	27.87
0.5	1.518	0.808	27.10
0.6	1.425	0.849	25.65
0.7	1.235	0.867	23.56
0.8	1.067	0.835	20.44
0.849	0.999	0.816	18.27
0.9	0.939	0.783	15.30
1.0	0.837	0.692	6.69

图 19-2-91 YJ265 液力变矩器特性

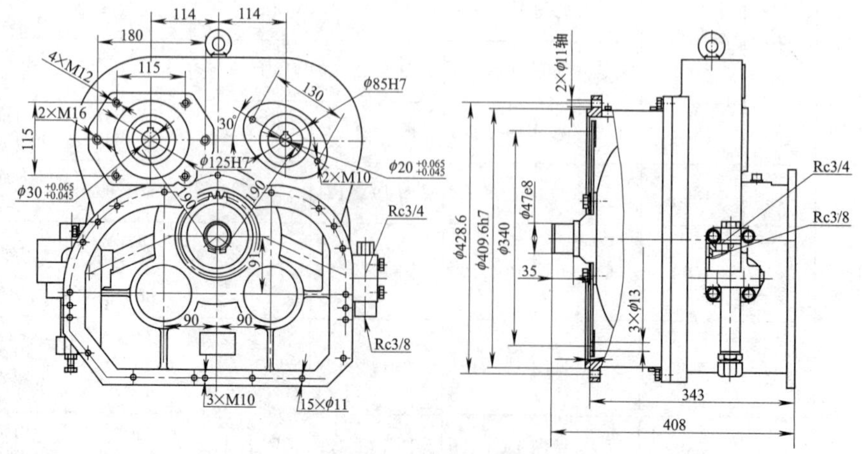

图 19-2-92 YJ280 液力变矩器

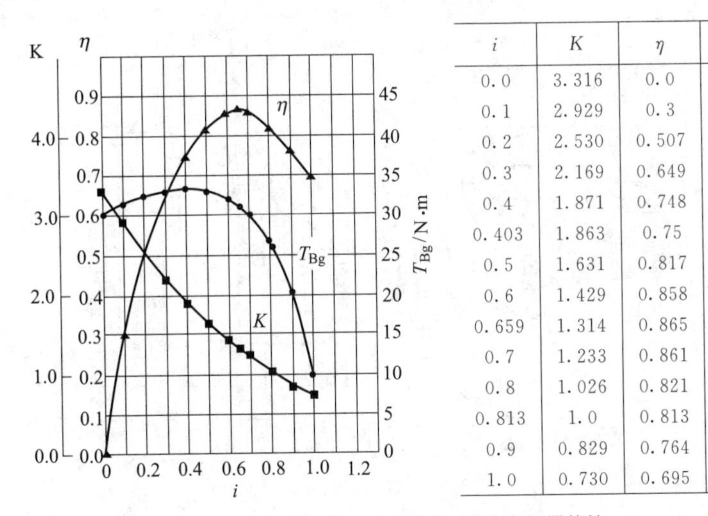

i	K	η	T_{Bg}/N·m
0.0	3.316	0.0	30.25
0.1	2.929	0.3	31.31
0.2	2.530	0.507	32.40
0.3	2.169	0.649	33.02
0.4	1.871	0.748	33.17
0.403	1.863	0.75	33.17
0.5	1.631	0.817	32.94
0.6	1.429	0.858	32.21
0.659	1.314	0.865	31.36
0.7	1.233	0.861	30.48
0.8	1.026	0.821	26.88
0.813	1.0	0.813	26.25
0.9	0.829	0.764	20.35
1.0	0.730	0.695	9.85

图 19-2-93　YJ280 液力变矩器特性

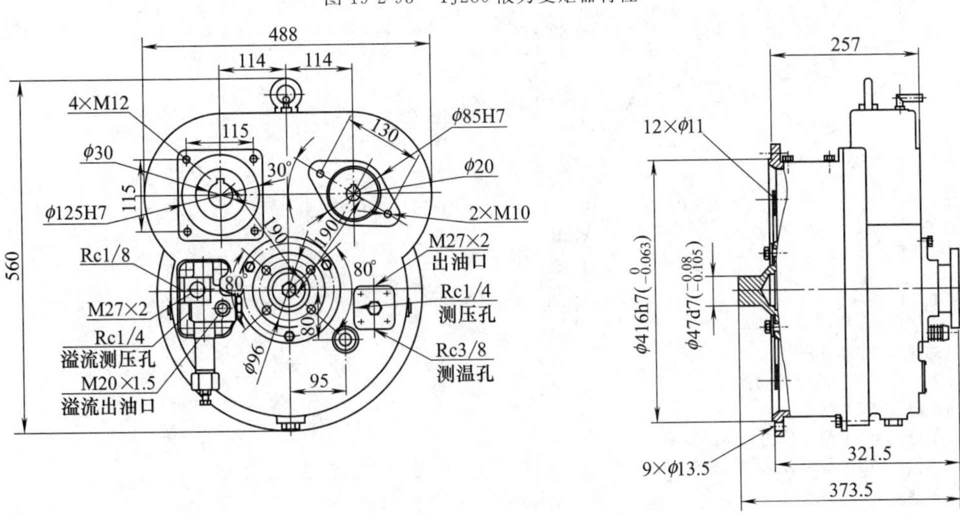

图 19-2-94　YJ280-1 液力变矩器

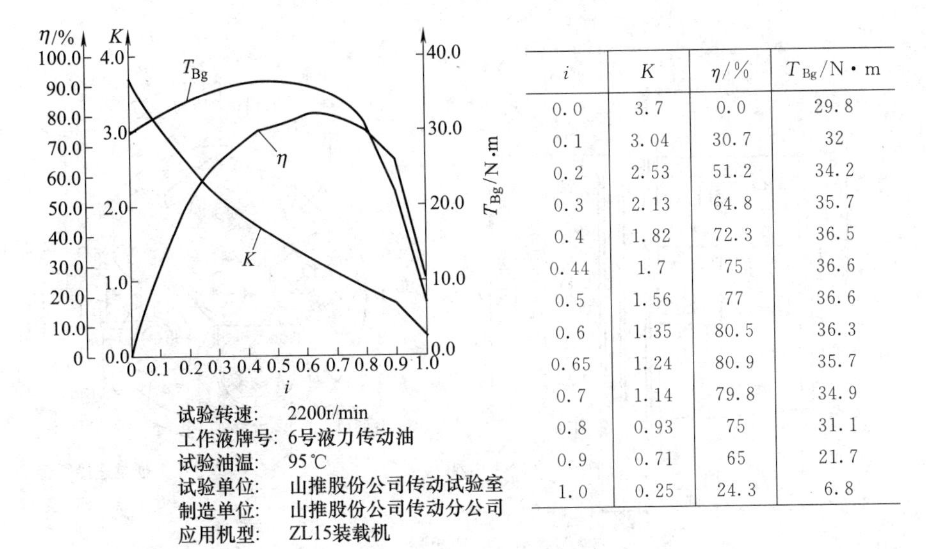

i	K	η/%	T_{Bg}/N·m
0.0	3.7	0.0	29.8
0.1	3.04	30.7	32
0.2	2.53	51.2	34.2
0.3	2.13	64.8	35.7
0.4	1.82	72.3	36.5
0.44	1.7	75	36.6
0.5	1.56	77	36.6
0.6	1.35	80.5	36.3
0.65	1.24	80.9	35.7
0.7	1.14	79.8	34.9
0.8	0.93	75	31.1
0.9	0.71	65	21.7
1.0	0.25	24.3	6.8

图 19-2-95　YJ280-1 液力变矩器特性

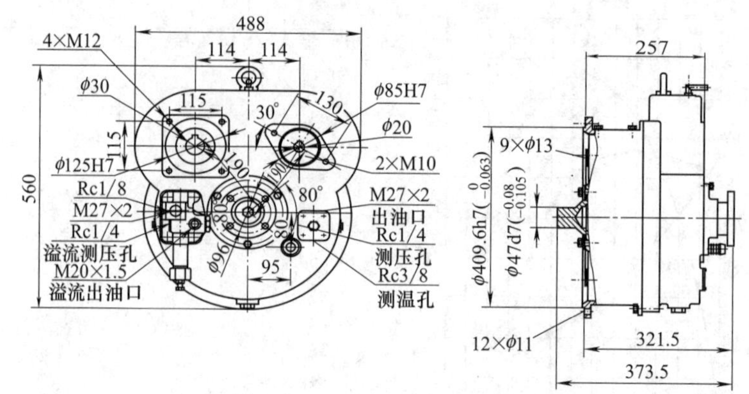

图 19-2-96　YJ280-4 液力变矩器

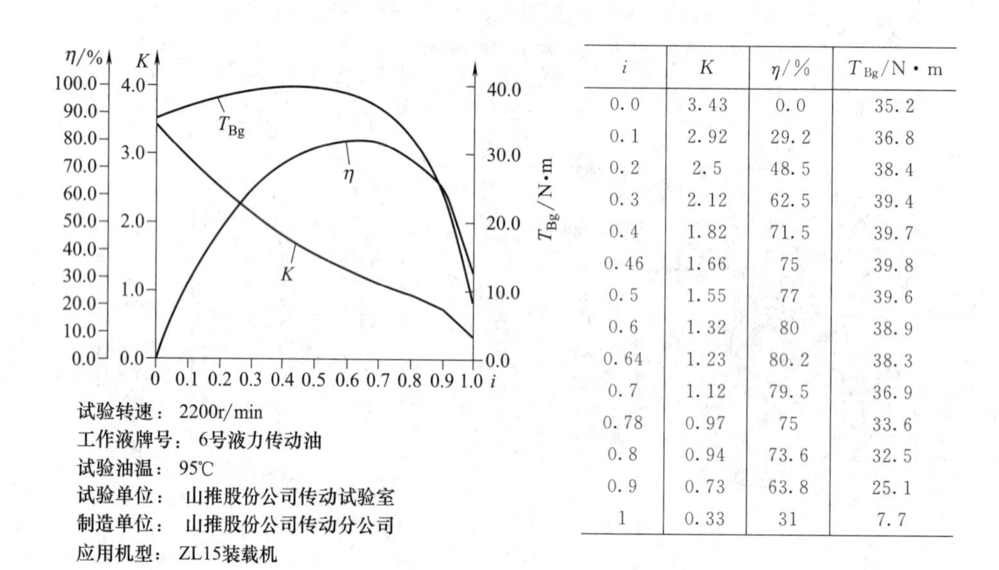

i	K	η/%	T_{Bg}/N·m
0.0	3.43	0.0	35.2
0.1	2.92	29.2	36.8
0.2	2.5	48.5	38.4
0.3	2.12	62.5	39.4
0.4	1.82	71.5	39.7
0.46	1.66	75	39.8
0.5	1.55	77	39.6
0.6	1.32	80	38.9
0.64	1.23	80.2	38.3
0.7	1.12	79.5	36.9
0.78	0.97	75	33.6
0.8	0.94	73.6	32.5
0.9	0.73	63.8	25.1
1	0.33	31	7.7

图 19-2-97　YJ280-4 液力变矩器特性

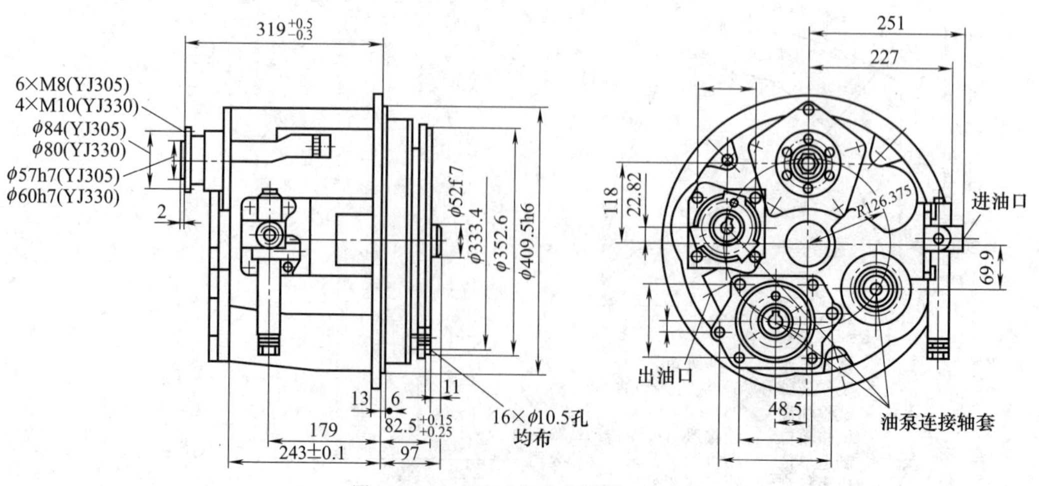

图 19-2-98　YJ305 液力变矩器（一）

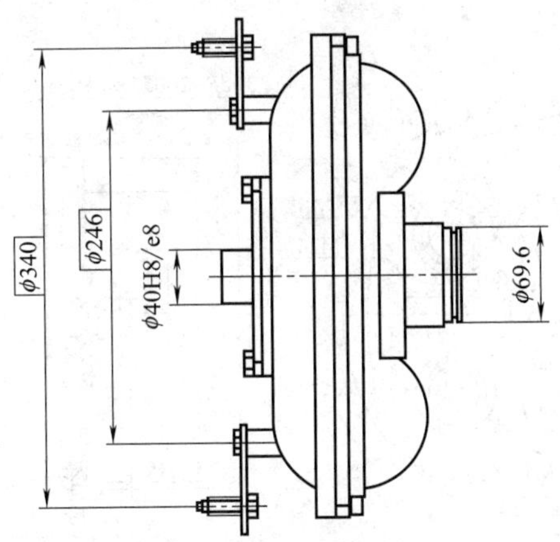

图 19-2-99　YJ305 液力变矩器（二）

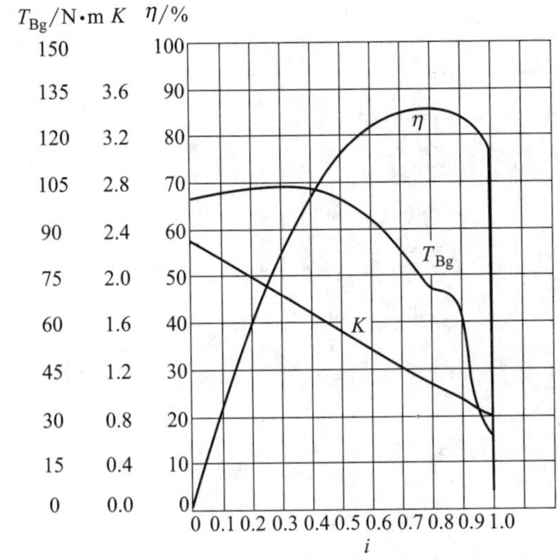

i	K	η	T_{Bg}/N·m
0	2.31	0	100
0.05	2.235	0.112	101
0.1	2.155	0.216	102
0.15	2.08	0.312	103
0.2	1.998	0.4	103
0.25	1.92	0.48	104
0.3	1.84	0.552	104
0.35	1.76	0.616	104
0.4	1.68	0.672	103
0.45	1.598	0.719	102
0.5	1.52	0.76	100
0.55	1.44	0.792	97
0.6	1.362	0.817	93
0.65	1.29	0.839	89
0.7	1.215	0.851	82
0.75	1.14	0.855	76
0.8	1.07	0.856	69
0.85	1	0.85	61
0.9	0.94	0.846	49
0.95	0.85	0.808	32
0.975	0.79	0.77	24
1	0	0	0

图 19-2-100　YJ305 液力变矩器特性

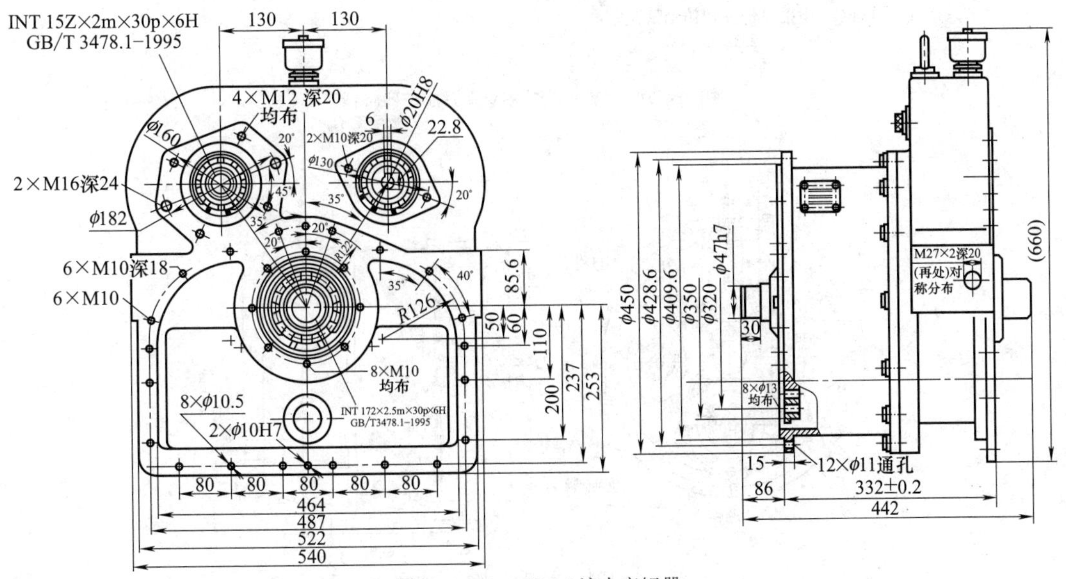

图 19-2-101　YJ315 液力变矩器

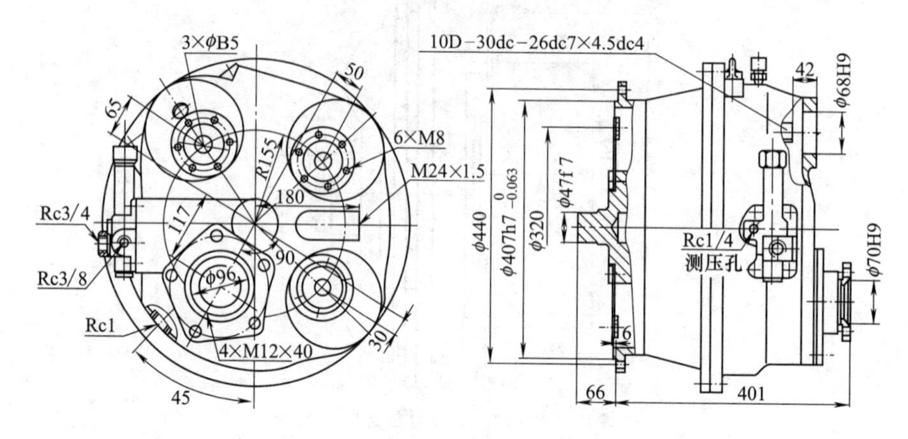

图 19-2-102　YJ315X（S）液力变矩器

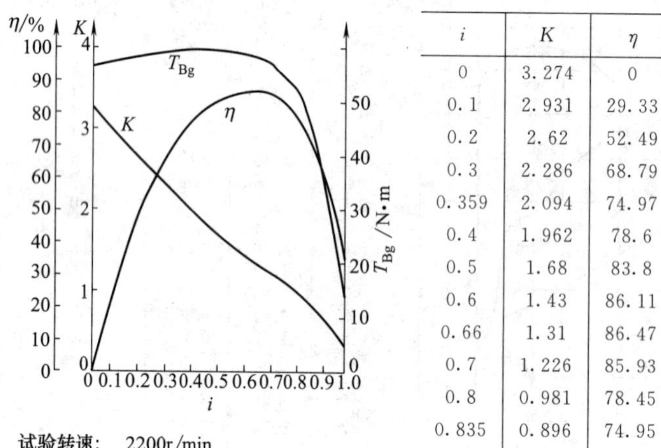

i	K	η	T_{Bg}/N・m
0	3.274	0	56.5
0.1	2.931	29.33	57.6
0.2	2.62	52.49	58.7
0.3	2.286	68.79	59.3
0.359	2.094	74.97	59.6
0.4	1.962	78.6	59.6
0.5	1.68	83.8	59.6
0.6	1.43	86.11	58.8
0.66	1.31	86.47	58.0
0.7	1.226	85.93	57.1
0.8	0.981	78.45	52.6
0.835	0.896	74.95	49.5
0.9	0.741	66.72	39.5
1.0	0.332	33.39	12.9

试验转速：　2200r/min

工作液牌号：　6号液力传动油

试验油温：　95℃

试验单位：　山推股份公司传动试验室

图 19-2-103　YJ315X（S）液力变矩器特性

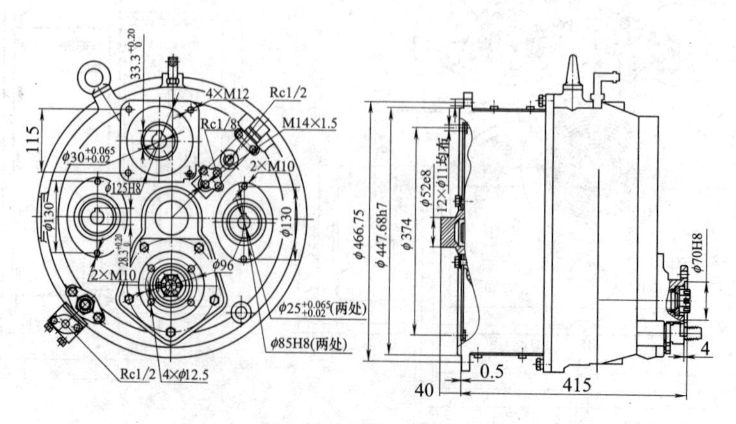

图 19-2-104　YJ315D 液力变矩器

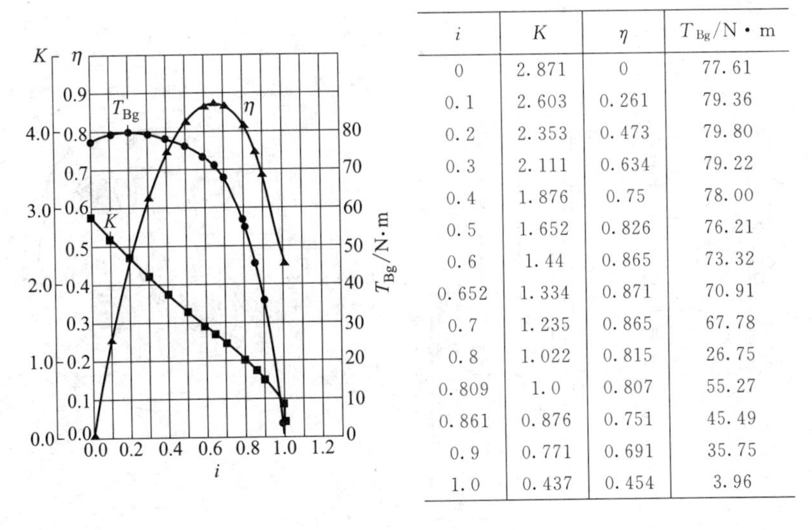

i	K	η	T_{Bg}/N・m
0	2.871	0	77.61
0.1	2.603	0.261	79.36
0.2	2.353	0.473	79.80
0.3	2.111	0.634	79.22
0.4	1.876	0.75	78.00
0.5	1.652	0.826	76.21
0.6	1.44	0.865	73.32
0.652	1.334	0.871	70.91
0.7	1.235	0.865	67.78
0.8	1.022	0.815	26.75
0.809	1.0	0.807	55.27
0.861	0.876	0.751	45.49
0.9	0.771	0.691	35.75
1.0	0.437	0.454	3.96

图 19-2-105　YJ315D 液力变矩器特性

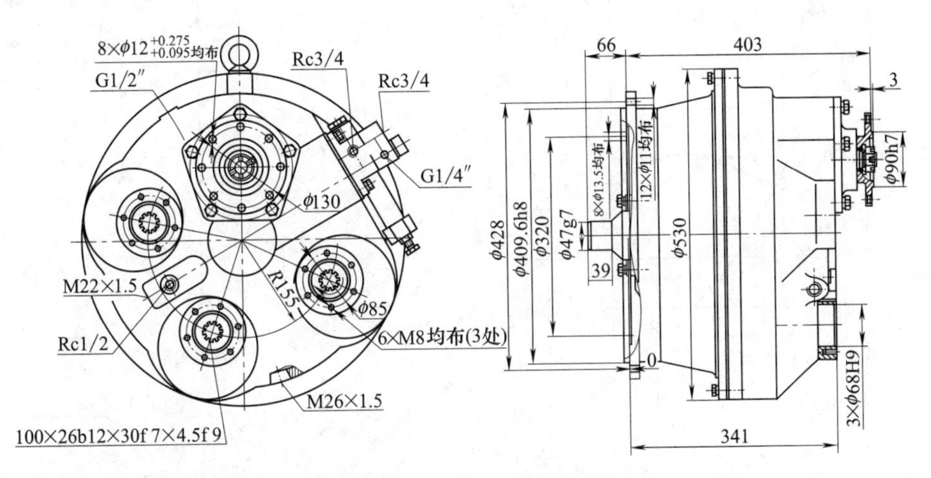

图 19-2-106　YJ315S 液力变矩器

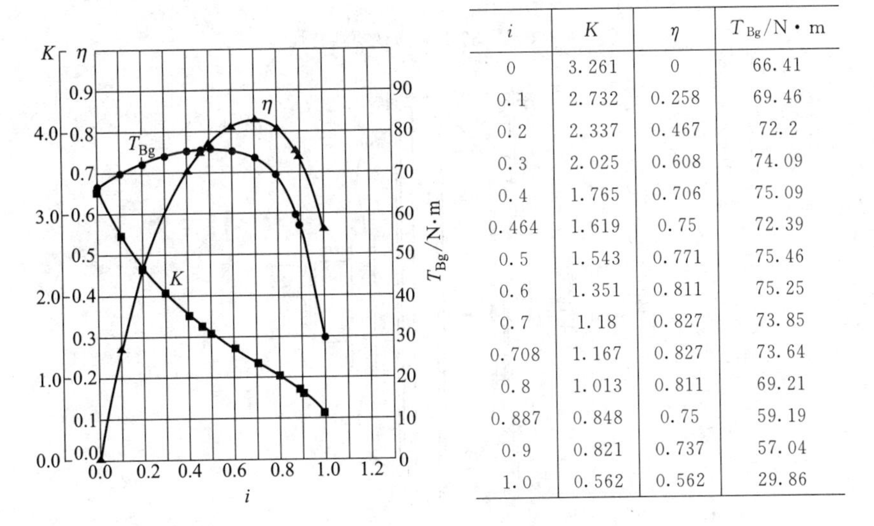

i	K	η	T_{Bg}/N・m
0	3.261	0	66.41
0.1	2.732	0.258	69.46
0.2	2.337	0.467	72.2
0.3	2.025	0.608	74.09
0.4	1.765	0.706	75.09
0.464	1.619	0.75	72.39
0.5	1.543	0.771	75.46
0.6	1.351	0.811	75.25
0.7	1.18	0.827	73.85
0.708	1.167	0.827	73.64
0.8	1.013	0.811	69.21
0.887	0.848	0.75	59.19
0.9	0.821	0.737	57.04
1.0	0.562	0.562	29.86

图 19-2-107　YJ315S 液力变矩器特性

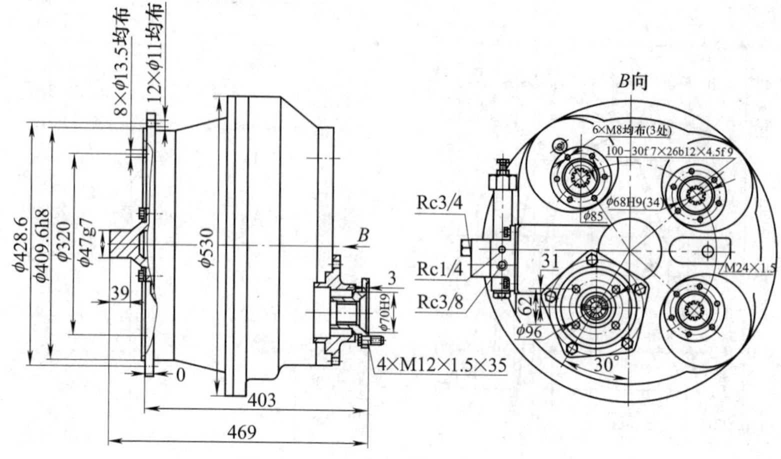

图 19-2-108　YJ320B 液力变矩器

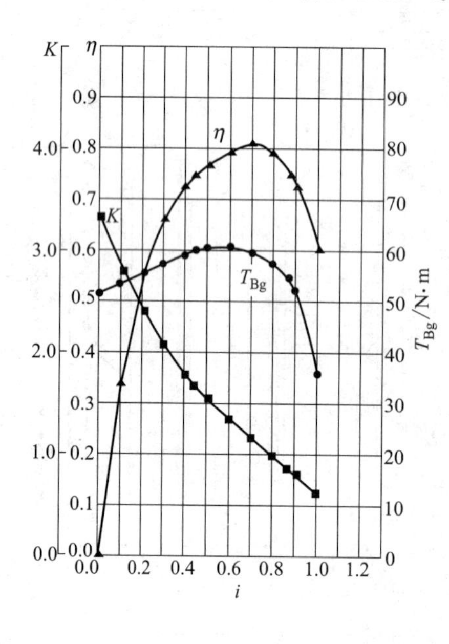

i	K	η	T_{Bg}/N·m
0	3.301	0	51.47
0.1	2.812	0.346	53.62
0.2	2.411	0.551	56.76
0.3	2.074	0.666	57.51
0.4	1.787	0.729	59.27
0.447	0.666	0.75	60
0.5	1.543	0.77	60.57
0.6	1.335	0.798	60.64
0.7	1.156	0.811	59.39
0.701	1.154	0.81	59.38
0.795	1.0	0.795	57.62
0.8	0.991	0.793	57.48
0.874	0.867	0.75	54.45
0.9	0.822	0.729	52.57
1.0	0.62	0.612	35.87

图 19-2-109　YJ320B 液力变矩器特性

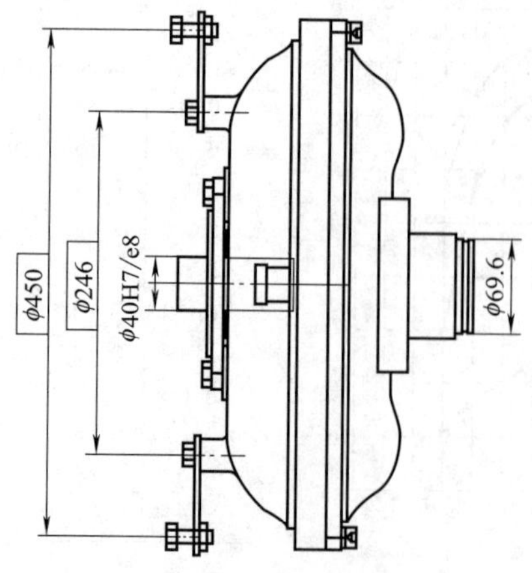

图 19-2-110　YJ320 液力变矩器

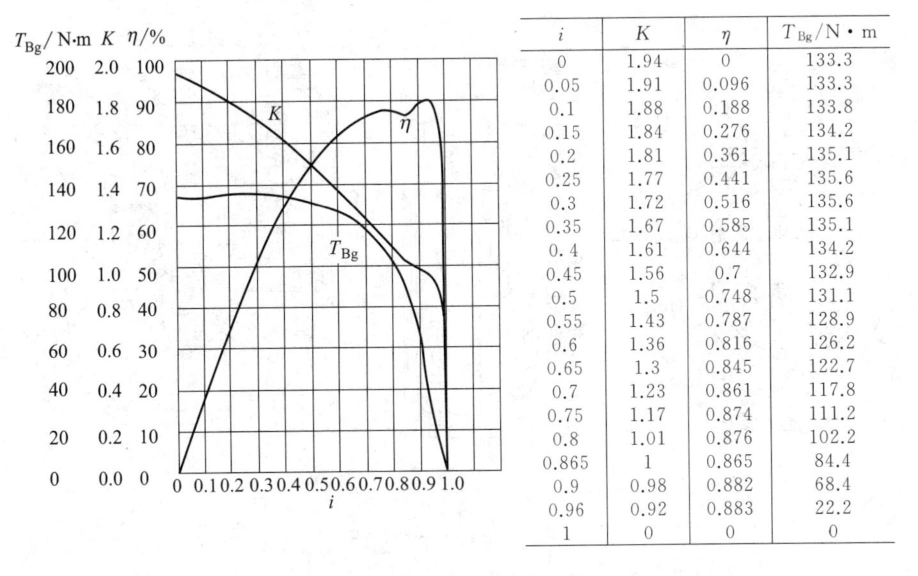

i	K	η	T_{Bg}/N·m
0	1.94	0	133.3
0.05	1.91	0.096	133.3
0.1	1.88	0.188	133.8
0.15	1.84	0.276	134.2
0.2	1.81	0.361	135.1
0.25	1.77	0.441	135.6
0.3	1.72	0.516	135.6
0.35	1.67	0.585	135.1
0.4	1.61	0.644	134.2
0.45	1.56	0.7	132.9
0.5	1.5	0.748	131.1
0.55	1.43	0.787	128.9
0.6	1.36	0.816	126.2
0.65	1.3	0.845	122.7
0.7	1.23	0.861	117.8
0.75	1.17	0.874	111.2
0.8	1.01	0.876	102.2
0.865	1	0.865	84.4
0.9	0.98	0.882	68.4
0.96	0.92	0.883	22.2
1	0	0	0

图 19-2-111　YJ320 液力变矩器特性

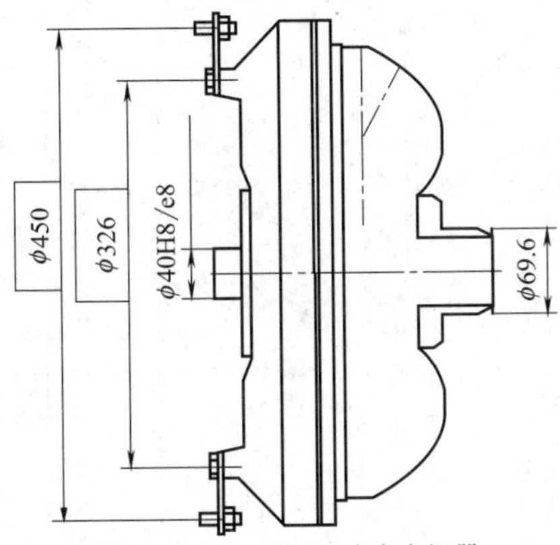

图 19-2-112　YJ350 液力变矩器

i	K	η	T_{Bg}/N·m
0	1.85	0	192.5
0.05	1.83	0.09	192.5
0.1	1.8	0.18	192.6
0.15	1.78	0.27	192
0.2	1.75	0.35	192
0.25	1.71	0.43	191.9
0.3	1.67	0.5	191.9
0.35	1.61	0.56	191.8
0.4	1.57	0.63	191.7
0.45	1.51	0.68	191
0.5	1.15	0.58	189
0.55	1.38	0.76	186
0.6	1.31	0.79	182
0.65	1.25	0.81	176
0.7	1.19	0.83	169
0.75	1.13	0.85	159
0.8	1.07	0.86	147
0.86	1	0.86	126
0.9	0.98	0.88	90
0.95	0.96	0.91	40
0.98	0.8	0.78	16

图 19-2-113　YJ350 液力变矩器特性

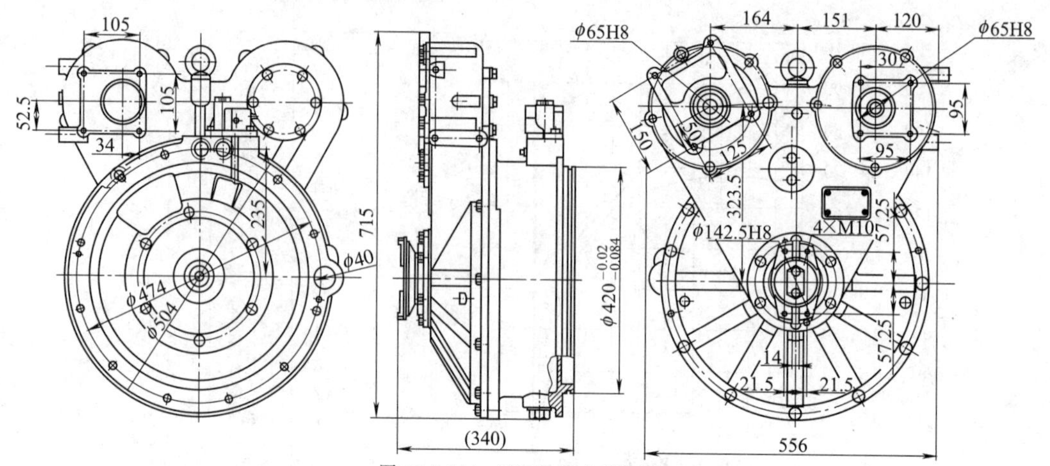

图 19-2-114　YJ355 液力变矩器

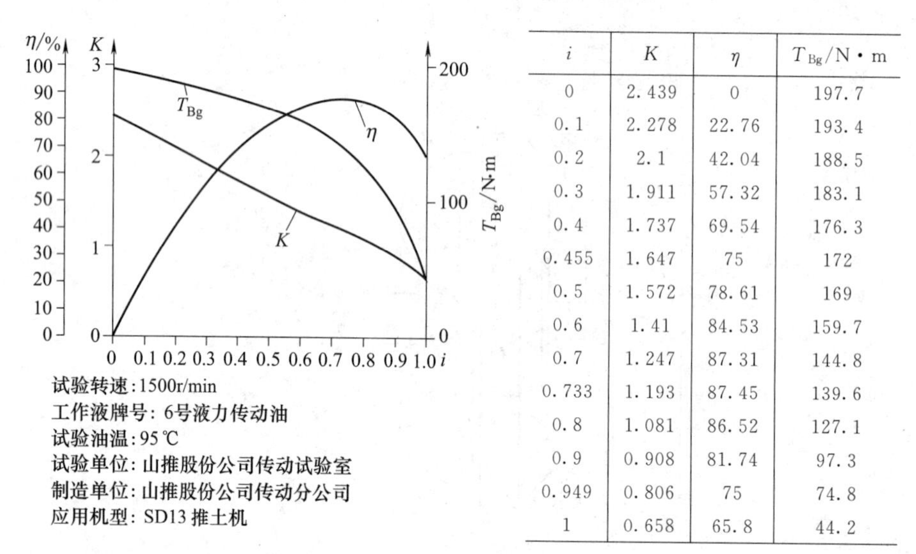

i	K	η	T_{Bg}/N·m
0	2.439	0	197.7
0.1	2.278	22.76	193.4
0.2	2.1	42.04	188.5
0.3	1.911	57.32	183.1
0.4	1.737	69.54	176.3
0.455	1.647	75	172
0.5	1.572	78.61	169
0.6	1.41	84.53	159.7
0.7	1.247	87.31	144.8
0.733	1.193	87.45	139.6
0.8	1.081	86.52	127.1
0.9	0.908	81.74	97.3
0.949	0.806	75	74.8
1	0.658	65.8	44.2

图 19-2-115　YJ355 液力变矩器特性

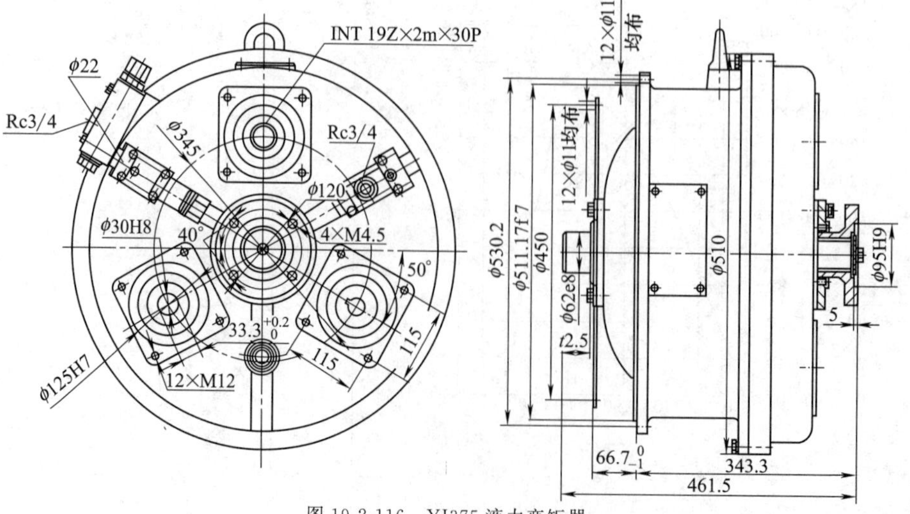

图 19-2-116　YJ375 液力变矩器

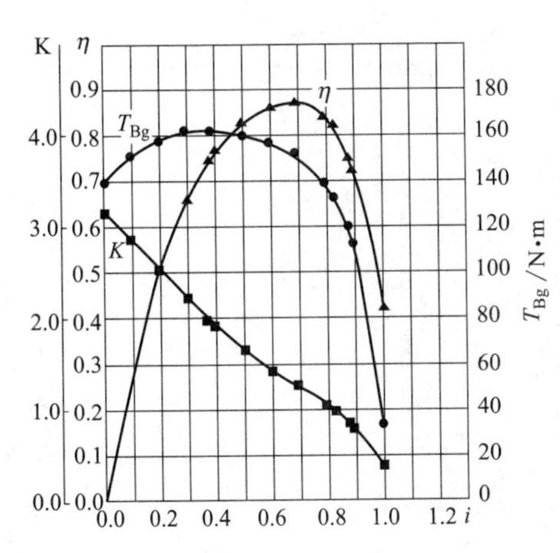

i	K	η	T_{Bg}/N·m
0	3.151	0	140.02
0.1	2.865	0.288	151.36
0.2	2.542	0.508	157.32
0.3	2.216	0.664	161.66
0.381	1.969	0.75	162.06
0.4	1.915	0.766	162.06
0.5	1.653	0.827	160.12
0.6	1.434	0.861	156.66
0.69	1.264	0.872	151.96
0.70	1.246	0.872	151.36
0.8	1.055	0.844	138.38
0.826	0.999	0.825	132.50
0.887	0.845	0.75	120.20
0.9	0.809	0.728	112.9
1.0	0.427	0.426	33.75

图 19-2-117　YJ375 液力变矩器特性

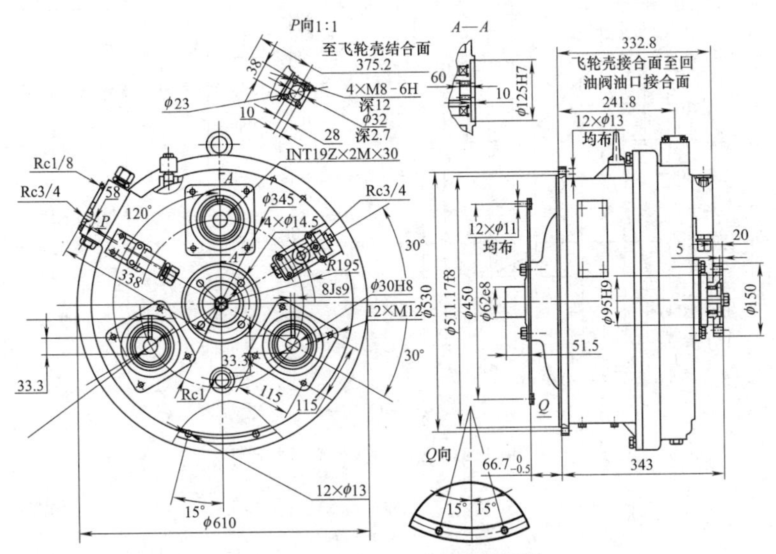

图 19-2-118　YJ375A 液力变矩器

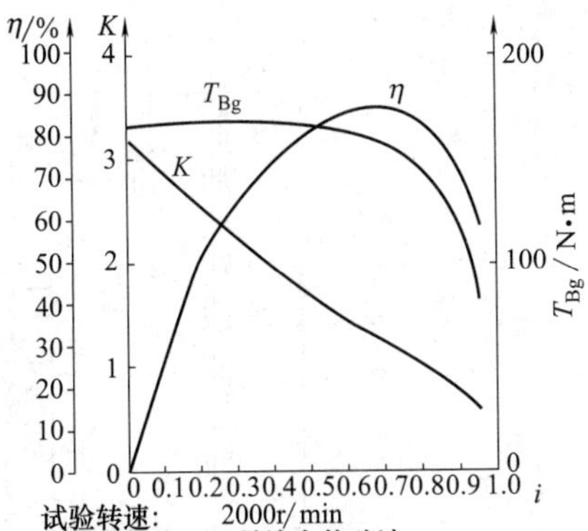

i	K	η	T_{Bg}/N·m
0	3.19	0	165.1
0.1	2.83	28.3	166.8
0.2	2.55	52	167
0.3	2.24	66.8	167.5
0.4	1.93	76.7	167.8
0.45	1.78	79.8	167.5
0.5	1.65	82.3	167
0.6	1.43	85.5	164
0.7	1.25	86.8	157.5
0.725	1.2	86.9	155.25
0.8	1.05	84.2	146
0.82	1.05	82	141
0.9	0.8	71.6	113
0.95	0.63	58.7	84.5

图 19-2-119　YJ375A 液力变矩器特性

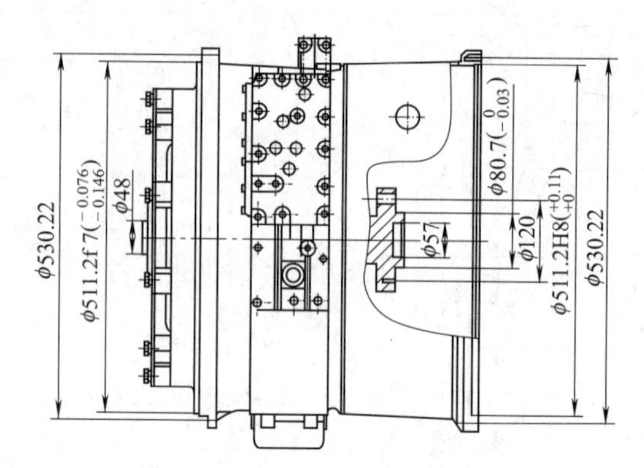

图 19-2-120　YJ375 液力变矩器

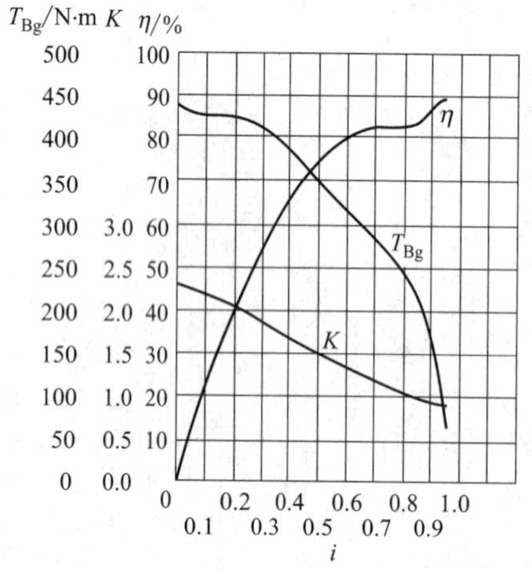

i	K	η	T_{Bg}/N·m
0.1	2.2	0.229	427
0.2	2.05	0.41	426
0.3	1.85	0.553	410
0.4	1.67	0.666	385
0.5	1.51	0.75	348
0.6	1.34	0.799	317
0.7	1.17	0.823	282
0.75	1.1	0.823	264
0.8	1.03	0.825	242
0.85	0.97	0.828	210
0.9	0.96	0.864	155
0.95	0.903	0.88	68

图 19-2-121　YJ375 液力变矩器特性

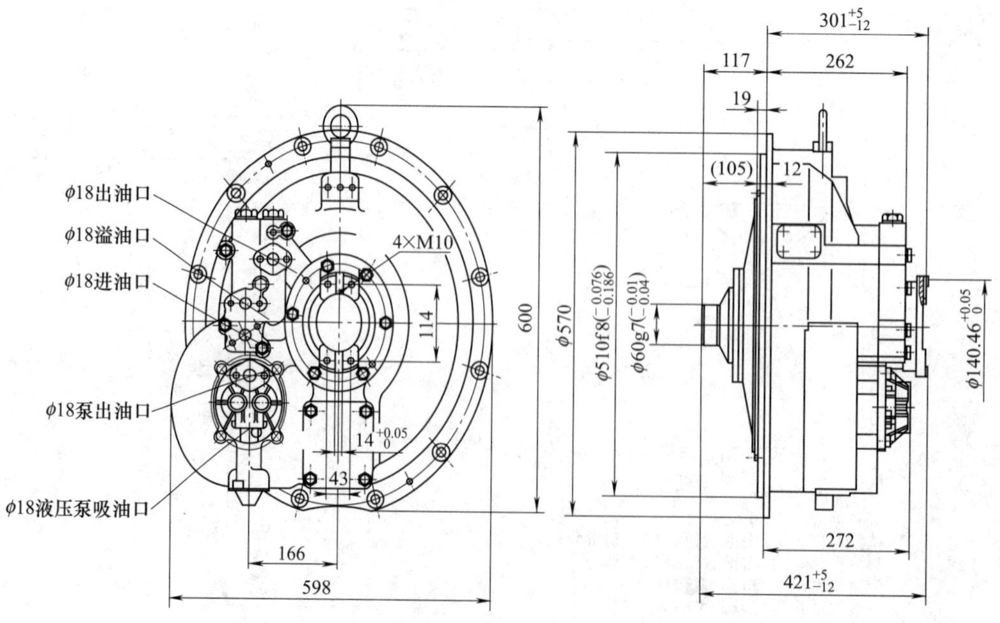

图 19-2-122　YJ380 液力变矩器

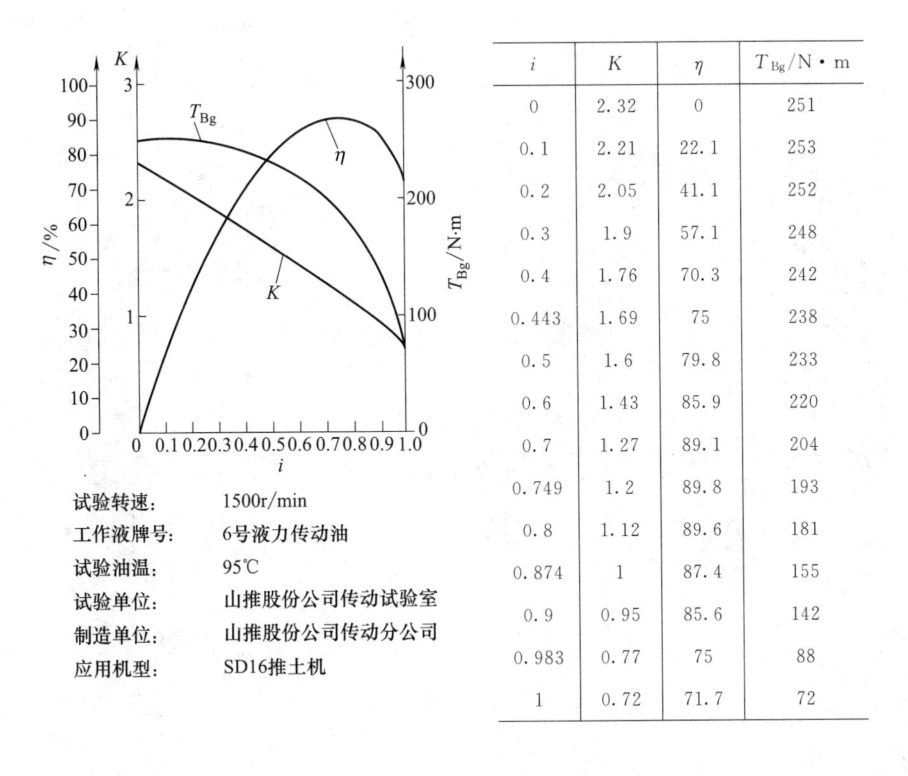

试验转速：1500r/min
工作液牌号：6号液力传动油
试验油温：95℃
试验单位：山推股份公司传动试验室
制造单位：山推股份公司传动分公司
应用机型：SD16推土机

i	K	η	T_{Bg}/N·m
0	2.32	0	251
0.1	2.21	22.1	253
0.2	2.05	41.1	252
0.3	1.9	57.1	248
0.4	1.76	70.3	242
0.443	1.69	75	238
0.5	1.6	79.8	233
0.6	1.43	85.9	220
0.7	1.27	89.1	204
0.749	1.2	89.8	193
0.8	1.12	89.6	181
0.874	1	87.4	155
0.9	0.95	85.6	142
0.983	0.77	75	88
1	0.72	71.7	72

图 19-2-123　YJ380 液力变矩器特性

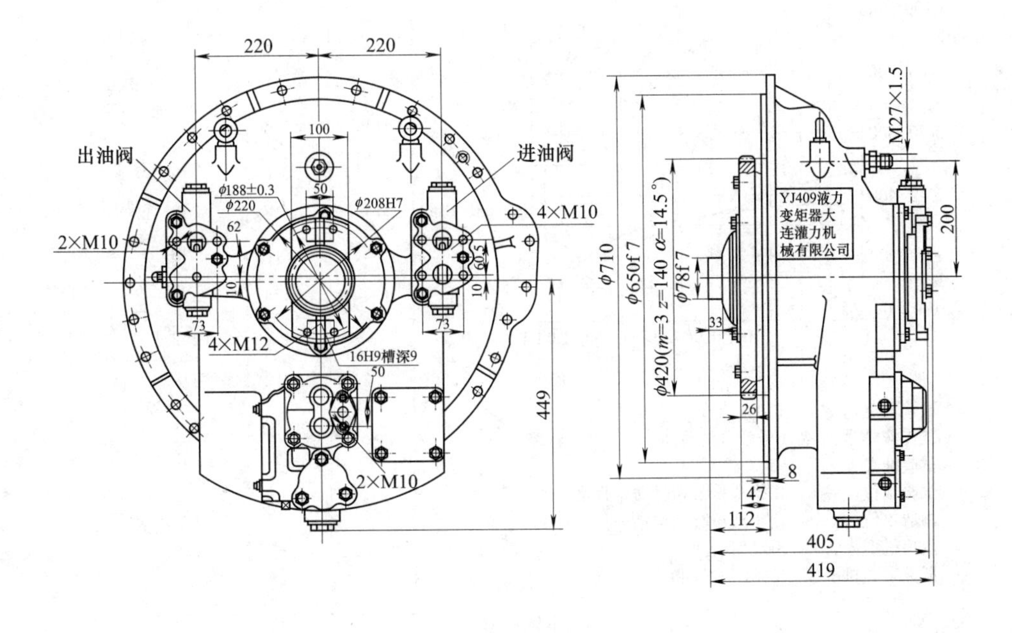

图 19-2-124　YJ409 液力变矩器

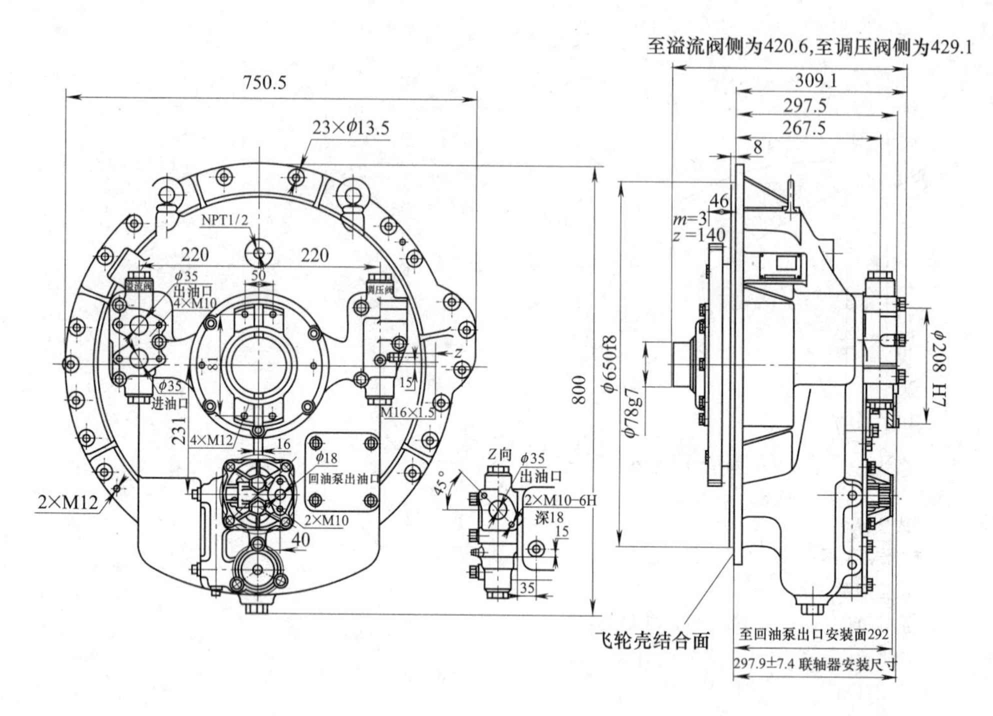

图 19-2-125　YJ409B 液力变矩器

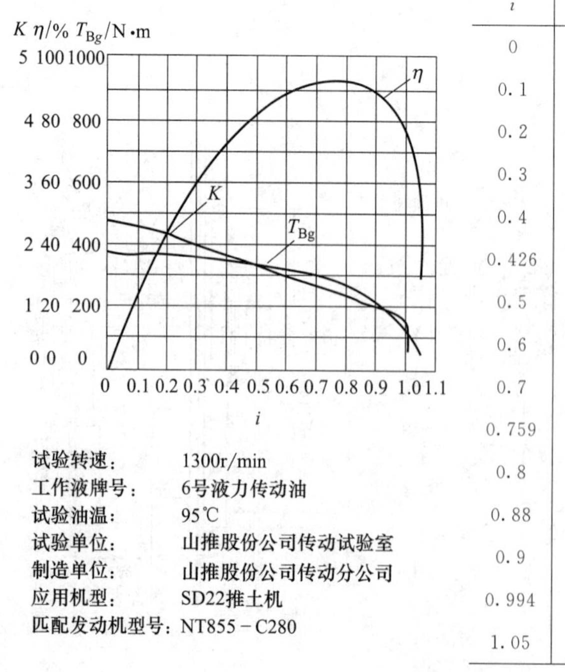

i	K	η	T_{Bg}/N·m
0	2.38	0	374
0.1	2.26	0.226	368
0.2	2.15	0.43	367
0.3	1.98	0.594	357
0.4	1.8	0.72	345
0.426	1.76	0.75	343
0.5	1.63	0.815	335
0.6	1.46	0.876	318
0.7	1.3	0.91	292
0.759	1.21	0.918	278
0.8	1.14	0.912	261
0.88	1	0.88	223
0.9	0.94	0.873	312
0.994	0.76	0.75	120
1.05	0.27	0.283	41

图 19-2-126　YJ409B 液力变矩器特性

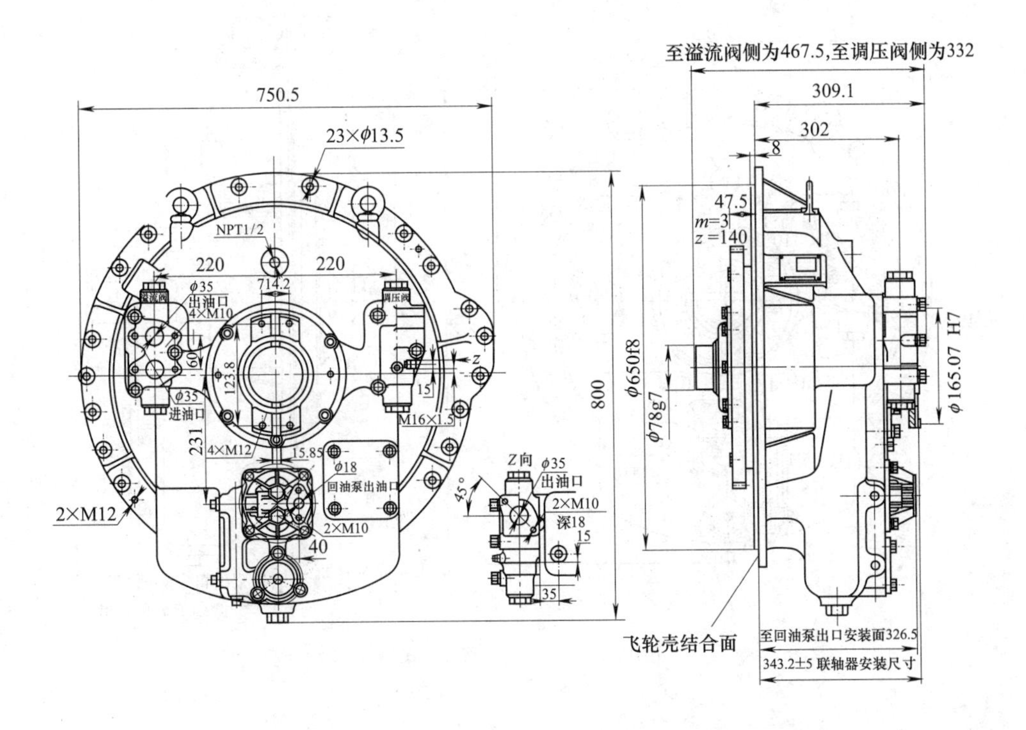

图 19-2-127 YJ435 液力变矩器

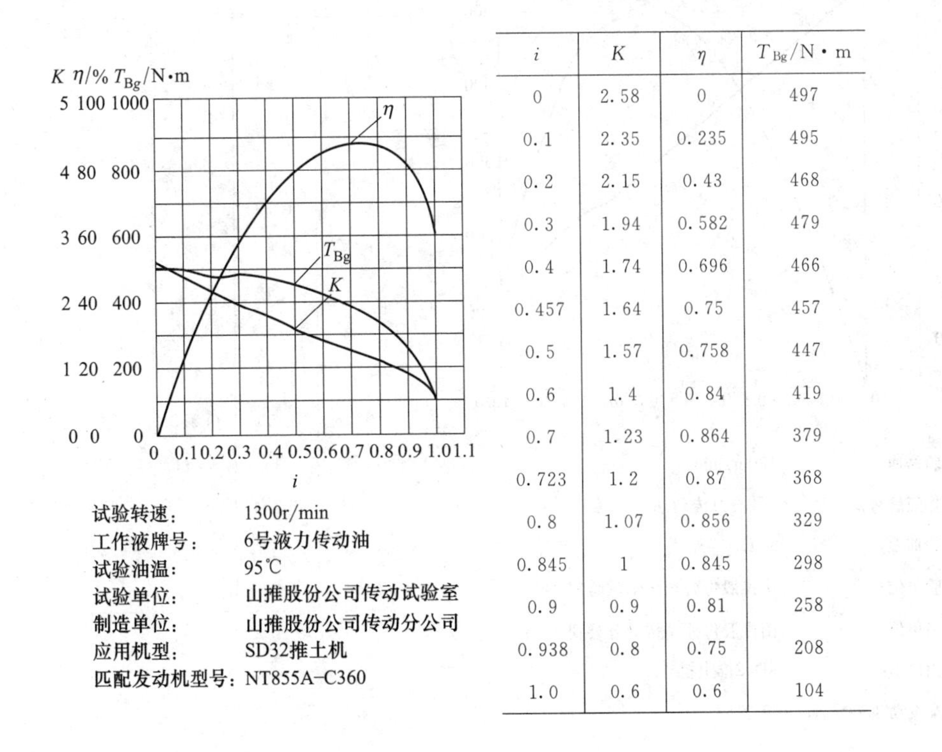

i	K	η	T_{Bg}/N·m
0	2.58	0	497
0.1	2.35	0.235	495
0.2	2.15	0.43	468
0.3	1.94	0.582	479
0.4	1.74	0.696	466
0.457	1.64	0.75	457
0.5	1.57	0.758	447
0.6	1.4	0.84	419
0.7	1.23	0.864	379
0.723	1.2	0.87	368
0.8	1.07	0.856	329
0.845	1	0.845	298
0.9	0.9	0.81	258
0.938	0.8	0.75	208
1.0	0.6	0.6	104

图 19-2-128 YJ435 液力变矩器特性

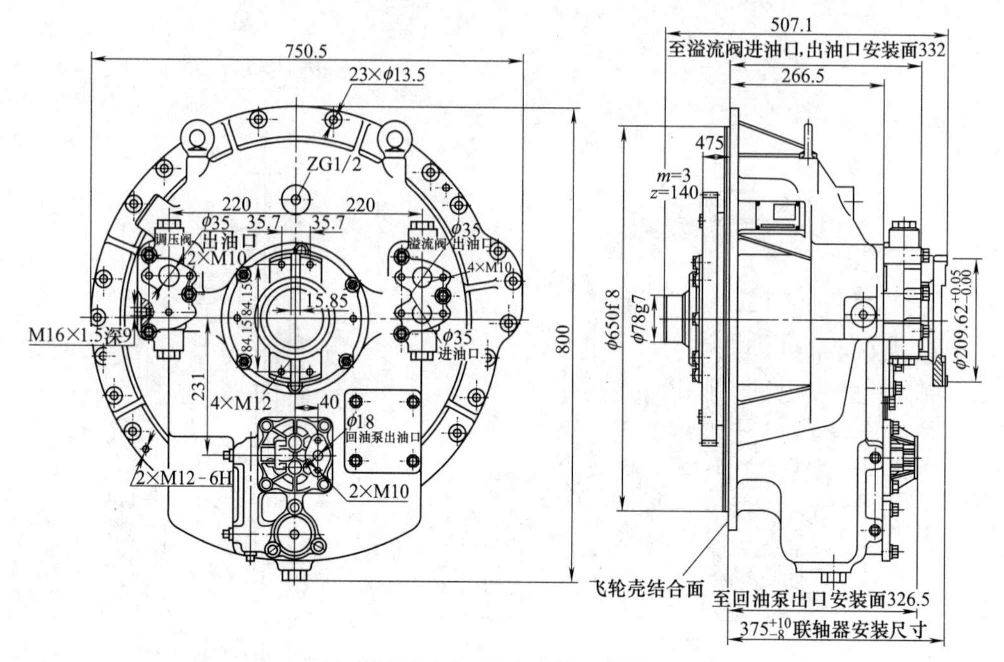

图 19-2-129　YJ450 液力变矩器

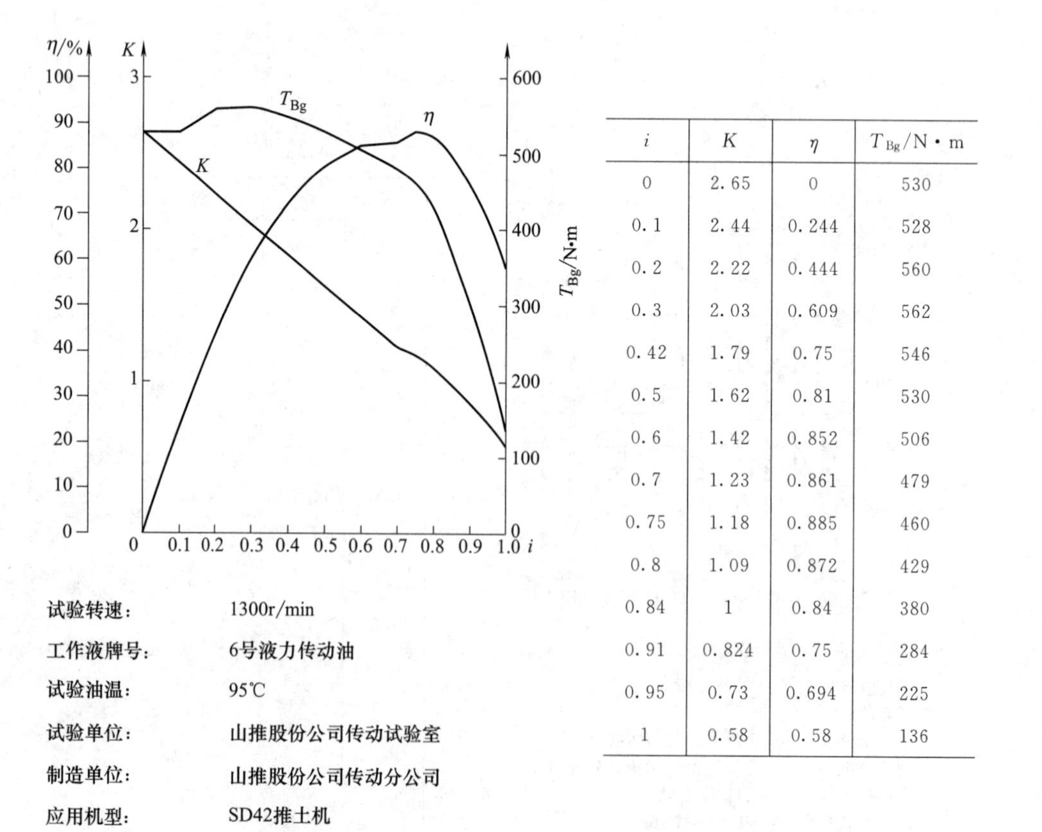

i	K	η	T_{Bg}/N·m
0	2.65	0	530
0.1	2.44	0.244	528
0.2	2.22	0.444	560
0.3	2.03	0.609	562
0.42	1.79	0.75	546
0.5	1.62	0.81	530
0.6	1.42	0.852	506
0.7	1.23	0.861	479
0.75	1.18	0.885	460
0.8	1.09	0.872	429
0.84	1	0.84	380
0.91	0.824	0.75	284
0.95	0.73	0.694	225
1	0.58	0.58	136

试验转速：　1300r/min

工作液牌号：　6号液力传动油

试验油温：　95℃

试验单位：　山推股份公司传动试验室

制造单位：　山推股份公司传动分公司

应用机型：　SD42推土机

匹配发动机型号：KTA19－C52

图 19-2-130　YJ450 液力变矩器特性

（3）单相单级轴流涡轮和离心涡轮液力变矩器的产品型号与规格（表 19-2-22）

表 19-2-22　单相单级轴流涡轮和离心涡轮液力变矩器的产品型号、规格和技术参数

型号	有效直径 /mm	公称转矩 /N・m	转速 /r・min^{-1}	功率 /kW	特性	外形尺寸	应用主机	生产厂
FW410	410	335	1450	100	见图 19-2-132	见图 19-2-131	1m^3 机械挖掘机、轨道起重机	大连液力机械有限公司
QB3	691	950	2600	1100	见图 19-2-133		2205kW（3000 马力）内燃机车	北京二七机车厂
YB3	627	950	2600	1100	见图 19-2-134		2205kW（3000 马力）内燃机车	北京二七机车厂

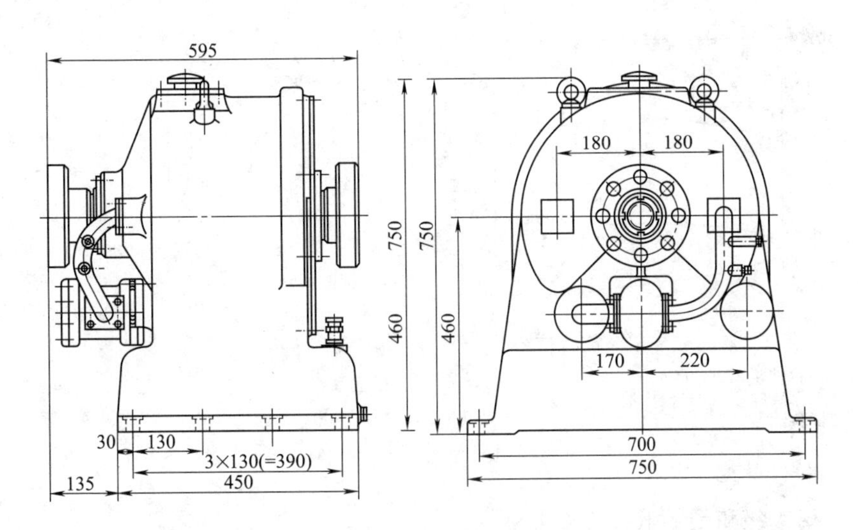

图 19-2-131　FW410 液力变矩器

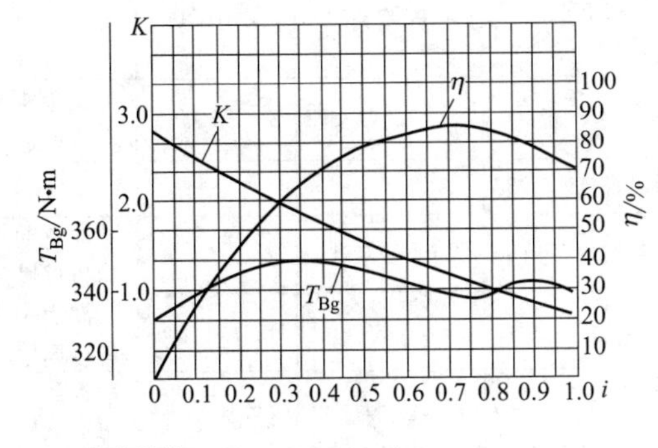

i	K	η	T_{Bg}/N・m
0	2.78	0	330
0.3	2.00	0.600	350
0.4	1.78	0.710	349
0.499	1.56	0.78	347
0.6	1.37	0.81	343
0.699	1.21	0.846	338
0.73	1.17	0.854	336
0.8	1.05	0.840	339
0.82	1.00	0.820	340
0.9	0.87	0.783	343
0.99	0.73	0.723	340

试验转速：　1300r/min
工作液牌号：　变压器油
试验油温：　90℃
试验单位：　大连液力机械有限公司

图 19-2-132　FW410 液力变矩器特性

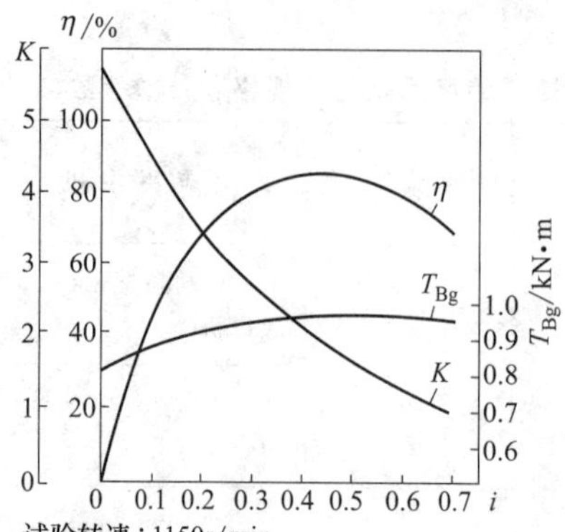

试验转速：1150r/min
工作液牌号：20号液压油
试验油温：90～95℃

i	K	η	T_{Bg}/kN·m
0	5.75	0	0.804
0.1	4.53	0.453	0.872
0.2	3.50	0.700	0.926
0.3	2.717	0.815	0.953
0.4	2.15	0.860	0.958
0.442	1.959	0.866	0.959
0.5	1.70	0.850	0.959
0.6	1.333	0.800	0.963
0.7	1.00	0.700	0.957

图 19-2-133　QB3 液力变矩器特性

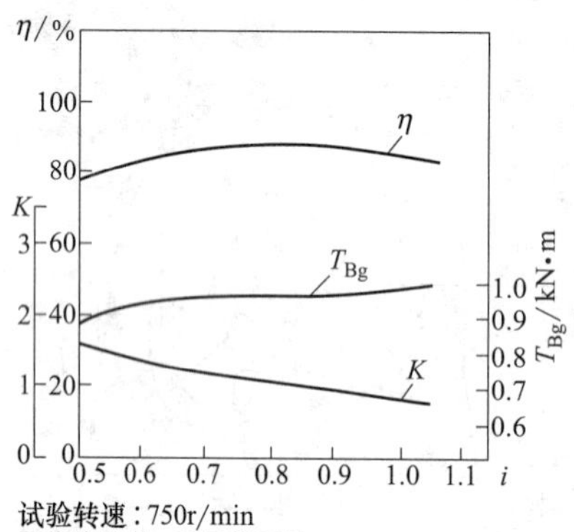

试验转速：750r/min
工作液牌号：20号液压油
试验油温：90～95℃

i	K	η	T_{Bg}/kN·m
0.5	1.56	0.78	0.880
0.6	1.388	0.833	0.937
0.7	1.233	0.863	0.955
0.8	1.09	0.872	0.957
0.825	1.058	0.873	0.958
0.87	0.00	0.870	0.960
0.9	0.963	0.867	0.962
1.0	0.848	0.848	0.980
1.05	0.794	0.834	0.993

图 19-2-134　YB3 液力变矩器特性

2.7.2　多相单级和闭锁液力变矩器

表 19-2-23　　多相单级和闭锁液力变矩器的产品型号、规格、技术参数

型号	有效直径/mm	公称转矩/N·m	转速/r·min^{-1}	功率/kW	特性	外形尺寸	匹配动力机	应用主机	生产厂
YBQ244	244	28	3000	40	见图 19-2-135		429Q	2t、3t 叉车	湖南中南传动机械厂
YJ245	245				见图 19-2-137	见图 19-2-136			
YJB265	265	20	3000	40	见图 19-2-139	见图 19-2-138	490Q、LR310	2t、3t 叉车	北京起重运输机械研究所
YBQ265B	265	22.4	3000	40	见图 19-2-140		4G33	1t、1.5t 叉车	湖南中南传动机械厂
2030CDa	265	22.4	3000	40	见图 19-2-141		485QC、SL3100	2t、3t 叉车	福建大田通用机械厂
YJ_1265	265	25	3000	40	见图 19-2-142		485、490	2t、3t 叉车	浙江临海机械厂
YB265	265		3000	40			490Q	2t、3t 叉车	成都工程机械总厂液力分厂
FB_3323	323	63		58	见图 19-2-144	见图 19-2-143		4.5～8t 叉车、2t 装载机	大连液力机械有限公司

续表

型号	有效直径/mm	公称转矩/N·m	转速/r·min^{-1}	功率/kW	特性	外形尺寸	匹配动力机	应用主机	生产厂
YBQ323	323	63		58	见图 19-2-145				湖南中南传动机械厂
YB323	323		2400	58			R4100G		成都工程机械总厂液力分厂
TG375A	375	180	2000	154	见图 19-2-147	见图 19-2-146	6135K-9	PY160C 平地机、4.5t 装载机	天津工程机械制造厂天工实业公司
TG375	375	160	2000	154	见图 19-2-149	见图 19-2-148	6135K-9	PY160B 平地机	天津工程机械制造厂天工实业公司
CDQ400	375	224		240	见图 19-2-150			矿用自卸车、钻井机、修井机、水泥机	贵州长新机械厂
CDQ500	423	355		385	见图 19-2-151			压裂车	贵州长新机械厂
YJH265 钣金冲焊型	265	30	3000	40	见图 19-2-153	见图 19-2-152	490BPG	3T 叉车	陕西航天动力高科技股份有限公司
YJH315 钣金冲焊型	315	62	2300	89	见图 19-2-155	见图 19-2-154	6102、6BG1、LR6105、6108	3.5～10t 叉车、PY120 平地机	
YJH315A 钣金冲焊型	315	70	2300	89	见图 19-2-156				
YJHLH310 钣金冲焊型	310	115.2	2800	178	见图 19-2-158	见图 19-2-157	M16	商用车	陕西航天动力高科技股份有限公司
YJHLH340M 钣金冲焊型	340	167.9	2100	200	见图 19-2-160	见图 19-2-159	WP7NG270	商用车	陕西航天动力高科技股份有限公司
YJHLH340N 钣金冲焊型	340	241.3	2100	267	见图 19-2-162	见图 19-2-161	ISLE360	商用车	陕西航天动力高科技股份有限公司
YJH423 钣金冲焊型	423	365	2300	386	见图 19-2-164	见图 19-2-163	BF12L513C	中重型车	陕西航天动力高科技股份有限公司

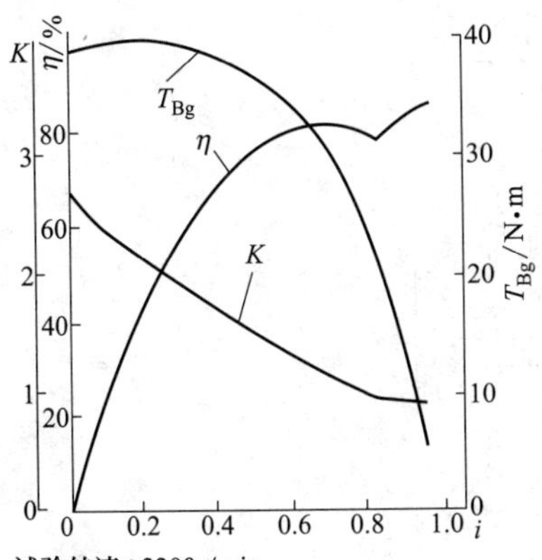

i	K	η	T_{Bg}/N·m
0	2.67	0	39.1
0.1	2.39	0.239	39.8
0.2	2.14	0.428	39.9
0.3	1.928	0.578	39.4
0.4	1.723	0.689	38.6
0.5	1.512	0.756	36.9
0.6	1.335	0.801	34.5
0.7	1.167	0.817	30.0
0.8	0.986	0.789	24.3
0.82	0.949	0.778	23.7
0.86	0.943	0.811	17.6
0.9	0.934	0.841	12.8
0.95	0.905	0.86	6.0

图 19-2-135　YBQ244 液力变矩器特性

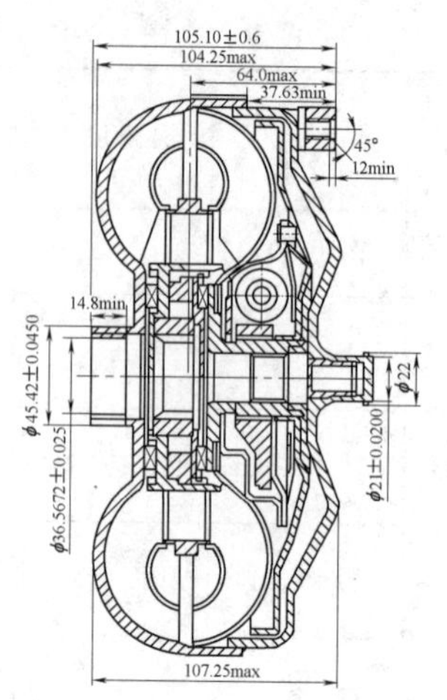

图 19-2-136 YJ245 液力变矩器

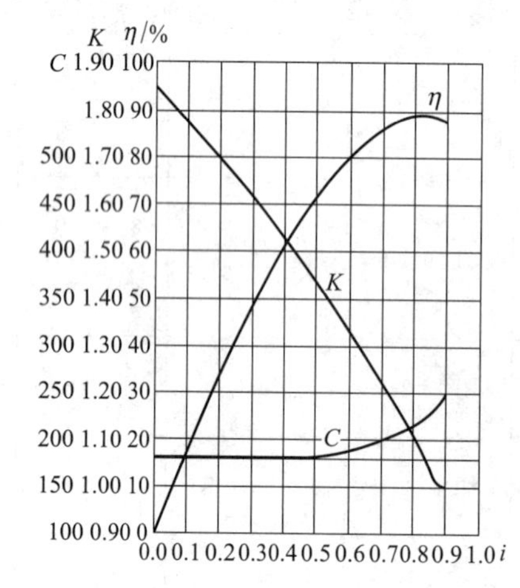

i	K	η	$C/\mathrm{r \cdot min^{-1} \cdot N^{-\frac{1}{2}} \cdot m^{-\frac{1}{2}}}$
0.0	1.842	0.00	180
0.1	1.770	0.17	180
0.2	1.696	0.34	180
0.3	1.616	0.48	182
0.4	1.527	0.62	185
0.5	1.435	0.73	187
0.6	1.328	0.80	190
0.7	1.220	0.86	200
0.8	1.099	0.88	222
0.9	0.997	0.890	250

注：C 为容量系数。

图 19-2-137 YJ245 液力变矩器特性

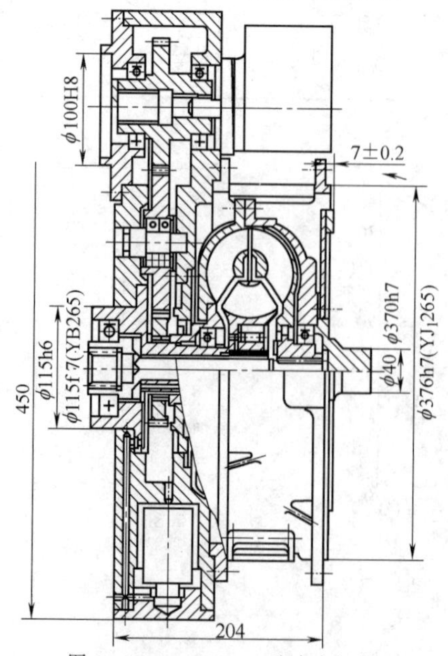

图 19-2-138 YJB265 液力变矩器

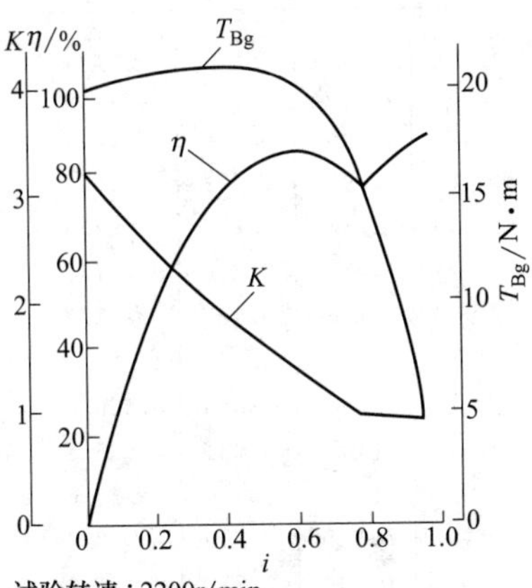

试验转速：2200r/min
工作液牌号：20号透平油
试验油温：83℃
试验单位：北京起重运输机械研究所

i	K	η	T_{Bg}/N·m
0	3.20	0	20.1
0.1	2.85	0.285	20.5
0.2	2.52	0.504	20.8
0.3	2.20	0.660	20.9
0.4	1.913	0.765	21.0
0.5	1.650	0.825	20.8
0.591	1.435	0.848	20.0
0.7	1.17	0.820	18.5
0.773	0.999	0.772	15.3
0.8	0.982	0.786	14.6
0.85	0.968	0.823	12.0
0.9	0.950	0.855	9.6
0.95	0.926	0.880	5.2

图 19-2-139　YJB265 液力变矩器特性

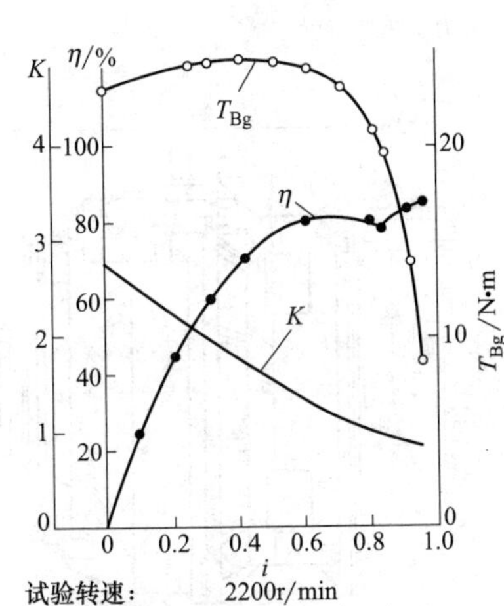

试验转速：　2200r/min
工作液牌号：　22号透平油
试验油温：　75～90℃
试验单位：　湖南中南传动机械厂

i	K	η	T_{Bg}/N·m
0	2.73	0	22.9
0.1	2.49	0.249	23.5
0.2	2.26	0.452	23.9
0.3	2.01	0.603	24.3
0.4	1.759	0.703	24.4
0.5	1.529	0.765	24.5
0.6	1.332	0.799	24.0
0.7	1.160	0.812	22.9
0.8	1.009	0.807	20.7
0.82	0.956	0.784	19.8
0.85	0.947	0.805	17.6
0.9	0.928	0.835	13.8
0.95	0.898	0.853	8.7

图 19-2-140　YBQ265B 液力变矩器特性

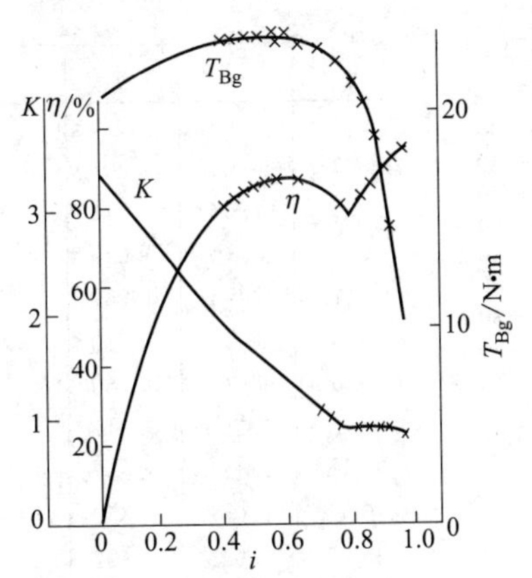

试验转速：　1800r/min
工作液牌号：　22号透平油
试验油温：　85℃

i	K	η	T_{Bg}/N·m
0	3.36	0	20.3
0.1	3.05	0.305	21.2
0.2	2.66	0.532	22.2
0.3	2.29	0.678	22.8
0.4	1.925	0.770	23.2
0.5	1.632	0.816	23.6
0.583	1.44	0.84	23.5
0.7	1.163	0.814	22.7
0.79	0.96	0.758	21.3
0.9	0.97	0.873	15.9
0.95	0.953	0.905	11.3
0.965	0.943	0.91	10

图 19-2-141　2030CDa 液力变矩器特性

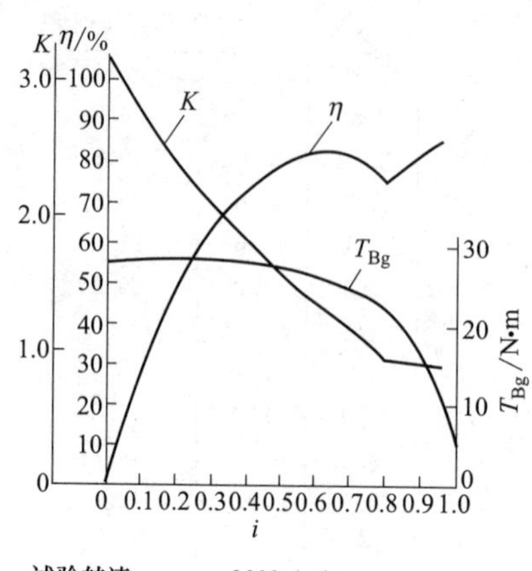

试验转速：　2000r/min

工作液牌号：　22号透平油

试验油温：　93℃

i	K	η	T_{Bg}/N·m
0	3.16	0	27.5
0.1	2.76	0.276	28.0
0.2	2.41	0.482	28.3
0.3	2.11	0.633	28.3
0.4	1.84	0.736	27.8
0.42	1.786	0.750	27.5
0.5	1.59	0.795	27.0
0.6	1.38	0.828	26.0
0.63	1.32	0.831	25.8
0.7	1.17	0.819	24.6
0.79	0.949	0.750	22.2
0.8	0.940	0.752	21.6
0.85	0.933	0.793	19.5
0.9	0.918	0.826	16.2
0.95	0.90	0.855	11.0

图 19-2-142　$YJ_1$265 液力变矩器特性

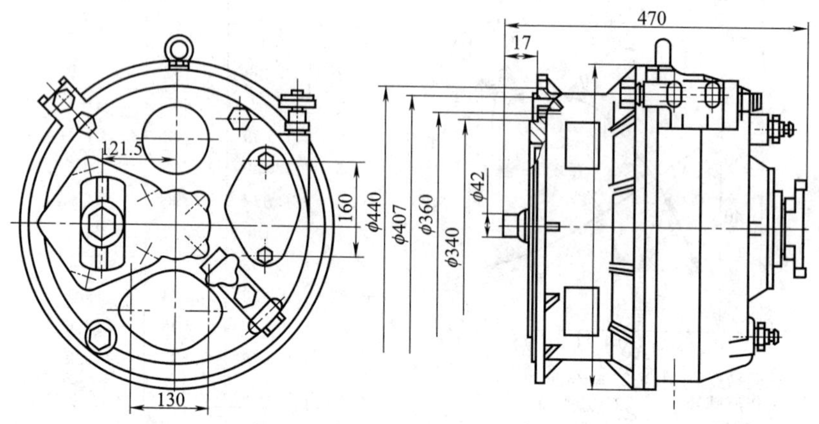

图 19-2-143　$FB_3$323 液力变矩器

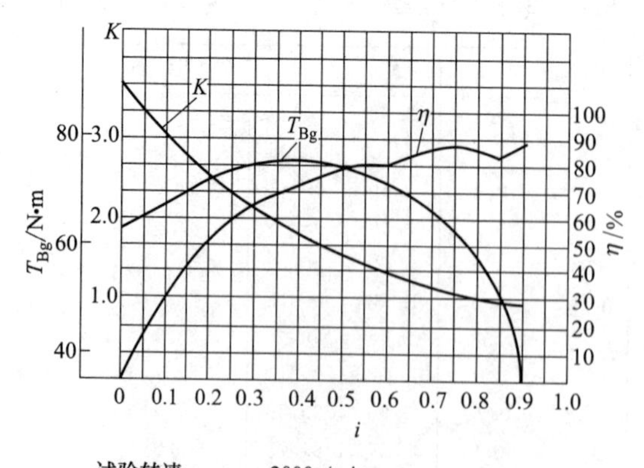

试验转速：　2000r/min

工作液牌号：　6号液力传动油

试验油温：　92℃

试验单位：　天津工程机械研究所

i	K	η	T_{Bg}/N·m
0	3.65	0	63.7
0.1	3.01	0.301	65.7
0.2	2.56	0.512	72.3
0.3	2.15	0.645	75.1
0.426	1.76	0.750	76.2
0.5	1.56	0.780	74.8
0.6	1.31	0.786	70.5
0.7	1.206	0.847	66.5
0.76	1.128	0.857	61.4
0.8	1.063	0.850	58.6
0.87	0.945	0.822	48.5
0.95	0.90	0.855	20.5

图 19-2-144　$FB_3$323 液力变矩器特性

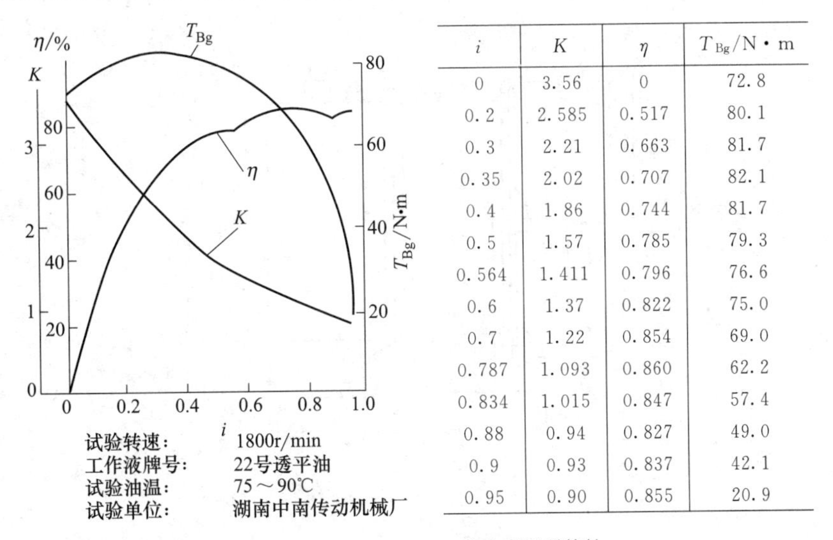

i	K	η	T_{Bg}/N·m
0	3.56	0	72.8
0.2	2.585	0.517	80.1
0.3	2.21	0.663	81.7
0.35	2.02	0.707	82.1
0.4	1.86	0.744	81.7
0.5	1.57	0.785	79.3
0.564	1.411	0.796	76.6
0.6	1.37	0.822	75.0
0.7	1.22	0.854	69.0
0.787	1.093	0.860	62.2
0.834	1.015	0.847	57.4
0.88	0.94	0.827	49.0
0.9	0.93	0.837	42.1
0.95	0.90	0.855	20.9

图 19-2-145　YBQ323 液力变矩器特性

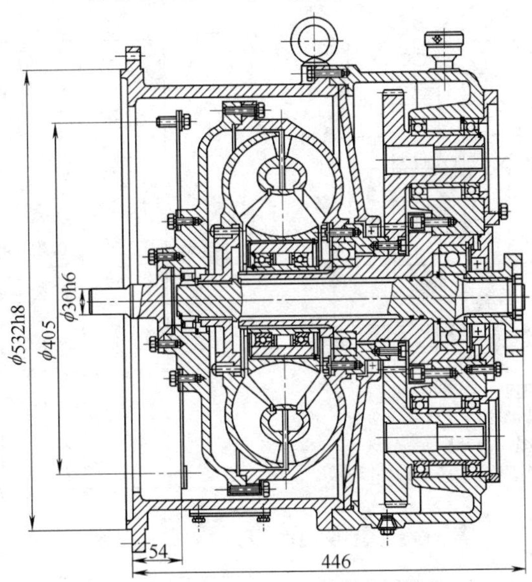

图 19-2-146　TG375A 液力变矩器

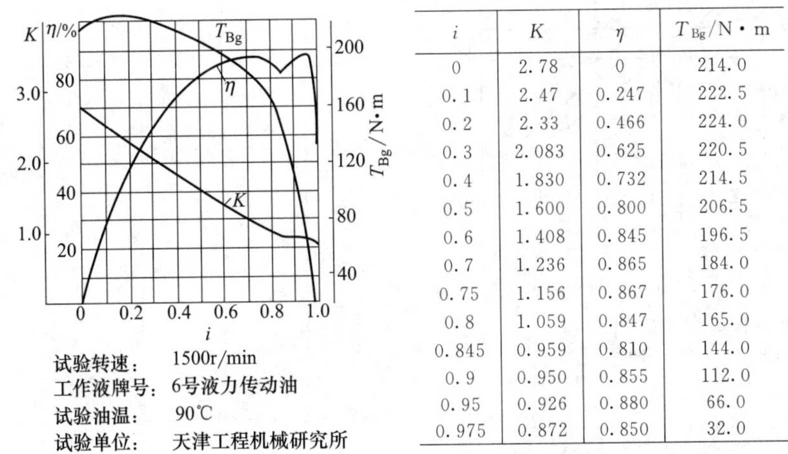

i	K	η	T_{Bg}/N·m
0	2.78	0	214.0
0.1	2.47	0.247	222.5
0.2	2.33	0.466	224.0
0.3	2.083	0.625	220.5
0.4	1.830	0.732	214.5
0.5	1.600	0.800	206.5
0.6	1.408	0.845	196.5
0.7	1.236	0.865	184.0
0.75	1.156	0.867	176.0
0.8	1.059	0.847	165.0
0.845	0.959	0.810	144.0
0.9	0.950	0.855	112.0
0.95	0.926	0.880	66.0
0.975	0.872	0.850	32.0

图 19-2-147　TG375A 液力变矩器特性

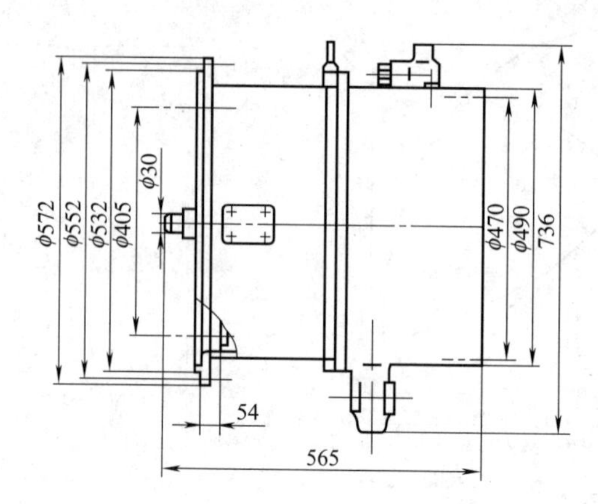

图 19-2-148 TG375 液力变矩器

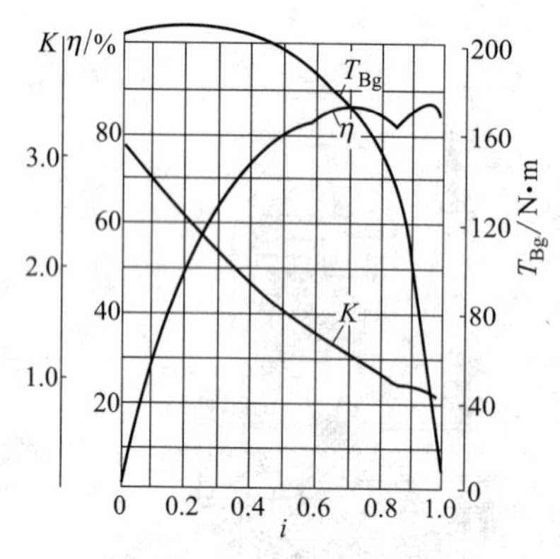

试验转速： 1600r/min
工作液牌号：6号液力传动油
试验油温： 90℃
试验单位： 天津工程机械研究所

i	K	η	T_{Bg}/N・m
0	3.13	0	205.2
0.1	2.80	0.280	207.4
0.2	2.50	0.500	208.8
0.3	2.15	0.645	208.0
0.4	1.863	0.745	204.4
0.5	1.616	0.805	197.9
0.58	1.422	0.825	189.2
0.6	1.40	0.840	186.2
0.7	1.234	0.864	173.1
0.8	1.060	0.848	152.8
0.845	0.976	0.825	138.2
0.9	0.950	0.855	96.0
0.95	0.926	0.880	53.1
0.975	0.872	0.850	28

图 19-2-149 TG375 液力变矩器特性

工作液牌号： 8号液力传动油
试验油温： 71～87℃

i	K	η	T_{Bg}/N・m
0	2.424	0	327
0.1	2.300	0.230	324
0.2	2.115	0.423	321
0.3	1.926	0.578	310
0.4	1.725	0.690	296
0.5	1.550	0.775	278
0.6	1.388	0.833	276
0.7	1.225	0.858	225
0.8	1.709	0.863	200
0.832	1.045	0.870	192

图 19-2-150 CDQ400 液力变矩器特性

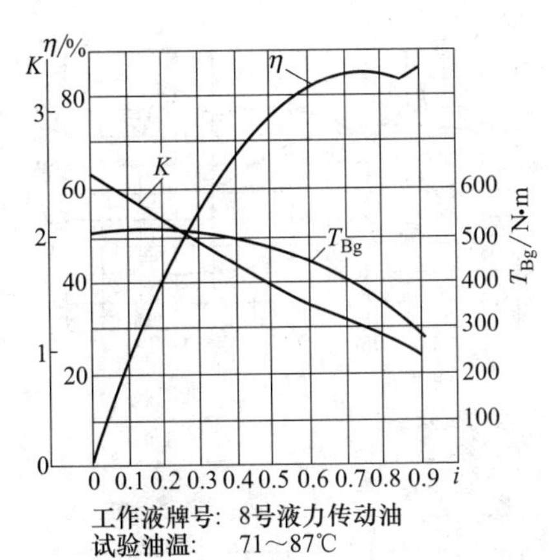

i	K	η	T_{Bg}/N·m
0	2.55	0	502
0.1	2.30	0.230	501
0.243	2.00	0.486	515
0.3	1.867	0.560	505
0.4	1.688	0.675	492
0.5	1.510	0.755	472
0.6	1.368	0.821	438
0.731	1.172	0.857	381
0.86	0.970	0.834	315
0.889	0.960	0.852	277

图 19-2-151　CDQ500 液力变矩器特性

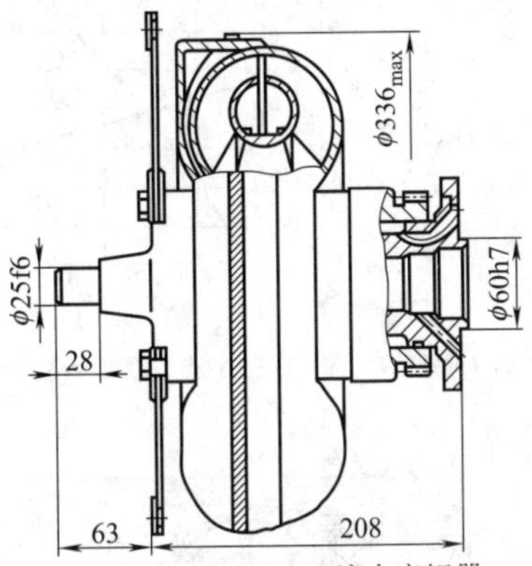

图 19-2-152　YJH265 液力变矩器

试验转速：　1700r/min
工作液牌号：6号液力传动油
试验油温：　85℃
试验单位：陕西航天动力高科技股份有限公司

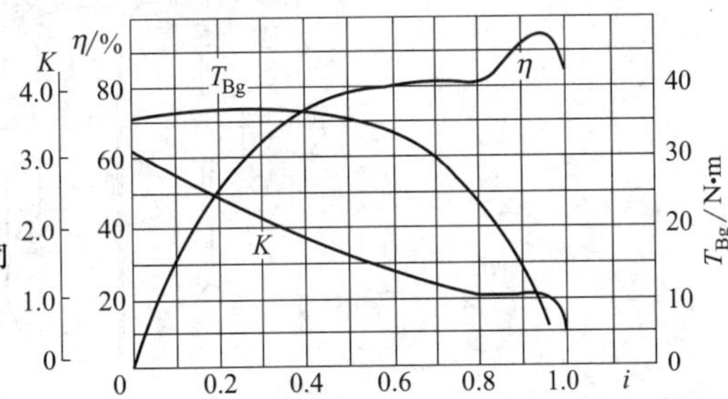

图 19-2-153　YJH265 液力变矩器特性

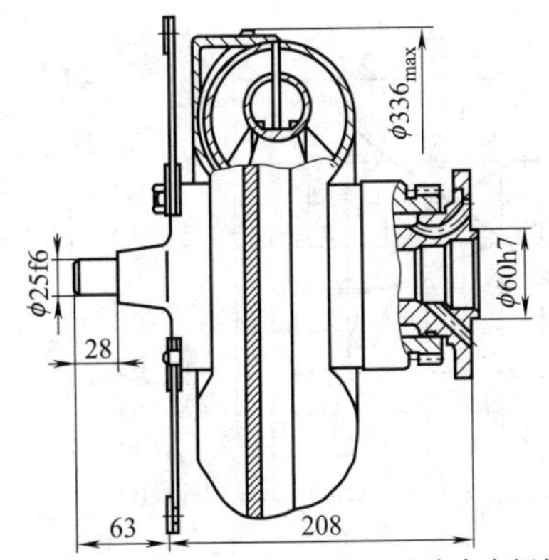

图 19-2-154　YJH315、YJH315A 液力变矩器

试验转速:　2000r/min
工作液牌号:　6号液力传动油
试验油温:　80～90℃
试验单位: 陕西航天动力高科技股份有限公司

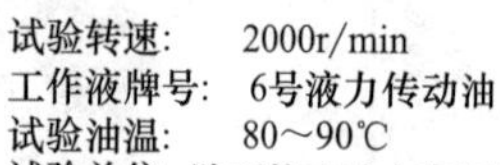

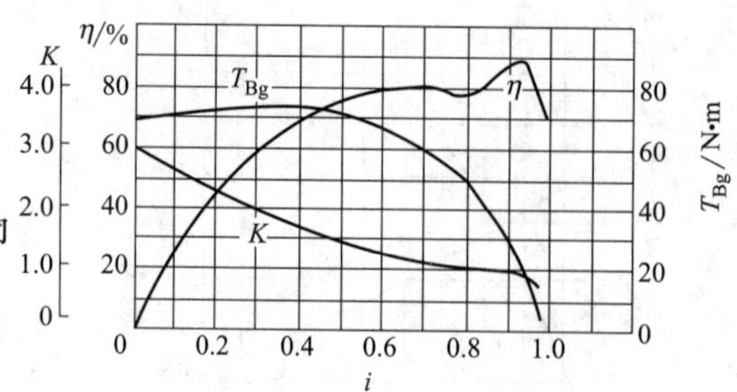

图 19-2-155　YJH315 液力变矩器特性

试验转速:　2000r/min
工作液牌号:　6号液力传动油
试验油温:　80～90℃
试验单位: 陕西航天动力高科技股份有限公司

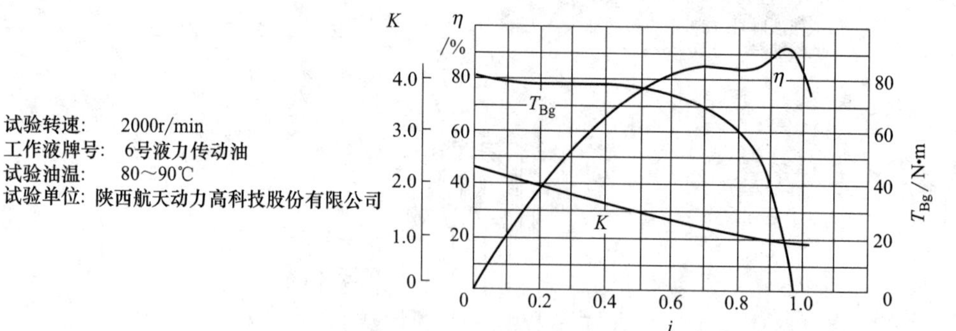

图 19-2-156　YJH315A 液力变矩器特性

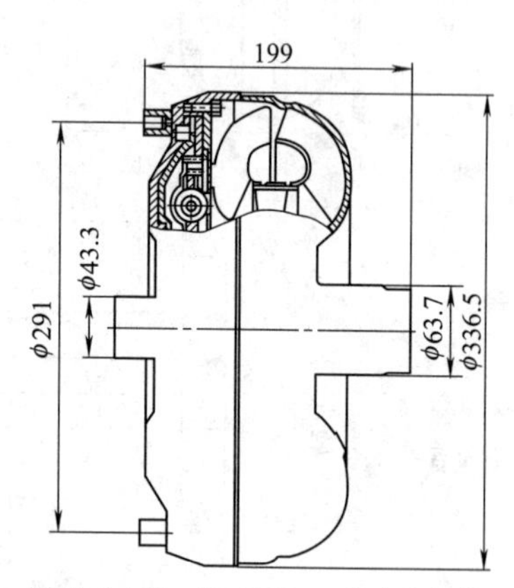

图 19-2-157　YJHLH310 液力变矩器

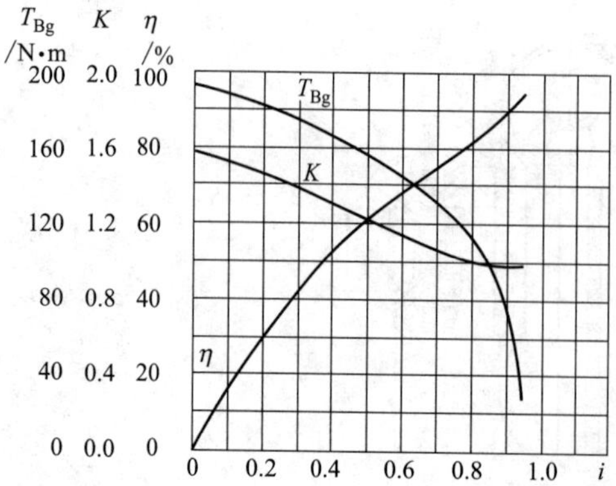

i	K	η	T_{Bg}/N·m
0	1.57	0	192.8
0.1	1.51	0.15	189.2
0.2	1.46	0.292	182.5
0.3	1.39	0.415	174.9
0.4	1.31	0.525	167.4
0.5	1.24	0.618	157.9
0.6	1.16	0.693	145.1
0.7	1.08	0.754	132.3
0.8	1.02	0.815	115.2

图 19-2-158　YJHLH310 液力变矩器特性

215
ϕ384
ϕ422
ϕ60.9
ϕ63.7

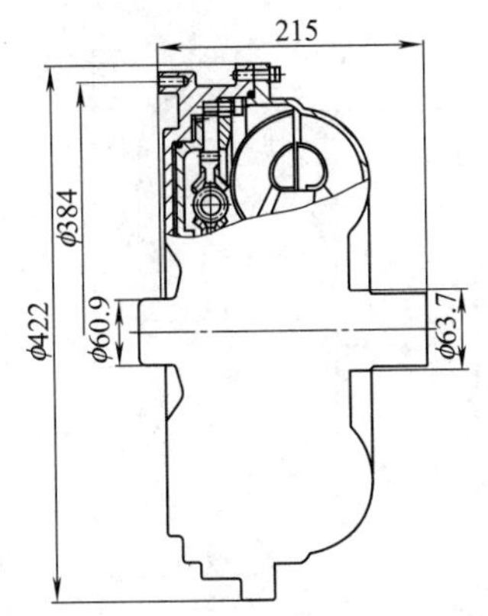

图 19-2-159　YJHLH340M 液力变矩器

T_{Bg} /N·m
K
η /%
400 3.0 100
320 2.4 80
240 1.8 60
160 1.2 40
80 0.6 20
0 0.0 0
0 0.2 0.4 0.6 0.8 1.0 i
T_{Bg}
K
η

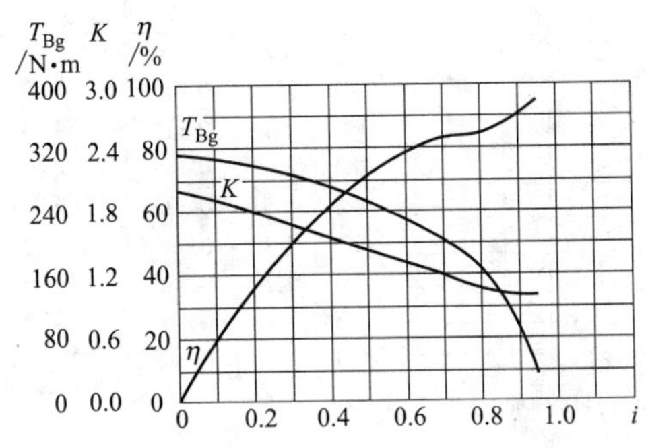

i	K	η	T_{Bg}/N·m
0	2.00	0	312.5
0.1	1.92	0.192	304.8
0.2	1.80	0.36	297.9
0.3	1.67	0.501	286.4
0.4	1.55	0.619	270.7
0.5	1.43	0.714	249.8
0.6	1.31	0.784	228
0.7	1.19	0.83	203.3
0.8	1.05	0.84	167.9

图 19-2-160　YJHLH340M 液力变矩器特性

ϕ414
ϕ300
ϕ51.0
ϕ85.8
230.5

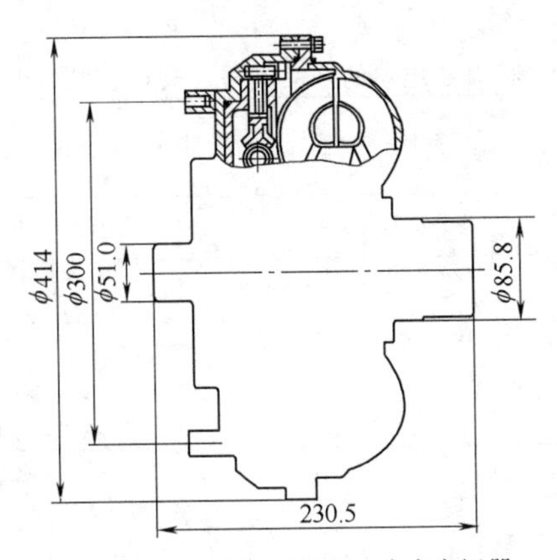

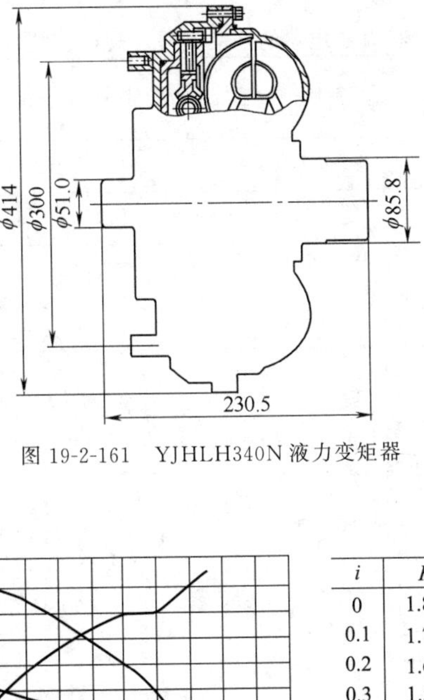

图 19-2-161　YJHLH340N 液力变矩器

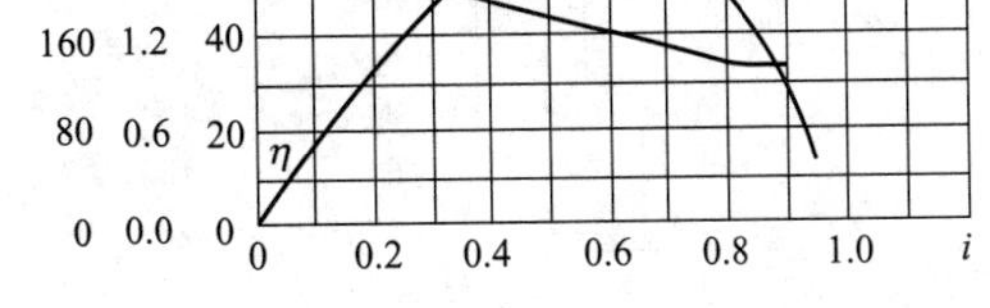

T_{Bg} /N·m
K
η /%
400 3.0 100
320 2.4 80
240 1.8 60
160 1.2 40
80 0.6 20
0 0.0 0
0 0.2 0.4 0.6 0.8 1.0 i
T_{Bg}
K
η

i	K	η	T_{Bg}/N·m
0	1.86	0	394.5
0.1	1.75	0.17	382.8
0.2	1.64	0.33	374.2
0.3	1.53	0.46	357.6
0.4	1.43	0.57	338.8
0.5	1.33	0.67	310.1
0.6	1.23	0.74	277.3
0.7	1.12	0.79	241.3
0.8	1	0.8	201.2

图 19-2-162　YJHLH340N 液力变矩器特性

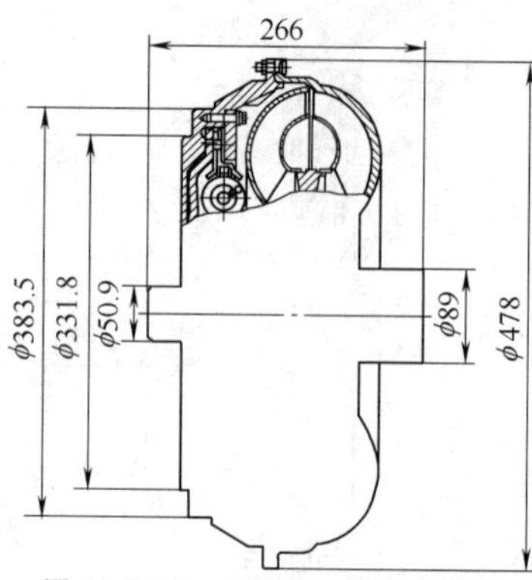

图 19-2-163　YJH423 液力变矩器

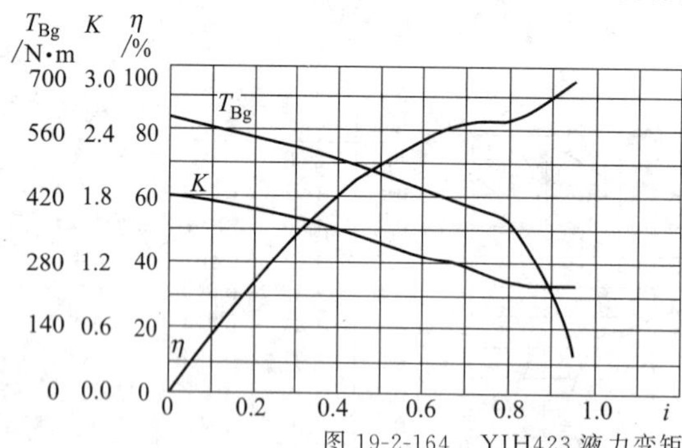

i	K	η	T_{Bg}/N·m
0	1.82	0.000	593.0
0.1	1.79	0.179	570.0
0.2	1.71	0.343	547.4
0.3	1.62	0.485	527.3
0.4	1.51	0.603	502.9
0.5	1.39	0.697	467.2
0.6	1.27	0.766	439.0
0.7	1.18	0.826	403.9
0.8	1.03	0.831	365.0

图 19-2-164　YJH423 液力变矩器特性

2.7.3　可调液力变矩器

表 19-2-24　　可调液力变矩器的产品型号、规格、技术参数

型号	有效直径/mm	公称转矩/N·m	转速/r·min^{-1}	功率/kW	特性	外形尺寸	匹配动力机	应用主机	生产厂
LB46	461	250	1480	85	见图 19-2-165		异步电机	化肥设备钾铵泵	
BDL710	720		1500	530	$K_0=4.2$ $\eta_{max}=0.82$	见图 19-2-166	12V195B 12V195B-1	8m³ 抓斗挖泥船	上海船用柴油机研究所
BSL710			1500	735	$K_0=5.3$ $\eta_{max}=0.80$	见图 19-2-167		13m³ 抓斗挖泥船	上海船用柴油机研究所
YB900	900	3350			见图 19-2-168	见图 19-2-169	12V195B 12V195B-1	F 型石油钻机	北京石油机械研究所

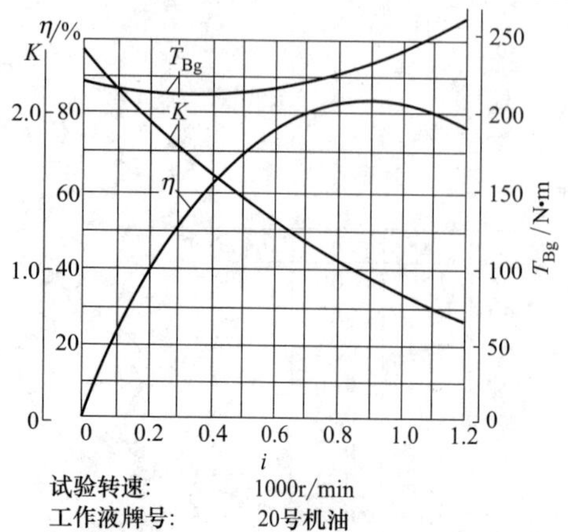

i	K	η	T_{Bg}/N·m
0	2.42	0	220
0.1	2.18	0.128	217
0.2	1.97	0.394	214
0.3	1.77	0.531	214
0.4	1.59	0.636	214
0.5	1.43	0.715	215
0.6	1.29	0.774	218
0.7	1.16	0.812	223
0.8	1.04	0.832	227
0.9	0.94	0.846	234
1.0	0.84	0.840	240
1.1	0.74	0.814	248
1.2	0.64	0.768	259

图 19-2-165　LB46 可调液力变矩器特性

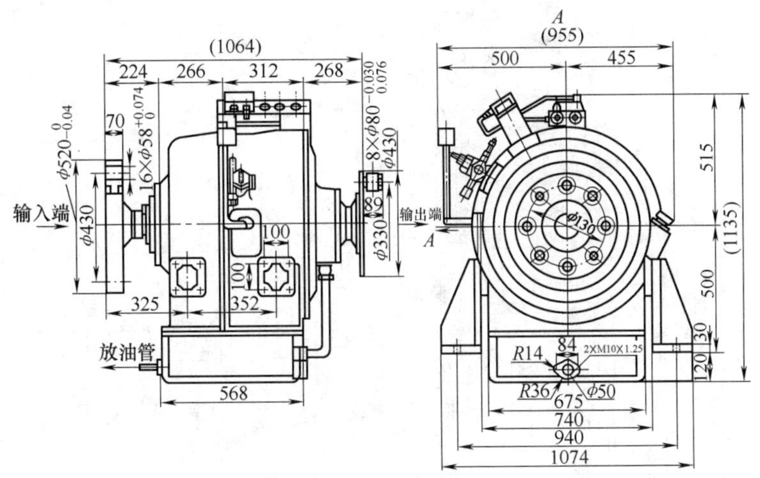

图 19-2-166　BDL710 可调液力变矩器

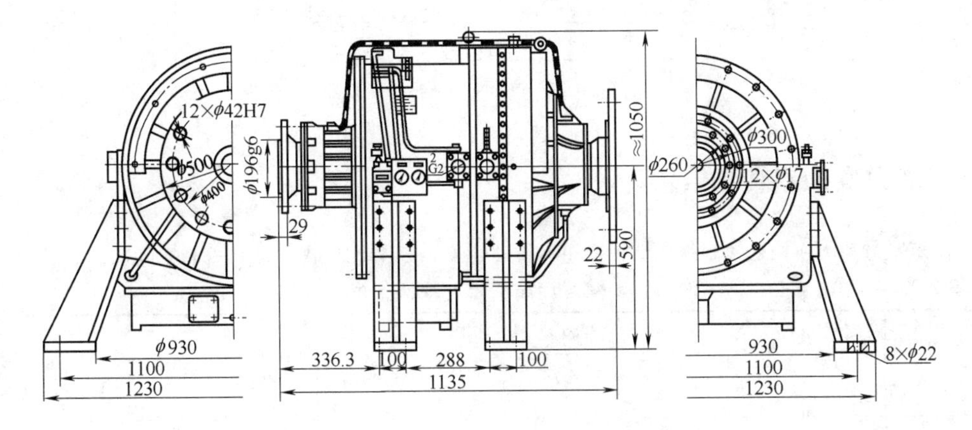

图 19-2-167　BSL710 可调液力变矩器

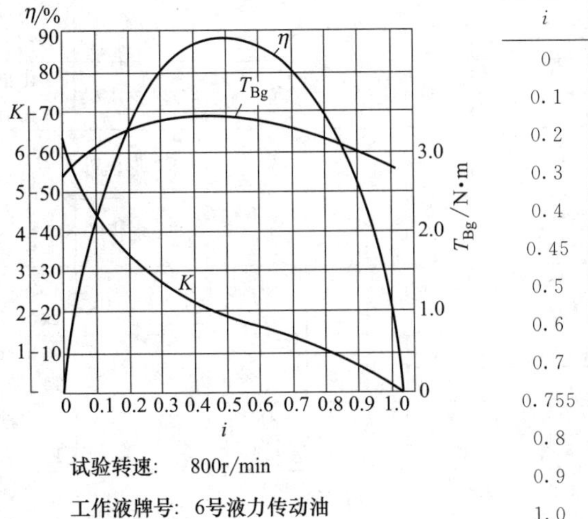

i	K	η	T_{Bg}/N・m
0	6.4	0	2.638
0.1	4.30	0.430	3.052
0.2	3.30	0.660	3.244
0.3	2.70	0.810	3.386
0.4	2.16	0.864	3.397
0.45	1.964	0.884	3.392
0.5	1.760	0.880	3.381
0.6	1.437	0.862	3.352
0.7	1.164	0.815	3.303
0.755	1.00	0.755	3.35
0.8	0.888	0.710	3.205
0.9	0.583	0.525	3.031
1.0	0.160	0.160	2.784
1.025	0	0	2.761

图 19-2-168　YB900 可调液力变矩器特性

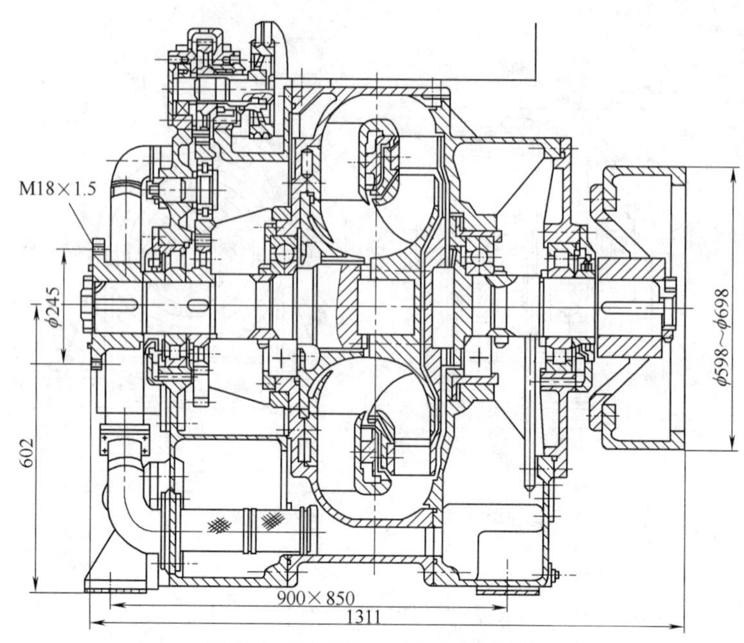

图 19-2-169 YB900 可调液力变矩器

2.8 液力变矩器传动装置

液力变矩器与动力换挡变速箱组成液力变矩器传动装置，其主要产品如表 19-2-25 所示。

表 19-2-25 液力传动装置产品型号、规格、技术参数

型号	液力变矩器型号	匹配动力或功率范围/kW	外形尺寸	传动比					换挡油压/MPa	润滑油压/MPa	应用主机	生产厂家
					1 挡	2 挡	3 挡	4 挡				
CYB30	YJH265	33～40	见图 19-2-170	前进	19.497				1.1～1.4	0.4～0.6	1.8t、2.0t、2.5t、3.0t 叉车	山推工程机械股份有限公司
				后退	19.497							
SD16	YJ380	120	见图 19-2-171	前进	2.080	1.176	0.710		2.0～2.4	0.05～0.15	SD16 推土机	山推工程机械股份有限公司
				后退	1.600	0.902	0.546					
SD22	YJ409	165	见图 19-2-172	前进	3.45	1.83	1.00		1.8～2.4	0.15	SD22 推土机	山推工程机械股份有限公司
				后退	2.86	1.515	0.826					
SD32	YJ435	235	见图 19-2-173	前进	3.450	1.840	1.000		1.95～2.35	0.07～0.12	SD32 推土机	山推工程机械股份有限公司
				后退	2.850	1.515	0.829					
BD05N	YJ280		见图 19-2-174	前进	2.469	0.878			1.2～1.5	0.15～0.25	1.5t 装载机	山推工程机械股份有限公司
				后退	2.524	0.898						
ZL15K	YJ280	55	见图 19-2-175	前进	2.469	0.878			1.2～1.5	0.15～0.25	15t 装载机	山推工程机械股份有限公司
				后退	2.524	0.898						
BD4208	YJ315X	74～84	见图 19-2-176	前进	3.82	2.08	1.09	0.59	1.3～1.5	0.15～0.25	3t 装载机	山推工程机械股份有限公司
				后退	3.05	0.87						
BE4208	YJ315X	74～84	见图 19-2-177	前进	3.82	2.08	1.09	0.59	1.3～1.5	0.15～0.25	3t 装载机	山推工程机械股份有限公司
				后退	3.05	0.87						
WG200/180	YJH340	160		前进	4.277	2.368	1.26	0.648			ZL50 装载机	杭州前进齿轮箱集团股份有限公司
				后退	4.277	2.368	1.26					
BYD3313		40～50	见图 19-2-178	前进	5.521	2.807	1.719		1.5～1.7	0.3～0.5	18～20t 压路机	山推工程机械股份有限公司
				后退	5.521	2.807	1.719					

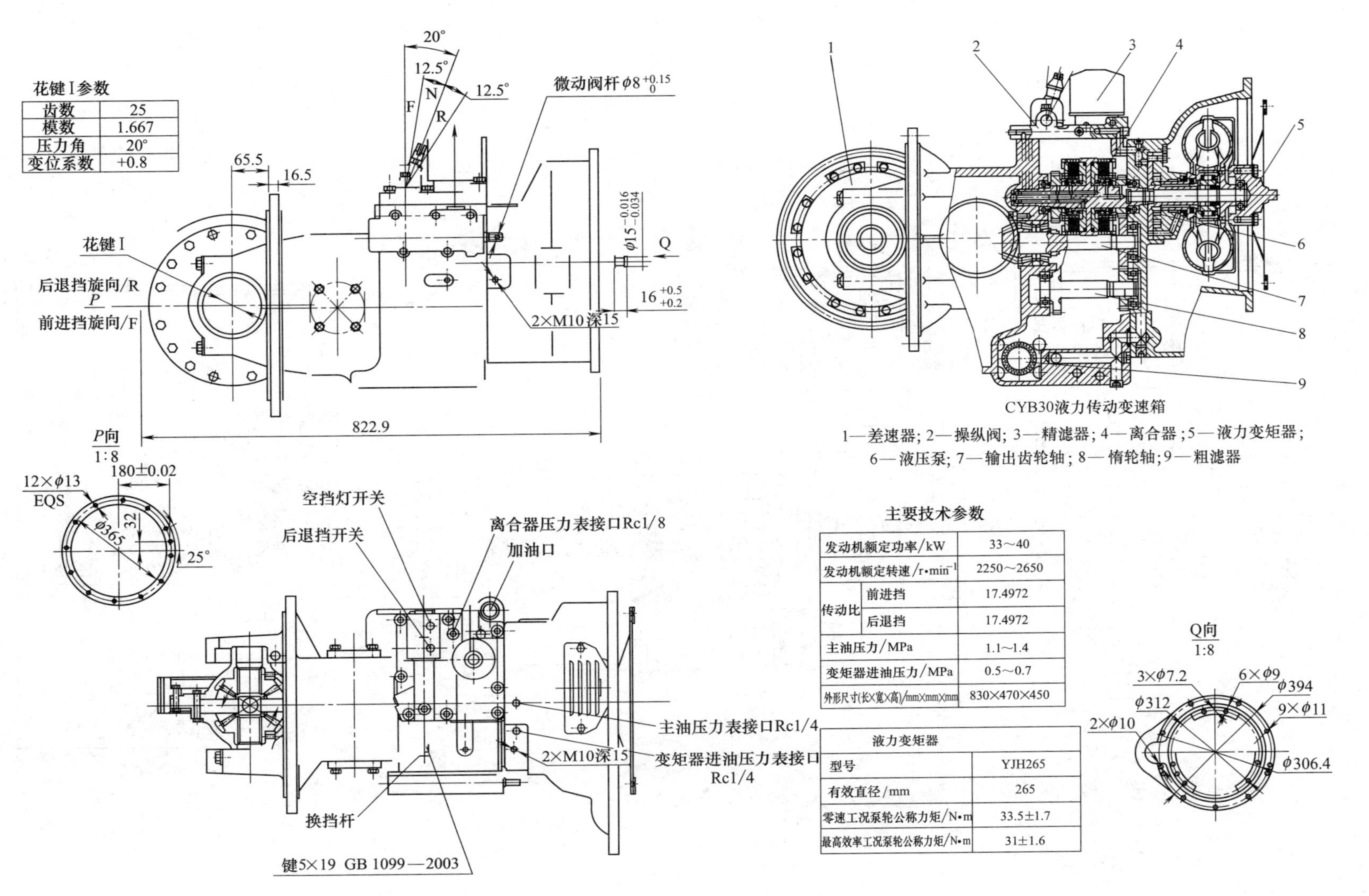

主要技术参数

项目		参数
发动机额定功率/kW		33~40
发动机额定转速/r·min^{-1}		2250~2650
传动比	前进挡	17.4972
	后退挡	17.4972
主油压力/MPa		1.1~1.4
变矩器进油压力/MPa		0.5~0.7
外形尺寸(长×宽×高)/mm×mm×mm		830×470×450

液力变矩器	
型号	YJH265
有效直径/mm	265
零速工况泵轮公称力矩/N·m	33.5±1.7
最高效率工况泵轮公称力矩/N·m	31±1.6

图 19-2-170　CYB30 动力换挡变速箱

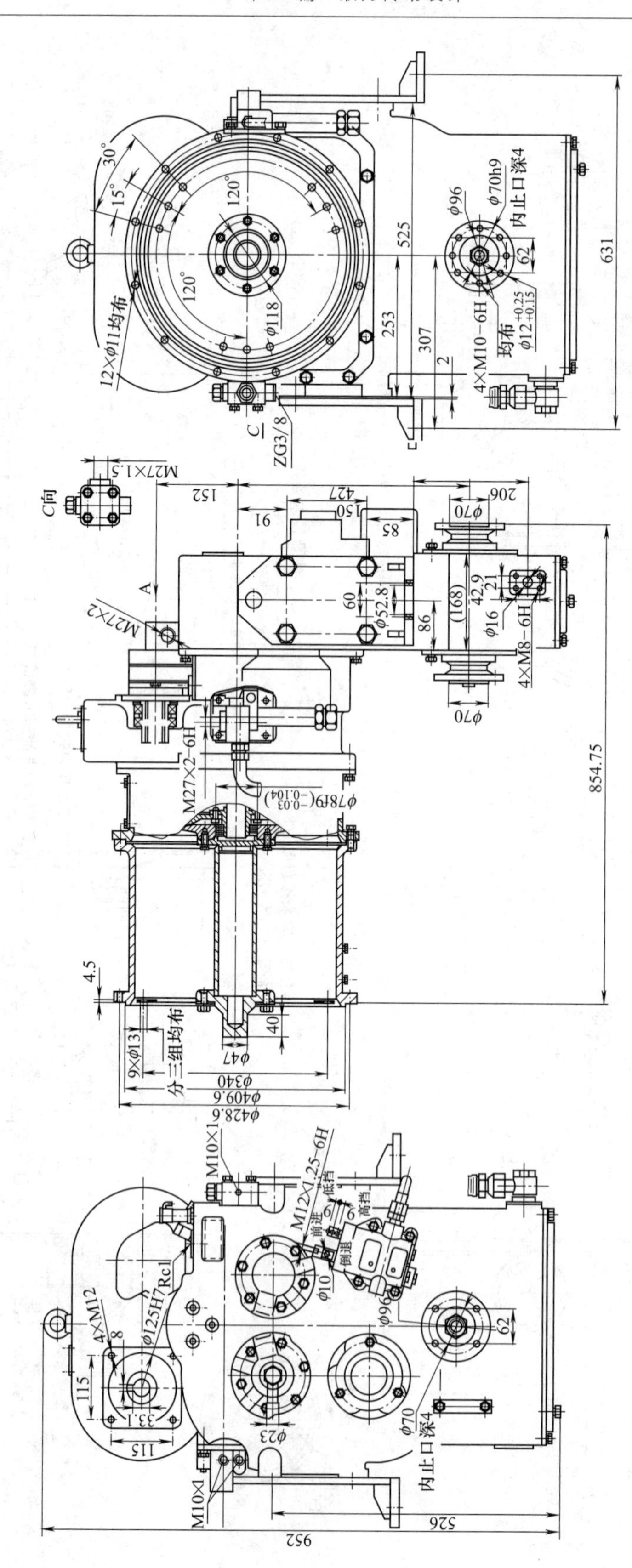

图 19-2-171　SD16 动力换挡变速箱

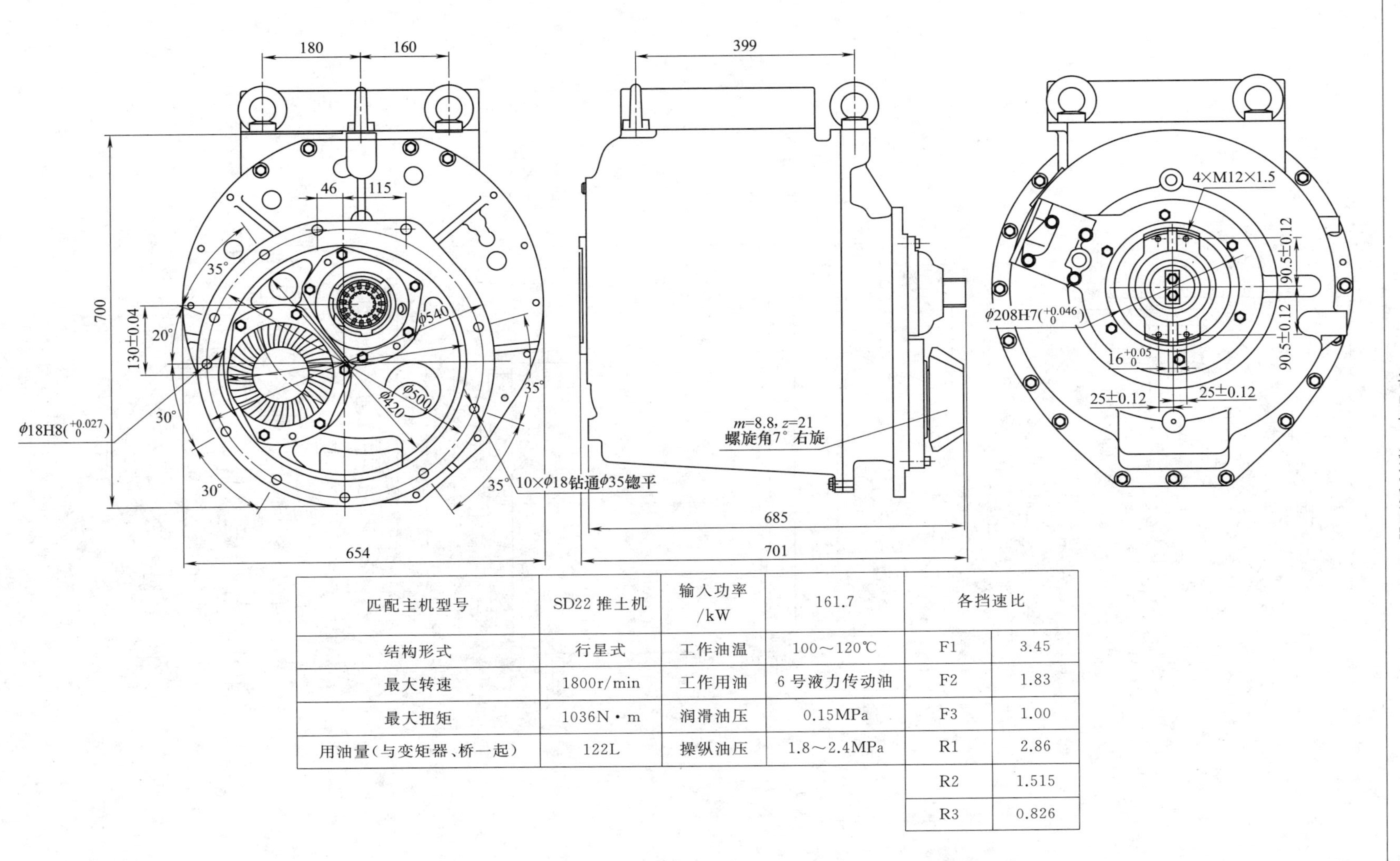

匹配主机型号	SD22 推土机	输入功率/kW	161.7	各挡速比	
结构形式	行星式	工作油温	100～120℃	F1	3.45
最大转速	1800r/min	工作用油	6 号液力传动油	F2	1.83
最大扭矩	1036N·m	润滑油压	0.15MPa	F3	1.00
用油量（与变矩器、桥一起）	122L	操纵油压	1.8～2.4MPa	R1	2.86
				R2	1.515
				R3	0.826

图 19-2-172　SD22 动力换挡变速箱

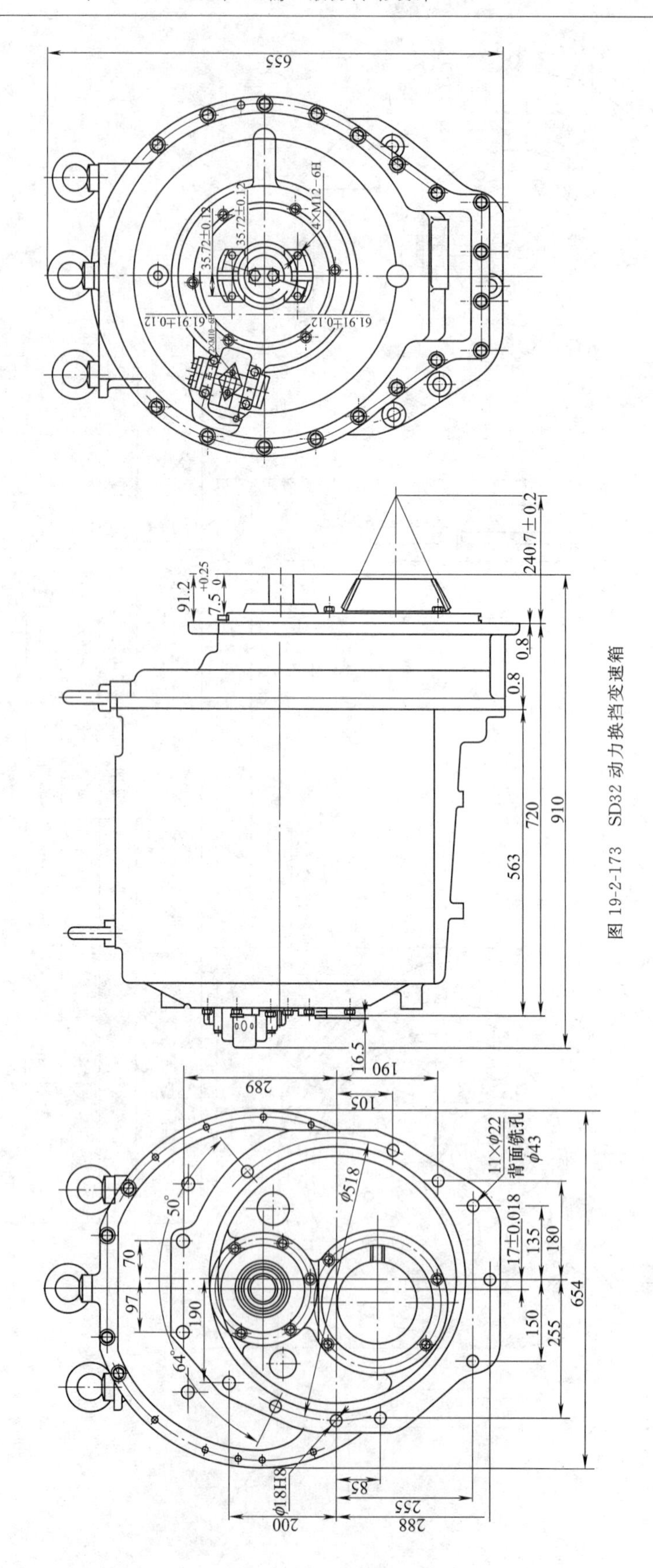

图 19-2-173 SD32 动力换挡变速箱

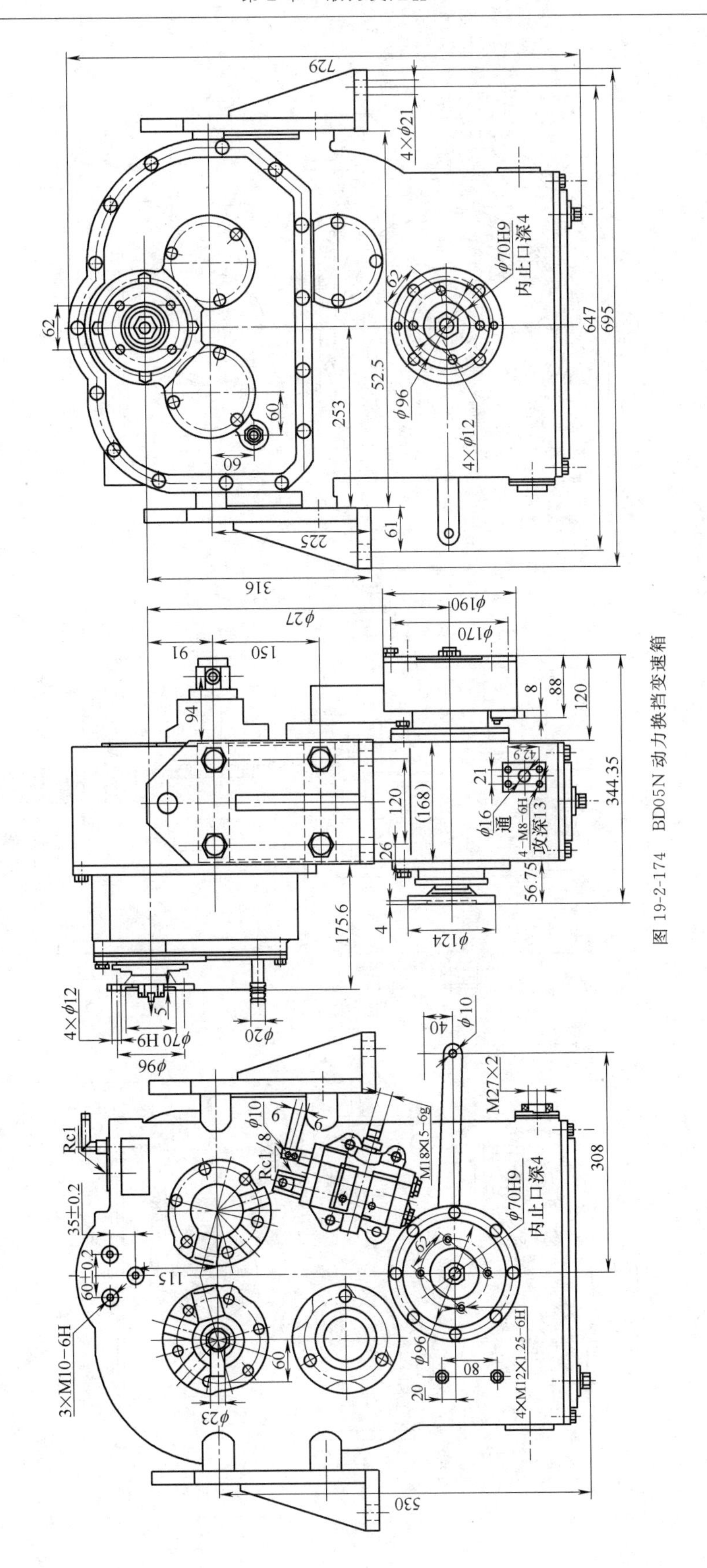

图 19-2-174　BD05N 动力换挡变速箱

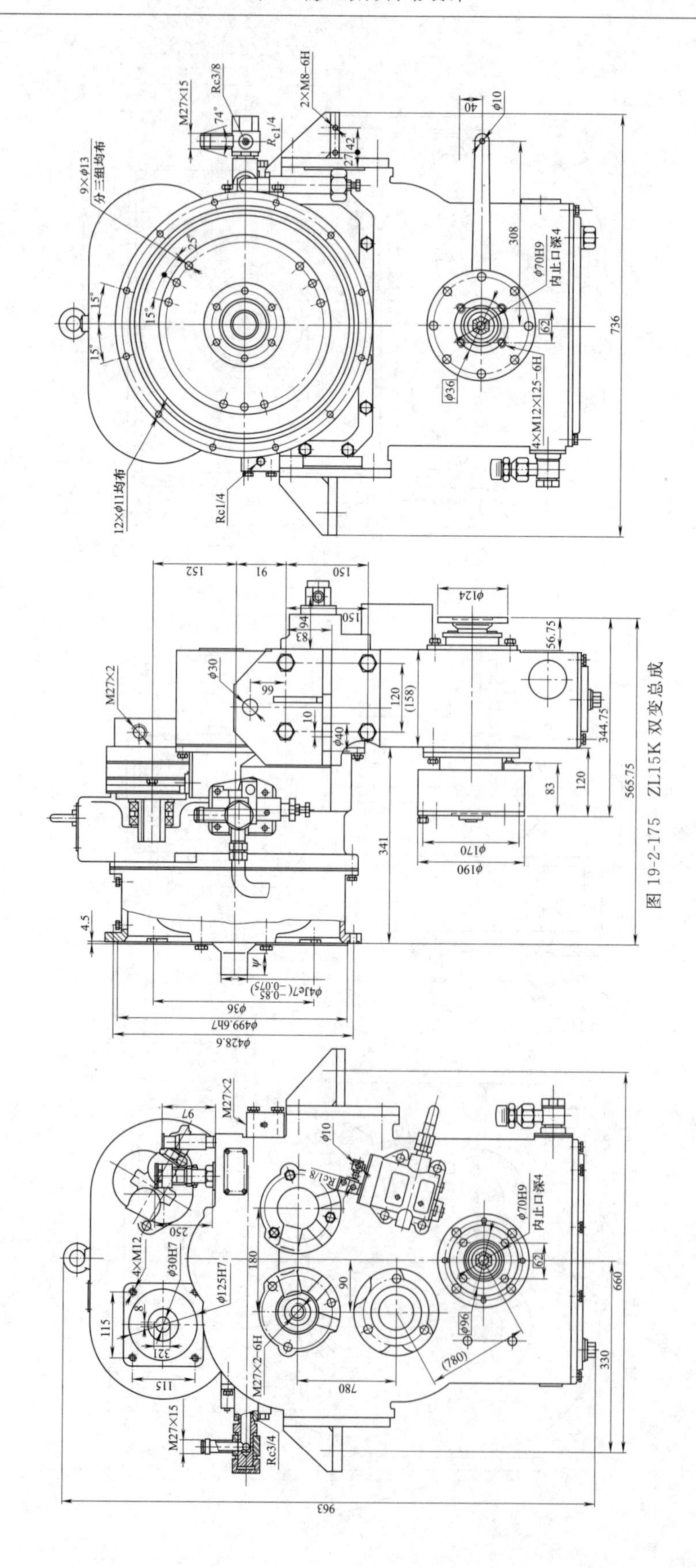

图 19-2-175 ZL15K 双变总成

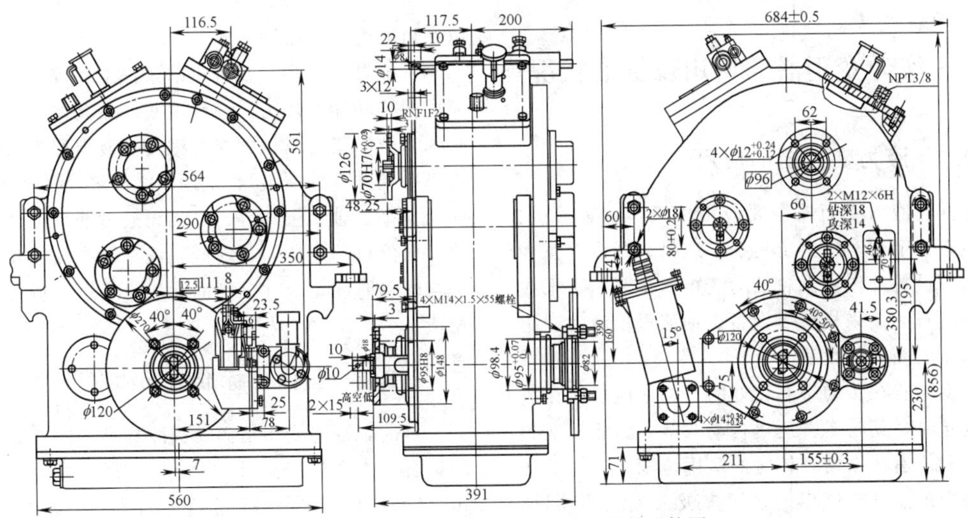
图 19-2-176　BD4208 动力换挡变速箱外形简图

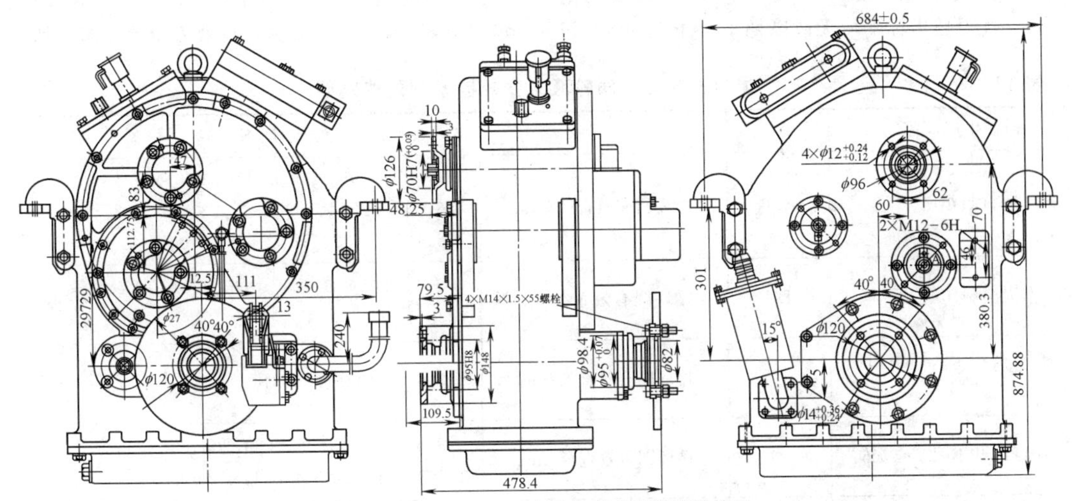
图 19-2-177　BE4208 电液换挡变速箱外形简图

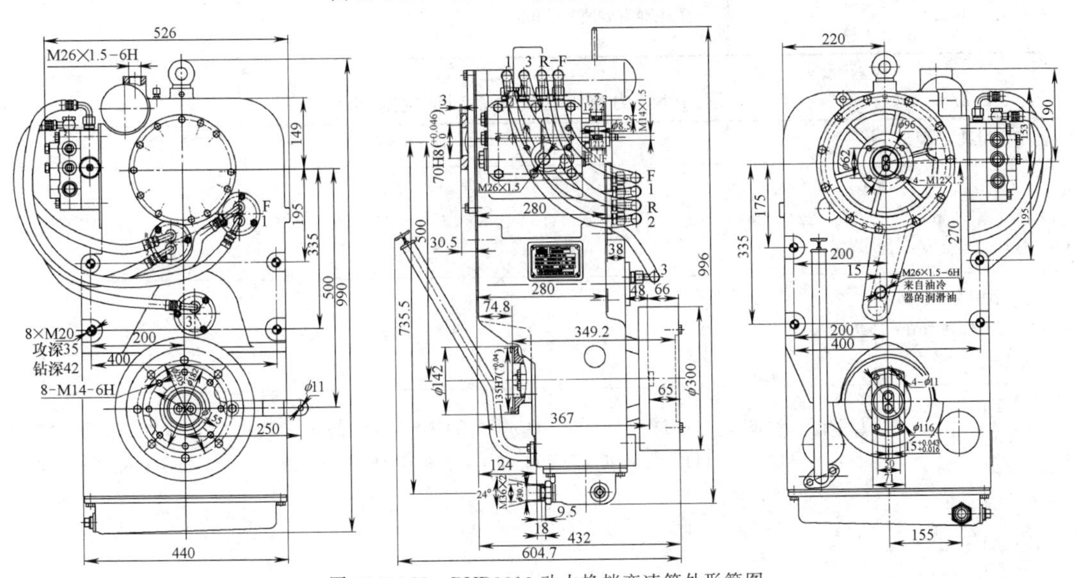
图 19-2-178　BYD3313 动力换挡变速箱外形简图

2.9 液力变矩器的应用及标准状况

2.9.1 液力变矩器的应用

向心涡轮液力变矩器主要应用于叉车、装载机、内燃小机车、牵引车、推土机、平地机、载重汽车和轮式倒车等设备。离心涡轮液力变矩器主要用于干线内燃机车、石油钻采机械等设备。轴流涡轮液力变矩器主要用于船舶机械设备。

液力变矩器在传动中有良好的自动适应性，在负载转矩变化时，其输出转速可自动调节。因此标准的公称转矩和传递功率均有较宽的适用范围。

液力变矩器可靠性指标是用户极为关注的项目。一等品指标平均无故障期不小于6000h，通过随机作业考核。优等品指标平均无故障期不小于8000h，其值在可靠性试验中得出。

可靠性是指产品在规定的条件下和规定的时间内完成规定功能的能力，或者说是产品能保持其功能的时间。故障是可靠性的对立因素。液力变矩器的常见故障有漏油（外漏损）、供油系统故障、性能不正常、油温偏高、轴承损坏等。平均无故障期系指产品不因故障而停机的连续运行时间，或一台产品的几次故障平均间隔时间，或几台产品无故障连续运行时间的平均值。

2.9.2 国内外标准情况和对照

目前，液力变矩器尚无国际标准。国外主要生产厂家有日本冈村制作所、大金制作所、德国福伊特公司（VOITH）和美国阿里逊公司等。均无成文标准。表19-2-26、表19-2-27为国内外液力变矩器尺寸系列情况对照，表19-2-28为现行液力变矩器国标列表。

表19-2-26 国内外向心式涡轮液力变矩器系列规格对照

研制生产厂家	系列代号	规格含义	系列规格	备注
日本冈村制作所	MT	循环圆有效直径/mm	88.4、108.4、133.8、146、153、159.6、186、213.6、244、283、284、323、346、372、376、403.5、432、452、524、568、700	
日本大金制作所	DC	循环圆有效直径/in	7.1、8.0、8.5、9.5、10.5、11.5、12.5、13.5、14.0	钢板冲焊型
德国福伊特（VOITH）公司		循环圆有效直径/mm	216、316、416、516、616	
中国GB/T 10429—2006	YJ	循环圆有效直径/mm	206、224、243、265、280、300、315、335、355、375、400、425、450、475、500、530	
美国Allison公司	TC	循环圆有效直径/mm	505、450、490	

表19-2-27 国内外液力变矩器尺寸系列情况对照

标准或公司技术规范	系列规格
中国 YJ尺寸系列/mm GB/T 10429—2006	206 224 243 265 280 300 315 335 355 375 400 425 450 475 500 530
中国 YJSW尺寸系列/mm GB/T 10856—2006	280 315 355 380
美国 Allison公司/in 系列号	TC200 TC300 (13.125″) TC400 (14.75″) TC500 (16.66″) TC600 (16.66″) TC800 (18.39″) TC900 (18.39″) TC1000 (19.76″) VTC400 (14.75″) VTC500 (16.66″) VTC600 (16.66″)
美国 Allison公司 TT系列/mm	TT200 (272) TT400 (310) TT600

续表

标准或公司技术规范	系列规格
美国 CLACK公司 尺寸系列号/in	9 11 12 13 14 15 16 17 18 19 24 26 28
德国 ZF公司系列号	300H 320 H 350H 370H 380H 390H 410H 420H 430H 450H 470H 530H 550H
英国 Self-changing公司 尺寸系列/in	11 12 13 14 15 16 17 18 19
日本冈村制作所 系列号 有效直径/mm	7 8 9 10 11 12 13 14 15 16 17 18 20 21 22 23 H700 88.4 108.4 133.8 146/153 159.6 186 213.6 244 283 323 346 372 403.5 452 524 568 700
日本小松公司 系列号 有效直径/mm	TCS28 TCS32 TCS36 TCS38 TCS41 TCS44 TCS47 280 324 355 380 409 435 470
日本新泻制作所 单级向心涡轮 系列号(尺寸)/in	6-1000 6-1100 6-1300 6-1500 8-800 8-1000 8-1100 8-1250 8-1350 8-1500 8-1750 8-2100 (10″) (11″) (13″) (15″) (8″) (10″) (11″) (12.5″) (13.5″) (15″) (17.5″) (21″)
苏联 АГ尺寸系列 (HAMN)	340 370 400 440 470
法国 GVINARD公司/in 三轮向心涡轮系列	9 11 12 13 14 15 16 17 18 19 24 26 28

表 19-2-28 液力变矩器国标及行业标准列表

标准号	标准名称	标准类型
GB/T 7680—2005	液力变矩器.性能试验方法	国家标准(GB)
GB/T 10429—2006	单级向心涡轮液力变矩器.型式和基本参数	国家标准(GB)
GB/T 10856—2006	双涡轮液力变矩器.技术条件	国家标准(GB)
JB/T 9711—2001	单级向心涡轮液力变矩器.通用技术条件	行业标准-机械(JB)
JB/T 10762—2007	液力变矩器 可靠性试验方法	行业标准-机械(JB)
CB/T 1123—2005	轴流涡轮液力变矩器 基本参数	行业标准-船舶(CB)
GB/T 3858—2014	液力传动术语	国家标准(GB)
JB/T 4237—2013	液力元件图形符号	行业标准-机械(JB)
SY/T 5141—2010	石油钻机用离心涡轮液力变矩器	行业标准-石油(SY)
QC/T 463—1999	汽车用液力变矩器技术条件	行业标准-汽车(QC)
TB/T 2957—1999	内燃机车液力传动油	行业标准-铁道(TB)
TB/T 2214—1991	液力传动油透光率测定法	行业标准-铁道(TB)
JB/T 9712—2014	液力变矩器叶轮铸造技术条件	行业标准-机械(JB)
JB/T 10223—2014	工程机械液力变矩器清洁度检测方法及指标	行业标准-机械(JB)
JB/T 8547—2010	液力传动用合金铸铁密封环	行业标准-机械(JB)
JB/T 10135—2014	工程机械液力传动装置技术条件	行业标准-机械(JB)
GB/T 3367.2—2018	铁道机车名词术语·液力传动系统零部件名词	国家标准(GB)
GB/T 3367.8—2000	铁道机车名词术语·液力传动名词	国家标准(GB)

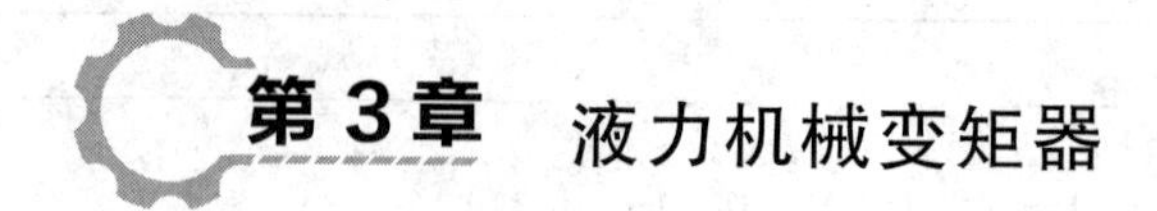

第3章　液力机械变矩器

3.1　液力机械变矩器的分类及原理

由液力变矩器和机械元件组成的双流液力传动元件称为液力机械变矩器。它把输入功率流分流，然后经过汇流后输出。

按照功率分流是在液力机械变矩器的液力元件内部实现、外部实现或内外复合实现，分为内分流、外分流和复合分流三类。

3.1.1　功率内分流液力机械变矩器

内分流液力机械变矩器由液力变矩器和机械元件组成，功率流在变矩器内部的叶轮中分流，在机械元件中汇流。

内分流液力机械变矩器按照变矩器内部动力分流结构形式的不同，分为导轮反转内分流液力机械变矩器和多涡轮内分流液力机械变矩器两类。

3.1.1.1　导轮反转内分流液力机械变矩器

导轮反转内分流液力机械变矩器目前应用较多的有单级和二级两种，它们分别是以单级和二级液力变矩器为液力元件与机械元件组成。

表 19-3-1　　导轮反转内分流液力机械变矩器

分类	说　明
单级导轮反转内分流液力机械变矩器	单级导轮反转内分流液力机械变矩器是在单级三相液力变矩器的基础上，改变叶栅系统设计并增加齿轮汇流机构组成。图(a)中(ⅰ)为单级导轮反转内分流液力机械变矩器的简图，图(a)中(ⅱ)表示不同工况下第一导轮入口液流的来流方向，图(a)中(ⅲ)为其为无量纲特性。第一导轮 D_1 通过单向离合器 C、齿轮组 C_3、C_4、C_5 与输出轴 2 连接，涡轮 T 通过齿轮副 C_1、C_2 与输出轴连接。转速比在 $i=0\sim i_x$ 工况区时，外载荷大，涡轮转速低，从涡轮出流的液流流向第一导轮的作用力使它朝与泵轮转向相反的方向旋转，此时单向离合器楔紧，第一导轮和涡轮按一定的速比$\left(\frac{z_5}{z_3}\times\frac{z_1}{z_2}\right)$旋转，第一导轮转矩通过齿轮组放大 2～3 倍后加到涡轮轴上。与此同时，液流作用在涡轮上的转矩使涡轮朝着与泵轮转向相同的方向旋转，并通过齿轮副叠加到输出轴上。在此工况区，功率流分为两流，一流通过反转的第一导轮传递，另一流通过涡轮传递，最后两流在输出轴上汇流。当外载荷减小，涡轮转速提高，转速比在 $i>i_x$ 的工况区时，从涡轮流出的液流流向第一导轮叶栅叶型的背面，液流对它的作用使它朝着与泵轮转向相同的方向旋转，此时单向离合器松脱，第一导轮在液流中自由旋转。在此工况区中，通过第一导轮的功率流终止，仅存在通过涡轮的功率流，动力没有分流 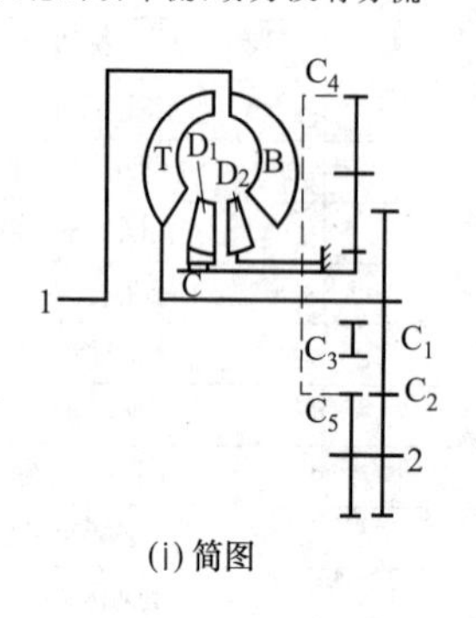 (ⅰ)简图 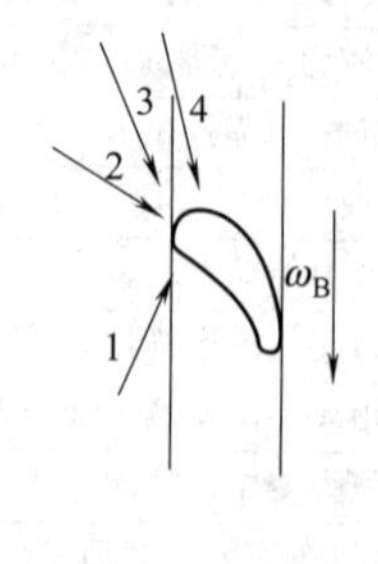 (ⅱ)不同工况第一导轮入口来流方向 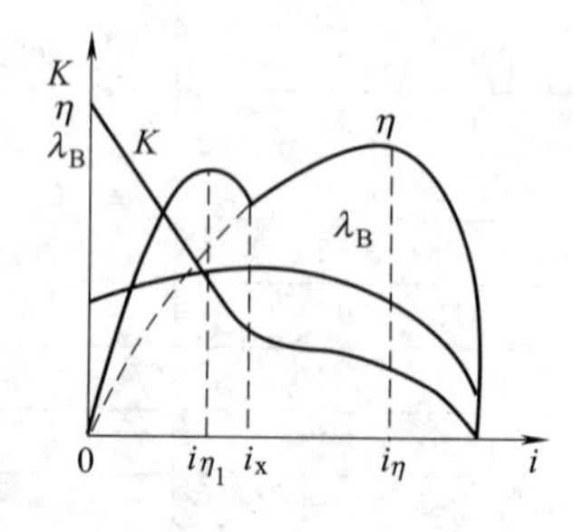 (ⅲ)无量纲特性 图(a)　单级导轮反转内分流液力机械变矩器 1～4—相应 $i=0$、$i=i_{\eta1}$、$i=i_x$ 和 $i>i_x$ 工况的液流方向 这种内分流液力机械变矩器从动力分流的第一相到没有分流的第二相的过渡，是随外载荷的变化单向离合器楔紧或松脱而自动转换的，因此零速变矩系数大(4.5～6.0)，动力范围宽(3.0～4.0)，可以简化串联在它后面的变速器的挡位数，简化司机的操纵。此外，由于单向离合器安装在齿轮增力机构之前，受力小，而且润滑充分，所以可靠性高。这种液力机械变矩器在工程机械上得到广泛的应用

续表

分类	说　明
二级导轮反转内分流液力机械变矩器	二级导轮反转内分流液力机械变矩器是在二级单相液力变矩器的基础上，增加行星差速汇流机构及其操作系统组成 图(b)中(ⅰ)为二级导轮反转液力机械变矩器简图，图(b)中(ⅱ)为其无量纲特性。导轮D与制动器Z_D和行星汇流机构的太阳轮t连接，行星架j与制动器Z_h连接，齿圈q与输出轴2连接，而二级涡轮T_1、T_2与输出轴直接连接 转速比在$i=0\sim i_x$工况区，制动器Z_D分离而Z_h接合，液流对导轮叶栅的作用转矩，经过行星汇流机构放大后，施加在输出轴上；而液流对二级涡轮的作用转矩则直接叠加到它上面。在此工况区，动力流在变矩器内部分流，一流通过二级涡轮传递，另一流通过导轮、行星机构传递，两流在输出轴上汇流。转速比在$i>i_x$工况区，制动器Z_h接合而Z_D分离，通过导轮的动力流终止仅存在通过二级涡轮的动力流。从双动力流变换到单流是由电子控制系统根据车速和油门踏板位置而自动实现 这种液力机械变矩器起初应用在中小型内燃机车上，随着市场的扩展，进一步得到改进和完善，逐渐推广应用到旅游车、公共汽车、长途汽车、中型、重型和特种车辆上 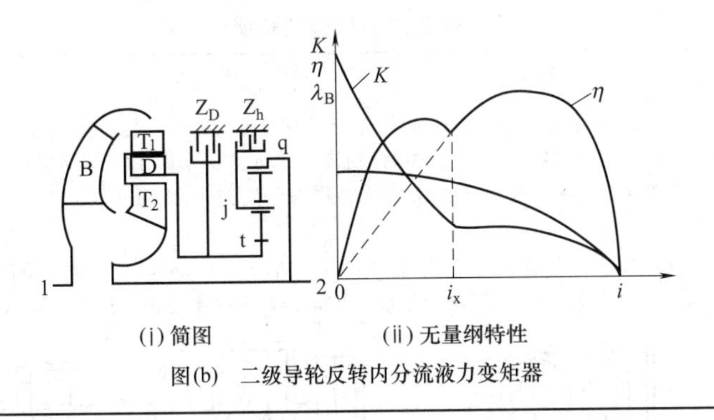 (ⅰ) 简图　(ⅱ) 无量纲特性 图(b)　二级导轮反转内分流液力变矩器

3.1.1.2　多涡轮内分流液力机械变矩器

多涡轮内分流液力机械变矩器根据独立运转的涡轮的个数，有双涡轮液力机械变矩器和三涡轮液力机械变矩器两类。功率流在若干涡轮中分流，在机械元件中汇流。

图19-3-1为双涡轮液力机械变矩器。第二涡轮T_2通过齿轮副C_1、C_2与输出轴2连接，第一涡轮T_1通过齿轮副C_3、C_4和超越离合器C与输出轴连接。转速比在$i=0\sim i_x$工况区，液流对第一和第二涡轮叶栅的作用转矩使它们均朝与泵轮转向相同的方向旋转，由于超越离合器的存在，它楔紧，于是齿轮C_4和C_2同速旋转，而涡轮T_1和T_2按一定的转速比$\left(\frac{z_4}{z_3}\times\frac{z_1}{z_2}\right)$旋转。在此工况区，动力流一流通过第二涡轮传递，另一流通过第一涡轮传递，两流在输出轴上汇流。随着外载荷的减小，第二涡轮转速提高，转速比在$i\geqslant i_x$的工况区，齿轮C_2的转速超过C_4，C脱开，第一涡轮在液流中自由旋转。此时，通过T_1的功率流终止，仅存在通过T_2的功率流。

这种液力机械变矩器的特性类似单级导轮反转液力机械变矩器的特性，只是超越离合器承受的转矩是第一涡轮经过齿轮机构放大后的转矩（放大$\frac{z_4}{z_3}$倍），而且它位于变矩器的外部，润滑条件较差，因此超越离合器可靠性较差。

双涡轮液力机械变矩器在轮式装载机上得到广泛的应用。

三涡轮液力机械变矩器实际上是一台液力传动装置，曾于20世纪50年代广泛应用于高级轿车中，目前已无应用。

3.1.2　功率外分流液力机械变矩器

外分流液力机械变矩器按照动力流在差速器中的分流或汇流，分为分流差速液力机械变矩器和汇流差速液力机械变矩器两类。

分流差速液力机械变矩器按照差速器的三构件与输入构件、变矩器泵轮和涡轮的不同连接组合，可实现六种（$C_3^1C_2^1=6$）方案。汇流差速液力机械变矩器按照差速器与输出构件、变矩器泵轮和涡轮的不同连接组合，也可实现六种方案，见表19-3-2。

3.1.2.1　基本方程

为了建立适用于扭矩分流装置的基本方程，假设行星轮系的传动效率为100%，传动装置的所有损失都集中于液力元件中。基本方程见表19-3-3。

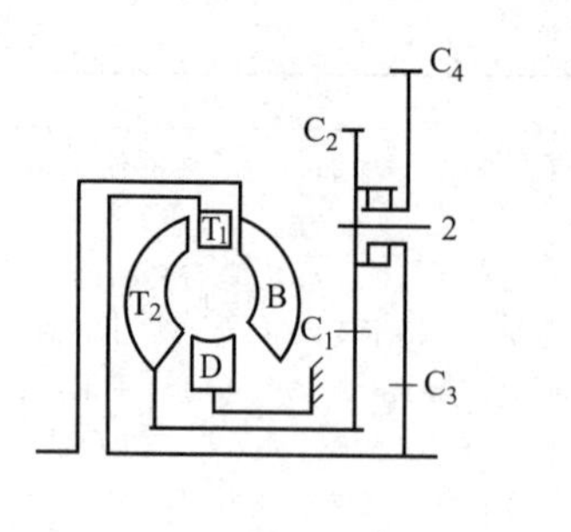

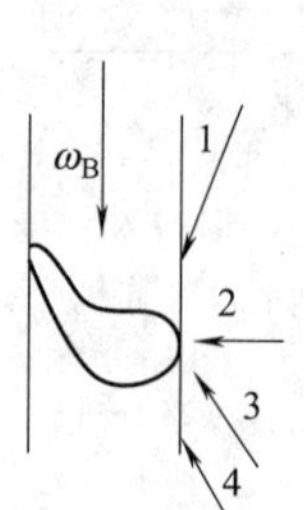

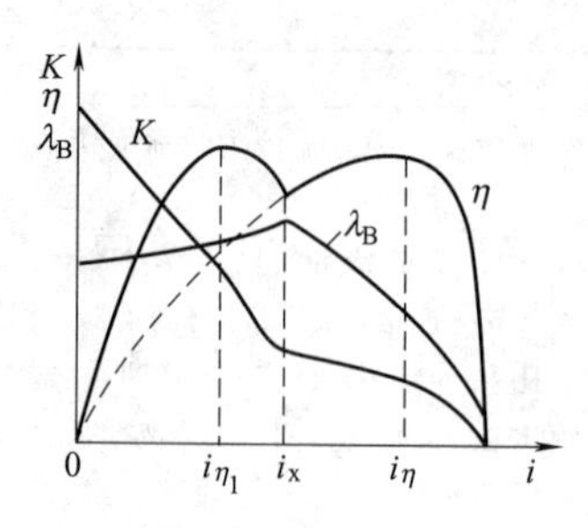

(a) 简图　　(b) 不同工况第一涡轮叶栅入口来流方向　　(c) 无量纲特性

图 19-3-1　双涡轮内分流液力机械变矩器

1～4—相应 $i=0$、$i=i_{\eta_1}$、$i=i_x$和 $i>i_x$工况的液流方向

表 19-3-2　　**差速液力机械变矩器的方案**

方案	说　明
行星轮系布置在输入端	在图(a)～图(c)中，行星轮系都布置在输入端，起功率分流的作用。行星轮系的构件之一与传动装置的输入轴相连，第二构件驱动液力变矩器的泵轮，第三构件则接至传动装置的输出轴，后者同时与液力变矩器的涡轮相连。这种将行星轮系布置在输入端以起分流作用的装置称为分流差速，而泵轮转矩与输入转矩之比称为分流比，以 a_1 表示 图(a)所示为转矩真分流装置，分流比分别为 $0<a_1<0.5$ 及 $0.5<a_1<1$，适用范围分别为 $0.167\leqslant a_1\leqslant 0.429$ 及 $0.571\leqslant a_1\leqslant 0.833$，输入功率的一部分由液力变矩器传递，其余部分由机械传动输出 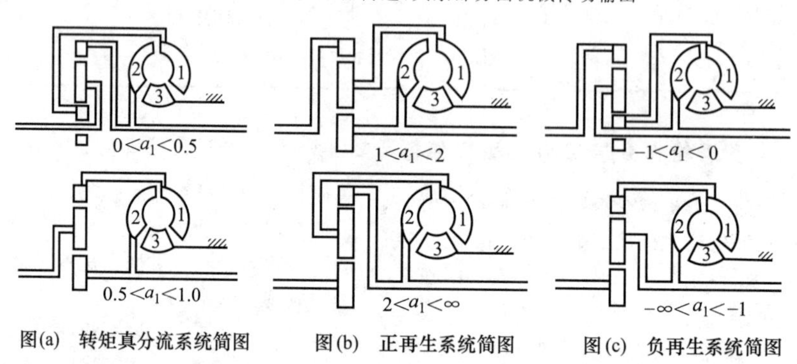 图(a)　转矩真分流系统简图　　图(b)　正再生系统简图　　图(c)　负再生系统简图 1—泵轮；2—涡轮；3—导轮　　1—泵轮；2—涡轮；3—导轮　　1—泵轮；2—涡轮；3—导轮 图(b)所示为具有 $1<a_1<2$ 及 $2<a_1<\infty$、适用范围为 $1.2\leqslant a_1\leqslant 1.75$ 及 $2.33\leqslant a_1\leqslant 6$ 的正再生系统，液力变矩器输出功率的一部分回到行星轮系。因此，经行星轮系及液力变矩器循环的功率大于传动装置的输入功率。经变矩器输送的能量为正，即从泵轮到涡轮 图(c)所示为具有 $-1<a_1<0$ 及 $-\infty<a_1<-1$、适用范围为 $-0.75\leqslant a_1\leqslant -0.2$ 及 $-5\leqslant a_1\leqslant -1.33$ 的负再生系统，由机械传动的功率的一部分以负方向流经变矩器，从涡轮到泵轮，再回到行星轮系 上述分流差速的分类只适用于液力偶合器及通常的正转变矩器。如果应用反转变矩器(即泵轮与涡轮的旋向相反)，则例如负再生系统，要么成为真分流系统，要么成为正再生系统。然而用于该系统的基本数学方程并不需要加以修改
行星轮系布置在输出端	在图(d)～图(f)中，行星轮系都布置在输出端，其功用在于将转矩汇集起来。行星轮系构件之一与传动装置的输出轴相连，第二构件为变矩器的涡轮所驱动，第三构件接于传动装置的输入轴，后者同时与变矩器泵轮相连。这种将行星机构布置在输出端起转矩汇集作用的装置可称之为汇流差速，而涡轮转矩与输出转矩之比则以 a_2 表示 图(d)所示为具有 $0<a_2<0.5$ 及 $0.5<a_2<1$、适用范围为 $0.167\leqslant a_2\leqslant 0.429$ 及 $0.571\leqslant a_2\leqslant 0.833$ 的转矩真分流装置。图(e)所示为具有 $1<a_2<2$ 及 $2<a_2<\infty$、适用范围为 $1.2\leqslant a_2\leqslant 1.75$ 及 $2.33\leqslant a_2\leqslant 6$ 的正再生系统，而图(f)所示为具有 $-1<a_2<0$ 及 $-\infty<a_2<-1$，适用范围为 $-0.75\leqslant a_2\leqslant -0.2$ 及 $-5\leqslant a_2\leqslant -1.33$ 的负再生系统

续表

方案	说明
行星轮系布置在输出端	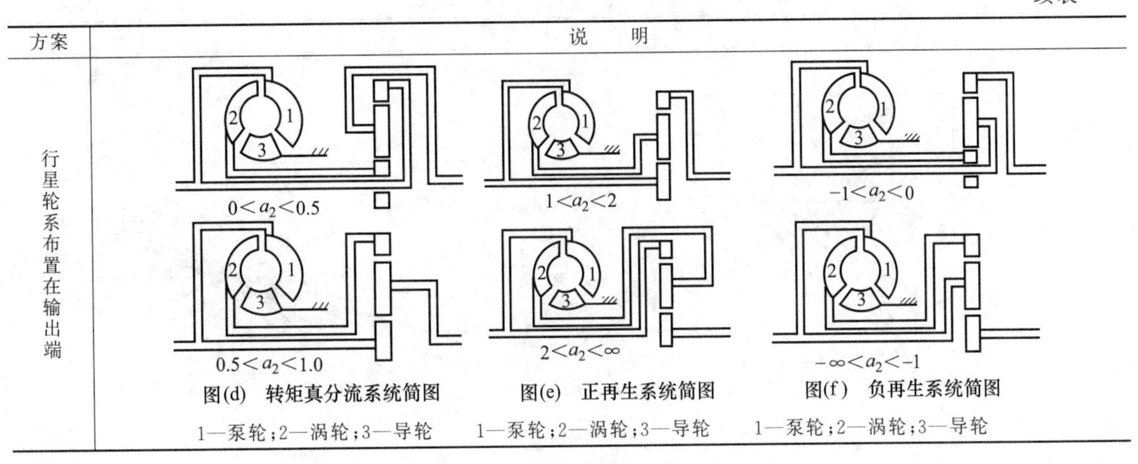 图(d) 转矩真分流系统简图 1—泵轮;2—涡轮;3—导轮 图(e) 正再生系统简图 1—泵轮;2—涡轮;3—导轮 图(f) 负再生系统简图 1—泵轮;2—涡轮;3—导轮

表 19-3-3 **基本方程**

名称	公式及说明	
功率方程	分流差速和汇流差速的功率方程分别为 输入功率 $P_e=P_B+P_j$ (19-3-1) 输出功率 $P_b=P_T+P_j$ (19-3-2)	P_T——涡轮功率 P_B——泵轮功率 P_b——输出功率 P_e——输入功率 P_j——机械功率
	将方程(19-3-1)转换成 $T_en_e=T_Bn_B+T_jn_j$ (19-3-3)	n_B——泵轮转速 n_e——输入转速 n_j——机械元件转速 T_B——泵轮转矩 T_e——输入转矩 T_j——机械元件转矩
转速比方程	分流差速	汇流差速
	输入分流比 $a_1=\dfrac{T_B}{T_e}$ $1-a_1=\dfrac{T_e-T_B}{T_e}=\dfrac{T_j}{T_e}$ 且在分流差速中 $n_b=n_j=n_T$ 式中 n_b——输出转速; n_T——涡轮转速 故由方程(19-3-3)得 $n_e=n_B\dfrac{T_B}{T_e}+n_j\dfrac{T_j}{T_e}=n_Ba_1+n_b(1-a_1)$ 且 $\dfrac{n_e}{n_b}=\dfrac{n_B}{n_T}a_1+\dfrac{n_b}{n_b}(1-a_1)=\dfrac{n_B}{n_T}a_1+(1-a_1)$ 或 $\dfrac{1}{i_{be}}=\dfrac{a_1}{i_y}+(1-a_1)$ 式中 i_y——液力变矩器转速比; i_{be}——液力机械传动装置转速比,$i_{be}=\dfrac{n_b}{n_e}$ 因此,对于分流差速,变矩器转速比与液力机械分流传动转速比(即总转速比)之间的关系式最后成为 $i_{be}=\dfrac{i_y}{a_1+i_y(1-a_1)}$ (19-3-4) 分流差速方程(19-3-4)绘于图(a)	输出分流比 $a_2=\dfrac{T_T}{T_b}$ $1-a_2=\dfrac{T_b-T_T}{T_b}=\dfrac{T_j}{T_b}$ 式中 T_T——涡轮转矩; T_b——输出转矩 且在汇流差速中 $n_e=n_B=n_j$ 将方程(19-3-2)转换成 $n_bT_b=n_TT_T+n_jT_j$ (19-3-5) 则得 $n_b=n_T\dfrac{T_T}{T_b}+n_j\dfrac{T_j}{T_b}=n_Ta_2+n_e(1-a_2)$ 及 $\dfrac{n_b}{n_e}=\dfrac{n_T}{n_B}a_2+(1-a_2)$ 因此,对于汇流差速,变矩器转速比与总转速比之间的关系式最后成为 $i_{be}=i_ya_2+1-a_2$ (19-3-6) 汇流差速的方程(19-3-6)绘于图(b)中

续表

<table>
<tr><th>名称</th><th colspan="2">公式及说明</th></tr>
<tr><td>转速比方程</td><td colspan="2">

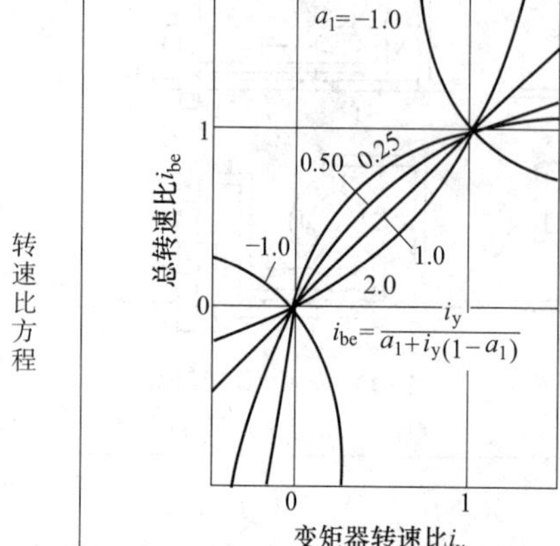

图(a) 分流差速传动变矩器转速比与总转速比之间的关系

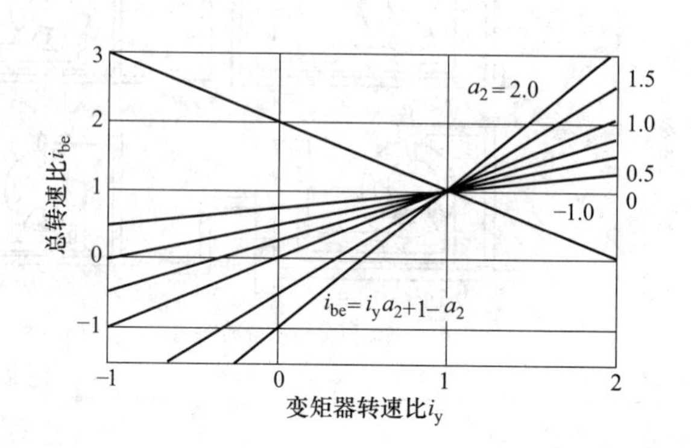

图(b) 汇流差速传动变矩器转速比与总转速比之间的关系

</td></tr>
<tr><td rowspan="3">变矩比方程</td><th>分流差速</th><th>汇流差速</th></tr>
<tr><td>

可以用与上面相同的方式并在相同的条件下，对于分流差速，将输出功率方程(19-3-2)转换成

$$T_b = T_T + T_j \tag{19-3-7}$$

且 $$\frac{T_b}{T_e} = \frac{T_T}{T_e} + \frac{T_e - T_B}{T_e} = \frac{T_T T_B}{T_B T_e} + 1 - \frac{T_B}{T_e}$$

故变矩器变矩比与总变矩比之间的关系式成为

$$K_{be} = K_y a_1 + 1 - a_1 \tag{19-3-8}$$

式中 K_{be}——液力机械传动装置变矩比
K_y——液力变矩器变矩比

</td><td>

对于汇流差速，输入功率方程(19-3-1)转换成

$$T_e = T_B + T_j \tag{19-3-9}$$

$$\frac{T_e}{T_b} = \frac{T_B}{T_b} + \frac{T_b - T_T}{T_b} = \frac{T_T T_B}{T_T T_b} + 1 - \frac{T_T}{T_b}$$

故

$$\frac{1}{K_{be}} = \frac{a_2}{K_y} + 1 - a_2 = \frac{a_2 + K_y(1-a_2)}{K_y}$$

因此，变矩器变矩比与总变矩比之间的关系式成为

$$K_{be} = \frac{K_y}{a_2 + K_y(1-a_2)} \tag{19-3-10}$$

</td></tr>
<tr><td colspan="2">

分流差速的方程(19-3-8)及汇流差速的方程(19-3-10)分别绘于图(c)及图(d)中

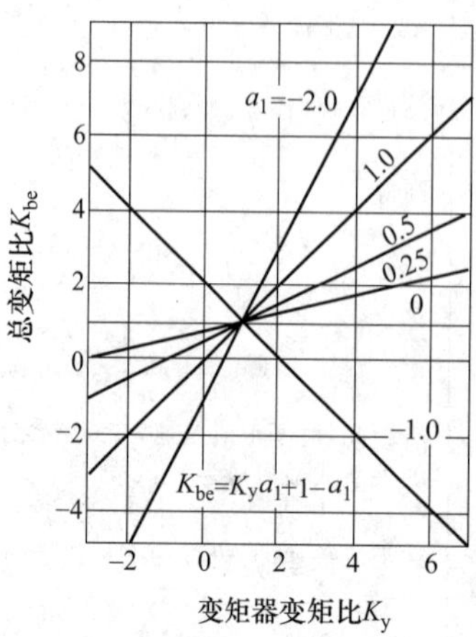

图(c) 分流差速传动变矩器变矩比与总变矩比的关系

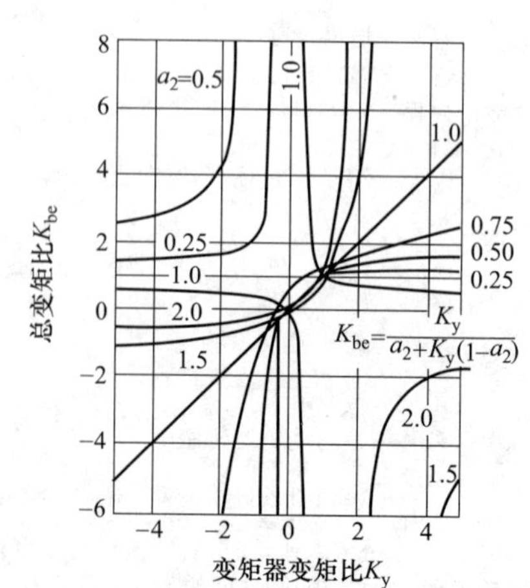

图(d) 汇流差速传动变矩器变矩比与总变矩比的关系

</td></tr>
</table>

续表

<table>
<tr><th>名称</th><th>公式及说明</th></tr>
<tr><td>用于分流差速的泵轮的转速和功率</td><td>

对方程(19-3-4)求解 i_y，得

$$i_y=\frac{i_{be}a_1}{1-i_{be}(1-a_1)} \tag{19-3-11}$$

将此式除以 i_{be}，由于在分流差速情况下 $n_b=n_T$，故得

$$\frac{i_y}{i_{be}}=\frac{n_T n_e}{n_B n_b}=\frac{n_e}{n_B}=\frac{a_1}{1-i_{be}(1-a_1)}$$

因此，泵轮与输入轴转速之比为

$$\frac{n_B}{n_e}=\frac{1-i_{be}(1-a_1)}{a_1} \tag{19-3-12}$$

为了得到分流差速的泵轮与输入轴的功率比，可将式(19-3-12)两边乘以 $\frac{T_B}{T_e}=a_1$，即得

$$\frac{P_B}{P_e}=1-i_{be}(1-a_1) \tag{19-3-13}$$

泵轮与输入轴的转速比和功率比如图(e)及图(f)所示

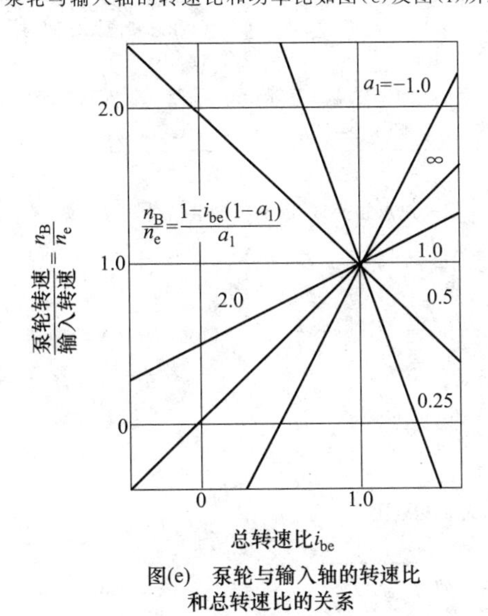

图(e)　泵轮与输入轴的转速比和总转速比的关系

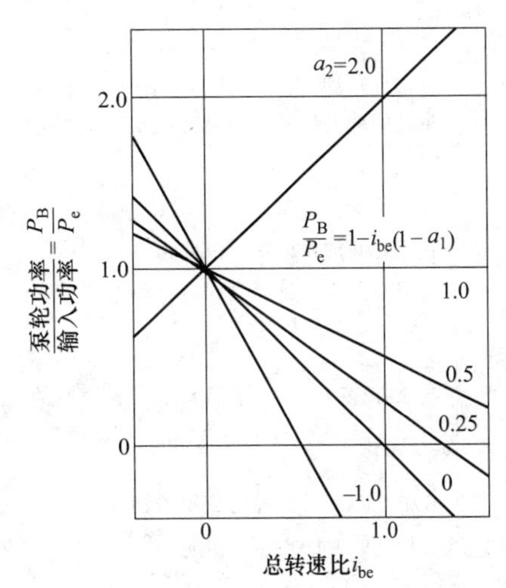

图(f)　泵轮与输入轴的功率比和总转速比的关系

可见，泵轮转速随总转速比明显地变化，泵轮吸收的功率在整个装置失速时为100%；而在 $i_{be}=1$ 时达到分流比之值

</td></tr>
</table>

注：汇流差速的相应方程不能以一般方式导出，因这时特定变矩器特性的假定成为必要。

3.1.2.2　用于特定变矩器的方程

表 19-3-4　　用于特定变矩器的方程

<table>
<tr><th>名称</th><th>公式及说明</th></tr>
<tr><td>变矩器效率</td><td>

为了以下的数学推导，假定变矩器效率按抛物线变化

$$\eta_y=4\eta_{ymax}i_y(1-i_y) \tag{19-3-14}$$

式中　η_y——液力变矩器效率，$\eta_y=\frac{P_T}{P_B}$

以 i_y除式(19-3-14)，可得变矩器变矩比的线性函数

$$\frac{\eta_y}{i_y}=K_y=4\eta_{ymax}(1-i_y) \tag{19-3-15}$$

此外，还假定变矩器输入转矩为常数，即不随转速比而变化

</td></tr>
</table>

续表

<table>
<tr><th>名称</th><th>公式及说明</th></tr>
<tr><td>汇流差速的泵轮功率</td><td>

由于在汇流差速传动中，泵轮与输入轴一起旋转，泵轮与输入轴的功率比等于泵轮与输入轴的转矩比

$$\frac{P_B}{P_e}=\frac{T_B}{T_e} \tag{19-3-16}$$

这一表达式导致

$$\frac{P_B}{P_e}=\frac{T_B}{T_e}\times\frac{T_T}{T_T}\times\frac{T_b}{T_b}=a_2\frac{K_{be}}{K_y} \tag{19-3-17}$$

由表达 K_{be} 的方程(19-3-10)可以得出

$$\frac{P_B}{P_e}=\frac{a_2}{a_2+K_y(1-a_2)} \tag{19-3-18}$$

引入如方程(19-3-15)所示的特定变矩器特性，可得

$$\frac{P_B}{P_e}=\frac{a_2}{a_2+4\eta_{ymax}(1-i_y)(1-a_2)} \tag{19-3-19}$$

将变矩器转速比按方程(19-3-6)换成总转速比，可得

$$\frac{P_B}{P_e}=\frac{a_2^2}{4\eta_{ymax}(1-i_{be})(1-a_2)+a_2^2} \tag{19-3-20}$$

总转速比 i_{be}

图(a)　泵轮与输入轴的功率比和总转速比之间的关系曲线

图(a)表明当 $i_{be}=1$，全部输入功率为泵轮所吸收。当 $i_{be}=0$，输出功率等于 0。因此，输入功率与泵轮吸收的功率之间的差别就必须是变矩器涡轮所提供或消耗掉的

</td></tr>
<tr><td>汇流差速的失速变矩比</td><td>

由于在汇流差速传动中，传动装置失速点并不与变矩器失速点相一致，因而传动装置的失速转矩与变矩器的失速转矩之间的比值就不由方程(19-3-10)所确定

引入变矩器特性方程(19-3-15)可得

$$K_{be}=\frac{4\eta_{ymax}(1-i_y)}{a_2+4\eta_{ymax}(1-i_y)(1-a_2)} \tag{19-3-21}$$

按照方程(19-3-6)，在传动装置失速时的变矩器转速比为

$$i_{ys}=\frac{a_2-1}{a_2} \tag{19-3-22}$$

式中　i_{ys}——失速时变矩器转速比

将式(19-3-22)代入方程(19-3-21)，即得分流传动的失速变矩比

$$K_{bes}=\frac{4\eta_{ymax}}{a_2^2+4\eta_{ymax}(1-a_2)} \tag{19-3-23}$$

因由方程(19-3-15)得　$K_{y0}=4\eta_{ymax}$

式中　K_{bes}——液力机械变矩器失速扭矩比；

K_{y0}——液力变矩器失速变矩比

故得分流传动装置与变矩器两者失速变矩比之间的关系式为

$$\frac{K_{bes}}{K_{y0}}=\frac{1}{a_2^2+4\eta_{ymax}(1-a_2)} \tag{19-3-24}$$

对于分流差速传动，此比值由方程(19-3-8)确定，由于此时涡轮与传动装置的输出轴相连，因而变矩器与分流传动装置同时达到失速点

图(b)所示为分流及汇流差速传动与变矩器失速关系。变矩器的最高效率为 85%，失速变矩比为 3.4。可以看出，汇流差速的曲线在 $a_2=1.7$ 处有最大值，这是很有意义的

图(b)表明，真分流意味着失速变矩比的减小，而正再生系统对于汇流差速可以增大失速变矩比，至少在一定实用范围内是如此。还须进一步指出，真分流中失速变矩比的减小就分流差速而言将略微小些，而正再生系统中的失速变矩比的增大则较能引起注意

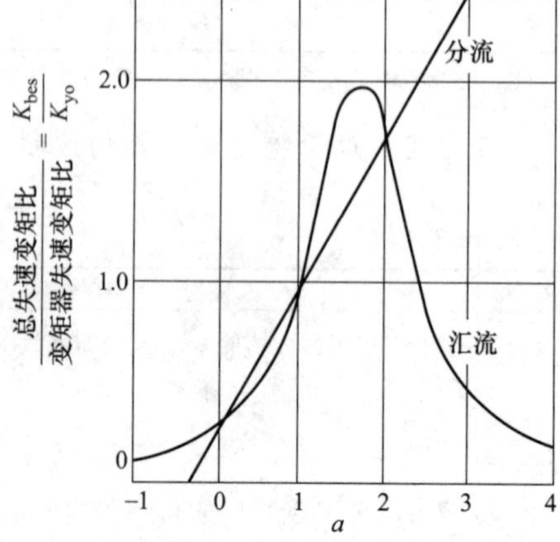

图(b)　分流差速及汇流差速的分流传动装置与变矩器的失速关系

</td></tr>
</table>

续表

名称	公式及说明
效率	（见下）

分流传动装置的总效率为

$$\eta_{be}=\frac{P_b}{P_e}=\frac{n_b T_b}{n_e T_e}=i_{be}K_{be} \tag{19-3-25}$$

式中　η_{be}——液力机械分流传动效率

利用方程(19-3-8)，对于分流差速，总效率可以写成

$$\eta_{be}=i_{be}(K_y a_1+1-a_1)$$

$$\eta_{be}=i_{be}\left(\frac{\eta_y}{i_y}a_1+1-a_1\right)$$

而用方程(19-3-11)，则得

$$\left.\begin{aligned}\eta_{be}&=i_{be}\left[\eta_y\frac{1-i_{be}(1-a_1)}{i_{be}}+1-a_1\right]\\ \eta_{be}&=\eta_y\left[1-i_{be}(1-a_1)\right]+i_{be}(1-a_1)\end{aligned}\right\} \tag{19-3-26}$$

此方程适用于各种变矩器

引入由方程(19-3-11)变换的方程(19-3-14)，对于上述特定情况的变矩器，可得

$$\eta_{be}=4\eta_{ymax}\frac{a_1 i_{be}(1-i_{be})}{1-i_{be}(1-a_1)}+i_{be}(1-a_1) \tag{19-3-27}$$

对于汇流差速传动，利用方程(19-3-10)，可写出

$$\eta_{be}=i_{be}\frac{K_y}{a_2+K_y(1-a_2)}=i_{be}\frac{\frac{\eta_y}{i_y}}{a_2+\frac{\eta_y}{i_y}(1-a_2)}=i_{be}\frac{\eta_y}{a_2 i_y+\eta_y(1-a_2)}$$

从方程(19-3-6)求解 i_y，得

$$i_y=\frac{i_{be}-1+a_2}{a_2} \tag{19-3-28}$$

并得

$$\eta_{be}=\frac{\eta_y i_{be}}{\eta_y(1-a_2)+i_{be}-1+a_2} \tag{19-3-29}$$

此方程对于任何种变矩器也都是适用的。利用方程(19-3-14)及方程(19-3-28)，对于特定的变矩器，可得

$$\eta_{be}=\frac{i_{be}(1-i_{be})}{(1-i_{be})(1-a_2)+\frac{a_2^2}{4\eta_{ymax}}} \tag{19-3-30}$$

方程(19-3-27)及方程(19-3-30)绘于图(c)及图(d)中。由于在真分流装置中，仅有一部分输入功率流经变矩器，只该部分功率经受流动损失，故传动装置的最高效率就一定高于变矩器的最高效率。在再生系统中，由于变矩器的功率高于传动装置的输入功率，故传动装置的最高效率要比变矩器的低。有意义的是，随着分流比的减小，最高效率点往高转速比值移动。还可以指出，随着分流比的减小，曲线的宽度对于分流差速为逐渐增大，对于汇流差速则趋于减小

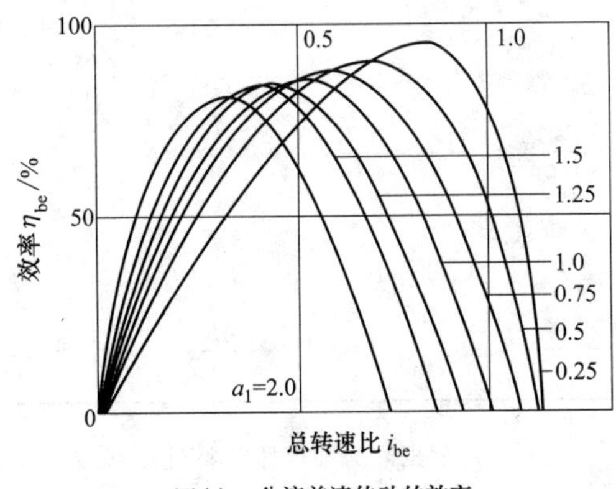

图(c)　分流差速传动的效率与总转速比之间的关系曲线

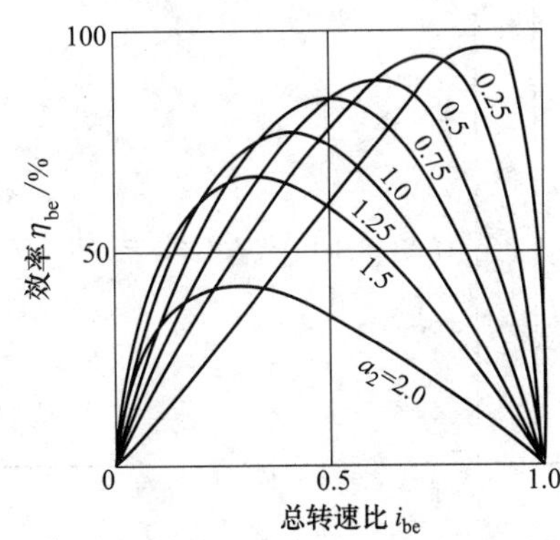

图(d)　汇流差速传动的效率与总转速比之间的关系曲线

续表

<table>
<tr><th colspan="2">名称</th><th>公式及说明</th></tr>
<tr><td rowspan="2">分流传动的转矩系数</td><td>分流差速的转矩系数λ_e及λ_b</td><td>

对于液力机械分流传动，由于K_y和λ_{By}是可变的，因而转矩系数λ_e及λ_b的数值也是可变的。但是对于液力变矩器K_y是转速比i_y的函数，而根据方程(19-3-11)或方程(19-3-28)，i_y又是分流传动转速比i_{be}的函数。因此，分流传动的转矩方程(19-3-31)和方程(19-3-32)与液力变矩器的转矩方程之间存在着完全类似的关系

以液力变矩器作为液力元件的液力机械分流传动是与某一液力变矩器等效的。一般说来，后一液力变矩器与分流传动的液力元件具有不同的外部特性

因此，对液力机械分流传动，转矩T_e及T_b的表达式可写成如下形式

$$T_e=\lambda_e \rho g n_e^2 D^5 \tag{19-3-31}$$

$$T_b=\lambda_b \rho g n_e^2 D^5 \tag{19-3-32}$$

以式(19-3-31)除变矩器泵轮转矩方程$T_{By}=\lambda_{By}\rho g n_B^2 D^5$，可得

$$\frac{T_{By}}{T_e}=\frac{\lambda_{By}n_B^2}{\lambda_e n_e^2}$$

以分流比定义$\frac{T_{By}}{T_e}=a_1$及式(19-3-12)代入上式可得

$$a_1=\frac{\lambda_{By}}{\lambda_e}\left[\frac{1-i_{be}(1-a_1)}{a_1}\right]^2$$

即

$$\lambda_e=\frac{\lambda_{By}}{a_1^3}\left[1-i_{be}(1-a_1)\right]^2 \tag{19-3-33}$$

以式(19-3-31)除式(19-3-32)，可得

$$\frac{T_b}{T_e}=\frac{\lambda_b}{\lambda_e}=K_{be}$$

以式(19-3-8)代入上式，可得

$$\lambda_b=\lambda_e\left[K_y a_1+1-a_1\right]$$

即

$$\lambda_b=\frac{\lambda_{By}}{a_1^3}\left[1-i_{be}(1-a_1)\right]^2\left[K_y a_1+1-a_1\right] \tag{19-3-34}$$

</td></tr>
<tr><td>汇流差速的转矩系数λ_e及λ_b</td><td>

以式(19-3-32)除变矩器涡轮转矩方程可得

$$\frac{T_{Ty}}{T_b}=\frac{\lambda_{Ty}n_B^2}{\lambda_b n_e^2}$$

对于汇流差速

$$\frac{T_{Ty}}{T_b}=a_2,\ n_B=n_e$$

故

$$a_2=\frac{\lambda_{Ty}}{\lambda_b}$$

因

$$\lambda_b=-\lambda_e K_{be}$$

故

$$\lambda_e=-\frac{\lambda_b}{K_{be}}=-\frac{\lambda_{Ty}}{a_2 K_{be}}=\frac{\lambda_{By}K_y}{a_2 K_{be}}$$

将式(19-3-10)代入上式，于是得

$$\lambda_e=\frac{\lambda_{By}}{a_2}\left[a_2+K_y(1-a_2)\right] \tag{19-3-35}$$

$$\lambda_b=-K_{be}\lambda_e=\frac{-K_{be}\lambda_{By}}{a_2}\left[a_2+K_y(1-a_2)\right]=-\frac{\lambda_{By}K_y}{a_2} \tag{19-3-36}$$

</td></tr>
</table>

3.1.2.3 分流传动特性的计算方法及实例

(1) 分流差速传动特性的计算方法

根据液力变矩器的特性曲线及选定的分流比a_1之值，分流差速传动的特性可按表19-3-5的顺序进行计算。

表 19-3-5　**分流差速传动特性的计算方法**

步骤	说　明
①i_{be}的计算	给出一系列的总转速比 i_{be}值，通常是间隔 0.1 个单位
②i_y的计算	根据顺序①中的各 i_{be}值，应用下式算出相应的 i_y值。 $i_y=\dfrac{i_{be}a_1}{1-i_{be}(1-a_1)}$
③K_y的计算	根据算出的各 i_y值，由特性曲线[图(a)]找出相应的变矩比 K_y值 图 (a)　特性曲线
④K_{be}的计算	根据找出的 K_y值，应用下式计算相应的总变矩比 K_{be}值 $K_{be}=K_ya_1+1-a_1$
⑤η_{be}的计算	根据顺序①中 i_{be}值及顺序④中的 K_{be}值，应用下式计算相应的分流传动总效率 η_{be}值 $\eta_{be}=K_{be}i_{be}$
⑥λ_{By}的计算	根据顺序②中算出的 i_y值，由变矩器特性曲线找出相应的转矩系数 λ_{By}值
⑦λ_e的计算	根据找出的各 λ_{By}值，应用下式算出相应的分流传动转矩系数 λ_e值 $\lambda_e=\dfrac{\lambda_{By}}{a_1^3}[1-i_{be}(1-a_1)]^2$

作为计算实例，给出变矩器的特性曲线［表 19-3-5 中图（a）］及分流差速比 $a_1=\dfrac{2}{3}$，计算分流差速传动的特性曲线。计算结果列入表 19-3-6 内。

按照表 19-3-5 的顺序，对于不同的分流比，可进行与 $a_1=\dfrac{2}{3}$时相类似的计算。不同分流比的计算结果，可以绘制分流传动的特性曲线。效率 η_{be}与总转速比 i_{be}的关系曲线以及总变矩比 K_{be}与变矩器变矩比 K_y的关系曲线已分别示于表 19-3-4 中图（c）及表 19-3-3 中图（c）中。转矩系数 λ_e的计算结果则绘于图 19-3-2 中。

图 19-3-2 中的曲线 AA_1 表示相应于导轮工作时刻的工况点的几何位置，而曲线 BB_1 则表示分流传动作为偶合器工作时其工况点的几何位置。图中的转矩系数曲线表明，当 $a_1<0.5$ 时，将使分流传动的透穿度数值过高，以致该种传动不能有效地与现有内燃机相匹配。

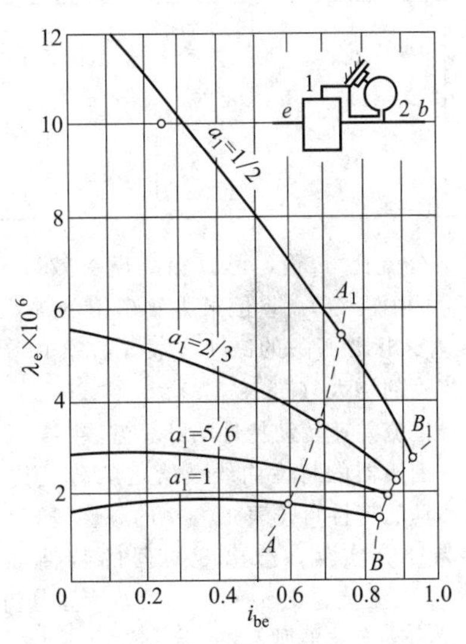

图 19-3-2　采用“阿里逊”综合式液力变矩器的各种分流差速传动的转矩系数

表 19-3-6 分流差速传动特性的计算结果$\left(a_1=\frac{2}{3}\right)$

i_{be}	$i_y=\frac{a_1 i_{be}}{1-(1-a_1)i_{be}}$	K_y	$K_{be}=K_y a_1+1-a_1$	$\eta_{be}=K_{be}i_{be}$	λ_{By}	$\lambda_e=\frac{\lambda_{By}}{a_1^3}[1-(1-a_1)i_{be}]^2$
0	0	3.9	2.93	0	1.65×10^{-6}	5.56×10^{-6}
0.1	0.069	3.45	2.63	0.263	1.73×10^{-6}	5.46×10^{-6}
…	…	…	…	…	…	…
0.692	0.6	1.36	1.24	0.858	1.75×10^{-6}	2.57×10^{-6}
…	…	…	…	…	…	…
0.887	0.84	0.985	0.99	0.871	1.35×10^{-6}	2.28×10^{-6}

表 19-3-7 汇流差速传动特性的计算方法

步骤	说　明
①i_{be}的计算	给出一系列的总转速比 i_{be}，通常取其值相隔 0.1 个单位
②i_y的计算	根据顺序①中的各 i_{be}值，应用下式算出相应的 i_y值 $i_y=\frac{i_{be}-1+a_2}{a_2}$
③K_y的计算	根据顺序②中算出的各 i_y值，由特性曲线[例如表 19-3-5 中图(a)]上找出相应的变矩比 K_y值
④K_{be}的计算	根据找出的 K_y值，计算总变矩比 K_{be} $K_{be}=\frac{K_y}{a_2+K_y(1-a_2)}$
⑤η_{be}的计算	根据顺序①中的 i_{be}值及顺序④中的 K_{be}值算出分流传动的总效率 η_{be} $\eta_{be}=K_{be}i_{be}$
⑥λ_{By}计算	根据顺序②中算出的各 i_y值，在变矩器特性曲线[表 19-3-5 中图(a)]上找出相应的转矩系数 λ_{By}值
⑦λ_e的计算	根据找出的各 λ_{By}值及顺序③中找出的 K_y之值，算出相应的分流传动转矩系数 λ_e值 $\lambda_e=\frac{\lambda_{By}}{a_2}[a_2+K_y(1-a_2)]$

表 19-3-8 汇流差速传动特性曲线的计算结果（$a_2=0.833$）

i_{be}	$i=\frac{i_{be}+a_2-1}{a_2}$	K_y	$K_{be}=\frac{K_y}{a_2+K_y(1-a_2)}$	$\eta_{be}=K_{be}i_{be}$	λ_{By}	$\lambda_e=\frac{\lambda_{By}}{a_2}[a_2(1-K_y)+K_y]$
0	−0.2	5.65	3.17	0	1.54×10^{-6}	3.28×10^{-6}
0.287	−0.08	4.6	2.87	0.287	1.59×10^{-6}	3.06×10^{-6}
…	…	…	…	…	…	…
0.856	0.6	1.36	1.283	0.856	1.75×10^{-6}	2.23×10^{-6}
…	…	…	…	…	…	…
0.856	0.84	0.985	0.99	0.858	1.35×10^{-6}	1.62×10^{-6}

减小分流比 a_1值，可以提高最大效率值 η_{bemax}［表 19-3-4 中图（c）］，但最大效率值的提高将伴随着失速总变矩比 K_{bes}的减小［表 19-3-3 中图（c）］以及透穿度的增大（图 19-3-2）。

（2）汇流差速传动特性的计算方法

根据变矩器的特性曲线及给定的分流比 a_2，汇流差速传动的特性可按表 19-3-7 的顺序进行计算。

作为计算实例，给出变矩器的特性曲线（图 19-3-3）及汇流差速比 $a_2=0.833$，计算分流传动的特性曲线。计算结果列入表 19-3-8 内。

与分流差速传动的计算一样，对于不同的汇流差速比，可进行与 $a_2=0.833$ 时相类似的计算。不同分流比的计算结果，可以绘制分流传动的特性曲线。由于效率及总变矩比曲线已分别示于表 19-3-4 中图（d）及表 19-3-3 中图（d）中，此处仅将转矩系数 λ_e的计算结果示于图 19-3-3 上。图中的曲线表明，a_2值的减小将使转矩系数 λ_e值增加，从而可以减小液力变矩器有效直径的尺寸。但透穿度的急剧增高，将导致与内燃机共同工作的不相适应。对于现有的内燃机，a_2不大可能小于 0.7。

对分流差速及汇流差速传动，可以依据某一个具有普遍意义的参数进行比较。从使用观点来看，它应当是传动装置中的主要特性参数之一。此参数可以是透穿度（透穿性），因为在一定的范围内，透穿度值越大，则最大效率值 η_{bemax} 越高，且利用发动机的可能性也越好。

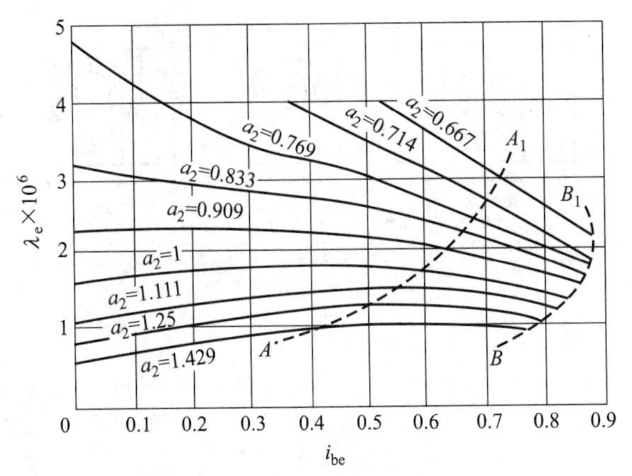

图 19-3-3　采用“阿里逊”综合式液力变矩器的各种汇流差速传动装置的转矩系数

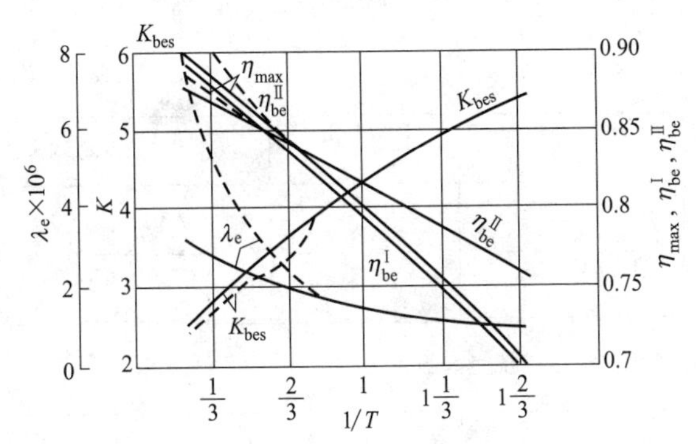

图 19-3-4　按分流及汇流差速方案制成的两种传动装置的特性曲线

正是与该分流传动共同工作的发动机的特性，决定了提高透穿度的允许范围，也就是限制了提高最大效率值 η_{bemax} 的可能范围。

按照分流传动透穿度相同时对两种分流传动的性能做一比较，可以借助于图 19-3-4 的曲线来进行。图中以实线表示按汇流差速方案制成的传动装置的失速工况变矩比 K_{bes}、最大效率工况下的转矩系数 λ_e^*。在松开第一导轮工况下的效率值 η_{be}^{I} 以及由变矩器工况转为偶合器工况时的效率值 η_{be}^{II}；而以虚线表示按分流差速方案制成的传动装置的上述相应值。所用液力变矩器为“阿里逊”综合式，其特性如表 19-3-5 中图（a）所示。

对所得的曲线进行比较的结果表明：按分流差速方案制成的传动装置，在其他条件相同的情况下，有着较大的转矩系数值 λ_e^*，亦即有可能采用有效直径 D 较小的变矩器。但同时却减小了失速变矩比 K_{bes}，更重要的是减小了最大效率值 η_{bemax}，而这是不可忽视的。

3.1.2.4　外分流液力机械变矩器的方案汇总

行星排的三构件可与液力变矩器的泵轮和涡轮任意组合搭配。行星排在输入端，液力变矩器正向传动有六种方案；同理行星排在输出端，液力变矩器正向传动又可得到六种方案。在上述十二种方案中将液力变矩器反接，即将泵轮和涡轮交换位置可得到另外的十二种方案，因此共有二十四种传动方案。液力变矩器正向传动的外分流液力机械变矩器特性参数的计算式见表 19-3-9。对于液力变矩器反向传动的十二种方案的计算式可通过正向传动的方案适当改动即可得到。

表 19-3-9　外分流液力机械变矩器的特性参数计算公式

方案 / 参数	行星排在输入端的外分流液力机械变矩器					
方案简图	T B D	T B D	T B D	T B D	T B D	T B D
连接特性系数	$-\dfrac{1}{1+\alpha}$	$-\dfrac{\alpha}{1+\alpha}$	$-\dfrac{1+\alpha}{\alpha}$	$-(1+\alpha)$	$\dfrac{1}{\alpha}$	α
$i_y=0$ 时的 i_{be} 值	$\dfrac{1+\alpha}{\alpha}$	$1+\alpha$	$-\alpha$	$-\dfrac{1}{\alpha}$	$\dfrac{\alpha}{1+\alpha}$	$\dfrac{1}{1+\alpha}$
转速比 i_{be}	$\dfrac{(1+\alpha)i_y}{1+\alpha i_y}$	$\dfrac{(1+\alpha)i_y}{\alpha+i_y}$	$\dfrac{\alpha i_y}{1+\alpha-i_y}$	$\dfrac{i_y}{1+\alpha(1-i_y)}$	$\dfrac{\alpha i_y}{(1+\alpha)i_y-1}$	$\dfrac{i_y}{(1+\alpha)i_y-\alpha}$
变矩比 K_{be}	$\dfrac{K_y+\alpha}{1+\alpha}$	$\dfrac{1+K_y\alpha}{1+\alpha}$	$\dfrac{K_y(1+\alpha)-1}{\alpha}$	$K_y+\alpha(K_y-1)$	$\dfrac{1+\alpha-K_y}{\alpha}$	$1+\alpha(1-K_y)$

续表

方案 参数	行星排在输入端的外分流液力机械变矩器					
方案简图	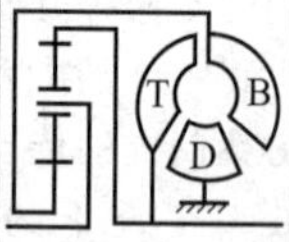	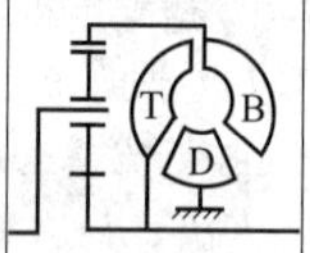	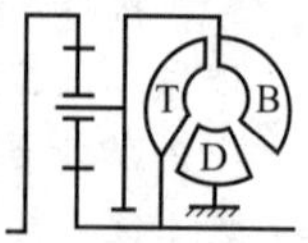		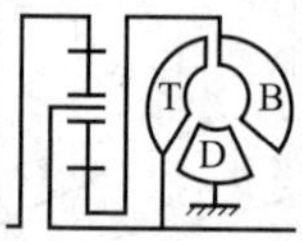	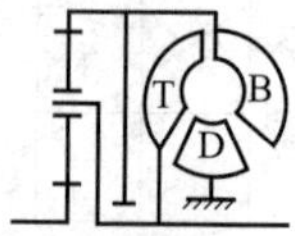
效率 η_{be}	$\frac{(K_y+\alpha)i_y}{1+\alpha i_y}$	$\frac{(\alpha K_y+1)i_y}{\alpha+i_y}$	$\frac{[K_y(1+\alpha)-1]i_y}{1+\alpha-i_y}$	$\frac{[K_y+\alpha(K_y-1)]i_y}{1+\alpha(1-i_y)}$	$\frac{(1+\alpha-K_y)i_y}{(1+\alpha)i_y-1}$	$\frac{[1+\alpha(1-K_y)]i_y}{(1+\alpha)i_y-\alpha}$
泵轮的相对转速 n_B/n_e	$\frac{1+\alpha}{1+\alpha i_{TB}}$	$\frac{\alpha+1}{\alpha+i_{TB}}$	$\frac{\alpha}{1+\alpha i_{TB}}$	$\frac{1}{1+\alpha(1-i_{TB})}$	$\frac{\alpha}{(1+\alpha)i_{TB}-1}$	$\frac{1}{(1+\alpha)i_{TB}-\alpha}$
泵轮的相对转矩 T_B/T_e	$-\frac{1}{1+\alpha}$	$-\frac{\alpha}{1+\alpha}$	$-\frac{1+\alpha}{\alpha}$	$-(1+\alpha)$	$\frac{1}{\alpha}$	α
泵轮的相对功率 P_B/P_E	$-\frac{1}{1+\alpha i_y}$	$-\frac{\alpha}{\alpha+i_y}$	$-\frac{1+\alpha}{1+\alpha-i_y}$	$-\frac{1+\alpha}{1+\alpha(1-i_y)}$	$\frac{1}{(1+\alpha)i_y-1}$	$\frac{\alpha}{(1+\alpha)i_y-\alpha}$
输入转矩系数 λ_e/λ_{By}	$\frac{(1+\alpha)^3}{(1+\alpha i_y)^2}$	$\frac{(1+\alpha)^3}{(\alpha+i_y)^2\alpha}$	$\frac{\alpha^3}{(1+\alpha-i_y)^2(1+\alpha)}$	$\frac{1}{[1+\alpha(1-i_y)]^2(1+\alpha)}$	$-\frac{\alpha^3}{[1-(\alpha+1)i_y]^2}$	$-\frac{1}{\alpha[\alpha-(\alpha+1)i_y]^2}$
循环功率的相对值 P_x/P_E	—	—	$\frac{i_y}{1+\alpha-i_y}$	$\frac{\alpha i_y}{1+\alpha(1-i_y)}$	$\frac{1}{(1+\alpha)i_y-1}$	$\frac{\alpha}{(1+\alpha)i_y-\alpha}$

方案 参数	行星排在输出端的外分流液力机械变矩器					
方案简图	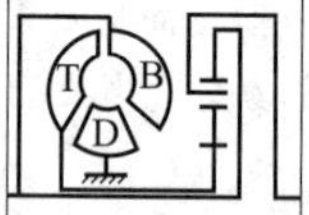	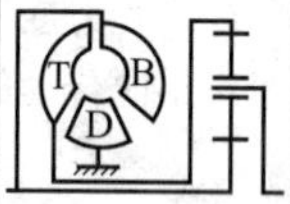		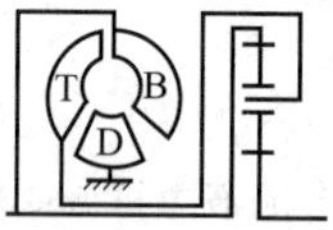	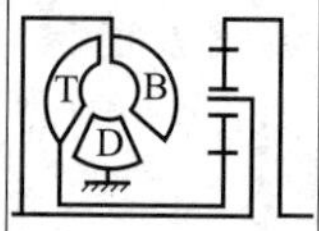	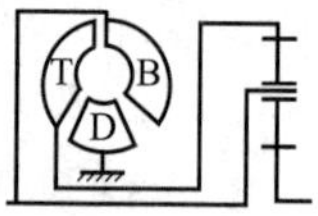
连接特性系数	$\frac{1}{\alpha}$	α	$-(1+\alpha)$	$-\frac{1+\alpha}{\alpha}$	$-\frac{1}{1+\alpha}$	$-\frac{\alpha}{1+\alpha}$
$i_y=0$ 时的 i_{be} 的值	$\frac{\alpha}{1+\alpha}$	$\frac{1}{1+\alpha}$	$-\frac{1}{\alpha}$	$-\alpha$	$\frac{1+\alpha}{\alpha}$	$1+\alpha$
转速比 i_{be}	$\frac{\alpha+i_y}{1+\alpha}$	$\frac{1+\alpha i_y}{1+\alpha}$	$\frac{(1+\alpha)i_y-1}{\alpha}$	$(1+\alpha)i_y-\alpha$	$\frac{1+\alpha-i_y}{\alpha}$	$1+\alpha(1-i_y)$
变矩比 K_{be}	$\frac{(1+K_y)\alpha}{1+\alpha K_y}$	$\frac{K_y(1+\alpha)}{\alpha+K_y}$	$\frac{\alpha K_y}{\alpha+1-K_y}$	$\frac{K_y}{1-\alpha(K_y-1)}$	$\frac{\alpha K_y}{(\alpha+1)K_y-1}$	$\frac{K_y}{(\alpha+1)K_y-\alpha}$
效率 η_{be}	$\frac{(\alpha+i_y)K_y}{1+\alpha K_y}$	$\frac{(1+\alpha i_y)K_y}{\alpha+K_y}$	$\frac{[(1+\alpha)i_y-1]K_y}{1+\alpha-K_y}$	$\frac{[(1+\alpha)i_y-\alpha]K_y}{1-\alpha(K_y-1)}$	$\frac{(1+\alpha-i_y)K_y}{(1+\alpha)K_y-1}$	$\frac{[1+\alpha(1-i_y)]K_y}{(1+\alpha)K_y-\alpha}$
泵轮的相对转速 n_B/n_e	1	1	1	1	1	1

续表

方案 参数	行星排在输出端的外分流液力机械变矩器					
方案简图						
泵轮的相对扭矩 T_B/T_e	$-\frac{1}{1+\alpha K_y}$	$-\frac{\alpha}{1+K_y}$	$-\frac{1+\alpha}{1+\alpha-K_y}$	$-\frac{1+\alpha}{1-\alpha(K_y-1)}$	$\frac{1}{(1+\alpha)K_y-1}$	$\frac{\alpha}{(1+\alpha)K_y-\alpha}$
泵轮的相对功率 P_B/P_E	$-\frac{1}{1+\alpha K_y}$	$-\frac{\alpha}{1+K_y}$	$-\frac{1+\alpha}{1+\alpha-K_y}$	$-\frac{1+\alpha}{1-\alpha(K_y-1)}$	$\frac{1}{(1+\alpha)K_y-1}$	$\frac{\alpha}{(1+\alpha)K_y-\alpha}$
输入转矩系数 λ_e/λ_{By}	$1+\alpha K$	$\frac{\alpha+K_y}{\alpha}$	$\frac{1+\alpha-K_y}{1+\alpha}$	$\frac{1-\alpha(K_y-1)}{1+\alpha}$	$(1+\alpha)K_y-1$	$-\frac{(1+\alpha)K_y-\alpha}{\alpha}$
循环功率的相对值 P_x/P_E	—	—	$\frac{K_y}{1+\alpha-K_y}$	$\frac{\alpha K_y}{1-\alpha(K_y-1)}$	$\frac{K_y}{(1+\alpha)K_y-1}$	$\frac{\alpha K_y}{(1+\alpha)K_y-\alpha}$

3.2 液力机械变矩器的应用

3.2.1 功率内分流液力机械变矩器的应用

3.2.1.1 导轮反转内分流液力机械变矩器

（1）单级导轮反转内分流液力机械变矩器

单级导轮反转内分流液力机械变矩器和两自由度、三自由度的行星变速器或定轴变速器组成的液力传动装置在工程机械上得到广泛的应用。其运动简图和各挡所结合的操纵元件及传动比的计算式见图19-3-5和图19-3-6。根据机器不同作业的要求，提供不同排挡数和不同传动比的选择。图19-3-5为行星变速器，图19-3-5（a）有两个前进挡，一个后退挡，图19-3-5（b）前进、后退各有两个挡，图19-3-5（c）前进、后退各有三个挡。图19-3-6为定轴变速器，有两个前进挡，一个后退挡。

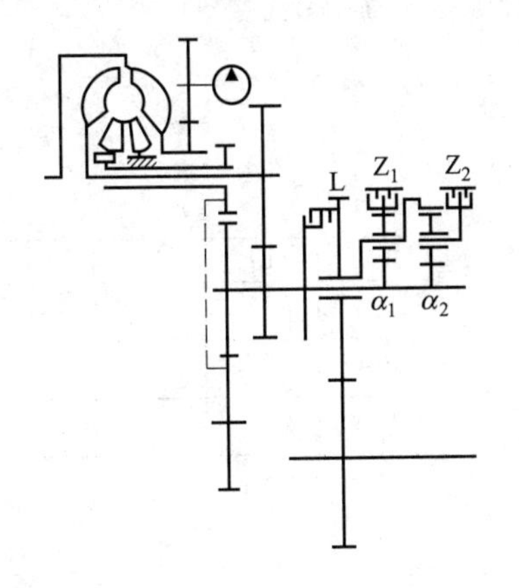

挡位	L	Z_1	Z_2	传动比
前1		—		$1+\alpha_1$
前2	+			1.0
后1			+	$-\alpha_2$

(a) 两前一后

图19-3-5

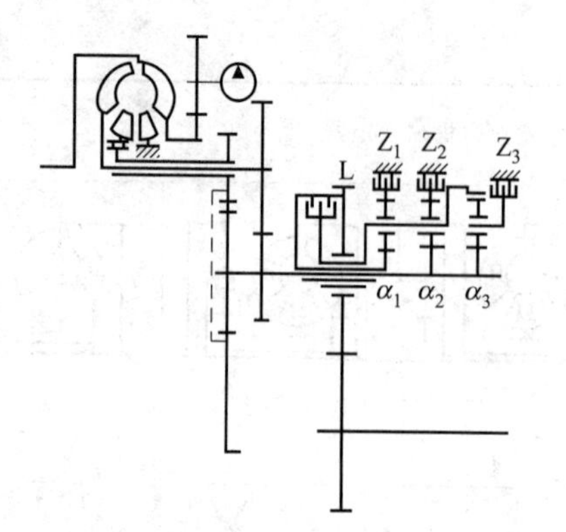

挡位	L	Z_1	Z_2	Z_3	传动比
前 1	+		+		$1+\alpha_2$
前 2		+	+		$(1+\alpha_2)/(1+\alpha_1)$
后 1	+			+	$-\alpha_3$
后 2		+		+	$-\alpha_3/(1+\alpha_1)$

(b) 两前两后

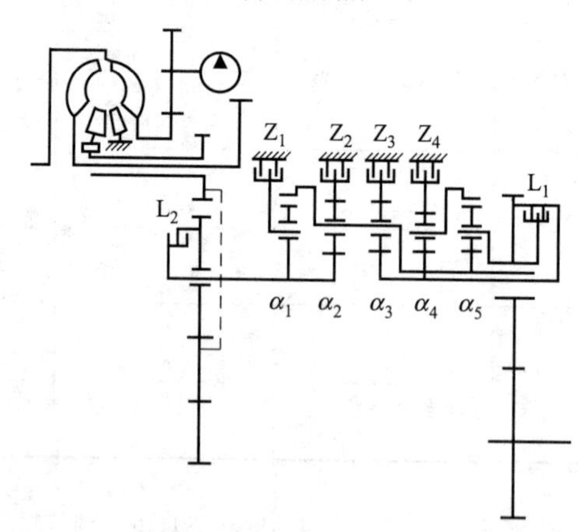

挡位	Z_1	Z_2	Z_3	Z_4	L_1	传 动 比
前 1		+		+		$(1+\alpha_2)(1+\alpha_4)(1+\alpha_5)/(1+\alpha_4+\alpha_5)$
前 2		+			+	$1+\alpha_2$
前 3		+	+			$(1+\alpha_2)/(1+\alpha_3)$
后 1	+				+	$-\alpha_1(1+\alpha_4)(1+\alpha_5)/(1+\alpha_4+\alpha_5)$
后 2	+				+	$-\alpha_1$
后 3	+		+			$-\alpha_1/(1+\alpha_3)$

(c) 三前三后

图 19-3-5 单级导轮反转液力机械变速器

简图（行星式）、各挡所接合的操纵元件和传动比的计算式

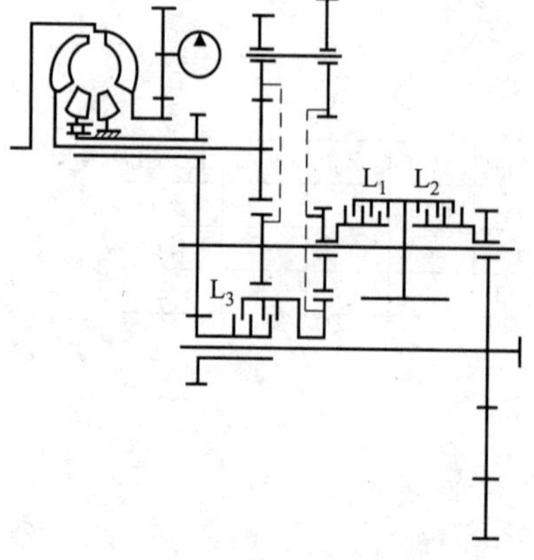

挡位	L_1	L_2	L_3
前 1		+	
前 2			+
后 1	+		

图 19-3-6 单级导轮反转液力机械变矩器

简图和各挡所接合的操纵元件（定轴式）

单级导轮反转液力机械变速器（两前一后）的液压换挡操纵系统见图 19-3-7。

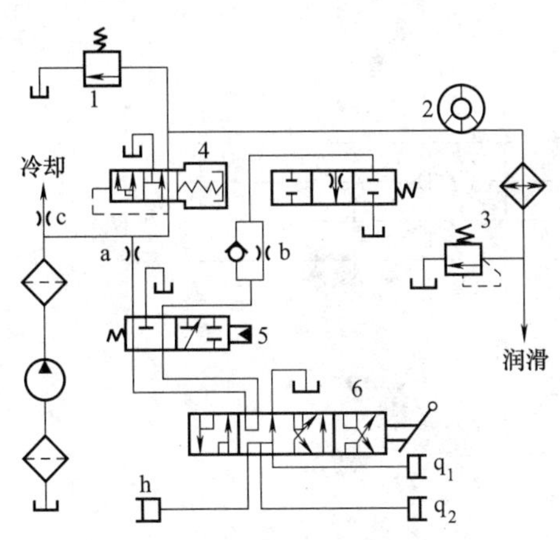

图 19-3-7 单级导轮反转液力机械变速器（两前一后行星变速器）的液压换挡操纵系统
1—安全阀；2—变矩器；3—润滑压力阀；4—调压阀；5—切断阀；6—换挡阀；a～c—阻尼孔；h—后退离合器油缸；q_1，q_2—前进离合器油缸

（2）二级导轮反转内分流液力机械变矩器

二级导轮反转内分流液力机械变矩器与二自由度行星变速器（或换向器）组成的液力传动装置广泛地应用于长途汽车、公共汽车、载货汽车和中小型内燃机车。其简图见图 19-3-8。图 19-3-8（a）有三个前进挡位，一个后退挡位，图 19-3-8（b）有四个前进挡位，一个后退挡位。后者各挡所结合的操纵元件和传动比的计算式见表 19-3-10。

变矩器的叶轮起液力减速的作用。图 19-3-8（b）有五个减速运转工况（见表 19-3-10）。不同的减速运转工况组成两个液力减速级，适合不同的行驶状况使用。这种液力减速的作用均匀、平缓、无磨损。

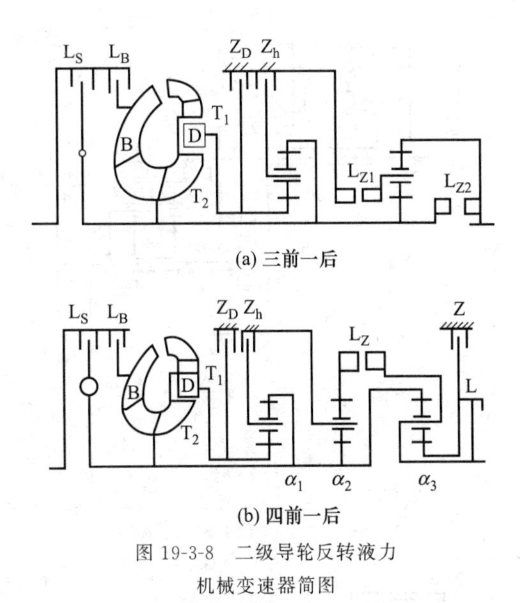

图 19-3-8 二级导轮反转液力机械变速器简图

3.2.1.2 双涡轮内分流液力机械变矩器

双涡轮内分流液力机械变矩器与二自由度、三自由度的行星变速器组成的液力传动装置广泛地应用在轮式装载机上。其简图和各挡所接合的操纵元件及传动比的计算式见图 19-3-9。

图 19-3-9（a）有两个前进挡，一个后退挡。图 19-3-9（b）、（c）前进、后退各有两个挡，前者高挡为降速挡，后者高挡为超速挡。变速器各挡传动比可以根据用户的要求做适当的调整。

双涡轮液力机械变速器（二前一后）的液压换挡操纵系统见图 19-3-10。

表 19-3-10 四前一后二级导轮反转液力机械变矩器各挡所接合的操纵元件及传动比的计算式

挡位	L_s	L_B	Z_D	Z_h	L_Z	Z	L	变矩系数	传动比
中位						+			
前 1		+		+		+		$K+\alpha_1(K-1)$	$(1+\alpha_3)/\alpha_3$
2		+	+			+		K	$(1+\alpha_3)/\alpha_3$
3	+					+			$(1+\alpha_3)/\alpha_3$
4	+						+		1.0
后 1		+		+	+			$K+\alpha_1(K-1)$	$-\alpha_2$
	+	+	+				+	一级液力减速（高速范围）	
	+			+			+	一、二级液力减速（中、高速范围）	
	+			+		+		一、二级液力减速（低、中速范围）	
	+	+		+			+	二级液力减速（中速范围）	
	+	+		+		+		二级液力减速（低速范围）	

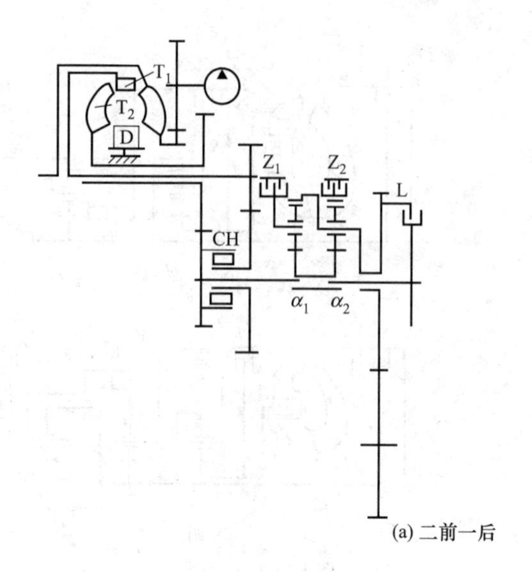

挡位	Z_1	Z_2	L	传动比
前 1		+		$1+\alpha_2$
2			+	1.0
后 1	+			$-\alpha_1$

(a) 二前一后

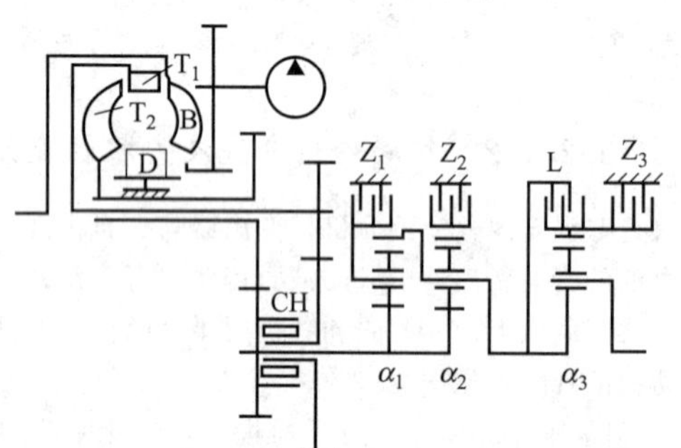

挡位	Z_1	Z_2	Z_3	L	传动比
前 1		+	+		$(1+\alpha_2)(1+\alpha_3)$
2		+		+	$(1+\alpha_2)$
后 1	+		+		$-\alpha_1(1+\alpha_3)$
2	+			+	$-\alpha_1$

(b) 二前二后(高速挡为降速挡)

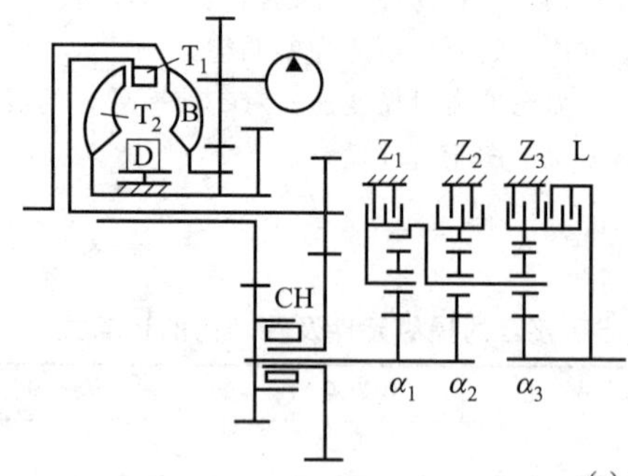

挡位	Z_1	Z_2	Z_3	L	传动比
前 1		+			$1+\alpha_2$
2		+	+		$(1+\alpha_2)/(1+\alpha_3)$
后 1	+			+	$-\alpha_1$
2	+		+		$-\alpha_1/(1+\alpha_3)$

(c) 二前二后(高速挡为超速挡)

图 19-3-9 双涡轮液力机械变矩器简图和各挡所接合的操纵元件及传动比的计算公式

3.2.2 功率外分流液力机械变矩器的应用

3.2.2.1 分流差速液力机械变矩器的应用

(1) 具有正转液力变矩器的分流差速液力机械变矩器

具有正转液力变矩器的分流差速液力机械变矩器与换联式三自由度行星变速器组成的液力传动装置，多用于公共汽车和越野载货汽车。其简图和各挡所接合的操纵元件及传动比的计算式见图 19-3-11。车辆原地起步时，齿圈 q 不动，太阳轮 t 与泵轮以 $1+\alpha$ 倍的发动机转速与发动机同向旋转，此时机械功率流不发生，而液力功率流的相对功率最大（$|\overline{P}_B|=1.0$）。随着车速的提高，泵轮转速降低，液力流减小，机械

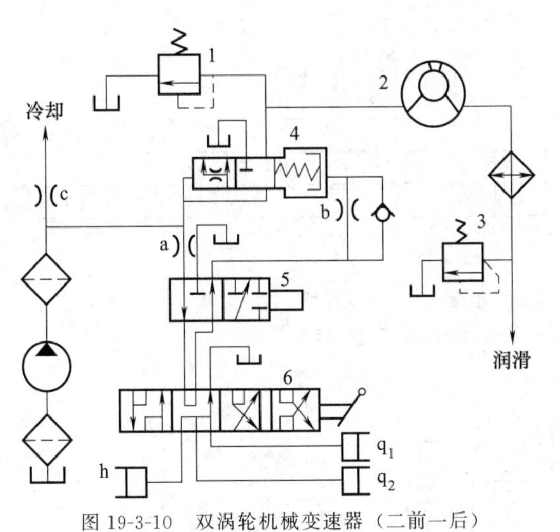

图 19-3-10 双涡轮机械变速器（二前一后）的液压换挡操纵系统

1—安全阀；2—变矩器；3—润滑液力阀；4—调压阀；5—切断阀；6—换挡阀；a～c—阻尼孔；h，q_1，q_2—相应后退、前 1、前 2 离合器油缸

功率流增大（$|\overline{P}_q|$ 增大）。车速提高的同时，变矩器的转速比增大，当达到换挡点时，相应换入高挡。

当车速进一步提高时，制动器 Z_B 接合，泵轮和太阳轮被制动。此时液力流终止，全部动力通过机械流传递，差速器成为增速器、速比为 $\frac{\alpha_1}{1+\alpha_1}$。为避免中心轴驱动涡轮而产生液力制动，在涡轮与中心轴之间有超越离合器。

（2）具有反转液力变矩器的分流差速液力机械变矩器

具有反转液力变矩器的分流差速液力机械变矩器与二自由度双行星换向器组成的液力传动装置，多应用于小吨位轮式装载机和叉车，其运动简图和各挡所接合的操纵元件及传动比的计算式见图 19-3-12。

在车辆起步和低速范围 $\left(0 \leqslant i_{be} < \frac{\alpha_1}{1+\alpha_1}\right)$，滑差离合器 L_h 接合、泵轮反转（相对输入轴），而涡轮正转、传动装置处于液力机械变矩器的双流运转工况。

车速提高到接近最高车速的一半（$i_{be}=0.36 \sim 0.46$），制动器 Z_B 自动接合，泵轮被制动，液力流终止，仅存在机械流，差速器成为减速器，传动比为 $(1+\alpha_1)/\alpha_1$。泵轮制动根据车速和油门踏板位自动进行。功率流没有中断，由一台计量泵控制。

从前进挡位挂到后退挡位的瞬间，车辆由于惯性继续前进，中心轴反转，超越离合器锁止，轴流涡轮被增速，泵出的液流流经固定的导轮，起到对车辆的制动作用。反之，从后退挡挂到前进挡亦然。换向可以在任何车速和任何油门下进行（称为全动力换挡）。车辆在长坡向下行驶时，反转液力变矩器可提供无级控制持续作用的制动力矩，这种液力制动无磨损。

这种分流差速液力机械变矩器的其他几个传动方案（其简图见图 19-3-13）广泛地应用于公共汽车。有前进三个挡位和四个挡位之分，分别用于市内、机场公共汽车和城市间、长途公共汽车。后者有两种不同传动简图，提供不同的速比，以适应不同的道路状况。

各种方案各挡所接合的操纵元件及传动比的计算式见图 19-3-13。

换挡的控制系统为电子液力控制。自动换挡的换挡点决定于变速器输出轴转速和油门踏板位置。

车辆在某一挡位前进行驶时，松开油门踏板，踩下制动踏板，后退挡动器即被接合，得到相对挡位的液力制动。此时轴流涡轮反转（相对输入轴），作为轴流泵，泵出的液流流经制动的泵轮和固定不动的导轮，起到对车辆的制动作用。在某一挡位制动时根据车速可以自动下挂到低一挡，以弥补由于车速降低而下降的制动力。对于长坡的连续制动，另有一个手动操纵杆，提供三级液力制动，每级相应变矩器内部有不同的调节压力。这种液力制动反应迅速，反应时间约为 0.3s，制动过程柔和平稳、无磨损。

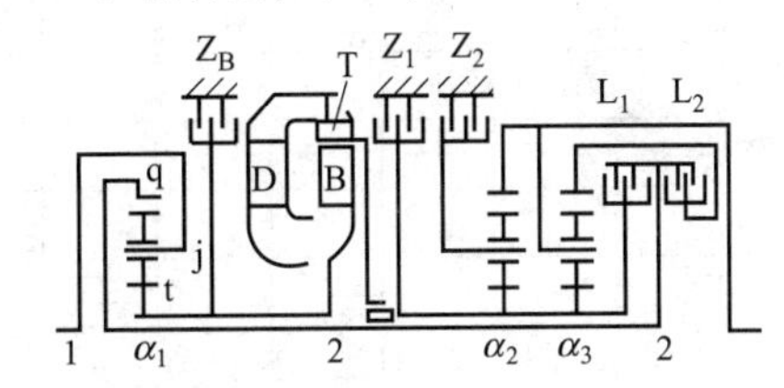

挡位	Z_B	Z_1	Z_2	L_1	L_2	变矩系数	传动比
前 1			+		+	$(K+\alpha_1)/(1+\alpha_1)$	$(1+\alpha_2+\alpha_3)/\alpha_3$
2		+			+	$(K+\alpha_1)/(1+\alpha_1)$	$(1+\alpha_3)/\alpha_3$
3				+	+	$(K+\alpha_1)/(1+\alpha_1)$	1.0
4	+			+	+		$\alpha/(1+\alpha_1)$
后 1			+	+		$(K+\alpha_1)/(1+\alpha_1)$	$-\alpha_2$

图 19-3-11 分流差速液力机械变速器简图和各挡所接合的操纵元件及传动比的计算式

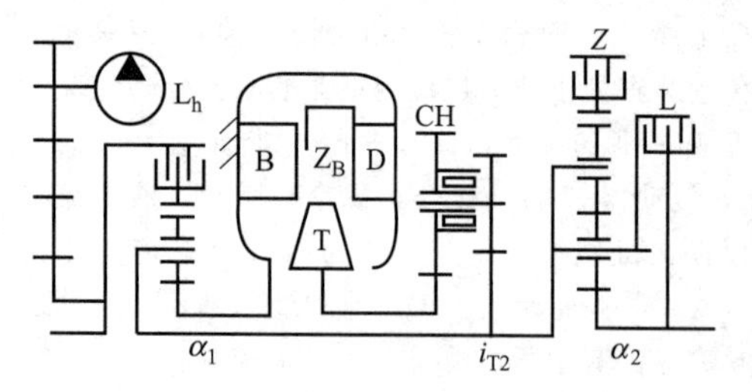

挡位	L_h	Z_B	Z	L	变矩系数	传动比
前 1	+			+	$1+(1-i_{T2}K)/\alpha_1$	1.0
2	+	+		+		$(1+\alpha_1)/\alpha_1$
后 1	+		+		$1+(1-i_{T2}K)/\alpha_1$	$-(\alpha_2-1)$
2	+	+	+			$-(\alpha_2-1)\times(1+\alpha_1)/\alpha_1$

图 19-3-12　具有反转液力变矩器的分流差速液力机械变速器简图和各挡所接合的操纵元件及传动比的计算式

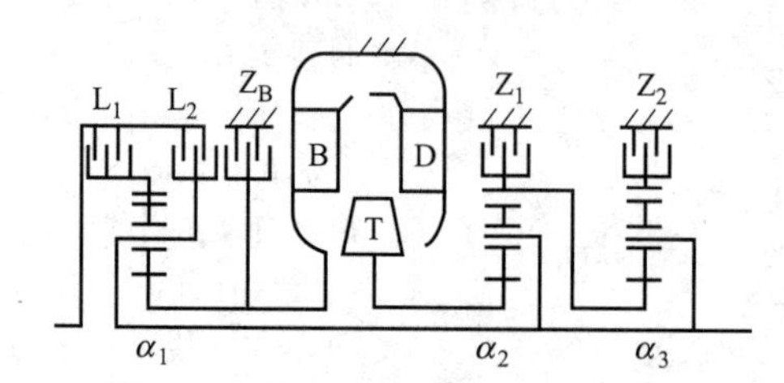

挡位	L_1	L_2	Z_B	Z_1	Z_2	变矩系数	传动比
前 1	+			+		$1+[1-(1+\alpha_2)K]/\alpha_1$	
2	+		+				$(1+\alpha_4)/\alpha_1$
3		+	+				1.0
前 3 减速		+	+		+		
2 减速	+		+		+		
1 减速			+		+		
后 1	+				+		

(a) 三前一后

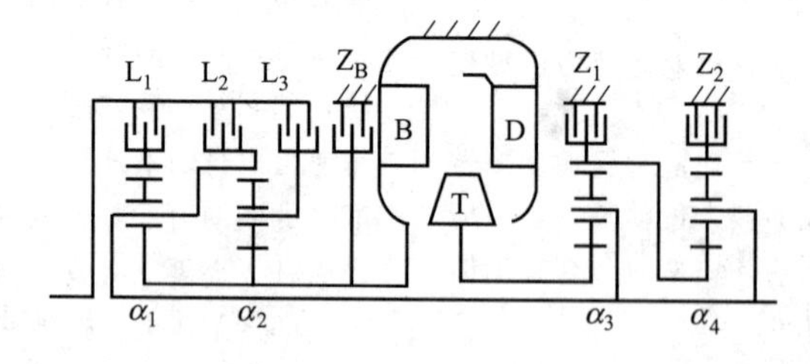

挡位	L_1	L_2	L_3	Z_B	Z_1	Z_2	变矩系数	传动比
前 1	+				+		$1+[1-(1+\alpha_3)K]/\alpha_1$	
2	+			+				$(1+\alpha_1)/\alpha_1$
3		+		+				1.0
4			+	+				$\alpha_2/(1+\alpha_2)$
前 4 减速			+	+		+		
3 减速		+		+		+		
2 减速	+			+		+		
1 减速				+		+		
后 1	+					+	$1+[1-(1-\alpha_3\alpha_4)K]\alpha$	

(b) 四前一后(高挡为降速挡)

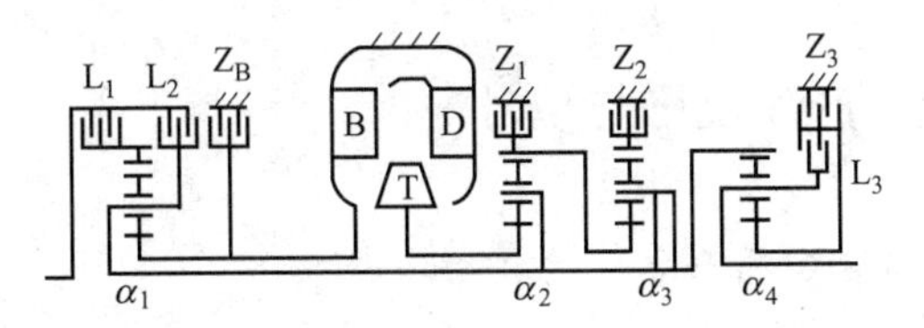

挡位	L_1	L_2	Z_B	Z_1	Z_2	Z_3	L_3	变矩系数	传动比
前 1	+			+		+		$\{1+[1-(1+\alpha_2)K]/\alpha_1\}\times(1+\alpha_4)/\alpha_4$	
2	+		+			+			$(1+\alpha_1)(1+\alpha_4)/\alpha_1\cdot\alpha_4$
3		+	+			+			$(1+\alpha_4)\alpha_4$
4		+	+				+		1.0
前 4 减速		+	+		+		+		
3 减速		+	+		+	+			
2 减速	+		+		+	+			
1 减速			+		+	+			
后 1	+				+	+		$\{1+[1-(1-\alpha_2\alpha_3)\times K/\alpha_1]\}\times(1+\alpha_4)/\alpha_4$	

(c) 四前一后(高挡为直接挡)

图 19-3-13　具有反转液力变矩器的分流差速液力机械变矩器（其他方案）简图和各挡所接合的操纵元件及变矩系数的计算式

3.2.2.2　汇流差速液力机械变矩器的应用

汇流差速液力机械变矩器与串联在其后的三自由度行星变速器，在履带式推土机上得到了广泛应用，其简图以及各挡所接合的操纵元件和传动比的计算式见图 19-3-14。

车辆原地起步和处于低速范围时，液力机械变矩器在 $0\leqslant i_{be}\leqslant\dfrac{1}{1+\alpha}$ 工况区运转，在此工矿区变矩器的涡轮与泵轮反向旋转，变矩器处于反转制动工况，相对功率 $\overline{P}_T$ 为负（从汇流差速机构输入功率）。随着车速的提高，液力机械变矩器运转在 $\dfrac{1}{1+\alpha}\leqslant i_{be}\leqslant 1.0$ 工况区，在此工况区涡轮与泵轮同向旋转，液力变矩器处于牵引工况区，相对功率 $\overline{P}_T$ 为正（向汇流差速机构输出功率），并且随着车速的提高，$\overline{P}_T$ 增大。

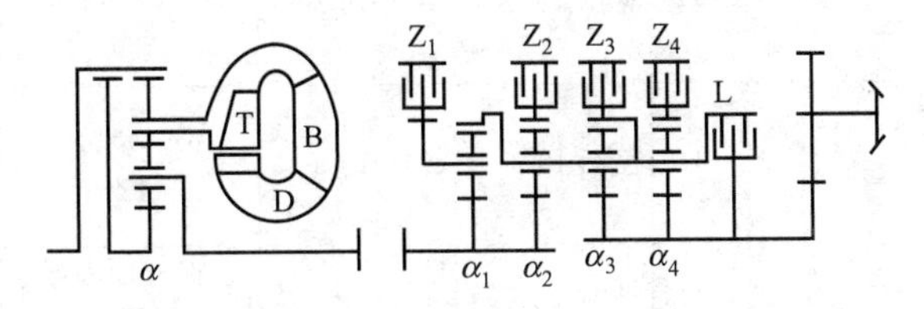

挡位	Z_1	Z_2	Z_3	Z_4	L	传动比
前 1		+			+	$1+\alpha_2$
2		+		+		$(1+\alpha_2)(1+\alpha_3+\alpha_4)/(1+\alpha_3)(1+\alpha_4)$
3		+	+			$(1+\alpha_2)/(1+\alpha_3)$
后 1	+				+	$-\alpha_1$
2	+			+		$-\alpha_1(1+\alpha_3+\alpha_4)/(1+\alpha_3)(1+\alpha_4)$
3	+		+			$-\alpha_1/(1+\alpha_3)$

图 19-3-14　汇流差速液力机械变矩器和三前三后行星动力换挡变速器简图和各挡所接合的操纵元件及传动比的计算式

3.3 液力机械变矩器产品规格与型号

3.3.1 双涡轮液力机械变矩器产品

表 19-3-11 双涡轮液力机械变矩器的技术参数

型号	有效直径/mm	转速/r·min^{-1}	功率/kW	特性	外形尺寸	匹配发动机	目前应用主机	生产厂
F30B	315	2000	80	见图 19-3-16	见图 19-3-15	YG6108G	3.0t 转载机	天津鼎盛工程机械有限公司
YJSW315-4AL	315	2000	80	见图 19-3-18	见图 19-3-17	YG6108G6105	3.0t 转载机	
YJSW315-4AⅡ	315	2000	110	见图 19-3-20	见图 19-3-19	YG6108G6105，X6100	3.0t 或 4.0t 转载机（也可采用弹性板连接）	
YJSW315-4A	315	2000	80	见图 19-3-22	见图 19-3-21	6105	3.0t 转载机	山推股份公司液力变矩器厂、天津市琪力工程机械有限公司
YJSW315-4B	315	2000	80	见图 19-3-22	见图 19-3-23	6105	3.0t 转载机	山推股份公司液力变矩器厂
YJSW315-4	315	2000	80	见图 19-3-25	见图 19-3-24	6105	3.0t 转载机	浙江临海机械有限公司
YJSW315-6	315	2200	147	见图 19-3-27	见图 19-3-26	6135K-9a	5.0t 或 4.0t 装载机	
YJSW315-5 YJSW315-6	315	2200	147	见图 19-3-29	见图 19-3-28	6135K-9a	5.0t 或 4.0t 装载机	福建泉州建德机械厂
YJSW315-6B	315	2200	147	见图 19-3-30	见图 19-3-31	6135K-9a，6121ZG09	5.0t 或 4.0t 装载机	天津鼎盛工程机械有限公司
YJSW315-6C	315	2200	147	见图 19-3-32	见图 19-3-33	6135K-9a，6121ZG09	5.0t 或 4.0t 装载机	山推股份公司液力变矩器厂
YJSW315-6Ⅰ	315	2200	147	见图 19-3-34	见图 19-3-28	6135K-9a，6121ZG09	5.0t 或 4.0t 装载机	浙江绍兴前进齿轮箱有限公司
YJSW315-6Ⅱ	315	2200	147	见图 19-3-35	见图 19-3-28	6135K-9a，6121ZG09	5.0t 或 4.0t 装载机	
YJSW315-6	315	2200	147	见图 19-3-35	见图 19-3-33	6135K-9a，6121ZG09	5.0t 或 4.0t 装载机	山东临沂临工汽车桥箱有限公司、天津市琪力工程机械有限公司
YJSW310	310	2000	65	见图 19-3-37	见图 19-3-36	4120ST5	2.0t 装载机	大连液力机械有限公司
YJSW310	310	2000	80	见图 19-3-38	见图 19-3-36	4125ST5	3.0t 装载机	

续表

型号	有效直径/mm	转速/r·min^{-1}	功率/kW	特性	外形尺寸	匹配发动机	目前应用主机	生产厂
D310	310	2000	80	见图19-3-39	见图19-3-36	4120ST5 4125ST	2.0t或3.0t装载机	成都工程机械总厂液力分厂、陕西航天动力高科技股份有限公司
YJHSW315（钣金冲焊型）	315	2200	147	见图19-3-41	见图19-3-40	6135	4.0t或5.0t装载机	

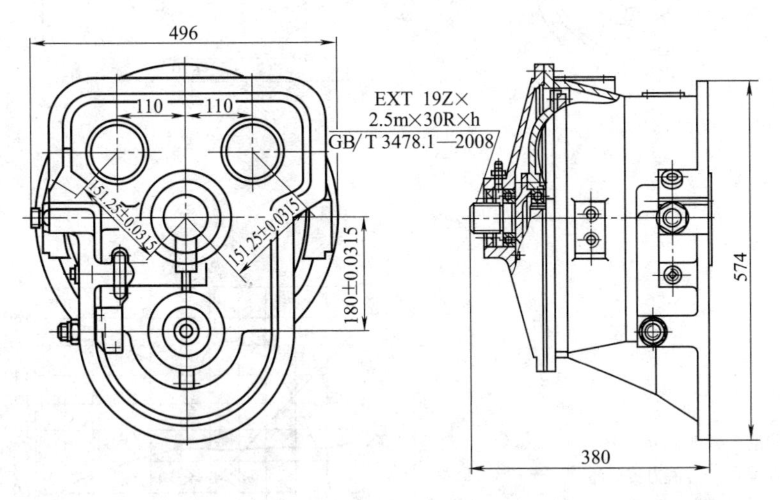

图19-3-15　F30B双涡轮液力变矩器

试验转速:　2000r/min

工作液牌号: 6号液力传动油

试验油温:　90～120℃

试验单位:　天津鼎盛工程机械有限公司

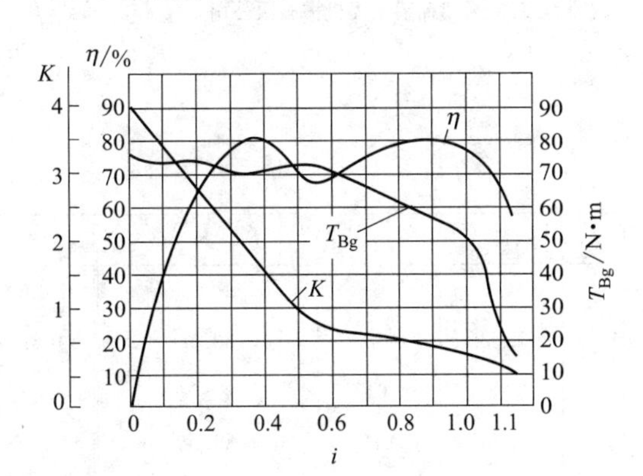

i	K	η	T_{Bg}/N·m	i	K	η	T_{Bg}/N·m
0	4.56	0	75.2	0.675	1.08	0.729	66.3
0.3	3.84	0.384	73.2	0.725	1.03	0.747	64.2
0.2	3.2	0.64	73	0.885	0.905	0.801	57
0.27	2.78	0.75	71.8	1.03	0.73	0.75	45.5
0.37	2.17	0.803	70	1.1	0.62	0.682	22.5
0.465	1.61	0.75	70.8	1.15	0.48	0.552	14.6
0.525	1.28	0.672	72				

图19-3-16　F30B双涡轮液力变矩器特性

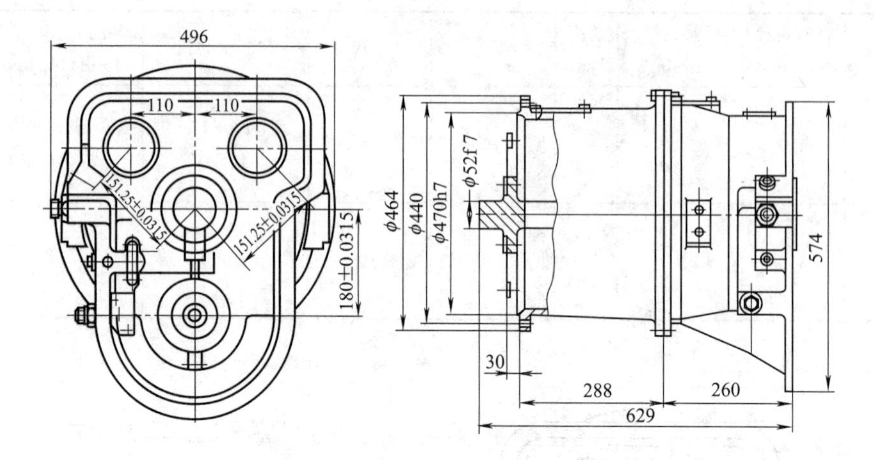

图 19-3-17　YJSW315-4AL 双涡轮液力变矩器

试验转速:　2000r/min

工作液牌号: 6号液力传动油

试验油温:　90～120℃

试验单位:　天津鼎盛工程机械有限公司

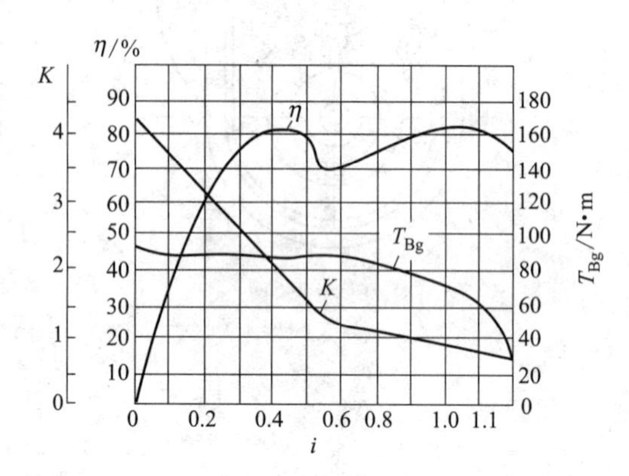

i	K	η	T_{Bg}/N·m	i	K	η	T_{Bg}/N·m
0	4.3	0	93.09	0.6	1.171	0.703	88.56
0.1	3.632	0.363	89.21	0.692	1.084	0.75	84.13
0.2	3.083	0.617	89.5	0.7	1.073	0.751	83.72
0.281	2.669	0.75	89.22	0.793	1	0.793	78.55
0.3	2.565	0.77	89.06	0.8	0.995	0.796	78.13
0.4	2.038	0.815	87.97	0.9	0.911	0.82	72.07
0.404	2.02	0.816	87.95	0.949	0.37	0.826	68.76
0.5	1.547	0.774	88.66	1.0	0.313	0.818	62.17
0.521	1.44	0.75	89.10	1.1	0.704	0.774	27.38
0.559	1.242	0.694	90.17				

图 19-3-18　YJSW315-4AL 双涡轮液力变矩器特性

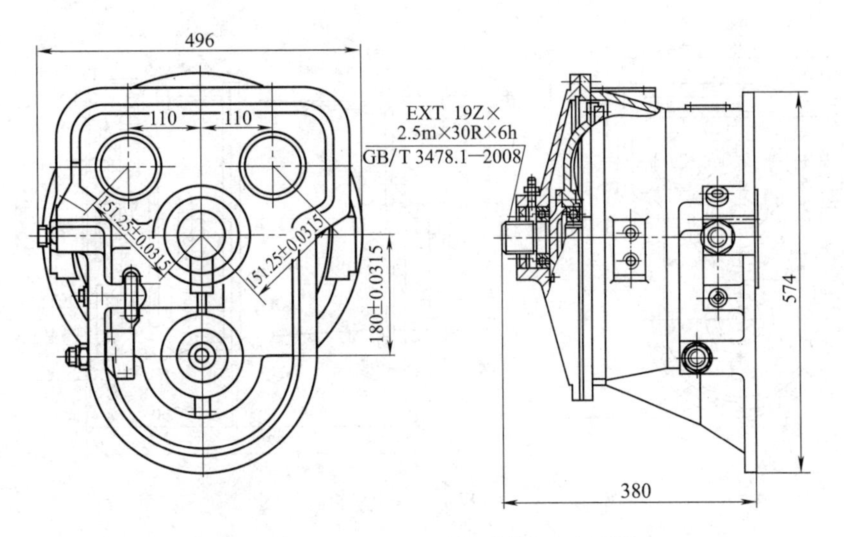

图 19-3-19　YJSW315-4AⅡ双涡轮液力变矩器

试验转速:　2000r/min

工作液牌号: 6号液力传动油

试验油温:　90～120℃

试验单位:　天津鼎盛工程机械有限公司

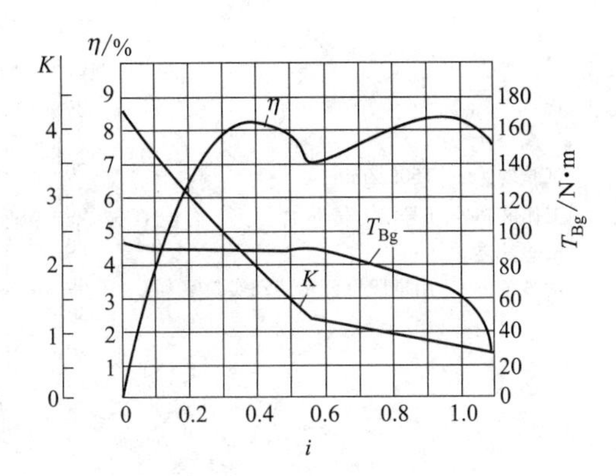

i	K	η/%	T_{Bg}/N · m	i	K	η/%	T_{Bg}/N · m
0	4.3	0	93.09	0.6	1.171	0.703	88.56
0.1	3.632	0.363	89.21	0.692	1.084	0.75	84.13
0.2	3.083	0.617	89.3	0.7	1.073	0.751	83.72
0.281	2.669	0.75	89.22	0.793	1	0.793	78.55
0.3	2.565	0.77	89.06	0.8	0.995	0.796	78.13
0.4	2.038	0.815	87.97	0.9	0.911	0.82	72.07
0.404	2.02	0.816	87.95	0.949	0.37	0.826	68.76
0.5	1.547	0.774	88.66	1.0	0.313	0.818	62.17
0.521	1.44	0.75	89.10	1.1	0.740	0.774	27.38
0.559	1.242	0.694	90.17				

图 19-3-20　YJSW315-4AⅡ双涡轮液力变矩器特性

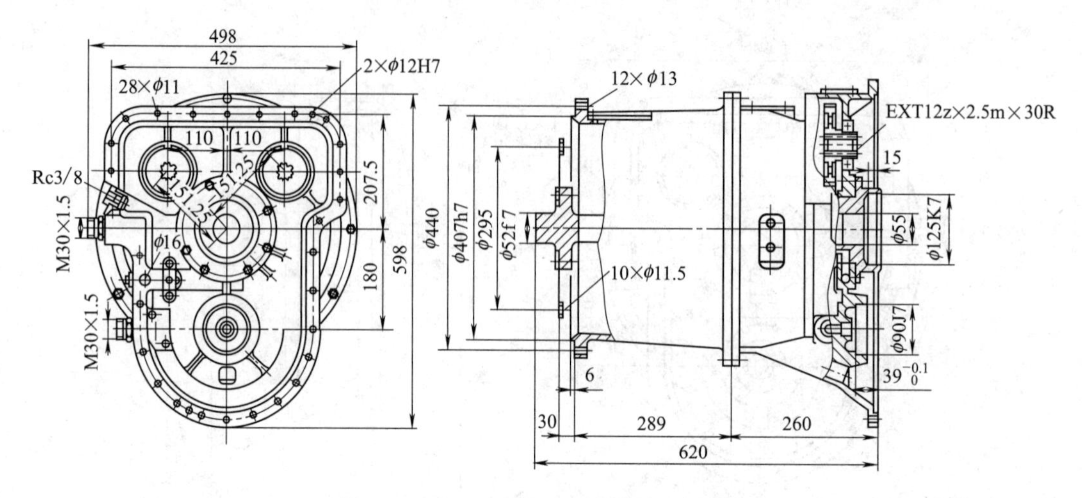

图 19-3-21　YJSW315-4A 双涡轮液力变矩器

试验转速：　1500r/min
工作液牌号：6号液力传动油
试验油温：　95℃
试验单位：　山推股份公司传动实验室

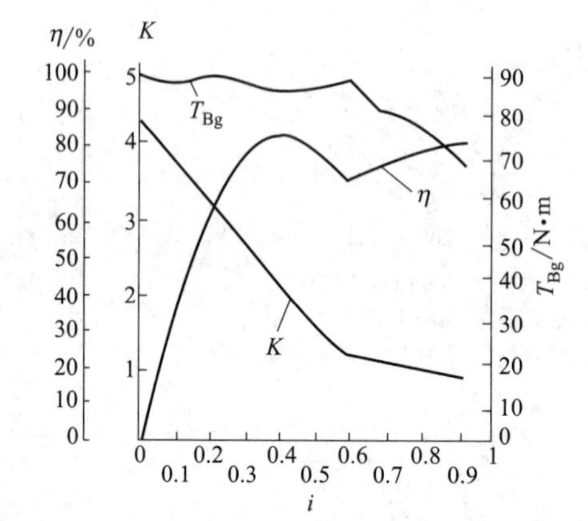

i	K	η/%	T_{Bg}/N·m	i	K	η/%	T_{Bg}/N·m
0	4.36	0	89.96	0.59	1.195	70.5	88.74
0.1	3.75	37.5	89.04	0.675	1.11	74.93	81.45
0.2	3.2	64	89.96	0.75	1.047	78.53	79.93
0.255	2.941	74.99	89.35	0.85	0.959	81.52	73.85
0.35	2.37	82.95	86.31	0.925	0.89	82.33	68.07
0.39	2.15	83.85	86	1.05	0.749	78.65	43.76
0.5	1.59	79.5	86.61	1.1	0.682	75.02	27.35
0.549	1.366	74.99	88.13				

图 19-3-22　YJSW315-4A、4B 双涡轮液力变矩器特性

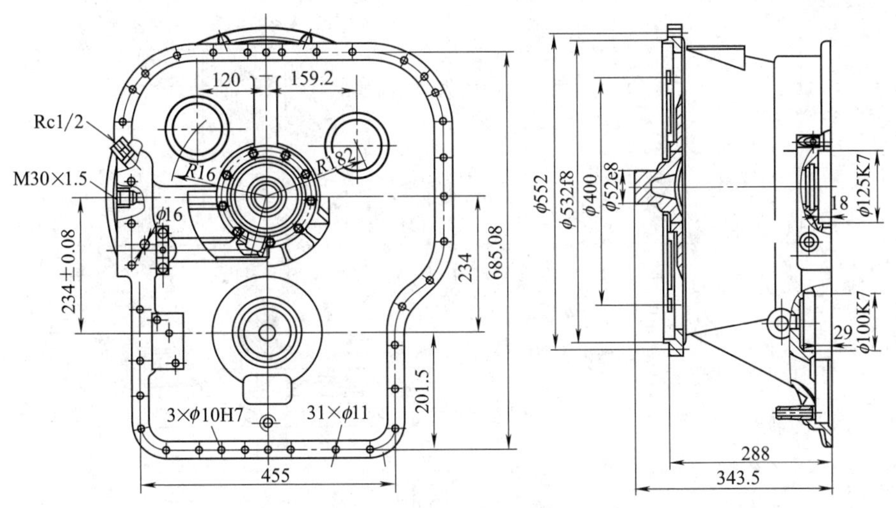

图 19-3-23　YJSW315-4B 双涡轮液力变矩器

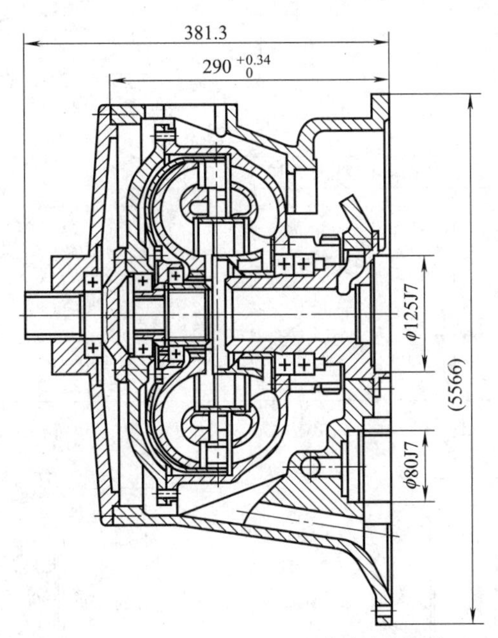

图 19-3-24　YJSW315-4 双涡轮液力变矩器

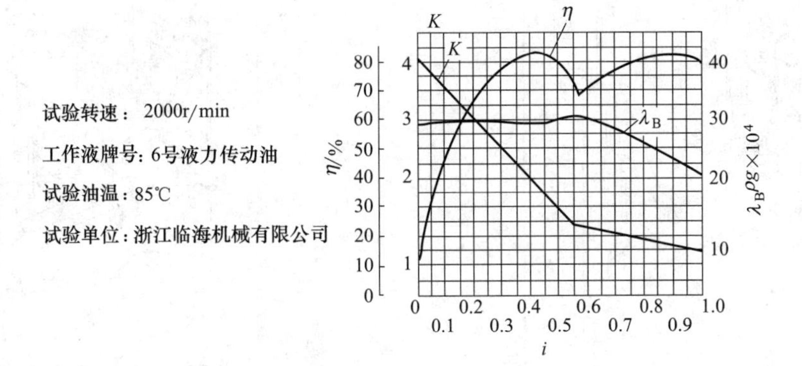

图 19-3-25

i	K	η	$T_{Bg}/N\cdot m$	$\lambda_B\rho g\times10^4$	i	K	η	$T_{Bg}/N\cdot m$	$\lambda_B\rho g\times10^4$
0.00	4.11	0.00	88.10	28.98	0.60	1.14	0.68	92.02	30.28
0.27	2.69	0.72	90.06	29.64	0.70	1.05	0.74	85.36	28.07
0.40	2.01	0.80	89.08	29.32	0.80	0.96	0.77	78.20	25.72
0.43	1.89	0.81	89.98	29.29	0.90	0.87	0.78	70.85	23.31
0.50	1.51	0.76	91.04	29.95	0.93	0.84	0.78	68.60	22.57
0.55	1.26	0.70	93.00	30.61	0.98	0.80	0.78	63.21	20.80

图 19-3-25　YJSW315-4 双涡轮液力变矩器特性

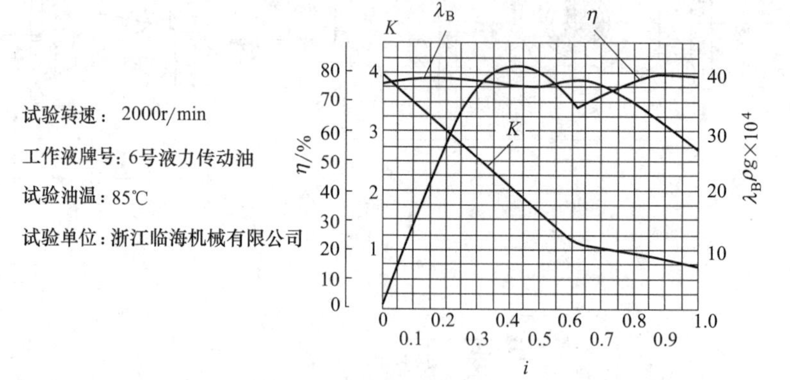

i	K	η	$T_{Bg}/N\cdot m$	$\lambda_B\rho g\times10^4$	i	K	η	$T_{Bg}/N\cdot m$	$\lambda_B\rho g\times10^4$
0.00	3.95	0.00	116.97	38.48	0.75	1.00	0.75	110.43	36.33
0.24	2.78	0.66	118.72	39.06	0.80	0.96	0.77	105.89	34.84
0.34	2.33	0.79	117.51	38.66	0.85	0.92	0.79	101.22	33.27
0.40	2.05	0.82	115.49	37.96	0.90	0.89	0.80	96.85	31.83
0.42	1.96	0.83	114.90	17.69	0.92	0.88	0.80	94.72	31.13
0.45	1.84	0.82	115.25	37.84	0.95	0.84	0.80	91.43	30.05
0.55	1.39	0.77	114.80	38.50	0.99	0.80	0.79	85.18	28.00
0.65	1.08	0.70	118.51	39.00					

图 19-3-26　YJSW315-6 双涡轮液力变矩器特性

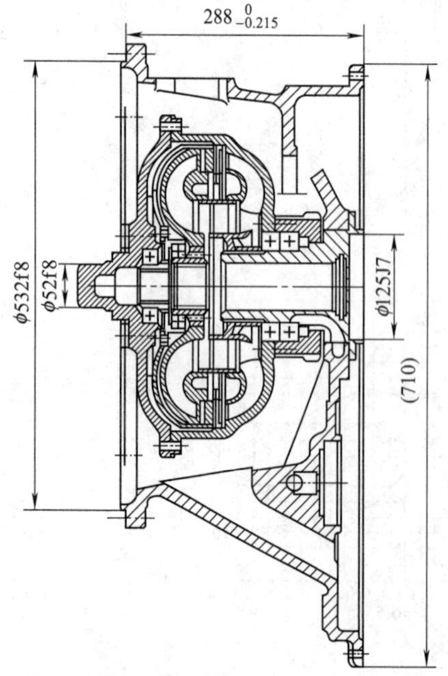

图 19-3-27　YJSW315-6 双涡轮液力变矩器

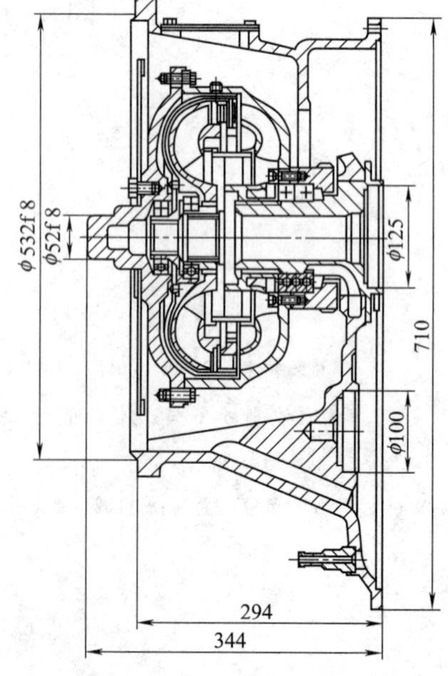

图 19-3-28　YJSW315-5、YJSW315-6 双涡轮液力变矩器

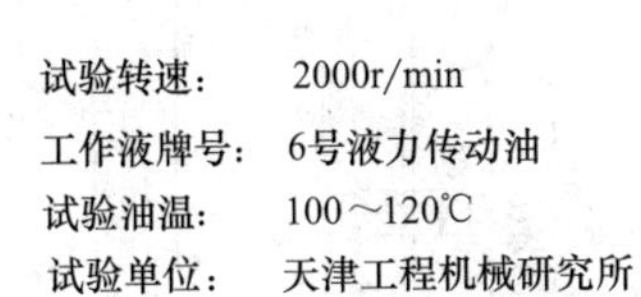

试验转速：　2000r/min
工作液牌号：　6号液力传动油
试验油温：　100～120℃
试验单位：　天津工程机械研究所

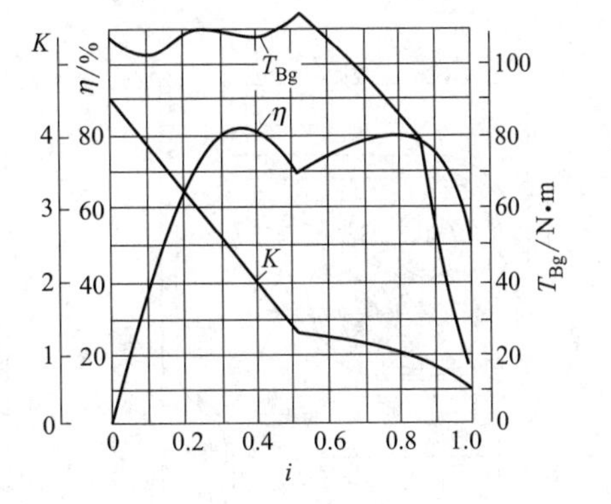

i	K	η	T_{Bg}/N·m	i	K	η	T_{Bg}/N·m
0	4.51	0	106.8	0.6	1.236	0.742	107.4
0.1	3.87	0.387	102.8	0.7	1.131	0.792	97.7
0.2	3.30	0.660	108.6	0.8	1.016	0.813	87.3
0.3	2.67	0.801	109.2	0.825	0.988	0.815	84.0
0.36	2.292	0.825	107.7	0.85	0.949	0.807	79.7
0.4	2.038	0.815	108.3	0.9	0.856	0.770	50.2
0.5	1.45	0.725	109.8	0.95	0.718	0.682	28.9
0.522	1.331	0.695	114.4	1.0	0.41	0.41	14.6

图 19-3-29　YJSW315-6 双涡轮液力变矩器特性

试验转速：　2000r/min
工作液牌号：　6号液力传动油
试验油温：　90～120℃
试验单位：　天津鼎盛工程机械有限公司

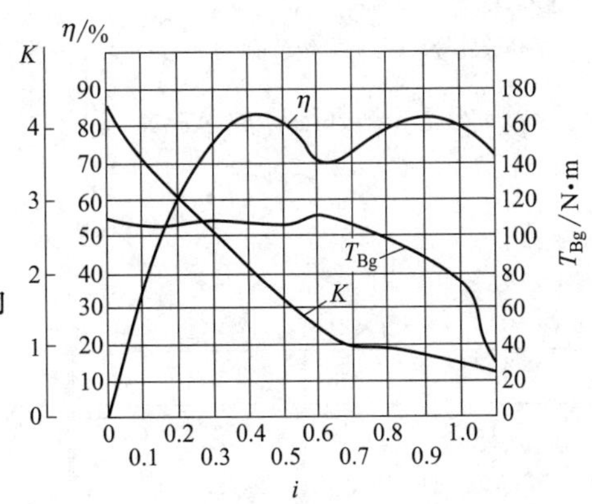

i	K	η	T_{Bg}/N·m	i	K	η	T_{Bg}/N·m
0	4.304	0	109.54	0.615	1.149	0.707	111.88
0.1	3.581	0.358	106.76	0.7	1.068	0.748	105.8
0.2	3.074	0.615	106.66	0.703	1.067	0.75	105.58
0.276	2.717	0.75	108.37	0.782	1	0.782	99.31
0.3	2.598	0.779	108.39	0.8	0.986	0.789	97.81
0.4	2.087	0.835	106.76	0.9	0.907	0.816	88.64
0.425	1.969	0.837	106.41	0.941	0.871	0.82	84.74
0.5	1.635	0.818	107.5	1.0	0.809	0.809	76.8
0.584	1.284	0.75	110.73	1.086	0.691	0.75	35.2
0.6	1.218	0.731	111.23	1.1	0.664	0.73	31.42

图 19-3-30　YJSW315-6B 双涡轮液力变矩器特性

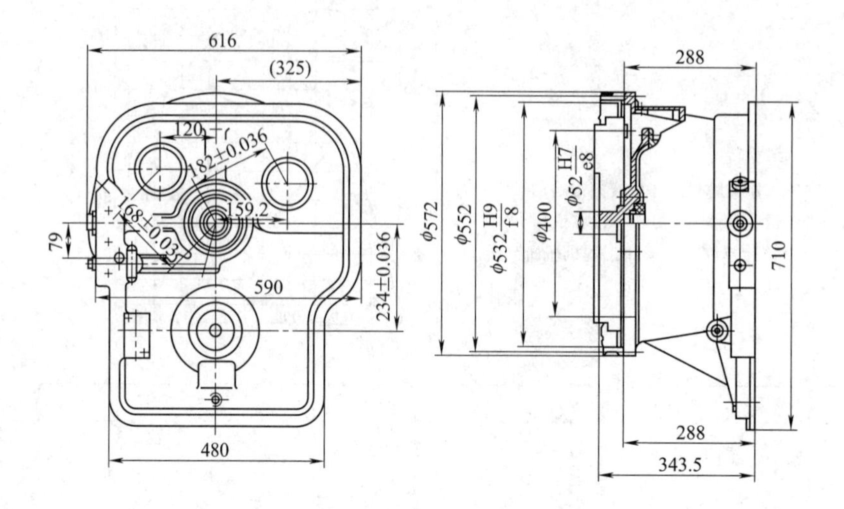

图 19-3-31 YJSW315-6B 双涡轮液力变矩器

试验转速： 2000r/min
工作液牌号：6号液力传动油
试验油温： 95℃
试验单位： 山推股份公司传动实验室

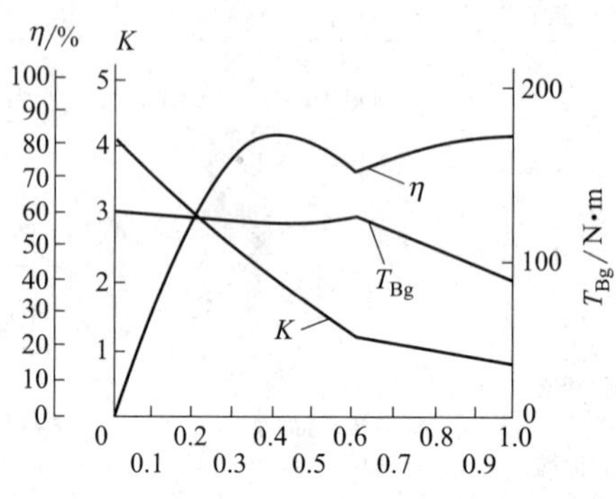

i	K	η/%	T_{Bg}/N·m	i	K	η/%	T_{Bg}/N·m
0	4.12	0	122.1	0.6	1.216	72.93	118.7
0.1	3.518	35.2	120.6	0.658	1.141	75	114.1
0.2	3.037	60.81	120.8	0.7	1.104	77.33	109.8
0.282	2.66	75.06	115.7	0.8	1.018	81.51	99.6
0.3	2.576	77.34	114.2	0.9	0.934	84.1	90
0.4	2.084	83.31	112.2	0.99	0.858	84.88	80.6
0.452	1.845	83.51	112.8	1	0.849	84.87	79.3
0.5	1.645	82.25	114.3	1.05	0.799	83.91	67.6
0.578	1.308	75.02	117.5				

图 19-3-32 YJSW315-6C 双涡轮液力变矩器特性

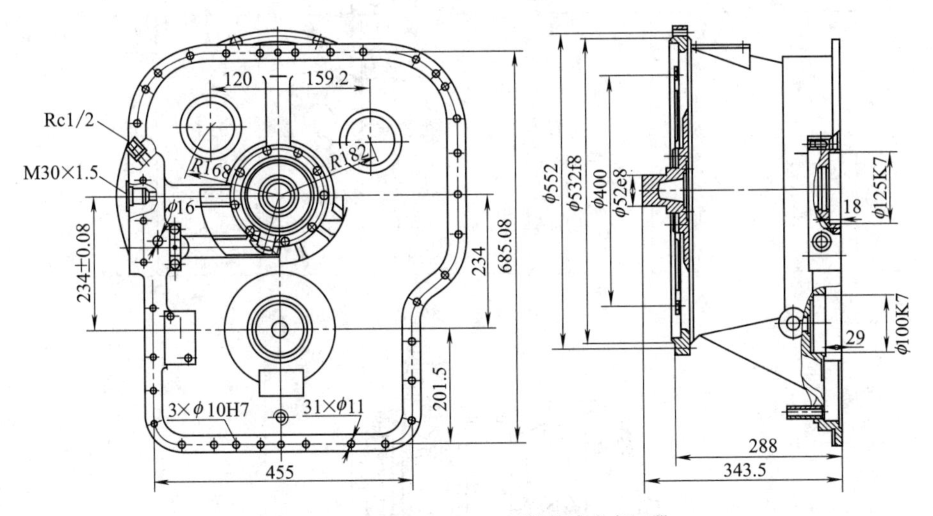

图 19-3-33　YJSW315-6C 双涡轮液力变矩器

试验转速:　2000r/min
工作液牌号: 6号液力传动油
试验油温:　90℃
试验单位:　天津工程机械研究所

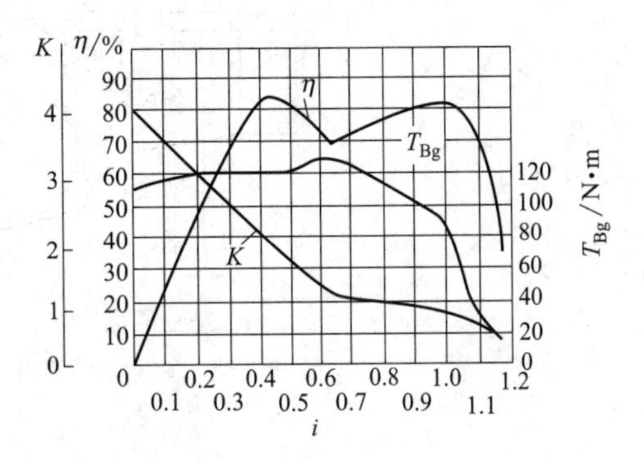

i	K	η	T_{Bg}/N·m	i	K	η	T_{Bg}/N·m
0	4.04	0	111.0	0.74	1.01	0.75	119.4
0.38	2.14	0.80	122.7	0.84	0.93	0.78	109.3
0.43	1.91	0.82	121.0	0.95	0.86	0.81	97.2
0.48	1.71	0.81	122.6	0.97	0.84	0.82	93.0
0.56	1.37	0.77	125.9	1.08	0.71	0.76	35.7
0.64	1.08	0.69	127.9	1.18	0.29	0.34	12.2

图 19-3-34　YJSW315-6Ⅰ双涡轮液力变矩器特性

试验转速:　2000r/min
工作液牌号: 8号液力传动油
试验油温:　90℃
试验单位:　天津工程机械研究所

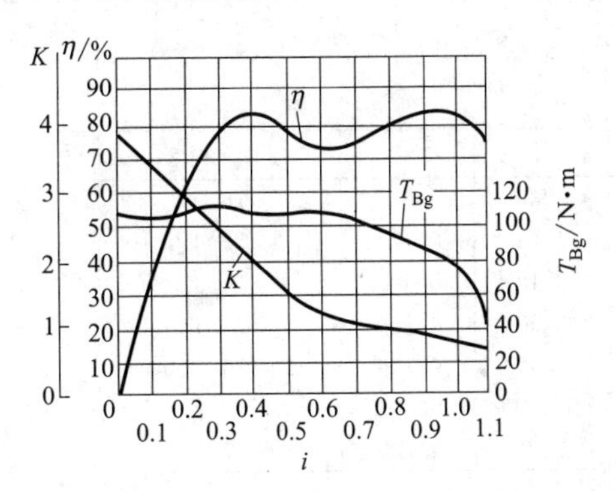

图 19-3-35

i	K	η	T_{Bg}/N·m	i	K	η	T_{Bg}/N·m
0	3.94	0	107.0	0.66	1.11	0.73	106.2
0.15	3.19	0.48	105.2	0.76	1.02	0.78	99.0
0.26	2.69	0.69	111.8	0.86	0.95	0.81	91.1
0.36	2.25	0.81	108.6	0.91	0.91	0.83	86.4
0.41	2.00	0.82	107.2	0.96	0.87	0.84	81.5
0.46	1.77	0.82	107.5	1.01	0.82	0.82	75.2
0.56	1.34	0.75	108.7	1.11	0.68	0.75	29.6

图 19-3-35　YJSW315-6Ⅱ双涡轮液力变矩器特性

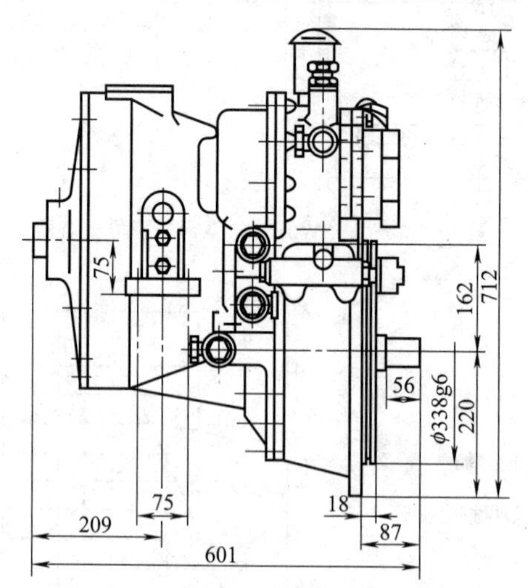

图 19-3-36　YJSW310 双涡轮液力变矩器

试验转速:　2000r/min
工作液牌号: 8号液力传动油
试验油温:　95℃
试验单位:　大连液力机械厂

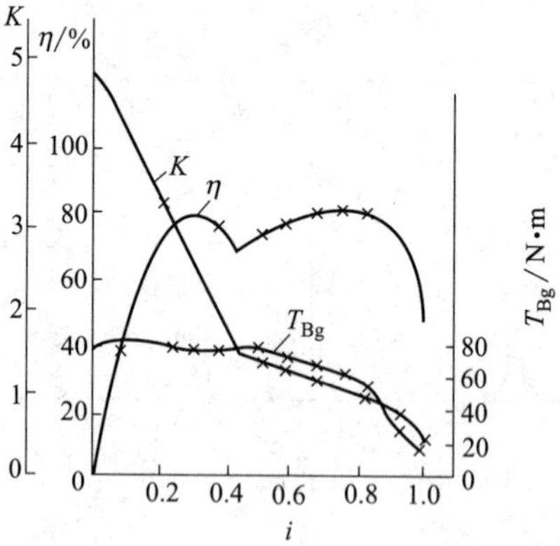

i	K	η	T_{Bg}/N·m	i	K	η	T_{Bg}/N·m
0	4.964	0	76.9	0.6	1.303	0.782	73.8
0.1	4.28	0.428	82.0	0.7	1.151	0.806	65.6
0.2	3.40	0.680	80.0	0.77	1.054	0.812	61.5
0.305	2.60	0.794	77.3	0.8	1.006	0.805	59.0
0.4	1.85	0.740	79.0	0.846	0.937	0.793	54.5
0.448	1.521	0.682	79.2	0.95	0.732	0.695	27.0
0.5	1.45	0.725	77.8	1.015	0.44	0.446	16.1

图 19-3-37　YJSW310（ZL20 用）双涡轮液力变矩器特性

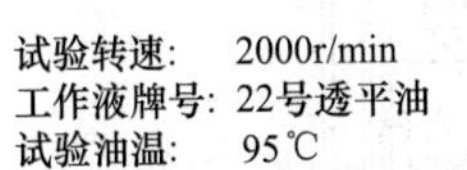
试验转速:　2000r/min
工作液牌号: 22号透平油
试验油温:　95℃
试验单位:　大连液力机械厂

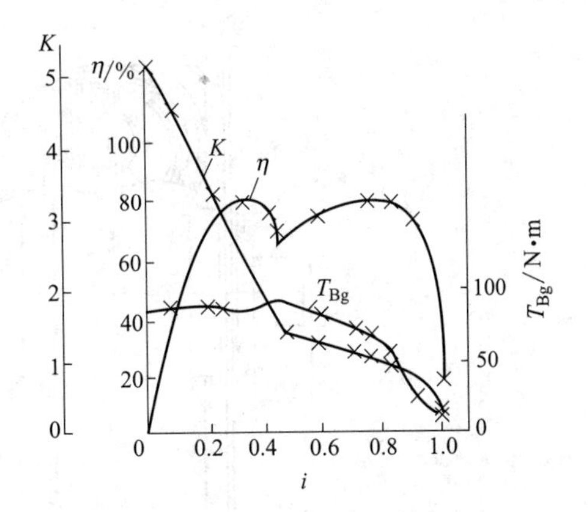

i	K	η	T_{Bg}/N·m	i	K	η	T_{Bg}/N·m
0	5.046	0	85.5	0.6	1.267	0.760	82.0
0.1	4.36	0.436	88.0	0.7	1.146	0.802	75.0
0.2	3.54	0.708	88.2	0.762	1.046	0.810	69.2
0.338	2.387	0.808	87.5	0.8	0.98	0.802	65.0
0.4	1.955	0.782	90.0	0.9	0.840	0.756	27.0
0.465	1.461	0.680	91.2	0.95	0.737	0.700	21.8
0.5	1.40	0.700	89.5	1.015	0.187	0.19	9.8

图 19-3-38　YJSW310（ZL30 用）双涡轮液力变矩器特性

试验转速:　2000r/min
工作液牌号: 6号液力传动油
试验油温:　85℃±5℃
试验单位:　天津工程机械研究所

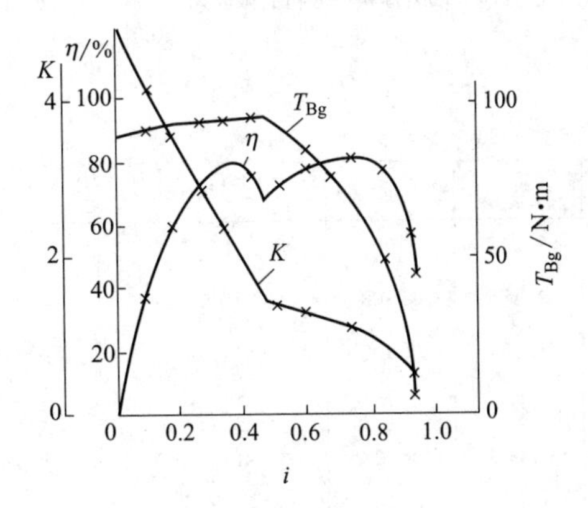

i	K	η	T_{Bg}/N·m	i	K	η	T_{Bg}/N·m
0	4.905	0	88.3	0.5	1.40	0.700	92.0
0.1	4.20	0.420	90.2	0.6	1.275	0.765	92.8
0.2	3.32	0.664	91.5	0.74	1.088	0.805	69.7
0.3	2.63	0.789	92.0	0.8	0.988	0.790	58.5
0.338	2.375	0.803	92.2	0.9	0.744	0.670	27.0
0.421	1.782	0.750	94.2	0.952	0.47	0.45	4.9
0.47	1.448	0.681	94.7				

图 19-3-39　D310 双涡轮液力变矩器特性

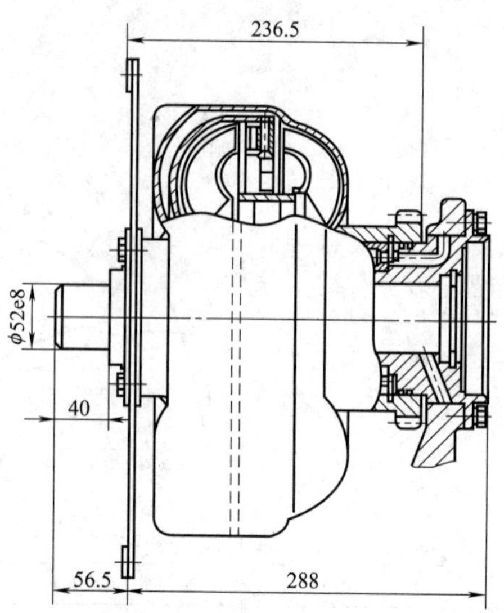

图 19-3-40 YJHSW315 双涡轮液力变矩器

试验转速:2000r/min

工作液牌号:6号液力传动油

试验油温: 85℃±5℃

试验单位:陕西航天动力高科技股份有限公司

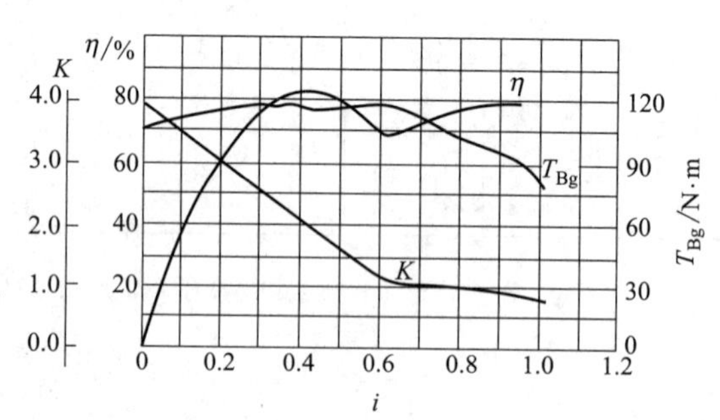

i	K	η	T_{Bg}/N·m	i	K	η	T_{Bg}/N·m
0	3.942	0	105.1	0.6	1.150	0.695	116.8
0.1	3.475	0.363	109.8	0.7	1.015	0.728	109.5
0.2	3.000	0.600	113.7	0.8	1.000	0.763	101.4
0.3	2.500	0.767	116.9	0.9	0.848	0.797	92.3
0.4	2.067	0.827	115.2	1.0	0.780	0.800	80.6
0.5	1.583	0.800	114.9				

图 19-3-41 YJHSW315 双涡轮液力变矩器特性

3.3.2 导轮反转液力机械变矩器产品

表 19-3-12 导轮反转液力机械变矩器的技术参数

型号	有效直径 /mm	转速 /r·min^{-1}	特性	外形尺寸	匹配发动机	目前应用主机	生产厂
DFZFB-323	323	1950	见图 19-3-43	见图 19-3-42		城市用公共汽车	大连液力机械有限公司

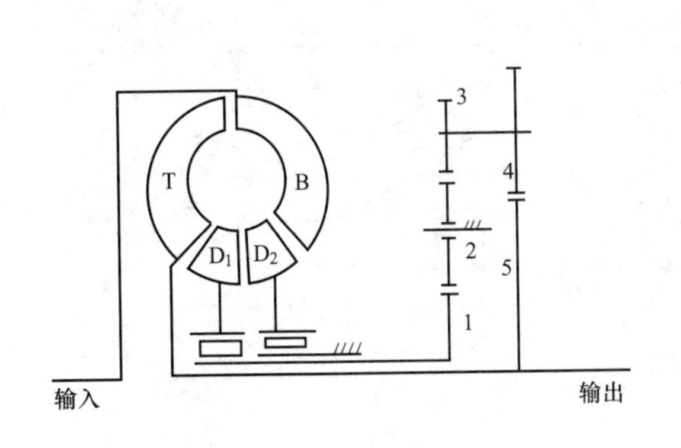

图 19-3-42　DFZFB-323 液力变矩器

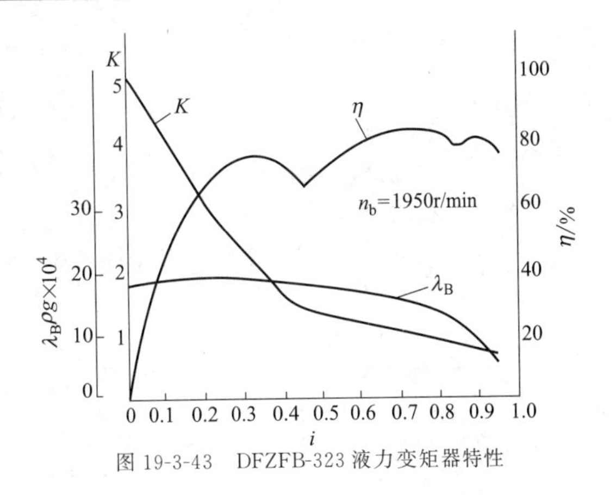

图 19-3-43　DFZFB-323 液力变矩器特性

3.3.3　功率外分流液力机械变矩器产品

表 19-3-13　外分流液力机械变矩器的技术参数

型号	有效直径 /mm	转速 /r·min^{-1}	功率/kW	特性	外形尺寸	匹配发动机	目前应用主机	生　产　厂
D6D	392	1900	131	见图 19-3-44	见图 19-3-45	CAT3306	D6D 推土机	成都工程机械总厂液力变矩器厂
D6D	391.17	1900	131	见图 19-3-46	见图 19-3-45	C6121G01/02	D6D 推土机	中船重工第 711 研究所液力变矩器分厂
DTY165	391.17	1900	131	见图 19-3-46	见图 19-3-45	C6121G01/02	TY165 推土机	
D7G	391.17	2100	177	见图 19-3-47	见图 19-3-45	NT855-C280	D7G 推土机	
SD7	391.17	2100	177	见图 19-3-47	见图 19-3-48	NT855-C280	SD7 推土机	
SD8	466.7	1900	265	见图 19-3-50	见图 19-3-49	NTA855-C400	SD8 推土机	

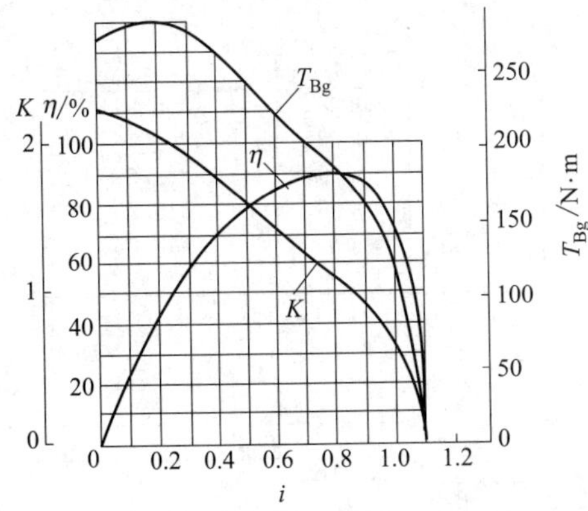

i	K	η	T_{Bg}/N·m
0	2.17	0	271
0.1	2.13	0.213	277
0.2	2.04	0.408	278
0.3	1.92	0.576	273
0.4	1.76	0.704	260
0.5	1.58	0.790	238
0.6	1.41	0.846	218
0.7	1.26	0.882	197
0.8	1.11	0.888	180
0.872	1.00	0.872	168
0.9	0.950	0.855	162
0.95	0.850	0.808	144
1.0	0.710	0.710	110
1.1	0	0	7

图 19-3-44　D6D 液力变矩器特性（有效直径 392mm）

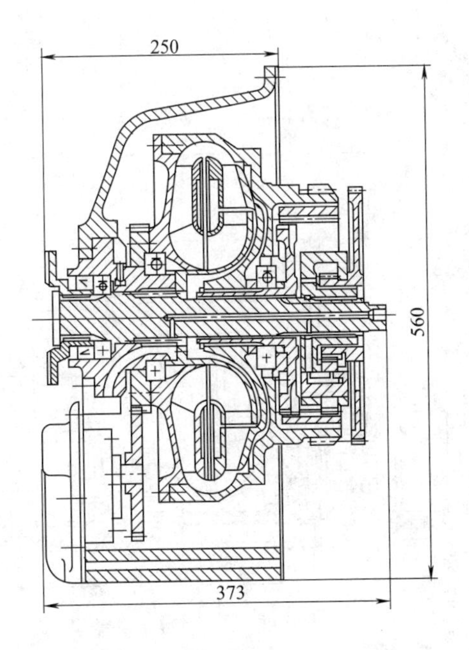

图 19-3-45　D6D、D7G、DTY165 液力变矩器

试验转速：1900r/min

工作液牌号：8号液力传动油

试验油温：95℃

试验单位：江苏省技术监督产品质量检验站

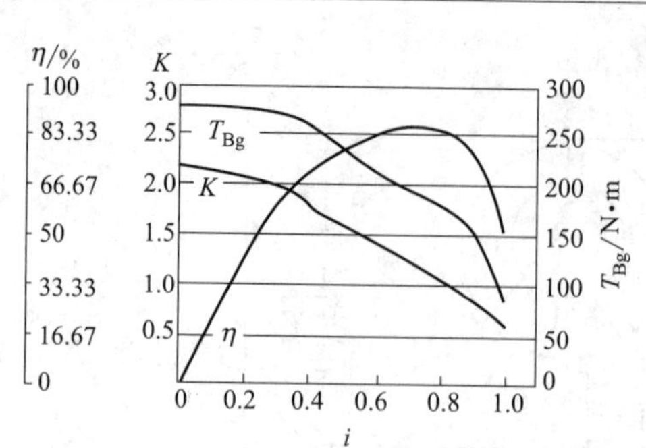

i	K	η	T_{Bg}/N·m	i	K	η	T_{Bg}/N·m
0	2.22	0	281	0.75	1.16	0.87	188.4
0.3	2.01	0.60	275.1	0.8	1.09	0.87	180.6
0.4	1.80	0.72	260.8	0.85	0.98	0.83	171.4
0.5	1.59	0.79	237.4	0.9	0.86	0.77	149.5
0.6	1.40	0.84	214.6	0.95	0.72	0.68	124.6
0.65	1.31	0.85	206.7	1	0.52	0.52	85.7
0.7	1.23	0.86	196.6				

图 19-3-46　D6D、DTY165 液力变矩器特性

试验转速：2100r/min

工作液牌号：8号液力传动油

试验油温：90℃

试验单位：宜化工程机械集团有限公司

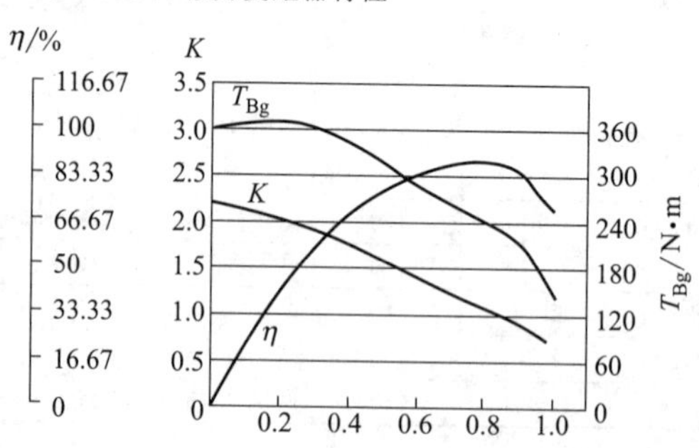

i	K	η	T_{Bg}/N·m	i	K	η	T_{Bg}/N·m
0	2.17	0	361.2	0.6	1.41	0.85	290.8
0.1	2.13	0.21	368.6	0.7	1.26	0.88	261.7
0.2	2.04	0.41	369.5	0.8	1.11	0.89	239.6
0.3	1.92	0.58	363.1	0.9	0.95	0.86	215.2
0.4	1.76	0.70	345.6	1	0.71	0.71	146.6
0.5	1.58	0.79	317.6				

图 19-3-47　D7G、SD7 液力变矩器特性

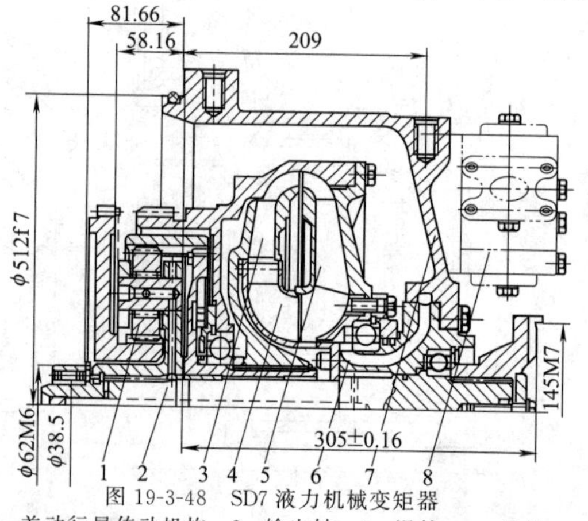

图 19-3-48　SD7 液力机械变矩器

1—差动行星传动机构；2—输出轴；3—涡轮；4—导轮；5—泵轮；6—导轮座；7—壳体；8—溢流阀

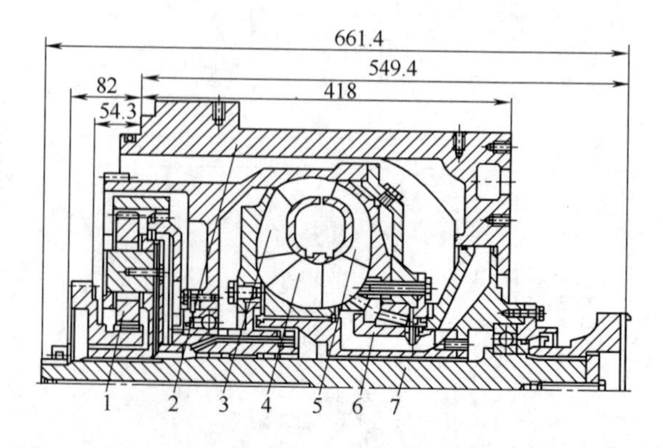

图 19-3-49　SD8 液力机械变矩器

1—差动行星传动机构；2—壳体；3—涡轮；4—导轮；5—泵轮；6—导轮座；7—输出轴

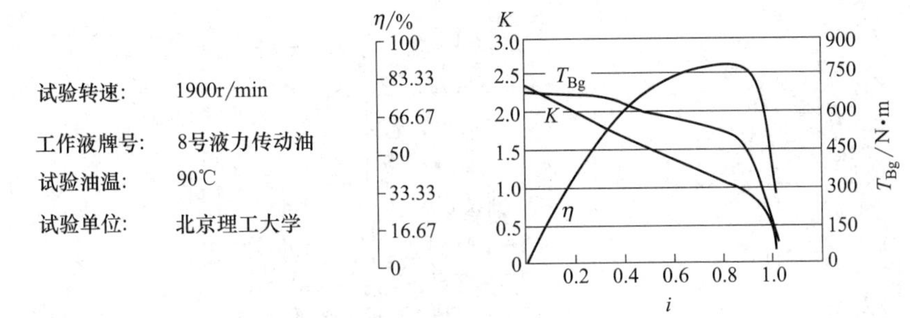

i	K	η	T_{Bg}/N·m	i	K	η	T_{Bg}/N·m
0.00	2.38	0	695.2	0.65	1.31	0.85	577.2
0.18	2.09	0.38	668.7	0.70	1.23	0.86	572.4
0.24	1.98	0.48	665.0	0.75	1.17	0.87	545.8
0.30	1.87	0.55	666.8	0.80	1.10	0.88	524.8
0.40	1.70	0.68	649.9	0.85	1.03	0.87	499.6
0.50	1.55	0.77	607.2	0.90	0.93	0.84	450.4
0.55	1.47	0.81	597.2	0.96	0.81	0.78	337.9
0.60	1.38	0.83	588.2	1.03	0.30	0.31	50.6

图 19-3-50　SD8 液力机械变矩器特性

3.3.4　液力机械变矩器传动装置产品

表 19-3-14　　内分流与外分流液力机械传动装置的技术参数

型号	液力机械变矩器型号	功率/kW	输入转速/r·min^{-1}	外形尺寸	传动比 前 1	前 2	前 3	后 1	后 2	后 3	换挡油压/MPa	润滑油压/MPa	应用主机	生产厂
ZL30	D310	71	2000	见图 19-3-51	2.870	0.861		2.009			1.1～1.4	0.1～0.2	2.0t 或 3.0t 装载机	成都工程机械总厂液力分厂
ZL40/50	YJSW 315-6	114/115	2000	见图 19-3-52，结构见图 19-3-53	2.155	0.578		1.577			1.1～1.4	0.1～0.2	2.0t 或 3.0t 装载机	杭州前进齿轮箱集团公司、四川齿轮厂、厦门鑫悦工程机械桥箱公司
D6D	D6D	103	1900	见图 19-3-54，螺旋锥齿轮速比 17/58	1.501	0.849	0.538	1.240	0.702	0.444	2.6	0.14	D6D 推土机	四川齿轮厂
D7G	D7G	149	2000	见图 19-3-55，螺旋锥齿轮速比 16/52	1.804	1.020	0.645	1.490	0.843	0.533	3	0.17	D7G 推土机	

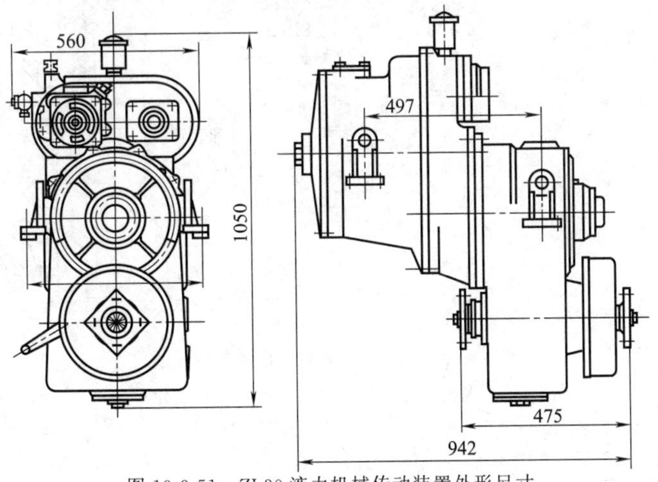

图 19-3-51　ZL30 液力机械传动装置外形尺寸

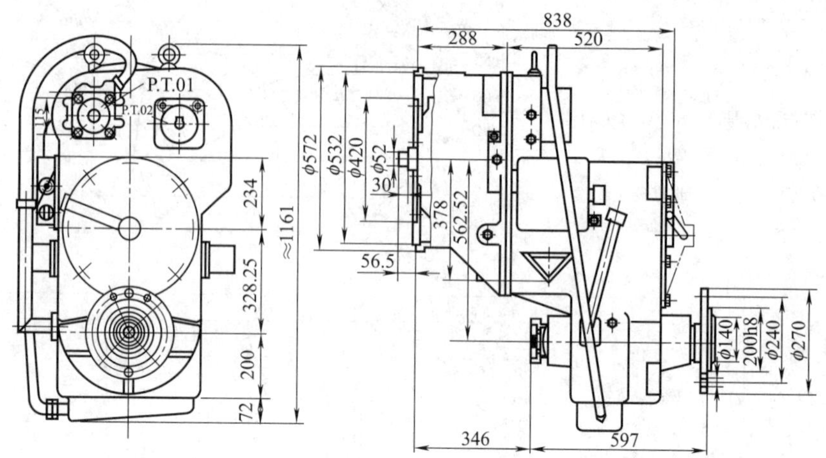

图 19-3-52　ZL40/50 液力机械传动装置外形尺寸

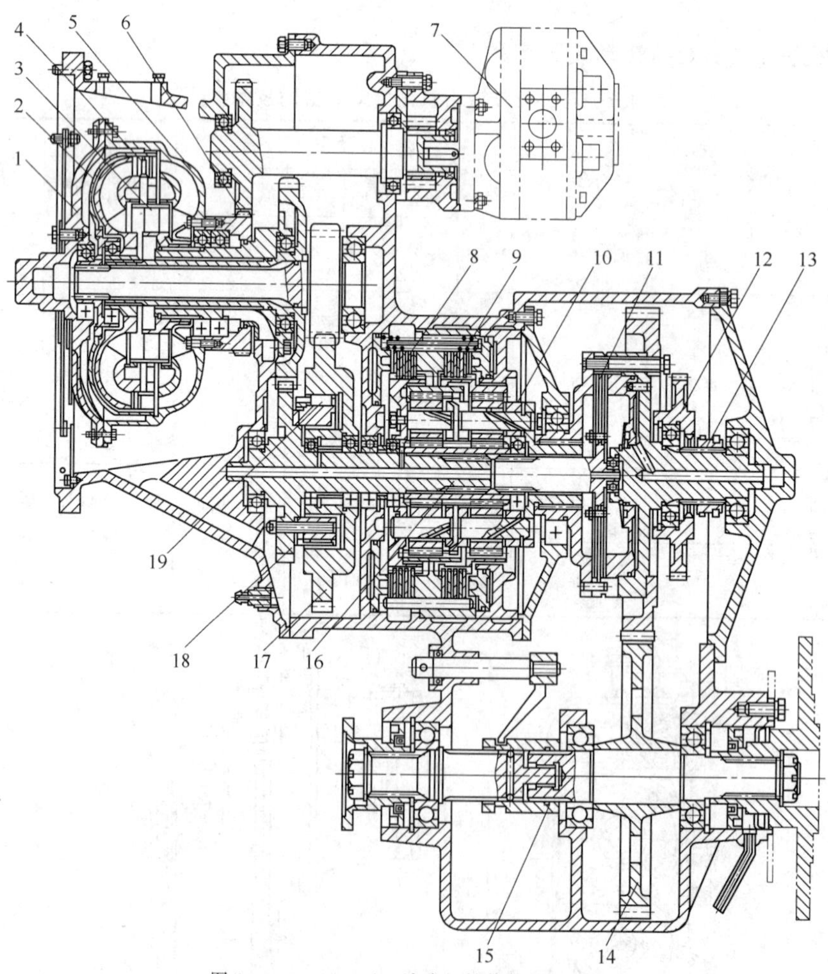

图 19-3-53　ZL40/50 液力机械传动装置结构

1—罩轮；2—Ⅱ涡轮；3—导轮；4—Ⅰ涡轮；5—泵轮；6—液压泵驱动齿轮；7—工作液压泵；8—倒挡离合器；9—Ⅰ挡离合器；10—Ⅱ挡离合器；11—闭锁离合器；12—齿轮；13—“三合一”机构齿套；14—输出轴齿轮；15—齿套联轴器；16—中间输入轴；17—超越离合器外环齿轮；18—输入轴齿轮；19—超越离合器

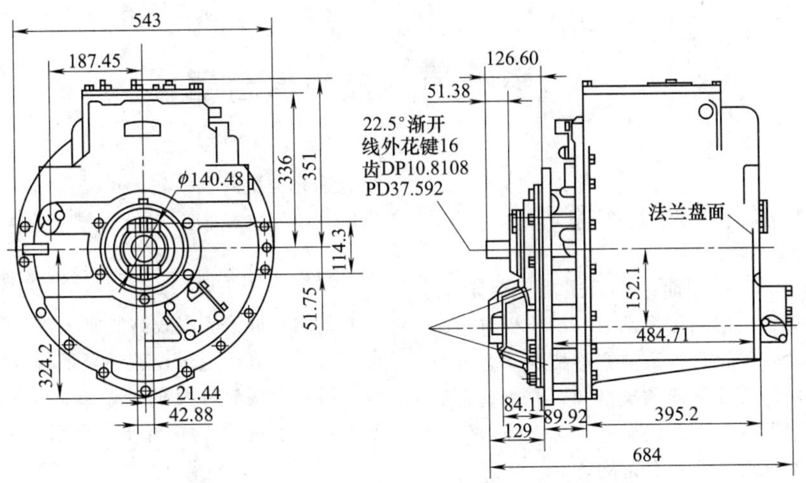

图 19-3-54　D6D 液力机械传动装置外形尺寸

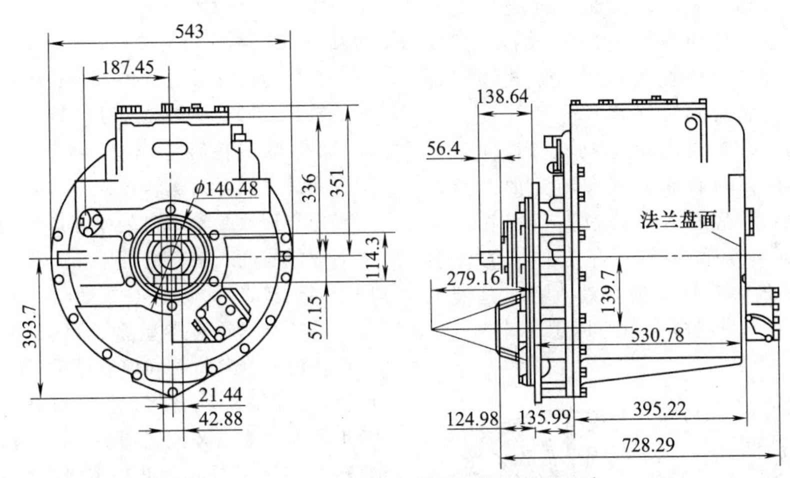

图 19-3-55　D7G 液力机械传动装置外形尺寸

第4章　液力偶合器

4.1　液力偶合器的工作原理

液力偶合器是一种应用面很广的通用传动元件。它置于动力机与工作机之间传递动力，其作用有似于离心式水泵与水轮机的组合。虽然它连接在动力机与工作机两轴之间，但与联轴器明显不同，它所具有的改善启动性能、过载保护、无级调速等方面液力偶合器的特性，是各类联轴器所不具备的。

典型的液力偶合器结构（图19-4-1）由对称布置的泵轮、涡轮、输入轴、输出轴、外壳以及安全保护装置等构成。外壳与泵轮固定连接，其作用是防止工作液体外溢。输入轴（与泵轮固定连接）与输出轴（与涡轮固定连接）分别与动力机和工作机相连接。泵轮与涡轮均为具有径向平面直叶片的叶轮，由泵轮和涡轮具有叶片的凹腔部分所形成的圆球状空腔称为工作腔，供工作液体在其中循环流动，传递动力进行工作。工作腔（亦称循环圆）的最大直径称为有效直径，是液力偶合器的特征尺寸——规格大小的标志尺寸。

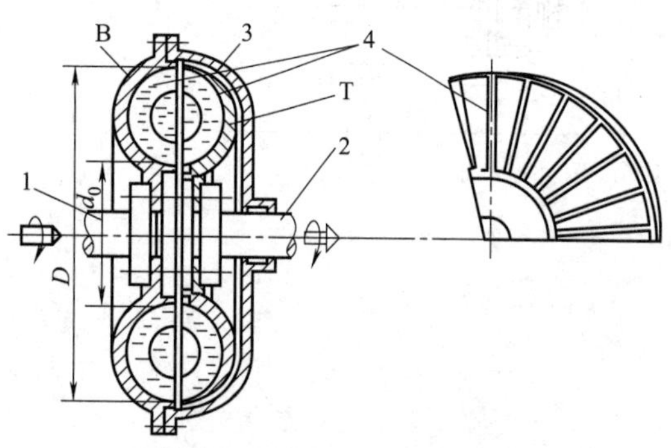

图19-4-1　液力偶合器结构示意
1—输入轴；2—输出轴；3—转动外壳；4—叶片；B—泵轮；T—涡轮

在液力偶合器被动力机带动旋转时，填充在液力偶合器工作腔内的工作液体，受泵轮的搅动，既随泵轮做圆周（牵连）运动，同时又对泵轮做相对运动。液体质点相对于叶轮的运动状态由叶轮和叶片形状决定。由于叶片为径向平面直叶片，按照叶片数目无穷多、厚度无限薄的假设，液体质点只能沿着叶片表面与工作腔外环表面所构成的流道内流动。由于旋转的离心力作用，液体质点从泵轮半径较小的流道进口处被加速并被抛向半径较大的流道出口处，从而液体质点的动量矩（mv_uR）增大，即泵轮从动力机吸收机械能（力矩 T 和转速 n）并转化成液体能 $\left(\frac{P}{\rho g}+\frac{v^2}{2g}\right)$。在泵轮出口处液流以较高的速度和压强冲向涡轮叶片，并沿着叶片表面与工作腔外环所构成的流道做向心流动。液流对涡轮叶片的冲击减低了自身速度和压强，使液体质点的动量矩降低，释放的液体能推动涡轮（即工作机）旋转做功（涡轮将液体能转化成机械能）。当液流的液体能释放减少后，由涡轮流出而进入泵轮，再开始下一个能量转化的循环流动，如此周而复始不断循环。

在能量转化的过程中，必然伴随能量损耗，造成液体发热，同时使涡轮转速 n_T 低于泵轮转速 n_B，形成必然存在的转速差（n_B-n_T）。

在液力偶合器运转过程中，由于泵轮转速始终高于涡轮转速，泵轮出口处压强高于涡轮进口处压强，因而液流能冲入涡轮进行循环流动，且使涡轮与泵轮同方向运转。

泵轮与涡轮转速差越大，则上述压差也越大，由于循环流量（单位时间内流过循环流道某一过流断面的液体的体积）与此压差平方根成正比，因此循环流量也越大（即循环流速增高）。当涡轮转速为零而泵轮转速不等于零时，循环流量最大，叶轮力矩也最大，此时为零速工况。当涡轮与泵轮转速相等时，压差为零，液流停止流动，循环流量为零，此时叶轮力矩等于零，为零矩工况。

液流与叶轮相互作用的力矩遵循如下的力矩方程，即

$$T=\rho Q(v_{u2}R_2-v_{u1}R_1) \qquad (19\text{-}4\text{-}1)$$

式中　Q——工作腔内液体的循环流量，m^3/s；

R_1，R_2——叶轮液流进、出口半径，m；

v_{u1}，v_{u2}——叶轮进、出口处液流绝对速度的圆周分速度，m/s；

ρ——工作液体密度，kg/m^3。

从式（19-4-1）中可见，叶轮力矩 T 取决于 Q、v_u、R 等参数，而 Q、v_u、R 又取决于泵轮转速、转速差和工作腔充液量。故液力偶合器传递力矩（或功率）的能力与泵轮转速和泵轮与涡轮的转速差（或转速比）大小有关，同时也与工作腔充液量大小有关，在相同情况下工作腔充液量越大，其传递力矩（或转

速）的能力也越大，反之亦然。因而调节工作腔充液量（充满度），就可改变其传输力矩和转速。从这一特性出发，采用不同的结构措施，即可构成不同类型的液力偶合器。例如设置辅助腔（用来调节工作腔充满度的空腔），在液力偶合器力矩过载时靠液流的动压或静压使工作腔中工作液体自动地倾泻入辅助腔，减少工作腔充满度，限制输出力矩的提高，从而构成限矩型液力偶合器。在工作腔以外设置导管（导流管，亦称勺管）和导管腔（供导管导出工作液体的辅助腔），依靠调节装置改变导管开度（导管口端部与旋转外壳间距的百分率值）来人为地改变工作腔中的充满度（或充液量），从而实现对输出转速的调节，按此原理构成了调速型液力偶合器。

充液量的相对值以充液率（q_c）表示

$$q_c=\frac{q}{q_0}\times 100\% \tag{19-4-2}$$

式中 q_0——液力偶合器腔体总容积；

q——腔体中实际充液体积。

充液率直接影响液力偶合器的工作特性，它是液力偶合器应用中的重要参数。

对于限矩型液力偶合器，工作腔的瞬时充满度随载荷而自动变化。对于调速型液力偶合器工作腔充满度与导管开度之间有对应关系，需外部加以调控。由于调速型液力偶合器工作腔充满度在运行中难以测定，通常以导管开度（0%～100%）来代表工作腔充满度（或充液率）。

各类液力偶合器工作液体均为6号或8号（原YLA-N32或YLA-N46）液力传动油以及HU-20汽轮机油，见表19-1-7。水介质液力偶合器应用清水或水基难燃液，见表19-1-8。

4.2 液力偶合器特性

4.2.1 液力偶合器的特性参数

表19-4-1 液力偶合器的特性参数

特性参数	定义和公式	参数意义
力矩	忽略轴承摩擦损失、液力损失等条件下，涡轮力矩与泵轮力矩相等，$T_T=T_B$ $T_B=\lambda_B\rho g n_B^2 D^5$	λ_B——泵轮转矩系数，min^2/m n_B——泵轮转速，r/min ρ——工作液体密度，kg/m^3 g——重力加速度，m/s^2 D——工作腔有效直径，m
转速比 i	液力偶合器输出转速（涡轮转速）与输入转速（泵轮转速）之比称为转速比 i 液力偶合器输出功率 P_T 与输入功率 P_B 之比称为效率，效率恒等于转速比 $i=n_T/n_B$ $\eta=P_T/P_B=T_Tn_T/(T_Bn_B)=n_T/n_B=i$	η——效率 P_B——泵轮功率，kW P_T——涡轮功率，kW
转差率 S	泵轮转速恒大于涡轮转速。用转差率 S 来表示泵轮与涡轮转速相差的程度（也可称为滑差） $S=(n_B-n_T)/n_B=1-i$	S——转差率 i——转速比 n_B——泵轮转速，r/min n_T——涡轮转速，r/min
泵轮转矩系数 λ_B	评价液力偶合器能容大小的参数，按相似原理，同一系列几何形状相似的液力偶合器，在相似工况下所传递的力矩值与液体密度1次方、泵轮转速2次方和有效直径的5次方成正比 $\lambda_B=T_B/(\rho g n^2 D^5)$	λ_B——泵轮转矩系数，min^2/m ρ——工作液体密度，kg/m^3 g——重力加速度，m/s^2 D——工作腔有效直径，m
过载系数 T_g	液力偶合器最大力矩与额定力矩之比 $T_g=T_{max}/T_n$	T_g——过载系数 T_{max}——最大力矩，N·m T_n——额定力矩，N·m
启动过载系数 T_{gQ}	液力偶合器启动力矩与额定力矩之比 $T_{gQ}=T_Q/T_n$	T_{gQ}——启动过载系数 T_Q——启动力矩，N·m
制动过载系数 T_{gZ}	液力偶合器制动力矩与额定力矩之比 $T_{gZ}=T_Z/T_n$	T_{gZ}——制动过载系数 T_Z——制动力矩，N·m
波动比 e	液力偶合器外特性曲线的最大波峰值与最小波谷值之比	

4.2.2 液力偶合器特性曲线

表 19-4-2 **液力偶合器特性曲线**

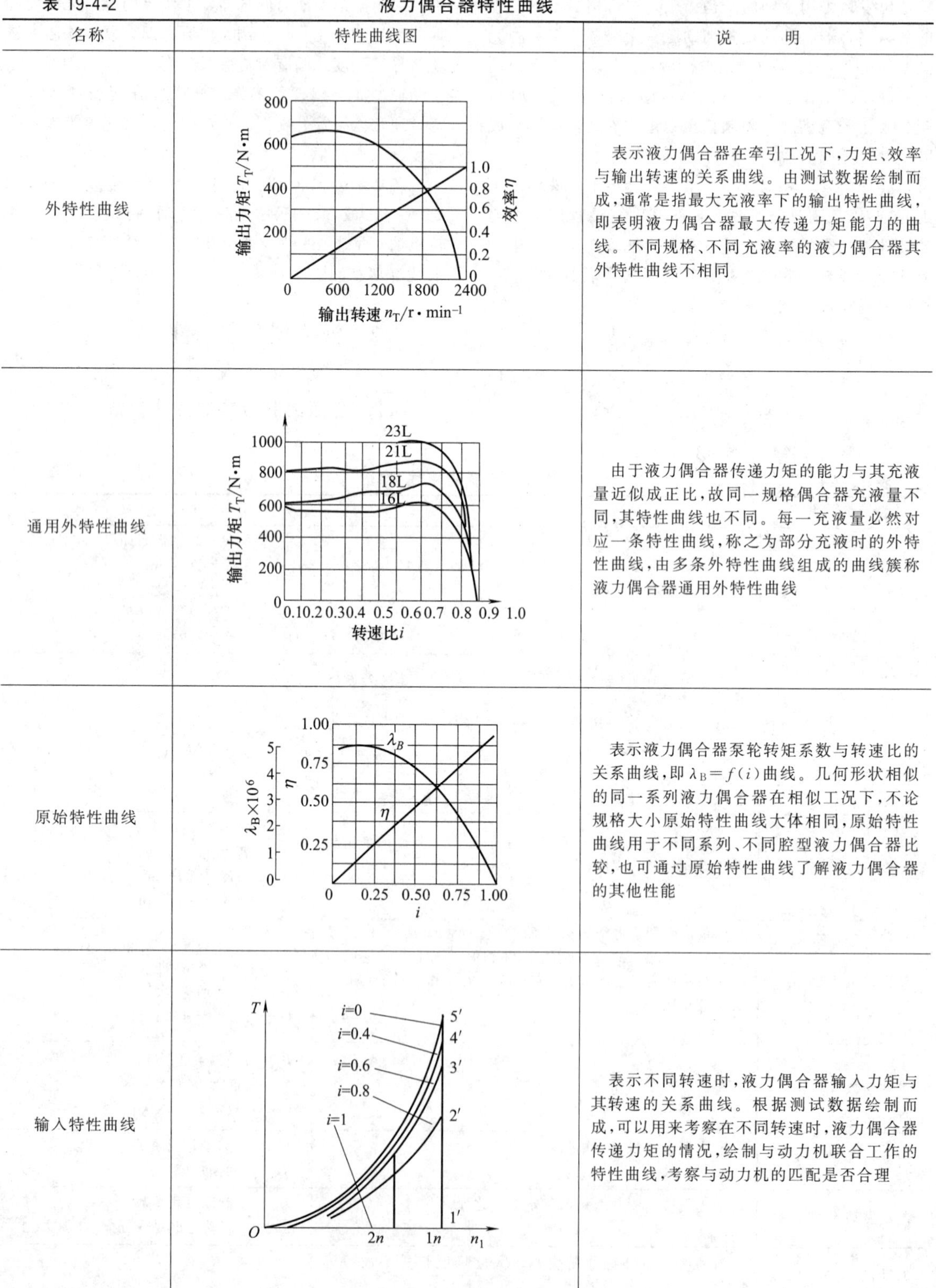

名称	特性曲线图	说明
外特性曲线		表示液力偶合器在牵引工况下，力矩、效率与输出转速的关系曲线。由测试数据绘制而成，通常是指最大充液率下的输出特性曲线，即表明液力偶合器最大传递力矩能力的曲线。不同规格、不同充液率的液力偶合器其外特性曲线不相同
通用外特性曲线		由于液力偶合器传递力矩的能力与其充液量近似成正比，故同一规格偶合器充液量不同，其特性曲线也不同。每一充液量必然对应一条特性曲线，称之为部分充液时的外特性曲线，由多条外特性曲线组成的曲线簇称液力偶合器通用外特性曲线
原始特性曲线		表示液力偶合器泵轮转矩系数与转速比的关系曲线，即 $\lambda_B=f(i)$ 曲线。几何形状相似的同一系列液力偶合器在相似工况下，不论规格大小原始特性曲线大体相同，原始特性曲线用于不同系列、不同腔型液力偶合器比较，也可通过原始特性曲线了解液力偶合器的其他性能
输入特性曲线		表示不同转速时，液力偶合器输入力矩与其转速的关系曲线。根据测试数据绘制而成，可以用来考察在不同转速时，液力偶合器传递力矩的情况，绘制与动力机联合工作的特性曲线，考察与动力机的匹配是否合理

续表

名称	特性曲线图	说　　明
调节特性曲线	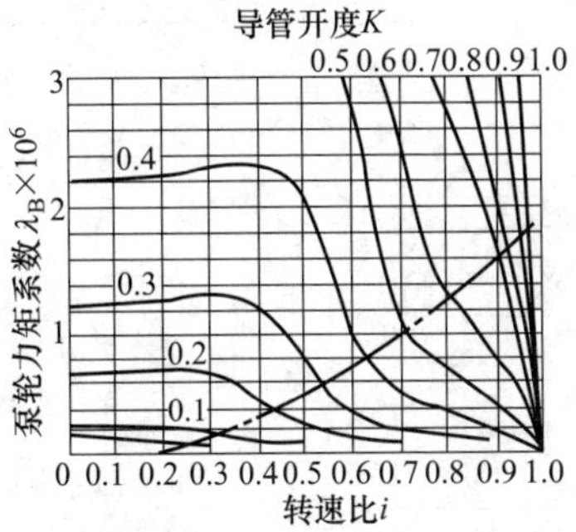 导管开度K 0.5 0.6 0.7 0.8 0.9 1.0 泵轮力矩系数$\lambda_B\times10^6$ 3 2 1 0.4 0.3 0.2 0.1 0 0.1 0.2 0.3 0.4 0.5 0.6 0.7 0.8 0.9 1.0 转速比i	调速型液力偶合器泵轮转矩系数与导管开度 K（即充液率）及转速比 i 的关系曲线。调节特性曲线用来考察调速型液力偶合器在不同充液率和不同转速比时传递力矩的能力，调节特性是非线性的，必要时应设法校正
全特性曲线	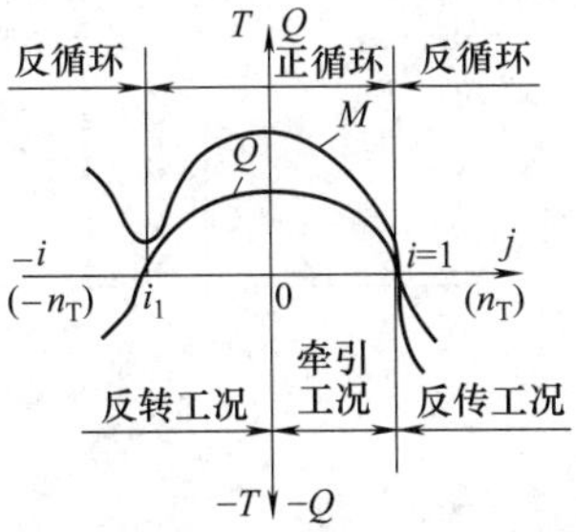 T Q 反循环　正循环　反循环 M Q $-i$ $(-n_T)$ i_1 0 $i=1$ j (n_T) 反转工况　牵引工况　反传工况 $-T$ $-Q$	包括液力偶合器牵引、反传和反转工况在内的外特性曲线
牵引工况特性曲线	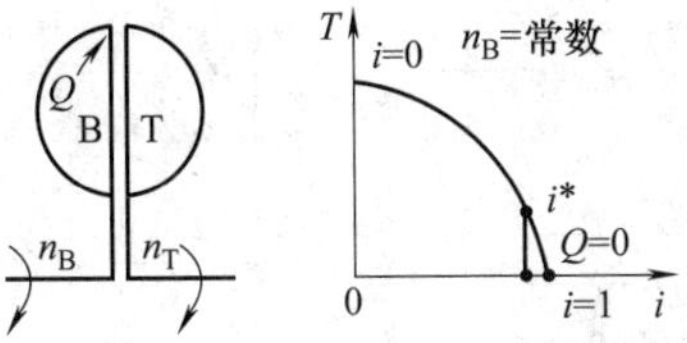 Q B T n_B n_T T $i=0$ n_B=常数 i^* $Q=0$ 0 $i=1$ i	功率由泵轮输入，涡轮输出，且两工作叶轮旋转方向相同工况的特性曲线。牵引工况是液力偶合器最常用的工况，有三个特殊工况点应予以注意： 设计工况点：$i=i^*$，$i^*=0.96\sim0.985$ 零速工况点：$i=0$，$n_T=0$，可能是启动工况，也可能是制动工况 零矩工况点：$i=1$，$Q=0$，$T_T=T_B=0$，工作液体无环流运动
反传工况特性曲线	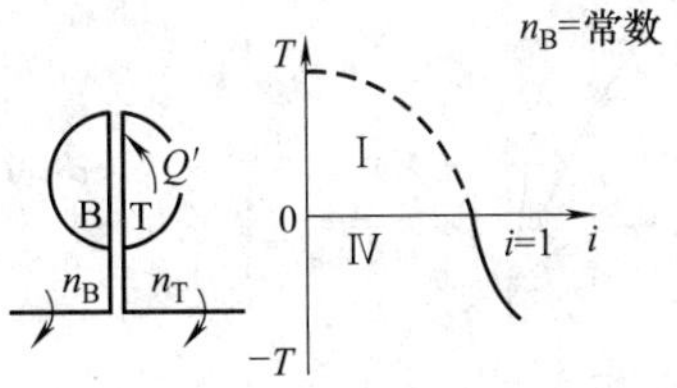 n_B=常数 T Ⅰ Q' B T n_B n_T 0 Ⅳ $i=1$ i $-T$	亦称超越工况，即在外载荷的驱动下，涡轮的转速大于泵轮转速，动力反传，涡轮带动泵轮克服动力机的输入力矩反转。工作腔内工作液体反向循环，涡轮输入功率，泵轮输出功率，动力机处于发电状态，特性曲线与牵引工况相反，位于第Ⅳ象限。下运带式输送机飞车，或起重机起升机构带重物下落，均可造成偶合器反传
反转工况特性曲线	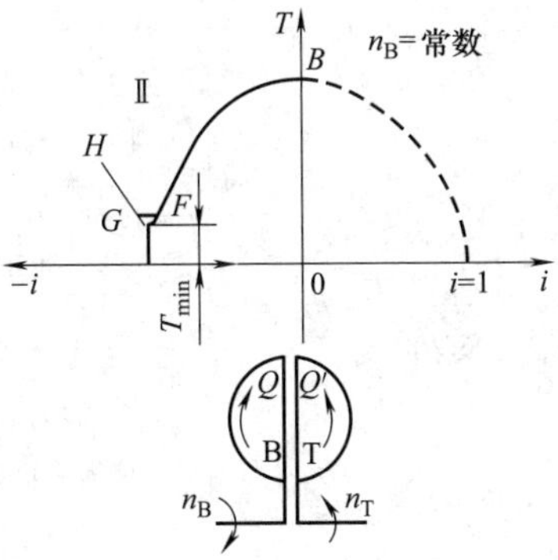 T n_B=常数 Ⅱ B H G F $-i$ T_{min} 0 $i=1$ i Q Q' B T n_B n_T	涡轮受载荷制约，旋转方向与泵轮旋转方向相反时工况的特性曲线。此时载荷驱动偶合器涡轮反转，动力机驱动偶合器泵轮正转，载荷与动力机同时向偶合器输入功率，均转化为热量，使偶合器升温。随着涡轮反转速度的提高，液流的循环流速减慢，传递力矩下降。当涡轮反转速度进一步增大，达到某个转速比时，$Q=0$，$P_B=P_T$，当涡轮反转速度大于泵轮正转速度后，液流反向循环，流量增大，力矩增大。特性曲线位于第Ⅱ象限，堵转阻尼型液力偶合器就是这种特性

4.2.3 影响液力偶合器特性的主要因素

表 19-4-3 影响液力偶合器特性的主要因素

序号	影响因素	简图	说明
1	循环圆形状（腔型）	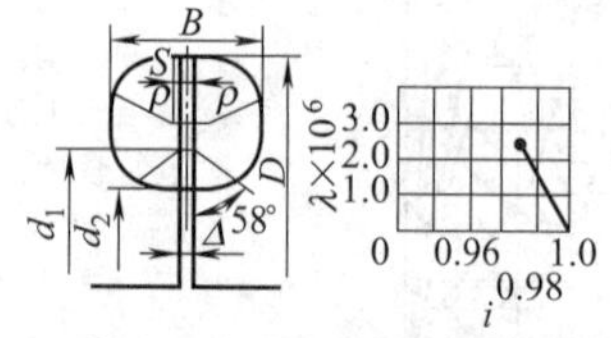 扁圆型腔(调速偶合器常用) 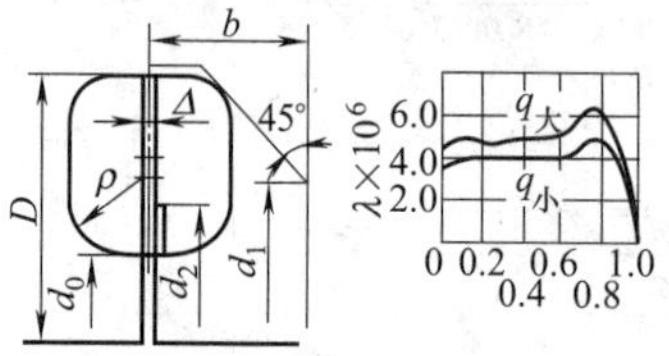 静压泄液腔(限矩偶合器常用)	工作腔的形状简称腔型。是指由叶片间通道表面和引导工作液体运动的外环间的其他表面所限制的空间(不包括液力偶合器辅助腔)。工作腔的轴面投影图以旋转轴线上半部分的形状表示，称为循环圆。循环圆的最大直径以"D"表示，称有效直径。液力偶合器的主要性能是由工作腔决定的，简图中仅列举两个常用腔型，其余见后
2	工作叶轮叶片数	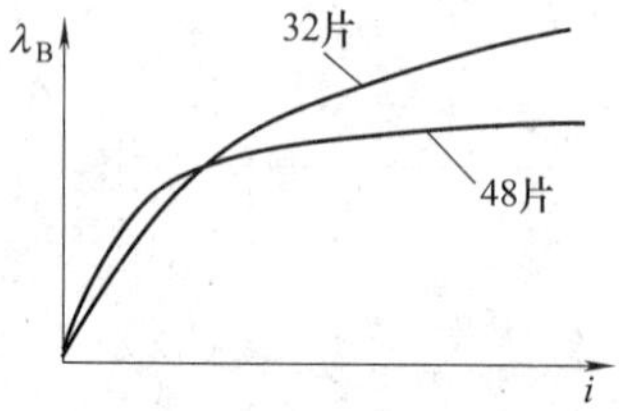	从理论上说，叶片无穷薄，叶片无限多，才最能体现液力传动的真实情况。但实际上叶片数量过多不仅使叶轮有效腔容降低，过流面积减少，而且使液力损失增加，从而使流体的循环流量和传递力矩降低。叶片数量过少，则液流在出口处偏离增大，循环流量转换不充分，冲击损失和容积损失增大，传递力矩降低。叶片数多少还对过载系数有一定影响，叶片数相对较多的偶合器过载系数较低。通常涡轮叶片数比泵轮叶片数差1～3片，最佳叶片数通过试验确定
3	叶片倾斜角度	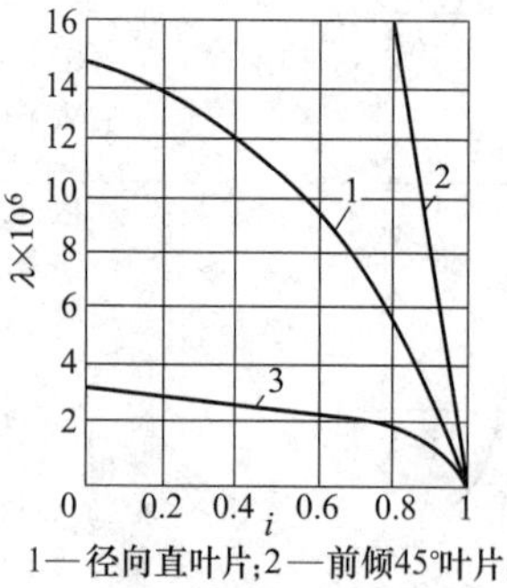 1—径向直叶片；2—前倾45°叶片；3—后倾45°叶片	一般偶合器均采用倾斜角度为零的径向平面直叶片。这样的叶栅便于制造，又可以正反转。改变叶片倾斜角度会改变偶合器特性参数，前倾斜叶片会加大泵轮转矩系数，后倾斜叶片会降低泵轮转矩系数。通常液力减速(制动)器采用前倾45°的叶片，这样有利于增大制动力矩
4	叶片结构	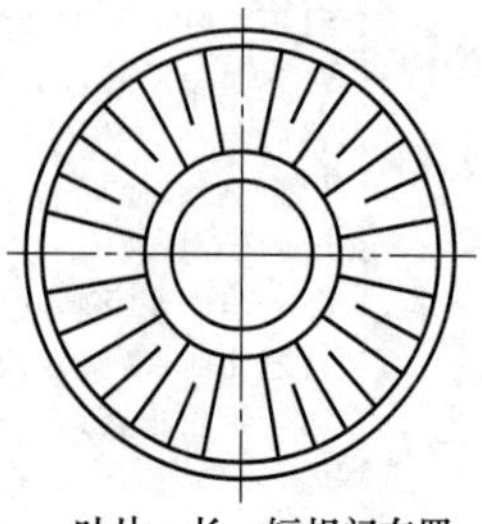 叶片一长一短相间布置 　叶片一长两短相间布置	叶片结构形式对液力偶合器特性参数有很大影响 ①为了降低扩散(收缩)液力损失，尽量达到工作叶轮进口与出口等容积，常采用长短相间叶片 ②为了降低过载系数，涡轮叶片常采用大小腔，或在泵轮、涡轮的内缘倒角 ③叶片结构合理的液力偶合器液力损失低，传递力矩高，过载系数低

续表

序号	影响因素	简　图	说　明
5	叶片厚度	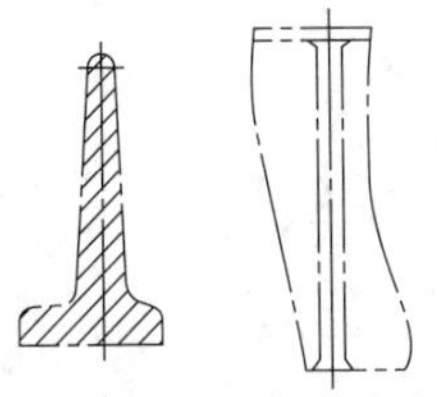 叶片轴向不等厚结构 叶片径向不等厚结构	从理论上讲叶片越薄越好，但受制造工艺和叶片强度的制约，叶片不可能制得过薄，但是叶片过厚会降低叶轮的有效腔容，使传递力矩降低。叶片过薄又使强度降低，容易出现叶片损坏等故障。为了既不影响传递力矩，又能增加叶片强度，往往将叶片制成径向或轴向不等厚的，或双向均为不等厚的
6	工作液体黏度	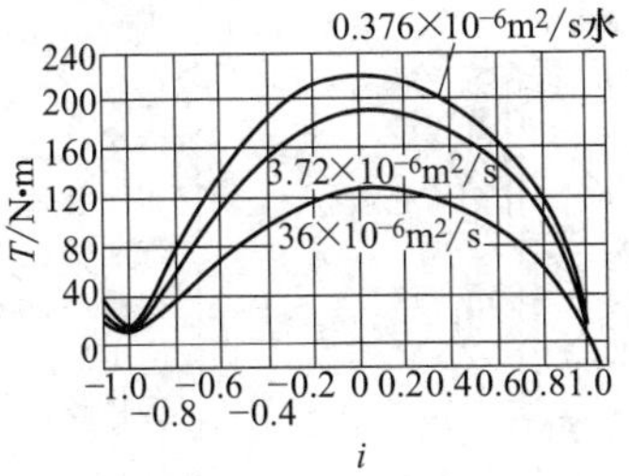	工作液体黏度越大，对叶轮工作腔的摩擦力增大，且液体内阻力增大，工作液体环流运动的速度就降低，传递力矩也必然降低。工作液体黏度低，流动性好，传递力矩能力大，但过低的液体黏度对润滑和密封不利
7	工作液体温度	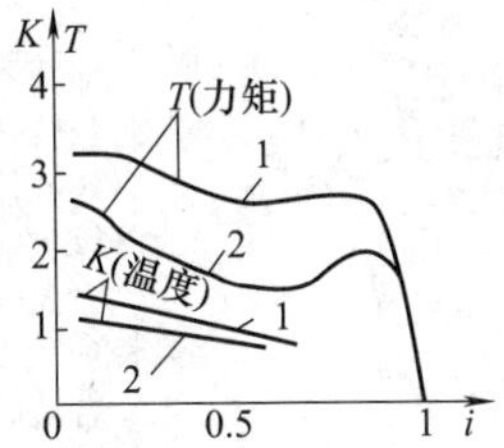	工作液体温度高，液体黏度低，流动性好，对工作腔表面的摩擦力减少，损耗功率少，传递力矩增大。但过高的温度会使工作液体老化、机械变形、密封件老化失效，故工作液体温度常控制在(65±5)℃，最高可达90℃
8	充液率	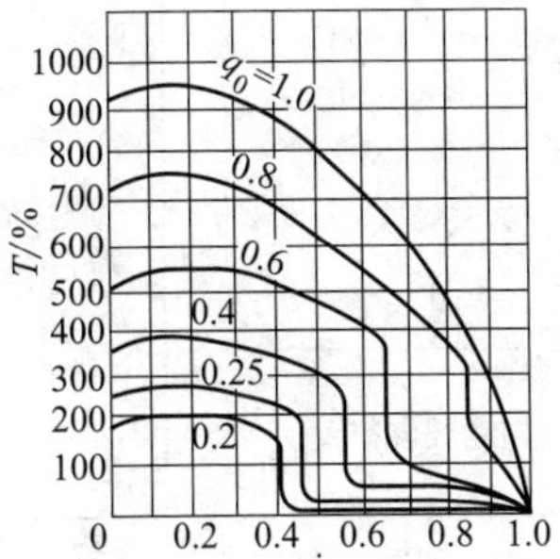	①影响传递功率值：充液率越多传递功率越大；反之，充液率降低，传递功率降低 ②影响转差率和输出转速：当外载荷一定时，充液率高，则转差率小，输出转速高；反之，充液率低，转差率大，输出转速降低，发热量上升 ③影响偶合器稳定性：低充液率时偶合器不稳定区增大，高充液率时偶合器不稳定区缩小
9	阻流板	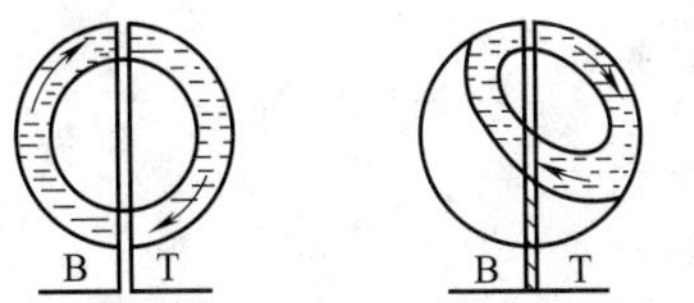 不带阻流板的环流 带阻流板的环流	在偶合器涡轮内缘设置阻流板，以阻止在低转速比时环流由小环流向大环流转化，从而改善偶合器的特性，降低环流改道所造成的力矩振荡、输出转速波动，对降低偶合器的过载系数有一定作用

续表

序号	影响因素	简　图	说　明
10	侧辅腔	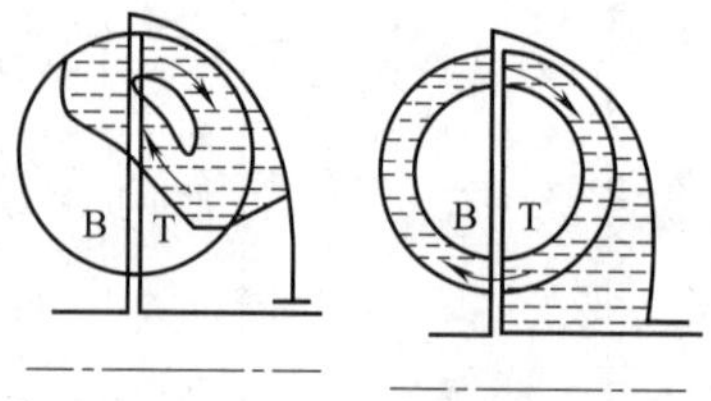 额定运转工况　启动或超载工况	①在超载或启动时,液流由工作腔向侧辅腔分流,使工作腔内的实际充液量降低,传递力矩降低,起到过载保护作用 ②由于靠静压泄液,故泄液速度慢,抗瞬时过载能力不足
11	前辅腔	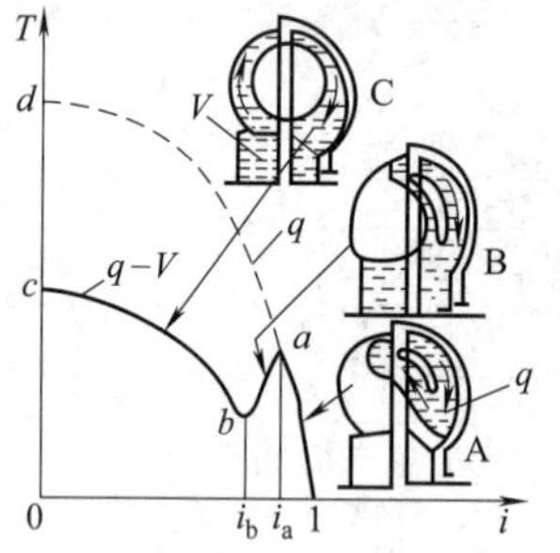	①图中虚线是无前辅腔液力偶合器的特性。由图可见,前辅腔对于降低液力偶合器超载时的传动力矩有一定作用,防动力过载作用灵敏 ②前辅腔对于改善偶合器特性作用有限,若前辅腔容积过大,则力矩跌落过大;若容积过小,则分流能力不足,改变特性的能力过小。因而单独采用前辅腔作用不大,常与后辅腔合用
12	后辅腔	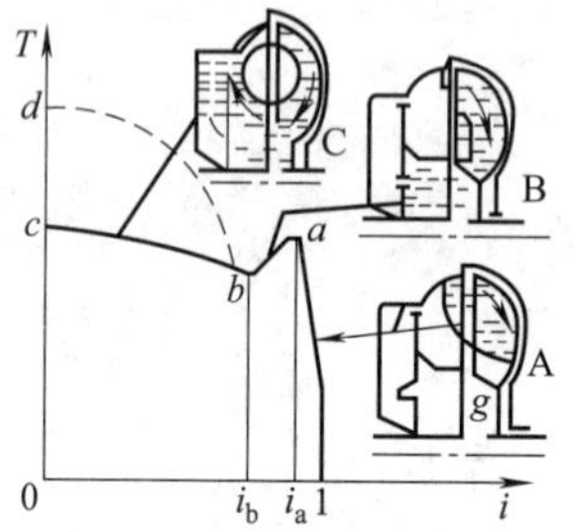	①改善低转速比及超载工况特性,由于后辅腔容积较大且与前辅腔合用,所以分流流量较多,使工作腔内实际参与传递力矩的工作液体量值降低,传递力矩大为降低,过载保护能力增强,泄流速度快、抗瞬时过载能力强 ②改善启动工况特性,使启动性能柔和,启动时间延长
13	辅助腔的容积及分配	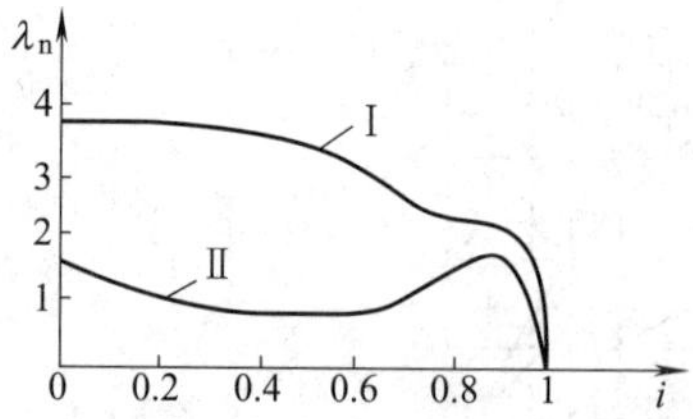 Ⅰ—辅助腔容积小;Ⅱ—辅助腔容积大	侧辅腔、前辅腔、后辅腔的容积大小和合理分配对偶合器特性影响较大

4.3　液力偶合器分类、结构及发展

4.3.1　液力偶合器形式和基本参数(GB/T 5837—2008)

4.3.1.1　形式和类别

(1) 形式

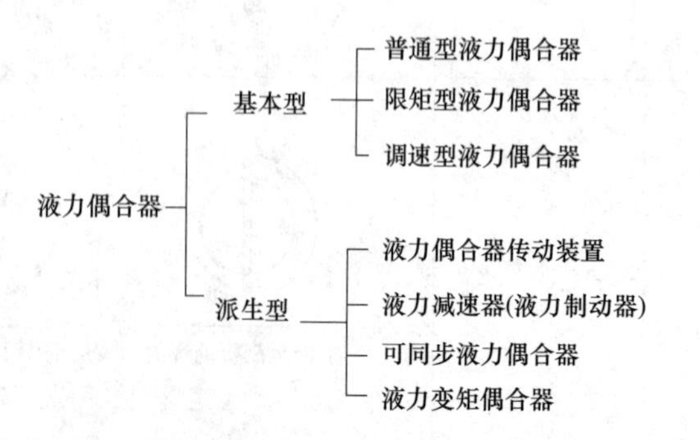

（2）类别

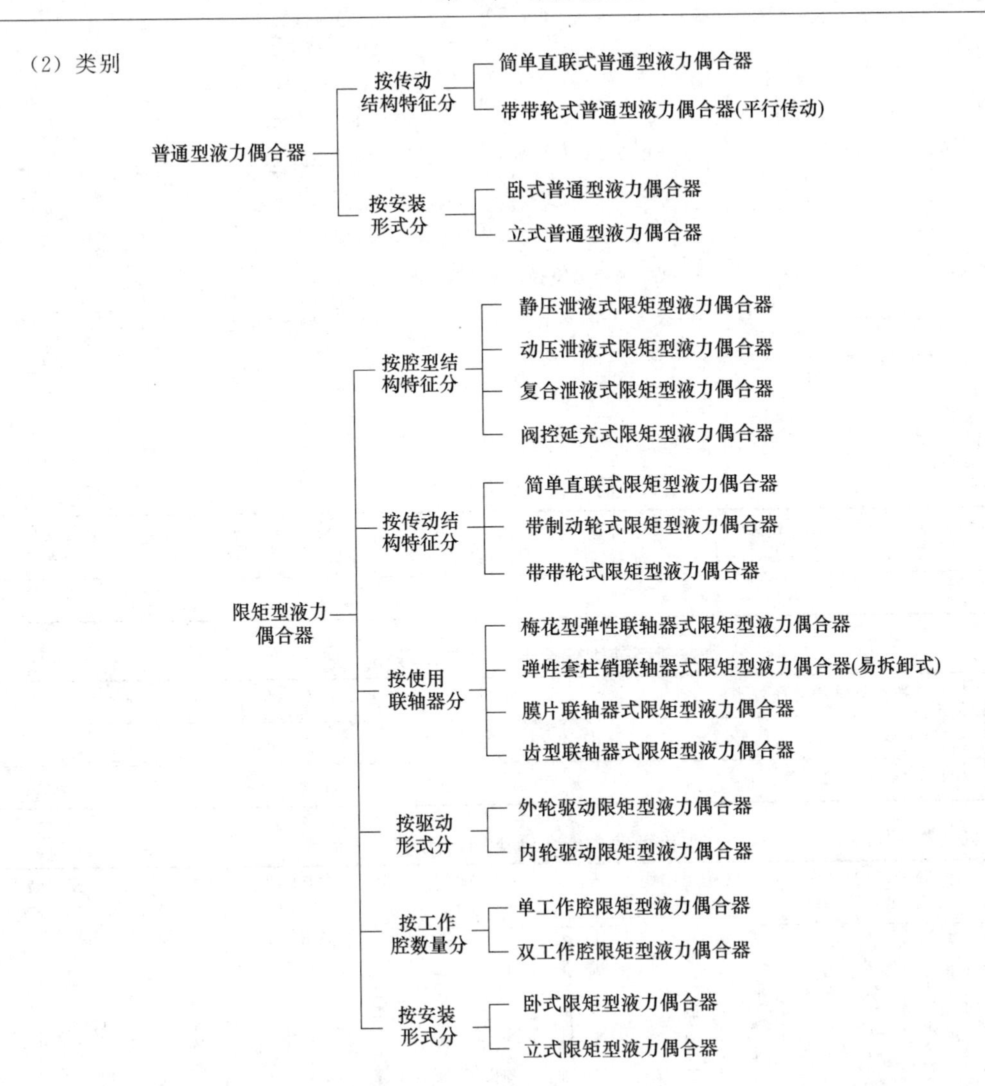

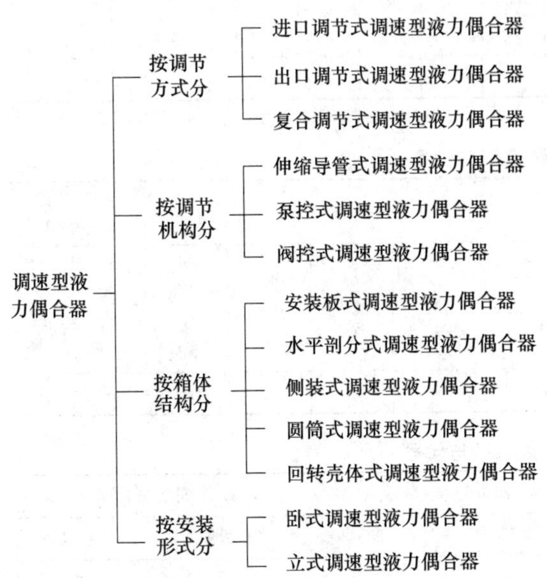

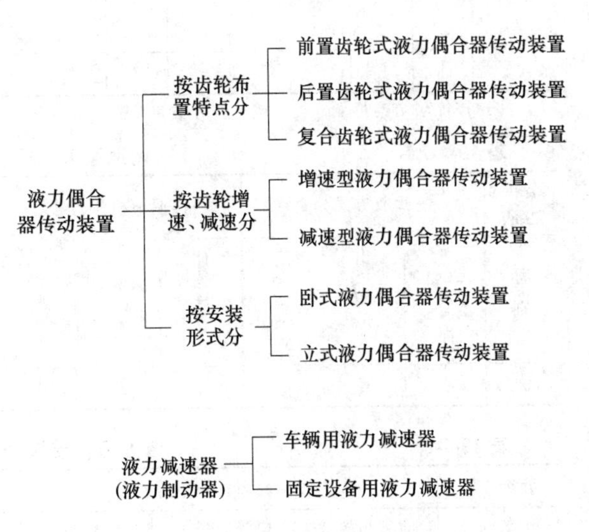

可同步液力偶合器和液力变矩偶合器不分类。

（3）型号

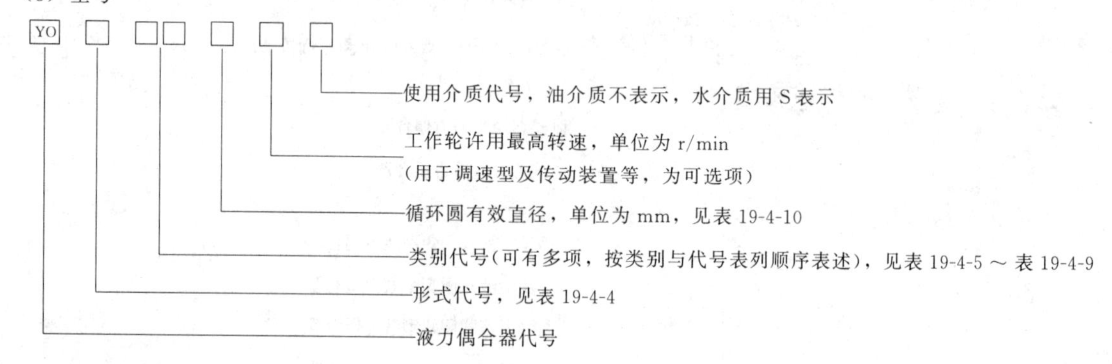

注："循环圆有效直径"后"/"只在标注"工作轮许用最高转速"时同时标注，否则不标注。

表19-4-4　液力偶合器形式与代号

形式	普通型液力偶合器	限矩型液力偶合器	调速型液力偶合器	液力偶合器传动装置	液力减速器	可同步液力偶合器	液力变矩偶合器
代号	P	X	T	C	J	K	B

表19-4-5　普通型液力偶合器类别与代号

分类方法	按传动结构特征分类		按安装形式分类	
类别	简单直联式	带带轮式	卧式	立式
代号	—	P	—	L

表19-4-6　限矩型液力偶合器类别与代号

分类方法	按腔型结构分类				按传动结构特征分类			按使用联轴器分类				按驱动形式分类		按工作腔数量分类		按安装形式分类	
类别	静压泄液式	动压泄液式	复合泄液式	阀控延充式	简单直联式	带制动轮式	带带轮式	梅花型弹性联轴器式	弹性套柱销联轴器式	膜片联轴器式	齿型联轴器式	外轮驱动	内轮驱动	单工作腔	双工作腔	卧式	立式
代号	J	D	F	V	—	Z	P	—	E	M	C	—	N	—	S	—	L

注：按传动结构特征分类、按工作腔数量分类、按安装形式分类必须在型号中表示，其他为可选项，根据需要表示。

表19-4-7　调速型液力偶合器类别与代号

分类方法	按调节方式分类			按调节机构分类			按箱体结构分类					按安装形式分类	
类别	进口调节式	出口调节式	复合调节式	伸缩导管式	泵控式	阀控式	安装板式	水平剖分式	侧装式	圆筒式	回转壳体式	卧式	立式
代号	J	C	F	—	B	V	—	P	S	Y	H	—	L

表19-4-8　液力偶合器传动装置类别与代号

分类方法	按齿轮布置特点分类			按齿轮增、减速分类		按安装形式分类	
类别	前置齿轮式	后置齿轮式	复合齿轮式	增速式	减速式	卧式	立式
代号	Q	H	F	Z	J	—	L

表 19-4-9　液力减速器类别与代号

分类方法	按用途分类	
类　别	车辆用	固定设备用
代　号	C	G

（4）标记示例

① 循环圆有效直径 560mm、复合泄液式、带制动轮的水介质限矩型液力偶合器，表示为：

液力偶合器　YOX_{FZ}560S GB/T 5837

② 循环圆有效直径 560mm、出口调节式、伸缩导管调节式、水平剖分式、泵轮最高转速为 3000r/min 的调速液力偶合器，表示为：

液力偶合器　YOT_{CP}560/3000 GB/T 5837

③ 循环圆有效直径 560mm、前置齿轮式、增速型液力偶合器传动装置，表示为：

液力偶合器传动装置 YOC_{QZ}560 GB/T 5837

4.3.1.2　基本参数

1）循环圆有效直径

2）基本性能参数　在雷诺数 $Re \geqslant 5 \times 10^6$ 条件下，液力偶合器的基本性能参数应符合表 19-4-11 与表 19-4-12 的规定。

表 19-4-10　液力偶合器循环圆有效直径系列　mm

180	200	220	250	280	320	360	400	450	(487)	500
560	(600)	650	750	(800)	875	1000	1150	(1250)	1320	1550

注：括弧中数值不推荐选用。

表 19-4-11　普通型与限矩型液力偶合器的基本性能参数

形　式	工作腔有效直径/mm	q_v=80%时泵轮转矩系数 λ_B/min² · m⁻¹	额定转差率 S/%
普通型液力偶合器 限矩型液力偶合器	$D \leqslant 320$	$\geqslant 1.45 \times 10^{-6}$	4
	$D = 360 \sim 560$	$\geqslant 1.55 \times 10^{-6}$	
	$D \geqslant 650$	$\geqslant 1.65 \times 10^{-6}$	

注：1. q_v 为充液率，液力元件的工作液体体积与腔体容积之比。
2. 液力偶合器使用介质为油介质。

表 19-4-12　其他几种液力偶合器的基本性能参数

形　式	额定泵轮转矩系数 λ_B/min² · m⁻¹	额定转差率 S/%
调速型液力偶合器、液力偶合器传动装置	$\geqslant 1.80 \times 10^{-6}$	3
液力减速器	$\geqslant 17.0 \times 10^{-6}$	100

注：液力偶合器使用介质为油介质。

4.3.2　液力偶合器部分充液时的特性

普通型与限矩型液力偶合器均需在投运前充入与传递功率相应量的工作液体，故国外称此两类为常充型（constant filling）液力偶合器。按传递功率值，充液率可在 40%～80%范围内选定。这是由于充液率小于 40%时未发挥出其传递功率能力而不经济；而充液率大于 80%时，则因工作腔内缺乏供液流流态变化的足够空间而影响液力偶合器特性。如果腔内全充满液体，则不但特性变坏，更因液体受热膨胀会引起密封失效或液力偶合器壳体爆裂。试验表明，在部分充液情况下，运转在不同工况会出现两种基本流动形式，即小环流和大环流。

小环流如图 19-4-2（a）所示，在转速差较小（高转速比工况）时，液体在工作腔内循环流动速度较低，在涡轮内做向心运动的液体在涡轮旋转离心力作用下，在尚未到达工作腔的内缘部位，由于液体质点的向心力与离心力相等而失去向心运动动力，在其后液流推动下而改向进入泵轮，由泵轮得到液体能后又继续进入涡轮释放液体能，如此反复循环。在循环流动液体中的向心与离心流动流束之间有一小小的封闭的分界面，界面内为存留空气的空腔。随着转速差的升高，涡轮旋转离心力减弱，而液流在涡轮内的向心流动逐步加强。当转速差达到某值以后，小环流突然转变为大环流［图 19-4-2（b）］。大环流液流沿工作腔外环流动，在中心形成较大的充满空气的气腔。由小环流转变为大环流时，泵轮中液流平均流线的入口半径 r_{B1} 减小了，因而传递力矩增大［式（19-4-1)］，这时会产生力矩的突然升高，影响运转的平稳性，故应避免其产生。办法有二：一是在涡轮中心部位增设挡板，防止小环流向大环流的突变，缩小两者差距，即可避免液力偶合器输出转速的不稳定，又可起到限制力矩突然升高的作用；二是使涡轮诸叶片与其背壳构成的流动出口半径不相等，使它们按某种规律相配比，变小环流向大环流的突变为渐变，使力矩和转速均能平缓的变化。

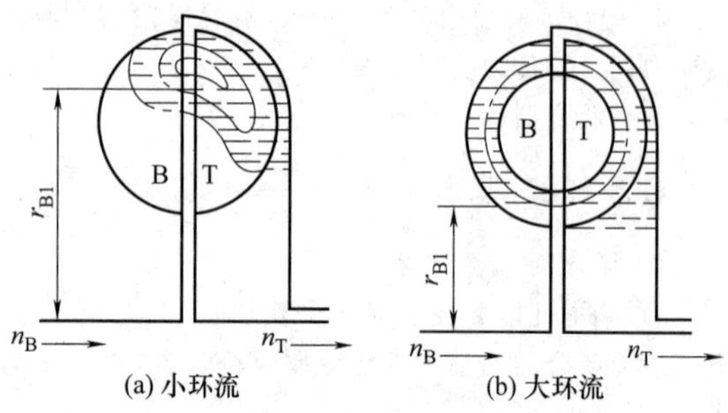

图 19-4-2　液力偶合器液流流动形式

大、小环流的转换是在某一转差率下发生的，称该转差率为临界转差率。充液率不同，临界转差率也不同，通常充液率越大，则临界转差率越小。

通常小环流发生在额定工况下，在运转中一旦超载，小环流立即变为大环流，限矩型液力偶合器正是利用大环流使工作腔向辅助腔泄液，从而限制低转速比时力矩的上升。

4.3.3　普通型液力偶合器

普通型液力偶合器（图 19-4-3）只有泵轮 2、涡轮 3、外壳 1 以及主轴等基本构件，除工作腔外无任何限矩（如辅助腔或挡板）、调速等结构措施。腔体有效容积大，传动效率高。其零速力矩可达额定力矩的 6～7 倍，甚至有时达 20 倍。因此过载系数大，过载保护性能很差。多用于不需要过载保护与调速的传动系统中，起隔离扭振和减缓冲击作用。如外配辅助系统可作为液体离合器用于舰船和绕线机等传动系统中。图 19-4-3 为带有带轮的普通型液力偶合器。这种结构的液力偶合器多用于小功率传动。泵轮 2 和涡轮 3 通过中空的泵轮轴支承在电动机轴上，通过键和定位螺栓使液力偶合器与电动机轴固定连接。带轮 1 通过外壳与涡轮 3 固定连接，液力偶合器通过 V 带轮将动力传给工作机。带有带轮的液力偶合器既能简化传动系统的连接，又使动力机和工作机可平行布置（即平行传动），扩大了液力偶合器的应用领域。在中小规格的搅拌机、长床身的机床中，这种平行传动较为常见。

由于普通型液力偶合器的泵轮、涡轮形状对称，使其正向传动（动力从泵轮传至涡轮）与反向传动性能相同，可允许泵轮与涡轮（或动力机与工作机）互易其位。

图 19-4-4 为快放阀式普通型液力偶合器，可传递较大的功率，有供油系统使之可作为液体离合器使用。主动轴 1 和从动轴 5 的支点均在两侧，两叶轮均

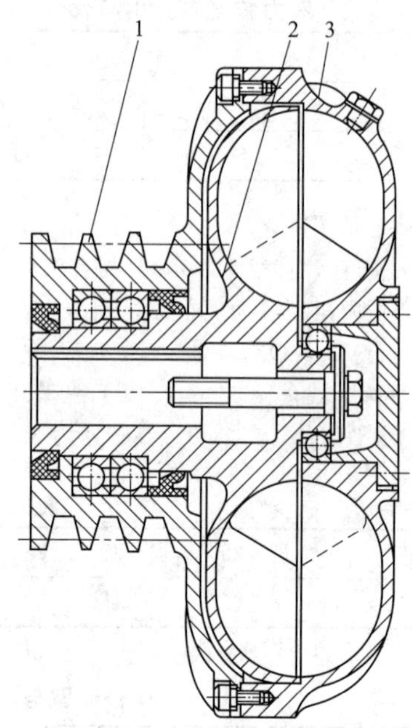

图 19-4-3　普通型液力偶合器
1—外壳及带轮；2—泵轮；3—涡轮

呈悬臂布置，这种结构称悬臂式结构。优点是结构比较简单，零件制造精度要求不高，允许泵轮、涡轮之间有较大径向、轴向尺寸偏差和角度偏差，主、从动轴同轴度要求低，拆装调整容易。缺点是轴向尺寸大，轴向力不能平衡，易产生较大的振动等。在正常工作时供油系统连续向工作腔供油，当需工作机快速停止时，在停止供油的同时，快放阀 3 开启，工作腔中油液迅速排空，切断主动轴与从动轴的动力联系，满足快速停止的需要。

4.3.4　限矩型液力偶合器

普通型液力偶合器由于过载系数大，使其在许多设备上无法应用。为了有效地保护动力机（及工作机）不过载，要求液力偶合器在任何工况下的力矩均不得大于动力机的最大力矩。因此必须采取结构措施来限制低转速比时力矩的升高。常采用的结构措施有设置辅助腔、采用多角形工作腔和在泵轮与涡轮之间加设挡板等。其中应用最多的是设置辅助腔，依靠超载时减少工作腔液体充满度来限制力矩的升高，此方式在限矩时能量损失较少。在泵轮与涡轮之间加设挡板限矩时能量损耗较大，常作为辅助限矩方式与辅助腔相配合来应用。

常见的限矩型液力偶合器有静压泄液式、动压泄液式和复合泄液式三种基本结构。在此基础上又有派生形式出现，诸如动压泄液式限矩型液力偶合器有派生形式：阀控延充式、闭锁式、堵转阻尼式、加长后

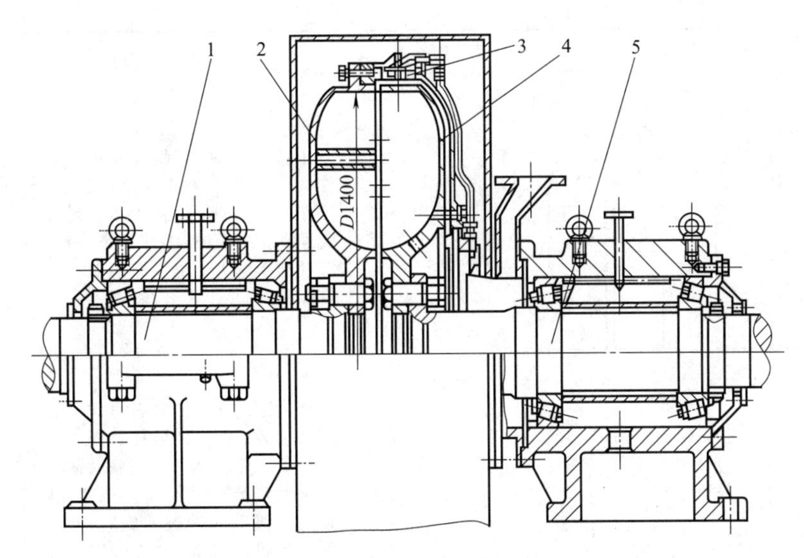

图 19-4-4　快放阀式普通型液力偶合器
1—主动轴；2—泵轮；3—快放阀；4—涡轮；5—从动轴

辅腔及侧辅腔式、水介质液力偶合器、液力变矩偶合器及无滑差静液力机械偶合器等。

限矩型液力偶合器在恒定充液率下依靠各种不同结构措施在运行中改变工作腔中液体环流状态或充满度来限制力矩的升高。限矩型液力偶合器的限矩原理见表 19-4-13。

表 19-4-13　**限矩型液力偶合器的限矩原理**

形式	原理简图	结构特点	限矩原理	优缺点
挡板式	正常运行工况　启动或超载工况 B　T 挡板	在涡轮出口处或泵轮入口处安装挡板(阻流板)	正常运转时，工作液体作小环流运动，不触及阻流板。过载时，涡轮受阻转速降低，环流改道作大环流运动，受到挡板的阻碍并产生涡流造成能量损失，从而阻止输出力矩升高	能降低波动比，有一定限矩作用，但不能单靠挡板限矩，挡板尺寸过大影响力矩系数。常与其他限矩措施合用
静压泄液式	正常运行工况　启动或超载工况 B　T 侧辅腔	在涡轮一侧设置容积较大的侧辅腔	正常工作时，侧辅腔与工作腔内的压力平衡，在离心力作用下，工作液体大部分进入工作腔。超载时，涡轮转速降低，侧辅腔液环降速，压力降低，工作腔液体作大环流运动，压力上升。在压差作用下，液体由工作腔向侧辅腔流动，工作腔充满度降低，力矩不再升高	限矩性能较好，但突然超载时，因泄液较慢，故动态过载系数较高，防瞬时过载能力差，由于结构简单，小型液力偶合器常采用此型

续表

形式	原理简图	结构特点	限矩原理	优缺点
动压泄液式(1)	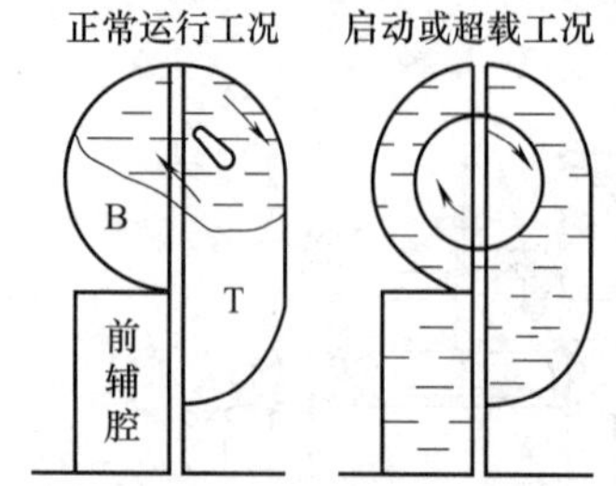 正常运行工况　启动或超载工况 B　T　前辅腔	在涡轮与泵轮的内缘设置容积较大的前辅腔	正常工作时，前辅腔中的工作液体在离心力作用下，进入工作腔。超载时，液体作大环流运动，在此动压力作用下，液流冲进前辅腔，使工作腔充满度降低，力矩不再升高	有一定的限矩作用，但易出现力矩跌落现象和制动力矩提高现象，结构简单，轴向尺寸短，小型偶合器常用此形式
动压泄液式(2)	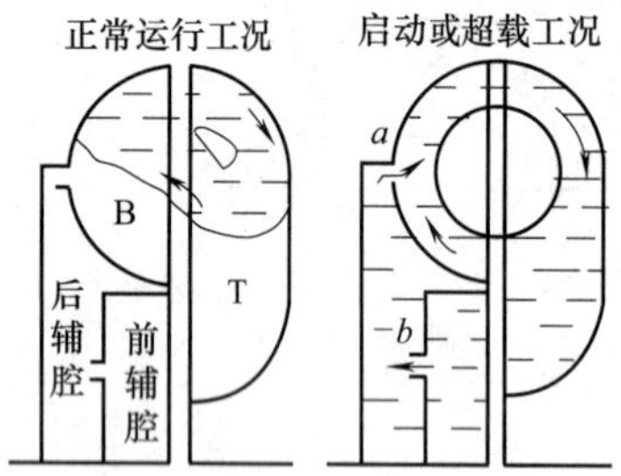 正常运行工况　启动或超载工况 B　T　后辅腔　前辅腔　a　b	不仅设置前辅腔而且设置后辅腔。前、后辅腔间，后辅腔与工作腔间均有过流孔	正常工作时，在离心力作用下，前、后辅腔中的液体进入工作腔参与环流运动。超载时液体作大环流运动产生动压力，迫使液流首先冲进前辅腔，并继而冲进后辅腔，使工作腔内充满度降低，限制力矩不再提高。启动时由于部分工作液体在前辅腔和后辅腔中，使工作腔充满度降低，故可延缓工作机的启动时间	启动特性好，防瞬时过载能力强，通过调整过流孔面积或改变后辅腔的容积，可以使过载系数降得很低，延时启动时间加长，结构比较复杂，轴向尺寸较长
复合泄液式	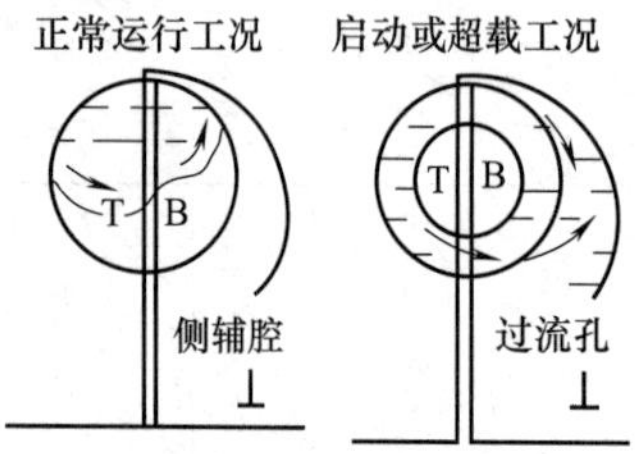 正常运行工况　启动或超载工况 T　B　侧辅腔　T　B　过流孔	内轮驱动，腔内叶轮作泵轮，在泵轮一侧设置有较大容积的侧辅腔，泵轮与侧辅腔间有过流孔	正常工作时，液流在离心力作用下，进入工作腔。超载时，液体在大环流运动产生的动压力作用下，冲进侧辅腔，同时还有部分工作液体在静压力作用下，从外侧间隙流向侧辅腔，从而使工作腔充满度降低，力矩不再提高。过载消除后，液体在离心力作用下又回到工作腔	结构类似静压泄液式，但功能却类似动压泄液式。结构简单，轴向尺寸短，偶合器质量由电动机轴承担，可避免减速器断轴
阀控延充式	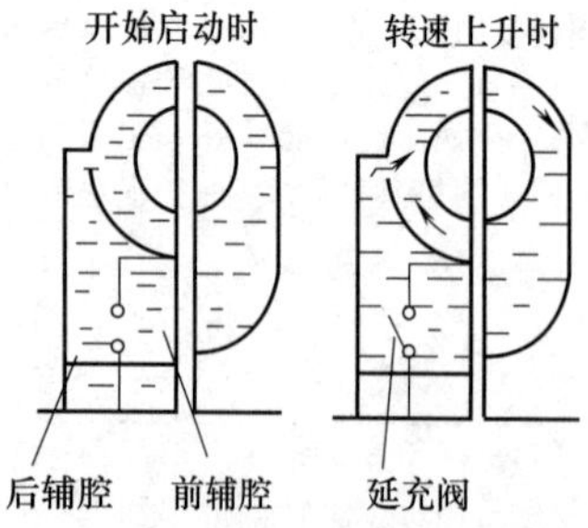 开始启动时　转速上升时 后辅腔　前辅腔　延充阀	结构与动压泄液式(2)相似，在前、后辅腔间安装了延充阀，有的在后辅腔与工作腔间安装节流阀	启动时，延充阀打开，在大环流动压下，液体通过延充阀进入后辅腔，使工作腔充满度降低，启动力矩低，泵轮转速上升至某临界速度时，在离心力作用下延充阀关闭，工作腔与后辅腔的通道开通，后辅腔中的液体逐渐进入工作腔，提高启动力矩。过载时，当转速降到阀的作用速度时，延充阀打开，液体泄流，进行过载保护	结构比较复杂，启动过载系数可以降得较低，能使工作机延时启动，对阀的作用速度要求严格，阀有时会出现故障
多角形腔	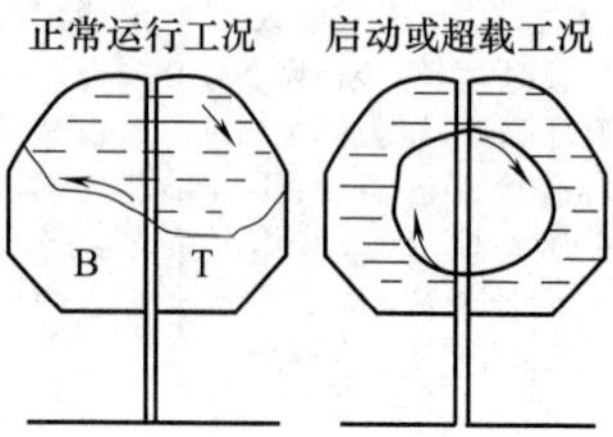 正常运行工况　启动或超载工况 B　T	循环圆形状为多角形，外缘仍是圆滑曲线，而内缘则是折角曲线	正常工作时，液流在外缘曲线段工作，不触及折线段，所以对传递力矩无影响。超载和启动时，液体作大环流运动，在折角处产生转向阻力和涡流，增加液力损失，消耗能量，限制力矩升高，发热严重	力矩系数较高、过载系数较低、结构最简单、轴向尺寸短，因在限矩时产生涡流损失，故易引起发热，大型偶合器较少用此腔型

4.3.4.1　静压泄液式限矩型液力偶合器

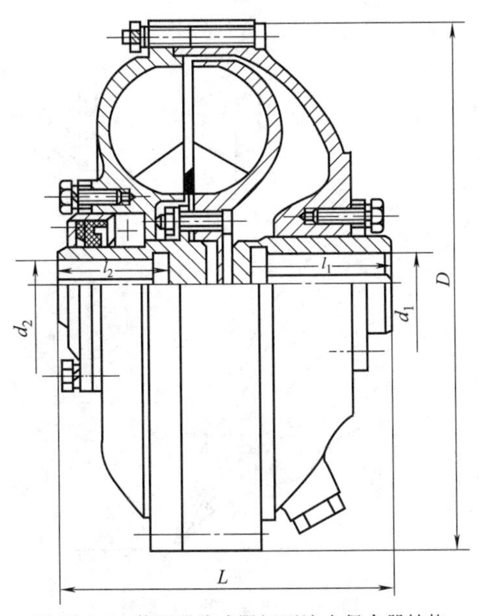

图 19-4-5　静压泄液式限矩型液力偶合器结构

图 19-4-5 为静压泄液式限矩型液力偶合器结构，利用侧辅腔与工作腔中液体的静压力平衡关系来调节充满度。侧辅腔设在涡轮与旋转外壳之间，有较大的容积。涡轮出口处设有阻流板。侧辅腔中的液体大致以泵轮和涡轮的平均转速旋转，以其旋转的离心力形成的静压力来达到与工作腔中的液体压力相平衡。在额定工况因涡轮转速与泵轮转速相接近，故侧辅腔液体旋转速度高、离心力大，存液较少。超载时涡轮转速低，侧辅腔中液体转速亦低，使其离心力小，则静压头小而使工作腔部分液体流入侧辅腔，降低了工作腔液体充满度，而起到限制力矩升高的作用。由于此时涡轮转速较低，工作腔内液体趋于大环流运动，受涡轮出口处阻流板的作用迫使液体外移作小环流运动，使力矩不再增加，也起到了部分限矩作用。

静压泄液式液力偶合器的特点是：结构比较简单，载荷突变时动态反应不灵敏，过载系数偏大，通常 $T_g = 2.5 \sim 3$。多应用在汽车、叉车、破碎机、塔式起重机等过载不频繁的传动中。

4.3.4.2　动压泄液式限矩型液力偶合器

表 19-4-14　　动压泄液式限矩型液力偶合器

图(a)所示为一种典型的动压泄液式限矩型液力偶合器。前辅腔 5 与后辅腔 4 之间有 A 孔相通，后辅腔 4 和工作腔之间有 B 孔相通。为了安装方便，补偿动力机和工作机在安装时轴向位移和角位移采用了装有弹性盘 2 的联轴器。这种液力偶合器采用外支承方式，涡轮 8 通过轴承 12 和输出轴 13 支承在工作机轴上。泵轮 7 通过轴承 11 和 12 支承在输出轴上。这种液力偶合器分别设置了注油塞和易熔塞。由于注油孔直通工作腔，注油速度可以增快

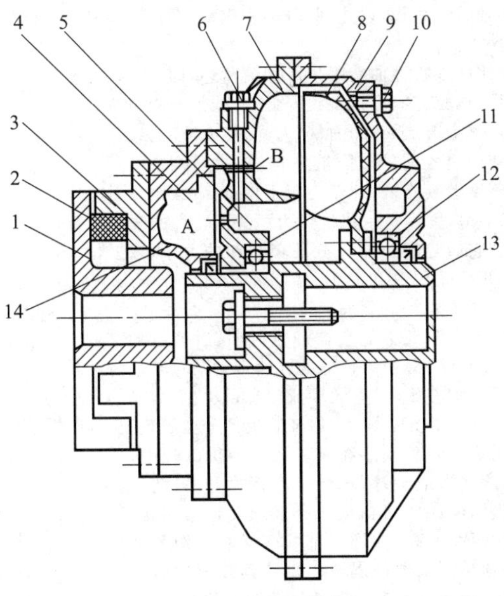

图(a)　动压泄液式限矩型液力偶合器

1—主动半联轴器；2—弹性盘；3—从动半联轴器；4—后辅腔；5—前辅腔；6—注油塞；7—泵轮；8—涡轮；9—外壳；10—易熔塞；11，12—轴承；13—输出轴；14—后辅腔外壳

续表

前、后辅腔对特性的影响		前、后辅腔是按泄液进入的先后而定名，二者的功能均是在低转速比或启动工况时储存油液以降低工作腔充满度，从而限制力矩的升高
	前辅腔的作用	图(b)中以细实线表示的液力偶合器特性是普通型液力偶合器(无前辅腔)在各种充液量下的特性，以粗实线表示的是只有前辅腔的限矩型液力偶合器特性。当 $i=1.0\sim i_a$ 时，工作腔中液体作小环流动，此时前辅腔由于不存液体而不起作用；当 $i=i_a$ 时，小环流动的液体在涡轮中向轴心延伸到前辅腔边缘，即小环流动将要向大环流动的过渡状态，此时力矩 T_a 将随着 i 的降低而下降。若无前辅腔存在，则全部液体将作大环流动，使曲线将沿着充液量为 q_0 的固有特性曲线(即普通型液力偶合器外特性曲线)上升。由于前辅腔的存在，大环流流动的部分液体倾泻到前辅腔中，形成旋转的液体环，其中有部分液体被离心力甩回工作腔，也有部分液体重新倾泻进来，从而不断交换更新。随着 i 的继续下降，前辅腔被逐步充满，由于工作腔中液体逐步减少，力矩沿 ab 线逐步下降，及至 $i=i_b$ 前辅腔充满时力矩不再下降。当 $i<i_b$ 时，工作腔充满度不再减少，此时曲线沿着充液量为 q_0-V_1(V_1 为前辅腔容积)的固有特性曲线 bc 上升至 c 点。至此，形成了只有前辅腔的限矩型液力偶合器的外特性曲线(abc)。显然，前辅腔的限矩作用使零速力矩(与普通型液力偶合器相比)有显著的下降 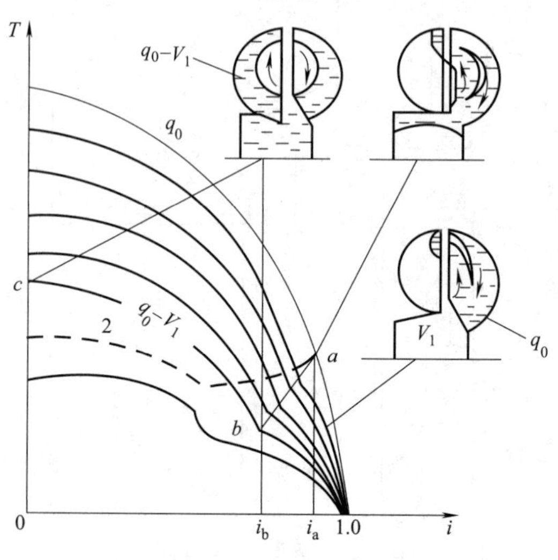 图(b) 前辅腔对特性的影响 液体由工作腔倾泄到前辅腔靠其自身动能进行，因而动作迅速，通常在 0.1～0.2s 可使前辅腔充满，使叶轮力矩迅速降下来，有较好的动态特性。因此即使是工作机被突然卡住时，液力偶合器也能有效地保护动力机不过载 特性曲线的 a 点为临界点，i_a 为临界转速比，一般 $i_a=0.8\sim0.9$。b 点为跌落点，i_b 为跌落转速比。i_a 的转差率 $S_a=(1-i_a)100\%$ 称为临界转差率 为了满足恒力矩载荷的需要，使特性接近理想要求，希望 T_a、T_b 和 T_c 接近相等。若仅从改变前辅腔容积是办不到的，因为缩小前辅腔虽使 T_b 有所升高，但 T_c 也随着升高。因此，须综合考虑液力偶合器结构。例如，缩小前辅腔使 $V_1/V_2\leqslant0.25\sim0.3$($V_2$ 为工作腔容积)，在涡轮出口装带孔的挡板，起减弱倾泄作用；或适当减小前辅腔，而扩大涡轮与旋转外壳间的侧辅腔的容积，以达到图(b)中虚线的特性。不过这两种办法都会降低液力偶合器的动态特性
	后辅腔的作用	作用之一是使低转速比区段特性曲线平坦。如前所述，即使有前辅腔存在，在 $i<i_b$ 以后工作腔充满度也不再降低，曲线沿充液量为 q_0-V_1 的固有特性曲线 bc 上升到 c 点[图(b)]。为使 bc 段曲线趋于平坦而增设后辅腔，使倾泄入前辅腔的液体再进入后辅腔，从而使 $i<i_b$ 以后工作腔充满度继续降低，叶轮力矩不再升高(或很少升高)，使曲线 abc 段趋于平坦，以满足工作机恒力矩载荷特性的要求 前、后辅腔容积大小和它们之间连通孔截面积总和的大小，以及后辅腔与工作腔连通小孔截面积总和大小，相互间比例适合，方能得到较好的特性曲线，这些主要靠试验来确定 后辅腔的另一作用是“延充”，液力偶合器静止时前、后辅腔均存有部分液体。当动力机启动时，最初以较低的转速带动泵轮转动时(此时涡轮并不转动)，液体随着旋转，呈大环流状态，液流靠自身的向心速度冲入前辅腔，使前辅腔充满液体、后辅腔也部分充满，工作腔里充满度很低，使动力机轻载启动。在泵轮随电动机旋转中，后辅腔内液体受离心力作用而形成油环，随着泵轮转速升高，油环各点压力增大，油环液体沿图(c)中 f 孔流向工作腔速度也增大，使工作腔液体充满度增大，力矩亦增高，这样后辅腔起着对工作腔延缓充液的作用。当泵轮转速达到某值使涡轮力矩达到载荷的启动力矩时，涡轮带动载荷起步、运转并升速。随着涡轮转速的升高，转速差的降低使液体从工作腔流入前辅腔的数量递减，而后辅腔流入工作腔的液体递增，工作腔充满度增高。当涡轮转速升至临界转速时，液体大环流即开始变为小环流[图(c)中曲线点 3 状态]，则工作腔液体不再流出。前、后辅腔中液体在离心力作用下由 f 孔徐徐流回工作腔，直至流空为止，此时工况点落在图(c)中曲线的 1～2 区段上 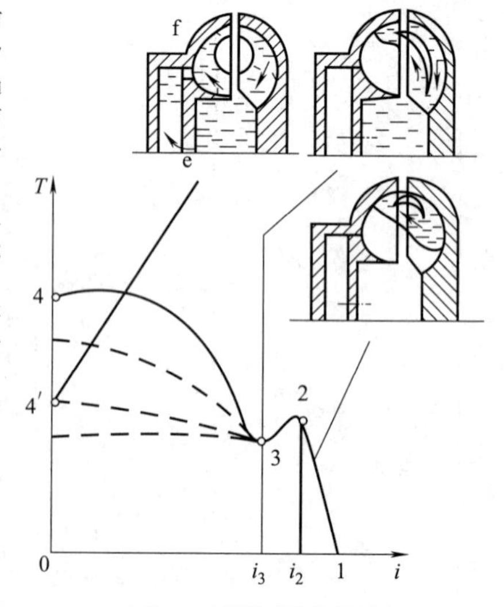 图(c) 后辅腔对特性的影响

续表

<table>
<tr><td>特性比较</td><td colspan="2">图(d)所示为只有前辅腔与前、后辅腔均有的两种限矩型液力偶合器用于恒力矩载荷时的特性比较。具备前、后辅腔的液力偶合器的启动力矩、最大力矩均较低，对输送带的动载荷较小。在启动时前、后辅腔内均存有油液，使工作腔充满度较低，因而其启动力矩(曲线2)比只有前辅腔的液力偶合器(曲线1)要小。随着泵轮转速的升高使后辅腔中的液体经由连通孔徐徐进入工作腔，使传递力矩逐渐增加。当涡轮启动并进入额定工况时后辅腔液体几乎全部排空，曲线1、2两液力偶合器工作腔充满度接近相等，故两个液力偶合器在低转速比时性能不同而在高转速比时性能相同而变成同一条曲线
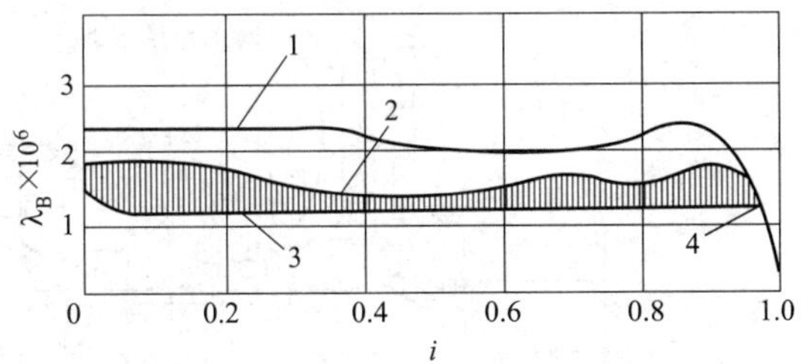

图(d)　后辅腔对降低启动力矩的效果
1—只有前辅腔的原始特性曲线；2—前、后辅腔均有的原始特性曲线；
3—加速力矩；4—载荷的额定力矩点</td></tr>
<tr><td>用途</td><td colspan="2">动压泄液式液力偶合器的过载系数 T_g 随充液量不同在一定范围内变化，一般 $T_g=1.8\sim3.0$。此种液力偶合器传递功率范围较宽，动态反应灵敏，过载保护性能好，但结构较静压泄液式复杂，多用于保护动力机和工作机不超过规定力矩的场合，如板式输送机、刮板输送机、带式输送机、斗轮堆取料机和刨煤机等</td></tr>
<tr><td>类型</td><td>阀控延充式液力偶合器</td><td>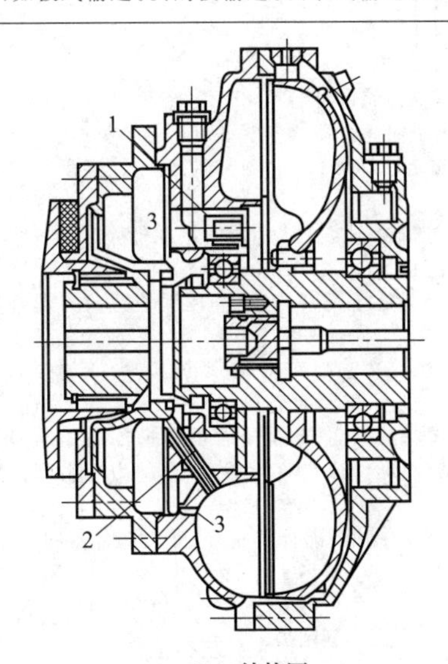

(ⅰ) 结构图
1—转阀阀座；2—通气孔；3—连通孔
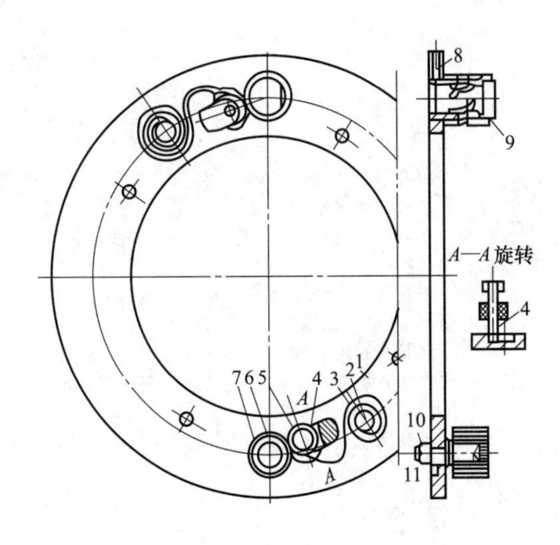

(ⅱ) 转阀组件
1—隔板；2—柱销；3—卷簧；4—销轴；5—滚动轴承；
6—阀座；7—阀套；8—弹性销；9—挡圈；10—螺母；
11—止动垫圈
图(e)　阀控延充式液力偶合器

阀控延充式液力偶合器是典型的动压泄液式液力偶合器的派生形式[见图(e)]，在前、后辅腔之间的连通孔上装置转阀，用以进一步改善电动机启动载荷的性能
转阀靠其摆锤质量(辅以弹簧)控制，泵轮转速低时使连通孔开通，此时涡轮转速为零，液流在工作腔中作大环流运动并泄入前辅腔，再经转阀进入后辅腔，使工作腔充满度迅速降低，使电动机(及泵轮)空载起步($n_B=0$，$T_B=0$)后转速迅速上升。当泵轮转速升到某一定值时，靠摆锤的离心力使转阀关闭。此后，后辅腔中液体在其离心力作用下通过小孔3逐渐充入工作腔，而工作腔中液体再不能进入后辅腔，使工作腔有较高的充满度，液力偶合器有更大的启动力矩去拖动载荷
阀控延充式液力偶合器能使电动机空载起步后迅速轻载($T_B \propto n_B^2$)升速，如此既改善了电动机的启动状况又提高了启动载荷的能力，比典型的动压泄液式的性能提高了一大步。但因增设了一套转阀系统使结构复杂化，增多了出故障的环节
此种液力偶合器多用于刮板输送机和综合采煤机等设备上</td></tr>
</table>

续表

<table>
<tr>
<td rowspan="2">类型</td>
<td rowspan="2">闭锁式液力偶合器</td>
<td colspan="2">闭锁式液力偶合器的闭锁方式有多种，可以在液力偶合器内部或外部加装闭锁装置，按其结构方式有内置离心块摩擦离合器式、内置浮动离心楔块摩擦离合器式、外置离心飞块摩擦离合器式及自动同步式液力偶合器等</td>
</tr>
<tr>
<td>内置离心块摩擦离合器式液力偶合器</td>
<td>由静压泄液式(或外轮驱动的动压泄液式)液力偶合器与离心块式摩擦离合器组成[见图(f)]
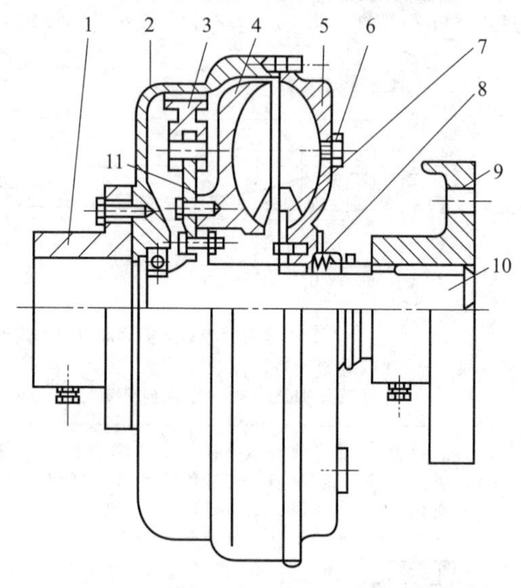

图(f)　闭锁式液力偶合器
1—输入轴轴器；2—外壳；3—离心式摩擦离合器；4—涡轮；5—泵轮；
6—易熔塞；7—挡板；8—机械密封；9—输出联轴器；10—输出轴；11—连接盘
离合器装在侧辅腔中，离合器3主动片通过连接盘11与涡轮连接。从动片固结在外壳2上。离合器3主动片与滑块通过销轴连接，滑块可在连接盘的径向导槽内滑动
在涡轮转速较低时，离心力不足以使滑块甩出，摩擦离合器处于脱开状态，静压泄液式液力偶合器处于正常功能状态
当涡轮转速升高到某一值时，离合器3的主动片连同滑块在离心力作用下，沿连接盘11的径向导槽向外滑动，与从动片相接触，产生摩擦力矩。此时功率通过两路传递：一路是泵轮轴—外壳—泵轮—涡轮—涡轮轴；另一路是泵轮轴—外壳—摩擦离合器—涡轮轴。随着涡轮转速的升高，摩擦离合器传递的力矩与涡轮转速的二次方成正比而增大。当涡轮转速超过某一值后，离合器完全接合，成为直接传动，全部力矩由摩擦离合器传递[力矩特性曲线见图(g)]
当载荷增大，涡轮转速下降时，离心力减小，复位弹簧使滑块缩回，离合器脱开，液力偶合器的功能得以恢复
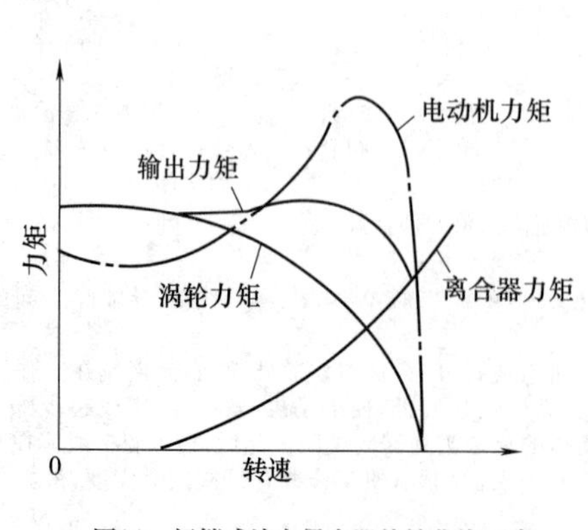

图(g)　闭锁式液力偶合器特性曲线示意
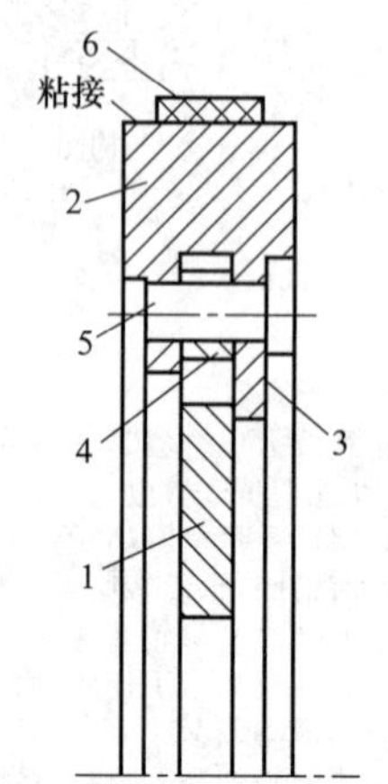

图(h)　离心式摩擦离合器剖视图
1—连接盘；2—离合器片；3—复位弹簧；
4—插入滑块；5—销轴；6—石棉衬板</td>
</tr>
</table>

续表

类型	闭锁式液力偶合器	内置离心块摩擦离合器式液力偶合器	离心式摩擦离合器[图(h)]由带有四条径向导槽的连接盘 1、四块粘接石棉衬板 6 的离合器片 2、复位弹簧 3、滑块 4 和销轴 5 组成。离合器片 2 通过销轴 5 插入滑块 4 内，滑块可在连接盘 1 的径向导槽内滑动。在涡轮静止或低速运转时，复位弹簧使四块离合器片缩拢并贴靠在较小的直径部位上 闭锁式液力偶合器与其他形式液力偶合器相比，相同规格可传递更大的功率。但在动力反传时将造成功能混乱，因其离心块闭锁能力取决于涡轮转速，若涡轮转速不降低，则摩擦离心器就不能脱开，使液力偶合器功能无从发挥，而只有摩擦离合器功能了。可知闭锁式液力偶合器不能应用于有逆转的场合。主要应用于带式输送机的传动，因可消除液力偶合器的转差损失而提高输送带运行速度并避免滑差功率损失，因而节能
		自动同步型液力偶合器	自动同步型液力偶合器是德国福伊特（VOITH）公司近年研发的新型闭锁式液力偶合器，它不仅具有液力偶合器的优良启动特性，且有闭锁机构特性，于运转中自动实现无滑差的动力传递。图(i)为自动同步型液力偶合器外形，它与普通的限矩型液力偶合器基本相同，在结构上、连接尺寸上完全相同。不同的只是涡轮被分割为四块扇形体，四块扇形体均安装在输出轴轮毂的连接法兰上，在其外圆的圆柱面上黏附摩擦衬面，在液力偶合器壳体的圆柱内表面也粘着摩擦衬面，两者构成摩擦副。在涡轮低速运转时靠液体环流作用使四块扇形体向中心靠拢并传递输出力矩；在涡轮高速运转时离心力使扇形体向外移动，直至摩擦副接合使涡轮与泵轮一起同步运转，实现无滑差的传递动力  图(i)　自动同步型液力偶合器外形 当偶合器超载或堵转工况，涡轮转速下降到一定程度，则摩擦副脱开，恢复偶合器工况。实现涡轮低速时为液力偶合器传动；涡轮高速时为摩擦传动，如图(j)所示。在特性曲线 a 点以前的虚线部分完全是偶合器特性，a 点为摩擦副开始接合，在 b 点已完全接合，a—b—c 段为自动同步型液力偶合器液力加摩擦传动特性。c 点为摩擦传动的额定工况点，该点力矩与负载力矩 T_N 平衡，转速比 $i_{TB}=1.0$，使工作机获得与原动机的相同转速，且获得更大的力矩，用于带式输送机或刮板输送机可得到较好的技术经济效益 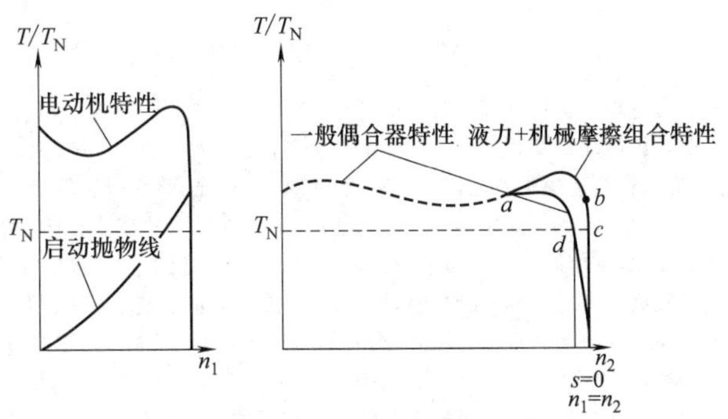 图(j)　自动同步型液力偶合器特性曲线 此种形式闭锁式液力偶合器结构紧凑、尺寸小，外形同于原型液力偶合器，因此给原有传动系统的改造带来便利。摩擦副在频繁接合与脱开过程中可稍有磨损。但因采用较强的摩擦材质，可有较长的使用寿命

续表

类型	闭锁式液力偶合器	无滑差静液力机械偶合器	无滑差静液力机械偶合器的实质是斗轮式液力元件与行星齿轮传动的组合，其结构见图(k)。由于无滑差使之功能近于闭锁式液力偶合器 输入轴 1 与输出轴 8 依靠两端轴承座支承，偶合器外壳 3 由两端带法兰的圆筒和左右端盖组成。偶合器内部装有斗轮 4，其数量按需要确定，可以是 2 个、3 个或 4 个。每个斗轮由 12 个斗齿组成，其结构见图(l)。斗轮通过斗轮轴与行星轮 6 相连，对斗轮作用的动力矩和静力矩由行星轮 6 传至中心轮 7，中心轮 7 与输出轴相连，输入轴 1 与左端盖刚性连接。动力机通过输入轴带动外壳旋转，外壳 3 的实质是行星架 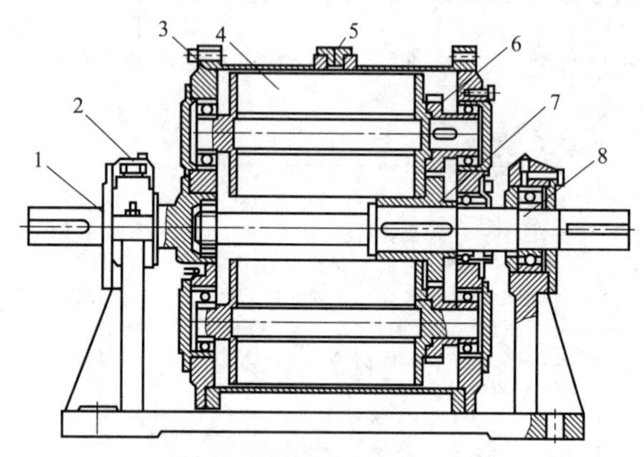 **图(k)　无滑差静液力机械偶合器结构** 1—输入轴；2—轴承座；3—外壳；4—斗轮；5—易熔塞；6—行星轮；7—中心轮；8—输出轴 **图(l)　斗轮结构** 当动力机通过输入轴带动壳体旋转时，充填在壳体中的工作液体受离心力的作用，紧贴外壳的外缘，形成一个液环。动力机启动初期转速较低，作用在斗轮上的液动力矩还不够大，因而还不能驱动工作机转动。换言之，此时与输出轴相连的中心轮固定不动，行星架(即外壳)驱使行星轮带动斗轮转动。由于斗轮上各个小斗外缘的速度大于相对应点外壳中油环质点的速度，因此油环中的液体必然流进斗中。液体在斗轮中循环流动，使动量矩产生变化，工作液体对斗轮产生液动力矩。当电动机的转速接近达到最大力矩的转速时，液动力矩可以克服工作机的负载力矩，中心齿轮开始转动。当中心齿轮的转速不断提高，最终达到电动机转速时，整个偶合器像一个刚体一样随电动机一起旋转，这时作用于斗轮上的已不是液动力矩，而是保留在斗轮某几个斗中的液体离心力[如图(l)中的 F_1、F_2、F_3]对斗轮产生的静力矩。偶合器的输入与输出之间已没有滑差，效率可达 99.5%，0.5%的损失是壳体鼓风损失和轴承摩擦损失。若负载力矩稍有波动，则斗轮作相应的转动，自动达到平衡。工作机的负载在一定范围内变化，偶合器仍可保持没有滑差。如工作机的负载超过最大允许的静力矩，则输出转速下降，直至为零。此时电动机仍然旋转不会产生闷车和烧电动机的事故。若制动时间过长，输入的功率全部转化成热量使偶合器升温，温度达到一定限度后，易熔塞中的易熔合金熔化喷液保护。所以它与限矩型液力偶合器一样具有轻载启动和过载保护功能

续表

<table>
<tr><td rowspan="4">类型</td><td rowspan="3">闭锁式液力偶合器</td><td rowspan="3">无滑差静液力机械偶合器</td><td>功能与优点</td><td>a. 具有限矩型液力偶合器的一切功能
b. 无滑差损失、高效率，效率可达 99.5%
c. 具有节电功能，比一般限矩型液力偶合器节电 4%～5%
d. 正常运转时，各零部件间无相对运动，没有机械摩擦，故障率低、效率高、使用寿命长、操作简便、不用特殊维修</td></tr>
<tr><td>缺点与注意事项</td><td>a. 结构比较复杂，斗轮制造比较麻烦
b. 成本比同功率限矩型液力偶合器略高
c. 传递功率与转速的立方成正比，输入转速不能过低，否则偶合器规格变大
d. 斗轮转动有方向性，偶合器不能正反两个方向使用
e. 输入端和输出端不能调换，不能动力反传
f. 两端用脂润滑轴承，转速不能过高</td></tr>
<tr><td>使用优势</td><td>a. 在多机驱动并车上应用有突出优势。由于该偶合器无反传能力，所以不用担心输出端将功率反传至动力机。例如，上海港的救生船“红救 6 号”，用两台柴油机驱动一个推进器，巡航时一台柴油机工作，另一台柴油机停开。出现险情时，两台柴油机一起驱动。两台柴油机共同驱动螺旋桨，需要有一个并车和离合的过程。若用一般的偶合器传动，并车时需充油，分离时要放油，由于偶合器充排油需要一定时间，所以使救生船的机动性受到影响。使用该偶合器，不需要充排油。当用一台柴油机驱动时，另一台柴油机所带的偶合器因无反传功能，所以不会将减速箱的动力传给柴油机，因而也无需分离，这就简化了偶合器的结构，节省了充排油时间，提高了救生船的机动性
b. 在 300kW 以上的大功率设备上应用有较大优势。大功率工作机选用该偶合器，节能显著。例如，工作机功率为 500kW，若用一般偶合器，则功率损失为 20kW，而用无滑差静液力机械偶合器则只损失 2.5kW。因而该偶合器是大功率大惯量工作机的理想传动元件</td></tr>
<tr><td>加长后辅腔式及加长后辅腔并有侧辅腔式限矩型液力偶合器</td><td colspan="3">在具有前、后辅腔的典型的动压泄液式偶合器结构基础上加长后辅腔，使分流容积加大、启动时间延长、过载系数降低，以满足要求延时“超软”启动的工作机之需要，如带式输送机等[见图(m)中(ⅰ)]。为了获得更长的延时启动时间，在前者结构基础上又在涡轮外侧增设了侧辅腔[见图(m)中(ⅱ)]，成了又一种新型结构
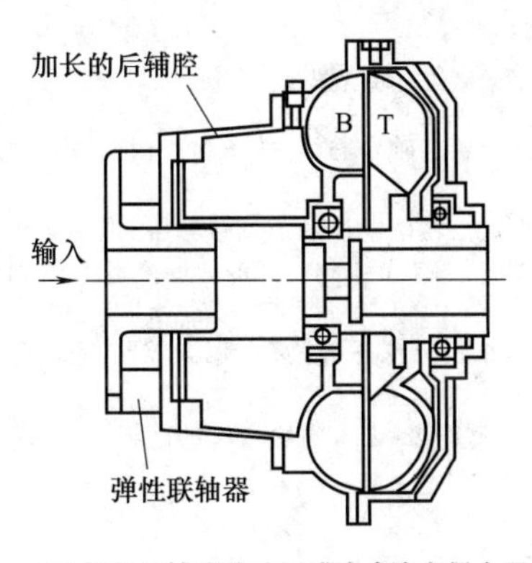

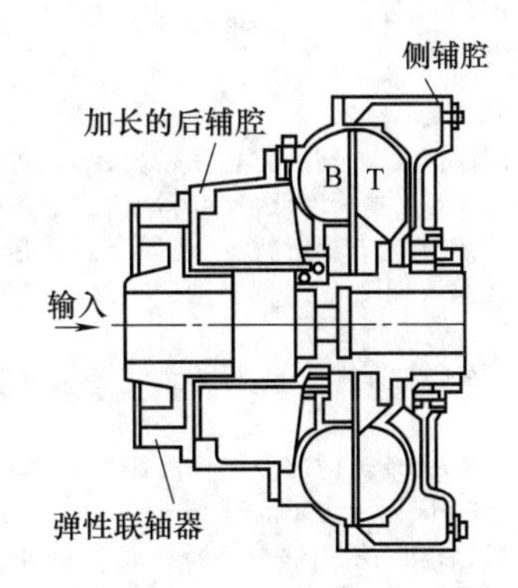

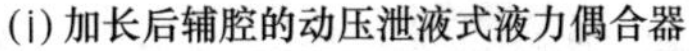
(ⅰ) 加长后辅腔的动压泄液式液力偶合器　(ⅱ) 加长后辅腔并有侧辅腔的动压泄液式液力偶合器
图(m)　新型结构动压泄液式液力偶合器
两种新型结构使动压泄液式液力偶合器特性可更好地满足工作机的特殊要求，但轴向尺寸加长，重量增加，对输出轴(即减速器输入轴)根部的强度要求更高。减速器输入轴根部承受着液力偶合器重量引起的弯矩和剪切力，并同时承受传递动力的扭矩。剪、弯、扭联合的主应力，在减速器输入轴的旋转中成为交变应力，交变次数大于 10^7 后将使之疲劳破坏。液力偶合器轴向尺寸越长，重量越大，交变应力的不良效果越严重
近年又出现了在上述两种结构形式中，于前、后辅腔的连通孔上设置离心转阀[见图(n)]，即为阀控延充式，使之启动延时降低过载系数等效果更趋明显</td></tr>
</table>

续表

类型 — 加长后辅腔式及加长后辅腔并有侧辅腔式限矩型液力偶合器

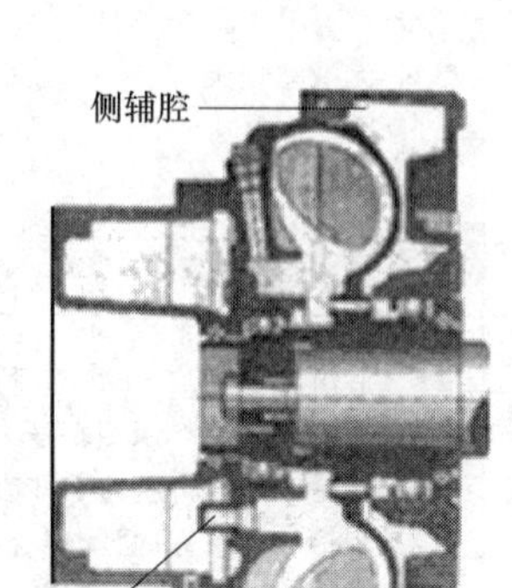

图(n)　加了延充阀的结构形式

类型 — 延时启动型液力偶合器

延时启动型液力偶合器是限矩型液力偶合器的一种。为适应带式输送机等“超软”启动的需求，国际上各国不断开发能降低启动力矩、延长启动时间的延时启动型液力偶合器。除前述加长后辅腔等延时启动结构形式外，下面介绍意大利 TRANSFLUID 公司近年研发的新产品，型号为 KX[图(o)]。除工作腔外还设置辅助腔 A 和辅助腔 B。辅助腔 A 中设置固定导管，辅助腔 B 与工作腔有通道相连，通道上设置阀门以调节过流流量。该液力偶合器为泵(外)轮驱动。在静止、启动和稳定运转时工作液体(液流)有不同状态

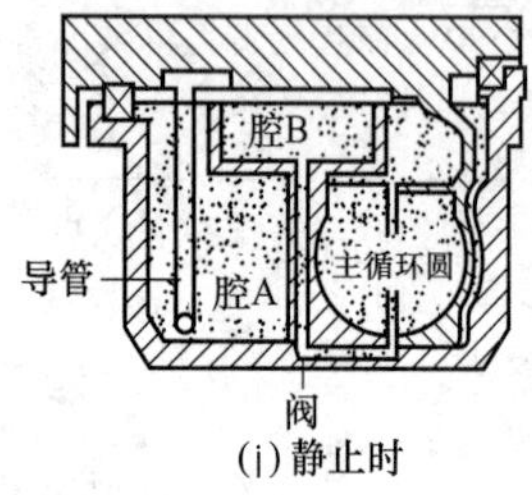

(i) 静止时

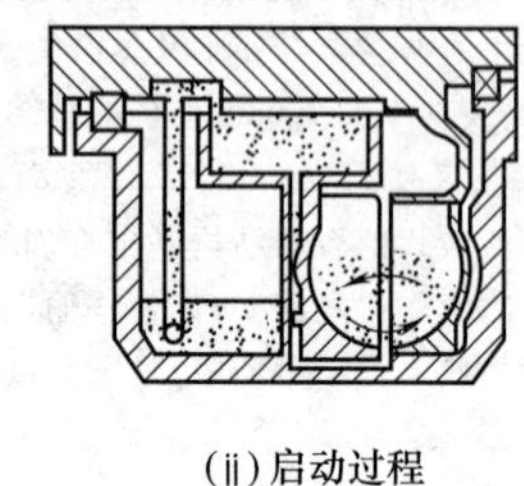

(ii) 启动过程

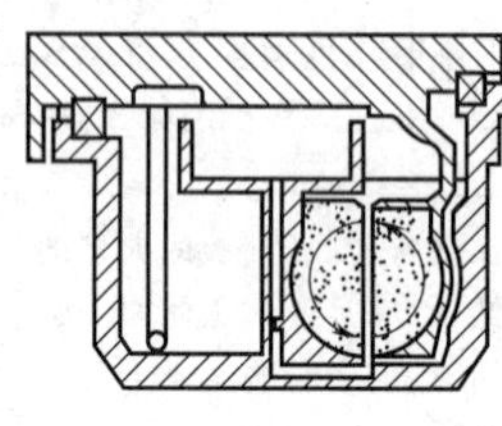

(iii) 稳定运转

图(o)　延时启动型液力偶合器

静止时，因偶合器的辅助腔容积较大，所以初始充液液位低于旋转轴中心线，故工作腔内的充液率远低于一般限矩型液力偶合器。这为降低启动力矩创造了条件

启动时，工作腔内充液量较少，使偶合器具有较低的启动力矩。在电动机的启动过程中，工作液体通过固定导管由辅助腔 A 进入辅助腔 B，然后通过可调的节流阀进入工作腔。调节节流阀的开度即可控制工作腔的充液时间，也就控制了延时启动时间

稳定运转时，辅助腔 A 及 B 中的工作液体均被全部导出来送入工作腔，液力偶合器在额定工况以最小转差率运转

超载泄液时，大环流的部分工作液体经由泵轮与涡轮内缘间隙冲出，进入涡轮内缘的前辅腔，再进入辅助腔 B 和辅助腔 A，因而限制了力矩的升高

KX 型延时启动型液力偶合器特性曲线如图(p)所示

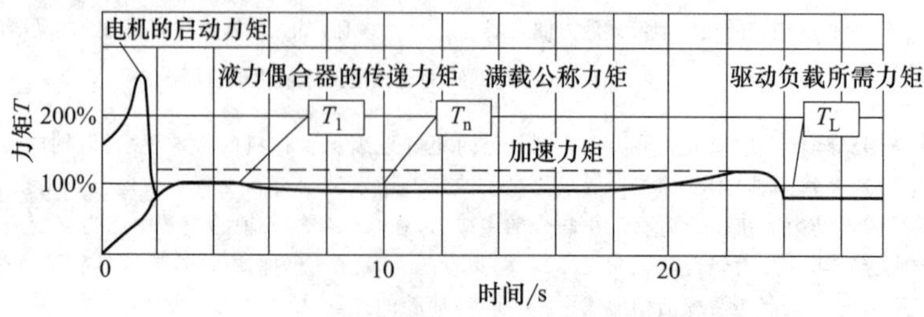

图(p)　KX型延时启动型液力偶合器特性曲线

续表

类型	类别	项目	内容
类型	延时启动型液力偶合器	优点	①启动力矩低于电动机额定力矩的 50%，能降低电动机的启动电流 ②具有较长的启动时间，有效地隔离工作机的惯性影响 ③制动力矩低于电动机的额定力矩 ④设置内置式易熔塞，过热喷液后，油液从工作腔泄入辅助腔 A，避免了油液喷出污染环境。过载消除后，泄入辅助腔 A 的油液在导管的作用下，重新回到工作腔 ⑤调节阀门的调节螺钉设置在罩壳外面，可方便地调节启动时间 ⑥充液简单易行，除特殊情况外，试运行后无需再充液 ⑦配有齿形联轴器和膜片联轴器，可以不移动电动机和工作机而径向装拆偶合器 ⑧采取防爆设计，可选用钢制外壳，适合煤矿井下使用 ⑨可以采用水介质，可以设置内泄阀，避免腔内汽化升压
		缺点	①结构比较复杂，成本高于普通限矩型液力偶合器 ②因设置了大后辅腔，故轴向尺寸较长，且重量较大
			KX 型液力偶合器在我国煤矿井下已有应用，效果良好
	双腔液力偶合器		图(q)为双腔液力偶合器的典型结构，它由两个泵轮和两个涡轮组成。两个泵轮中间设有连接体，泵轮与涡轮的内缘有前辅腔，两个工作腔之间有过流孔。通常双腔液力偶合器的泵轮转矩系数为相同腔型的单腔液力偶合器的两倍，传递功率也近似等于两倍。由于没有后辅腔，其过载系数相当于只带有前辅腔的限矩型液力偶合器，特性也大体相同 图(r)所示双腔液力偶合器轴向力是平衡的。对有外供油系统的双腔液力偶合器，由于供油压力和油路走向不同等原因而不能完全消除轴向力，但可大大降低轴向力 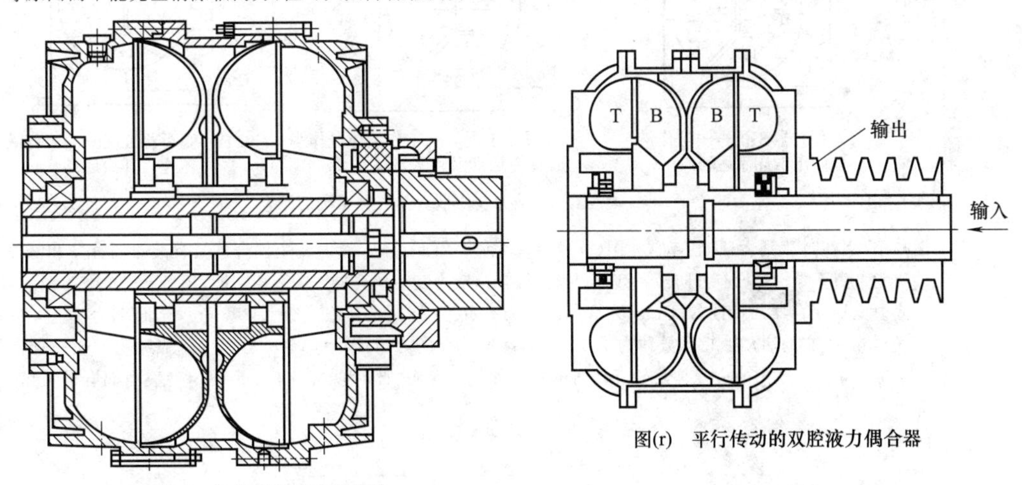 图(q)　双腔液力偶合器结构 图(r)　平行传动的双腔液力偶合器 用于 V 形带连接的平行传动的双腔液力偶合器结构紧凑，尺寸小。其径向尺寸可比同功率单腔液力偶合器降低 13%。这样的组合[图(r)]使轴向尺寸较长，使电动机轴负担过重，必要时另一端需加支撑
	液力变矩偶合器		液力变矩偶合器是把复合式液力变矩器与限矩型液力偶合器组合起来的新型液力传动元件。它具有液力变矩器和液力偶合器的优点，克服了液力变矩器效率低和液力偶合器不变矩的缺点 图(s)为液力变矩偶合器的结构示意，它是在无芯环限矩型液力偶合器的基础上加以改造，附加了一个静止的无芯环导轮而成的。图中输入轴 8 带动外壳 6、泵轮 5 和壳体 4 旋转，输出轴 1 上固定连接涡轮 7，导轮轴 2 固定连接导轮 3。泵轮与涡轮均为径向平面直叶片，而导轮叶栅的进口为径向，出口为弯曲形状，与泵轮旋转方向为 150°正向夹角。泵轮与壳体 4 组成辅助腔，泵轮上有流通孔，使工作腔与辅助腔相通 液力变矩偶合器是利用工作腔内的循环流态随转差率而变化这一原理进行工作的。当转差率小时，工作液体作小环流运动，如图(t)中(ⅰ)所示。液流只流经泵轮和涡轮，而不触及导轮，所以完全是偶合器工况。当转差率大时，工作液体作大环流运动，如图(t)中(ⅲ)所示。液流流经导轮，此时是变矩器工况。介于偶合器工况与变矩器工况之间的是过渡工况，此时液流同时存在大环流和小环流，并且随转差率的增加，作小环流运动的工作液体流量逐

续表

类型 液力变矩偶合器

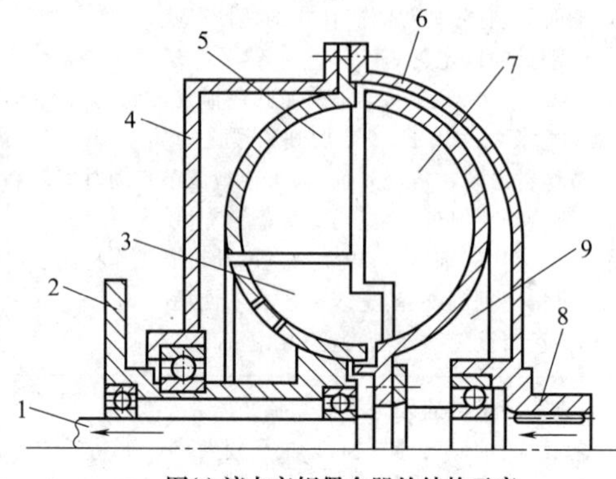

图(s) 液力变矩偶合器的结构示意

1—输出轴；2—导轮轴；3—导轮；4—壳体；5—泵轮；6—外壳；7—涡轮；8—输入轴；9—辅助腔

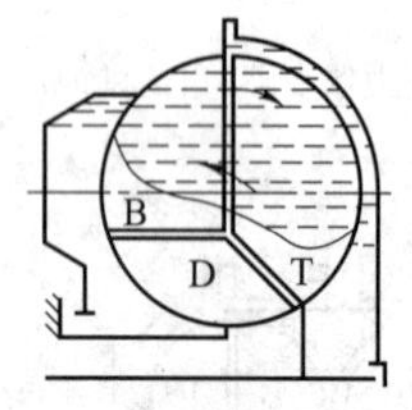

(ⅰ) 偶合器工况——工作液体作小环流运动

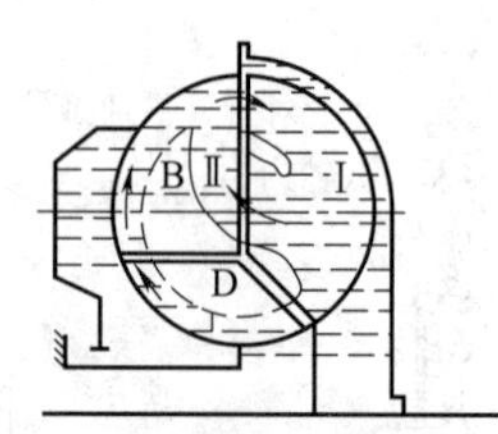

(ⅱ) 过渡工况——工作液体既作小环流运动又作大环流运动

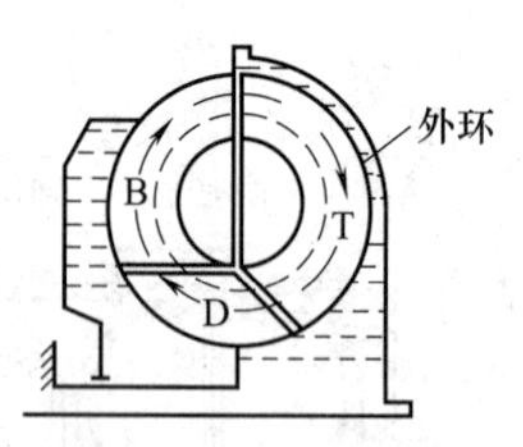

(ⅲ) 变矩器工况——工作液体作大环流运动

图(t) 液力变矩偶合器三种工况的流态

渐减小，逐步过渡到大环流运动，如图(t)中(ⅱ)所示。由此可见，液力变矩偶合器具有液力偶合器和液力变矩器两种功能。由于导轮叶栅有方向性，所以当泵轮反转时，液力变矩偶合器失去变矩功能，相当于一个限矩型液力偶合器

液力变矩偶合器的特性如图(u)所示。该液力变矩偶合器的有效直径为365mm，充液率为85%，泵轮转速为1480r/min。它的启动变矩系数约为1.4～1.5，零速工况的力矩 $T_0=(3\sim3.8)T_e$（T_e为额定力矩），偶合器工况的效率 $\eta=0.95$。图中的虚线是泵轮反转时的特性曲线。可见，此时它相当于一个限矩型液力偶合器，已没有变矩功能了

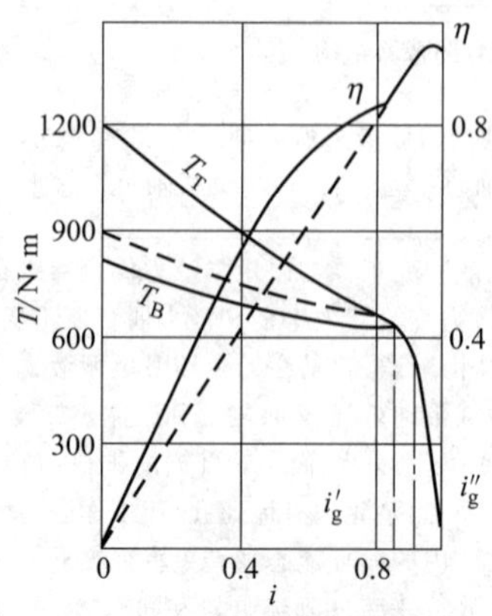

图(u) 液力变矩偶合器的试验特性

续表

类型	液力变矩偶合器	优点	①由于液力变矩偶合器带有导轮，故其在制动工况能够变矩，因而其启动力矩远大于一般的限矩型液力偶合器 ②一般液力变矩器需在全充满状态下运转，否则容易发生汽蚀现象，故必须带有补偿系统。液力变矩偶合器可以在非充满状态下运行，无汽蚀产生。又因效率较高、发热少，故省去了补偿系统 ③由于泵轮和涡轮均为平面直叶片，故反转工况可以在较长时间内传递较大力矩，能满足刮板输送机正反转运转要求 ④由于正常运转时，液流不经过导轮，所以可以获得较高的效率 ⑤叶轮铸造工艺比液力变矩器简单，生产率高，成本低 由于液力变矩偶合器具有上述优点，因而大有发展前途。值得指出的是：由于液力变矩偶合器的变矩系数较低，所以在需要较高变矩系数的工况仍然不能代替液力变矩器，但对于煤矿刮板输送机和工程机械、轻型汽车等设备，使用液力变矩偶合器还是比较理想的
		缺点	结构比较复杂，反转时无变矩作用，成本和价格比较高
	水介质液力偶合器		煤矿井下刮板输送机、带式输送机、转载机、破碎机等设备使用的液力偶合器，为避免油介质偶合器在超载时高温喷油引燃煤气，国内外均开发了以清水（或水基难燃液）为传动介质的水介质液力偶合器。水介质液力偶合器在轴承设置、密封结构设计、安全保护装置设置以及主轴及偶合器腔内钢构件防腐蚀处理等方面均与油介质偶合器不同 图(v)为典型的水介质液力偶合器结构，首先其腔内钢铁构件均需进行防腐蚀处理以防锈蚀和腐蚀。为使滚动轴承不接触水液以免产生“氢脆效应”而以密封件与之隔离。由于腔内高温水液汽化产生膨胀压力，有时甚至接近1.4MPa，而通常油封抗压只达0.5MPa，为此在油封之后加入挡环以提高抗压能力[图(w)]，并防止油封唇口外翻 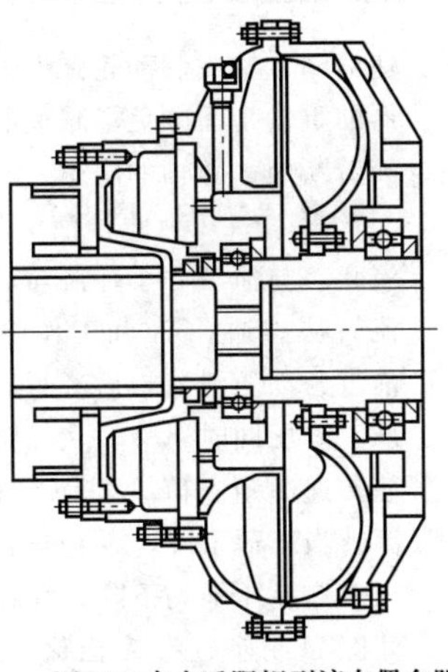 图(v)　水介质限矩型液力偶合器结构 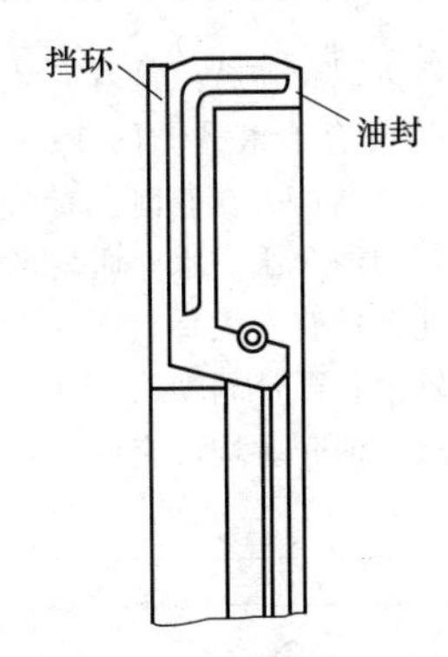 图(w)　油封挡环结构示意
		优点	①以清水为介质，节省油液，这本身就是节能 ②因为水比油的相对密度大，所以同规格水介质偶合器传递功率比油介质偶合器提高15% ③喷液后无污染，可防止引燃煤气燃烧 ④用途广泛，用量大，除煤矿井下设备以外，食品、化工、医药、纺织等行业不允许油污染的机械设备上均可以使用
		缺点	①水介质温度升高后易汽化，水蒸气聚集多了使偶合器腔内升压，如不释放则会引起壳体爆裂，所以水介质偶合器除设有易熔塞之外，还设置易爆塞 ②水介质偶合器采用密封装置在内轴承在外的结构，由于水蒸气很难密封，所以常常侵蚀轴承，使轴承锈蚀、卡死，降低寿命 ③为防止偶合器在内部蒸汽压力高时爆裂，偶合器壳体较厚，要求能承受3.4MPa压力而不爆裂，所以与油介质偶合器相比，不仅所用材料较多，而且壳体的铸造难度较大 ④水介质偶合器故障率较高，寿命较短，《刮板输送机用液力偶合器》(MT/T 208—1995)标准可靠性指标规定液力偶合器在井下运转的平均无故障工作时间不得少于2000h，实际上这个指标很难达到 ⑤腔内钢铁零件表面需做防腐蚀处理，增加了成本

续表

<table>
<tr><td rowspan="2">类型</td><td>水介质液力偶合器</td><td>在全国年产约 5 万台限矩型液力偶合器中，煤矿井下用的水介质液力偶合器约占 2/3 以上，其中用量最大的是刮板输送机。由于刮板输送机启动负荷大，启动频繁，工作负载变动大，堵转现象严重，并且所处空间狭窄，环境恶劣（潮湿，多粉尘，有腐蚀性气体和可爆炸性气体），所以刮板输送机必须用水介质液力偶合器。目前存在的最大问题是刮板输送机用的水介质液力偶合器故障率高而寿命低，不仅严重影响煤矿生产，而且还加大了产煤成本，成为煤矿行业的一大负担
目前我国水介质液力偶合器存在着寿命短、技术性能低和现场使用操作不尽合理等问题。在产品结构上应解决轴承和密封问题。采用普通油封来密封水或水蒸气，机理上是不合适的，在价格允许的情况下应以机械密封代替唇式油封密封。在轴承方面滑动轴承具有一定优势。图（x）为英国 AKWAFIL475 型水介质液力偶合器结构，该液力偶合器一端用尼龙滑动轴承，另一端用滚动轴承，输出端用机械密封。使整体结构简单许多</td><td>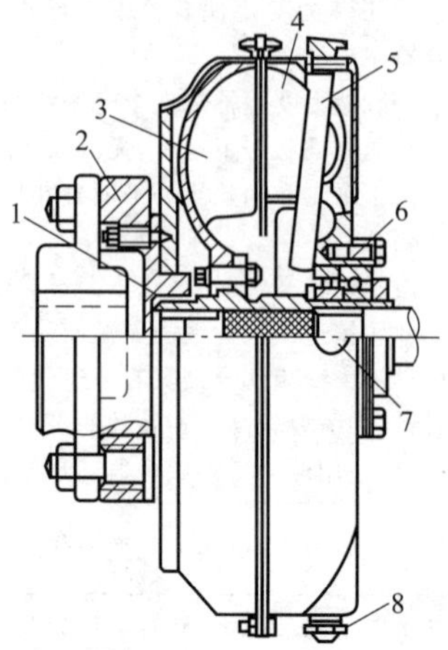
图(x)　AKWAFIL475型水介质液力偶合器
1—尼龙衬套；2—外壳；3—涡轮；4—泵轮；
5—注水管；6—轴端机械密封；
7—易熔塞；8—易爆塞</td></tr>
</table>

4.3.4.3　复合泄液式限矩型液力偶合器

复合泄液式液力偶合器特点是既有动压泄液，又有静压泄液，故称复合泄液式。图 19-4-6 所示为复合泄液式液力偶合器结构。在腔内左右两侧各有两支骨架式橡胶油封，为油介质与水介质均可应用的腔型结构。此种液力偶合器有三大特点：液力偶合器固连与承重在电动机轴上；可带制动轮，并与原轮毂轴向尺寸相同；水介质、油介质均可应用。

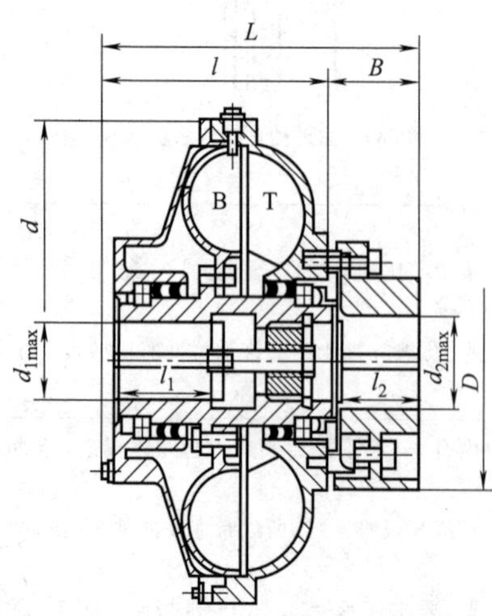

图 19-4-6　复合泄液式液力偶合器
B—泵轮；T—涡轮

此种液力偶合器输入轴与动力机刚性连接并由其承受液力偶合器的重量，输出端以半联轴器方式与减速器输入轴或制动轮弹性连接。由于不承受液力偶合器的重量，而减免了减速器输入轴承受交变应力而有疲劳断裂、断轴的隐患。

图 19-4-7 为此种液力偶合器工作腔内液体的环流状态与泄液。小环流与动压泄液式基本相同，大环流时从连通孔 A 和工作腔外缘间隙 D 处同时泄液。前者为动压泄液，后者为静压泄液。因超载而引起动压、静压同时泄液，从而降低了工作腔液体充满度，使传递力矩下降，因而可有效地限制超载力矩的升高。当载荷下降，泵轮与涡轮转差率降低，循环流速与工作腔压强均下降，则超载时泄入侧辅腔中液体沿间隙 D 或连通孔 A 徐徐流回工作腔，逐步恢复稳态工况。此即复合泄液式限矩的工作原理。

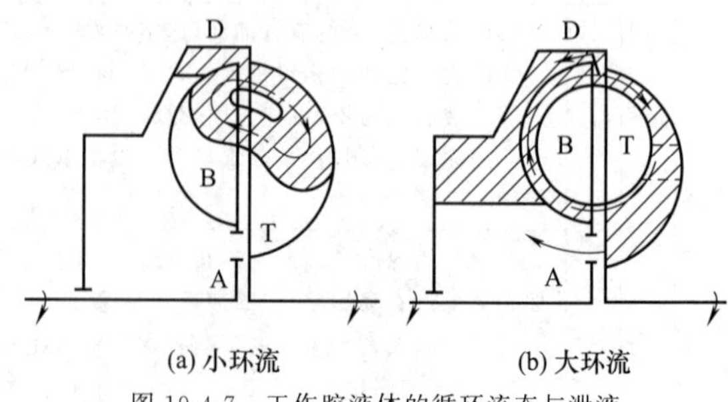

图 19-4-7　工作腔液体的循环流态与泄液

其特点是内轮驱动，泵轮在壳体内，在泵轮外侧设有侧辅腔（其外缘与中心部位均与工作腔连通），在超载（大环流）时中心部位为动压、外缘部位为静压同时向侧辅腔泄液。故既有动压泄液式动态反应灵敏的特点，同时又具有静压泄液式结构简单的优点。

复合泄液式（YOX_F）液力偶合器只有泵轮、涡轮、外壳三个盘形件。以输入轴套孔和螺栓定位并固接在电动机轴上，由电动机轴承受液力偶合器重量。减少了减速器轴的承重，避免断轴延长减速器使用寿命。特别是对直交轴型减速器更为有利。液力偶合器输出端可按需要制成单一的轮毂或带有制动轮的轮毂，而且具有同一轴向尺寸。这样大大便利了制动器的布置，简化了结构。如此可使带式输送机的驱动装置大为简化，可使电动机—液力偶合器—制动器—减速器成直列式布置，构成驱动单元，便于带式输送机的驱动装置与支架实现三支点浮动支承，从结构上带来一系列优点。

图19-4-8为装有复合泄液式液力偶合器的驱动单元三支点浮动支承结构。液力偶合器2固连在电动机轴上，由电动机轴承担其重量。其输出端经弹性联轴器与减速器4的输入轴相连接，其输出端的制动轮由机械制动器3包围。电动机、制动器和直交轴减速器安装在同一底座5上。底座5下面铰链支座通过推拉杆6与设备机架的铰链支座相连，推拉杆长度可按需要调节。液力驱动单元作为整体（驱动头）以其输出轴孔套装在驱动滚筒轴上，形成两个支点加上推拉杆的支点，而成三支点支承。又由于推拉杆长度可调节，可使驱动单元绕着减速器输出轴轴心任意角度安装浮动定位，故称之谓液力驱动单元三支点浮动支承。其中液力偶合器2必须如复合泄液式固连在电动机轴上者方可，否则结构上不便组合。

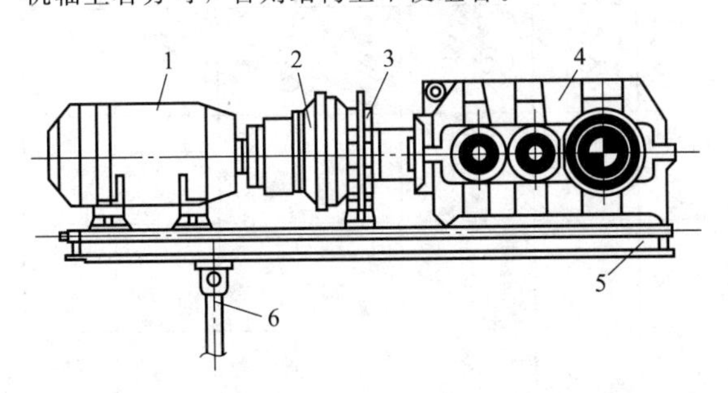

图19-4-8　液力驱动单元三支点浮动支承结构
1—电动机；2—液力偶合器；3—机械制动器；
4—直交轴减速器；5—底座；6—推拉杆

复合泄液式液力偶合器除结构紧凑、尺寸小、重量轻等优点之外，另一大优点是使减速器轴不承担其重量，而减免承担附加弯矩和剪切力，即减除交变应力对其影响，因而可减免疲劳破坏、断轴事故的发生。

复合泄液式液力偶合器主要应用于带式输送机、龙门起重机以及球磨机等设备。

国内限矩型液力偶合器部分生产厂家产品型号对照见表19-4-15。

4.3.5　普通型、限矩型液力偶合器的安全保护装置

普通型、限矩型液力偶合器超载时，电动机照常运转，泵轮与涡轮转差大大增加，效率降低，损失的功率转化成热量，使工作液体升温、升压，超过许用温度和压强时，就将引起偶合器喷液引燃或壳体爆裂形成恶性事故，为此必须设置安全保护装置，避免发生事故。

普通型、限矩型液力偶合器的安全保护装置见表19-4-16。

4.3.5.1　普通型、限矩型液力偶合器易熔塞（JB/T 4235—2018）

易熔塞按结构分为三种基本形式：A型易熔塞（图19-4-9），B型易熔塞（图19-4-10），C型易熔塞（图19-4-11）。

技术要求如下。

① 材料：35钢或黄铜。

② 其余表面粗糙度 Ra 为12.5μm，锐角倒钝。

③ 表面镀铜或其他表面处理。

④ 易熔塞在0.6MPa压力下检查不得渗漏。

易熔塞尺寸应符合图19-4-9～图19-4-11和表19-4-17的规定。

标记示例：螺纹为 M24×1.5，总长 L 为 30mm，A型易熔塞标记为

易熔塞A　M24×1.5×30　JB/T 4235—2018

易熔塞易熔合金熔化温度有110℃±5℃，120℃±5℃，140℃±5℃，160℃±5℃，180℃±5℃。

推荐使用易熔塞熔化温度场合：110℃——防爆场合；120℃、140℃——一般使用场合；160℃、180℃——反、正转情况下，频繁启动场合。

易熔合金成分见表19-4-18。

4.3.5.2　刮板输送机用液力偶合器易爆塞技术要求（MT/T 466—1995）

（1）结构形式与安装数量

1）易爆塞的结构形式　图19-4-12是易爆塞的基本结构形式，在不影响安装尺寸互换与安装空间的前提下允许采用其他结构形式。

2）易爆塞尺寸　易爆塞与液力偶合器相连接时的连接尺寸及其外形尺寸详见图19-4-12。

3）易爆塞安装数量

① 工作腔直径小于或等于560mm的液力偶合器安装易爆塞的数量最少为1个。

表 19-4-15　　国内限矩型液力偶合器部分生产厂家产品型号对照表

生产厂	外轮驱动直联	内轮驱动直联复合泄液式	水介质直联	立式直联	双腔	带轮式	内轮驱动制动轮式	外轮驱动制动轮式	易拆卸式	易拆卸制动轮式	大后辅腔式	大后辅腔加侧辅腔式	大后辅腔易拆卸式	大后辅腔易拆卸制动轮式	大后辅腔内轮驱动制动轮式	大后辅腔外轮驱动制动轮式	静压泄液式
大连营城液力偶合器厂	YOX、TVA YOX$_{Ⅱ}$	YOX$_{F}$	YOX$_{S}$	YOX$_{L}$	YOX$_{D}$	YOX$_{P}$	YOX$_{FZ}$	YOX$_{WZ}$ (YOX$_{ⅡZ}$)	YOX$_{Y}$	YOX$_{YZ}$	YOX$_{V}$	YOX$_{VS}$	YOX$_{VY}$	YOX$_{VYZ}$	YOX$_{VFZ}$	YOX$_{VWZ}$ (YOX$_{VⅡZ}$)	YOX$_{j}$
大连液力机械有限公司	YOX、TVA YOX$_{Ⅱ}$	YOX$_{F}$	YOX$_{S}$	YOX$_{C}$	YOX$_{SQ}$ YOX$_{D}$	YOX$_{R}$ YOX$_{L}$	YOX$_{ZL}$	YOX$_{ⅡZ}$	YOX$_{E}$	ZYOXE YOXZL ZTVAE	YOX$_{Y}$	YOX$_{YS}$	YOX$_{YE}$	YOX$_{YEZ}$		YOX$_{YZ}$	
广东中兴液力传动有限公司	YOX	YOX$_{n}$	YOX$_{Sj}$		YOX$_{S}$	YOX$_{n}$	YOX$_{nZ}$	YOX$_{ⅡZ}$	YOX$_{A}$	YOX$_{AZ}$	YOX$_{V}$	YOX$_{VS}$	YOX$_{VA}$	YOX$_{VAZ}$		YOX$_{VⅡZ}$	
沈阳煤机配件厂	YOX、TVA		YOX$_{S}$			YOX$_{N}$	YOX$_{nZ}$	YOX$_{ⅡZ}$	YOX$_{E}$	YOX$_{FZ}$	YOX$_{Y}$	YOX$_{YS}$					
中煤张家口煤矿机械有限公司	YL		YOXD														
蚌埠液力机械厂	YOX		YOX$_{S}$ YOX$_{SH}$			YOX$_{D}$		YOX$_{Z}$									
大连液力偶合器厂	YOX、TVA YOX$_{Ⅱ}$	YOX$_{F}$	YOX$_{S}$	YOX$_{C}$	YOX$_{D}$	YOX$_{R}$ YOX$_{L}$	YOX$_{ZL}$	YOX$_{ⅡZ}$	YOX$_{E}$	YOX$_{FZC}$	YOX$_{Y}$	YOX$_{YS}$	YOX$_{YE}$	YOX$_{YFZ}$		YOX$_{YZ}$	
长沙第三机床厂	YOXD***MT YOXJ***MT					YOXD***T YOXJ***T	YOXD***NZ YOXJ***NZ	YOXD***Z YOXJ***Z	YOXD***A	YOXD***AZ	YOX$_{Y}$					YOX$_{Y}$***Z	YOX$_{j}$
上海新交华液力机械有限公司	YOX	YOX$_{m}$				YOX$_{P}$	YOX$_{Z}$	YOX$_{ZⅡ}$	YOX$_{e}$ YOX$_{f}$	YOX$_{ZⅢ}$							
桂林叠彩建筑机械厂	YOX																YOX$_{J}$

续表

生产厂	外轮驱动直联	内轮驱动直联复合泄液式	水介质直联	立式直联	双腔	带轮式	内轮驱动制动轮式	外轮驱动制动轮式	易拆卸式	易拆卸制动轮式	大后辅腔式	大后辅腔加侧辅腔式	大后辅腔易拆卸式	大后辅腔易拆卸制动轮式	大后辅腔内轮驱动制动轮式	大后辅腔外轮驱动制动轮式	静压泄液式
上海交大南洋机电科技有限公司	YOX					YOX_P	YOX_{nZ}										
新乡市金田液力传动有限公司	YOX TVA $YOX_{Ⅱ}$		YOX		YOX_S	YOX_N	YOX_{NZ}	$YOX_{ⅡZ}$	YOX_A	YOX_{AZ}	YOX_V	YOX_{VS}				$YOX_{VⅡZ}$	
山西大同忻鑫液力偶合器厂	YOXD		YOXD														
林州重机（集团）有限公司	YOXD		YOXD														
淄博华汇液力机械厂	YOX		YOX_S														YOX_J
唐山开滦液力传动有限公司	YOXD		YOXD														
威海九鼎液力传动有限公司	YOX		YOX_{MK}		YOX_D	YOX_N	YOX_Z	YOX_{BZ}	YOX_A	YOX_{AZ}	YOX_V	YOX_{VS}					
潞安矿业集团机电修造厂	YOXD		YOXD														
新乡市蒲城起重煤机厂	YOXD		YOXD														
烟台裕华工程机械有限公司	YOX	YOX_F	YOX_S			YOX_P	YOX_{nZ}	$YOX_{ⅡZ}$	YOX_Y	YOX_{YZ}							
铜川液力联轴器厂	YOXD		YOXD														
北京起重运输机械设计研究院	$YOX_{Ⅱ}$	YOX_F					YOX_{FZ}	$YOX_{ⅡZ}$									

表 19-4-16　　普通型、限矩型液力偶合器安全保护装置

分类	名称	结构简图	工作原理	优缺点
喷液式	易熔塞	易熔塞本体　易熔合金	易熔塞外观类似一般的螺塞，其芯部有一小孔，里面浇注易熔合金。当偶合器超载发热程度达到易熔合金熔化温度时，易熔合金熔化，工作液体在离心力作用下从小孔喷出，切断输入与输出的动力传递，起到过载保护作用	结构简单，价格低廉，控制可靠，安装使用方便 缺点是喷液后污染环境，浪费油液，易熔塞不能重复使用，喷液后需换用新的并重新灌油
	易爆塞	压紧螺塞　易爆塞体　爆破孔板　易爆片　密封垫	外观同易熔塞，在易爆塞体与爆破孔板间压了一块很薄的易爆片，当偶合器腔内压力超过其爆破压力时，易爆片破裂而喷液，从而切断动力传递，起到过载保护。易爆塞是水介质偶合器专用的安全保护装置，油介质偶合器不用	所规定的爆破压力过高，往往易爆片未破而气体从油封跑出。一次性使用，易爆片破裂后需换新的并重新加水，操作比较麻烦
不喷液式	机械式温控开关		在偶合器壳体上固定一个不喷液的易熔塞，其对面安装一限位开关。当偶合器工作液体超温后，不喷液易熔塞中的易熔合金熔化，原来靠易熔合金凝固而固定的拨销在弹簧和离心力作用下被弹出，撞击对面的限位开关，使电动机停转，起到过载保护作用	能保证超载时偶合器不喷液，保护环境，节约用油。结构较复杂，成本高，拨销对开关有撞击，不喷液易熔塞不能反复使用，仍然需要安装喷液易熔塞作最终保护
	电子式温控开关	测速传感器　支架　转速监测仪	在偶合器外壳上安装一个磁电传感器探头，对面支架上固定磁电传感器，偶合器超载降速后，当达到设定的转速比时，转速监测仪发出报警信号并指令停机	能保证在不喷液的前提下，提供可靠的超载停机安全保护。缺点是比较复杂，价格高。为防止电子元件出故障，仍需安装喷液式易熔塞作最终保护

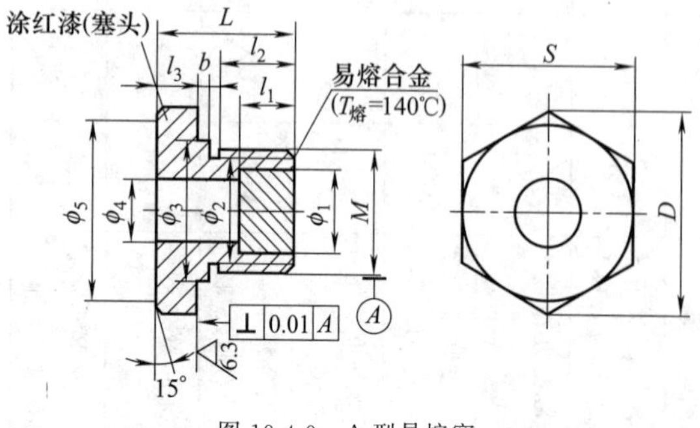

图 19-4-9　A 型易熔塞

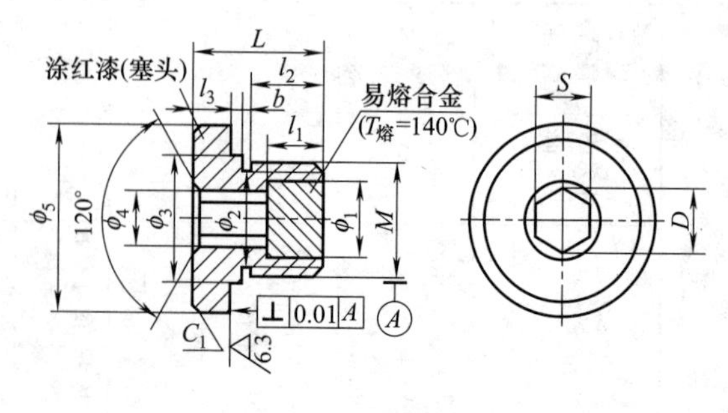

图 19-4-10　B 型易熔塞

表 19-4-17　**易熔塞尺寸**　mm

叶轮有效直径	外螺纹尺寸	形式	尺寸												密封垫圈	
			D	S	ϕ_1	ϕ_2	ϕ_3	ϕ_4	ϕ_5	L	l_1	l_2	l_3	b	JB/T 966.30	JB/T 966.15
≤320	M16×1.5	A	27.7	$24_{-0.28}^{0}$	10	13.8	$18_{-0.12}^{0}$	9	24	23	7	9.5	9	1.5		垫圈 18
		B	9.2	8				9.8	25							
>320～560	M18×1.5	C	25.4	$22_{-0.28}^{0}$	5	16	$22_{-0.14}^{0}$	7	32	30	14	12.5	13		垫圈 10	垫圈 22
≥560	M24×1.5	A	36.9	$32_{-0.34}^{0}$	16	21.8	$27_{-0.14}^{0}$	15	32	30	10	12.5	13			垫圈 27
		B	13.8	12				14.5	34							
		C	25.4	$22_{-0.28}^{0}$	5	22		7	34	30	14	13.5	12		垫圈 10	垫圈 27

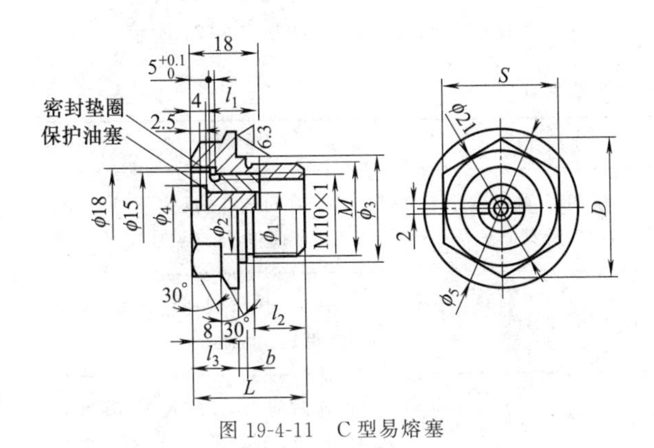

图 19-4-11　C 型易熔塞

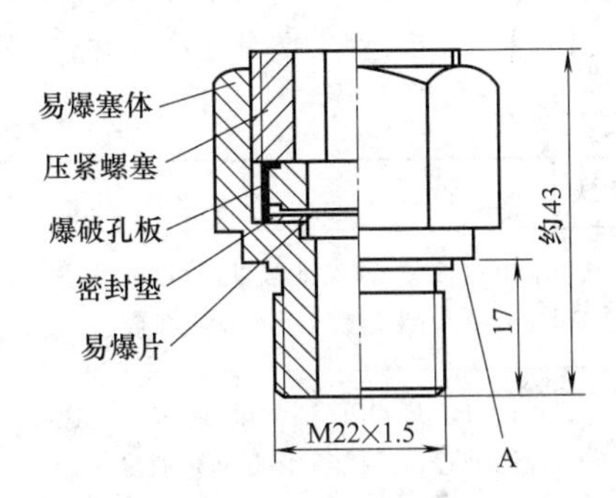

图 19-4-12　易爆塞的基本结构形式

表 19-4-18　**易熔合金成分**

熔点/℃	成分/%				
	铋(Bi)	镉(Cd)	铅(Pb)	锡(Sn)	锑(Sb)
100	40		20	40	
105	48		28.5	14.5	9
108	42.1		42.1	15.8	
113	40		40	20	
117	36.5		36.5	27	
120	37		40	23	
124	55.5		44.5		
130	30.8		38.4	30.8	
132	28.5		43	28.5	
138	57			43	
142		18.2	30.6	51.2	

② 工作腔直径大于 560mm 的液力偶合器，应按最大发汽量时能安全泄放来确定易爆塞的最少安装数量，并注意质量平衡。

(2) 技术要求

1) 易爆塞

① 1 个易爆塞只准许装 1 个易爆片。

② 易爆塞的压紧螺塞的夹紧力矩：$T=(5\pm1.0)$N·m。

③ 易爆塞静态试验爆破压力：$p_s=(1.4\pm0.2)$MPa。

④ 易爆塞安全泄放能力：易爆塞用静态爆破压力 $1.6_{-0.1}^{0}$MPa 的爆破片，在动态爆破后应能迅速泄放；不允许在易爆塞爆破后再发生增压现象。

⑤ 图 19-4-12 所示结构形式易爆塞的质量要求为 (166±0.5)g。

⑥ 易爆塞的易爆塞体应有预卸压功能。

2) 易爆片

① 易爆片的内外表面应无裂纹、锈蚀、微孔、气泡和夹渣，不应存在可能影响爆破性能的划伤。刻槽应无毛刺。

② 易爆片静态试验爆破压力：$p_s=(1.4\pm0.2)$MPa。

③ 易爆片外径为 $\phi25_{-0.21}^{0}$mm。

④ 易爆片材料应按能承受 180～200℃工作温度来选取。

3) 爆破孔板

① 爆破孔径 $d=\phi 13^{+0.11}_{0}$ mm；孔两端不允许出现圆角式倒角，外径为 $\phi 25^{-0.100}_{-0.194}$ mm。

② 质量要求为 $14^{+0.5}_{0}$ g。

4.3.6 调速型液力偶合器

调速型液力偶合器主要与电动机相匹配，在输入转速不变情况下，通过调节工作腔充满度（通常以导管调节）来改变输出转速及力矩，充满度的调节是在运转当中进行的，其调节方式如表19-4-19所示。普通型、限矩型液力偶合器均是在运转之前按传递功率大小充入适量的工作液体，因其通常是在额定工况下运转，转差率较小，发热量亦小，靠自身冷却（常在其外壳上设置散热筋片）即可满足散热要求。调速型偶合器则不然，泵轮、涡轮均处在箱体里不与外界接触，散热困难，更因输出转速调节幅度大和传递功率大，故需有工作液体的外循环冷却系统，使工作液体不断地进、出工作腔，以散逸热量和调节工作腔充满度。

设液力偶合器工作腔已有充液量为 q，欲使其有 Δq 的变化量，则需使工作腔进口流量 Q_1 和出口流量 Q_2 不相等，即 $\Delta q=\Delta t(Q_1-Q_2)$。式中 Δt 是调节时间，若使出口流量 Q_2 保持常量（如保持恒转速下的出口节流－主动喷嘴节流），改变进口流量 Q_1，则为进口调节；若使进口流量 Q_1 保持常量（如供油泵为定量泵），改变出口流量 Q_2（导管调节流量），则为出口调节；若同时改变进、出口流量 Q_1、Q_2，则为复合调节。调速型液力偶合器调速原理如表19-4-20所示，调速方式与性能对比如表19-4-21所示。

表 19-4-19 充液量常用的调节方式

调节方式	定义	常用结构	优缺点
进口调节	出口流量 Q_2 保证常量，通过改变进口流量 Q_1 来调整工作腔的充液量	喷嘴导管、喷嘴阀门、喷嘴变量泵、固定导管阀门、固定导管变量泵等	调速时间较长，反应不够灵敏，结构比较简单，轴向尺寸较短
出口调节	进口流量 Q_1 保证常量，通过改变出口流量 Q_2 来调整工作腔的充液量	回转导管式、伸缩导管式	调速时间短，调速精度高，反应灵敏，结构比较复杂
复合调节	同时改变进口流量 Q_1 和出口流量 Q_2 来调整工作腔的充液量	导管阀控式、导管凸轮控制式、阀门控制式	调速时间短，反应灵敏，降低辅助供油系统的功率消耗，可等温控制，换热能力强，结构比较复杂

表 19-4-20 调速型液力偶合器调速原理

调节方式	结构名称	结构简图	调速原理	优缺点及用途
进口调节	喷嘴伸缩导管旋转壳体式调速型液力偶合器	B—泵轮；T—涡轮 1—泵轮轴；2—涡轮轴；3—喷嘴；4—旋转外壳；5—导管；6—冷却器	泵轮外壳上设置喷嘴，喷出工作液体在旋转壳体储油腔内形成油环，因油环随壳体转动，所以产生动压力。当导管迎着油环旋转方向插进表层时，工作液体便被导管导出而进入冷却器，冷却后重新进入工作腔。由于出口流量基本恒定，所以调节导管开度，即可改变油环厚度，也就调节了工作腔的充液量	结构简单、紧凑，自带旋转壳体储油腔，散热性能好、轴向尺寸短、占地面积小、成本较低，有离合功能和调速功能 支承不够稳定，调速时液体的重心发生变化，输出转速高时工作液体进入工作腔。输出转速低时，工作液体进入储油腔，影响动平衡，旋转壳体储油较多，转动惯量大、易振动

续表

调节方式	结构名称	结构简图	调速原理	优缺点及用途
进口调节	主动喷嘴阀控式调速型液力偶合器	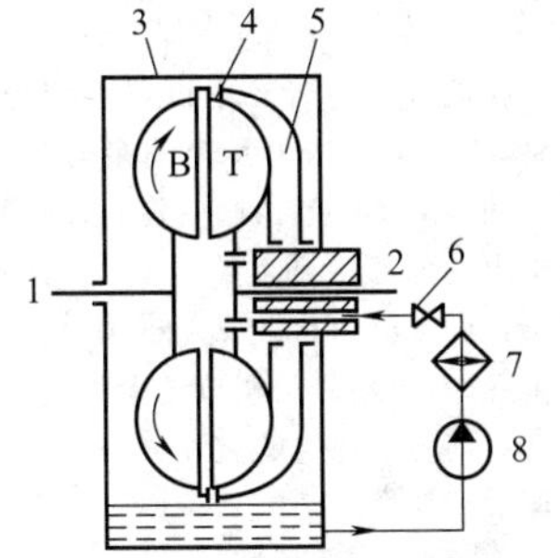 1—泵轮轴；2—涡轮轴；3—封闭壳体(油箱)；4—喷嘴；5—旋转外壳；6—阀门；7—冷却器；8—供油泵	主动喷嘴阀控式调速型液力偶合器属外轮驱动，与泵轮一起旋转的外壳上设置喷嘴，喷嘴处的转速恒定，供油泵所供工作液体由阀门控制进入工作腔的量，进口流量大，工作腔内充液多，输出转速提高。反之，进口流量减少，工作腔充液量少，输出转速降低	结构比较简单、轴向尺寸短、成本较低，有离合功能和调速功能 与出口调节相比，调速反应不够灵敏，主动喷嘴式比被动喷嘴式调速时间长
	被动喷嘴阀控式调速型液力偶合器	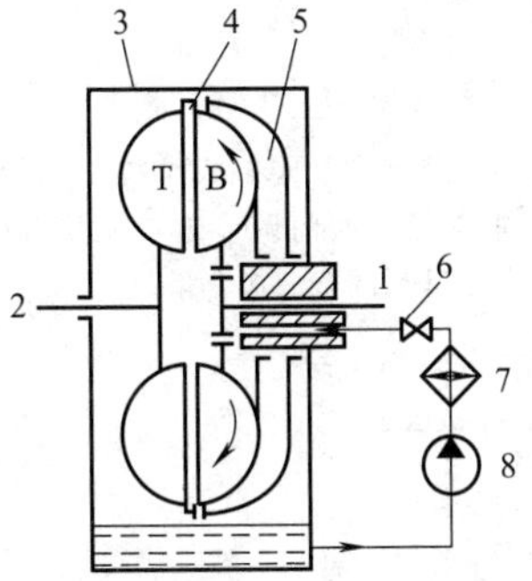 1—泵轮轴；2—涡轮轴；3—封闭壳体(油箱)；4—喷嘴；5—旋转外壳；6—阀门；7—冷却器；8—供油泵	被动喷嘴阀控式调速型液力偶合器属内轮驱动，与涡轮相连的壳体上设置喷嘴。由于喷嘴设置在输出端，所以喷嘴处的转速不是恒定的。出口流量的变化与角速度的平方和喷嘴所在处的半径及工作液体内环半径的平方差成正比，因与两个因素有关，所以调速较灵敏	结构简单、轴向尺寸短、成本较低，有离合和调速功能 与出口调节相比，调速不够灵敏，但与主动喷嘴相比，调速反应时间略短
	喷嘴泵控式调速型液力偶合器	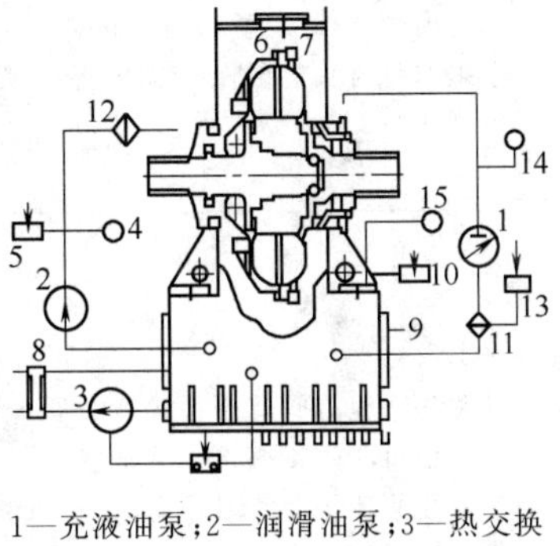 1—充液油泵；2—润滑油泵；3—热交换器油泵；4，14—压力表；5—压力继电器；6—泄油塞(喷嘴)；7—快速泄油阀；8—热交换器；9—油位计；10—温度继电器；11—充液过滤器；12—润滑油过滤器；13—真空继电器；15—温度表	结构与喷嘴阀控式调速型液力偶合器基本相同，只是进口流量由阀门调节改为变量泵调节，变量泵常用齿轮变量泵、变频调速泵和液压调速装置等	结构简单、轴向尺寸短、占地面积小、成本较低、自动化程度较高、控制方式多样，有调速功能和离合功能 与出口导管调节相比，调速反应不够灵敏

续表

调节方式	结构名称	结构简图	调速原理	优缺点及用途
进口调节	固定导管阀控式调速型液力偶合器		在偶合器导管腔中设置固定导管，其作用相当于一个油泵，用来排油。进口流量由阀门控制，导管排出的油经冷却器冷却后又回到工作腔。因整个闭式油路中容积不变，所以用阀门调节流量的增减就可调节工作腔的充液量，从而就调节了偶合器的输出转速	结构简单、轴向尺寸短、成本较低、固定导管排油能力强、排油及时、流量大、冷却效果好、供油泵功率小、节能，具有调速和离合功能 因供油泵功率小，所以充液时间长，如需充液时间短，供油泵易于变换为较大规格
	固定导管泵控式调速型液力偶合器	B—泵轮；T—涡轮； 1—泵轮轴；2—涡轮轴；3—通流孔；4—喷嘴；5—辅腔；6—导管；7—冷却器；8—调速泵；9—单向阀	与固定导管阀控式结构基本相同，只是将阀门调节进口流量，改为变量泵调节进口流量	结构简单、轴向尺寸短、成本较低、固定导管排油能力强、冷却效果好，有离合和调速功能 供油泵功率小，虽节能，但充液时间长，泵阀系统泄漏时会产生“丢转”现象
出口调节	回转导管调速型液力偶合器		偶合器设置储油旋转壳体，固定箱体内装有回转导管，因回转导管中心与偶合器旋转中心有一偏心距，所以转动回转导管即可改变储油腔内的油环厚度。从而就调节了工作腔内的充液量，使输出转速得到调节	结构简单、成本低、操作简便、轴向尺寸短、便于与电动机连成一体结构，调速灵敏、调速时间短、精度高 转动回转导管时有较大阻力，不适合大规格调速型液力偶合器选用
	伸缩导管调速型液力偶合器	B—泵轮；T—涡轮； 1—泵轮轴；2—涡轮轴；3—旋转外壳；4—通流孔；5—导管腔；6—导管；7—冷却器；8—泵；9—油箱；10—进油孔	调速原理与回转导管式液力偶合器相同，利用伸缩导管来改变导管腔的油环厚度。因导管腔与工作腔连通，所以调节导管开度也就调节了工作腔充液量，从而调节了偶合器输出转速。导管驱动装置有电动执行器和液压油缸两种	调速时间短、调速精度高、反应灵敏、供油泵功率大、流量高、充排油时间短、冷却能力强，可控制充油启动时间，使工作机延时启动、支承稳定可靠、传递功率大、转速高 结构复杂、成本较高、轴向尺寸较长、占地面积较大

续表

调节方式	结构名称	结构简图	调速原理	优缺点及用途
复合调节	伸缩导管阀控式调速型液力偶合器	1—泵轮轴；2—涡轮轴；3—通孔；4—导管腔；5—导管；6—联锁机构；7—配流阀；8—冷却器；9—供油泵	在伸缩导管调速型液力偶合器的基础上，设置进、出口配流阀，当需要输出转速提高时，顺时针转动联锁机构，导管内缩，配流阀下移，挡住部分甚至全部出油口，于是进油多、出油少，工作腔内充液量迅速增加，转速迅速提高。当需要降速时，则反方向转动联锁机构，其原理相同	反应灵敏、调速动作快、能合理调节供油量，达到工作液体等温控制，运行效率高 结构较复杂、成本高，适合大功率、高转速液力偶合器和液力偶合器传动装置选用

表 19-4-21　　调速型液力偶合器调速方式与调速性能对比

	调速方式	进口调节	出口调节	复合调节
调速性能	调速原理	出口流量恒定，通过调节进口流量来改变工作腔的充液率，从而改变输出转速和输出力矩	进口流量恒定，通过调节导管开度来调节导管腔的油环厚度，因导管腔与工作腔相通，所以就调节了工作腔的充液量	一方面通过导管作出口调节，另一方面又通过配流阀和控制凸轮作进口调节，从而完成进、出口调节
	调速机构	常用的有喷嘴-阀门式、喷嘴-变量泵式、固定导管-阀门式、固定导管-变量泵式等	常用电动执行器驱动导管调节工作腔充液量，导管有伸缩导管、齿条式导管和回转式导管等	常用电动执行器或油缸驱动伸缩导管、齿条式导管移动并设置进口流量调节阀和等温控制凸轮等机构进行进、出口调节
	额定转差率/%	1.5～3		
	调速范围	$T=C$：1～1/3　　$T\propto n^2$：1～1/5		
	调速精度	反应较慢，精度略低	反应灵敏，精度较高	反应灵敏，精度高
	调速操作	较方便	方便	较复杂
	结构尺寸	轴向尺寸短，结构较简单	轴向尺寸较长，结构较复杂	轴向尺寸长，结构复杂
	离合功能	进口断流后，动力机与工作机脱离，有离合功能，可脱载启动	导管在零位时，工作腔仍有液流通过，不能脱载启动	导管开度为零时，工作腔仍有液流通过，不能脱载启动
	辅助系统	一般	一般	较复杂
	成本、价格	较低	一般	较高
	适用范围	转速1500r/min以下，功率2000kW以下，对调速精度和反应时间要求不严格的场合和要求动力机与工作机有离合的场合	转速小于3000r/min，特别适应大功率、高转速，对调速精度要求较高的场合	适应高转速、大功率、对调速精度要求高、反应时间要求快、调速效率要求高的场合

4.3.6.1 进口调节式调速型液力偶合器

表 19-4-22　　进口调节式调速型液力偶合器

<table>
<tr><th>型式</th><th colspan="2">结构和特点</th></tr>
<tr><td rowspan="4">进口调节喷嘴伸缩导管式液力偶合器</td><td colspan="2">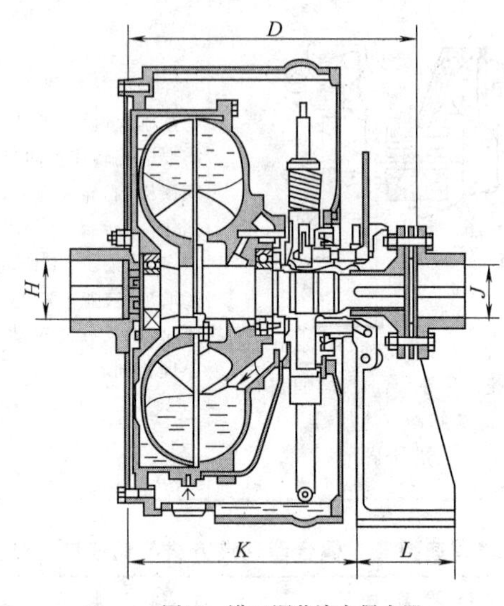

图(a)　进口调节液力偶合器

图(a)是较为典型的喷嘴伸缩导管式液力偶合器结构,动力从左端输入,通过弹性连接板和筒壳带动泵轮旋转,在筒壳上设有喷嘴,在随电动机恒定转速运转中,喷嘴连续喷油使出口流量为恒定值。喷出的工作液体在旋转壳体储油腔内受离心力作用而形成油环。因油环随旋转壳体一起旋转,产生动压力,当导管口迎着液流插入液流表层时,液流冲入导管进入偶合器外面的冷却器,冷却后的工作液体再回到偶合器工作腔内。所以只要调节导管开度,即改变工作腔充满度而调节输出转速</td></tr>
<tr><td>优点</td><td>结构简单、紧凑。自带旋转壳体储油腔,散热性能好,小功率偶合器可以不用冷却器,轴向尺寸短,成本较低</td></tr>
<tr><td>缺点</td><td>①支承不够稳定:单支承的偶合器一端支承在自身的导管座上,另一端支承在电动机轴上,找正稍不同心,即会引起振动
②制造工艺复杂:旋转壳体外径较大,里面焊有导油叶片,很难保证内外同心
③调速时液体重心发生变化,输出转速高时工作液体进入工作腔,低速时又进入储油腔,影响旋转体的动平衡,且旋转壳体储存较多液体,转动惯量大。稍不同心就造成容积不平衡,引起振动
④调速时间较长,反应不灵敏,调速精度较差</td></tr>
<tr><td colspan="2">图(b)为此类型液力偶合器导管伸缩的三种控制方式。其中利用重锤控制启动的液力偶合器很适合煤矿井下使用

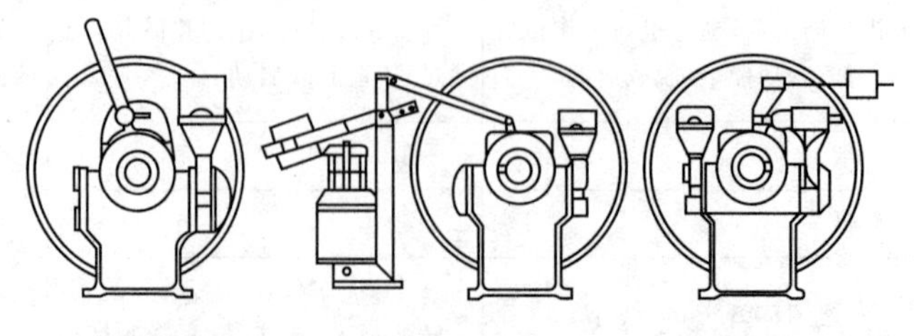
(ⅰ)手动控制　(ⅱ)液压缸控制　(ⅲ)重锤重力控制
图(b)　进口调节调速型液力偶合器导管伸缩的控制方式</td></tr>
</table>

续表

型式	结构和特点
进口调节固定导管阀控式液力偶合器	德国福伊特公司近年开发出 TPKL 型固定导管阀控式液力偶合器[图(c)]。国内也有相类似产品在研发。该液力偶合器的特点是结构紧凑、尺寸小、重量轻 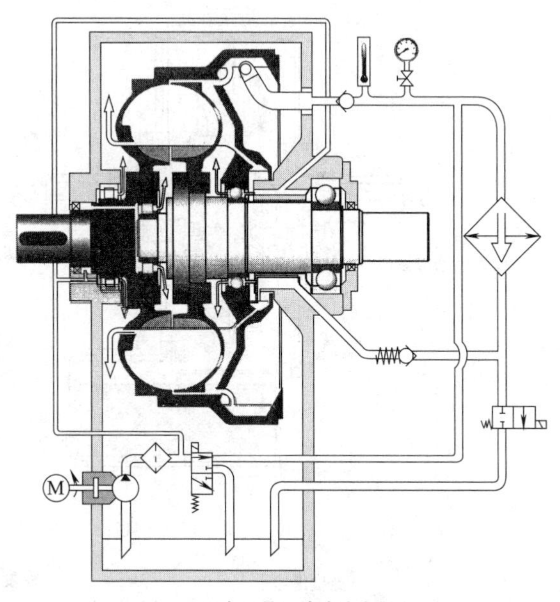 图(c)　固定导管阀控式液力偶合器 固定导管阀控式液力偶合器为侧装式箱体结构，没有尺寸庞大的导管座和供油泵座，固定导管固连在端面法兰上。电动供油泵和电磁换向阀均安装在箱体外侧。油路系统由主油路和辅助油路组成。由工作腔、导管腔、固定导管、单向阀、冷却器及法兰座油路构成封闭的循环主油路；由供油泵、滤油器、二位三通电磁阀、供油润滑油路以及由二位二通电磁阀控制的泄油回路构成辅助油路。此形式液力偶合器可使主电动机脱开载荷启动，即在主电动机开动后一定时间内再启动供油泵并开启二位三通阀，既给轴承供油润滑同时也向工作腔充液启动偶合器运转。当偶合器输出转速增速到预定值或额定转速时，二位三通阀换向关闭供油。需要偶合器降低转速时，开通二位二通阀泄液，降低工作腔充满度而减速。当工作腔充液量泄尽时，则偶合器传动中断 图(d)为国内自主研发的 YOT_F 型固定导管阀控式液力偶合器，YOT_F 型与 TPKL 型两者原理相同，结构各异。箱体为整体焊接侧装式结构，输入端轴承座与箱体焊成一体，输出端法兰盖上集装了出油的固定导管和进油的主管路及轴承润滑油路。电动供油泵、二位三通电磁阀、二位二通电磁阀及单向阀等均安装在输入端板下部，既整齐又不占用外形尺寸。各个阀门均安装在一块集成油路板上，便于管路连接 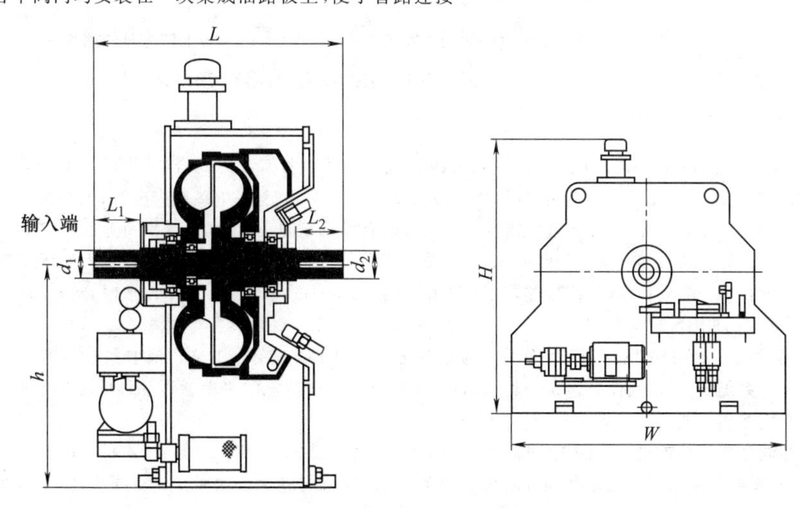 图(d)　YOT_F型阀控式调速型液力偶合器 此形式液力偶合器由于重量轻、尺寸小，便于安装操作使用，故深受用户欢迎

第19篇

续表

型式	结构和特点
进口调节阀控离合启动型液力偶合器	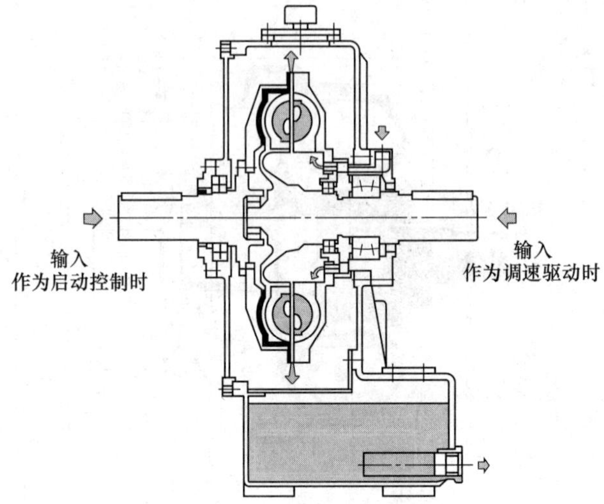 输入 作为启动控制时 输入 作为调速驱动时 (ⅰ)结构原理图 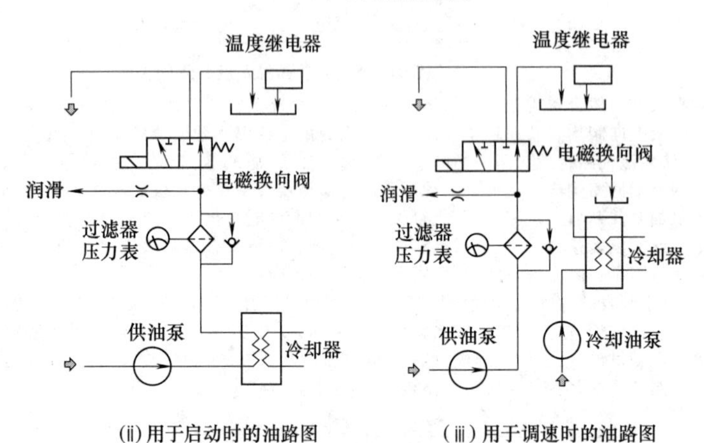 (ⅱ)用于启动时的油路图 (ⅲ)用于调速时的油路图 图(e) KPT阀控离合启动型液力偶合器 图(e)为意大利TRANSFLUID公司生产的KPT阀控离合启动型液力偶合器，该液力偶合器结构简单，轴向尺寸小，只用一个电磁阀控制。电磁阀得电时，供油泵向偶合器工作腔充液；电磁阀失电时，工作腔的工作液体通过外壳上的喷油嘴泄液。额定工况时，油泵连续供油，喷嘴连续喷油，形成进、出油的平衡保持速度稳定 此形式液力偶合器较多与柴油机相匹配，改变柴油机油门进行调速，使工作机获得更大的调速范围 液力偶合器用于启动控制时，因转差功率损失小，不需较大的散热能力。用于调速时，转差功率损失增大，因此需加装外部冷却油泵[图(e)中(ⅲ)] KPT液力偶合器与柴油机配用时，在输入端连接方式和供油系统有所改变。液力偶合器工作液体循环和冷却均由柴油机供油系统承担，因而偶合器结构更为简单，成本更低。柴油机的飞轮通过弹性联轴器与偶合器输入轴相连，可有多种专用连接方式 由此种偶合器与柴油机驱动的工作机，如石油钻机、矿山碎石机、船用推进装置、木材旋切机、搅拌机、发电机等配套使用，均获良好效果。因为可由柴油机调速来改变偶合器输入转速的办法对工作机调速，使工作机获得较大范围的无级调速，使调速成本大为降低

续表

型式	结构和特点
进口调节阀控双腔调速型及其水介质液力偶合器	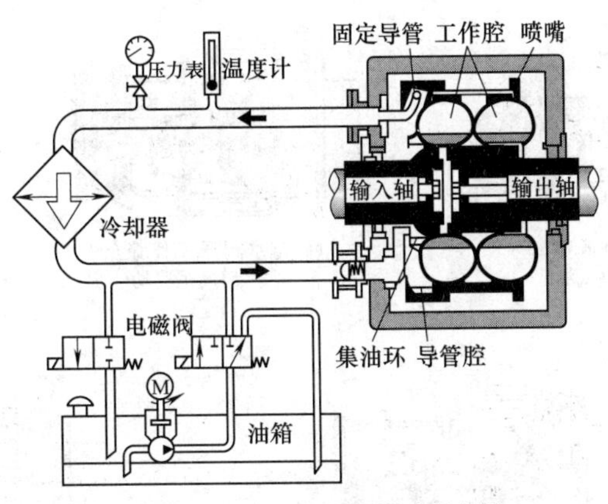 图(f) 阀控双腔调速型液力偶合器 图(f)为德国福伊特公司生产的DTPK阀控双腔调速型液力偶合器系统，由工作腔、固定导管、主管路、冷却器、单向阀及集油环构成油液的主回路；由供油泵和两支电磁阀构成充、泄液辅助油路。由于主回路容积固定，故充、泄液时偶合器立即升、降速，以此调速。此形式液力偶合器用于带式输送机上，显示出很大的优越性 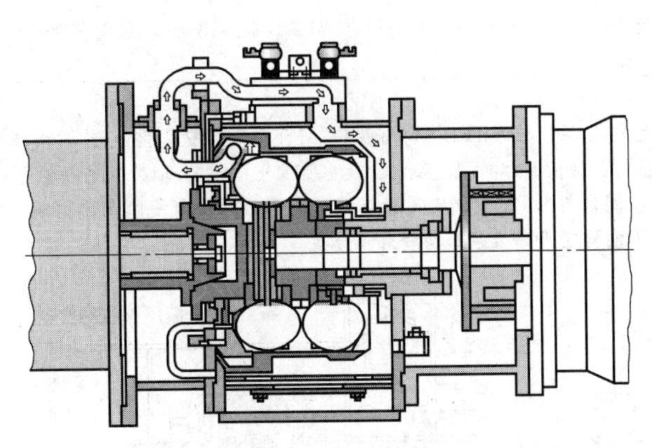 图(g) 进口调节双腔水介质调速型液力偶合器 图(g)为福伊特公司生产的DTPKW阀控离合启动双腔水介质调速型液力偶合器，是专用于煤矿刮板输送机的结构形式。壳体材料为不锈钢或镀锌，工作轮材质为铝合金，对于大功率(800kW以上)则要求较强的抗腐蚀性能而采用青铜 该偶合器安装于电动机与减速器之间，双工作腔可提高能容，且减小径向尺寸，轴向力的平衡和汽蚀现象都得到较好的控制。通过电磁阀控制进口、出口水的流量，以调节输出转速。水既是传动介质又是热量的载体，在传动中带走热量，使偶合器的水介质能保持在适宜温度中。另设分离式水箱以供散热和水质净化 在工作腔水液排空情况下启动电动机，为脱载启动，稳定运行时工作腔充满水液，转差率极低，泵轮、涡轮近似接合，故称之为离合型。电动机启动后，进水阀开，工作腔充液，工作机转速上升。达到额定转速，则进、排水阀关闭，刮板机进入稳定运行。偶合器在闭路循环状态下工作，适应负载工况波动，隔离扭振，防止载荷的冲击影响。水温一旦超过设定值，启动换水程序。热水从排液阀流出，冷水从进液阀流入，刮板机输出功率并未因此受到影响。通过换水，实现频繁启动而不产生过热问题。当需要慢速或空载运行时，由控制阀调节工作腔充液量，也可由逻辑控制器(PLC)实现。偶合器处于部分充液工作状态，见图(h)

续表

型式	结构和特点
进口调节阀控双腔调速型及其水介质液力偶合器	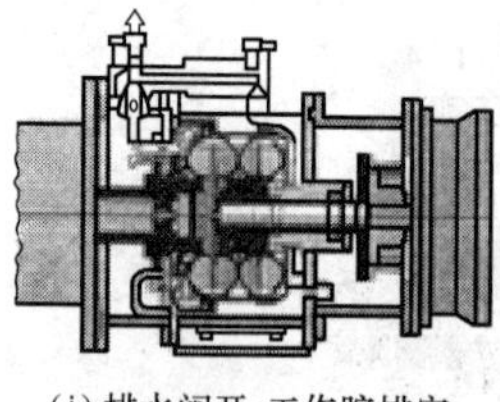 (ⅰ)排水阀开,工作腔排空,电动机脱载启动 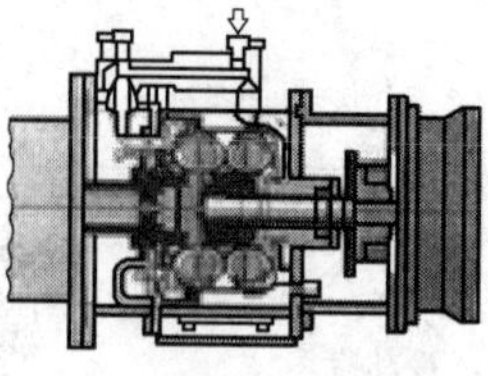 (ⅱ)进水阀开,工作腔充液,刮板机启动 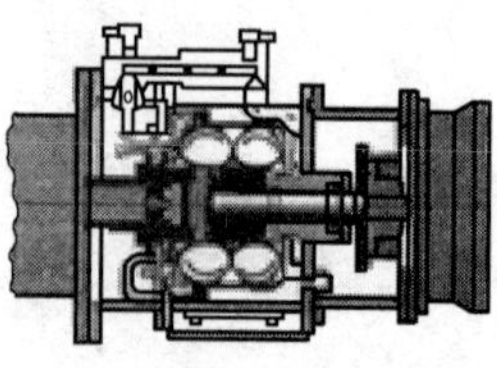 (ⅲ)进、排水阀均关闭刮板机稳定运行 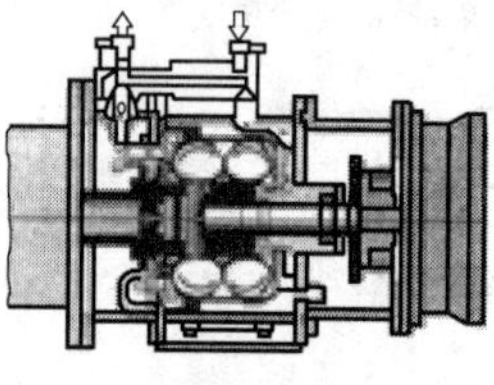 (ⅳ)进、排水阀均开,工作腔换水降温 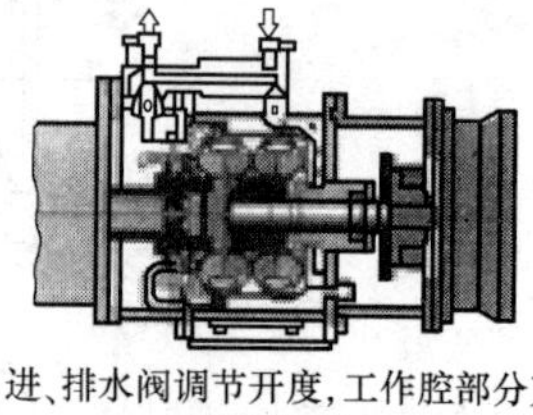 (ⅴ)进、排水阀调节开度,工作腔部分充液慢速/空载 图(h)　双腔水介质液力偶合器运行工况 此形式液力偶合器在煤矿刮板输送机上应用,可明显地显示出有节能、防燃防爆效果,适应频繁启动而不过热
进口调节阀控式离合调速型液力偶合器	图(i)为德国福伊特公司生产的TPL-SYN阀控式离合调速型液力偶合器,系由阀控充液式离合调速型液力偶合器与液压多片式摩擦离合器相组合的调速装置。其主要工作特点是:动力机可以脱开载荷空载启动;靠电磁阀控制充液量使偶合器调速;在偶合器输出转速高时靠液压摩擦离合器的接合使偶合器闭锁传动。使动力传动链实现脱开—调速—闭锁(接合),因而称之为离合调速型液力偶合器 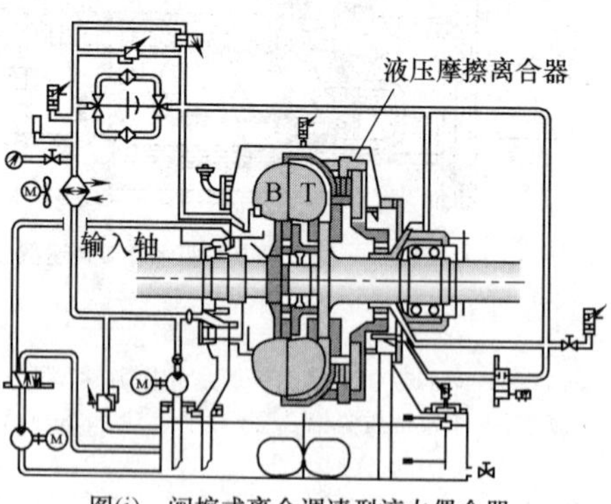 图(i)　阀控式离合调速型液力偶合器 TPL-SYN阀控式离合调速型液力偶合器工作状态如图(j)所示 (ⅰ)在偶合器工作腔未充液状态下电动机脱载启动,对电动机有利 (ⅱ)开动二位三通电磁阀向工作腔控制充液,按要求的速度曲线升速或调速 (ⅲ)工作腔充满,工作机达到或接近额定速度时开动控制油泵油路的二位二通电磁阀使多片摩擦离合器接合,则偶合器涡轮与泵轮闭锁,实现无滑差传动 (ⅳ)摩擦离合器处在接合工况,工作腔油液排空,则偶合器呈现纯机械式摩擦传动 (ⅴ)摩擦离合器脱开工况,则动力传输中断

续表

型式	结构和特点
进口调节阀控式离合调速型液力偶合器	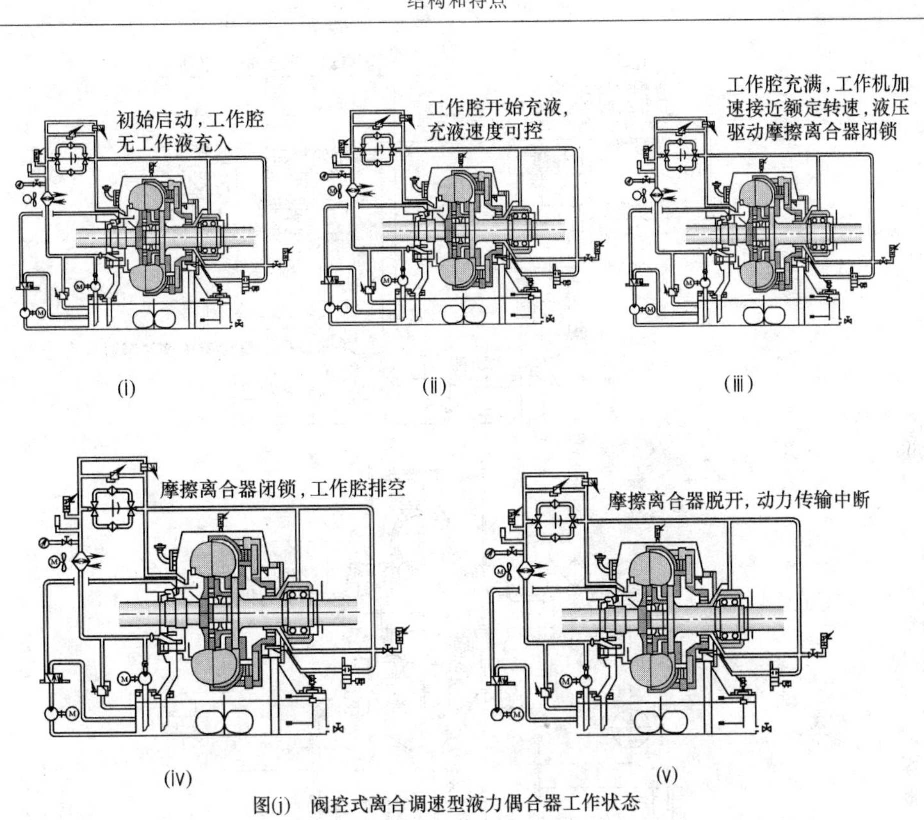 图(j)　阀控式离合调速型液力偶合器工作状态 脱载启动、可控的调速和闭锁后同步运行，符合大惯量设备特定的速度要求，如由同步电动机（功率在 4000～12000kW 范围）驱动的磨煤机和大型风机等
进口调节泵控式调速型液力偶合器	图(k)为意大利传斯罗伊公司生产的 KSL 调速型液力偶合器，为进口调节无导管由供油泵控制的液力偶合器。喷嘴 6 设置在旋转外壳上，随调速过程中外壳转速的变化而使出口流量随之改变（喷出流量与输出转速有正比趋向）。为延长启动时间、降低启动电流均值而使与旋转外壳连接的叶轮作为泵轮使用，即以图示右端为输入端，可获得较好的延时启动效果。此时出口流量为恒定值（因喷嘴处的转速随电动机一起恒定），而进口流量却随充液油泵 1 的流量变化而增减。同一时刻进、出口流量之差，即为工作腔充液量的增量，控制其增量即可达到调节启动载荷效果 作为调速驱动时，以左端为输入端，喷嘴在涡轮一端，则出口流量随着涡轮转速而变化。启动时涡轮转速低而出口流量低，提高进口流量而利于升速。涡轮高转速时出口流量高，进口流量亦高，既利于传递高功率而又利于带走工作腔里产生的热量 变量充液油泵既可用专有的液压调速装置也可用变频调速泵 电动充液油泵、润滑油泵、过滤器、充液控制阀等辅助构件均挂装在箱体侧面。而且可视使用条件，既可挂装在箱体左侧，也可挂装在箱体右侧

续表

<table>
<tr><th>型式</th><th colspan="2">结构和特点</th></tr>
<tr><td rowspan="3">进口调节泵控式调速型液力偶合器</td><td colspan="2">
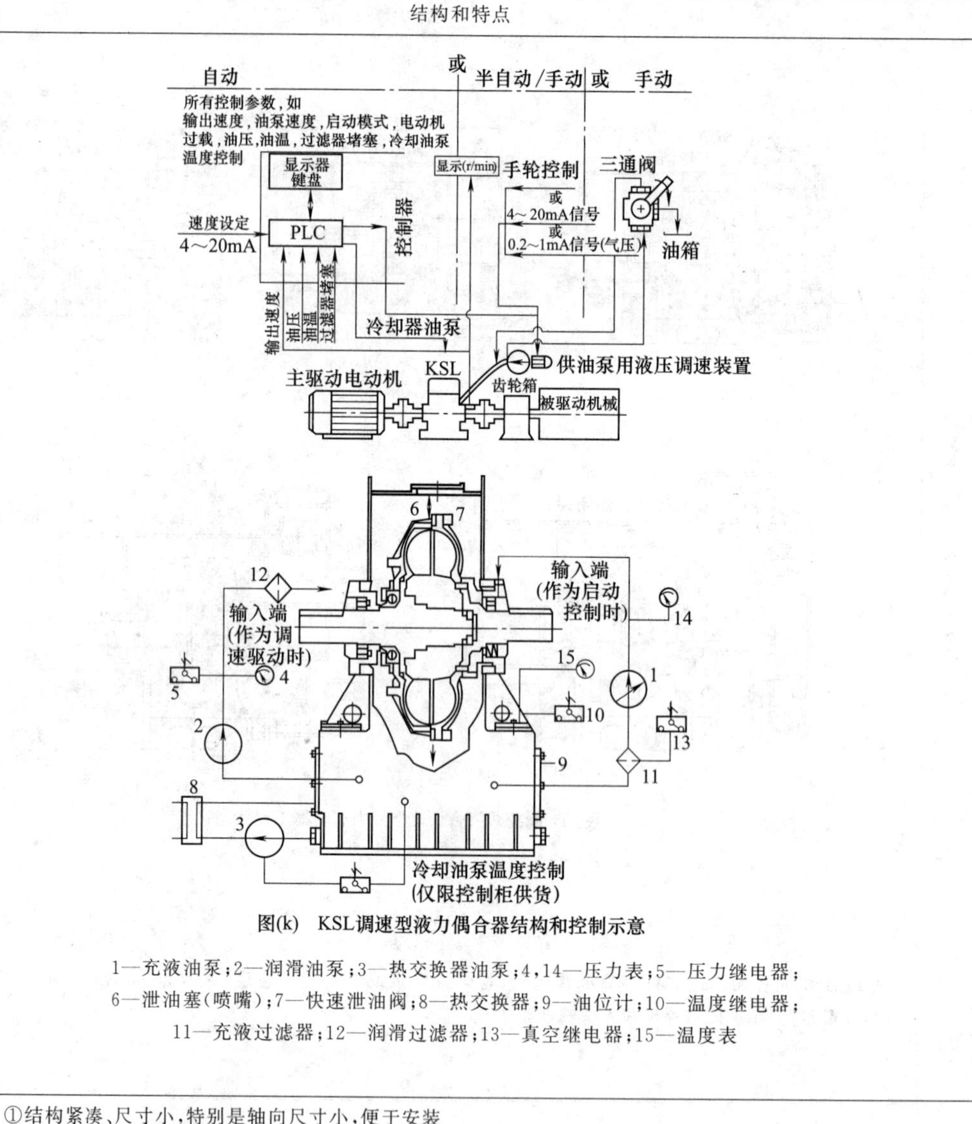

图(k)　KSL调速型液力偶合器结构和控制示意

1—充液油泵；2—润滑油泵；3—热交换器油泵；4，14—压力表；5—压力继电器；6—泄油塞(喷嘴)；7—快速泄油阀；8—热交换器；9—油位计；10—温度继电器；11—充液过滤器；12—润滑过滤器；13—真空继电器；15—温度表
</td></tr>
<tr><td>优点</td><td>①结构紧凑、尺寸小，特别是轴向尺寸小，便于安装
②可以脱载启动，利于电动机启动工况
③辅助构件可在箱体两侧随意挂装，便于应用现场安装布置
④对开的箱体，方便维护，维修后不必重新找正，减少停机时间
⑤可正反向运转进行调速</td></tr>
<tr><td>缺点</td><td>必须设置独立的润滑系统和独立的外冷却系统</td></tr>
</table>

4.3.6.2　出口调节式调速型液力偶合器

出口调节式调速型液力偶合器的进口流量为定量(定量泵供油)，出口流量由导管进行变量调节，即靠导管口的相对位置(导管开度)来调节出口流量。按液力偶合器结构设置分为伸缩导管式和回转导管式(极少应用)两种。

(1) 出口调节伸缩导管式调速型液力偶合器

出口调节伸缩导管式调速型液力偶合器种类繁多，是当前国内外生产最多、应用最广的类型。从液力偶合器箱体外形来看，大致有五种类型(见表19-4-23)。从内部结构的输入、输出轴的支承方式也有五种类型(见表19-4-24)。典型产品见表19-4-25。

表 19-4-23 **箱体结构类型**

箱体结构	结构简图	结构特征	优缺点
安装板式箱体	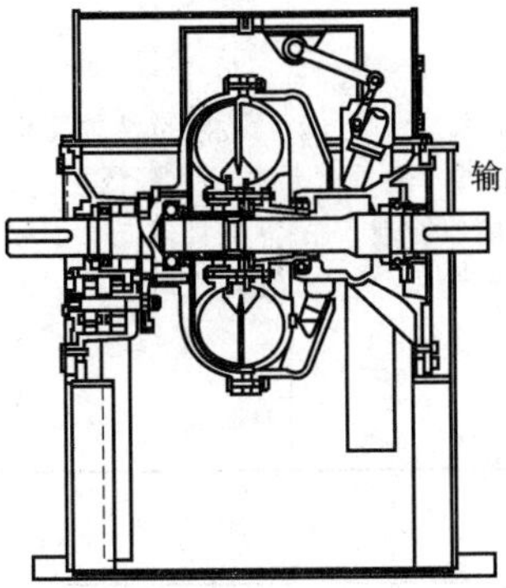 输出端	箱体两端固定连接安装板，泵壳体和导管壳体安装在安装板上，输入和输出回转组件支承在泵壳体和导管壳体上	因导管壳体和泵壳体悬臂安装在安装板上，而安装板又安装在箱体上，所以，基准转换多次易产生误差。支承不够稳定，产生振动，复位精度不好。轴向尺寸较长，油泵内置，维修不够方便。优点是加工比较方便
对开式箱体	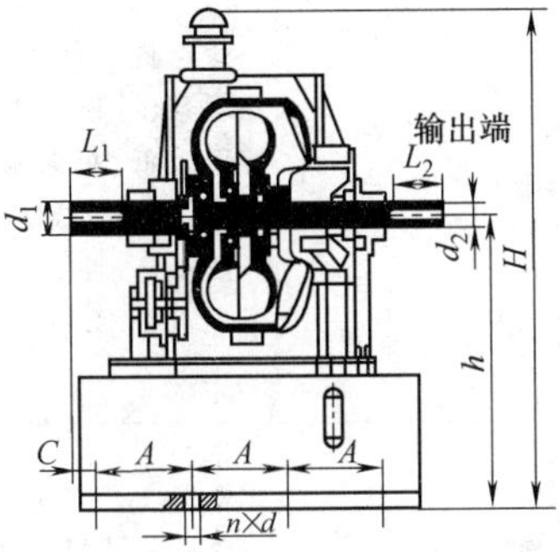 输出端 L_1 L_2 d_1 d_2 H h C A A A $n\times d$	导管壳体被紧固在对开箱体的大法兰上，输入轴一端支承在箱体上，另一端通过泵轮支承在导管壳体上，输出轴一端支承在导管壳体上，另一端通过埋入轴承支承在输入轴上	支承稳定可靠，定位和复位精度较高，轴向尺寸短，取消泵壳体，油泵外置，维修方便 缺点是加工比较复杂，埋入轴承易产生故障
侧开式箱体	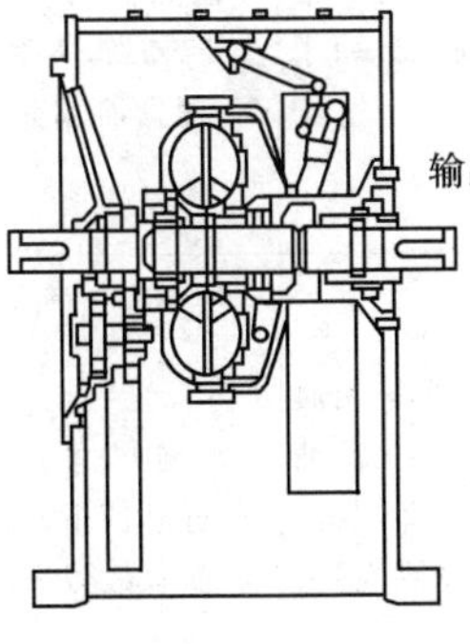 输出端	箱体从侧面开口，结构类似安装板式箱体。泵壳体和导管壳体分别安装在箱体侧面和侧开法兰端盖上。输入和输出回转组件分别支承在导管壳体和泵壳体上	泵壳体和导管壳体仍悬臂安装，有安装板式箱体的缺点。但由于箱体一侧是固定的，另一侧定位比安装板定位精度高，所以，复位精度较好。安装和拆卸不方便 优点是结构较为简单，成本低
圆筒式箱体	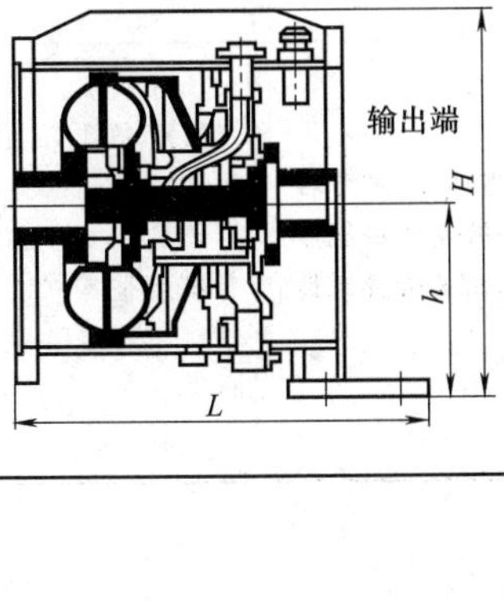 输出端 H h L	箱体是圆筒形，通过法兰与电动机固定连接，并通过法兰与减速器固定连接，油箱与箱体分离，小功率偶合器也有油箱与圆筒箱体连成一体的	优点是它可以与电动机、减速器连为一体结构，悬挂在电动机、减速器上。安装方便，占地面积小，结构紧凑 缺点是油箱外置，占地面积稍大

续表

箱体结构	结构简图	结构特征	优缺点
回转壳体	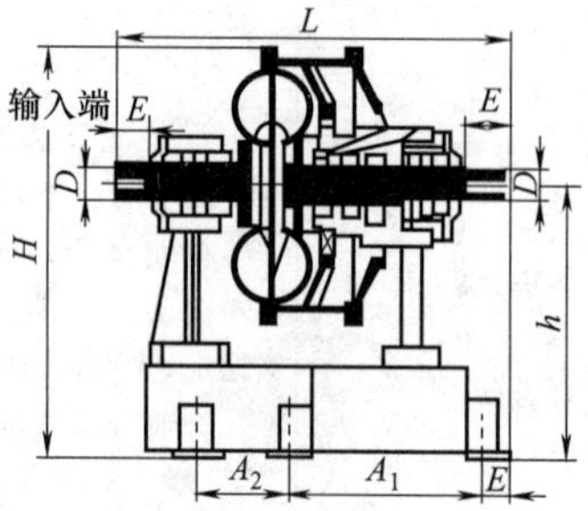	没有固定箱体,导管腔随泵轮一起旋转。外壳与导管座用迷宫密封,输入轴、输出轴均为简支梁结构,两者没有埋入轴承连接	优点是结构简单,散热性能好,成本较低 缺点是支承不够稳定,找正比较麻烦

表 19-4-24 支承结构方式

支承方式	简图	说明	优缺点
悬臂梁结构	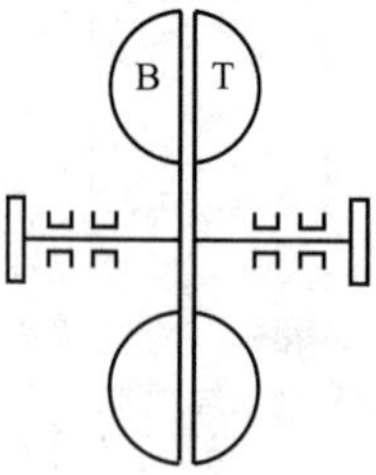 B T	泵轮轴和涡轮轴各自有两个支点支承在各自的滑动轴承座上。用于大、中功率偶合器	优点是泵轮、涡轮彼此无机械联系,对制造精度和安装精度要求低,拆装调整方便,支承稳定可靠,故障率低 缺点是轴向尺寸长,若两支承点距离短,易引起振动
双简支梁结构(有埋入轴承)	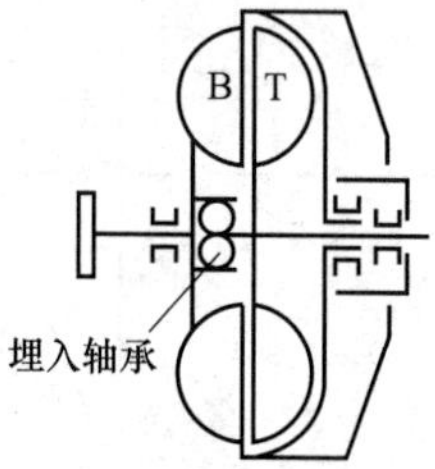 B T 埋入轴承	泵轮轴一端支承在箱体上,另一端支承在导管壳体上(导管壳体支承在箱体上),涡轮轴一端支承在箱体上,另一端通过埋入轴承支承在泵轮轴上。用于大、中功率偶合器	优点是轴向尺寸短,支承稳定可靠,运转时不易振动 缺点是对零件制造的同轴度要求高,对安装精度要求高,埋入轴承易出故障
双简支梁结构(无埋入轴承)	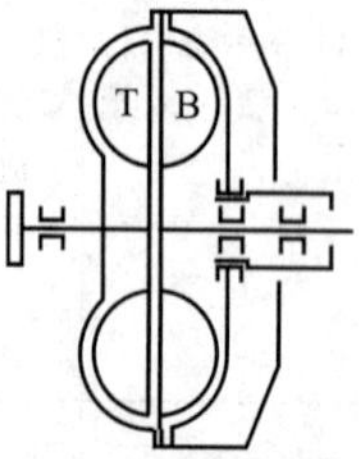 T B	泵轮轴一端支承在箱体上,另一端通过连接壳体支承在导管壳体上,涡轮轴的两个支点全支承在导管壳体上,取消了埋入轴承,用于高速大功率偶合器,全部为滑动轴承	轴向尺寸短,支承稳定可靠,振动值低。因没有埋入轴承,所以故障率较低
泵轮无支承结构(单支承悬挂式)	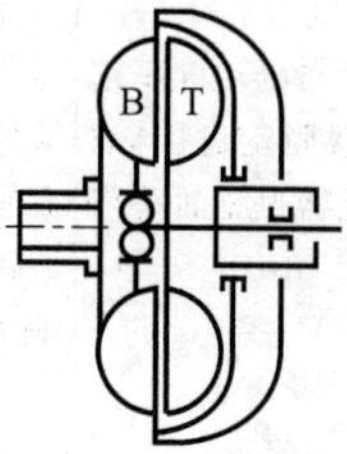 B T	泵轮支承在原动机主轴上,涡轮轴一端支承在泵轮上,另一端支承在箱座上 中、小功率出口调节回转壳体式偶合器用此结构	优点是不用箱体,结构简单,轴向尺寸短,占地面积小,质量较小,成本和价格较低 缺点是零件制造同轴度要求高,安装误差大,易引起振动

续表

支承方式	简　图	说　明	优 缺 点
泵轮外设轴承座结构（双支承式）		泵轮轴一端支承在原动机主轴上，另一端支承在外设轴承座上，涡轮轴一端支承在泵轮上，另一端支承在箱座上 出口调节双支承回转壳体偶合器用此结构	优点是此为泵轮无支承的改进结构，因泵轮增加了一个轴承座支点，所以支承稳定 缺点是轴向尺寸略长，外设轴承座润滑不好，不适合高转速偶合器用

表 19-4-25　出口调节伸缩导管式调速型液力偶合器典型产品结构及特点

类　型	结构及特点
出口调节安装板式箱体调速型液力偶合器	图(a)为 YOT_{GC} 调速型液力偶合器，为安装板式箱体，双筒支梁(有埋入轴承)结构。产品结构原型为我国引进英国 GST50 和 GWT58 两个型号产品的专有技术。大连液力机械公司在引进技术之后创新设计发展了系列产品，变竖直导管为水平导管。定量供油泵除为工作腔充液外兼供轴承润滑，埋入轴承由供油管从供油腔中取油润滑外，其余轴承均靠间隙飞溅喷油润滑。输入轴(图中左端)通过背壳带动泵轮与外壳旋转，泵轮与外壳间构成供导管伸缩的导管腔。泵轮与导管腔间有若干连通孔，使导管腔中有随泵轮及外壳同向旋转的液体环，导管(口)迎着液体环旋向插入，液体环靠自身旋转的动压力冲入导管口，经冷却后回入箱体下部油池。导管靠电动执行器的提拉而伸缩。导管口位置(导管开度)决定着液体环的厚度和工作腔充满度以及偶合器的输出转速和力矩。此形式偶合器的优点是导管动作灵活、反应快，可快速调节输出转速。适用于中、大规格液力偶合器 引进技术后，此形式偶合器得到快速发展，广泛地应用于各领域 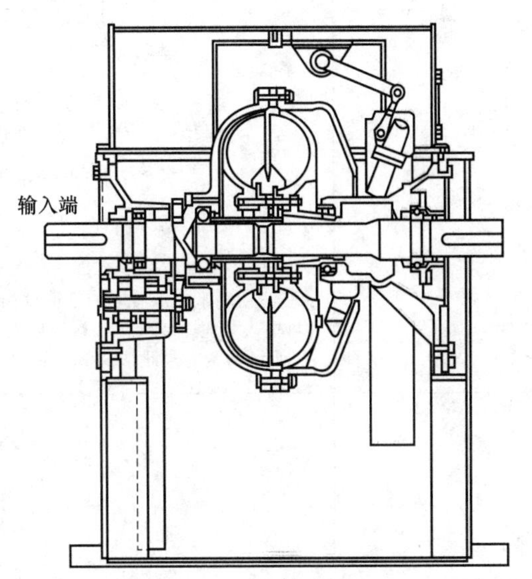 图(a)　YOT_{GC}调速型液力偶合器
出口调节侧开箱体调速型液力偶合器	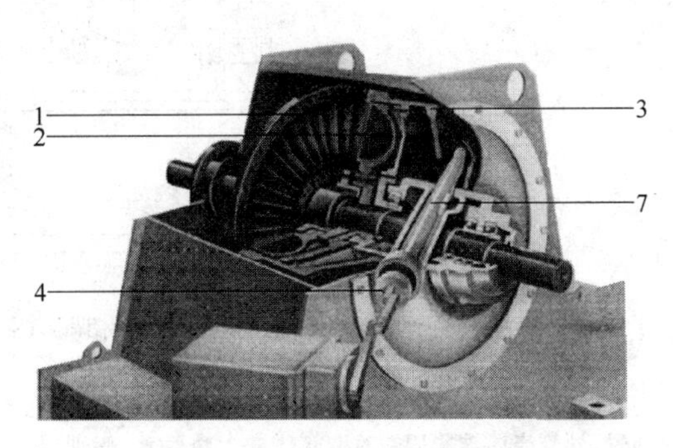 (i)实体图

续表

类　　型	结构及特点
出口调节侧开箱体调速型液力偶合器	(ⅱ)结构图 图(b)　SVTL侧开箱体调速型液力偶合器 1—泵轮；2—涡轮；3—外壳；4—导管壳体；5—油池；6—供油泵； 7—导管；8—冷却器 图(b)为德国福伊特公司生产的 SVTL 调速型液力偶合器，特点是箱体两端安装两支大法兰盘，通过四套滚动轴承支承着双筒支梁结构。输入轴通过齿轮带动齿轮供油泵 6，从油池 5 吸油泵出，经冷却器 8 再进入泵轮 1 背部集油槽而后入泵轮。从图(b)中(ⅰ)实体图可见导管在水平位置，如此便于整体布置，使结构紧凑。此形式液力偶合器国内已有生产，宝钢已有应用
出口调节对开箱体调速型液力偶合器	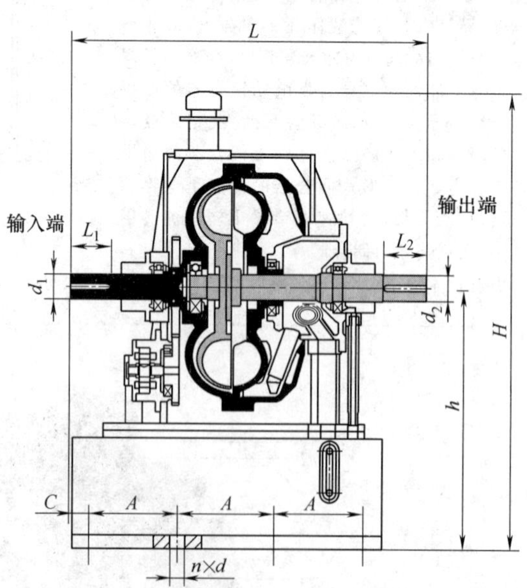 图(c)　YOT_{GCD}调速型液力偶合器 图(c)为大连液力机械有限公司生产的 YOT_{GCD} 调速型液力偶合器，由于对开箱体取消了泵壳体，油泵外置，导管壳体被紧固在对开箱体的大法兰上，使轴向尺寸大为缩短，提高了箱体刚性和抗震能力。双筒支梁的四支轴承间距缩短，而提高了旋转体的刚性和减振效果，故使振动值大为降低。更兼轴向尺寸短小，结构紧凑，重量轻，而深受用户欢迎

续表

类　型	结构及特点
出口调节回转壳体式调速型液力偶合器	图(d)　SVNK调速型液力偶合器 1—泵轮；2—涡轮；3—外壳；4—导管座；5—油箱；6—油泵；7—导管 图(d)为德国福伊特公司生产的 SVNK 液力偶合器，采用泵轮支承无需专用支承结构，中空的输入轴套装在电动机轴上。输出轴一端通过埋入轴承支承在输入轴上，另一端支承在兼做导管壳体的箱座上。由于外壳旋转无箱体，故常称为出口调节回转壳体式。这种偶合器因无箱体而散热性能好、结构简单、轴向尺寸小、成本低。但因安装找正较难，振动较大，故多用于低速、中小功率
卧式圆筒箱体法兰连接式调速型液力偶合器	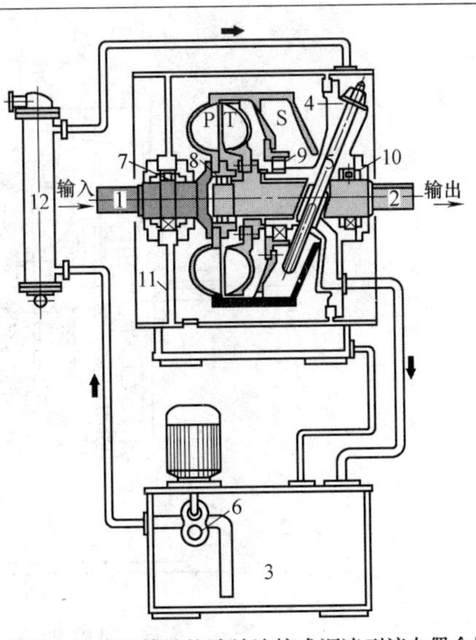 图(e)　卧式圆筒箱体法兰连接式调速型液力偶合器 1—输入轴；2—输出轴；3—油箱；4—导管壳体；5—导管；6—供油泵； 7—输入端轴承；8—埋入轴承；9—外壳轴承；10—输出端轴承； 11—圆筒箱体；12—冷却器 图(e)为此类偶合器结构，图中导管壳体 4 以法兰与圆筒箱体 11 相连，圆筒箱体的另一端固定连接轴承座，支承着输入轴 1；输出轴 2 一端通过埋入轴承支承在输入轴 1 上，另一端支承在导管壳体上。该偶合器油箱外置，设独立供油泵站，通过管路与偶合器的供、排油管相连。该偶合器的优点是结构紧凑、轴向尺寸短，中心高度较低。箱体有几种安装方式，图中为有底盘的安装方式。另外也有可以以法兰与减速器相连，吊挂在电动机或减速器轴端。适合煤矿井下空间狭小场合使用

续表

类　型	结构及特点
出口调节立式调速型液力偶合器	图(f)　立式调速型液力偶合器 1—泵轮；2—涡轮；3—外壳；4—导管壳体；5—油箱；6—供油泵；7—导管 图(f)为立式调速型液力偶合器，结构形式与SVTL偶合器基本相同。立式安装，电动机在筒式箱体法兰之上，油箱外置，增设回油管路 立式液力偶合器国内外均有生产，主要用于立式工作机，占地面积较小
无埋入轴承双筒支梁调速型液力偶合器	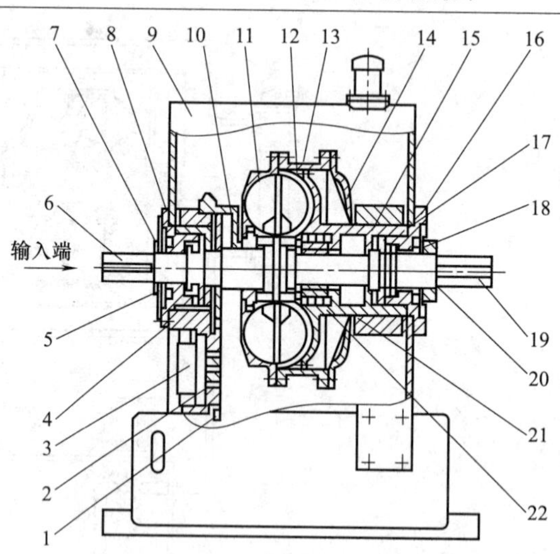 图(g)　无埋入轴承的双筒支梁结构调速型液力偶合器 1—从动齿轮；2—轴承6016；3—主工作油泵；4—输入轴承座；5—1#、4#径向瓦；6—输入轴；7—输入端盖；8—1#径向瓦座；9—箱盖；10—供油体；11—泵轮；12—涡轮；13—旋转外壳(1)；14—旋转外壳(2)；15—导管壳体；16—4#径向瓦座；17—推力瓦；18—输出端盖；19—输出轴；20—测速齿盘；21—2#径向瓦；22—3#径向瓦 图(g)为大连液力机械有限公司生产的GWT58F双筒支梁全滑动轴承无埋入轴承(连接输入、输出轴的轴承)的调速型偶合器。常用结构均以埋入轴承将两个筒支梁连成一体，埋入轴承承担运转中大部分的轴向力，而此处轴向力全部由两支轴向推力滑动轴承承担。为引进产品GWT58的创新发展

续表

<table>
<tr><th>类　型</th><th colspan="2">结构及特点</th></tr>
<tr><td rowspan="2">无埋入轴承双筒支梁调速型液力偶合器</td><td>优点</td><td>①取消了埋入轴承。输入轴一端支承在对开箱体的轴承座上，另一端通过泵轮 11、旋转外壳 13 支承在导管壳体的外圆上，输出轴两端全支承在导管壳体上。这种支承方式，输入轴与输出轴没有直接联系，支承稳定可靠
②采用中间剖分对开式箱体。导管壳体被紧固在箱体的法兰上，输入端轴承直接安装在箱体轴承座上，支承稳定可靠，定位精度高，振动值大大降低
③油泵外置。油泵驱动齿轮不是悬挂在油泵轴上，而是通过轴承和卡环被安装在箱体上，油泵轴通过花键与驱动齿轮相连。不用打开箱体即可将油泵拆下，方便了油泵的检测和维修
④采用径向和轴向推力滑动轴承。承载能力强，运转噪声低，运行平稳可靠
⑤安装尺寸与原 GWT58 相同，便于改造替代，故障率和振动值均比原引进的 GWT58 调速型液力偶合器有大幅度降低</td></tr>
<tr><td>缺点</td><td>受轴承线速度的限制，输入轴通过泵轮旋转外壳支承在导管壳体外圆上的轴承不可能设计得过大，因而影响了这种结构的使用范围</td></tr>
<tr><td>离合式调速型液力偶合器</td><td colspan="2">图(h)为国内正在开发的 YOT_{LH} 新型液力偶合器，由普通的出口调节伸缩导管式调速型液力偶合器加装液压多片式摩擦离合器组成。在传动中可具有脱开、接合与调速功能。
在液力偶合器箱体外侧装有电动供油泵和控制油泵。供油泵流量取决于偶合器启动和调速快慢之需要，控制油泵流量很小。
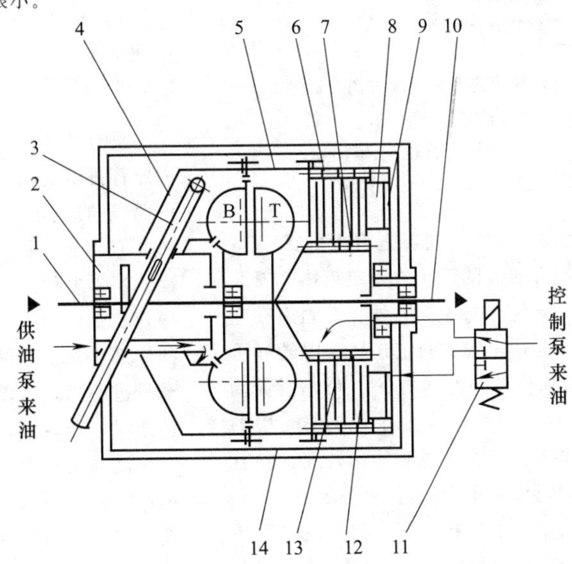

图(h)　YOT_{LH}离合式调速型液力偶合器
1—输入轴；2—导管壳体；3—导管；4—外壳端盖；5—外壳；6—离合器外壳；7—离合器内壳；8—环状柱塞；9—环状油缸；10—输出轴；11—电磁换向阀；12—主动摩擦片；13—从动摩擦片；14—箱体
在液力偶合器旋转组件的输出端装设液控的多片式摩擦离合装置，其主动摩擦片 12 与离合器外壳 6、外壳 5、泵轮 B 与输入轴 1 连接。从动摩擦片 13 通过离合器内壳 7 与输出轴 10 连接。主、从动摩擦片交替重叠装入，由电磁换向阀供油控制它们脱开或接合。在动力机启动时不向工作腔供油，则动力机呈现脱载启动，之后向工作腔充液并由电动执行器调节导管开度，则为升速或调速。高转速时电磁换向阀向环状油缸 9 供油，旋转油液产生的动压力推动环状柱塞 8 压紧主、从动摩擦片接合，则输出轴 10 与输入轴 1 闭锁而直连传动
离合式调速型液力偶合器因有脱载启动和闭锁传动而有别于普通液力偶合器。脱载启动有利于动力机的启动工况减少对电网的冲击；闭锁传动使工作机不掉转速、提高传递功率和效率、提高生产能力。对于风机、泵类和压缩机等设备的应用，均会带来诸多好处</td></tr>
</table>

（2）出口调节回转导管式调速型液力偶合器

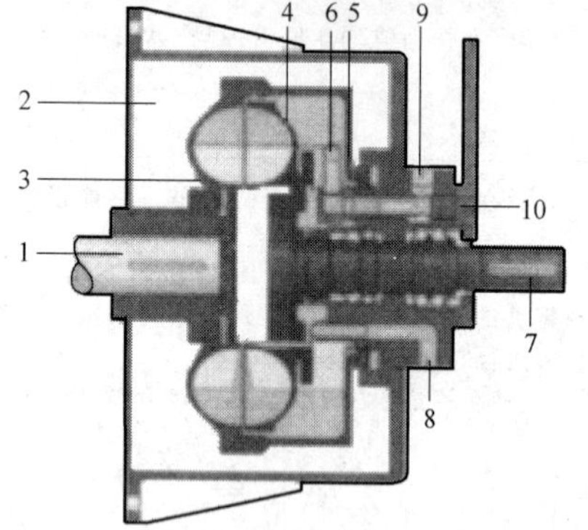

图 19-4-13　回转导管式调速型液力偶合器
1—电动机轴；2—固定箱体；3—泵轮；4—涡轮；
5—导管腔外壳；6—回转导管；7—输出轴；
8—进液管；9—出液管；10—手柄

图 19-4-13 为德国福伊特公司新近开发的 SVTW 水介质调速型液力偶合器，圆筒状的固定箱体 2 安装在电动机法兰盘上，泵轮 3 与导管腔外壳 5 固连在电动机轴 1 上，涡轮 4 与输出轴 7 固定连接。回转导管 6 的回转轴中心线与偶合器中心线有偏心距，当扳动手柄 10 使回转导管回转时就可改变导管腔外壳中的液环厚度，从而调节工作腔充液量和输出转速。导管的回转可以手动，也可以是电动执行器驱动。

此类型液力偶合器不需冷却系统（清水既是其传动介质又是传热的载体，随进、出口流量而得到散热）和润滑系统（酯润滑的滚动轴承），又无箱体底座，结构极为简单。其特点可由“轻、巧、简、廉”四字概括：

轻——质量极轻；

巧——结构上巧妙的组合；

简——结构极为简单，外形尺寸最小；

廉——成本低廉，经济效益高。

此类水介质液力偶合器尽管具有轻、巧、简、廉四特点，切勿以为只能是小（规格）的。据知该偶合器系列竟有 422～1390mm 九个规格，最大规格 1390mm（立式，750r/min，3800kW），质量有 5900kg。

此类水介质液力偶合器的应用领域，主要是高楼供水、自来水厂、供水泵站、农田灌溉等。

4.3.6.3　复合调节式调速型液力偶合器

同时改变工作腔进、出口流量来调速的液力偶合器称为复合调节式调速型液力偶合器。

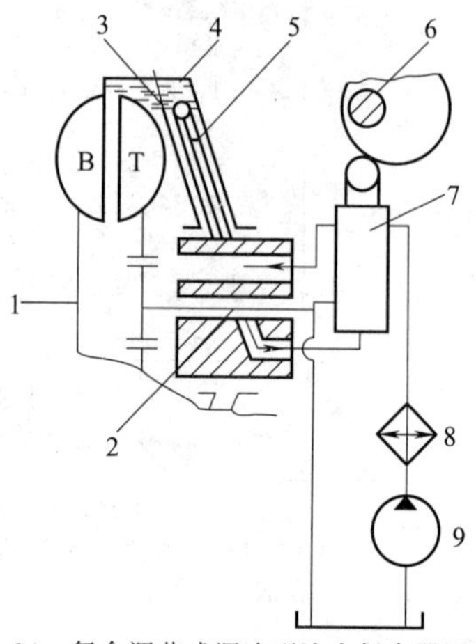

图 19-4-14　复合调节式调速型液力偶合器原理简图
1—泵轮轴；2—涡轮轴；3—过流孔；4—导管腔；5—导管；
6—联锁机构；7—综合配流阀；8—冷却器；9—供油泵

复合调节式调速型液力偶合器，其调速原理与采用导管排液的出口调节偶合器基本相同。不同之处是该偶合器增设了进、出口的综合配流阀。由图 19-4-14可见，综合配流阀 7 与导管 5 在操纵时机械联锁。当需要调高输出转速时，顺时针转动操纵手柄，导管 5 则向内收缩。主滑阀因机械联锁而随之下移，挡住部分甚至全部出油口。于是进油多，出油少，甚至只进不出，所以转速迅速升高。反之，当需要调低转速时，逆时针转动操纵手柄，导管 5 向外伸出，同时配流阀出口大开，于是进油少，出油多，所以转速迅速降低。当调到某一个工况点后，综合配流阀的开度使供液量与偶合器内的发热量相适应，以保持合适的工作油温（接近等温控制）。因而，进、出口复合调节偶合器不仅调速动作快、反应灵敏，而且能合理利用供液量，效率比较高。它的缺点是结构复杂，成本高，只适合较大规格偶合器用。

图 19-4-15 为综合配流阀结构，其中导管控制机构 1 和凸轮 2 即是图 19-4-14 中的联锁机构 6。

图 19-4-16 为德国福伊特公司生产的 SVL 复合调节式调速型液力偶合器，其供油泵 6 为离心式油泵，由输入轴通过锥齿轮驱动。特点是流量大、压力低，不需溢流阀。电动辅助油泵 9 向全部滑动轴承供油润滑。输入、输出轴均为带有两支径向滑动轴承和一支轴向推力滑动轴承的简支梁，此双简支梁结构亦称独立支承悬臂式结构，对同轴度要求不高。

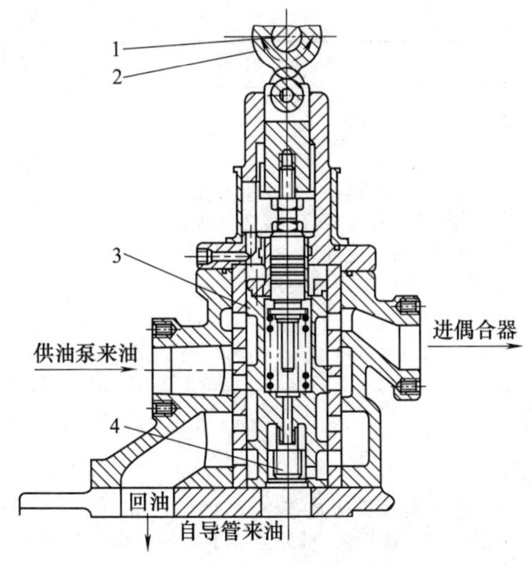

图 19-4-15 综合配流阀结构

1—导管控制机构；2—凸轮；3—主阀芯；4—单向阀

此类型液力偶合器运行精度高，能够较好地控制油温，调节得好可达到“等温控制”，传动效率高。但结构复杂、轴向尺寸大。

4.3.7 液力偶合器传动装置

调速型液力偶合器的最高转速只能是 3000r/min（二极电动机转速），满足不了工作机更高转速的要求，因而出现了液力偶合器传动装置。

由调速型液力偶合器与齿轮增速（或减速）机构组成的调速装置称液力偶合器传动装置。按齿轮机构所在部位，液力偶合器传动装置可分为前置齿轮式、后置齿轮式和复合齿轮式，齿轮机构有增速的也有减速的。此外，还有一些其他类型的液力偶合器传动装置。

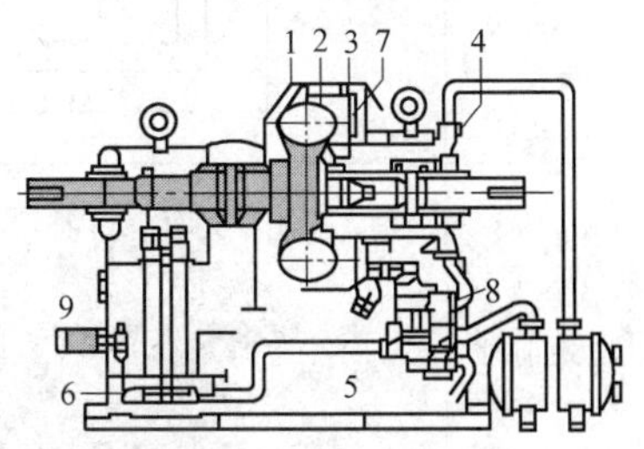

图 19-4-16 SVL 复合调节式调速型液力偶合器

1—泵轮；2—涡轮；3—外壳；4—箱体；5—工作油；6—供油泵；7—导管；8—综合配流阀；9—辅助油泵

表 19-4-26 液力偶合器传动装置的优缺点

优点	①对电机电压无限制，能适应高电压、大功率、高转速工况。目前，国外液力偶合器传动装置最高输出转速为 12000r/min，最大传递功率可达 27000kW，这是任何其他调速装置所无法达到的，因而占绝对优势 ②将调速型液力偶合器与齿轮传动装置有机地组合在一个箱体内，节省了空间和材料，降低了成本，缩短了传动链的长度。结构紧凑、尺寸小，是机械、液压、电气传动无可比拟的 ③能实现偶合器为电机、工作机、减速器等集中供油，省去各自的液压泵站，节省投资和占地面积，方便使用 ④单体传递功率的成本随输入转速提高而降低，单体投资是所有的调速装置中最低的 ⑤精确的速度调节和响应速度快，并能缓和冲击和振动 ⑥在重载情况下仍可使电机空载启动和软启动，并使工作机平稳、缓慢加速
缺点	①制造和装配精度要求特别严格 ②控制技术复杂 ③高速大功率液力偶合器传动装置有时出现振动、输出转速波动、导管汽蚀、工作液体产生气泡等问题，需要较高的技术去解决

表 19-4-27 液力偶合器传动装置的分类

类　型	结构简图	结构特点
前置齿轮式增速型		偶合器前设置一对增速齿轮，以提高偶合器的输入转速，提高传递功率能力，降低偶合器规格，适应高转速机械使用

续表

类 型	结构简图	结构特点
后置齿轮式减速型	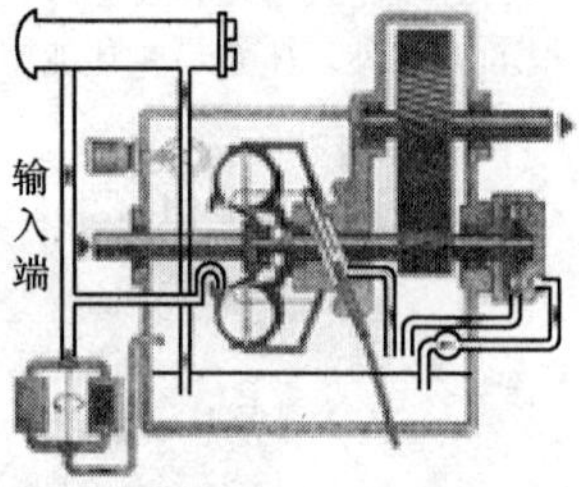 输入端	偶合器后设置一对减速齿轮，以适应低转速机械选用，输入转速较高，偶合器规格相对较小，传递功率较大，有时还加设液力减速器，以适应有快速柔性制动要求的工作机使用
后置齿轮式增速型	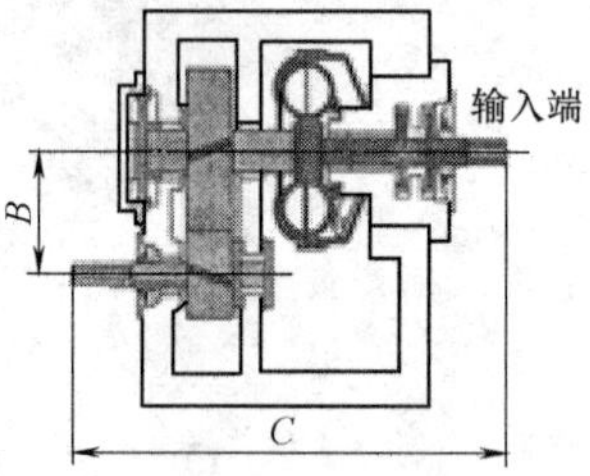 输入端 B C	偶合器输入转速通常是3000r/min，偶合器后设置一对增速齿轮，目的是为了达到工作机所要求的转速
复合齿轮式前增速后减速型		偶合器前设置一对增速齿轮，目的是提高偶合器输入转速和传递功率能力，降低偶合器规格。偶合器后设置一对降速齿轮，目的是适应低速机械选用需要
复合齿轮式前增速后增速型	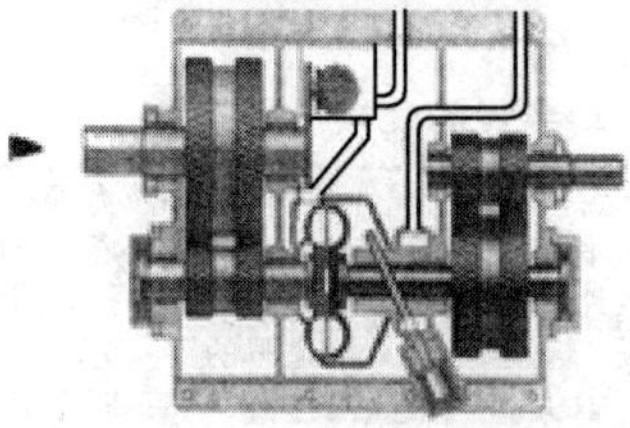	偶合器前设置一对增速齿轮，目的是提高偶合器输入转速和传递功率能力，降低偶合器规格。偶合器后再设置一对增速齿轮，目的是将输出转速提得更高
立式后置式齿轮减速型		偶合器后设置直交轴锥齿轮传动的减速装置，以适应立式低速机械选用需要，有的还设置液力减速器，提供快速柔性制动功能
组合成套型	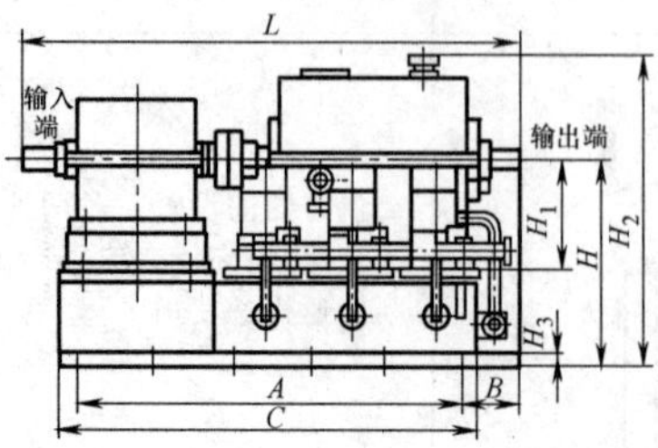 L 输入端 输出端 H_1 H H_2 H_3 A B C	将调速型液力偶合器与增速器或减速器组合在一起，形成统一控制，集中供油的成套机组，简化了制造工艺和易于组装

续表

类　　型	结构简图	结构特点
多元组合型		将调速型液力偶合器与行星齿轮调速系统、液力变矩器、液力减速器、液压离合器等组合在一起，发挥各元件优越性，使之具有空载启动，过载保护、变矩、液力减速、齿轮调速和100%闭锁传动等各项优异功能
后置齿轮减速箱组合型		基本结构与后置齿轮减速型相同，所设减速齿轮不是一对而是两对，因而其输出轴与输入轴同轴线且旋转方向相同，俗称偶合器正车箱
后置行星齿轮式减速型		基本结构与后置齿轮减速型相同，采用行星齿轮减速，减速比大，输出转速低，输入轴和输出轴同轴线

表 19-4-28　液力偶合器传动装置结构及特点

<table>
<tr><th>类　　型</th><th>结构及特点</th></tr>
<tr><td>前置齿轮式增速型液力偶合器传动装置</td><td>
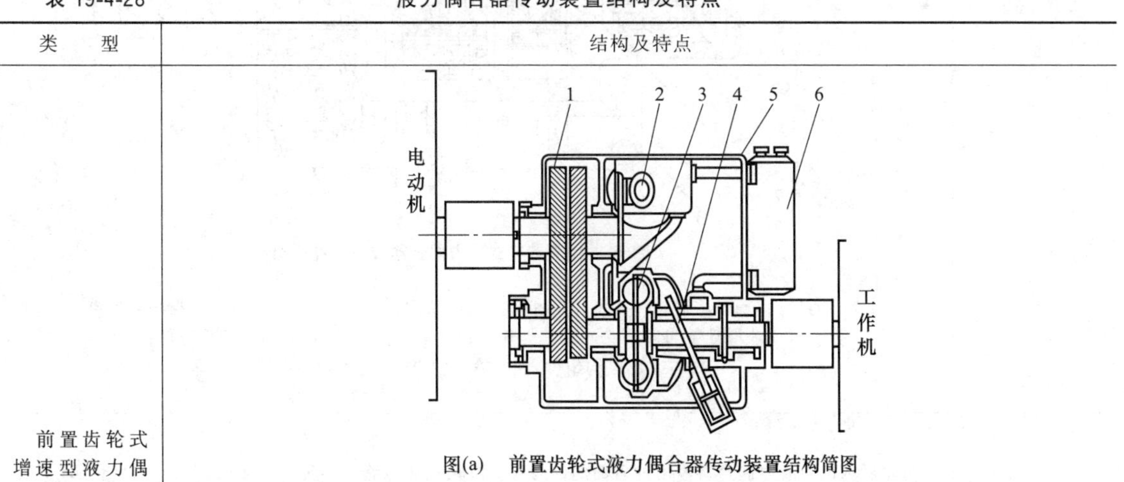

图(a)　前置齿轮式液力偶合器传动装置结构简图
1—增速齿轮对；2—供油、润滑泵；3—调速型液力偶合器；4—导管；5—箱体；6—冷却器
齿轮增速机构位于液力偶合器输入轴之前的称为前置齿轮式增速型液力偶合器传动装置。图(a)为其结构简图。在调速型液力偶合器3的输入轴前装置增速齿轮对1，使偶合器输入转速在4000～7000r/min范围内运转(7000r/min已使叶轮承受应力接近材质的强度极限)，使传递功率大幅度提高。该液力偶合器通常为复合调节式，供油、润滑泵2通常为串联的复合泵，有时是一根传动轴带动的两台独立的油泵，分别向工作腔供工作油和对各处滑动轴承供润滑油
由于液力偶合器在确定的循环圆直径情况下，输入转速越高，传递功率越大。液力偶合器传动装置的输出转速对传递功率值无影响，主要是协调对工作机转速的匹配。因此在各类液力偶合器传动装置中，前置齿轮增速型具有重要位置。其用途与产量较多
液力偶合器的叶轮于高速旋转中，在承受着工作腔中液流冲击的强大动载荷的同时还承受着很大的离心力，因此要求其材质有极高的强度和较好的韧性。对液力偶合器传动装置的齿轮同样也有较高要求，要有强度高的材质，制造精度高，工艺难度大，装配(啮合)精度要求高。为提高齿轮承载能力和平衡轴向力而采用渐开线人字齿轮，将加工好的两个单斜齿轮拼装组成人字齿轮，装配(啮合)精度极难达到要求，
</td></tr>
</table>

续表

类　型	结构及特点
前置齿轮式增速型液力偶合器传动装置	因而齿轮常出事故。近年国内生产厂多改为单斜齿轮，简化了结构，提高了装配（啮合）精度，但却增大了轴承轴向载荷，须增强轴承轴向承载能力 当前，前置齿轮式液力偶合器传动装置主要应用于火电厂锅炉给水泵及钢铁厂高炉高压鼓风机等设备的调速节能 图(b)为前置齿轮式液力偶合器传动装置结构。对开整体式箱体，下部为油池 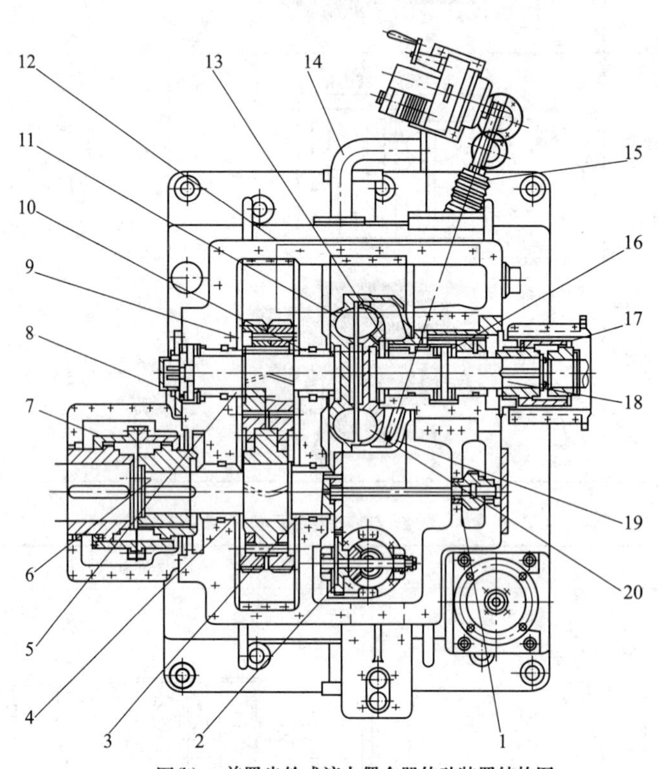 图(b)　前置齿轮式液力偶合器传动装置结构图 1，3～5，10，13—滑动轴承；2—工作泵和润滑泵传动齿轮组；6—输入轴；7，17—齿型联轴器；8，16—滑动推力轴承；9—增速齿轮组；11—泵轮；12—箱体；14—管系组件；15—调速机构组件；18—输出轴；19—壳体；20—涡轮
后置齿轮式减速型液力偶合器传动装置	齿轮机构位于液力偶合器输出轴后面的称为后置齿轮式液力偶合器传动装置。图(c)为后置齿轮式结构简图。在液力偶合器2的输出轴后装置一对减速齿轮4，用以协调与工作机的转速并增大力矩。通常其输出转速在300～800r/min范围内。此外还有一种直交轴传动的后置齿轮式液力偶合器传动装置[图(d)]，对大惯量设备除适应低速传动外还可施以快速制动。在输出轴的另一端设置一对增速齿轮，使液力减速器高速运转。正常状态下空转，当需制动时予以充液，使之发出较大的制动力矩以吸收设备的惯性力矩（动能），使整套设备得以快速柔性制动。这是大型球磨机、磨煤机及风机的特殊要求 此外，还有后置行星齿轮式减速型液力偶合器传动装置，外形体积小，减速比大 后置齿轮式减速型液力偶合器传动装置主要应用于矿山带式输送机、浆体输送柱塞泵、火电厂灰浆泵、市政柱塞式煤气风机、电力与冶金离心式通、引风机等设备 另有一种后置齿轮式增速型液力偶合器传动装置，因其只是提高了输出转速而未增大传递功率，并且增大了偶合器的规格尺寸。因而应用前置齿轮式增速型，既满足工作机转速的需求而又缩小了偶合器的规格尺寸。故通常后置齿轮式增速型液力偶合器传动装置的生产、应用较少

续表

类　型	结构及特点
后置齿轮式减速型液力偶合器传动装置	图(c)　后置齿轮式液力偶合器传动装置结构简图 1—供油泵;2—液力偶合器;3—导管;4—减速齿轮对;5—箱体 图(d)　直交轴传动后置齿轮式液力偶合器传动装置结构简图 1—供油泵;2—液力偶合器;3—导管;4—减速锥齿轮对;5—箱体;6—增速齿轮对;7—液力减速器
复合齿轮式前增后增型液力偶合器传动装置	在调速型液力偶合器的前、后均设置有齿轮增速机构的称为复合齿轮式前增后增型液力偶合器传动装置。图(e)为其结构简图 为增大传递功率,输入侧必然是增速齿轮对,而输出侧齿轮对既可是增速又可是减速。故有复合齿轮增速型和前增后减型,以适应工作机不同转速的需要。目前,国外最高输出转速可达 12000r/min,传递功率高达 27000kW(见表 19-4-30) 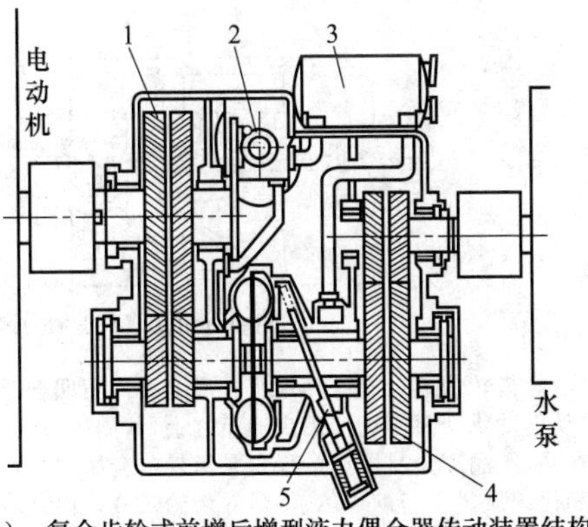 图(e)　复合齿轮式前增后增型液力偶合器传动装置结构简图 1—输入侧增速齿轮对;2—供油泵;3—冷却器;4—输出侧增速齿轮对;5—导管

续表

类　　型	结构及特点
复合齿轮式前增后增型液力偶合器传动装置	图(f)为复合齿轮式前增后增型液力偶合器传动装置结构图 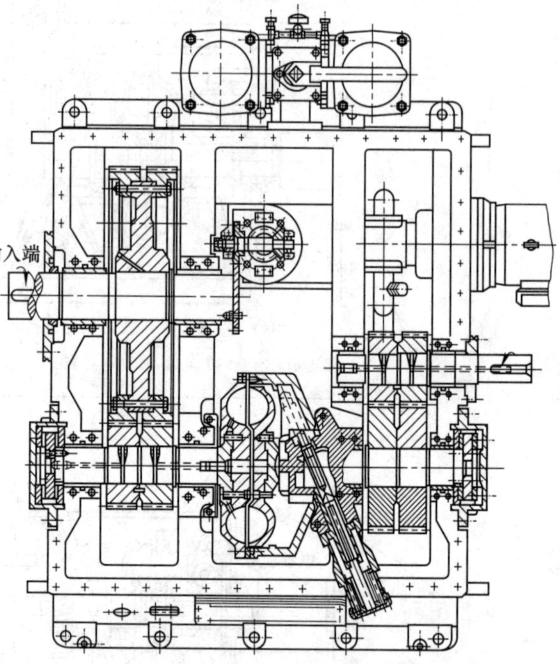 输入端 图(f)　复合齿轮式前增后增型液力偶合器传动装置
组合成套型液力偶合器传动装置	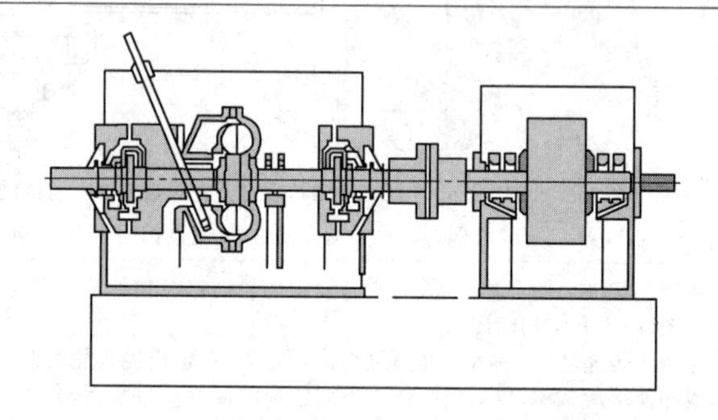 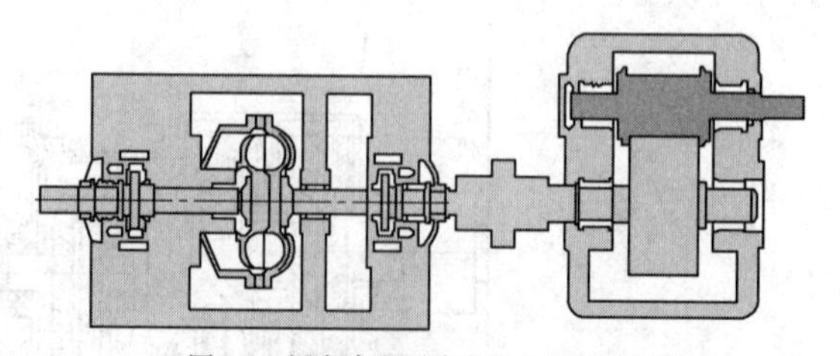 图(g)　组合成套型液力偶合器传动装置 图(g)为后置齿轮增速(或减速)式组合成套型液力偶合器传动装置，调速型液力偶合器与增速器以联轴器连接，以及电动供油泵等均安装在油箱之上，共同构成调速装置整体。偶合器与增速(或减速)器均为成熟的标准产品，产品质量易保证。特别是齿轮啮合精度有保证，使此形式传动装置便于加工制造和装配，降低成本和保证质量。与前述的前、后置齿轮式液力偶合器传动装置相比，结构复杂，外形尺寸较大，质量较大。优点是便于加工制造，将加工、装配精度要求很高的液力偶合器传动装置分为个体元件而易于加工和装配

续表

类　　型	结构及特点
后置齿轮式减速正车型液力偶合器传动装置	图(h)为大连恒通公司开发的 YOTZJ700 后置齿轮式减速正车型液力偶合器传动装置(通称偶合器正车箱),偶合器为多角形腔型、阀控式进口调节,固定导管出油。输入轴 1 通过油泵轴 13 带动供油泵 12,供油泵 12 泵油经冷却器 7 及控制阀 8 而进入工作腔。偶合器动力经中间轴 5 驱动输出轴 6 带动工作机旋转做功 该传动装置用在石油钻机上,由柴油机(或电动机)驱动,用来带动钻井泵或其他设备,自身带有风力冷却器。偶合器的输入端与柴油机相连,输出端与减速齿轮箱相连。由于采用了二极圆柱齿轮减速,所以其输出端与柴油机同轴线且转向相同,一般称为“偶合器正车箱”。该偶合器传动装置结构紧凑、轴向尺寸小,可靠性较高,深受油田用户欢迎。按用户需要,另有输出对输入反转的“偶合器反车箱” 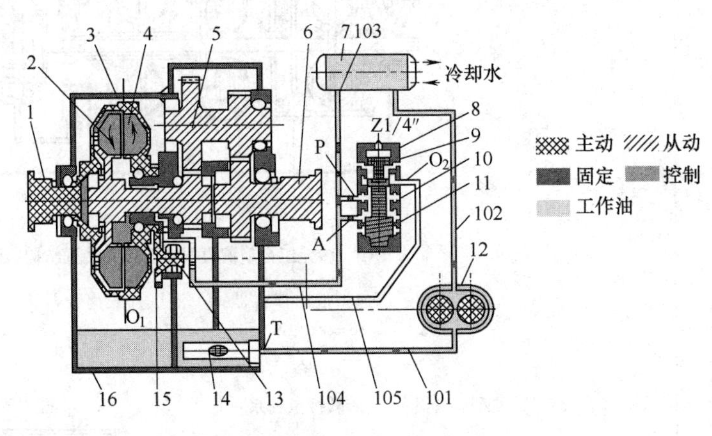 图(h)　YOTZJ700减速型液力偶合器传动装置结构及系统 1—输入轴;2—涡轮;3—箱体;4—泵轮;5—中间轴;6—输出轴;7—冷却器; 8—控制阀;9—气动活塞;10—液动活塞;11—弹簧;12—供油泵;13—油泵轴; 14—滤油器;15—油泵齿轮;16—油箱;101~105—管路
多元组合型液力偶合器传动装置	图(i)为德国福伊特公司开发的 MSVD 多元组合型液力偶合器传动装置(亦称多元调速装置),这是机、电、液相结合的大型多元调速装置。在卧式筒状壳体内,以调速型液力偶合器与行星齿轮轮系为基础,加入了液压片式摩擦离合器、液力变矩器和液力减速器而组合成大型调速装置。它既保持了传统的可调式液力元件的传动特点,又改善了液力元件低速运行传动效率低的不足之处。采用模块化设计,把不同的液力元件与机械部件组合安装成调速装置 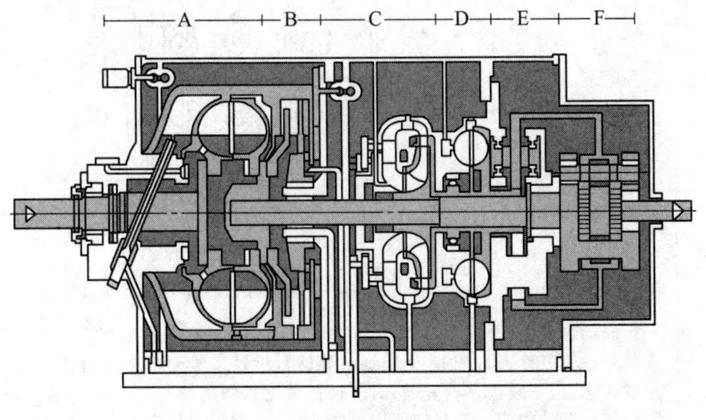 图(i)　MSVD多元组合型液力偶合器传动装置 A—调速型液力偶合器;B—液压片式摩擦离合器;C—导叶可调式液力变矩器; D—液力减速器;E—定轴行星轮系;F—旋转行星轮系

续表

类　型	结构及特点
多元组合型液力偶合器传动装置	图(j)为该传动装置结构简图,可清楚地显示出各传动元件之间的连接关系 图(k)表明该传动装置在运行中的三种不同工况,下面分别予以介绍 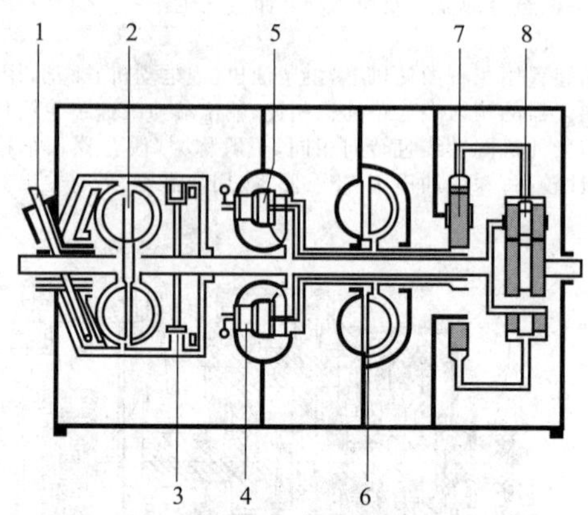 图(j)　多元组合型液力偶合器传动装置结构简图 1—导管;2—调速型液力偶合器;3—液压片式离合器;4—导叶及控制;5—液力变矩器;6—液力减速器;7—定轴行星轮系;8—旋转行星轮系 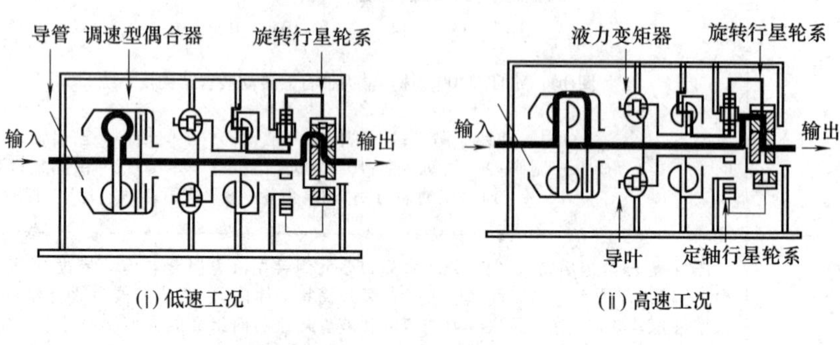 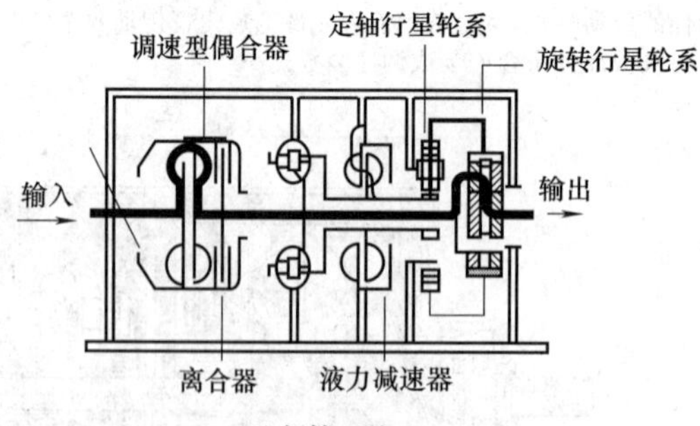 图(k)　传动装置在运行中的三种工况 1)启动和低速(全速的10%～60%)运行工况,只有调速型偶合器和旋转行星轮系投入运行。输出转速靠改变导管开度进行调节,力矩通过旋转行星轮系传递给输出轴。片式摩擦离合器脱开;液力变矩器处于排空状态;液力减速器内充油,对定轴行星轮系制动使其连续缓慢地减速,防止齿轮箱的磨损及振动。调速型偶合器的作用一则是调节输出转速;另一个作用是实现电动机的空载启动,消除扭振,使工作机平稳的运行 2)高速(全速的60%～100%)运行工况,片式摩擦离合器闭锁使液力偶合器泵轮与涡轮形成一个刚性整体,液力减速器排空,液力变矩器承担速度的调节控制,通过旋转行星轮系改变输出转速。原动机的大部

续表

类型	结构及特点

分功率由输入轴→旋转行星轮系→输出轴传递。一小部分功率从液力变矩器的泵轮动力分流经其涡轮进入定轴行星轮系和太阳轮汇集到输出轴。输入轴、液力变矩器的泵轮和旋转行星轮系的齿圈以同样的恒定转速转动

调整液力变矩器导叶的向位，则其涡轮输出转速随之改变。而液力变矩器的涡轮又通过定轴行星轮系通过偶合钢套与旋转行星轮系的行星架相连，因而旋转行星轮系的行星轮速度也要改变，进而导致输出轴(与旋转行星轮系的太阳轮相连)转速的变化

3)闭锁运行工况，在高速运行中液力变矩器、液力减速器均排空不参与运行。片式离合器闭锁后使液力偶合器泵轮、涡轮形成刚性的一体，原动机的动力经由泵轮、闭锁的离合器、主传动轴至旋转行星轮系的太阳轮输出，可以长时间的稳定运转。由于此时消除了液力偶合器运转中1%～3%的滑差功率损失，而使多元组合型液力偶合器传动装置的运行效率大为提高

图(l)为多元调速装置与液力偶合器传动装置传动效率比较，可见其效率较高

图(m)为三种流量调节方式损失功率的比较，可见多元调速装置损失功率最低

多元组合型液力偶合器传动装置

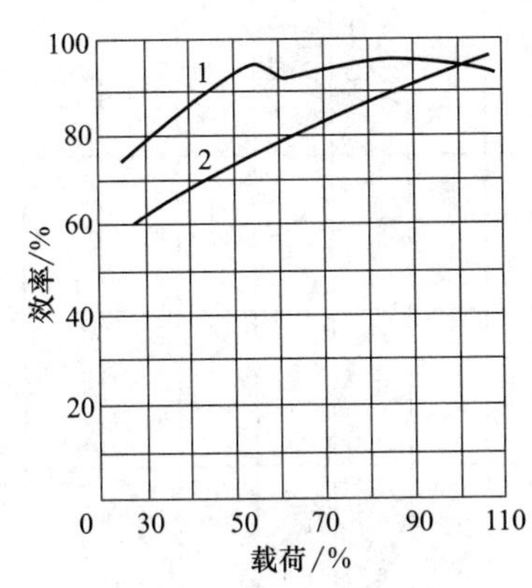

图(l) 多元调速装置与液力偶合器传动装置传动效率比较

1—多元调速装置；2—液力偶合器传动装置

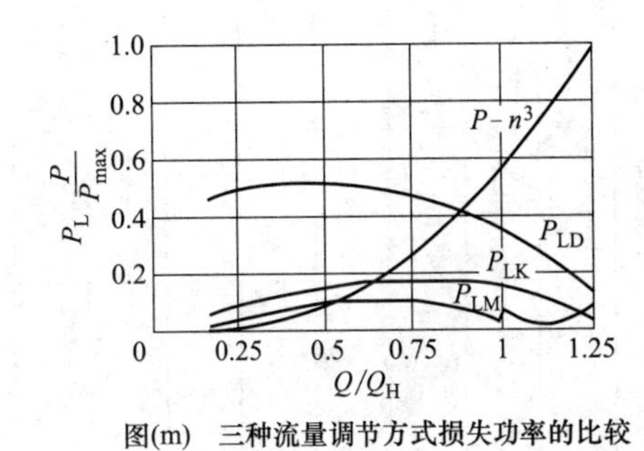

图(m) 三种流量调节方式损失功率的比较

P_{LD}—闸阀节流调节损失功率；

P_{LK}—液力偶合器传动装置变速调节损失功率；

P_{LM}—VORECON多元调速装置变速调节损失功率

为使多元调速装置中各元器件协调动作参与运行，必须配备优良的监控系统。图(n)为MSVD多元调速装置的监控系统

多元调速装置主要用于高速大功率的风机与泵类

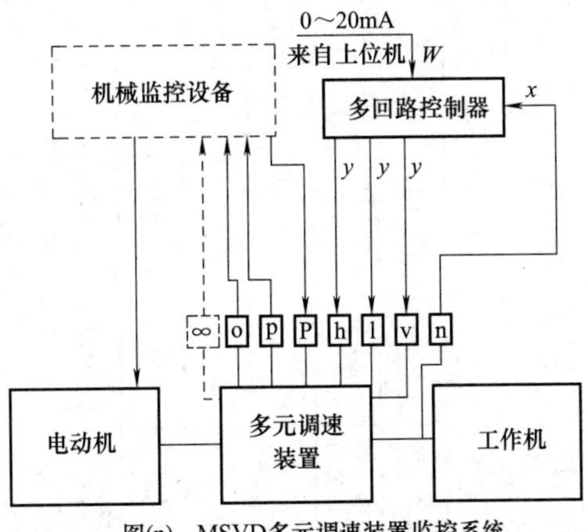

图(n) MSVD多元调速装置监控系统

W—设定值；x—实际反馈值；y—控制器输出；∞—振动信号；o—温度信号；p—压力信号；P—辅助油泵马达；h—导管；l—导叶开度；v—控制阀信号；n—转速

表 19-4-29 国内调速型液力偶合器与液力偶合器传动装置部分生产厂家产品型号

生产厂	出口调节安装板箱体	出口调节对开箱体	复合调节	出口调节回转壳体	出口调节圆筒箱体	出口调节独立支承	出口调节立式	出口调节侧装式	阀控式	双腔离合式	后置齿轮降速型	前置齿轮增速型	后置齿轮增速型
大连液力机械有限公司	GWT·GST YOT_{GC}	YOT_{GCD} $YOT_{FC...CL}$		YOT_{HC}	$YOT_{HC\cdot\cdot A}$ $YOT_{GC\cdot\cdot R}$	YOT_{FC}	YOT_{CC}	YOT_{GC}	YOT_{GF}	YQL_{SQ}	$YOCH_J$	$YOCQ_Z$	$YOCH_Z$
广东中兴液力传动有限公司	YOT_{CS}	YOT_{CH} YOT_{CP}		VOT_{CK}	YOT_{CF}	YOT_{CH}	YOT_{CL}	SVTL		YOT_{FKD}	YOT_{CHJ}		
上海电力修造总厂有限公司		YOT_C	YOT									YOT	
上海交大南洋机电科技有限公司		$YOT_{C\cdot\cdot B}$ $YOT_{C\cdot\cdot H}$									$YOC_{H\cdot\cdot B}$ $YOC_{H\cdot\cdot H}$		
上海 711 研究所		YDT										YDTZ	
安徽电力修造厂		YOT_C											
大连创思福液力偶合器成套设备公司	YOT_{CG}	YOT_{GCP} YOT_{CHP}									YOCH	YOCQ	
蚌埠液力机械厂		YOT_C		SVN									
沈阳水泵厂		YOT	YOT									OH YOCQ	
大连福克液力偶合器有限公司	YOT_C	YOT_{PC}		YOT_{XC}		YOT_{DC}					YOCJ	YOCZ	
大连营城液力偶合器厂	YOT_{CB}	YOT_{CD}		YOT_{CH}	YOT_{CR}				YOT_{FD} YOT_{JF}	YOL_{SQ}	YOCJ		
威海九鼎液力传动有限公司		YOT_{LC}			YOT_{LZ}				YOTC $\cdots LCO_2$				
邯郸开源液力机械有限公司		YOT											
上海煤科院运输机电研制中心		YT/YOTC											
沈阳煤机配件厂	YOT_{GC}												
林州重机(集团)有限公司	YOT_C												
大连恒通液力机械有限公司											YOZJ		
张家口煤矿机械有限公司	YOTC												
北京起重运输机械设计研究院	YOTC							YOTC					

注：$YOT_{FC...CL}$为轧钢厂除鳞泵专用型。

表 19-4-30 国内外液力偶合器传动装置技术参数

序号	公司	前置齿轮增速型			后置齿轮增速型			后置齿轮减速型			复合齿轮前增后增型			复合齿轮前增后减型		
		型号	传递功率/kW	转速范围/r·min^{-1}	型号	传递功率/kW	转速范围/r·min^{-1}	型号	传递功率/kW	转速范围/r·min^{-1}	型号	传递功率/kW	转速范围/r·min^{-1}	型号	传递功率/kW	转速范围/r·min^{-1}
1	德国福依特公司	R10K R11K R12K R13K R14K R15K R16K R17K R18K R19K	300～11500	输入：1500 输出：1500～11230	R15 R16 R17 GS320	100～17376	输入：1500 输出：1500～12000	R487A R562A R650A (B3) R750A (B3) R750A (B4) R866A (B4) R866A (B5) R1000A	60～5000	输入：1800～1200 输出：1200～360	R15 KGS R16 KGS R17 KGS R18 KGS R19 KGS	300～15340	输入：1500 输出：1500～12000	R15 KGL R16 KGL R17 KGL R18 KGL R19 KGL	300～15340	输入：1000 输出：1500～6700
					R18 R19 GS380											
		R15K-550 R16K-550 R17K-550 R18K-600 R19K-600	300～13270	输入：1500 输出：1500～6650	R100 R117 GS460											
					R116 R117 GS850	2000～6000	输入：1000 输出：1000～2000							R110 KGL	300～17100	输入：1500 输出：1000～4735
		R110K R111K R110K-710 R111K-710	300～17360	输入：1500 输出：1500～4260	R118 R119 GS1120						R18 R19 KGS-14			R111 KGL		
					R6C R7C R8C R9C R10C R11C	2024～24283	输入：3600 输出：3600～9060				R110 R111 R112 R113 KGS	300～27000		R112 KGL R113 KGL	300～27000	
2	英国液力驱动工程公司	RST38 RST40 RST50 RST57 RST66 RST67-G1	2000～11187	输入：1500 输出：1500～6770							RST50 RST57 RST66 RST67-G2	4000～11000	输入：1500 输出：1500～10000			

续表

序号	公司	前置齿轮增速型			后置齿轮增速型			后置齿轮减速型			复合齿轮前增后增型			复合齿轮前增后减型		
		型号	传递功率/kW	转速范围/r·min^{-1}	型号	传递功率/kW	转速范围/r·min^{-1}	型号	传递功率/kW	转速范围/r·min^{-1}	型号	传递功率/kW	转速范围/r·min^{-1}	型号	传递功率/kW	转速范围/r·min^{-1}
3	日本日立制作所	GSS38 GSS42 GSS47 GSS53 GSS56 GSS60 GSS67	1000～2000	输入：1500 输出：2000～8230							GSG38 GSG42 GSG53 GSG56 GSG60 GSG67	3000～20000	输入：1500 输出：1500～12000			
4	德国SM公司	GSS 01/5.0 GSS 01/5.5 GSS 01/6.0	1000～13000	输入：1500 输出：2000～6250												
5	沈阳水泵厂	YOCQ422 YOCQ475	4100～5100	输入：1500 输出：6200												
		YOCQ360A YOCQ390	900～5500	输入：3000 输出：5500～6200												
		OH46	1600～3200	输入：3000 输出：4800												
6	上海电力修造总厂	YOT46	4600	输入：1500 输出：5855												
		YOT51 YOT51A R17K1-E	5100	输入：1500 输出：6000												

续表

序号	公司	前置齿轮增速型			后置齿轮增速型			后置齿轮减速型			复合齿轮前增后增型			复合齿轮前增后减型		
		型号	传递功率/kW	转速范围/r·min^{-1}	型号	传递功率/kW	转速范围/r·min^{-1}	型号	传递功率/kW	转速范围/r·min^{-1}	型号	传递功率/kW	转速范围/r·min^{-1}	型号	传递功率/kW	转速范围/r·min^{-1}
7	大连液力机械有限公司	YOCQ$_Z$320 YOCQ$_Z$360 YOCQ$_Z$400 YOCQ$_Z$420 YOCQ$_Z$450 YOCQ$_Z$465 YOCQ$_Z$500	440～6300	输入： 1500～ 3000 输出 3000～ 6000	YOCH$_Z$320 YOCH$_Z$360 YOCH$_Z$400 YOCH$_Z$420 YOCH$_Z$450 YOCH$_Z$465 YOCH$_Z$500	60～1625	输入： 3000 输出： 3000～ 10000	YOCH$_J$500 YOCH$_J$560 YOCH$_J$580 YOCH$_J$650 YOCH$_J$750 YOCH$_J$875 YOCH$_J$1000	20～3700	输入： 1000～ 3000 输出： 350～1000						
8	北京电力修造厂										YOCF-01	4220	输入： 1500 输出： 6021			
9	广东中兴液力传动公司							YOCH$_J$500 YOCH$_J$560 YOCH$_J$650 YOCH$_J$750 YOCH$_J$875 YOCH$_J$1000	90～1950	输入： 1000～ 1500 输出： 330～500						
10	上海711所	YDTZ32 YDTZ36 YDTZ40 YDTZ43 YDTZ46 YDTZ50	350～6300	输入： 1500～ 3000 输出： 3000～ 6000												
11	大连创思福公司	YOCQ400 YOCQ420 YOCQ450 YOCQ465 YOCQ500	400～7800	输入： 1500～ 3000 输出： 4500～ 6000				YOCH500 YOCH560 YOCH580 YOCH650 YOCH750 YOCH875 YOCH1000	20～3700	输入： 1000～ 3000 输出： 350～1000						

续表

序号	公司	前置齿轮增速型			后置齿轮增速型			后置齿轮减速型			复合齿轮前增后增型			复合齿轮前增后减型		
		型号	传递功率/kW	转速范围/r·min^{-1}	型号	传递功率/kW	转速范围/r·min^{-1}	型号	传递功率/kW	转速范围/r·min^{-1}	型号	传递功率/kW	转速范围/r·min^{-1}	型号	传递功率/kW	转速范围/r·min^{-1}
12	大连福克公司	YOC$_Z$320 YOC$_Z$360 YOC$_Z$400 YOC$_Z$420 YOC$_Z$450 YOC$_Z$465 YOC$_Z$500	4400～6300	输入：1500～3000 输出：1500～6000				YOC$_J$500 YOC$_J$560 YOC$_J$580 YOC$_J$650 YOC$_J$750 YOC$_J$875 YOC$_J$1000	20～3700	输入：1000～3000 输出：350～1000						
13	大连恒通公司							YOZ$_J$700 YOZ$_J$750 YOF$_J$700 YOF$_J$750 YOT$_{ZJ}$700 YO T$_{ZJ}$750 YOT$_{FJ}$700 YOT$_{FJ}$750	300～1200	输入：1000～1500 输出：300～1000						
14	上海交大南洋公司							YOCH560B YOCH650B YOCH710B YOCH750B YOCH800B	200～1600	输入：1500 输出：500～1500						
								875H 1000H	670～3700	输入：1000 输出：330～500						

4.3.8　液力减速器

液力减速（制动）器是涡轮不动的特殊形式的液力偶合器。它不是传动元件，而是耗能的减速制动元件。其结构特点是：涡轮不转动，不输出动力，泵轮和涡轮均采用前倾斜叶片，以增大制动力矩。

图 19-4-17 为液力减速器诸多结构之一，双工作腔，转子 1 以花键连接在传动轴 3 上。转子与定子叶片前倾斜角均为 30°。转子随传动轴转动，定子 2 固定在箱体上，转子和定子共同组成工作腔，充液时转子将机械能转化成液体能，液流以较高的速度和压力冲向定子叶片，定子对液流的反作用力矩即为转子的制动力矩。此时全部液体能转化为热能。被加热的液体通过冷却器冷却后又回到液力减速器中，如此不断循环工作。

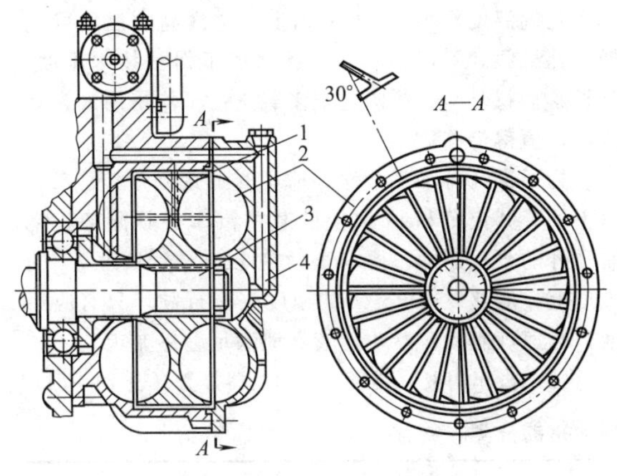

图 19-4-17　液力减速器
1—泵轮（转子）；2—涡轮（定子）；
3—传动轴；4—冷却循环流道

液力减速器按传动轴转速的高低和工作腔充液量的多少，提供的制动力矩遵从 $T_B=\lambda_B \rho g n_B^2 D^5$ 规律。充液少时减速制动力矩低，不需减速制动时不予以充液。λ_B 与腔型、叶片倾斜角、叶片数及充液量有关。液力减速器通常采用 30°或 45°前倾斜叶片，其泵轮转矩系数约为相同腔型径向平面直叶片普通型液力偶合器的 3～10 倍。为降低液力减速器制动时产生的轴向力，通常采用双腔型。

由于液力减速器的制动力矩与其转速的平方及工作腔有效直径的五次方成正比，在高转速大直径时有更大的制动力矩，因而比液压制动和摩擦制动的结构尺寸要小得多。液力减速器无机械磨损，可长期无检修的运行，其寿命之长远非液压制动和摩擦制动可比。制动功率越大，其优点越显著。

液力减速器的缺点在于转速下降时制动转矩下降更快。在低于 500r/min 时制动力矩有波动，在转速为零时完全失去制动能力。故常作为辅助制动与其他制动方式配合使用，通过液力减速器的制动使旋转轴速度降低后，再施以摩擦制动予以刹车，这样可使制动平稳可靠并可防爆。

按用途分类，液力减速器可分为车辆用和固定设备用两种。

4.3.8.1　机车用液力减速（制动）器

当列车在长大坡道下行行驶时，为防止列车下滑超速造成事故，常采用阻尼制动的方式，以限制列车超速。若只采用闸瓦制动，则由于闸瓦温度升高，摩擦因数降低而制动效果变差，闸瓦磨损加快。如交替进行闸瓦制动，则会造成冲击过大，行驶不平稳，且易使驾驶员疲劳。若使用液力减速（制动）器，则这些问题可方便的解决。

图 19-4-18 为机车用 Z510 型液力制动器结构。它由内定子 2、转子 5、外定子 6、中间体 4、闸板机构 3、进油体 8 以及制动轴 9、11 组成。内外定子与中间体固定连接，固定在箱体上。转子 5 通过螺栓与机车动轮的制动轴 11 相连，而液力制动器的制动轴 9 则与转子相连，从而形成机车动轮带动液力制动器转子的结构。

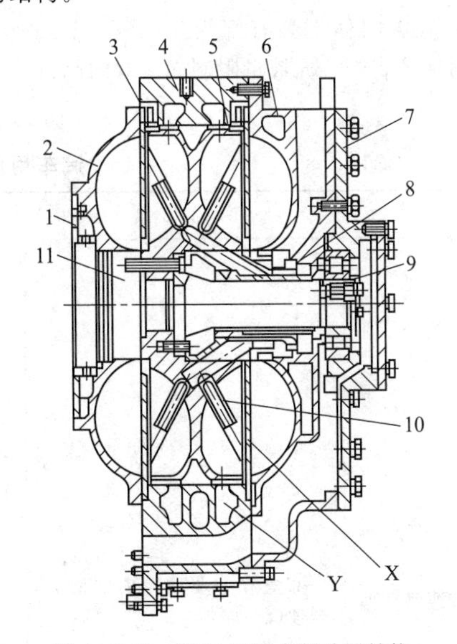

图 19-4-18　Z510 型液力制动器结构
1—定子内套；2—内定子；3—闸板机构；4—中间体；5—转子；6—外定子；7—外盖；8—进油体；9,11—制动轴；10—导油管；X—制动器中间腔；Y—蜗壳

该液力制动器有如下几个特点。

① 采用前倾 30°径向平面叶片，转子分长、短叶片，短片上焊有导油管（见图 19-4-19）。

② 定子也采用长、短叶片，其中有两个厚叶片，

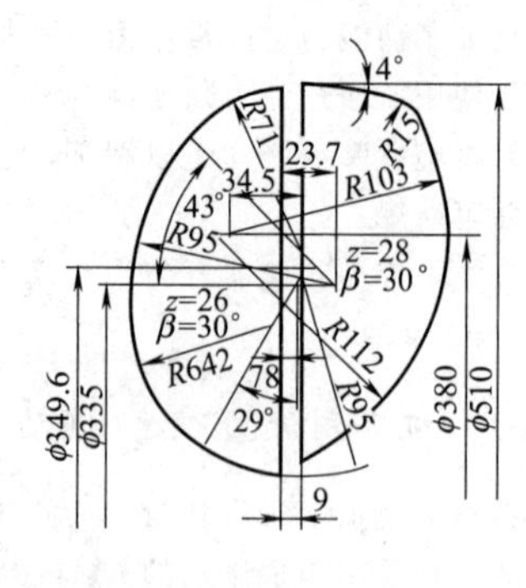

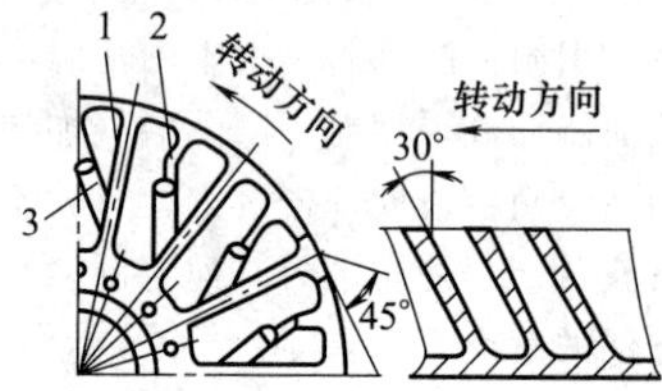

图 19-4-19 液力制动器转子

1—长叶片；2—短叶片；3—导油管

其上钻有排气孔。

③ 设有类似于轴流泵的进油体 8，进油体压装在转子内，随转子转动，具有相当强的泵油作用，加大了散热器中的循环流量，有利于工作液体散热。

④ 在中间体上装有闸板操纵阀、充油节流阀、液力制动控制阀、充液量限制阀、双向阀以及测温元件等。

⑤ 设有闸板机构 3，牵引工况时，制动器不充油不工作。闸板闭合，切断制动器循环通路，避免制动器空转时的鼓风损失。当液力制动时，操纵闸板机构，将左右闸板向两边移动，打开制动器循环通道，制动器充油工作，产生制动力矩。

4.3.8.2 汽车用液力减速(制动) 器

（1）载重汽车采用液力减速（制动）器的必要性

在山区或矿山使用的大吨位载重汽车，经常需要满载下坡，在长大坡道上频繁制动。若单独使用闸瓦制动，由于制动负荷大、制动时间长，促使闸瓦发热，摩擦因数降低，导致制动性能差、闸瓦磨损快，影响车辆行驶安全性。例如，昆明至思茅公路的元江坡长 40km，平均坡度为 8%，解放牌卡车点刹车限速运行，由坡顶行驶至坡底需 2h 左右，测试后轮刹车车瓦的温度竟高达 400℃以上，这样高的温度可能使闸瓦烧毁，不仅不安全，还增加了驾驶技术难度，延长了运行时间。而国外很多载重汽车均采用液力减速器，值得借鉴。

为了保证行车安全性，德国交通规则规定：5.5t 以上的公共汽车和 9t 以上的载重汽车必须配备正常制动外的第三制动，要求车辆在 6km 长、坡度 7%的坡道上，能够以 30km/h 的速度安全行驶。只有应用液力减速（制动）器才能较好地满足上述要求。

（2）汽车用液力减速（制动）器分类（表 19-4-31）

表 19-4-31 汽车用液力减速（制动）器分类

分　类	产品形式	特　性
单一减速制动型	布置在非驱动轮内的液力减速(制动)器	减速器的转子通过一个行星排与车轮的轮毂相连,结构紧凑,不需要对原有系统做大的改动,因布置在轮内,所以径向尺寸受到限制,减速能力有限,散热能力有限,制动功率和连续制动时间受限[见图(a)] 转子 轮毂 定子 图(a) 轮毂内的液力减速器

续表

分　　类	产品形式	特　　性
单一减速制动型	布置在减速箱中的液力减速(制动)器	目前车辆应用液力减速器多数与变速箱连成一体,结构紧凑,便于安装布置,径向尺寸可以较大,散热良好,位于传动链的中间环节,减速器转子转速高,制动力矩大[见图(b)] 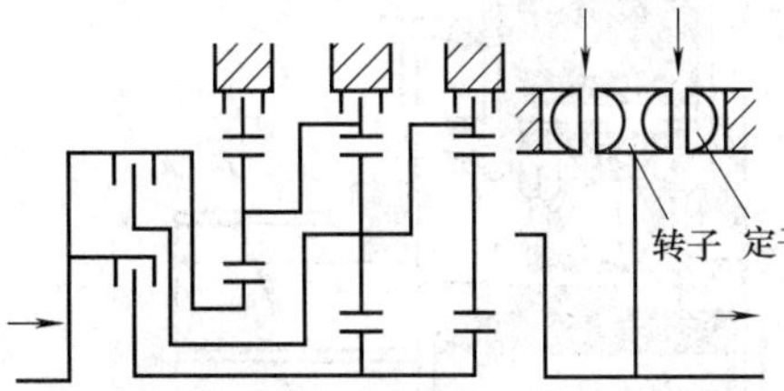 图(b)　布置在行星变速箱后的液力减速器
	布置在两桥之间的反转型液力减速(制动)器;布置在两桥万向轴中间的正转型液力减速(制动)器	该减速器两个工作轮都转动,一个正转,一个反转,分别由车辆的两轴驱动,减速器的转矩系数高,制动力矩大,可以在较低的转速下获得较高的制动力矩,连续冷却功率达140kW[见图(c)]。万向轴中间的正转型液力减速(制动)器见图19-4-20 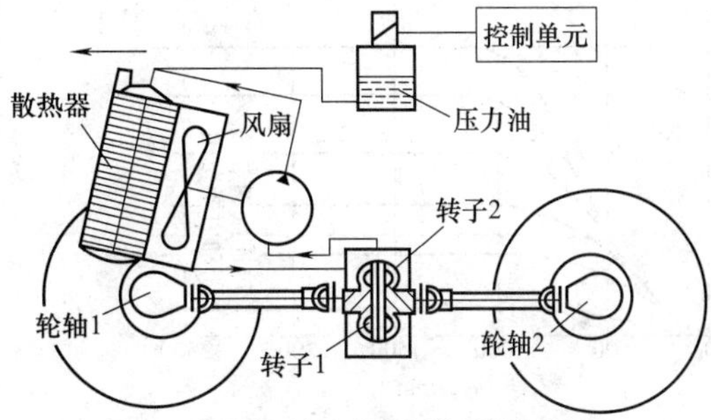 图(c)　布置在两桥之间的反转型液力减速器
牵引制动复合型	制动轮型	该减速器同时具有液力变矩器和液力减速器的功能。主要由泵轮、涡轮、导轮和两个制动轮组成。牵引工况,两个制动轮自由旋转,不消耗功率。制动工况,直接制动,制动轮耗能减速[见图(d)] 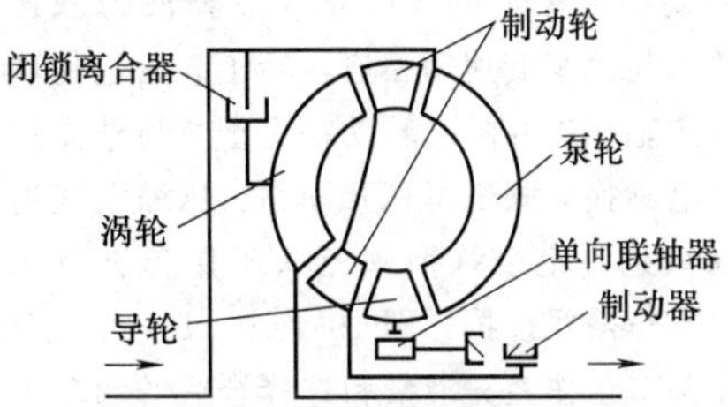 图(d)　制动轮型
	涡轮反转型	主要由一个离合器、一个制动器和一个液力变矩器组成。在牵引工况时,离合器结合,制动器松开。在制动工况时,离合器松开,制动器结合,同时使涡轮反转,带动液体冲击泵轮,产生制动力矩[见图(e)] 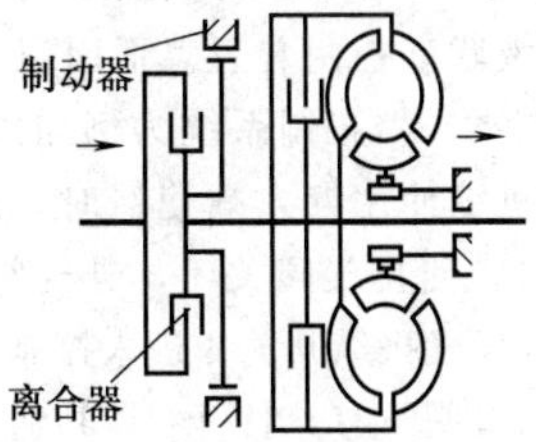 图(e)　涡轮反转型

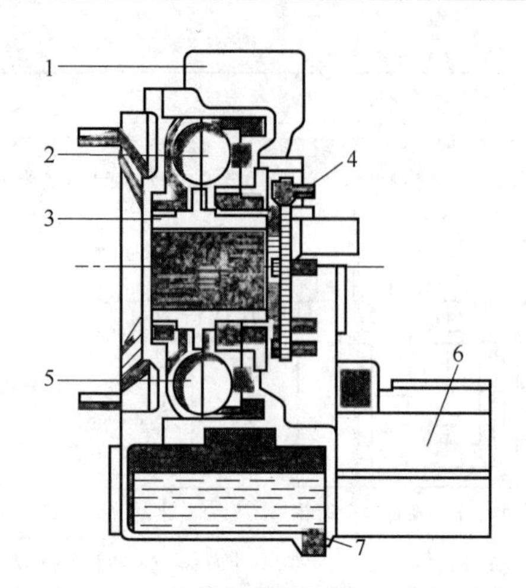

(a) 液力减速器结构

1—电磁换向阀；2—涡轮(定子)；3—传动轴；4—连接法兰；5—泵轮(转子)；6—油箱；7—放油塞

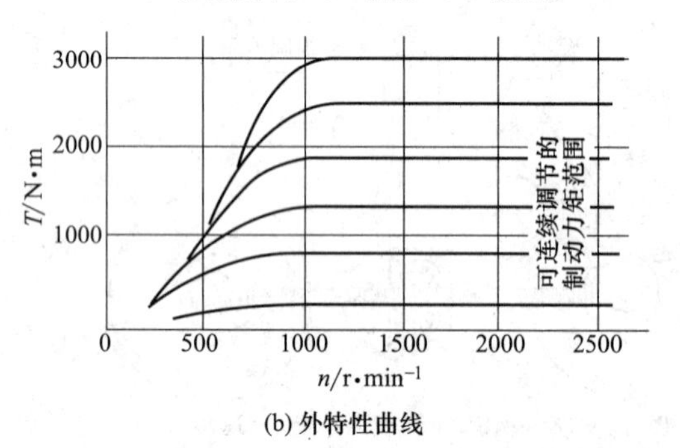

(b) 外特性曲线

图 19-4-20　VHBK-130 型液力减速器

图 19-4-20 为德国福依特公司生产的用于公交汽车、旅游车和大型卡车上的 VHBK-130 型液力减速器，连接法兰 4 与汽车变速箱相连，转子 5 通过传动轴 3 与汽车万向轴相连并随之转动，定子 2 与外壳固连。通过操纵电磁换向阀 1 可打开油路，压缩空气迫使油箱中的油液通过电磁换向阀充入工作腔进行工作。司机可依行车需要按挡［图 19-4-20（b）］调节气动阀门，以调节工作腔充液量和选择合适的制动力矩。由工作腔出来的油液经过油/水冷却器散热后再回到油箱中。

(3) 汽车用液力减速（制动）器的控制系统

汽车用液力减速（制动）器的控制系统多种多样，最常用的是气-液联动控制装置。下面以 SH380 型汽车液力减速（制动）器控制系统为例加以说明，见图 19-4-21。当司机欲使用液力减速器时，即踩下气操纵开关 4 的推杆，使排气阀关闭，进气阀打开，储气筒内的压缩空气经气操纵开关 4 进入控制阀 3 顶部的气室，从而推动滑阀下移，打开 A、B 通道，关闭 C、D 通道，于是油泵 9 泵出的工作油便进入液力减速器 2 的工作腔。工作后的工作液体将出油单向阀 5 顶开，经滤油器 7 进入冷却器 8，降温后再流回油底壳。与此同时，液力变矩器出油单向阀 6 在液力减速器排油压力作用下紧闭，其循环油路被隔断。反之，松开气操纵开关 4 的推杆，控制阀 3 中的空气逸出，滑阀在弹簧作用下上升，孔口 A、B 隔绝，C、D 接通，液力减速器不能进油，停止工作，而液力变矩器恢复正常工作。

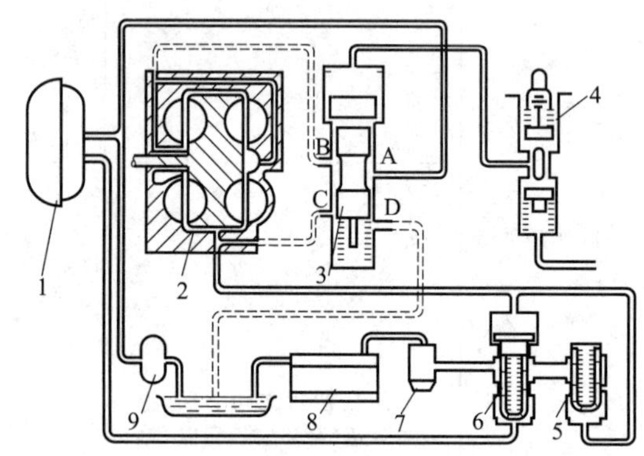

图 19-4-21　液力减速（制动）器控制系统示意

1—液力变矩器；2—液力减速器；3—控制阀；4—气操纵开关；5—液力减速器出油单向阀；6—液力变矩器出油单向阀；7—滤油器；8—冷却器；9—油泵

4.3.8.3　固定设备用液力减速（制动）器

固定设备如带式输送机、球磨机、棒磨机等大惯量机械在制动刹车时常采用液力减速（制动）器，尤其下运带式输送机更离不开液力减速（制动）器。

在下运带式输送机从高处向低处输送物料过程中，物料所释放的位能成为带式输送机的附加动力，随着物料位能、输送带倾角和槽形的不同，电机呈不同的运行状态。

1）驱动状态　当物料释放的位能小于输送机的运行阻力时，需要电机驱动输送带运行，输送机的运行工况与平运或上运基本相同。

2）发电状态　当物料释放的位能大于输送机的运行阻力时，物料位能迫使输送机加速运转并对电机做功，使电机超过原有转速，呈发电运行状态。电机向电网反馈电能，同时对系统产生制动作用，如不能制动则输送带飞速下滑，俗称“飞车”。

为了防止下运带式输送机发生“飞车”事故，通常采用大容量电机，使电动机容量大于输送机的制动功率，电机的电磁力矩大于输入的机械力矩。但大容量的电机价格贵、安装困难，又无法有效控制下行速度，而采用液力减速（制动）器，这些问题就可迎刃而解了。

（1）驱动系统

图 19-4-22 为应用于下运带式输送机的具有液力减速器与机械制动的驱动系统。额定工况下，液力减速器不充液，无制动作用。当输送机加料过多超速时，监控系统发出信号，使液力减速器充入适量工作液体，产生阻尼力矩，控制速度不再上升。液力减速器与自动控制系统相配合，可有效地控制下运带式输送机的运行速度，符合安全要求。

在需要停机时，加大液力减速器的充液量，增加制动力矩，使带速大大降低，当转速降到一定程度后再施以摩擦制动，使设备平稳停机。

（2）控制系统

图 19-4-23 为某煤矿井下用的下运带式输送机液力减速器控制系统。煤矿井下用液力减速器的控制系统，除具有带式输送机正常运行和正常制动工况的控制功能外，还要具有失电紧急保护控制功能，具体功能见表 19-4-32。

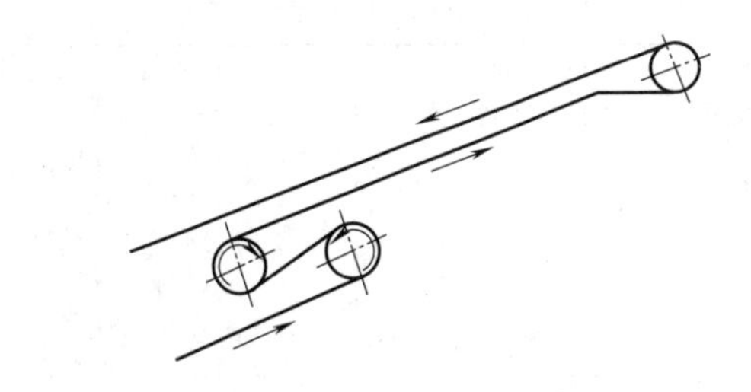

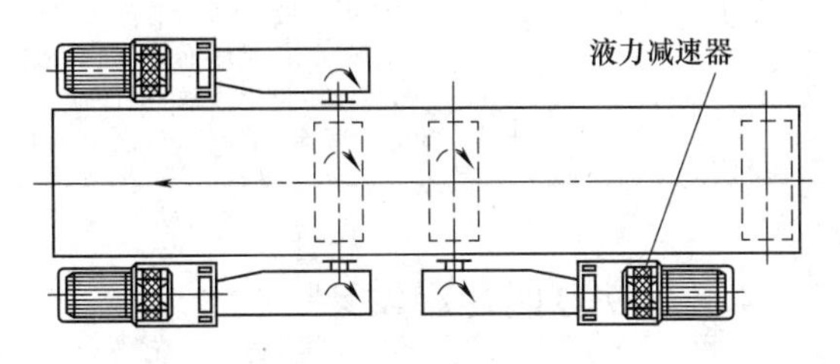

图 19-4-22　下运带式输送机的具有液力减速器与机械制动的驱动系统

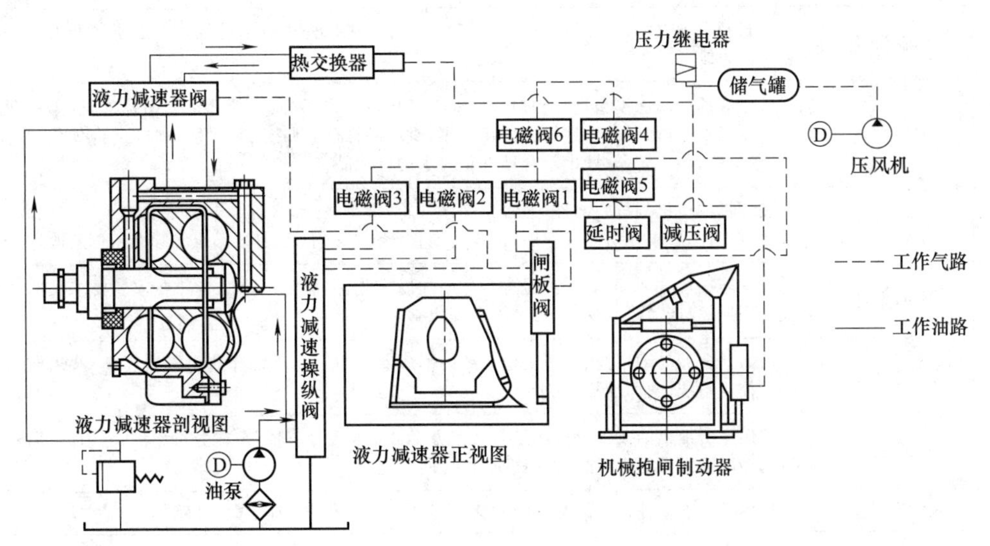

图 19-4-23　下运带式输送机液力减速器控制系统

表 19-4-32　　下运带式液力减速器控制系统功能

功　能	说　明
带式输送机正常运行工况液力减速器的控制	带式输送机正常运行时，油泵处于停机状态，储气罐的压力经常保持在 0.5～0.7MPa，电磁阀1、2、3 为通电截止气源状态，闸板阀、液力减速操纵阀及液力减速器阀的工作气缸均通大气，处于非工作状态。电磁阀 4 为断电接通气源状态，机械抱闸制动器的气缸工作，使机械抱闸的闸瓦打开。总之，两级制动均处于非工作状态
带式输送机正常制动工况液力减速器的控制	当下运带式输送机的负荷增大，物料释放的位能大于输送机的运行阻力，为防止“飞车”，需要发挥液力减速制动功能时，按下操纵台上的停车按钮后，油泵开始供油，电磁阀 1、2、3 都断电，接通气源，闸板阀将闸板打开，液力减速操纵阀动作，接通油路，并同时使液力减速器工作腔与热交换器接通。液力减速器处于充油制动状态，制动力矩有 4 挡，在制动过程中用加速度监测器控制电磁阀 2、3 的接通或截止，以调节制动力矩。当高速轴转速降至 450r/min 左右时，电磁阀 4 通电换位，使机械抱闸制动器的气缸接通大气，机械抱闸动作将输送机刹停，同时输油泵停机，液力减速器停止工作

续表

功能	说明
采区停电紧急制动工况液力减速器的控制	采区突然发生停电事故时，供油泵已不能工作，靠储气罐中的压缩空气将冷却器中的存油自动压向液力减速器，进行液力制动。经过延时阀适当延时后，输送机的速度已降到较低值，然后由气动延时阀控制机械抱闸，实施最后刹车。具体控制过程如下 采区停电时，电磁阀1、2、3断电，接通气源，闸板阀将闸板打开，液力减速操纵阀动作，接通冷却器与工作腔的通路，同时热交换器与储气罐接通，储气罐中的压缩空气推动热交换器的活塞，把热交换器中的油推向液力减速器，在液力减速器通往热交换器的出油口设有背压阀，以保证工作腔的压力，从而保证一定的制动力矩。此时，其他出油口均不通，电磁阀4仍为断电通气状态，电磁阀5断电换位，通过延时阀与机械抱闸制动器的气缸接通，使机械抱闸处于打开状态。经过一定时间后，延时阀换位，机械抱闸制动器的气缸与大气相通，机械抱闸动作将输送机刹停。这样，虽发生停电事故，仍保证了先进行液力减速器制动，使大部分能量被吸收后，再由机械抱闸制动的两极制动措施，可以确保输送机在停电时也不会发生“飞车”事故

4.4 液力偶合器设计

表 19-4-33 液力偶合器设计分类

序号	分类	说明
1	创新设计	按科技发展要求设计过去没有的新产品。要求采用先进技术进行新产品研制开发，要有创新精神与思维
2	类比设计	按已有的产品为模型进行相似设计或系列化设计，一方面要求严格遵循标准化、系列化、通用化原则；另一方面又要求遵循最优化原则，对产品性能、制造工艺、可靠程度进行优化，采用新产品、新材料、新工艺，设计出符合标准化要求的好产品
3	仿形设计	按样机或样机的核心部件(通常是工作叶轮)进行测绘，然后结合实际工艺水平和国内有关标准进行设计，要求在仿制过程中，不仅要消化原样机技术，而且要结合实际有所创新改进
4	变型设计	仅在连接尺寸和部分结构、配置等方面加以变化，以满足用户的特殊要求。要求反应速度快、设计周期短、产品改动少、符合经济合理原则
5	成套设计	液力偶合器与动力机、工作机构成统一的成套机组。要求设计共用安装底座、共用润滑系统、共用控制系统、共用冷却系统等
6	选型匹配设计	按用户所提供的条件进行匹配与选型方案分析与设计，进行节能分析预测，当为旧设备改造进行选型匹配设计时，往往与产品变型设计同时进行
7	配套件设计	按用户要求设计与产品有关的配套件，如联轴器、多机底座、高位油箱等
8	机组调速系统控制设计	有些用户往往委托偶合器厂设计整个机组的调速控制系统，如带式输送机多机驱动控制设计，利用PLC与以太网远程显示控制设计等

表19-4-33中序号1～5属于科研、生产所需的产品设计，序号6～8为产品应用设计。在诸多类的产品设计中，应用最多的是按照相似理论进行的类比设计，可得到事半功倍的效果。

4.4.1 液力偶合器的类比设计

液力元件的设计是以对叶轮叶栅系统与液流之间的相互作用及能量交换过程的研究作为理论基础的。实际上在液力元件里，叶轮与液流间的能量交换是非常复杂的过程，很难给出理论上的严格解答。

液流在液力元件里的运动是空间三维流动。为使问题简化，目前在设计液力元件时，主要还是采用束流理论（一维理论）。但这样只能求得近似的结果。所以，每设计新型液力元件时，都要经过设计—试制—改进等几个周期。这样，工作量大，周期长，成本高。

目前，在设计液力元件时，为了节省时间，简化设计程序，多采用类比设计的方法。即在已有的性能良好的液力元件模型中，先选定一种原始特性能满足设计要求的液力元件为模型，将其叶栅系统（即由循环圆和叶片组成的系统）按流体力学的相似理论放大或缩小，以满足与动力机的良好匹配。结构方面可参照一般机械结构的设计方法进行设计。

表 19-4-34　液力元件的类比设计

相似理论	根据流体力学有关相似原理的基本理论，欲使两个液力元件的液体流动具有相同的物理性质，即力学相似，必须满足几何相似、运动相似和动力相似等三个必要和充分的条件 1)几何相似　实际流动与模型流动对应部分的夹角相等，尺寸大小成比例。对液力元件则为叶栅系统几何相似 2)运动相似　实际流动和模型流动对应点的速度方向相同、大小成比例。对液力元件则为转速比相等 3)动力相似　实际流动与模型流动对应点上作用着相同性质的力，方向相同、大小成比例。对液力元件则为雷诺数 Re 相等 实际上，要使两种流动完全符合力学相似是不可能的。因为对应点上各种作用力都成比例是无法满足的。因此，通常只考虑影响流动规律的主要作用力，使其符合相似准则。这种相似称为部分动力相似。液力元件中主要作用力是惯性力和黏性力，即雷诺数 Re 相等则认为其动力相似 其实，雷诺数 Re 要做到相等也是相当困难的。因为当模型比实物尺寸小 m 倍时，要使雷诺数 Re 相等，则必须使模型的泵轮转速比实物大 m^2 倍，这一条件很难做到 有关文献推荐，对液力元件的雷诺数 $Re>(5\sim8)\times10^4$ 时，流动将接近自动模化区的范围，此时，即使模型与实物的 Re 有差别，但仍能基本上保持动力相似。这样，在应用相似理论时，只考虑几何相似和运动相似即可 液力元件雷诺数 Re 的表达式为 $Re=\dfrac{n_B D^2}{\nu}$ 式中　n_B——泵轮转速，r/min； D——有效直径，m； ν——工作液体运动黏度，m^2/s
相似准则	几何相似的液力元件，在相似工况下： ①流量与有效直径的三次方、泵轮转速的一次方成正比 $\dfrac{Q_M}{Q_S}=\left(\dfrac{D_M}{D_S}\right)^3\times\dfrac{\omega_{BM}}{\omega_{BS}}$　(19-4-3) 式中，下角标 S 表示实物；M 表示模型 ②能头与有效直径及泵轮转速的二次方成正比 $\dfrac{H_M}{H_S}=\left(\dfrac{D_M\omega_{BM}}{D_S\omega_{BS}}\right)^2$　(19-4-4) ③功率与有效直径的五次方、泵轮转速的三次方及液体密度的一次方成正比 $\dfrac{P_M}{P_S}=\left(\dfrac{D_M}{D_S}\right)^5\times\left(\dfrac{\omega_{BM}}{\omega_{BS}}\right)^3\times\dfrac{\rho_M}{\rho_S}$　(19-4-5) 此准则也可写成 $\lambda_{BP}=\dfrac{P_B}{\rho\omega_B^3D^5}=$常数　(19-4-6) 式中　λ_{BP}——液力元件泵轮功率系数，对一系列几何相似、运动相似的液力元件，泵轮功率系数相等 ④力矩与泵轮转速的二次方、有效直径的五次方及液体密度的一次方成正比 $\dfrac{T_M}{T_S}=\left(\dfrac{\omega_{BM}}{\omega_{BS}}\right)^2\times\left(\dfrac{D_M}{D_S}\right)^5\times\dfrac{\rho_M}{\rho_S}$　(19-4-7) ⑤轴向力与泵轮转速的二次方、有效直径的四次方及液体密度的一次方成正比 $\dfrac{F_M}{F_S}=\left(\dfrac{\omega_{BM}}{\omega_{BS}}\right)^2\times\left(\dfrac{D_M}{D_S}\right)^4\times\dfrac{\rho_M}{\rho_S}$　(19-4-8) ⑥补偿压力与泵轮转速和有效直径的二次方及液体密度的一次方成正比 $\dfrac{P_M}{P_S}=\left(\dfrac{\omega_{BM}D_M}{\omega_{BS}D_S}\right)^2\times\dfrac{\rho_M}{\rho_S}$　(19-4-9)
设计步骤	根据相似准则可知，任何一组几何相似、运动相似和动力相似的液力元件，其原始特性都是一样的。因此，在类比设计时，就可把模型液力元件的原始特性，看作是实物液力元件的原始特性 类比设计的步骤如下 ①根据工作机对实物液力元件提出的使用要求和它与动力机的匹配原则，选定腔型，并利用模型液力元件的原始特性，看作是实物液力元件的原始特性 ②求出 D_M和 D_S的比值 D_M/D_S ③将模型液力元件叶栅系统按比值 D_M/D_S放大(或缩小)，叶栅系统叶片角度不变 ④轴向力按式(19-4-8)放大(或缩小) ⑤补偿压力按式(19-4-9)确定 在实际设计中，因实物与模型液力元件结构和辅助系统可能不一样，故补偿压力不一定相似。由此，轴向力也就不同

续表

注意事项	理论上模型和实物液力元件的原始特性应该是一样的。但实际上做不到完全相似，因此，原始特性总会有些差异。虽然某些文献中提出过对这些差异的修正方法，但都是针对某种特定形式的液力元件而言。对原始特性影响较大的有两个因素：一是有效直径放大或缩小的尺寸因素；二是随使用条件不同泵轮转速改变的转速因素 尺寸因素的影响：实际上要保证严格的几何相似是不可能。因为随着有效直径的改变将引起下面一些变化：①液流的雷诺数改变；②液力元件叶轮叶片流道表面相对粗糙度改变，而不同的粗糙度对液流有不同的阻力系数；③当有效直径改变较大时，因受工艺及材料强度条件的限制，叶片数和叶片厚度也不能严格的几何相似，因此，会使排挤系数改变 泵轮转速的影响：随着泵轮转速的改变，液流雷诺数改变。定性地讲，转速因素对原始特性的影响是，随着泵轮转速的增高，效率增高，能容降低 原始特性虽然受尺寸和转速因素的影响，但是在尺寸改变不太大、雷诺数在自动模化区内变化时，特性的改变很小，一般都能满足使用要求

4.4.2　限矩型液力偶合器设计

限矩型液力偶合器应用广泛，可满足各类工作机的不同要求。在类比（或相似）设计中，首要的是要选择合乎要求的工作腔模型（腔型）。在选择腔型时要重点考虑过载系数是否合乎要求，同时要考虑到泵轮转矩系数是否合乎有关标准要求。

限矩型液力偶合器的限矩原理见表 19-4-13。限矩型液力偶合器的限矩措施如表 19-4-35 所示。

4.4.2.1　工作腔模型(腔型）及选择

工作腔由循环圆、叶栅系统和流道组成。腔型对液力偶合器性能有决定性影响，其次影响因素为流道的表面光洁度。同一系列液力偶合器在相同工况下和雷诺数$\left(Re=\dfrac{n_{B}D^{2}}{r}\right)$在自模区时，具有相同的原始特性，因此在产品设计之初选定（或创建）腔型十分重要。表 19-4-36 列出各类腔型，供设计时参考。

表 19-4-35　　限矩型液力偶合器的限矩措施

限矩措施	说明
选择过载系数低的腔型	液力偶合器的特性主要由腔型决定，不同的腔型其过载系数相差很大因而降低过载系数的前提是选择低过载系数的腔型
分流泄液（静压泄液、动压泄液、复合泄液）	液力偶合器传递力矩与充液量大体上成正比，设置一个或几个辅助腔在启动或低转速比工况下，利用液体做环流运动所产生的动压力或静压力，迫使工作液体由工作腔向辅助腔分流。通过降低工作腔的充液率，从而降低偶合器启动或低转速比工况的传动力矩，发挥过载保护功能。常用的分流方法有静压泄液、动压泄液和复合泄液三种
阻流（阻流板和阻流带）	在涡轮出口处设置阻流板或在涡轮流道内设置阻流带，阻碍工作液体由小环流向大环流转化，从而降低在启动或低转速比工况下的力矩，发挥限矩保护功能
延充（延充阀、节流孔等）	在设置辅助腔使工作液体从工作腔分流的基础上，设置延充阀或节流孔，使分流到辅助腔的工作液体缓慢进入工作腔，从而延长工作机启动时间，使启动变得更加缓慢、柔和
加大低转速比工况的液力损失	设置多角形或方形腔，正常工作时工作液体做小环流运动，不触及工作腔的折角部分，所以不影响正常传递力矩；低转速比工况，工作液体做大环流运动，在流经型腔折角时，产生涡流，加大了液力损失，使传递力矩降低。由于这种限矩措施以加大损失为前提，故长时间过载易过热
改进叶轮结构	试验证明，叶轮结构特别是涡轮叶栅结构对过载系数影响较大。采用长短相间叶片和大小复合腔以及泵轮、涡轮内缘削角，在涡轮上钻泄流孔等都可以有效地降低过载系数

表 19-4-36　　部分液力偶合器工作腔几何参数及特性

腔型名称	工作腔形状	原始特性曲线	几何参数	特性参数	特点
标准型	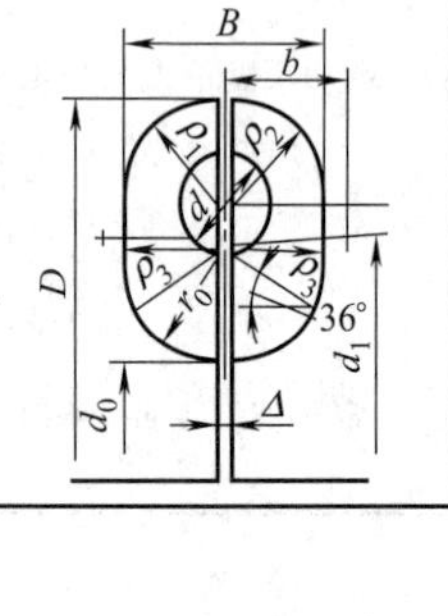	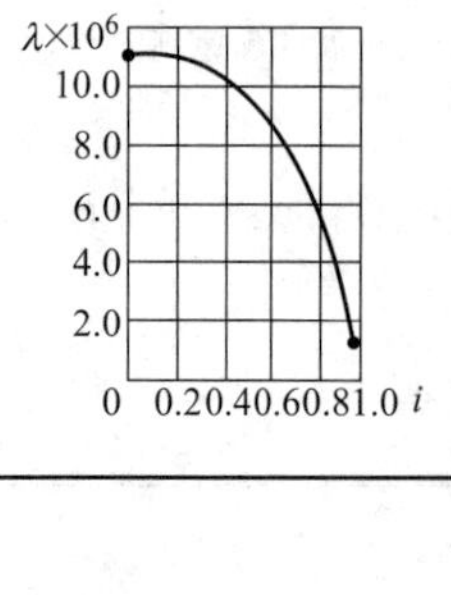	$d_0=0.31D$ $d=0.136D$ $d_1=0.645D$ $r_0=0.3625D$ $\rho_1=0.134D$ $\rho_2=0.15D$ $\rho_3=0.331D$ $b=0.18D$ $B=0.302D$ $\Delta=0.01D$	$\lambda_{0.97}=1.3\times10^{-6}$ $\lambda_0=10.8\times10^{-6}$ $T_g=8.3$	这是早期标准型工作腔，有内环有叶片和内环无叶片两种，法国西姆公司生产的回转壳体调速型液力偶合器仍用此腔型

续表

腔型名称	工作腔形状	原始特性曲线	几何参数	特性参数	特　点
长圆型	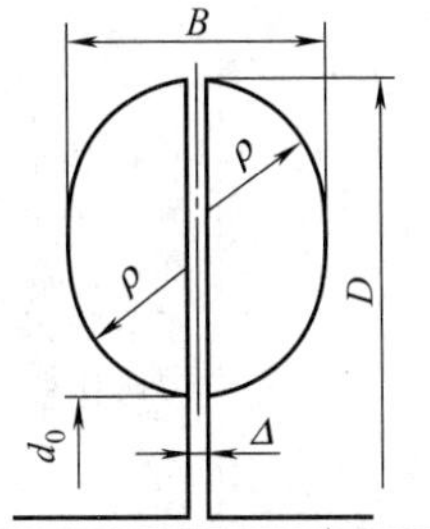	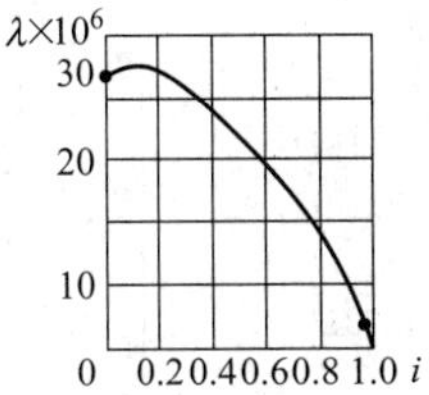	$d_0=0.28D$ $\rho=0.16D$ $B=0.32D$ $\Delta=0.01D$	$\lambda_{0.97}=1.45\times10^{-6}$ $\lambda_0=29\times10^{-6}$ $T_g=20$	启动过载系数和过载系数均高，用于普通型偶合器，若将叶片做成前倾，则T_g达26，用于液力减速器
圆型	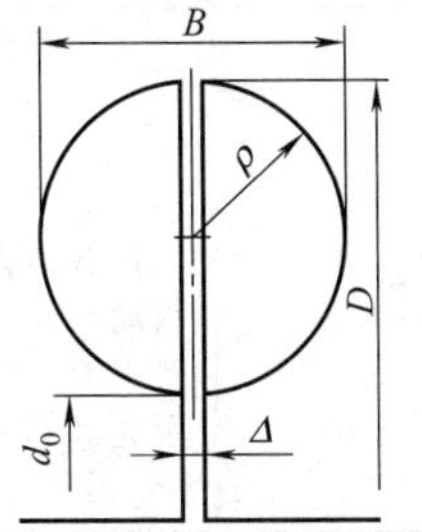	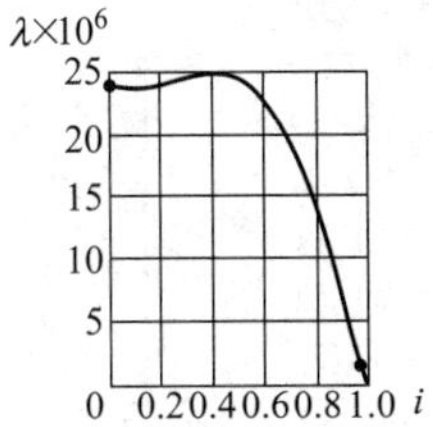	$d_0=0.32D$ $\rho=0.17D$ $B=0.34D$ $\Delta=0.01D$	$\lambda_{0.97}=1.22\times10^{-6}$ $\lambda_0=24\times10^{-6}$ $T_g=19.7$	启动过载系数和过载系数较高，用于普通型液力偶合器
扁圆型	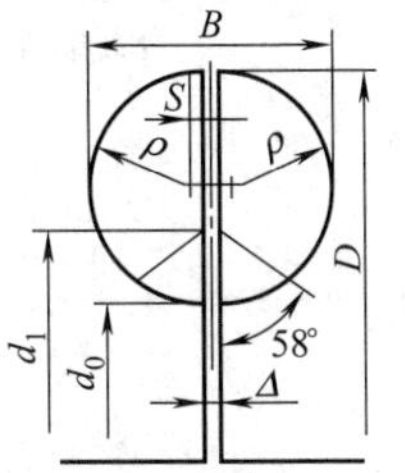	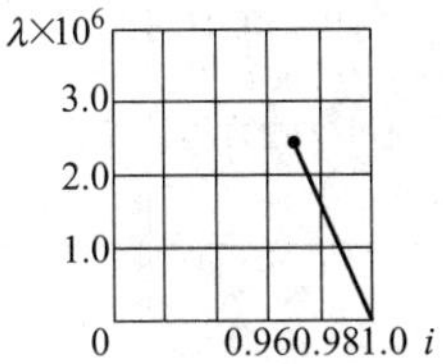	$d_0=0.415D$ $\rho=0.1465D$ $S=0.0244D$ $B=0.352D$ $d_1=0.585D$ $\Delta=0.01D$	$\lambda_{0.97}=2.4\times10^{-6}$ $T_g=7.0$	λ_B值较高，用于调速型液力偶合器，因腔型底部是圆的，故可以用刀具铣削
桃型	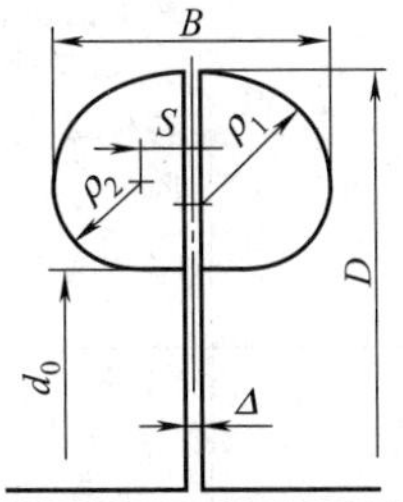	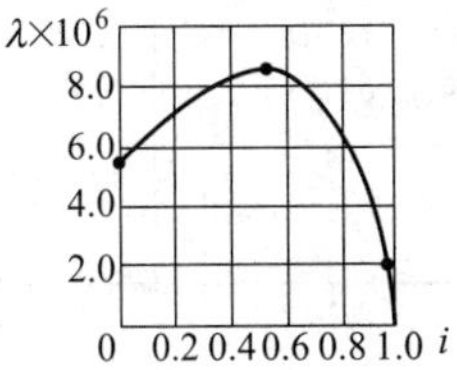	$d_0=0.525D$ $\rho_1=0.16D$ $\rho_2=0.104D$ $S=0.05D$ $B=0.318D$ $\Delta=0.01D$	$\lambda_{0.97}=2.1\times10^{-6}$ $\lambda_0=5.4\times10^{-6}$ $\lambda_{max}=8.42\times10^{-6}$ $T_g=2.57$ $T_{gmax}=4.01$	λ_B值较高，过载系数也较低，常用于限矩型和调速型，如在此型基础上对涡轮稍加改型，则T_g值将更低
多角型	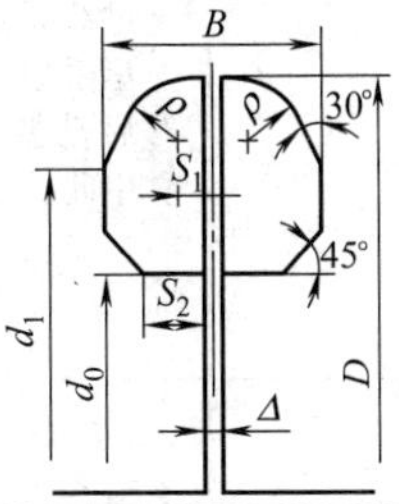	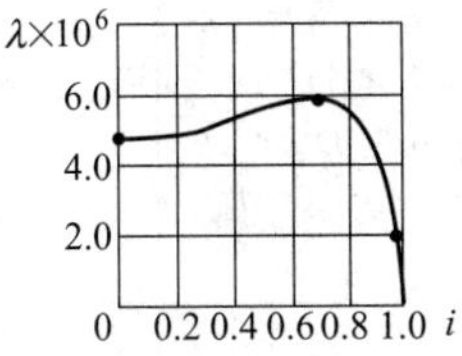	$d_0=0.525D$ $\rho=0.075D$ $S_1=0.0425D$ $S_2=0.09D$ $d_1=0.78D$ $B=0.31D$ $\Delta=0.01D$	$\lambda_{0.97}=2.15\times10^{-6}$ $\lambda_0=4.41\times10^{-6}$ $\lambda_{max}=5.91\times10^{-6}$ $T_g=2.05$ $T_{gmax}=2.75$	λ_B值和T_g值均较理想，但此形式是利用液流在腔内折角时，增加损耗来限矩，必然会引起发热是其缺点
静压泄液式	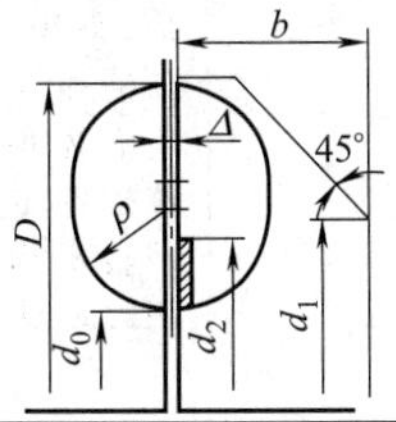	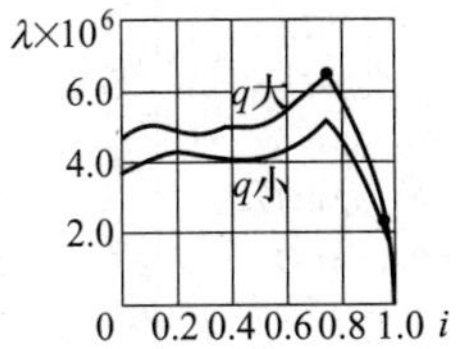	$d_0=0.32D$ $d_1=0.60D$ $d_2=0.53D$ $\rho=0.15D$ $b=0.30D$ $\Delta=0.01D$	$\lambda_{0.96}=1.6\times10^{-6}$ $\lambda_0=4.6\times10^{-6}$ $\lambda_{max}=6.2\times10^{-6}$ $T_g=2.87$ $T_{gmax}=3.88$	λ_B值较高，是小型偶合器常用的腔型，如通过调整挡板尺寸或改进涡轮型腔，则T_g值会更低

续表

腔型名称	工作腔形状	原始特性曲线	几何参数	特性参数	特　点
动压泄液式	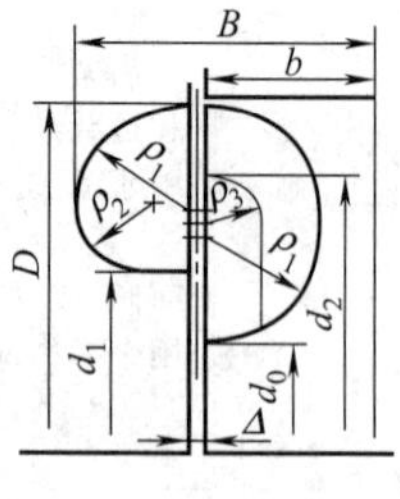	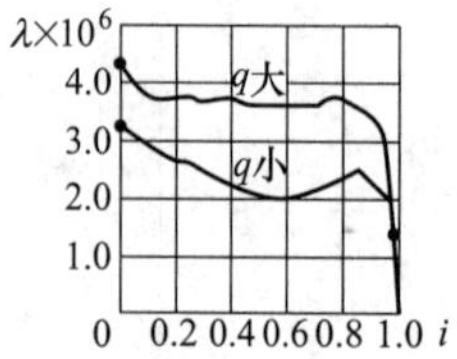	$d_0=0.32D$ $d_1=0.52D$ $d_2=0.80D$ $\rho_1=0.15D$ $\rho_2=0.10D$ $\rho_3=0.07D$ $b=0.22D$ $B=0.37D$ $\Delta=0.01D$	$\lambda_{0.96}=1.3\times10^{-6}$ $T_g=3.31$	λ_B 值较低，T_g 值尚可，特性曲线平滑。常用于动压泄液限矩型液力偶合器
延充式	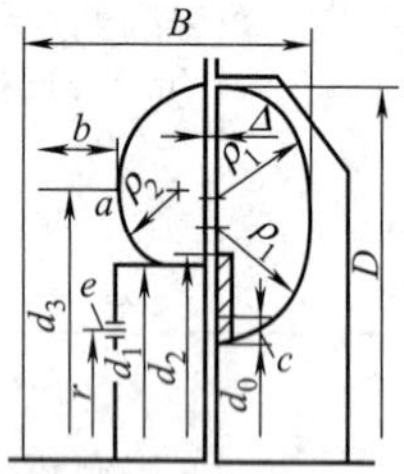	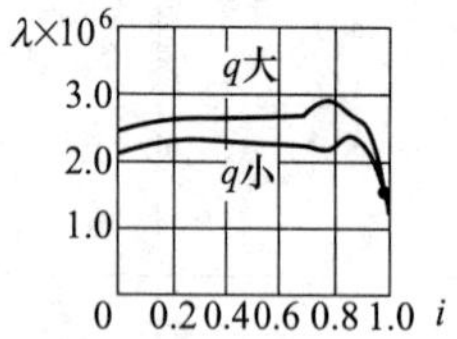	$d_0=0.32D$ $d_1=0.52D$ $d_2=0.55D$ $d_3=0.70D$ $\rho_1=0.15D$ $\rho_2=0.10D$ $b=0.15D$ $B=0.45D$ $\Delta=0.01D$ $a=4\times\phi0.008D$ $e=4\times\phi0.0125D$ $c=8\times\phi0.03D$ r 尽量小，视结构而定	$\lambda_{0.96}=1.41\times10^{-6}$ $\lambda_0=2.60\times10^{-6}$ $\lambda_{max}=2.89\times10^{-6}$ $T_g=1.84$ $T_{gmax}=2.04$	过载系数较低，启动平稳，特性曲线平滑，如果能将泵轮型腔改进一下，提高 λ_B 值将是限矩型液力偶合器的理想腔型
斜蛋式	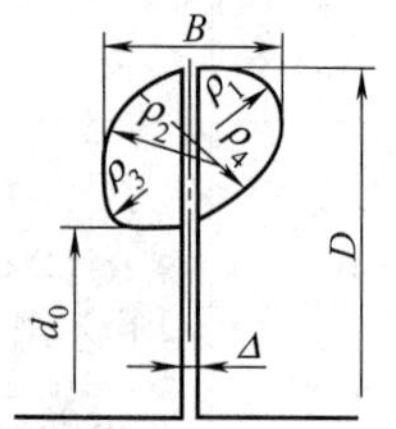		$d_0=0.535D$ $B=0.23D$ $\rho_1=0.085D$ $\rho_2=0.137D$ $\rho_3=0.05D$ $\rho_4=0.19D$	$\lambda_{0.97}=(1.52\sim1.61)\times10^{-6}$ T_g 值较小	泵轮入口处有较大的折弯，有利 T_g 值降低，福依特传动装置用此腔型
阀控延充式	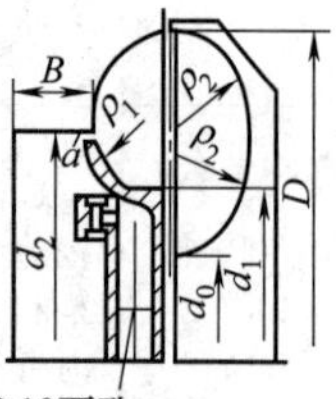 0.05～0.10两孔	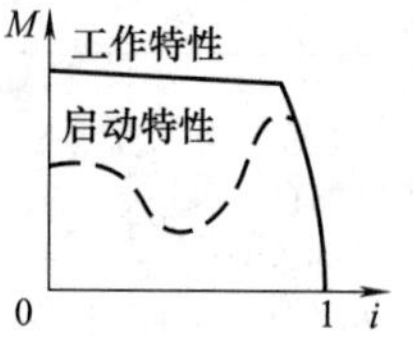	$d_0=0.23D$ $d_1=0.52D$ $d_2=0.70D$ $\rho_1=0.10D$ $\rho_2=0.15D$ $B=0.15D$ a—4 孔 $0.008D$	$\lambda_{0.96}=1.3\times10^{-6}$ $T_g=1.36$ $T_{gmax}=2.68$	过载系数很低，力矩系数过小，当对启动要求延时时用此腔型
方型	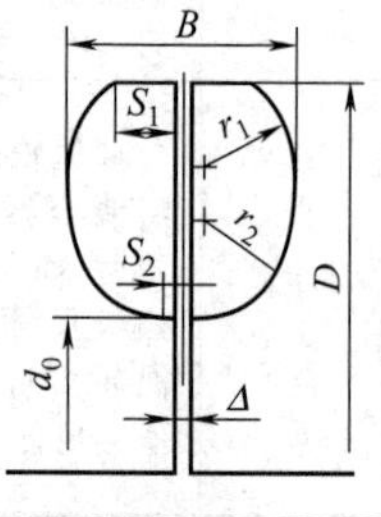		$d_0=0.40D$ $r_1=0.126D$ $r_2=0.126D$ $S_1=0.08D$ $S_2=0.0214D$ $B=0.3048D$	$\lambda_{0.96}=1.79\times10^{-6}$ $T_g=3\sim4$	与多角型腔类似，采用大折角，使液流在该处产生涡流损失。λ_B 值较高，进口塔机回转机构偶合器用此腔型

4.4.2.2　限矩型液力偶合器的辅助腔

(1) 限矩型液力偶合器辅助腔的作用（表 19-4-37）

表 19-4-37　限矩型液力偶合器辅助腔的作用

作用效果	说　明
分流泄液	设置辅助腔的目的是为了获取或改善偶合器的限矩特性，在启动或低转速比工况，利用液流的动压或静压迫使工作液体由工作腔向辅助腔泄液分流，从而降低工作腔的充液率，降低传递力矩能力，降低过载系数。为了发挥辅助腔这一功能，在设计时必须留有足够的分液容积
延时启动	利用设置辅助腔和延充装置（延充阀、节流孔等），使进入后辅腔内的工作液体缓慢进入工作腔，从而延长启动时间，使启动变得更加柔和缓慢，为了发挥辅助腔的延充功能，除要具有一定的延充容积之外，还要设计合理可靠的延充装置和合适的过流孔面积

(2) 限矩型液力偶合器辅助腔的类型

按照静压泄液、动压泄液和复合泄液有三种基本类型及派生类型的各类辅助腔（见表 19-4-38）。

(3) 辅助腔的容积

首先要满足偶合器过载系数要求，其次是延时启动的需要，同时也要考虑特性曲线的平滑性，避免有较大跌落。

辅助腔容积的确定很复杂，既要满足特性要求又须顾及整体结构尺寸安排。在缺乏已有的设计资料可参照的情况下，只能根据试验资料来确定辅助腔的容积与尺寸。

4.4.2.3　限矩型液力偶合器的叶轮结构

实践表明，限矩型液力偶合器的叶轮结构对其泵轮转矩系数和过载系数均有很大影响。在限制过载系数方面，除设置辅助腔泄液分流之外，设计者常采用适当的叶轮结构来降低过载系数，如表 19-4-39 所示。

表 19-4-38　限矩型液力偶合器辅助腔的类型

名　称	简　图	与工作腔的容积比/%	功　能
静压泄液偶合器侧辅腔		15～25	在涡轮侧设置容积较大的侧辅腔，在启动或低转速比工况，利用工作液体的静压泄流分流，常与阻流板配合使用
动压泄液偶合器单独前辅腔		15～20	在泵轮和涡轮内缘近轴处设置独立前辅腔，启动或低转速比工况时，依靠工作液体作大环流运动产生的动压泄液分流
动压泄液偶合器大前辅腔		20～30	在泵轮和涡轮内缘近轴处设置容积较大的独立前辅腔，在启动或低转速比工况，依靠工作液体大环流运动产生的动压泄液分流，因分流功能较强，所以过载系数较低，且有一定的力矩跌落现象，常与阻流板配合使用

续表

名　称	简　图	与工作腔的容积比/%	功　能
动压泄液偶合器的与后辅腔配合的前辅腔	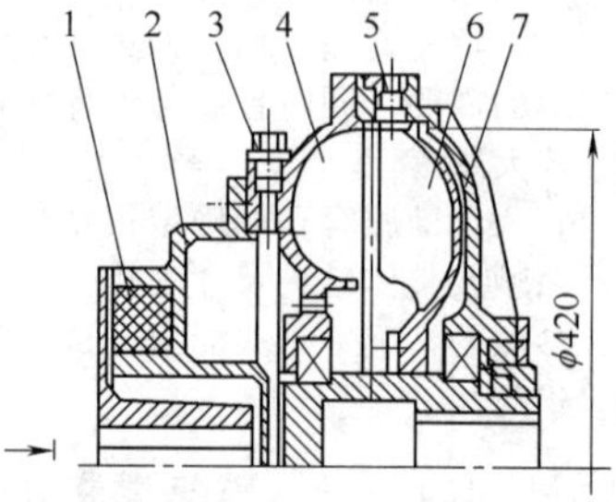 1—弹性联轴器；2—后辅腔外壳；3—注液塞；4—泵轮；5—易熔塞；6—涡轮组件；7—外壳	10～15	与后辅腔配合使用，前、后辅腔间有过流孔相通，依靠动压泄液分流，其容积比单独前辅腔容积小
动压泄液偶合器后辅腔		20～30	在泵轮侧设置后辅腔，常与前辅腔合用，前、后辅腔间有过流孔，依靠动压泄液分流，后辅腔与工作腔间有过流孔，依靠延充装置或调节过流孔的过流面积比例发挥延充功能
动压泄液延时启动偶合器加长后辅腔	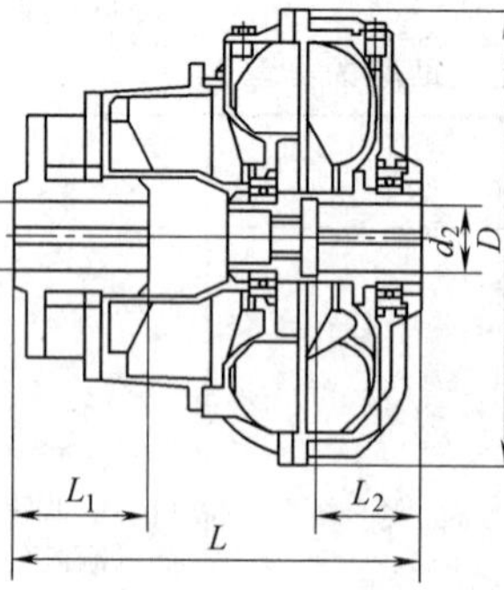	35～45	为了进一步发挥分流功能和延充功能，特将后辅腔加长，使启动时工作腔充液更少，启动特性更“软”，启动更加缓慢，依靠延充装置或调节过流孔面积和过流阀发挥延充功能
动压泄液“超软”启动偶合器加长后辅腔带侧辅腔	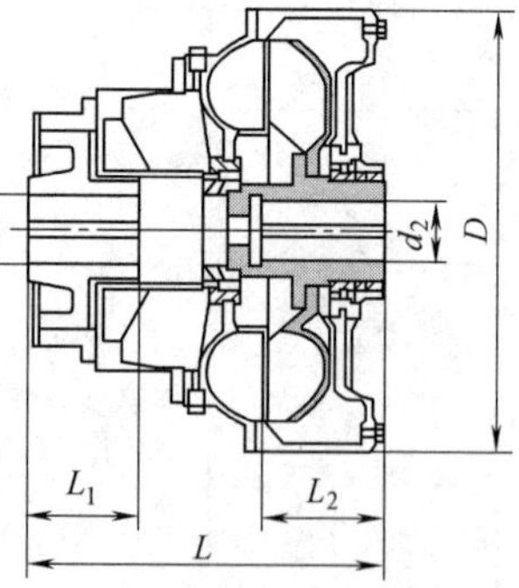	50～60	不仅设置加长后辅腔，还设置容积较大的侧辅腔，同时依靠动压和静压泄液分流，使工作腔充液量少，可以“超软”启动。依靠设置延充装置和调节过流孔及过流阀达到缓慢延充的目的，使启动特性最“软”
复合泄液偶合器侧辅腔	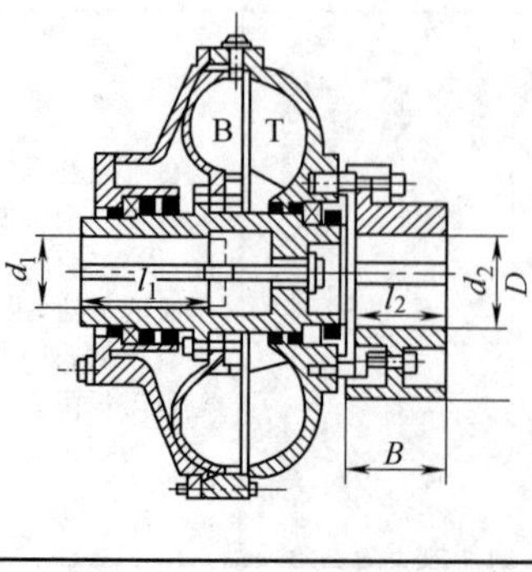	25～35	设置类似静压泄液的侧辅腔，但容积较大，泵轮上有过流孔，依靠液体动压与静压同时泄液分流，其延充功能不如带后辅腔的动压泄液式偶合器

表 19-4-39　可降低过载系数的叶轮结构

结构措施	原　理
泵轮叶片内缘削角	泵轮内缘全削角或间隔削角，目的是为了加大液体作大环流运动时的无叶片区，无叶片区增大了，传递力矩自然降低
涡轮内设置长短相间叶片	正常工作时，长、短叶片均参与传递力矩，所以额定力矩不受影响，启动或低转速比工况时，液体作大环流运动，由于短叶片结构使无叶片区增大，故传递力矩降低
涡轮内设置长短相间复合腔	正常运转时涡轮的长腔和短腔均发挥作用，所以传递力矩正常。启动或低转速比工况，液体作大环流运动，短腔传递力矩降低，而长腔数量又较少，因而总传动力矩降低
涡轮或泵轮加阻流板	在涡轮出口或泵轮进口设置阻流板，阻碍工作液体由小环流向大环流转换，增加液力损失，降低传递力矩
采用多角形或方形腔	多角形腔和方形腔在正常运转时工作液体不触及折角部分，所以不影响传递力矩。作大环流运动时，液体流经折角时产生涡流，增大液力损失，于是便降低了传递力矩，使偶合器具有过载保护功能，但发热严重
涡轮上钻泄液孔	过载时液体由泄流孔喷出，降低工作腔的充液率，故而降低过载系数

4.4.2.4　工作腔有效直径的确定

工作腔有效直径

$$D=\sqrt[5]{\frac{9550P_n}{\rho g\lambda_B n_B^3}} \qquad (19\text{-}4\text{-}10)$$

式中　λ_B——腔型的额定转速下泵轮转矩系数，$\min^2/m$；

P_n——工作机额定功率，kW；

n_B——泵轮额定转速，r/min。

在选定的腔型、传递功率和额定转速下，由式 (19-4-10) 可算得工作腔有效直径，再按表 19-4-10“液力偶合器循环圆有效直径系列”圆整为标准规格尺寸，即可进行元件设计。或者在选定腔型后，按表 19-4-10 规格尺寸进行系列产品设计，在确定工作腔有效直径后，按电机额定转速计算出传递功率。

4.4.2.5　叶片数目和叶片厚度

叶片数目太多，则工作腔有效容积减小，叶片表面与液流摩擦阻力及排挤系数增大，降低传递功率。叶片数目太少又会增大叶片间涡流损失而降低传递功率。表 19-4-40 为铸铝泵轮叶片数目推荐值。或者按经验公式 (19-4-11) 确定。

表 19-4-40　液力偶合器铸铝泵轮的推荐叶片数

有效直径 D/mm	200	220	250	280	320	360	400	450	500	560	650	750	875	1000
叶片数 Z_B	26	28	30	32	36	40	46	48	52	54	58	62	64	64

$$Z_B=7.6\times D^{0.3} \qquad (19\text{-}4\text{-}11)$$

式中　D——工作腔有效直径，mm。

根据实际结构及工艺条件，叶片数目可以有所增减。焊接冲压叶片比较薄可适当增加叶片数量，以提高 λ_B。为减少液体流动的排挤，可在涡轮出口采用长短叶片间隔排列。为减少液流脉动而引起的力矩高频波动，通常使涡轮与泵轮的叶片均匀分布，且使数目不相等，即 $Z_T=Z_B\pm(1\sim3)$。实践表明取 $Z_T=Z_B\pm1$ 效果最好。对于泵轮、涡轮叶片数目相等，叶片按分区不均匀布置的方式，因工艺不便而极少采用。叶片厚度与叶轮大小、制造工艺有关，见表19-4-41。

表 19-4-41　液力偶合器叶轮叶片厚度
(JB/T 9001—2013)

有效直径/mm	叶轮制造工艺	叶片厚度/mm	备注
250～500	钢板冲压轮壁，铆接薄钢板叶片	1～1.5	
250～500	铝合金铸造	2.5～3.5	金属模取低值，砂模取高值
450～875	铝合金铸造	4～6	金属模取低值，砂模取高值
450～750	铸钢	5～6	
1000～2000	铸、锻钢轮壁，焊接钢板叶片	4～6	

4.4.3　调速型液力偶合器设计

调速型液力偶合器设计在腔型选择（见表 19-4-36）、叶轮结构（见表 19-4-39）、工作腔有效直径的确定［见式 (19-4-11)］和叶片数目等均与限矩型液力偶合器设计有相同或相近的设计方法。而在叶轮强度计算、轴向力计算、导管及其控制、油路系统及配套件等均另有较多的设计工作。

4.4.3.1　叶轮强度计算

限矩型液力偶合器在产品类比设计中加入较多的经验设计，对于高转速、大容量的调速型液力偶合器或液力偶合器调速装置应进行叶轮受力分析和叶轮受力计算。

(1) 叶轮受力分析

如图 19-4-24 所示，涡轮内环有叶片，起到加强筋的作用，而且轮壁内外的油压力 P_W 可相互抵消，因此它的强度条件最好，所以叶轮中，通常着重考虑转动外壳和泵轮的强度计算。

在转速比 i 接近于 1 时，流道中的油压力最高，叶轮的应力最大。因此，强度计算以 $i=1$ 的工况为准。

(2) 叶轮轮壁断面形状和厚度的合理设计

液力偶合器叶轮轮壁断面形状和厚度是叶轮强度最主要的因素。设计轮壁的断面形状和厚度时首先以流道的基本形状和尺寸及必要的间隙为基础来确定合理的基本厚度，然后根据等扭矩环原理，向应力较大的根部和结构需要的部分逐步加厚并圆滑过渡，凡应力集中处应加大圆弧。

轮壁断面形状厚度的确定与制造方法有关。例如，采用砂型铸造，轮壁的厚度就不能过薄；采用金属型重力铸造或低压铸造的叶轮，轮壁的厚度与形状则应能满足铸造工艺性要求，确保能够顺序凝固。

(3) 影响叶轮强度的主要因素（表 19-4-42）

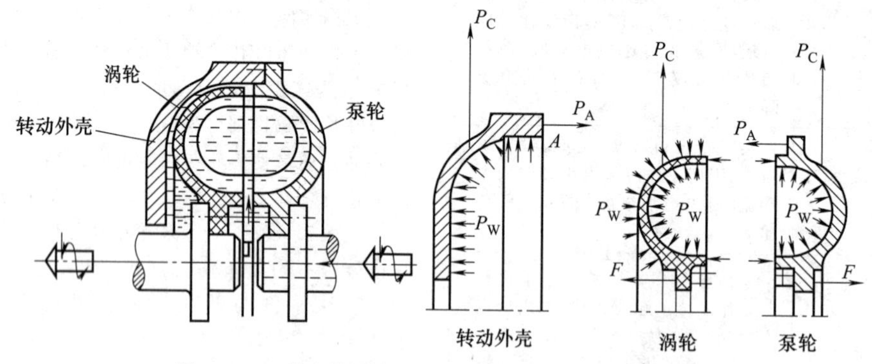

图 19-4-24　偶合器泵轮、涡轮和转动外壳上所作用的外力

P_C—工作轮金属材料在旋转时的离心力；P_W—工作油的压力；

P_A—泵轮和转动外壳彼此传给对方的轴向力；F—轴传给工作轮的轴向推力

表 19-4-42　　　　影响叶轮强度的主要因素

影响因素	说明
叶轮轮壁厚度和形状	是叶轮强度的决定因素，为了既增加强度又节省材料，轮壁和叶片往往采用不等厚结构，即应力大的地方加厚
偶合器规格	一般小规格偶合器传递功率低，所受扭矩小、圆周速度低，所以所受离心力和扭矩低，壁厚相对较小；反之，大规格偶合器壁厚应当大些
传递功率	所传递的功率大、受力大，壁厚应当大；反之，亦然。偶合器传递功率是叶轮强度计算的主要依据
转速	偶合器转速高，所传功率大，圆周速度大，所受离心力和扭矩就大，轮壁厚度应当大；反之，则可适当减小
圆周速度	偶合器规格大、转速高、圆周速度就高，所受离心力就大；反之，规格小、转速低、圆周速度低，所受离心力就低，因而圆周速度是叶轮强度计算的主要依据
叶轮制造材料	叶轮制造材料对强度影响极大，选择机械强度高、密度低、易于加工的材料，对于提高叶轮强度作用较大、高转速大功率偶合器，叶轮往往采用高强度合金钢制造
叶轮制造方法	砂型铸造叶轮强度低，金属型铸造叶轮强度高，整体铣削叶轮和焊接叶轮强度高。有资料表明，金属型铸造叶轮强度比砂型铸造提高 10%以上
叶轮热处理方法	铝合金铸造叶轮经 T6 固熔进行人工时效，其强度比自由加工状态提高 50%以上，所以采用先进的热处理手段可以较大幅度地提高叶轮强度

（4）叶轮强度计算的圆周速度限制法和传递功率限制法

叶轮强度经验计算最简单的方法是圆周速度限制法和传递功率限制法，通过有限元分析和与被实践证明叶轮强度合格的偶合器进行比较，制订出各种材料和制造方法所制造的叶轮的圆周速度许用值和功率许用值。当所设计的偶合器工作叶轮能同时满足这两项要求时，即可视为满足了强度要求。当超出这一限制要求时，则要在设计中通过材料选择、制造工艺改进和轮壁厚度与形状选择来满足强度要求。叶轮强度计算的圆周速度限制法和功率限制法虽然比较实用，但高转速、大功率偶合器叶轮强度应当采用有限元计算分析。

① 叶轮强度计算的圆周速度许用值见表19-4-43（摘自JB/T 9001—2013）。

② 不同材料、不同制造方法的叶轮转速和传递功率许用值见表19-4-44。

表19-4-43　叶轮圆周速度许用值

圆周速度/$m \cdot s^{-1}$	≤74	>74～96	>96～150	>150
材料	ZL104,ZL107	ZL115,ZL116	45锻钢或合金铸钢	合金锻钢

表19-4-44　不同材料、不同制造方法的叶轮转速和传递功率许用值

规格/mm	许用最高转速/$r \cdot min^{-1}$	最大圆周速度/$m \cdot s^{-1}$	许用最大传递功率/kW	叶轮材料	制造方法
400	3000	63	500	ZL104	铸造F（自由加工状态）
450	3000	71	900		
500	3000	79	1200		
			1600		铸造T6固熔时效处理
560	3000	88	2500		
580	3000	91	2500		
			3200	泵轮45、涡轮45或ZL104	从英国引进技术时，泵轮用锻钢车制铣削；涡轮用ZL104铸铝，后全部改为钢件
620	3000	97	4300	45锻钢	铣削或焊接
650	3000	102	5500		
750	1500	59	1480	ZL104	铸造F状态
800	1500	63	2000	ZL104	T6处理
	1000	42	615		铸造F状态
875	1500	69	2400以下	ZL104	T6处理
			3200	45	焊接叶轮
	1000	46	960	ZL104	F状态
1000	1000	52	1800	ZL104	T6处理
				45	焊接叶轮
	750	39	750	ZL104	铸造F状态
1050	1000	55	2300	45	焊接叶轮
				ZL104	T6处理
	750	41	950	ZL104	铸造F状态
1150	1000	60	4400	45	焊接叶轮
	750	45	1800	ZL104	铸造T6处理
				45	焊接叶轮

（5）液力偶合器轮壁的基本厚度

与国外偶合器相比，国产偶合器轮壁的基本厚度普遍偏大，这与我国的铸造和热处理技术落后及设计思想过于保守有关。根据实践经验：金属型铸造件的壁厚可以比砂型铸造薄，而限矩型液力偶合器的叶轮壁厚应比调速型液力偶合器的叶轮壁厚薄，涡轮的叶片相当于筋板，且结构与受力状况好，所以壁厚最薄；外壳内无筋板，且受力条件差，壁厚应当最厚，泵轮的壁厚介于两者之间。不同的规格、不同制造方法的叶轮基本壁厚见表19-4-45。

表19-4-45　液力偶合器叶轮基本壁厚推荐值（经验值）

偶合器规格/mm	材料	制造方法	轮壁基本壁厚/mm			叶片基本壁厚/mm	备　注
			涡轮	泵轮	外壳		
280以下	ZL104	砂型铸造	4～5	5～6	6～7	2～2.5	①调速型液力偶合器轮壁的基本厚度应比表中数值大2～3mm ②叶片的基本厚度指平均厚度 ③为加强叶片强度，可制成径向不等厚叶片，外缘比内缘厚2～3mm
		金属型铸造	3.5	4.5	5	2～2.5	
320～360	ZL104	砂型铸造	5～6	6～7	7～8	2.5～3	
		金属型铸造	4	5	6	2.5～3	
400～500	ZL104	砂型铸造	7～8	8～9	10～11	3～3.5	
		金属型铸造	5	6	7	3～3.5	
560～650	ZL104	砂型铸造	8～9	9～10	11～12	4～5	
		金属型铸造	7	8	9	3.5～4	
750～875	ZL104	砂型铸造	9～10	11～13	12～14	5～6	
		金属型铸造	9	10	12	4～5	
	45	焊接叶轮	9	10	12	3～4	
1000～1150	ZL104	砂型铸造	12	14	16	7～9	
	45	焊接叶轮	10	12	14	4～5	

（6）泵轮受力分析（表19-4-46）

表19-4-46　泵轮受力计算

项目	内容
泵轮腔内压力 p_W	由工作液流旋转产生的腔内压力 p_W(MPa)，垂直于壁壳，见图19-4-24 $$p_W=\frac{\rho\omega_y^2}{2}(r_i^2-r_0^2)\times10^{-4} \qquad (19\text{-}4\text{-}12)$$ 式中　ω_y——工作液体旋转角速度，泵轮内工作液体角速度 $\omega_{yB}=\omega_B$，涡轮内工作液体角速度 $\omega_{yT}=\omega_T$，与泵轮相连的外壳与涡轮之间的工作液体角速度 $\omega_y=\frac{\omega_B+\omega_T}{2}$ r_0——液体距旋转轴心最小半径，cm r_i——某点 i 处距旋转轴心半径，cm
液流对叶片的动载荷 p_y	液流对叶片的作用力是连续的动载荷，但在稳定工况下可按静载荷考虑。叶片按照周边固定的圆形平板为模型，在($2R-2r$)(R 为圆形平板外径，r 为内径)的圆环面积上的叶片受到液流的作用力为垂直于叶片的均布载荷 p_y(N/m²) $$p_y=\frac{\Phi T_y}{ZLA} \qquad (19\text{-}4\text{-}13)$$ $$T_y=\frac{9550P}{n} \qquad (19\text{-}4\text{-}14)$$ 式中　Φ——力矩增值系数，一般 $\Phi=1.2$ T_y——作用在叶轮上的液力力矩，N·m P——作用在叶轮上的功率 Z——叶轮叶片数 L——叶片圆心点的旋转半径，m A——叶轮叶片承载面积，m²
作用于工作腔各浸液面上的补偿压力 p_0	一般，$p_0=0.06$～0.2MPa

续表

离心力 p_i	由于叶轮本身旋转，任一叶轮微小单元体产生的离心力 p_i $$p_c=\sum p_i=\mathrm{d}V\rho\omega r_i \quad (19\text{-}4\text{-}15)$$ 式中　$\mathrm{d}V$——微小单元体积 ρ——叶轮材料密度 ω——叶轮角速度
支点作用力 p_A 与 F	p_A 为旋转壳体所受液体压力轴向分量对泵轮支点 A 的作用力(沿整个圆周) $$p_A=\int_{R_4}^{R_3}2p_w\pi r\,\mathrm{d}r \quad (19\text{-}4\text{-}16)$$ 式中　p_w——旋转壳体中液体压力，按式(19-4-12)计算 R_3，R_4——旋转壳体中液体分布半径上下限 F 为泵轮轴对于泵轮支点的反作用力，它和泵轮轴向力大小相等，方向相反

4.4.3.2　叶轮强度有限元分析简介

对于高转速、大功率的液力偶合器与液力偶合器传动装置，应进行三维有限元分析，直观地显示叶轮应力集中部位并求解应力最大值，在满足强度要求的前提下，能够较为准确地为产品的设计、制造提供可靠的依据。

有限元方法是结构分析的一种数值计算方法，其基本思想是将一个连续的求解域离散化，即分割成彼此用节点（离散点）互相联系的有限个单元，在单元体内假设近似解的模式，用有限个节点上的未知参数表征单元的特征，然后用适当的方法，将各个单元的关系式组合成包含这些未知参数的方程组。求解这个方程组，得出各节点的未知参数，然后利用插值函数求出近似解。

结构离散化是静特性有限元分析的前提，也是有限元法解题的重要步骤，其内容包括：把结构分割成有限个单元；把结构边界上的约束用适当的节点约束代替；把作用在结构上的非节点载荷等效地移置为节点载荷；在弹性平面问题中可以把结构分割成三角形、矩形和任意四边形等单元。在空间问题中，可以把结构划分成四面体和六面体单元，常用的有 10 节点的四面体单元、8 节点和 20 节点六面体单元。

对结构构件进行有限元划分，从理论上讲是任意的，但在实际工作中必须按规律和原则考虑到可行性及经济性进行划分。

网格划分与载荷模型的建立是叶轮有限元分析的重要内容，结合以上分析，总结 ANSYS 软件用于偶合器工作轮强度有限元分析的过程见表 19-4-47。

表 19-4-47　　有限元分析过程

步　骤	说　明
实体选型	由液力偶合器的结构参数，利用三维实体作图软件，得到泵轮的三维实体模型
定义单元类型	径向平面直叶片的液力偶合器的叶轮的结构相对较为规则
网格划分	实体模型导入 ANSYS 软件中进行网格划分，通过设置单元尺寸，可以采用自由网格划分方式。ANSYS 前处理模块提供了一个强大的实体建模及网格划分工具，用户可以方便地构造有限元模型。当然也可采用专门的网格划分软件
加载和求解	在软件中对有限元模型施加面载荷、惯性载荷和约束。由于叶轮绕其轴线以均匀角速度旋转，故在叶轮轮毂内圆面施加周向位移和轴向位移约束，通过施加角速度选项对叶轮施加惯性载荷，通过对泵轮载荷模型的分析计算，确定其他载荷项。加载完成，保存数据库，观察确认求解信息，在 OLU 处理器中输入 SOLVE 命令即可求解。对于液力偶合器的泵轮，根据载荷的施加情况，计算两种载荷模型下的应力值： a. 循环流动的工作液体作用在叶轮壁壳(即外轮缘)内壁的载荷 b. 液流对叶片作用的连续动载荷
后处理	利用软件的通用后处理(POST1)查看模型的有限元计算结果，结果显示方式可以是文本形式，也可以是等值线图等形式。后处理模块可将计算结果以彩色等值线显示、梯度显示、矢量显示、粒子流迹显示、立体切片显示、透明及半透明显示(可看到结构内部)等图形方式显示出来，也可将计算结果以图表、曲线形式显示或输出

4.4.3.3 液力偶合器的轴向力

表 19-4-48 **液力偶合器的轴向力**

轴向力的产生

液力偶合器工作时，工作液体对叶轮产生轴向力作用，并由轴承承受。因而液力偶合器结构设计必须考虑轴向力对轴承的影响，轴向力由以下三部分组成，见图(a)

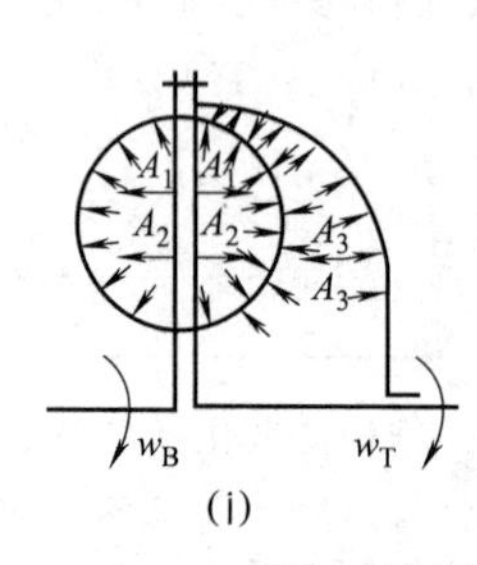

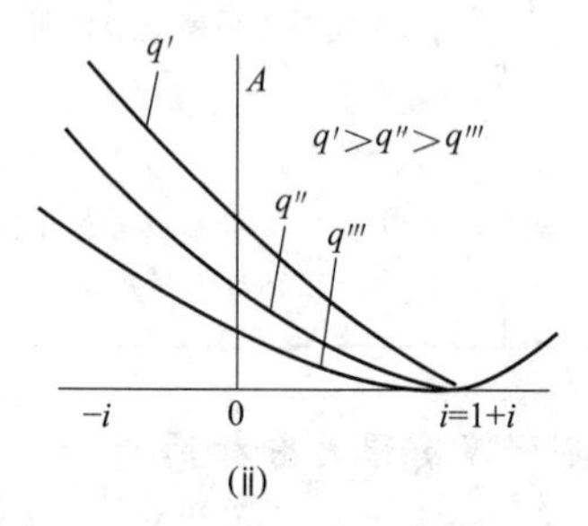

图(a) 液力偶合器轴向力产生的组成部分

A—各轴向力的合力；q—液力偶合器的充液量；i—转速比

① 工作液体在流道内流动时，液体的静压力对外环内壁作用的轴向力 A_1

② 工作液体进入和流出叶轮时，其轴面分速度方向变化引起的惯性对工作轮产生的轴向力 A_2

③ 辅助腔内液体压力对涡轮背面和外壳作用的轴向力 A_3

轴向力计算

轴向力理论计算十分复杂，并且计算结果与测定的实际数据出入较大。因此，工程上广泛采用由模型试验测出轴向力大小，然后用公式计算出实物偶合器的轴向力。轴向力公式为

$$F = k\rho g n_B^2 D^4 \tag{19-4-17}$$

$$k = \frac{F}{\rho g n_B^2 D^4}$$

式中 F——泵轮或涡轮上的轴向推力，N

ρ——工作液体密度，kg/m³

n_B——泵轮转速，r/min

D——有效直径，m

k——轴向推力系数

几种形式的液力偶合器轴向推力系数 k 的试验数据如下

几种形式的液力偶合器轴向推力系数

系数	流道形式	推力系数 k		
		全充油 $i=1.0\sim0.8$	全充油 $i=0$	调速 $i=0.3\sim0.97$
试验值	长圆形腔	1～3.5	−16.7	0.3～1.0 当 $i=0.63$ 时，最大 6.3
	多角形腔	1～3.7	−11.8	
	桃形腔	1.5～3.8	−11.0	
参考值	静压泄液型腔		−(10～35)	
	动压泄液型腔		−(12～30)	
	说明	用于离合型偶合器计算	用于限矩型偶合器计算	用于调速型偶合器计算

对于同一系列的偶合器，如果忽略因供油压力、结构、平衡面积的不同，而引起的较小差别，则根据相似理论，相同转速比时，轴向推力系数相同。图(b)～图(e)是几种典型腔型偶合器的轴向力特性曲线。在曲线中，正值表示轴向力方向使两轮相斥，负值表示轴向力方向使两轮相吸

续表

轴向力计算	图(b)　多角形腔型推力系数特性曲线 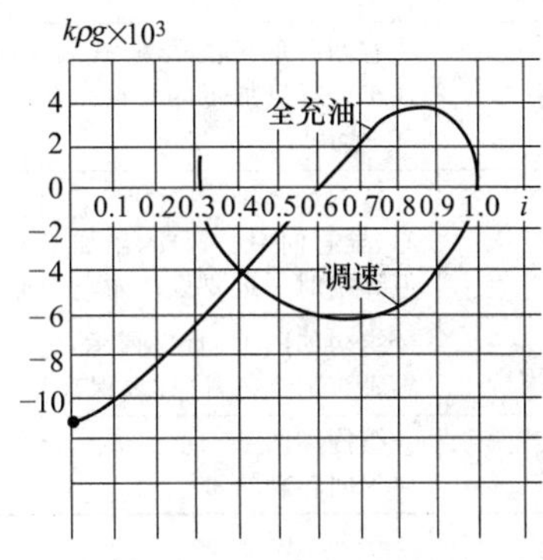 图(c)　桃形腔型推力特性曲线 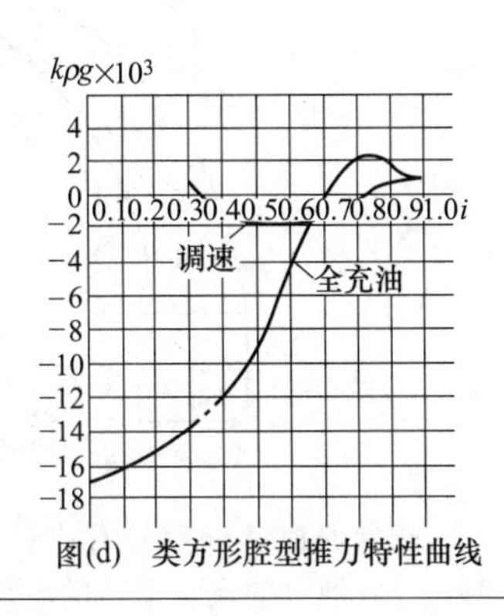 图(d)　类方形腔型推力特性曲线 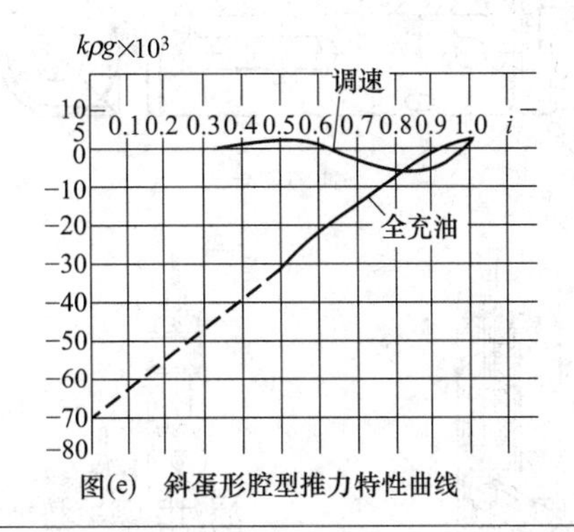 图(e)　斜蛋形腔型推力特性曲线
计算实例	多角形调速型偶合器，循环圆有效直径650mm，输入转速1500r/min，计算此种偶合器的轴向力 根据推力特性曲线图[见图(b)]取最大值 $k\rho g\times10^3=2.5$，$F=k\rho g n_B^2 D^4=2.5\times10^3\times1500^2\times0.65^4=1005\text{kgf}=9856\text{N}$，方向是使两轮分开。一旦涡轮卡死时，偶合器可能产生最大推力 F_{max}（全充油 $i=0$），$k\rho g\times10^3=-11.8$，$F_{max}=-11.8\times10^3\times1500^2\times0.65^4=4740\text{kgf}=46484\text{N}$ 设计时，以 F_{max} 校验轴承强度即可
降低轴向力的措施	液力偶合器轴向力有时会达到很大的值，对偶合器的使用寿命，特别是对轴承的使用寿命影响很大。根据理论分析和试验研究，作用在液力偶合器叶轮上的轴向力，可以采用以下措施加以降低 1）选择轴向力较低的腔型　试验证明，不同的腔型轴向力并不一样，所以选择轴向力较小的腔型是降低轴向力影响的措施之一 2）在涡轮上钻卸荷平衡孔　卸荷孔孔径 $d=0.04D$ 左右，卸荷孔分布圆直径 $D_1=(0.91\sim0.92)D$，卸荷孔数量10～16个 3）采用双腔形式　双腔液力偶合器可基本平衡轴向力
轴承的选择	液力偶合器轴承主要承受径向力和轴向力。功率在1000kW以下，转速在3000r/min以下时，一般用球轴承；功率在3000kW以上，转速在3000r/min以上时多为专门设计的径向和双向推力滑动轴承；在1000～3000kW之间可以用球轴承，也可用滑动轴承。滑动轴承寿命长，噪声小，但制造工艺较复杂，要求维修水平高 轴向力随转速比 i 变化，轴承受力应按实际工况确定

4.4.3.4　导管及其控制

（1）导管的种类

调速型液力偶合器工作腔充液量的调节方式，应用最多的是导管（亦称勺管）控制，其次是阀门或变量供油泵控制。导管的种类和加工工艺特点见表19-4-49。常用的伸缩直导管见图19-4-25。表层带有导向键槽的中空管筒，在圆周方向有若干排流孔，导管的一端是连接控制机构的柱销孔，另一端是导管口。导管口的形状为等腰梯形（亦有椭圆形的），实践表明等腰梯形能更好地发挥导油功能，降低排油的不稳定因素。

表 19-4-49　　　　导管的种类和加工工艺特点

种　　类	加工工艺特点
伸缩直导管	有两种形式：安装板式箱体偶合器的导管比较短，较易加工；对开箱体式偶合器的导管比较长，较难加工。导管加工的要点是要保证其圆柱度和直线度，否则与导管壳体装配时就比较困难(如图 19-4-25 所示)
伸缩弯导管	结构如图 19-4-26 所示，进口调节回转壳体式偶合器用这种导管。为了使导管口位于储油腔的中心，导管向中心弯曲，给加工带来一定的困难，大部分采用先加工直导管部分，后焊弯曲部分的工艺，但焊接时一定要设法防止变形
伸缩齿条式导管	结构如图 19-4-27 所示，这种导管靠扇形齿轮驱动。导管上有齿条，通常采用先加工导管齿条，后焊导管头的工艺，同样要保证焊接时导管不变形
回转式导管	结构如图 19-4-28 所示，此种导管的导管体是精铸的，而导管接头与导管体采用焊接工艺，最后加工导管回转轴的轴孔

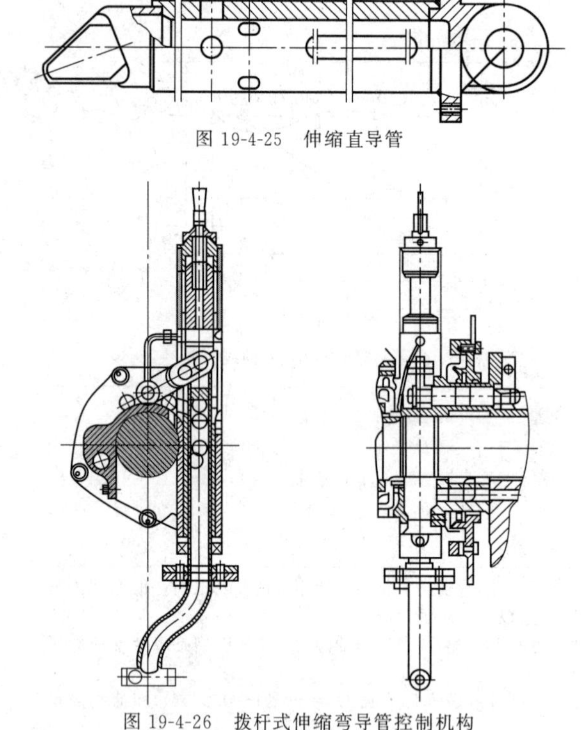

图 19-4-25　伸缩直导管

图 19-4-26　拨杆式伸缩弯导管控制机构

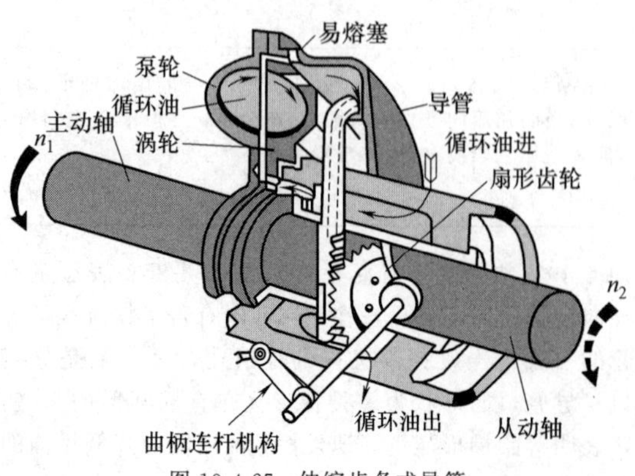

图 19-4-27　伸缩齿条式导管

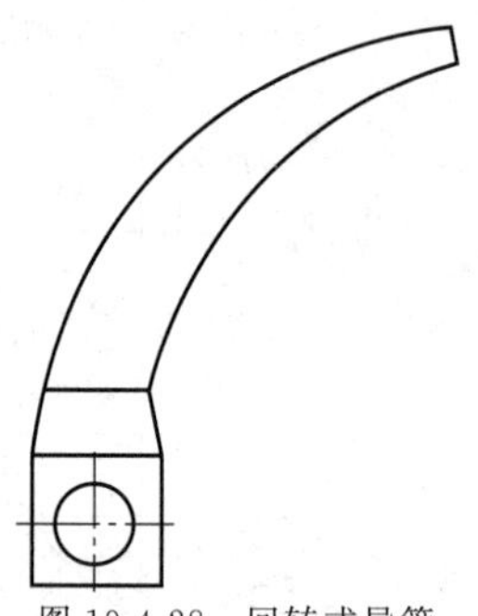

图 19-4-28　回转式导管

按导油流量确定导管内径。在偶合器稳定运行时，导管通过的流量即是供油泵的流量；调速时导管通过的流量应等于供油泵流量加上工作腔充液量变化的流量。经验表明导管的流量应等于两倍供油泵的流量。

导管从 100％开度降至 0％开度的过程中，时间应为 10s 左右，即导管应在 10s 内将偶合器工作腔内的工作液体导空。通常使油液在导管内的流速不得超过 12m/s（720m/min）。

液力偶合器工作液体的循环流量通常按 $Q=(0.185\sim0.20)P_B$ 选取。

导管内径的经验公式是

$$D_n=\sqrt{0.785\times10^{-6}P_B} \tag{19-4-18}$$

式中　P_B——偶合器传递最大功率，kW；

D_n——导管内径，m。

导管在工作状态受到液流的冲击力作用产生一定的挠度，为使导管在导管孔中灵活的滑动，必使之有一定的刚度，而不致出现卡滞现象。但为安装布置的需要，导管外径在保证刚度下要尽量小。导管外径的计算比较复杂，通常采用经验公式：导管外径 $D_w=(1.3\sim1.5)D_n$，偶合器规格较大、导管较长时取大值。

（2）导管控制机构（表 19-4-50）

表 19-4-50　调速型液力偶合器导管控制机构分类

类别		用　途	说　明
手动控制	拨杆式	常用于回转壳体式偶合器(进口调节)	其结构见图 19-4-26。拨杆通过连杆机构与导管相连,拨动拨杆即可实现导管伸缩,另有一种转动导管,直接用拨杆转动导管
	转轮式	常用于回转壳体式偶合器和早期箱体式调速型偶合器	偶合器外设手轮,手轮转动带动连杆,连杆带动导管伸缩,还有一种手轮与扇形齿轮相连,扇形齿轮与齿条式导管相连,转动手轮可实现导管伸缩
液压缸控制	液压缸直接控制式	出口调节箱体式调速偶合器	液压缸的活塞杆直接与导管相连,调节液压缸的活塞行程也就调节了导管行程。优点是结构简单,缺点是导管行程较长时,液压缸过长,占用空间大且成本高
	液压缸-连杆控制式	进口调节回转壳体式偶合器	偶合器设置液压缸,通过连杆与偶合器导管拨杆相连,移动液压缸活塞即调节了导管开度,其结构见图 19-4-29
		出口调节箱体式调速偶合器	结构见图 19-4-29。液压缸的活塞杆通过连杆与导管相连,通过液压系统调节活塞行程,经连杆机构放大便调节了导管开度。由于采用了连杆放大与转向机构,所以液压缸可以横放在偶合器箱体上,且油缸的行程可以大大缩短
	液压重锤式	进口调节回转壳体式偶合器	导管拨杆与重锤和液压缸的活塞相连,偶合器启动时,在重锤的重力控制下,导管开度为最大,使偶合器腔内无油。偶合器轻载启动之后,油缸压力与重锤重力相平衡,使偶合器运行在额定工况,调整重锤的重力,即可调整启动时间,可以自动控制启动过程
电动执行器	直行程	出口调节箱体式调速偶合器	直行程的电动执行器通过连杆机构驱动导管伸缩
	角行程		结构如图 19-4-30 所示。角行程的电动执行器通过曲柄-连杆机构驱动导管伸缩
电动执行器与凸轮机构		出口调节箱体式调速偶合器,需要线性化调节时	电动执行器不是直接驱动导管,而是通过凸轮的线性调节驱动导管,可以使导管开度与输出转速达到线性化
电动执行器与齿轮机构		出口调节调速型偶合器	角行程电动执行器与齿轮相连,齿轮与齿条式导管相连,通过电动执行器带动齿轮转动而使导管伸缩
步进电动机-丝杠机构			根据要求控制采用步进电动机转动,经螺旋机构将转动变为直线运动,驱动导管伸缩
步进油缸			步进油缸是步进电动机与油缸的组合,可以直接将步进油缸与导管相连,也可以通过连杆机构与导管相连

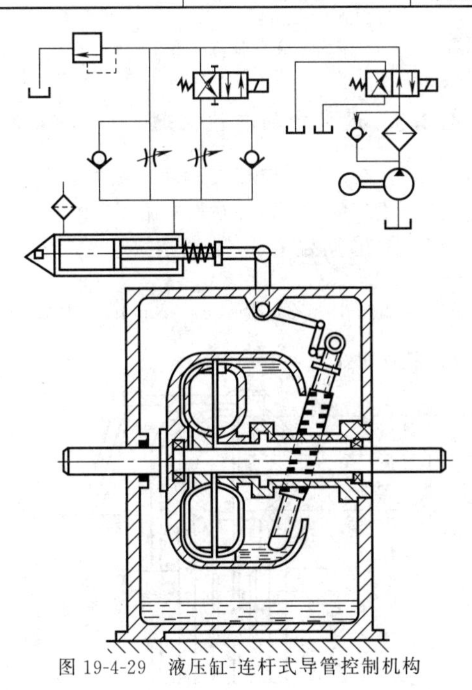

图 19-4-29　液压缸-连杆式导管控制机构

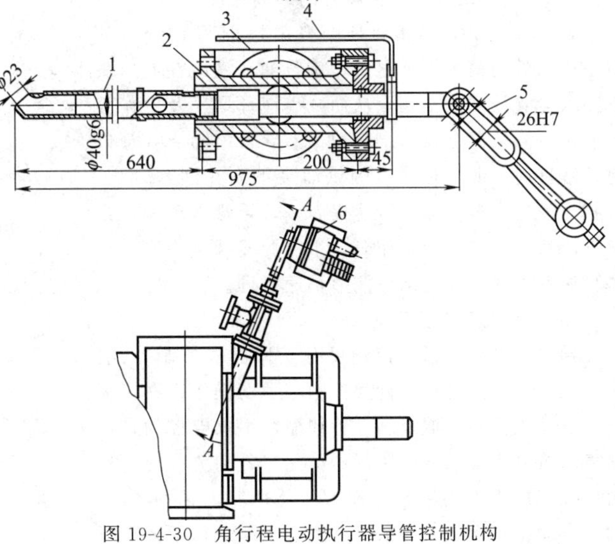

图 19-4-30　角行程电动执行器导管控制机构

1—导管；2—三通法兰；3—刻度板；4—指针；5—曲柄；6—电动执行器

(3) 导管排油与调速

导管的功能实质是一种旋喷泵，具有截取旋转油环油液并泵出的作用，与油泵的功能是相同的。

由图19-4-31可见，当导管口端中心距偶合器中心线的半径为R_x时，旋转油环在此处的圆周速度为

$$u_x=\frac{2\pi R_x n_B}{60}(\mathrm{m/s}) \qquad (19\text{-}4\text{-}19)$$

式中　n_B——泵轮及旋转油环的转速，r/min；

R_x——导管口端中心距偶合器中心的半径，m。

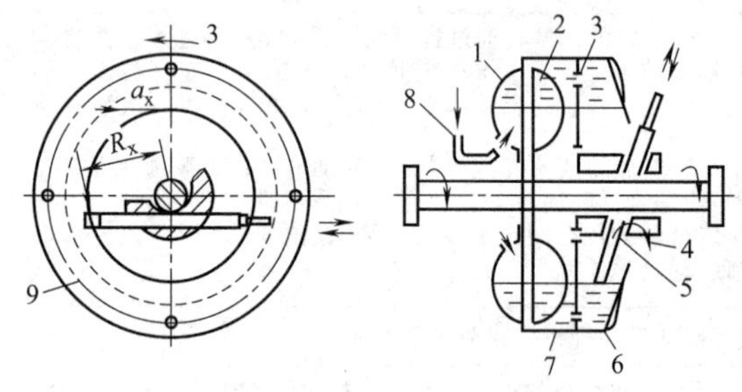

图19-4-31　导管排油与调速

1—泵轮；2—涡轮；3—流通孔；4—排油；5—导管；6—甩油片；7—旋转外壳；8—进油管；9—旋转油环

以圆周速度u_x旋转的油环，当碰到固定不转但能斜向或直向移动的导管口端时，旋转油环所形成的动能便转化为压能，在迎着旋转油环的导管口处产生一定的压头。按毕托管原理（即伯努利方程），此压头为

$$H_x=\frac{u_x^2}{2g}\mathrm{m}(\text{水柱}) \qquad (19\text{-}4\text{-}20)$$

式中　H_x——距偶合器中心线距离为R_x半径处的导管孔口压头，m（水柱）；

u_x——旋转油环在该处的圆周速度，m/s。

式（19-4-20）是在液环的自由液面与导管口的中心相一致的情况下建立的，旋转油环液面在此压头下冲入导管而回入油箱，从而减小液环厚度及工作腔充液量，降低偶合器输出转速。当导管缩回、导管口离开液环时，液环增厚（因供油泵不断充油），则工作腔充液量增多、输出转速提高。若导管不动作，则导管流量与供油泵流量相等，工作腔充液量不变，输出转速亦不变。此为出口调节调速机理。

(4) 导管控制方式

导管由电动执行器控制可有三种操作控制方式：手动操作、手操电控和自动控制。手动操作为在机旁摇动电动执行器手柄控制导管伸缩，手操电控为在控制室内按电钮操纵电动执行器，此二者均为在导管控制系统里加入人为因素，称为开环控制，见图19-4-32。自动控制为从工程系统（如电厂锅炉）中截取压力、速度、水位、温度等信号经变换器变换成电信号，再经伺服放大器放大为4～20mA电流输入电动执行器，使偶合器的输出转速随信号的变化而自动变化。此为闭环控制，见图19-4-33。

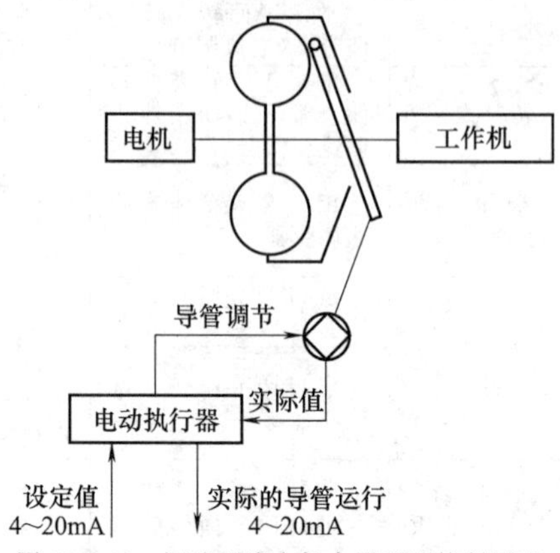

图19-4-32　调速型液力偶合器开环控制原理

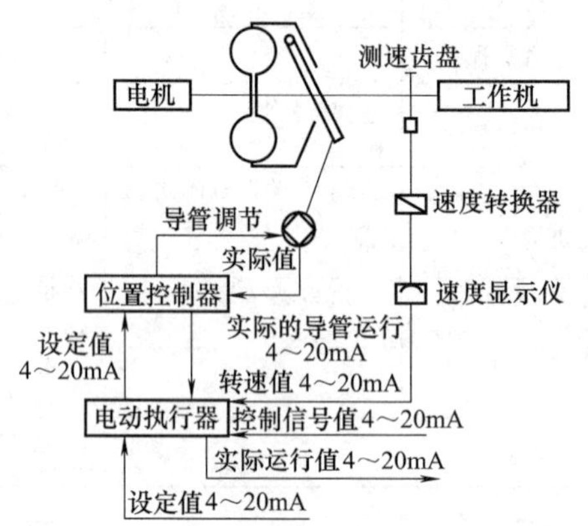

图19-4-33　调速型液力偶合器闭环控制原理

4.4.3.5　设计中的其他问题

① 对要经常变化工作腔充满度的液力偶合器，工作腔应有通大气的孔，以便在增减循环工作液时使空气出入。气孔位置在叶片端线R_2处，$R_2=\sqrt{\frac{R_1^2+R_3^2}{2}}$（如图19-4-34所示）。一般孔径为$\phi5$～6mm，2个孔即可。

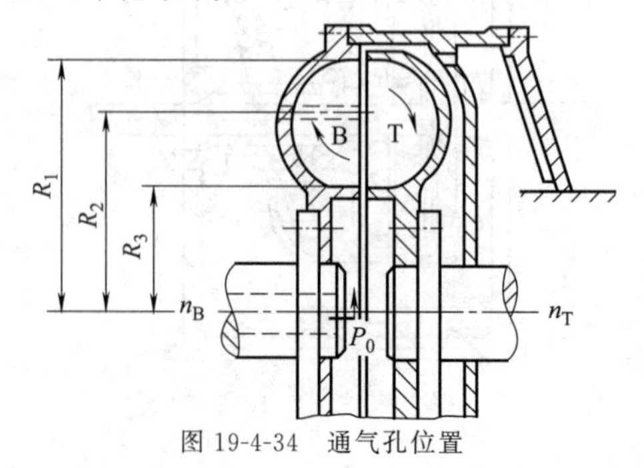

图19-4-34　通气孔位置

② 在导管调速型液力偶合器的辅助腔中，为了确保液体的线速度，应在辅助腔内壁加些径向筋板。在辅助腔转速为 3000r/min 时一般筋板高度为 2.5～3mm，厚度为 3～5mm。

③ 需补偿液的液力偶合器，补偿液进口原则上开在低压处，即旋转轴线或泵轮液流进口处。供液压力 $p_0=0.06\sim0.2$MPa。

④ 为了承受拉力和加强密封，外缘螺钉直径不宜过大，但数量要尽量多些。

⑤ 起离合作用的液力偶合器，为迅速放液，放液阀口要开在高压处，即循环圆最大半径处。

⑥ 导管尺寸和结构，对出口调节式，一般使导管内径 $d=(0.02\sim0.06)D$（D 为有效直径）。转速高、取小值；转速低、取较大值。供液量小者取小值；供液量大者取大值；对于喷嘴导管调速型（进口调节式），由于喷嘴尺寸的限制，则可做的更小些，以协调升降速时间。

⑦ 泵轮、涡轮及其旋转零件应进行静平衡或动平衡。

4.4.3.6　油路系统

油路系统主要包括供油系统、润滑系统。

（1）供油系统

供油系统的作用是为了冷却和调速时增减工作腔中存液量并补充旋转外壳间隙密封的漏损。

供油泵一般工作压力为 0.2～0.5MPa，在液力偶合器进液口处不低于 0.06MPa。供油泵的流量按式（19-4-21）计算

$$q=\frac{Q}{c\Delta t\rho} \tag{19-4-21}$$

式中　Q——发热量；

c——工作液体比热容；

Δt——进出液力偶合器工作液体温差，常取 $\Delta t=10\sim15$℃，视冷却器冷却能力而定。

中小功率液力偶合器的供油泵多选用齿轮泵、叶片泵和转子泵。大功率者多用离心泵或螺杆泵。

在重要设备上常设置备用供油泵。

采用滚动轴承的调速型液力偶合器的供油和润滑系统使用统一的油路（图 19-4-35）。油泵 1 从油箱中吸油，经过设置在液力偶合器外部的冷却器 2 后，流入进油腔，通往工作腔，同时润滑各滚动轴承。安全阀 3 安装在箱体内。在出油口装有压力表 4 和温度计 5，进油口装有温度计 6，这些仪表均安装在箱体外侧上方，可随时监控油路系统中的油温和油压的变化。

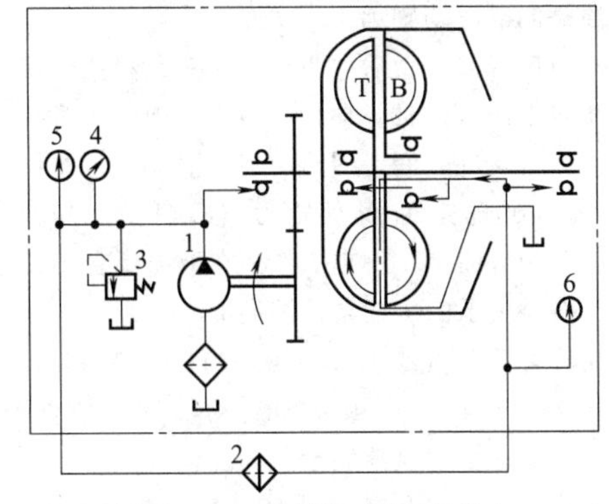

图 19-4-35　采用滚动轴承的液力偶合器的供油和润滑系统
1—油泵；2—冷却器；3—安全阀；4—压力表；5,6—温度计

（2）润滑系统

液力偶合器的轴承润滑必须保证，特别是大功率、高转速时一般采用强制润滑。

强制润滑系统一般由油箱（可与供油系统共用）、油泵、过滤器、冷却器等构成。润滑系统也可与其他机组润滑系统共用一个泵站。

为了防止突然断电事故，设置高位油箱。在突然断电，润滑系统停止供油时，高位油箱继续供润滑油直至机组停车。高位油箱容量应在断电后供油 15min 以保证惯性运转的需要。

采用滑动轴承的调速型液力偶合器，其油路系统分为主供油系统、润滑系统及辅助润滑系统（图 19-4-36）。其辅助润滑系统单独设置在箱体外。

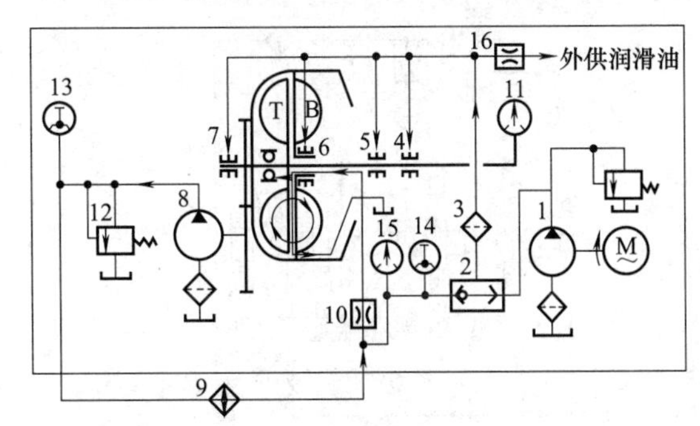

图 19-4-36　采用滑动轴承的液力偶合器油路系统
1—辅助润滑油泵；2—梭阀；3—双联滤油器；4—输出轴轴承；5—推力轴承；6—泵轮轴承；7—输入轴轴承；8—主供油泵；9—冷却器；10，16—节流阀；11，15—压力表；12—安全阀；13，14—温度表

液力偶合器启动前，必须首先启动辅助润滑油泵 1，润滑油经梭阀 2 和双联滤油器 3 通过专门设置的

润滑油路润滑滑动轴承 4、5、6 和 7。

液力偶合器启动后，主供油泵 8 经箱体外部的冷却器 9 向工作腔供油。同时，在节流阀 10 前有一部分油液经梭阀进入润滑油路。当滤油器 3 后的压力表 11 显示达到规定的润滑压力（0.14～0.175MPa）后，辅助润滑油泵 1 停止工作。在液力偶合器正常运转时，滑动轴承由主油泵供油润滑。

在液力偶合器停机过程中，当压力表 11 显示值降到 0.05MPa 时，必须立即启动辅助润滑油泵 1，及时向各滑动轴承供油润滑。

油路系统中装有安全阀 12（安装在箱体内），其开启压力为 0.05～0.42MPa。液力偶合器在运转时，分别通过温度表 13 和 14，压力表 11 和 15，及装在各滑动轴承处的测温元件，监控主供油系统和润滑系统的油温和油压。

在液力偶合器运转时，应将工作油油温控制在规定的范围内，即入口油温应高于 45℃，出口油温应低于 90℃，这可以通过调节冷却器中冷却水的流量来控制。

液力偶合器启动前，油箱内油温应高于 5℃，如果低于此值，可用电加热器进行预热。

正常情况下，各滑动轴承的温度不允许超过 90℃。若超过，则应停机检查润滑油路。

压力表和温度计大多采用电接点式，出厂时已配备好，用户可根据需要采用报警装置或实行联动控制，以保证液力偶合器安全可靠地运行。

调速型液力偶合器也可设分离式油路系统，立式或圆筒箱体调速型液力偶合器以及其他不便于采用一体化油路系统的调速型液力偶合器，往往采用分离式系统。其特点是供油、润滑系统不在偶合器箱体内，单独设置液压站，用连通管与偶合器进油口与出油口相连，见图 19-4-37。

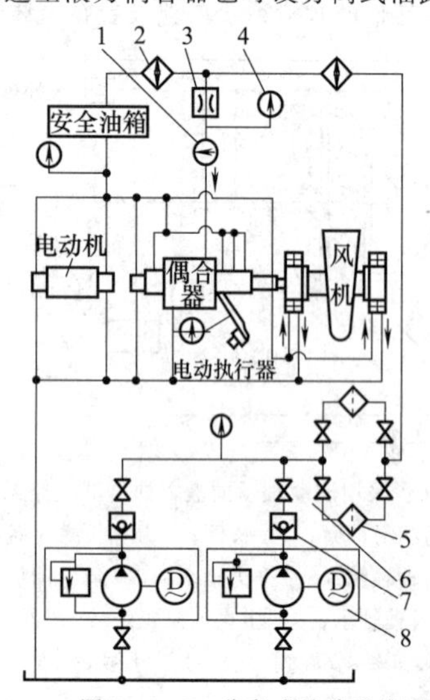

图 19-4-37　分离式油路系统图

1—流量计；2—冷却器；3—节流阀；4—压力表；5—滤油器；6—截止阀；7—单向阀；8—供油泵机组

4.4.3.7　调速型液力偶合器的辅助系统与设备成套

在液力偶合器主传动之外的、支持主传动运转的系统，诸如供油与润滑系统、油温与油压监控系统、转速调节控制系统、转速检测系统、液力传动自动控制系统等均称辅助系统。图 19-4-38 为出口调节伸缩导管调速型液力偶合器辅助系统的典型配置。

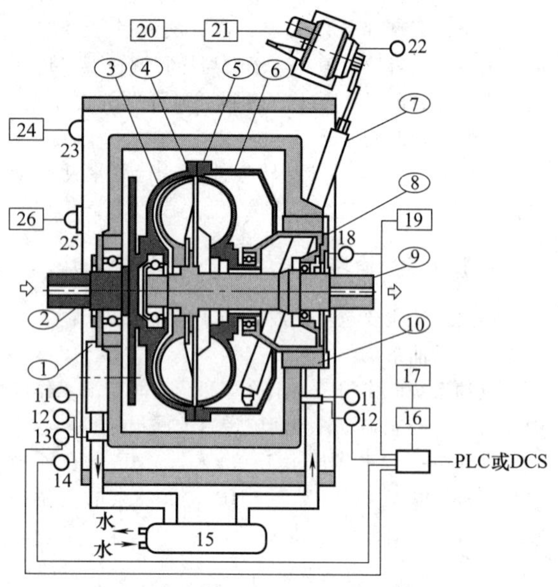

图 19-4-38　出口调节伸缩导管调速型液力偶合器辅助系统的典型配置

◯—偶合器自身的构件；○—安装在偶合器上的仪器仪表；□—安装在控制室的仪表；

1—油泵；2—输入轴承；3—背壳；4—涡轮；5—泵轮；6—外壳；7—导管；8—导管壳体；9—输出轴；10—箱体；11—压力表；12—温度表；13—热电阻；14—压力变送器；15—冷却器；16—综合参数测试仪（现场用）；17—综合参数测试仪（控制室用）；18—转速传感器及测速齿盘；19—转速仪；20—伺服放大器；21—电动操纵器；22—电动执行器；23—液位传感器；24—液位报警器；25—电加热器；26—电加热自动控制器

（1）液力偶合器的辅助系统

大功率的调速型液力偶合器安装在大型设备主传动线上，往往要求有齐全的辅助系统，其组成见表 19-4-51。

表 19-4-51　**液力偶合器辅助系统的组成**

项　　目	说　　明
供油与润滑系统	中小规格调速型液力偶合器的供油与润滑系统统一为一套系统。通常液力偶合器输入轴带动供油泵，泵的形式多为低压、大流量的摆线转子泵，也有由小电动机单独驱动的齿轮泵。高转速、大功率带有滑动轴承的调速型液力偶合器，以及液力偶合器传动装置常常是供油与润滑各自独立成系统。供油与润滑系统大多数安装在液力偶合器箱体内或外，与液力偶合器成为一体
油温、油压监控系统	液力偶合器必须有进、出口油温和进、出口油压的监控，通常将油温、油压表安装在液力偶合器机身的仪表盘上。如需报警则安装在控制油温、油压上下限值电接点的表盘上以便报警，用户可按需要采用声或光信号报警。如要求在操纵室里油温、油压以数字显示，可另选用综合参数监测仪（MZHY 型），装在仪控板上
转速调节系统	调速型液力偶合器与液力偶合器传动装置大多采用电动执行器（角行程 DKJ 型或直行程 DKZ 型）来调节导管开度以调节输出转速。电动执行器需有附件电动操作器（DFD 型）及伺服放大器（FC 型）与其配套使用。电动执行器在产品出厂前已安装就位在液力偶合器本体上，电动操作器与伺服放大器需安装在操纵室里
转速监测系统	为准确测知输出转速，大多数液力偶合器在输出轴或联轴器上装有光栅盘和传感器，将信号输入操纵室转速仪数显转速。也可将信号输入综合参数检测仪数显转速
液力传动自动控制系统	众所周知，火力发电厂锅炉给水泵通常以异步电动机为动力，以调速型液力偶合器为传动装置。为适应机组工况变化要求，液力偶合器-锅炉给水泵系统需要根据锅炉水位的变化实现给水泵的自动调节。如果在反馈控制中，还包括给水流量和蒸汽流量变化信息，就是所谓三冲量控制，这就需要较为复杂的自动控制技术方能满足要求。对于长距离带式输送机的多点驱动所用调速型液力偶合器，必须协调一致动作，共同完成诸如顺序延时启动（可大大降低启动电流和启动张力）、平稳加速、均衡负荷的配比、过载保护及报警、停车前的协调降速等各项动作，均通过电动执行器控制导管的伸、缩或停顿来完成，而电动执行器则由自动控制系统通过伺服放大器控制，同时亦可手操作或远程控制。类似的液力传动自动控制系统在煤矿顺槽带式输送机上已有应用

(2) 液力偶合器的设备匹配成套

在使用中风机或水泵与调速型液力偶合器及电动机是一个单元，成套的匹配设计、选型、安装会带来多方面的好处。可免除设计单位分项选配单机的诸多不便，使设备选型和工程设计更为优化、快捷。可使用户分头对外的设备采购、安装调试、维修服务的工作量和费用大大降低。

通常，工程项目按工艺流程以供风或供水的参数为主导，以风机、水泵为主进行匹配成套工作。但由于引入了价值高、操作复杂的液力偶合器，更兼它连接风机（或水泵）与电机，并可向两者供应润滑油以取代润滑泵站，有时在给定了供风或供水参数的条件下，以液力偶合器为主进行匹配成套及组装更为便捷妥当。

目前，国内已有液力调速双吸离心泵成套机组系列和液力调速渣浆泵成套机组系列（大连液力机械公司设计），可供设计单位或用户选择。

图 19-4-39 为液力调速双吸离心泵成套机组布置图，加上配套系统构成完整的设备单元。

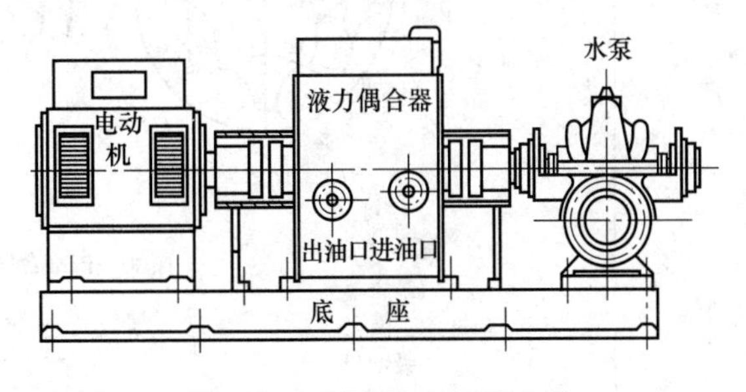

图 19-4-39　液力调速双吸离心泵成套机组布置图

调速型液力偶合器集中了传动系统、润滑系统、供油系统、监控系统、冷却系统（有时还需要加热系统）和转速监控系统。故以液力偶合器为主进行设备成套，有利于配套系统的优化配置，能统一润滑系统，能使整体结构紧凑，成套化程度高、安装精度好，可靠性高，维护费用低，使用寿命长。

4.4.3.8 调速型液力偶合器的配套件

表 19-4-52 调速型液力偶合器的配套件

名称	说明
供油泵	调速型液力偶合器供油系统的核心是供油泵，被选用的有内啮合摆线齿轮泵、离心泵、齿轮泵和螺杆泵等。较多应用的是内啮合摆线齿轮泵，因其结构紧凑，体积小，噪声低，运转平稳，流量大，适于高速运行 图(a)为内啮合摆线齿轮泵的工作原理，这种泵也称“转子泵”，它由内转子(主动轮)和外转子(从动轮)组成，内、外转子只有一齿差，偏差配置，偏心距为 e，转向相同。内转子的齿全部与外转子的齿相啮合，这样可以形成若干个密封容积单元。当内转子绕 O_1 旋转时，外转子也将在泵体内绕 O_2 同向旋转，转速关系为 $\frac{n_w}{n_n}=\frac{z_n}{z_w}$。一般 $z_n=4\sim8$，$z_w=5\sim9$。由图可见，由内转子齿顶 A_1 和外转子齿谷 A_2 形成的一个密封容积单元(网线部分)在转子旋转时不断扩大，自图(a)中(ⅰ)至图(a)中(ⅵ)可由最小到达最大状态。在此过程中，通过侧面盖板上的配油窗 b，工作容积单元完成吸油过程，此后转子继续旋转便出现一个相反的过程，工作容积单元不断缩小并通过压油窗 a 完成压油过程。如此循环不已，完成泵送液体的工作。这种泵的工作压力一般可在 2.5MPa，制造良好的泵可达 8MPa，由于目前可采用粉末冶金工艺将转子压制成型，使齿轮的制造十分容易，因此这种泵得到了广泛应用。图(b)所示为此类型泵的一种结构

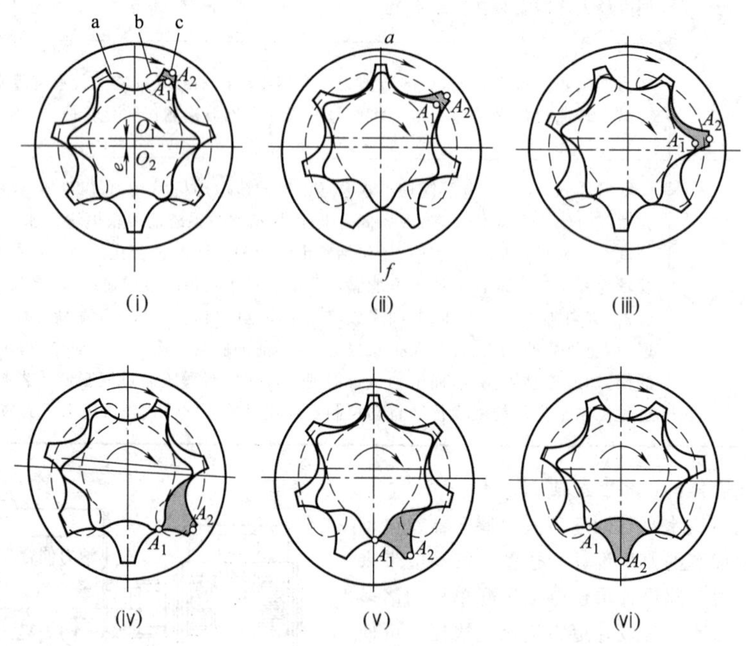

图(a) 内啮合摆线齿轮泵的作用原理示意

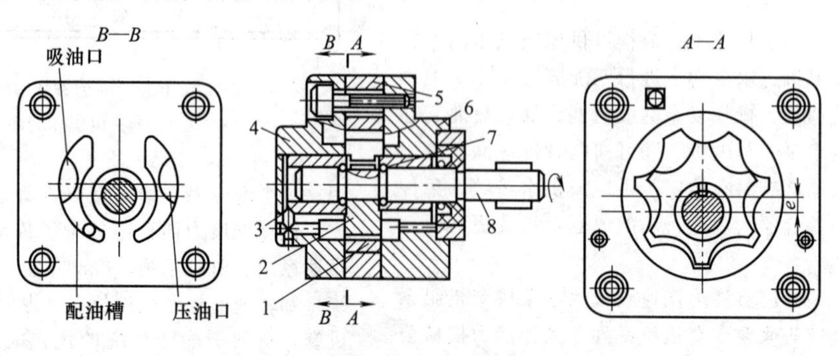

图(b) 内啮合摆线齿轮泵的结构

1—外转子；2—内转子；3—轴承；4—前盖；5—泵体；6—后盖；7—弹簧卡圈；8—泵轴

续表

名称	说　明

供油泵

图(c)所示为上海高东液压泵厂按机床行业统一设计而生产的内啮合摆线齿轮泵。下表为该内啮合摆线齿轮泵系列型号与结构尺寸。每个型号末位数字为其额定流量(L/min)，全系列额定转速为1500r/min，压力等级为2.5MPa

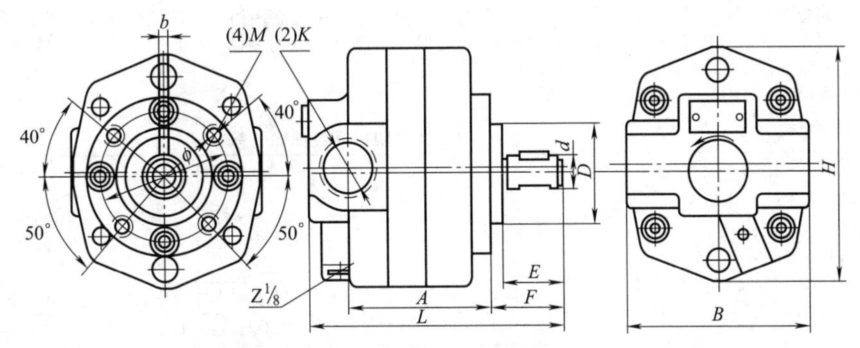

图(c)　内啮合摆线齿轮泵外形

内啮合摆线齿轮泵系列结构尺寸　mm

型号	A	B	E	F	H	L	D	d	ϕ	b	M	K
BB-B4	50	72	25	30	92	94	ϕ35 (f9)	ϕ12 (f7)	ϕ50	4	M6	Z3/8
BB-B6	55					99						
BB-B10	64					108						
BB-B16	72	95	30	34.5	117	127	ϕ50 (f9)	ϕ16 (f7)	ϕ65	5	M8	Z3/4
BB-B20	76					131						
BB-B25	81					136						
BB-B32	88					143						
BB-B40	85	110	32	37	134	144	ϕ55 (f9)	ϕ22 (f7)	ϕ80	6	M8	Z3/4
BB-B50	90					149						
BB-B63	97					156						
BB-B80	102	130	40	46	154	175	ϕ70 (f9)	ϕ30 (f7)	ϕ95	8	M8	Z1
BB-B100	109					182						
BB-B125	118					191						

电动执行器

由导管调节工作腔充液量的调速型液力偶合器，其调节动作主要靠电动执行器来完成。电动执行器是DDZ型电动单元组合仪表中的执行单元。它以电源为动力，接受统一的标准信号0～10mA或4～20mA，并将此转变为与输入信号相对应的角位移或轴向位移，自动地操纵导管或伸或缩，完成调节输出转速动作。通常需配用电动操作器，以实现调节系统手动—自动无扰动切换。常用的电动执行器有角行程和直行程两种形式

① 角行程电动执行器　DKJ型、DKJ-G型和DKJ-K型均为角行程电动执行器。它们均由伺服放大器和执行机构两大部分组成。图(d)为电动执行器系统方块图

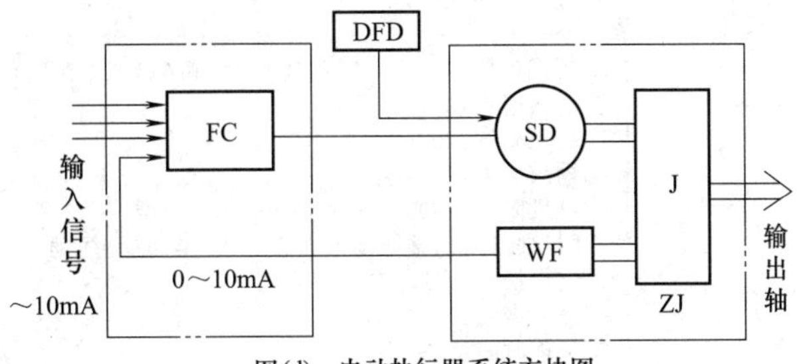

图(d)　电动执行器系统方块图

FC—伺服放大器；WF—位置发送器；DFD—电动操作器；

SD—二相伺服电动机；J—减速器；ZJ—执行机构

续表

名称	说明
电动执行器	DKJ型电动执行器是一个以二相交流电动机为原动机的位置伺服机构。输入端无输入信号时，伺服放大器没有输出。输出轴稳定在预选好的零位上 当输入端有输入信号时，此输入信号与位置反馈信号在伺服放大器的前置级进行比较，比较后的偏差信号经过放大器放大，使伺服放大器有足够的输出功率，以驱动伺服电机，使减速器输出轴朝着减小这一偏差信号的方向转动，直到位置反馈信号和输入信号相等为止，此时输出轴就稳定在与输入信号相对应的转角位置上 由于二相伺服电动机采用杠杆式制动结构，能保证在断电时迅速制动，从而改善了系统的稳定性，并能限制执行器的惯性随走，消除负载及馈力的影响 各类DKJ型电动执行器规格与参数如下

DKJ型电动执行器性能参数

每转时间	输入信号＼输出力矩	40N·m	100N·m	250N·m	600N·m	1600N·m	4000N·m	6000N·m
100s	0～10mA		DKJ-210	DKJ-310	DKJ-410	DKJ-510	DKJ-610	DKJ-710
	4～20mA		DKJ-210G	DKJ-310G	DKJ-410G	DKJ-510G		
40s	0～10mA	DKJ-110K	DKJ-210K	DKJ-310K	DKJ-410K			
技术性能		①输入信号：0～10mA；4～20mA(DKJ-G型) ②输入通道：3个 ③输入阻抗：200Ω，250Ω(DKJ-G型) ④输出力矩：见表中 ⑤出轴每转时间：(100±20)s(DKJ-K型40s) ⑥出轴有效转角：90° ⑦死区：≤300μA；≤480μA(DKJ-G型) ⑧阻尼特性：出轴振荡不大于三次"半周期"摆动 ⑨基本误差：±1.5%，±2.5% ⑩来回变差：1.5% ⑪反应时间≤1s ⑫电源电压：220V；50Hz ⑬使用环境温度：伺服放大器0～45℃，执行机构－10～55℃						

②直行程电动执行器　DKZ型直行程电动执行器原理与DKJ型角行程电动执行器相同，只是结构略有差异。DKZ型电动执行器性能参数如下

DKZ型直行程电动执行器性能参数

型号	出轴推力/kg	行程/mm	全行程时间/s
DKZ-310 DKZ-310G	400	10	8
		16	12.5
		25	20
DKZ-410 DKZ-410G	640	40	32
		60	48
DKZ-510 DKZ-510G	1600	60	38
		100	63
技术性能	①输入信号：0～10mA(DC)；4～20mA(DKZ-G型) ②输入通道：3个 ③输入阻抗：200Ω ④输出推力：见表中 ⑤灵敏限：≤150μA；≤240μA(DKZ-G型) ⑥阻尼特性：出轴振荡不大于三次"半周期"摆动 ⑦基本误差：±2.5%，±1.5% ⑧来回变差：1.5% ⑨反应时间：≤1s ⑩电源电压：220V，50Hz ⑪使用环境温度：伺服放大器0～45℃，执行机构－10～55℃		

续表

名称	说　　明
电动执行器	DKJ 电动执行器外形及安装尺寸；DKZ 型电动执行器外形及安装尺寸

DKJ 电动执行器外形及安装尺寸　　mm

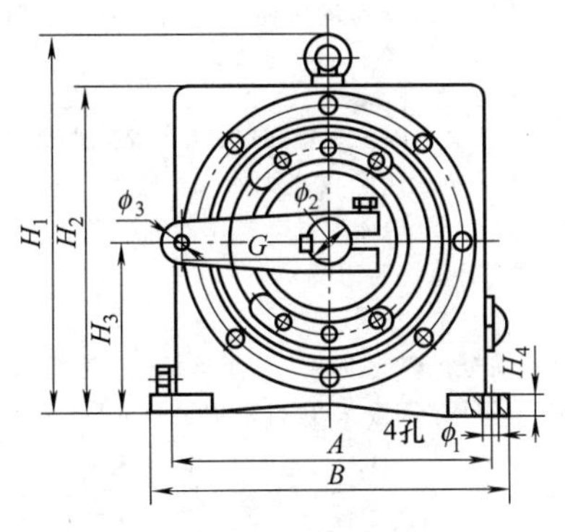

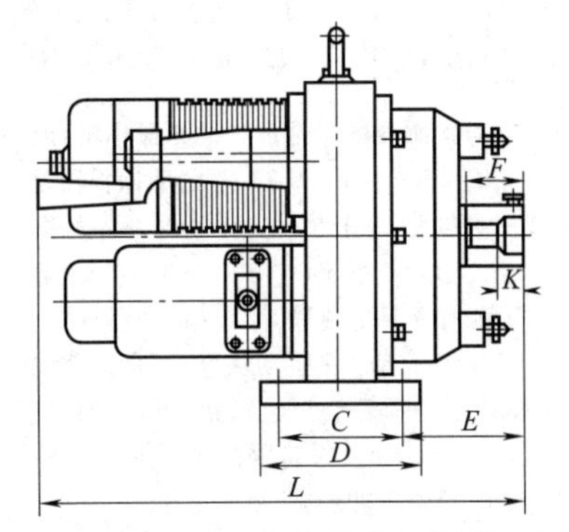

型号	A	B	C	D	E	F	G	H_1	H_2	H_3	H_4	L	K	ϕ_1	ϕ_2	ϕ_3	键	质量/kg
DKJ-210	220	245	130	152	86	35	100	270	230	125	20	360	15	ϕ12	ϕ25	ϕ14	8×7	31
DKJ-310	260	290	100	130	115	50	120	300	260	135	20	390	21	ϕ13	ϕ35	ϕ16	10×8	48
DKJ-410	320	365	130	162	142	60	150	390	326	170	30	500	23	ϕ14	ϕ40	ϕ18	12×8	86
DKJ-510	390	424	180	212	121	80	170	430	376	196	35	640	25	ϕ14	ϕ58	ϕ20	18×11	145
DKJ-610 DKJ-710	510	560	270	320	165	110	215	628	550	310	50	833	36	ϕ22	ϕ86	ϕ30	24×14	500

注：DKJ 型电动执行器派生品种的外形尺寸均与此相同。但 DKJ-K 型却和相应的 DKJ 型高一级规格的外形尺寸相同。

DKZ 型电动执行器外形及安装尺寸　　mm

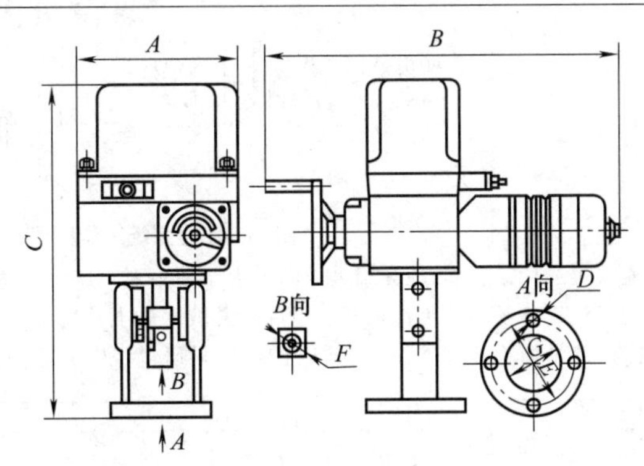

型号	行程	长×宽×高 (A×B×C)	阀杆连接 螺孔（F）	法兰连接 孔距（E）	法兰连接孔 （D）	法兰吻合 内径（G）	公称通径	质量/kg
DKZ-310 DKZ-310G	10.16 25	230×545 ×485	M8	ϕ80	2 孔 ϕ10.5	ϕ60 D4	25，32， 40，50	45
DKZ-410 DKZ-410G	40	230×560 ×535	M12×1.25	ϕ105	4 孔 ϕ10.5	ϕ80 D4	65，80， 100	50
	60	230×560 ×560	M16×1.5	ϕ118	4 孔 ϕ10.5	ϕ95 D4	125，150	
DKZ-510	60	280×695 ×640	M16×1.5	ϕ118	4 孔 ϕ12.5	ϕ95 D3	200	65
	100	280×695 ×660	M20×2	ϕ170	4 孔 ϕ17	ϕ100 D3	250， 300	65

续表

<table>
<tr><th>名称</th><th colspan="3">说　明</th></tr>
<tr><td>电动执行器</td><td colspan="3">上述 DKJ 型和 DKZ 型电动执行器均是应用于一般场所运行的调速型液力偶合器。对于在爆炸级别不高于Ⅱ类B级，自燃温度不低于 T_3 组别的可燃气体或易燃液体的蒸汽的爆炸场所使用的调速型液力偶合器，应配套使用ZKJ-B 型或 ZKZ-B 型隔爆型电动执行器</td></tr>
<tr><td>电动操作器</td><td colspan="3">电动操作器主要是由切换和操作组合在一起的操作开关，上下限位装置和单针电流表等所组成
DFD-07 型、DFD-0700 型电动操作器是 DDZ-Ⅱ/Ⅲ型电动单元组合仪表中的一个辅助单元。适用于 DDZ-Ⅱ/Ⅲ型变送单元，调节单元与电动执行器所组成的自动调节系统。应用该型电动操作器可实现：
①自动调节系统由“自动→手动”或“手动→自动”工作状况无扰动切换
②配有单针电流表，可以指示阀位电流
③操作器工作在手动状况时，自控系统中的执行机构，在全行程范围内进行手动操作。当操作器工作在自动状况时，因有“中途限位”装置，执行机构的行程将受到限制（上限或下限），即执行机构限制在上、下限范围内工作
DFD 型电动操作器主要技术特性如下
①电源电压：220V，50～60Hz
②开关触头额定容量：主回路 500V，15A；信号回路 110V，2A；跟踪电压 1～5V DC（Ⅲ），0～10V DC（Ⅱ）
③上下限位：上限 50%～100%任意可调，下限 0%～50%任意可调
④工作条件：
环境温度：0～45℃
相对湿度≤85%
工作振动频率≤25Hz，振幅≤0.1mm（双振幅）
仪表质量：约 3.5kg
外形尺寸：（长×宽×高）323mm×80mm×175mm（面板 80mm×160mm）
开孔尺寸：76^{+1}_{0}mm×152^{+1}_{0}mm</td></tr>
<tr><td rowspan="7">测速系统</td><td>组成及工作原理</td><td colspan="2">测速系统由磁电传感器与微机转速仪组成。图(e)为测速系统工作原理 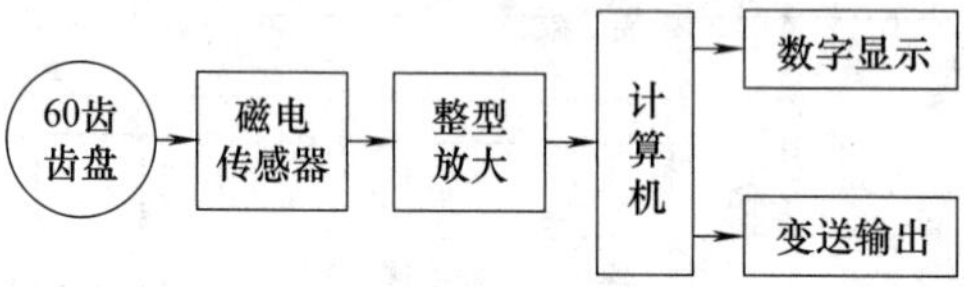
60齿齿盘 → 磁电传感器 → 整型放大 → 计算机 → 数字显示 / 变送输出
图(e)　测速系统工作原理
微机转速仪生产厂家较多，现介绍大连海事大学研制的 MCS 型微机转速仪。MCS 型系列转速仪采用适于工业生产过程和环境的单片机配套用抗高灵敏度磁电传感器，系新型智能转速仪。仪器抗干扰能力强，稳定性好，测量精度高，广泛应用于工业生产、科研过程中测量旋转体的转速</td></tr>
<tr><td rowspan="6">转速仪技术数据</td><td>使用环境</td><td>①环境温度：0～60℃
②环境相对湿度：80%以下
③无明显的机械冲击和剧烈振动
④无强电磁场干扰
⑤有良好的通风条件
⑥仪器允许连续使用</td></tr>
<tr><td>测量范围</td><td>20～9999r/min</td></tr>
<tr><td>测量精度</td><td>全量程±2r/min</td></tr>
<tr><td>电源电压</td><td>AC 220V±22V，50Hz</td></tr>
<tr><td>熔断丝容量</td><td>0.25A（安装在仪器内部）</td></tr>
<tr><td>显示方式</td><td>4 位 LED（0.8 寸）数码管，直读数字式</td></tr>
</table>

续表

名称		说　明
测速系统	安装	仪表为盘装，开孔尺寸为 $W\times H=152\text{mm}\times76\text{mm}$ 图(f)为磁电传感器的安装图，将60齿齿盘安装在被测的传动轴上，磁电传感器应牢固地安装在固定支架上(该支架可安装在设备箱体上)，与齿盘径向(或轴向)间隙约为0.5～1mm 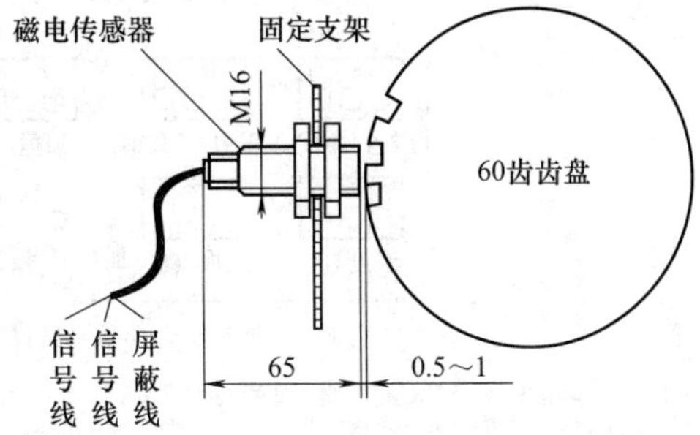 磁电传感器　固定支架　M16　60齿齿盘　信号线　信号线　屏蔽线　65　0.5～1 图(f)　磁电传感器的安装图
微机综合参数测试仪		调速型液力偶合器在设备运行中要适时测试出输出转速、进出口油压和进出口油温，并需要将各处分散的测试数据集中显示，以利监控。微机综合参数测试仪即能满足上述要求。现简述大连自动化仪表六厂产品MZHY微机综合参数测试仪，该产品是采用单片微型计算机而设计的新型智能测试仪，该仪器可对温度、压力、转速信号进行监测及显示，并可设置每一路参数的上、下限报警值，在被测参数超限时，仪器具有声光报警功能或语音报警功能。仪器还具有远传通信功能，可将现场测出的各类信号值远传至控制室，实现远距离监视、报警
	特点	①采用光电隔离技术，抗干扰能力强 ②使用开关电源，稳定性好，电源在170～260V之间波动时能正常工作 ③软件上采用了多项式逼近算法和多种滤波技术，精度高 ④具有防振功能
	工作原理	图(g)为MZHY微机综合参数测试仪的工作原理框图 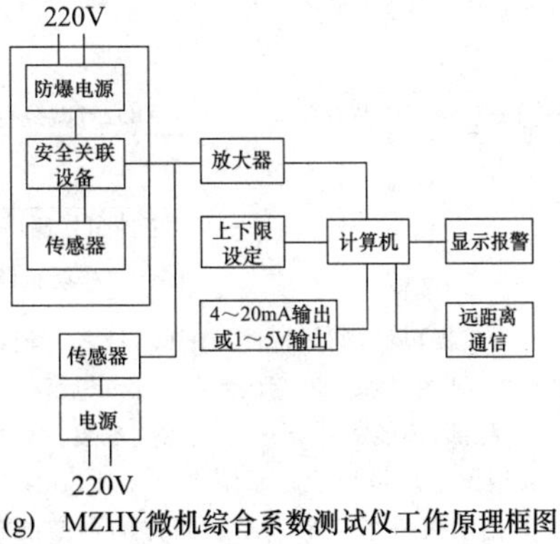 220V　防爆电源　安全关联设备　传感器　放大器　上下限设定　计算机　显示报警　4～20mA输出或1～5V输出　远距离通信　传感器　电源　220V 图(g)　MZHY微机综合系数测试仪工作原理框图
	主要技术指标	①温度测量范围：0～100℃(精度为0.5级) ②压力测量范围：0～1MPa(精度为0.5级) ③转速测量范围：0～9999r/min(精度为显示值2r/min) ④每一路参数可单独设置上、下报警限值，并对设定值具有记忆功能 ⑤备有声光报警装置，并有一路开关量报警输出，接点容量交流220V、0.5A ⑥具有远距离通信功能 ⑦每路有对应4～20mA或1～5V输出(MZHY-11,21,31没有) ⑧防爆标志。温度变送器为(ia)ⅡCT5，压力变送器为(ia)ⅡBT6

续表

名称		说明
微机综合参数测试仪	仪表面板及操作	图(h)为调速型液力偶合器常用的MZHY-21型监控室专用参数测试仪(可与MZHY-02或02B配套使用)的仪表面板

MZHY-02型微机综合参数测试仪

888 压力1(MPa)　888 压力2(MPa)　8888 转速(r/min)　报警灯

888 温度1(℃)　888 温度2(℃)　加1　移位　设置　测量　复位　电源指示灯　电源

图(h) 微机综合参数测试仪仪表面板

仪表面板由数码管、报警灯、复位键、设置键、移位键、加1键和测量键等组成。各键操作方法如下

①复位键:恢复初始测量状态

②设置键:在测量状态下按设置键可进入报警限设置状态,并可用来切换报警上下限

③移位键:在报警限设置状态下,可循环移动闪烁位

④加1键:在报警限设置状态下,可对闪烁位进行加1操作

可变函数发生器

在风机、水泵的液力偶合器自动调速控制系统中使用可变函数发生器,可以消除由于系统静态调节特性的严重非线性引起的工作不稳定现象,是改善系统自动化控制质量的有效途径。在液力偶合器工作腔的近于圆形的轴断面上,由工作腔的内缘至外缘处,在相同的径向尺寸增量区段里,充液量的增值是不同的。而充液量与输出转速有近似正比关系,故导管的伸缩位移与输出转速为非线性关系,如图(i)所示

这种非线性关系对于中小型液力偶合器的手动调速操作或远程电动操作均无大的妨碍,而对于大型火电厂锅炉给水系统中,大功率调速型液力偶合器的调节则影响严重。调节特性的非线性给系统的设计带来困难,对系统的稳定性、误差及响应时间均存在影响。因此需将调节特性的非线性进行线性化

为了解决液力偶合器调节特性的非线性,哈尔滨工业大学研发了可变函数发生器。其控制框图如图(j)所示

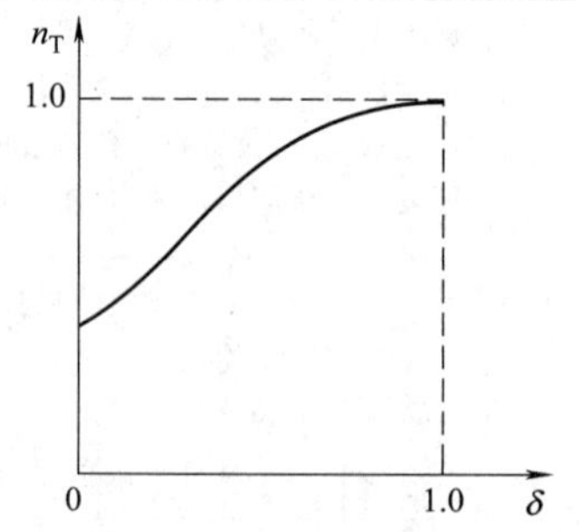

图(i) 液力偶合器的调节特性

δ—导管位移量;n_T—液力偶合器的输出转速

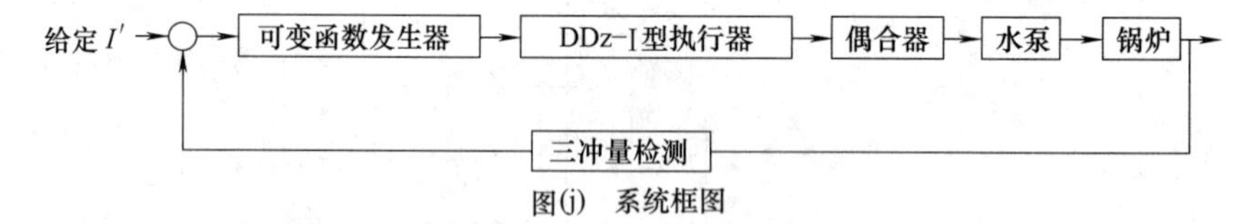

图(j) 系统框图

系统中加入可变函数发生器以后,调节特性如图(k)所示。通过沈阳水泵厂进行的工业性试验,证明了加入可变函数发生器以后,调节特性线性度较好,使发电成本降低,还能避免导管的"卡滞"现象。可变函数发生器可广泛应用于大型火电厂锅炉给水系统中。另外,在宝钢三号高炉C系列煤粉系统的排烟风机系统中应用了同样的可变函数发生器,使整个系统的运行达到了令人满意的效果

可变函数发生器技术参数

项目	参数
工作电源	220V AC,50Hz
输入信号	4～20mA DC
输出信号	4～20mA DC
精度	≤1%
外形尺寸($L\times W\times H$)	285mm×100mm×340mm,可变函数发生器可吊装

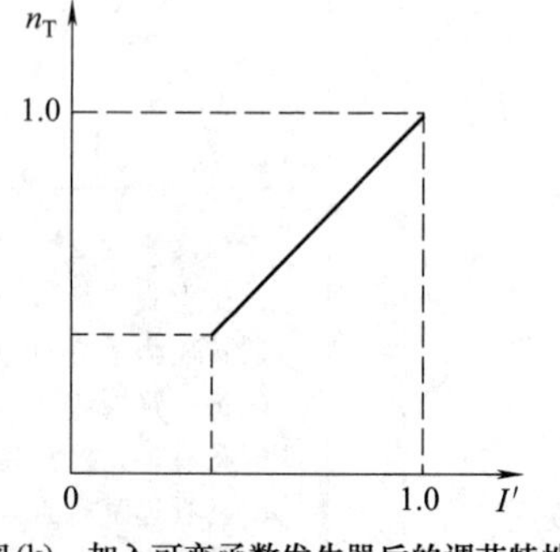

图(k) 加入可变函数发生器后的调节特性

4.4.4 液力偶合器传动装置设计

液力偶合器传动装置通常由出口调节式伸缩导管调速型液力偶合器与齿轮机构组合而成，各类典型结构见表 19-4-28。

4.4.4.1 前置齿轮式液力偶合器传动装置简介

图 19-4-40 所示为前置齿轮式液力偶合器传动装置配套系统。除机械构件之外，辅助配套系统可分为两大类：一类是润滑油与控制油泵送系统；另一类是传动油供油系统。两者均从箱体底部油池 1 吸油。润滑油与控制油泵送系统包括有机动润滑主泵 3、电动辅助润滑泵 2、润滑油冷却器 4、双腔滤油器 5、报警器 6 及连通伺服阀 11 和伺服油缸 15 的油路。传动油供油系统包括有供油泵 8、流量控制阀 9、工作腔 10、导管腔 12、导管 13、冷却器 14，以及控制伺服阀与流量控制阀的凸轮操作机构。

在主机启动前，开动电动辅助润滑泵使各处润滑轴承得以预润滑，在机动润滑泵随主机启动后，便切除电动辅助润滑泵。两个凸轮片套装在电动执行器轴上，一个凸轮片控制着伺服阀和伺服油缸及导管，凸轮的设计使电动执行器的控制电流 I 与凸轮转角 φ、导管升程（开度）、输出转速 n_2 均有线性关系，以便在使用现场能够精确地进行转速调节。另一个凸轮片控制着流量控制阀随时调节进入工作腔的流量与液力偶合器传动装置所传递的额定功率成正比、与工作腔进出油温差成反比，并且是转速比 i 的三次方函数。在图 19-4-40 中可见，工作腔、导管腔、冷却器、流量控制阀之间构成工作油的主回路，而由供油泵来的油路为供油支路，冷却器与流量控制阀之间的溢流阀为溢流支路。与流量控制阀联动的凸轮依据导管全程中液力偶合器输出转速 n_2 的高低和按转速比的发热量变化（在 $i=0.66$ 点发热量达最大值，并依转速比呈正态分布规律）来设计凸轮导程，使进入工作腔的流量在满足工作腔“等温控制”或接近等温控制条件下达到最小值。按此要求，工作腔进油流量由凸轮导程-流量控制阀开度决定，进油流量在转速比 i 低值时流量小，i 高值时流量大，在 $i=0.66$ 时，流量最大，以后流量又渐小，依此有效地带走液力偶合器随时产生的热量，保持“等温控制”。按照液力偶合器的转速比和发热量，适时地供给所需的最小供油量，可有以下好处。

① “等温控制”，保证液力偶合器不“过热”。

② 充分利用工作腔的回油，减低供油泵的流量，减少油流能耗。

③ 工作腔出口流量小，对导管口的冲击强度低，振动小，利于平衡稳定。且出口流量小，可减少油流能耗。

④ 在导管开度为零时供给最小供油量，可使最低稳定转速更低，扩大了液力偶合器的调速范围。

可见凸轮控制的变流量供油比恒定大流量供油给液力偶合器带来诸多好处，这也是先进技术使然。

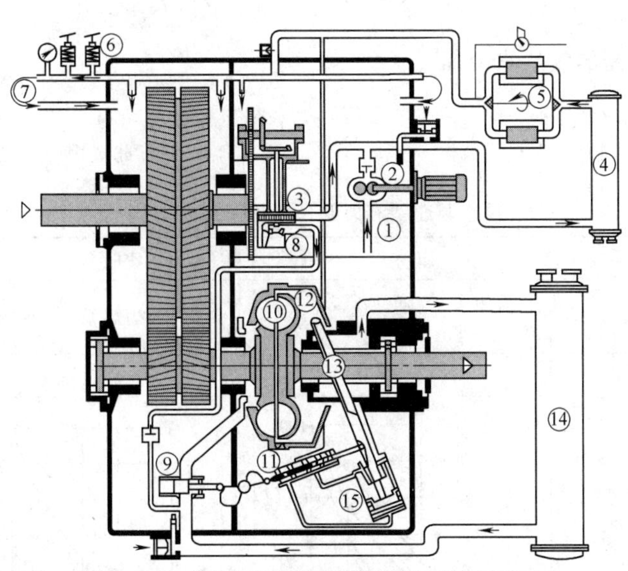

图 19-4-40 前置齿轮式液力偶合器传动装置配套系统

1—油池；2—电动辅助润滑泵；3—机动润滑主泵；4—润滑油冷却器；5—双腔滤油器；6—报警器；7—外用润滑管路；8—供油泵；9—流量控制阀；10—工作腔；11—伺服阀；12—导管腔；13—导管；14—冷却器；15—伺服油缸

4.4.4.2 液力偶合器传动装置设计要点

（1）“等温控制”的联动装置

“等温控制”是按偶合器不同工况、工作腔的发热量变化由流量控制阀（综合配流阀）控制工作腔的进油量与导管开度控制的出油量的联合配比，使工作腔油温控制在规定的油温限度以内，避免油温过高影响运行。导管开度与流量控制阀联动控制（即双凸轮控制）达到油温不过热要求。装在电动执行器轴上的两支凸轮片，按控制电流和两只凸轮片各自的转角来控制导管升程（开度）、输出转速和流量控制阀进入工作腔的流量，从而控制工作腔的油温。

（2）泵轮材质与强度计算

由于是高转速大功率的传动部件，必须按不同工艺（锻造、铣削或电火花）选用高强度、高韧性的材质。泵轮强度应进行电算。

（3）高速齿轮对的设计与加工

通常为抵消斜齿轮的轴向力而将两支拼装的斜齿轮组成人字齿轮，使加工精度和装配（啮合）精度均有极高要求，为一般机械加工难以达到。在各类液力偶合器传动装置中，只有后置齿轮减速型的齿轮便于加工和装置。

供油和润滑为两个独立系统，各有一冷却器。供油泵为离心油泵，润滑油泵为齿轮油泵，同由输入轴轴端齿轮驱动。为了滑动轴承在启动前的预先润滑，润滑系统另设一电动润滑油泵，以保证主机启动前和停车后的滑动轴承润滑。

4.4.5 液力偶合器的发热与冷却

液力偶合器运行中因有转速损失而发热，工作液体在传动中既是工作介质同时亦为热量载体。

限矩型和普通型液力偶合器在运行中的功率损失（即发热功率）$P_S=P_B-P_T=(1-i)P_B$，i 越小，功率损失越大，制动工况时（$i=0$）功率损失最大。功率损失表现在工作液体在流道中的冲击损失（特别是叶片顶部的冲击损失）和摩擦损失。损失的功率（发热功率）使工作液体温度升高。当过载严重或过载不严重但时间较长时，液体温度达到密封和油液老化所不允许的程度时，液力偶合器的过热保护装置——易熔塞（限矩型和普通型液力偶合器均装有易熔塞，调速型液力偶合器一般不装易熔塞）中低熔点合金熔化，使液力偶合器向外喷油而中断运行。

普通型和限矩型液力偶合器大多采用自冷式，即靠旋转壳体向外界散热。

液力偶合器的散热功率

$$P_a=KF\Delta t \qquad (19\text{-}4\text{-}22)$$

式中 K——液力偶合器综合散热系数，决定于液力偶合器的结构形式和工作状态；

F——液力偶合器散热表面的面积（包括散热筋片）；

Δt——液力偶合器表面温度与环境温度之差。

对自冷式液力偶合器必须 $P_a \geqslant P_s$（P_s 为液力偶合器的发热功率）。

调速型液力偶合器、液力偶合器传动装置、液力减速器必须有外冷却系统散热，运行过程的发热功率与转速比 i 及载荷性质的关系见表 19-4-53。

表 19-4-53 中的相对损失功率仅是转差损失的理论值。在损失功率中转差损失最大，此外还有轴承损失、鼓风损失、导管损失等。因此在计算液力偶合器发热功率（损失功率）时，要全面考虑。虽然最大功率损失系数为 0.148，但经验公式是 $P_a=(0.20\sim0.23)P_B$，并以此选用冷却器。

表 19-4-53 调速型液力偶合器功率损失

载荷类型	P 与 n 的关系	$P\propto n^3$	$P\propto n^2$	$P\propto n$
	实例	抛物线型力矩负载，离心泵，离心风机	直线型力矩负载	提升机，带式输送机
功率损失 P_s 计算公式		$\overline{P}_s=i^2-i^3$	$\overline{P}_s=i-i^2$	$\overline{P}_s=1-i$
P_B、P 及 P_s 随 i 变化的规律		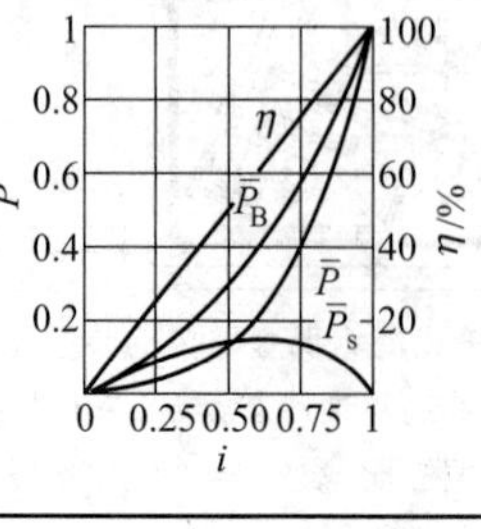	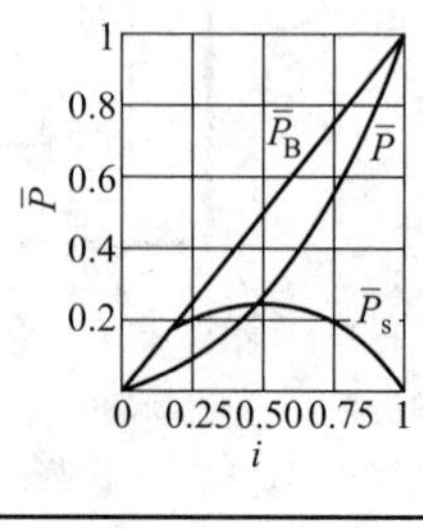	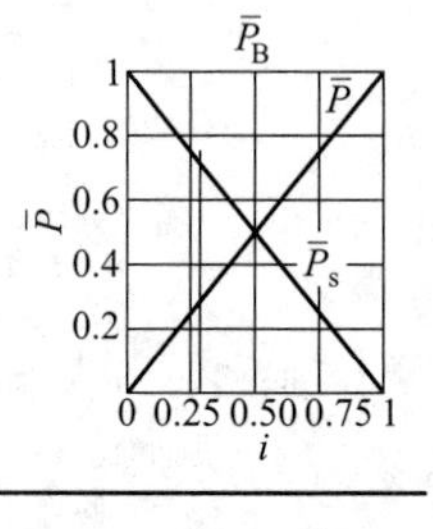

续表

最大相对损失功率及相应转速比	$\overline{P}_{smax}$	0.148	0.25	0.67
	i	0.66	0.5	0.33

注：$\overline{P}_B=\dfrac{P_B}{P_{dn}}$为液力偶合器的相对输入功率，$P_B$为液力偶合器的输入功率，$P_{dn}$为额定功率。

$\overline{P}_s=\dfrac{P_s}{P_{dn}}$为液力偶合器的相对损失功率。

$\overline{P}=\dfrac{P}{P_{dn}}$为液力偶合器的相对输出功率。

冷却系统的供液量即是供油泵（定量泵）的流量，可按式（19-4-21）确定。

冷却器的选择依据液力偶合器发热功率和冷却介质的温度。

一般冷却器的出口油温高于冷却介质（水或空气）进口温度 10℃左右。相差值越大，冷却效果越显著。因此选择冷却器时，需知液力偶合器进、出口油温和冷却器进、出口水温。

以水为冷却介质的冷却器有管式和板式两种结构形式，管式冷却器结构尺寸大，散热系数 K 值低，散热效果差，但易清洗，抗结垢能力强，使用寿命长。板式冷却器结构紧凑，散热系数 K 值高，散热能力强，但不易清洗，抗结垢能力差，使用寿命短。

冷却器散热面积 A（m^2）为

$$A=\frac{Q}{K\left(\dfrac{t_1+t_2}{2}-\dfrac{t_1'+t_2'}{2}\right)} \tag{19-4-23}$$

式中　Q——液力偶合器运行中发热量，J/h；

K——冷却器的散热系数，管式冷却器 $K=(628\sim1047)\times10^3$J/($m^2$·h·℃)，板式冷却器 $K=(837\sim2930)\times10^3$J/($m^2$·h·℃)；

t_1，t_2——工作油进、出冷却器的温度，℃；

t_1'，t_2'——冷却水进、出冷却器的温度，℃。

液力偶合器出口油温，一般不超过 70～75℃。对于大功率液力偶合器，若工作油和润滑油分别带有冷却器，则润滑油温限制在 70℃以下的同时，工作油温可提高到 90℃，以提高冷却效果和减小冷却器散热面积。

冷却器所需水量 q_L（m^3/h）为

$$q_L=\frac{Q}{c\Delta t\rho} \tag{19-4-24}$$

式中　Q——液力偶合器运行中发热量，J/h；

c——水的比热容，$c=4186.8$J/(kg·℃)；

Δt——冷却水进、出口温差，一般管式为 5～7℃，板式为 7～10℃；

ρ——水的密度，$\rho=1000$kg/m^3。

冷却水进、出口油温、水温选择见表 19-4-54。

以上计算有些烦琐，况且冷却器规格有限，即便计算相当精确，也只能靠挡选取，所以精确计算意义不大，推荐用简化方法计算，见表 19-4-55。

表 19-4-54　冷却水进、出口油温、水温选择

温　度	推荐值/℃		平均温度/℃		说　明
进口油温 T_1	70		$T_m=57.5$		偶合器工作油温规定为 45～90℃，所以把工作油进入冷却器的温度定为 70℃
出口油温 T_2	45				
进口水温 t_1	工业循环水	>30	工业循环水	$t_m=t_1+3.5$	工业循环水温度较高，散热能力差，所以将进出口温差定为 7℃。江河水和自来水温度较低，进、出口温差可适当加大
	江河水	<30			
出口水温 t_2	工业循环水	t_1+7	江河水 自来水	$t_m=t_1+5$	
	江河水	t_1+10			

表 19-4-55　调速型液力偶合器冷却器换热面积及冷却水流量简化计算

负载类型	冷却器换热面积/m^2		冷却水流量 Q/m^3·h^{-1}	冷却水条件
	板式	管式		
$P_Z\propto n_Z^3$	$0.017P_d$ P_d为电动机功率(kW)	$0.028P_d$	$Q=\dfrac{P_s}{\Delta t1.163}$ 式中　Q——冷却水流量，m^3/h； P_s——液力偶合器最大损失功率，kW； $P_{smax}=(0.2\sim0.23)P_d$ Δt——冷却水进出口温差，℃； 1.163——当冷却水进出口温差为 1℃时，每小时每立方米的水带走的热功率为 1.163kW	干净、无杂质、无腐蚀性，自来水、江河水、工业循环水均可。供水压力不低于 0.2MPa
$P_Z\propto n_Z^2$	$0.019P_d$	$0.032P_d$		
$P_Z\propto n_Z$	按实际最大损耗功率计算			

在寒冷地区的冬季，气温较低，偶合器的工作液体受冷凝结，不利于液力偶合器启动和调速，可以利用偶合器油箱下部的电加热器对工作液体进行加热。一般规定工作液体低于5℃时应当加热。

4.5　液力偶合器试验

液力偶合器元件试验通常包括内特性试验、专题试验和外特性试验。内特性试验主要是测定液力元件内部的速度场和压力场，为现有的设计计算提出修正方法，使之符合实际情况。专题试验是为了满足工作机的要求而进行的特种试验。当转速很高时，离心力导致叶轮破裂，需做离心破坏试验；为了合理地确定结构方案和选择轴承，需进行轴向力试验；为了合理地选择供油泵和冷却器，需作散热温升试验等。一般情况不需进行内特性试验和专题试验。外特性试验包括出厂检验、性能试验、可靠性试验。

4.5.1　限矩型液力偶合器试验

表 19-4-56　**限矩型液力偶合器试验**（JB/T 9004—2015）

名称	说　明
出厂检验	出厂检验为产品制造的最后一道工序，必须逐台检验。目的在于检验产品运转中振动有无异常和额定转速下壳体温度较高（以油为工作介质时为100℃±5℃，以清水或难燃液为工作介质时为85℃±1℃）时液力偶合器整体各处均不得有渗液、漏液现象 检验装置示意简图如图(a)所示 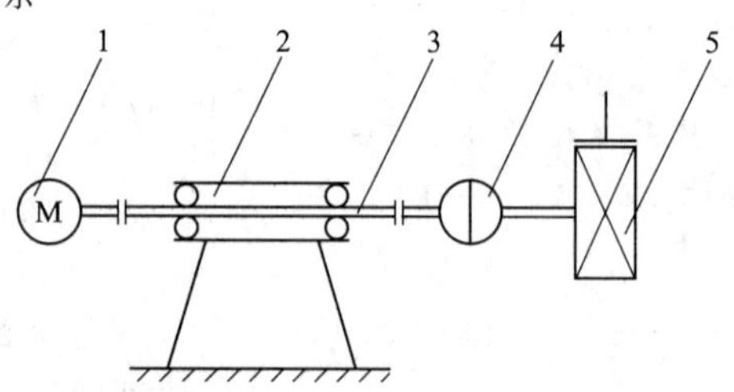 **图(a)　限速型液力偶合器出厂检验装置简图** 1—交流电动机；2—轴承支座；3—传动轴；4—被检验的液力偶合器；5—制动器（或制动杠杆） 在额定转速下空载运行检验液力偶合器振动。运转中在离液力偶合器最大外径5～10cm侧方挡白纸板，停留3～6min后验看飞溅液渍，并在停机后验看运转前涂敷的白垩粉色泽，以判别是否有渗漏
性能试验	凡属下列情况之一者，必须进行性能试验：试制的新产品、新产品鉴定、老产品改型或转产、定期抽检、进口产品检测 标准推荐采用动态连续测试法测定启动特性曲线和制动特性曲线。试验装置简图如图(b)所示。采用静态逐点测试法也可 试验步骤如下：测定腔体总容积、定量充液（分别按充液率45%，50%，55%，62.5%，70%，80%充液）、启动电动机由飞轮加载测定和由 *X-Y* 函数仪描绘出启动特性曲线、水力测功机加载标定力矩值、机械制动器加载测定与描绘出制动特性曲线。按此方法可节能、省工和快速测出模拟应用现场工况的通用外特性曲线族，或者以计算机绘制曲线 根据泵轮转矩系数公式可整理和绘制出原始特性(λ_B-i)曲线 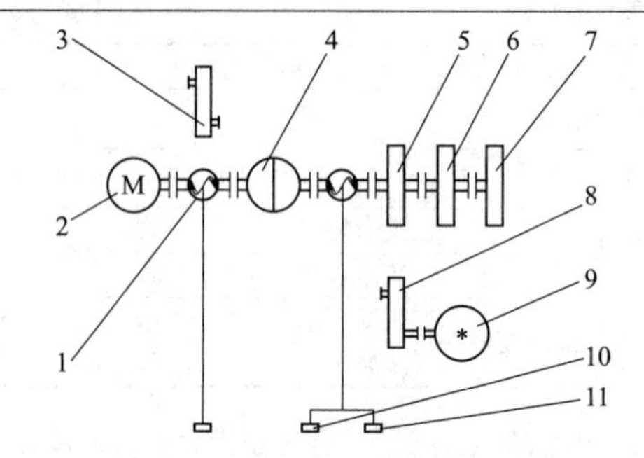 **图(b)　限速型液力偶合器性能试验装置简图** 1—转矩转速传感器；2—交流电动机；3，8—变速箱；4—被测液力偶合器；5—水力测功机；6—机械制动器；7—飞轮加载装置；9—电涡流测功机；10—*X-Y* 函数仪；11—转矩转速仪
可靠性试验	限矩型液力偶合器可靠性试验有两种方式可供选择：一是在台架上的强化试验方法；另一是产品在工业运行中以平均无故障工作时间(MTBF)进行考核 $$\mathrm{MTBF}=\frac{累计工作时间}{故障次数}\geqslant 4000\mathrm{h}$$

4.5.2　调速型液力偶合器试验

表 19-4-57　调速型液力偶合器试验（JB/T 4238.1～4238.4—2005）

名称	说　明
出厂检验	出厂检验包括以下各项：振动测量、噪声测量、供油泵流量检测、溢流阀开启压力的调定、滑动轴承温度测量、导管操纵灵活性检查以及过热试验的密封检查

试验装置

仪表精度

测量参数	转速	流量	压力	温度	振动	滤网
精度	±0.35%	±5%	1.5 级	1.5 级	±5%	100 目

试验方法及步骤

将试验装置按图(a)(序号 9 制动杠杆除外)安装妥当，按下列步骤试验

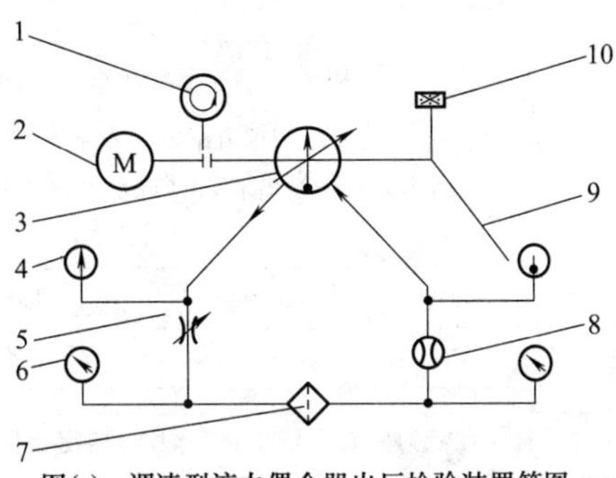

图(a)　调速型液力偶合器出厂检验装置简图

1—转速仪；2—电动机；3—被测液力偶合器；4—温度计；5—节流阀；6—压力表；7—过滤器；8—流量计；9—制动杠杆；10—测振仪

①空载跑合　从低速到额定转速(使导管开度由 0%→100%→0%)每 10min 变换 1 次。空载跑合 1h 观察导管操纵的灵活性

②加载运转　制动输出轴后继续运转，按试验装置载荷能力大小来确定导管开度值，控制液力偶合器升温时间在 20min 以上，使箱体油温达到 60～70℃

③溢流阀开启压力的调定　调节节流阀控制压力，以调整供油泵溢流阀的开启压力

④供油泵流量检测　额定转速下从流量计 8 中读出供油泵的流量

⑤振动测量　去掉制动杠杆，在额定转速下测定导管开度为 100%、50%、0%时输入、输出端垂直、水平、轴向振动值。记入各点的最大值。振动最大值应符合下表的规定

⑥噪声测量　在额定转速下导管开度 100%时，在液力偶合器外壁测量点径向水平距离 1m 处，以噪声计测定

⑦滑动轴承温度测量　从各滑动轴承测温点的测温元件测得

⑧过热试验的密封检查　在输出轴上再次加入制动杠杆后继续运转，靠自身转速差加热到液力偶合器允许最高油温的 110%后，检查供油泵盖、输入轴、输出轴和法兰接头等处是否有渗油、漏油现象

振动最大值

液力偶合器额定输入转速/$r \cdot min^{-1}$	750	1000	1500	3000	4000	5000	6000
振动最大值(≤)/μm	320	200	140	75	60	45	40

续表

<table>
<tr><th colspan="2">名称</th><th>说　明</th></tr>
<tr><td rowspan="3">性能试验</td><td></td><td>凡属下列情况之一者，必须进行性能试验：试制的新产品、老产品的改型或转产、定期抽检、国外进口产品的检测</td></tr>
<tr><td>性能试验装置</td><td> 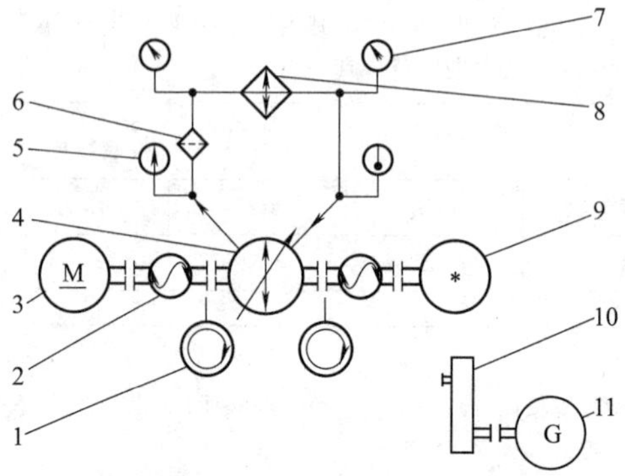图(b)　调速型液力偶合器性能试验装置简图
1—转速仪；2—转矩仪；3—直流电动机；4—被试液力偶合器；5—温度计；6—过滤器；
7—压力表；8—冷却器；9—电涡流测功机；10—增速箱；11—发电机
仪表精度
<table>
<tr><th>测量参数</th><th>力矩</th><th>转速</th><th>压力</th><th>温度</th><th>流量</th></tr>
<tr><td>精度</td><td>±0.5%</td><td>±0.35%</td><td>1.5级</td><td>1.5级</td><td>±0.5%</td></tr>
</table></td></tr>
<tr><td>性能试验方法及步骤</td><td>①空载损失试验　在液力偶合器输出轴空载下，测定导管开度为0%和100%时的输入力矩 T_{10} 和转速 n_{10}，以计算空载损失效率
②加载试验　依次按导管开度0%、10%、20%、30%、40%、50%、60%、70%、80%、90%、100%逐点加载荷测定液力偶合器 T_2-n_2 外特性。并测定出导管开度100%、$S=3\%$（额定转差率）时液力偶合器效率 $\eta=\frac{T_2n_2}{T_1n_1}$</td></tr>
<tr><td colspan="2">可靠性试验</td><td>调速型液力偶合器可靠性试验有两种方式可供选择：一是在应用现场以平均无故障工作时间（MTBF）进行考核；另一是模拟产品使用工况采用台架强化试验方法，使液力偶合器在允许最高油温的110%温度下以额定转速的105%转速，连续空转1h，以考核其可靠性
大型液力偶合器（包括液力偶合器传动装置）的可靠性试验因能耗高而只能在应用现场考核</td></tr>
</table>

4.6　液力偶合器选型、应用与节能

调速型液力偶合器的应用见表19-4-58。众多应用实例表明，调速型液力偶合器可节约电能20%～40%，被国家列为推广应用的节能产品。限矩型液力偶合器因其可使电动机降低机座号而节能，亦被国家列为推广应用的节能产品。限矩型液力偶合器应用领域与效益见表19-4-59。

表19-4-58　　调速型液力偶合器的应用领域与效益

行业	应用调速型液力偶合器调速的设备	用途与效益
电力	锅炉给水泵、循环水泵、热网循环泵、灰渣泵、煤浆泵、核电厂钠泵、风扇式磨煤机、锤式碎煤机、锅炉送风机、锅炉引风机、冷却风机、压缩机、带式输送机	①平稳空载启动 ②无级调速，满足工艺要求 ③减缓冲击扭振，避免汽蚀 ④多机驱动并车 ⑤延长设备寿命，降低设备故障率 ⑥节能20%～40%

续表

行业	应用调速型液力偶合器调速的设备	用途与效益
钢铁	转炉除尘风机、铁水预处理除尘风机、高炉鼓风机、高炉除尘风机、化铁炉鼓风机、初轧厂均热炉风机、加热炉引风机、电炉除尘风机、焦化厂拦焦车及装煤车除尘风机、焦化厂煤气鼓风机、烧结厂排烟风机、球团竖炉煤气鼓风机、二氧化硫风机，压缩机、冲渣泵、除鳞泵、供水泵、污水泵、泥浆泵、排水泵、带式输送机	①平稳空载启动 ②无级调速，满足工艺要求 ③减缓冲击扭振，避免风机喘振 ④风机低转速冲洗叶轮维护 ⑤延长设备寿命，降低设备故障率 ⑥提高产量 ⑦节能20%～40%
有色冶金	铜冶炼转炉鼓风机、镍冶炼炉排烟风机和鼓风机、铝厂焙烧窑窑尾风机、锌冶炼鼓风机和除尘风机、铝矿场泥浆泵、供水泵、压缩机、污水泵、带式输送机	
水泥	回转窑窑头和窑尾风机、立窑罗茨鼓风机、矿山生料浆体输送泥浆泵、带式输送机、供水泵、除尘风机	①轻载平稳启动 ②无级调速，满足工艺要求 ③减缓冲击，隔离扭振 ④延长设备寿命，降低故障率 ⑤提高产量 ⑥节能15%～35%
矿山	带式输送机、泥浆泵、渣浆泵、油隔离泵、压缩机、各种风机水泵、化学矿山渣浆泵、压缩机、给排水泵、矿井主扇风机	①无级调速，满足工艺要求 ②平稳空载启动 ③多机驱动并车 ④液力减速制动 ⑤节能15%～35%
化工	苯酐车间原料风机、化工厂供水泵、污水泵、酶制剂搅拌机、化肥造粒机、带式输送机、原料破碎机、硫酸风机、煤气风机	①无级调速，满足工艺要求 ②改善传动品质 ③节能15%～35%
轻纺造纸	造纸厂碱液回收锅炉风机、纺织厂空调风机、豆粕滚压机、制糖厂甘蔗渣煤粉锅炉风机	①无级调速，满足工艺要求 ②改善传动品质 ③节能10%～25%
石油化工	气体压缩机、压注泵、注水泵、管道输送泵、加料泵、管道压缩机、水处理泵、装船泵、原油加载泵、制冷压缩机、二氧化碳压缩机、丙烷压缩机、加氢装置、氢循环装置、湿气装置、炼油厂油泵、石油钻井机、钻井柴油机冷却风扇	①无级调速，满足工艺要求 ②改善传动品质 ③节能20%～40%
煤炭	带式输送机、下运带式输送机、选煤厂除尘风机、矿井主扇风机、水力采煤高压水泵	①无级调速，满足工艺要求 ②协调多机、均衡驱动 ③轻载平稳启动 ④节能10%～25%
交通	内燃机主传动及冷却风扇调速、调车机车传动、地铁空调机、船用主机调速和并车	①无级调速，满足工艺要求 ②协调多机均衡载荷同步运行 ③轻载平稳启动，平稳并车 ④节能10%～20%
市政	自来水厂供水泵，市政污水泵，高层建筑给水泵，垃圾污泥泥浆泵，垃圾电厂风机、水泵，中水处理水泵，煤气鼓风机，小区供热锅炉房风机、水泵、热网循环泵	①无级调速，满足工艺要求 ②改善传动品质 ③节能10%～20%
军用设备	军用车辆冷却风扇调速、战地油泵车	①无级调速，满足工艺要求 ②改善传动品质 ③节能

表 19-4-59　　限矩型液力偶合器应用领域与效益

行业	应用限矩型液力偶合器的设备	用途与效益
矿山	球磨机、棒磨机、破碎机、给料机、滚筒筛、带式输送机、刮板输送机、挖掘机、斗轮挖掘机、斗轮堆取料机、浓缩机、提升机、提升绞车、卷扬机、风机、水泵、压滤机	轻载启动、过载保护、减缓冲击、隔离扭振、协调多机均衡负荷、柔性制动、节能
电力	带式输送机、磨煤机、斗轮堆取料机、破碎机、碎渣机	
冶金	带式输送机、钢板吊装机、锻造给料机、桥式起重机、门式起重机、挖掘机、磨煤机、校直机、吊车卷缆机构	
煤炭	刮板输送机、带式输送机、转载机、刨煤机、翻车机、破碎机、给煤机、螺旋输送机、提升绞车、龙门式卸煤机、螺旋卸煤机	
石油	泥浆分离机、抽油机、抽油泵、石油钻机、近海石油作业船	
制革	制革转鼓、透平式干燥机、振荡拉软机、制革划槽	
建筑	塔式起重机、混凝土搅拌机、稳定土搅拌机、沥青搅拌机、平地机、铺路机、压路机、门式起重机、制砖机、破碎机、带式输送机	
建材	水泥球磨机、陶瓷球磨机、破碎机、炼泥机、拉拔机、校直机、带式输送机、链式提升机、钢筋拉直机、钢筋预应力牵引机、拉丝机	
食品制药	风机、离心机、淀粉分离机、榨糖机、埋刮板输送机、门式起重机、啤酒罐装机、水泵	
邮电	邮包分拣机、悬挂式输送机	
化工	砂磨机、化肥造粒机、化肥裹药机、干燥机、离心机、带式输送机、风机、水泵、捏合机、混料机	
港口	带式输送机、卸煤机、翻车机、输粮机、输煤机、塔式起重机、门式起重机、埋刮板输送机、螺旋输送机、集装箱吊装机	
纺织	气流纺纱机、梳理机、梳棉机、梳毛机、粗纱机、条卷机、并卷机、合绳机	
游艺	各类旋转式游艺机、滑雪场拉升机、高山滑车	
交通水利	运河船闸开启机、铁路地基挖掘机、机场扫雪车、汽车厂悬挂式输送机、车库门启闭机、门式起重机、塔式起重机、地铁空调机	
轻工造纸	洗毯机、洗涤机、脱水机、回转式广告灯具、烟草烘干机、玻璃破碎机、造纸输送机、刨花板铺设机、木柴吊装机、木柴旋切机、木柴撕碎机、树皮分离机、涂料搅拌机、涂料甩干机	
铸造	混砂机、喷丸机、门式起重机、空压机	
橡塑机	注塑机、挤出机、炼胶机、拔丝机	
其他	大型车床、冲压机、空压机、爬墙机器人吊缆张紧装置、机场飞机拦截张紧装置	

4.6.1　液力偶合器运行特点

液力传动由于利用液体在主动、从动件之间传递动力、为柔性传动，具有自动适应性。在传动运行中可有以下特点。

① 能使电机空载起步，由于 $T\propto n_1^2$ 缘故，使之不管调速型还是限矩型液力偶合器均具空载起步特点，在由静到动的起步瞬间（$n=0$，$T=0$），电动机只带泵轮空载启动，且转速迅速上升，按力矩与转速平方成正比关系，泵轮与涡轮力矩（两者力矩恒等）迅速提高，当涡轮力矩等于载荷启动力矩后，则涡轮带动载荷设备缓慢起步并升速。故电动机空载起步，而对载荷设备却可满载、平稳启动和加速。图 19-4-41 为有、无液力偶合器的启动比较。图中带有下角标“D”者为电机直接启动；带有下角标“0”者为装有限矩型液力偶合器的电机启动，可见 n_0 与 n_D 有明显的不同。

② 可以提高电动机的启动能力，可以克服异步电动机启动力矩低的缺点，可利用电动机的尖峰力矩去启动载荷。图 19-4-41 中输出转速为零时，T_0 明显大于 T_D，故可降低电动机机座号。

③ 对电动机和工作机均有良好的过载保护性能。匹配得合适，即使在工作机卡住不转时，动力机仍能带动泵轮照常转动，并不超载、不失速、不堵转，从而保护电动机不烧毁（或内燃机不熄火），以及传动部件免于损坏。

④ 降低启动电流的持续时间和减小启动电流平均值。没有液力偶合器时启动电流持续时间长，装液力偶合器后，由于电动机不是直接带动载荷而使启动电流很快降低下来（I_D 与 I_0），因而缩短了启动电流的持续时间。

⑤ 在多电动机驱动时可以平衡功率，便于多机驱动，并可顺序延时启动，使各电动机启动电流相互错开不叠加，大大降低总启动电流峰值。

⑥ 减缓冲击，隔离扭振，保护设备与传动部件，延长设备使用寿命。

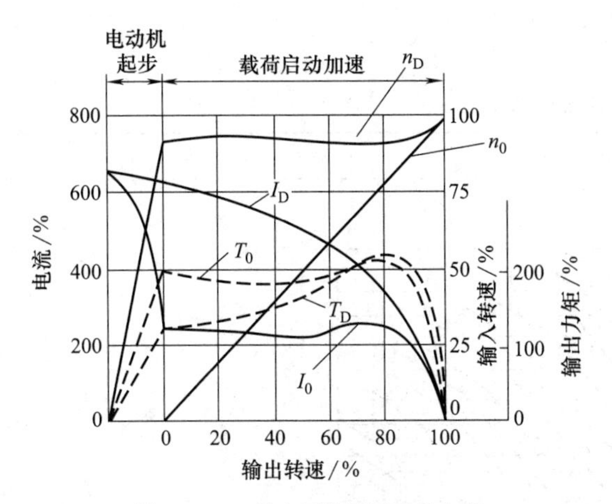

图 19-4-41 装与不装限矩型偶合器的电机与载荷启动过程

⑦ 调速型液力偶合器可无级调速，既可机旁手操作，又易于实现远程控制和自动控制。

⑧ 维护方便，可长时期无检修地运行，而且由于主、从动件不接触，没有机械摩擦，所以寿命长，寿命周期效益高。液力偶合器传动效率高，额定工况时为 0.97 左右。

⑨ 应用在工作机为叶片式机械的传动系统中，调速型液力偶合器可以有显著的节能效果；限矩型液力偶合器在合理匹配下，由于降低电动机机座号也有节能效果。

⑩ 液力偶合器传递功率与输入转速、循环圆直径的三、五次方成正比，故在高转速、大功率下其体积小、性能好的优越性是机械传动、液压传动和电气传动无法相比的。液力偶合器适于与高、低电压的异、同步电动机匹配使用，特别是在高电压、大容量电动机的调速传动中占有主要地位。

液力偶合器在传动中的特点是不能增大或减小传递的力矩，也不能增速。缺点是在运转中随着负载的变化，转速比也相应变化，因此不可能有精确的转速比。

为了说明液力偶合器在传动系统启动过程中的良好作用，这里介绍某公司做过的很有趣的试验。试验中分别以电动机加装 $FB_{0.85C}$ 限矩型液力偶合器和直接用电动机两种方式驱动直径为 710mm，宽 500mm，飞轮 $GD^2=1540N\cdot m^2$（$157kgf\cdot m^2$）的圆盘，进行启动特性试验（图 19-4-42）。

当直接用电动机驱动圆盘时，其启动特性曲线如图 19-4-42 的上半部，启动电流 400A。持续时间长达 12.8s，启动力矩也比较大（最大值达 590N・m）。当加装 $FB_{0.85C}$ 液力偶合器时，由图 19-4-42 的下半部可见，启动 3s 后启动电流由 400A 降至 100A，启动力矩也小（小于 343N・m），并随着涡轮转速的上升，启动力矩降至 196N・m 左右。当启动完毕，两种情况的力矩与电流均接近相等。图中可见采用液力偶合器后电动机（及泵轮）与载荷（及涡轮）分为两步启动（分别以 n_B 与 n_T 起步和升速），且使电动机空载起步。

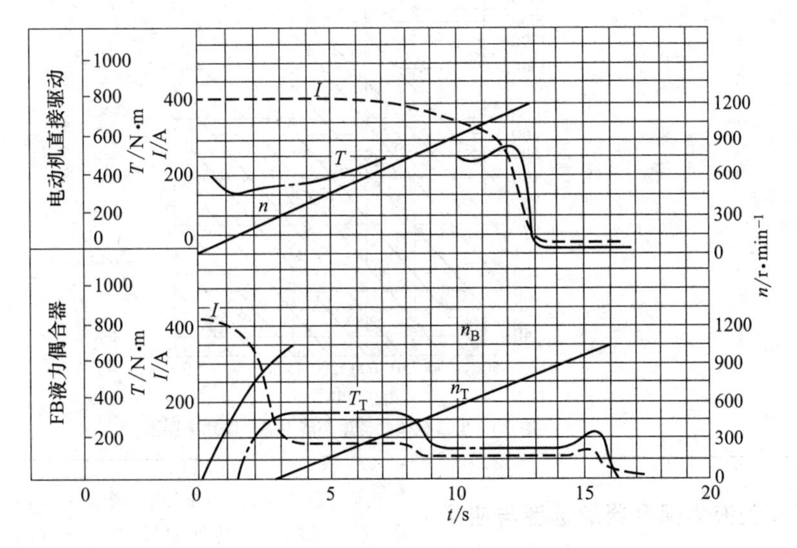

图 19-4-42 启动特性试验

I—电流曲线；T，T_T—电动机、液力偶合器输出力矩曲线；

n，n_B，n_T—电动机、泵轮、涡轮转速曲线

4.6.2 液力偶合器功率图谱

表 19-4-60 液力偶合器功率图谱

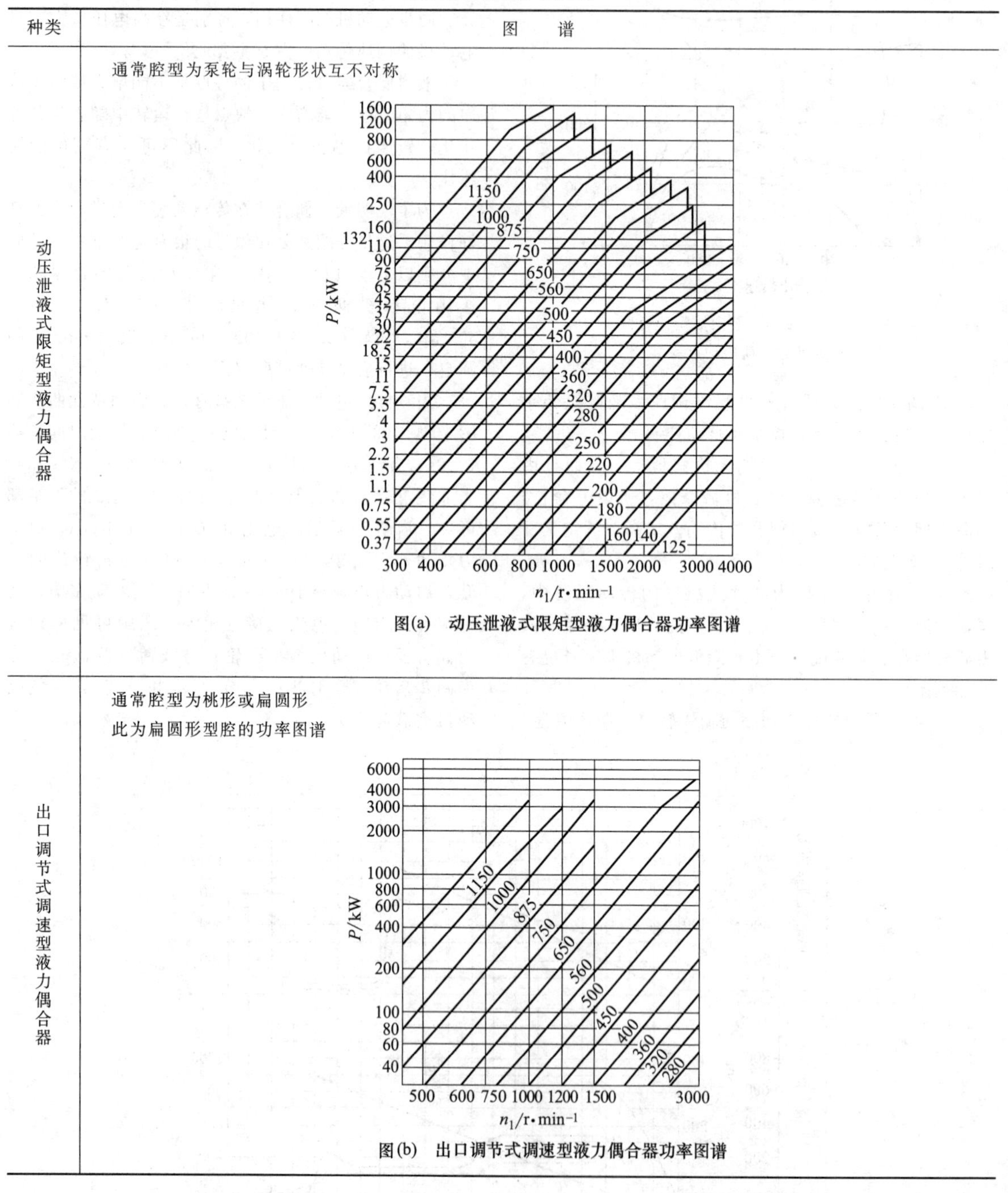

种类	图谱
动压泄液式限矩型液力偶合器	通常腔型为泵轮与涡轮形状互不对称 图(a) 动压泄液式限矩型液力偶合器功率图谱
出口调节式调速型液力偶合器	通常腔型为桃形或扁圆形 此为扁圆形型腔的功率图谱 图(b) 出口调节式调速型液力偶合器功率图谱

4.6.3 限矩型液力偶合器的选型与应用

4.6.3.1 限矩型液力偶合器的选型

(1) 限矩型液力偶合器与电动机的匹配

① 保证传动系统的高效率。应使液力偶合器额定工况的输入特性曲线 $T_n=f(n_B)$ 与电动机外特性曲线交于额定工况点。或使液力偶合器额定力矩与电动机的额定力矩相等或接近。

② 对电动机的保护功能。应使液力偶合器零速

工况 i_0 的输入特性 $T_0=f(n_B)$ 曲线交于电动机尖峰力矩外侧的稳定工况区段上。这样，工作机因载荷过大而发生堵转时，电动机也不会堵转而烧毁。另外，液力偶合器的启动过载系数 T_{gQ} 和最大过载系数 T_{gmax} 均须小于电动机的过载系数 T_d。

③ 根据载荷性质选择液力偶合器。对于带载荷启动的工作机（如长距离的带式输送机），最好选 $\lambda_0=\lambda_{max}$ 的液力偶合器，以利用电动机的最大力矩启动载荷；对于阻力载荷小，惯性载荷占主要成分的工作机（如转子型破碎机），可选 λ_0 稍大于 λ_n 的液力偶合器；对于只起离合作用的，可选普通型液力偶合器，$\lambda_0\leqslant(4\sim5)\lambda_n$。

（2）限矩型液力偶合器与工作机的匹配

① 按工作机轴功率选择限矩型液力偶合器而不依电动机功率来选择液力偶合器，经验表明应使工作机、液力偶合器和电动机的额定功率依次递增5%左右，即

工作机∶液力偶合器∶电动机＝1.0∶1.05∶1.10

② 按工作机载荷特性选液力偶合器。如带式输送机要求启动时间长、载荷曲线平滑、过载系数低，应选用带后辅腔（或加长后辅腔）的限矩型液力偶合器。

③ 根据使用工况选择偶合器。煤矿井下使用，必须选用防爆型水介质偶合器。露天使用须选用户外型偶合器等。

④ 根据连接方式选择偶合器。电动机与工作机平行传动，应选用带轮式偶合器；立式传动应选用立式偶合器。

⑤ 根据液力偶合器与动力机、工作机连接形式而选定偶合器连接结构，例如空心轴套装式、易拆卸式等。

⑥ 多电动机驱动同一工作机时实行顺序延时启动可大幅度降低启动电流。顺序延时多长为宜，应在前一台电动机启动电流峰值降至平缓时再启动第二台电动机。通常中小型笼型电动机启动时间约为1～2.5s，可将间隔时间（即延时）设3s即可。如此可降低启动电流对电网的冲击，减低变压器的负荷。

⑦ 功率平衡及调节。多电机驱动同一工作机时，转动快的出力大，超负荷，转动慢的负荷不足，驱动系统总耗损加大。为此可调节偶合器充液量，使之达到功率平衡。

4.6.3.2　限矩型液力偶合器的应用

（1）大惯量设备的启动特性

限矩型液力偶合器多用于大惯量设备。大惯量设备是指运转部件质量大、难以启动的设备，如球磨机、破碎机、磨煤机、刮板输送机、带式输送机等均具有很大的启动惯量并难以启动，通常它们的启动力矩是额定力矩的2～3.5倍，若电动机选型不当或电压波动较大时就难以启动，甚至有时烧毁电动机。

按动力学分析，在载荷启动瞬间作用在电动机轴上的载荷启动力矩为

$$T_{ZQ}=T_c+T_a \tag{19-4-25}$$

式中　T_c——与转速无关的摩擦阻力矩，是轴承及机械接触摩擦力矩与鼓风阻力矩之和，对具体设备为常量；

T_a——载荷加速力矩，$T_a=J\varepsilon$。

加速力矩与系统的转动惯量 J 及角加速度 ε 有正比关系，或者与系统物体质量 m，加速度 a 成正比，而与载荷加速时间 t 成反比，因此载荷加速时间越短，加速力矩 T_a 和 T_{ZQ} 就越大。电动机直连传动启动时，构成冲击载荷，加速时间极短，则启动力矩很大而难以启动。若电动机拖不动则形成"闷车"而加长了启动电流持续时间，再严重时就烧毁电动机。加装液力偶合器改善了电动机启动状况，是解决上述问题的有效办法。

（2）电动机启动能力的提高

通常笼型电动机的启动力矩远小于其最大力矩，配以液力偶合器后使其联合工作的启动力矩大为增高（甚至接近电机的最大力矩），且使电动机起步瞬间接近空载启动。

动力机加装液力偶合器传动后，直接负载由工作机改为偶合器泵轮，因偶合器泵轮力矩与其转速的2次方成正比且转动惯量很小，故动力机近似等于带偶合器泵轮空载启动，所以启动轻快平稳、启动时间短、启动电流均值低、对电网冲击小，启动性能得以改善。涡轮启动后输出力矩立即升高（见图19-4-41）。

图19-4-43（a）为电动机带偶合器泵轮启动状态，泵轮与电动机转子同步升速，若外载荷阻力足够大，则泵轮沿 oem（$i=0$）上升与电动机特性曲线交于 m 点，此时涡轮力矩为 om'，若阻力较小，则 T_T 为 $oq's'$ 曲线至 b' 点，稳定运行。图19-4-43（b）为电动机与偶合器（涡轮）联合输出特性曲线。可见加装液力偶合器后：①偶合器输出力矩 om' 远大于电动机启动力矩 oq；②工作机启动时的加速力矩 ΔT_2 远大于电动机直接驱动时的加速力矩 ΔT_1。因此既利于电动机的空载启动，而又增大其启动能力。

（3）限矩型液力偶合器的节能效果（表19-4-61）

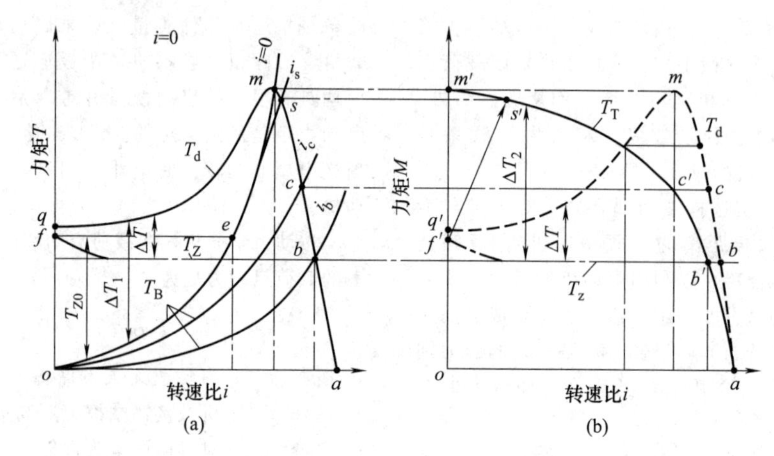

图 19-4-43 装与不装液力偶合器电动机启动特性分析

T_Z—工作机负载力矩；T_d—电动机转矩；T_B—偶合器泵轮力矩；T_T—偶合器涡轮力矩；

ΔT_1—电动机带偶合器启动时其转子与偶合器泵轮的加速力矩；

ΔT_2—工作机启动时的加速力矩；ΔT—电动机直接驱动工作机时的启动加速力矩；T_{Z0}—工作机启动静阻力矩

表 19-4-61 限矩型液力偶合器的节能效果

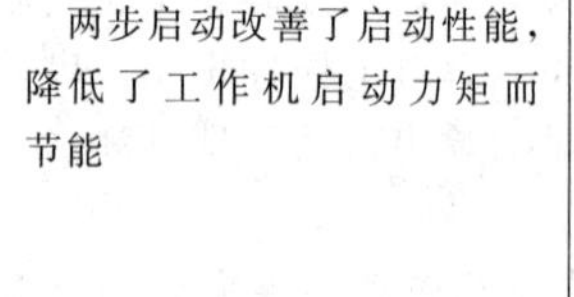 两步启动改善了启动性能，降低了工作机启动力矩而节能	在电动机与载荷之间加装液力偶合器，使原来的"直联"中间加入柔性的液力传动，变"直联"时的一步启动为两步启动。即第一步电动机带液力偶合器泵轮起步，由于液力偶合器力矩与转速平方成正比($T \propto n_1^2$)，$n_1=0$ 则 $T_B=T_D=0$。使电动机空载起步，并在轻载软启动下迅速升速。随电动机转速上升 $T_B=(T_T)$亦升高，当 $T_B=T_T \geqslant T_{ZQ}$时，涡轮带动载荷起步、升速。由电动机起步到涡轮起步为第一阶段(时间 t_1)，涡轮带动载荷起步到额定转速为第二阶段(时间 t_2)，整个启动时间 $t=t_1+t_2$。t_1为电动机启动时间，t_2为载荷起步时间。t_2取决于载荷的转动惯量 J 和角加速度 ε 及传动系统的动力状况。若加装的是限矩型液力偶合器，则启动过程为不可控的软启动，启动时间的长短取决于液力偶合器腔型结构和载荷状况。加装调速型液力偶合器则为可控的软启动，可人为控制启动时间长短，以调节加速度。如无特殊要求，一般的大惯量设备选用限矩型液力偶合器已可满足要求。加装限矩型液力偶合器后启动时间通常在 10s 左右，调速型液力偶合器可长达 2min 由图(a)可见，应用液力偶合器后提高了电动机启动载荷能力，小电动机能够启动原大电动机才能启动的载荷($T_{TQ}>T_{ZQ}$) 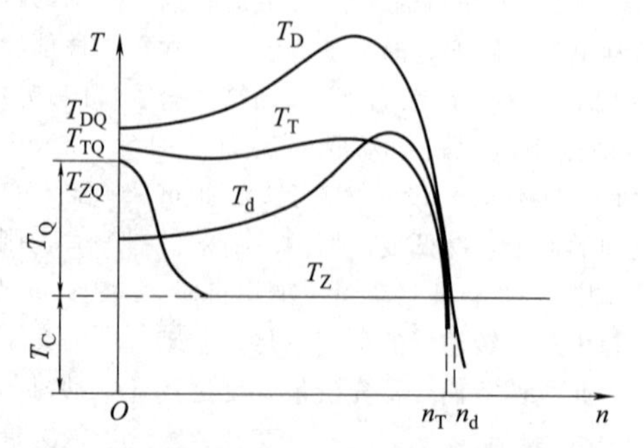 **图(a) 大惯量设备装与不装液力偶合器的特性比较** T_Z—载荷力矩曲线；T_D—直联时的大电动机特性曲线； T_d—加装液力偶合器的小电动机特性曲线；T_T—液力偶合器外特性曲线

续表

降低了启动电流及其持续时间——电动机空载启动节能	加装液力偶合器后的两步启动使电动机与载荷的启动电流相互错开、不叠加，又由于电动机空载启动后接下的是轻载软启动（$T_B \propto n_1^2$启动中转速低、力矩小，电流低），电动机升速快。所以降低了启动电流及其持续时间。与电动机直联传动相比，有明显的启动节电值[图(b)] 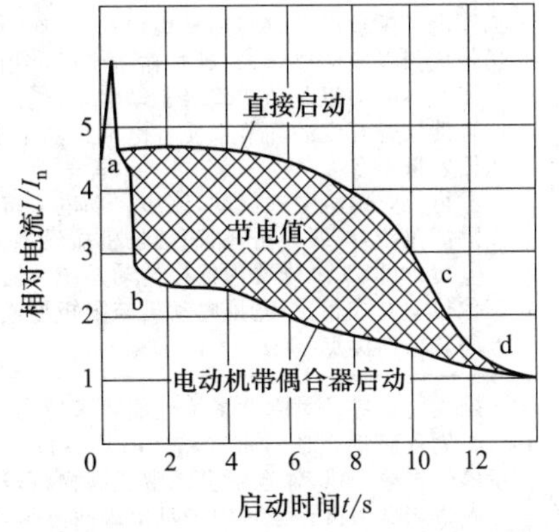 图(b)　应用液力传动电动机空载启动节能原理图
提高了电动机启动载荷的能力	在启动过程中随着电动机转速的升高，泵轮力矩亦升高，在某一转速下 $T_B = T_T \geqslant T_{ZQ}$ 时，涡轮带着载荷起步运转。可见并非以电动机的启动力矩去直接启动载荷，而是以涡轮的启动力矩（T_{TQ}）去启动载荷。故液力传动的应用，提高了电动机启动载荷的能力
匹配合理，降低装机容量而节能	加装液力偶合器，一方面使载荷启动力矩降低了，另一方面又提高了电动机启动载荷的能力，因此可降低配用电动机的机座号，应用小规格电动机即可满足大惯量设备的启动要求[图(a)]。利用涡轮启动力矩启动载荷后，在稳定运行时因接近其额定工况运行，故运行功率因数高，效率高，自身损耗（风损，铁损，铜损等）小，虽然液力偶合器有 4%左右的转差损失，但与其效益相抵后仍有较好的技术经济效益，有明显的节电效果。若选用闭锁型液力偶合器则省去转差损失，可达到 100%传动功率

（4）液力偶合器在典型的大惯量设备上的应用（表 19-4-62）

表 19-4-62　　液力偶合器在典型的大惯量设备上的应用

带式输送机	带式输送机是应用限矩型液力偶合器较多的大惯量设备。启动难、停车难和启动时的纵向振荡波是带式输送机的三大技术难题。液力偶合器的应用可以很好地解决上述难题。图(a)为带式输送机驱动系统 v　驱动滚轮　电机　液力偶合器　减速器　输送带 图(a)　带式输送机驱动系统示意

续表

带式输送机	带式输送机采用液力偶合器的优越性	①可采用廉价的笼型电机，限矩型液力偶合器与笼型电机相匹配，可使电动机空载起步，并能以其尖峰力矩去启动载荷，解决满载启动难的问题。并且合理的设计可降低电动机机座号，节约能源 ②由于限矩型液力偶合器有力矩过载保护和工作液体过热保护，可防止设备事故和烧毁电动机 ③由于延长启动时间和平稳启动，可有效地控制启动和运行中输送带的张力，从而可降低对输送带抗张强度的要求，并延长输送带的使用寿命 ④在多电动机驱动或多级驱动时，可通过对限矩型液力偶合器充液量的调节或对调速型液力偶合器导管开度的调节来使各电动机功率平衡。且可顺序延时启动，降低启动电流峰值，减低变压器容量 ⑤可使电动机空载启动，缩短启动电流持续时间，从而减少启动能耗和减弱对电网的冲击。可以隔离扭振，减缓冲击，从而延长机械设备的使用寿命 ⑥运行可靠，维修费用低。传动系统越简单，运行可靠性越高，维修费用就越低。事实证明，与其他传动方式相比，笼型电动机与限矩型或调速型液力偶合器相匹配，在可靠性和维修费用低等方面有突出优点	
	匹配设计要点	带式输送机是对驱动系统性能要求较高的大惯量设备，颇具代表性 ①满载启动　通常带式输送机均需按满载启动，尤其是长运距、大容量的带式输送机，输送带上常常载满物料，若使物料卸空是很难办到的。再者带式输送机在运转中一旦出现故障须紧急停车，再启动时即为满载启动，这是在设计中必须考虑的问题 ②延长启动时间达到平稳启动并减小输送带的启动张力　满载启动时须使启动力矩高于输送系统的静阻力矩，高出部分为加速力矩，构成系统加速度。因此为得到匀加速运动(即平稳启动)，必须保持低值加速度并避免出现加速度峰值，即应在电机热负荷允许的最长时间内使载荷启动完毕。输送带系统的加速度由式(19-4-26)确定 $$a_A=\frac{F_A-F}{\sum m} \qquad (19\text{-}4\text{-}26)$$ 为了控制启动过程，达到较好的技术经济指标，带式输送机的启动张力应满足以下要求 $$F_A \leqslant (1.3\sim1.7)F$$ 为此液力偶合器的启动过载系数 $$T_{gQ}=\frac{T_Q}{T_H}\leqslant 1.3\sim1.7$$ 为了避免输送带的伸长效应所引起的纵向振荡，启动张力 F_A 在输送带内应缓慢传递，以较小的启动加速度和较小的启动张力启动载荷，从而降低对输送带抗张强度的要求，并延长输送带的使用寿命 输送带成本在带式输送机中占较大的比重。例如，400m长的带式输送机，输送带成本占整机的40%左右，输送机越长所占比重越大。故延长启动时间、控制启动张力、对降低输送带抗张强度的要求具有一定的技术经济效益 ③为保护电动机不超载，须使液力偶合器的最大过载系数不大于电动机的过载系数，即 $$液力偶合器\ T_{gmax}=\frac{T_{max}}{T_H}\leqslant\frac{电动机最大转矩}{电动机额定转矩}=1.4\sim2.2$$ ④为避免减速器输入轴断轴，应不使其承担液力偶合器质量，而应选择安装并承担其质量在电动机轴上的液力偶合器结构形式，即 YOX_F 型液力偶合器，是带式输送机专用配套产品 按我国带式输送机行业的DTⅡ(A)型带式输送机设计手册所载，功率在45kW以上的通用带式输送机均应配用 YOX_F 型(或 YOXⅡ)限矩型液力偶合器，对于外装式电动滚筒(减速滚筒)型带式输送机，功率在18.5kW以上者即应采用限矩型液力偶合器 限矩型液力偶合器用于大惯量设备上十分明显的效果是解决了启动困难问题和降低电动机机座号，因而应用广泛，但其对载荷的软启动是自身形成而非人为可控的。因此一些对启动性能要求更高的设备(如某些带式输送机)选用调速型液力偶合器，除具有限矩型液力偶合器的优良性能外，还具有可控的软启动和无级调速性能，使启动过程时间、启动加速度值均可人为设定，满足工程项目要求。近年来，一些大型带式输送机、煤矿井下顺槽可伸缩带式输送机越来越多地应用调速型液力偶合器	F_A——驱动滚筒的启动圆周力(启动张力) F——驱动滚筒稳定工况时的圆周力 $\sum m$——输送系统的直线与旋转运动构件的总质量

续表

<table>
<tr><td rowspan="3">刮板输送机</td><td colspan="2">我国刮板输送机对限矩型液力偶合器应用最多，约占全国限矩型液力偶合器产量的60%。刮板输送机主要应用在煤矿井下输送煤炭和在火(热)电厂输送灰渣。在输送链的刮板当中堆满煤炭或灰渣，由于输送料、链条与刮板质量较大，需较大启动力矩才能启动，故属于大惯量设备</td></tr>
<tr><td>我国矿用液力偶合器现状</td><td>用于煤矿刮板输送机的限矩型液力偶合器数量最多，质量低劣。矿用液力偶合器须有防燃防爆功能，因此必须以清水(或难燃液)为工作介质，以矿物油为工作介质的液力偶合器不允许下井。矿用液力偶合器必须适应井下刮板输送机的重载启动、频繁启动与时常发生的超载运行等恶劣的井下作业条件，此为当前我国煤矿应用中的现实情况
由于当前我国液力行业多数厂家的产品质量满足不了煤矿井下作业的需要，因而使用寿命短，一般只有3～6个月，甚至有的一周左右即报废。有时因液力偶合器出现问题而停产，经济损失严重。究其原因，一是产品质量低下，二是运行中的违规操作常有发生</td></tr>
<tr><td>匹配设计要点</td><td>煤炭行业下井安全许可证明确规定，杜绝使用油介质液力偶合器。使用单位绝不可心存侥幸沿用油介质液力偶合器
①刮板输送机重载启动，要求其限矩型液力偶合器的过载系数为2.5～3.5。否则启动和超载时均满足不了使用要求
②必须应用水介质(或难燃液)液力偶合器，且易熔塞的易熔温度必选用115℃±2℃
③下井的液力偶合器须按规定装置易爆塞，壳体爆裂强度须高于3.4MPa(煤炭行业标准规定值)
④必须获得井下安全许可证的产品，方可下井使用</td></tr>
<tr><td colspan="2">球磨机</td><td>包括有磨煤机、矿山球磨机、水泥球磨机和陶瓷球磨机等。球磨机是比较典型的大惯量、启动沉重型设备，其启动力矩通常为额定力矩的2.5～3.5倍。而常用较大规格电动机(y系列)启动力矩仅为额定力矩的1.4倍，小型电动机也仅为2.2倍。为对大惯量设备能满载启动常选用大规格电动机，故而造成“大马拉小车”的欠载运行状况，如此造成稳态运行时电动机运行效率低、功率因数低、功耗大的不合理状况。应用限矩型液力偶合器即可解决上述问题</td></tr>
<tr><td colspan="2">优点及应用实例</td><td>应用液力偶合器可使设备系统分两步启动：第一步是电动机空载启动然后带动泵轮软启动，对电动机十分有利；当泵轮、涡轮力矩升高到载荷的启动力矩时涡轮起步并升速，即为第二步启动开始，直到升到额定转速时为启动完毕。第二步缓慢启动使载荷启动加速度和启动力矩大为降低。而此时由于电动机转速已升高、力矩已增大。此时载荷启动力矩降低，故使启动极为顺利。选用较小规格电动机即可满足启动要求。小规格电动机既利于启动而又在运行中因接近额定工况而提高了功率因数和运行效率，减少了功耗。有较好技术经济效益
①广东省佛山市某厂生产的QMP3000×4650陶瓷球磨机，筒体回转部分总重72t，原用4极110kW电动机启动尚有困难。而加装限矩型液力偶合器后，配用4极75kW电动机即可顺利启动和运行
②广东省某县水泥厂ϕ1.2m×4.5m水泥球磨机原为6极75kW电动机驱动，启动电流高、对电网冲击大，经常启动困难。后改为6极55kW电动机加装限矩型液力偶合器驱动，不仅启动顺利运行正常，且有明显节能效果
我国拥有各类球磨机近数十万台，如以液力传动进行技术改造，其技术经济效益相当巨大。矿山球磨机是典型的低速、重载、大功率设备，其电动机功率多为400kW以上的低速同步电动机。由于低速电动机设备笨重，价格昂贵，如以高速异步电动机加装液力偶合器和齿轮减速器进行技术改造，则其技术经济效益相当可观</td></tr>
</table>

4.6.4 调速型液力偶合器的选型与应用

调速型液力偶合器多用于风机、泵类的调速运行并有节能效果。

4.6.4.1 我国风机、水泵运行中存在的问题

① 单机效率低，国内产品比国外的效率约低5%～10%，在市场竞争条件下制造厂应极力提高产品质量。

② 系统运行效率低，据查曾有某钢铁企业机泵实际运行效率仅为6%，这是因为系统单机匹配选型不当，裕度系数过大和不合理的调节方式所造成。

裕度系数过大由两方面造成：一是设计规范的裕度系数过大，"宽打窄用"；另一是单机选型过大，向上靠挡，宁大勿小。最终造成整套系统"大马拉小车"欠载运行的不合理匹配状况。

图19-4-44中A点是额定点（高效点），由于机泵选型过大（流量Q_A过大），需节流调节流量使运行点偏离至B点降到所需流量Q_B，则机泵效率由η_{max}降到η_B，浪费能源。若采用调速调节流量至Q_B，则可仍保持机泵的高效率而节约能源。

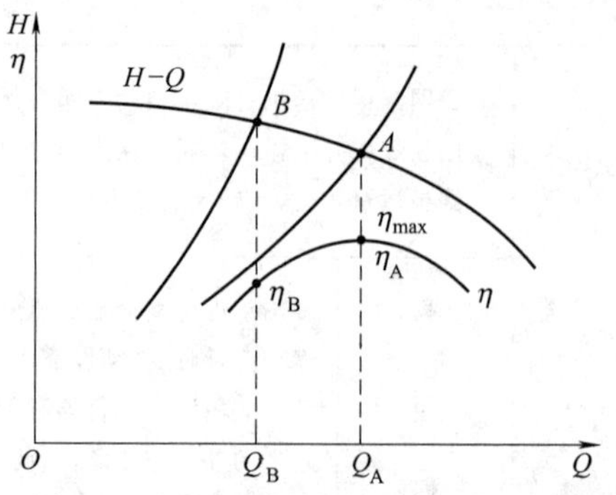

图19-4-44　机泵偏离额定点运行时的效率

③ 大多数企业仍在沿用落后技术——管道闸阀节流方式，先进的调节方式应用尚少。若改为调速调节可节能20%～40%。

④ 运行管理粗放，风机放空，水泵回流，跑、冒、滴、漏现象随处可见，使能源浪费严重。专家认为加强管理可拿回10%能源。

因此，大力开展机泵节能改造，刻不容缓，利国利民。

4.6.4.2 风机、水泵调速运行的必要性

表19-4-63　风机、水泵调速运行的必要性

节能的要求	设计规范过大的流量、压头裕度系数使在线运行的机泵参数均远大于所需，通常以节流调节纠正过大的流量造成能源浪费，而变速调节的应用就会节省这部分能源。在大幅度调小流量时，调速调节又比节流调节节约更多的能源。故调速运行是风机、水泵节能的重要途径
灵活选型的需要	风机、水泵规格型号不可能太多，很难与项目所需参数吻合，靠上一挡选型裕度太大，靠下一挡选型又容量不足。采用调速运行可以为选型带来方便
工艺流程调节的需要	锅炉是火(热)电厂的重要动力设备，其运行的好坏与工艺流程调速节能直接关联。尤其是循环流化床锅炉，由于结构和燃烧机理复杂，如若调节控制不当，就难以达到理想燃烧状态。例如炉内燃烧的供氧量由一、二次风机调控，要求一、二次风量要有恰当的比例，此比例与燃烧成分、炉型等因素有关，故一、二次风机均须调速运行。炉膛压力由引风机调控；负荷由燃烧量与风量调控；床温由反料量与风量、燃烧量调控；这些调控均关联着送、引风机风量的调控，风量调控的好坏直接影响到电厂的技术经济效益，故风机须与有关设备联控调速运行
自动化控制的需要	电厂锅炉采取自动控制十分重要，这就要求锅炉辅机风机、水泵联网控制、调速调节流量，提高锅炉运行的技术经济效益

4.6.4.3 各类调速方式的比较

对于交流电动机拖动的工作机，其转速表达式通常可以写成

$$n=n_D i_C i \quad (19\text{-}4\text{-}27)$$

$$n_D=n_0(1-S)=60f/p(1-S)$$

$$i=n_T/n_B=1-S_T$$

式中　n_D——电动机转速；

i——调速装置输出/输入转速比；

i_C——机械传动装置的转速比。

故

$$n=60f/p(1-S)i_C(1-S_T) \quad (19\text{-}4\text{-}28)$$

式中　f——电动机用电频率，Hz；

p——电动机极对数；

S——电动机转差率；

S_T——调速装置转差率。

由式（19-4-28）可见，由交流电动机拖动的工作机转速调节由以下参数变化决定：

① 改变电动机用电频率f，如变频调速；

② 改变电动机极对数 p，如变极调速；

③ 改变电动机转差率 S，如定子调压调速、转子串电阻调速、串级调速；

④ 改变调速装置转差率 S_{T}，如电磁滑差离合器调速、液力偶合器调速、液黏调速离合器调速。

除液力偶合器和液黏调速离合器为机械调速方式外，其他均为电气调速方式。在电气调速方式中，电磁滑差离合器为独立的单体调速装置，其他均为控制电动机调速。变极调速、变频调速和定子调压调速，三者属于笼型电动机调速；转子串电阻调速和串级调速属于绕线型电动机调速。

表 19-4-64 为各类调速方式的比较，其中应用较为广泛的是变频调速和液力偶合器调速。

表 19-4-64　　各类调速装备技术经济性能比较

调速装置	调速原理	可靠性	转差损失	调速范围/%	调速精度	传递功率	功率因数		谐波污染	使用维护	总效率		初始投资
							100%转速	50%转速			100%转速	50%转速	
变极调速	改变电动机极对数	决定于换极开关	小	有级调速	高	各种功率	0.9	0.9	无	简易	0.95		低
变频调速	改变频率 f	决定于元件质量	小	14.3～100	高	中小功率	0.9	0.3	最大	技术水平要求高	0.95	0.8	最高
变压调速	改变电压 u	较高	有，不能回收	80～100	一般	小功率	0.8	—	较大	较简易	0.95	—	较低
串级调速	改变转差率 S	较高	有，能回收	50～100	高	中小功率	0.77	0.4	较大	技术水平要求较高	0.95	0.83	较高
转子串电阻调速	改变转差率 S	较高	有，不能回收	50～100	一般	各种功率	0.9	0.65	无	技术水平要求较高	0.95	0.5	低
电磁滑差离合器	改变转差率 S	高	有，不能回收	10～100	一般	小功率	0.9	0.65	无	技术水平要求较高	0.95	—	低
液力偶合器调速	改变偶合器转差率 S	高	有，不能回收	20～97	较高	无限制	0.9	0.65	无	较简便	0.97	0.5 $T=c$ 0.8 $T\propto n$	较低
液黏调速	改变离合器转差率 S	较高	有，不能回收	0～100	较高	中小功率	0.9	0.65	无	技术水平要求较高	1		较低

注：T 为力矩，c 为常数，n 为转速。

4.6.4.4　应用液力偶合器调速的节能效益

表 19-4-65　　应用液力偶合器调速的节能效益

匹配合理，降低装机容量	由于调速型液力偶合器可使电动机带大惯量载荷空载启动，因而电动机选型时可适当降低安全系数，避免"大马拉小车"现象。与原来的刚性传动相比，最低可降低一个电动机机座号，装机容量约降低10%～25%。由于匹配经济合理，所以节能
降低电动机启动功率消耗	因液力偶合器解决了大惯量机械的启动困难问题，所以电动机的启动电流均值低，启动电流持续时间短，对电网冲击小，启动时耗用功率低。特别是对于多机驱动设备，由于应用液力传动可以使各电动机顺序延时启动，因而避免了多电动机同时启动对电网的冲击，降低了启动电流，对于启动时间长、启动频繁的机械，使用液力偶合器节能显著

续表

降低设备故障率，提高设备使用寿命	因液力偶合器具有柔性传动、减缓冲击、隔离扭振、过载保护等功能，所以应用液力偶合器传动能提高传动品质，降低设备故障率和延长设备使用寿命。例如，除尘风机使用一段时间后，就会因叶片结垢而失去平衡。而应用液力偶合器调速，可以在低转速下用高压水冲洗叶片，这样就能使风机经常在平衡状态下运转，使用寿命得以提高。再如渣浆泵的叶轮磨损量与其转速的立方成正比，应用液力偶合器调速，在不需要高流量时，使渣浆泵降速运行，故可降低叶轮磨损和提高使用寿命
提高产量	应用液力偶合器调速之后，因降低了设备故障率和停工时间，故产量随之增加。例如，上钢三厂在25t转炉除尘风机上使用调速型液力偶合器调速运行，风机大修期由原每次329炉提高至每次898炉，每年因减少停工而增产2360.7t钢，所回收的煤气纯度和质量均有所提高
调速调节节能	以上四个方面的节能和效益，任何设备应用液力偶合器传动均能获得。而调速调节节能却只有在离心式机械上应用才能获得。离心式机械的流量与转速的一次方成正比，而功率与转速的立方成正比，所以降速之后，功率大幅度降低。而恒力矩机械应用液力偶合器不仅不节能，反而会因功率降低而耗能

4.6.4.5 风机、泵类调速运行的节能效果

节能是一种相对概念，在完成相同产量情况下，乙比甲减少了能源消耗，则乙相对于甲就是节能产品。随着技术进步，节能产品的概念非一成不变的，风机、泵类调速运行的节能效果，是与节流调节的耗能比较的结果。所谓节流调节，就是用关小阀门开度提高管网阻力办法来调节流量。

不改变管网曲线，通过改变风机、水泵的转速从而改变特性曲线来进行流量调节的称为调速调节，调速调节能够节能，这是由离心式风机、水泵自身的特性决定的。

当离心式风机、水泵的转速从 n 改变到 n' 后，其流量 Q、压头 H 及功率 P 的关系如下

$Q'/Q=n'/n$，$H'/H=(n'/n)^2$，$P'/P=(n'/n)^3$

即流量与转速的1次方成正比，压头与转速的2次方成正比，功率与转速的3次方成正比。由此可见，若风机、水泵等离心式机械的转速降低1/2，则功率降低为原来的1/8。许多变工况运行的风机、水泵，采用调速运行其节能效果相当显著。在图19-4-45中，当流量由 Q_1 降至 Q_2，若用节流调节，所耗功率相当于 OH_2BQ_2 所围起来的面积，而采用调速调节，则所消耗功率相当于 OH_3CQ_2 所围起来的面积，两者比较，阴影斜线部分相当于节省功率，显然节能相当可观，而且流量调节幅度越大，节能越高。

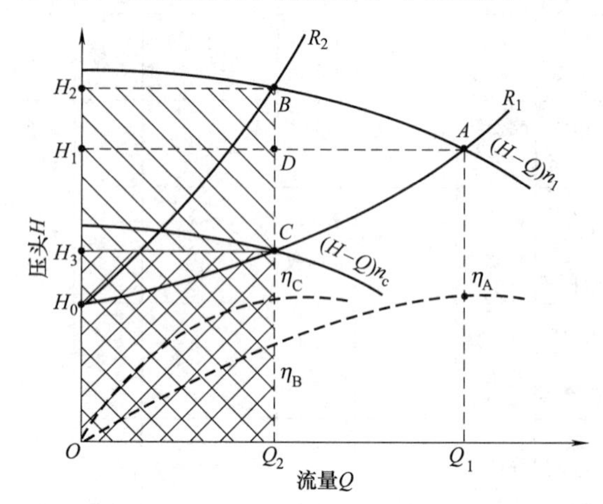

图19-4-45　水泵节流调节与调速调节耗能比较

4.6.4.6 风机、泵类流量变化形式对节能效果的影响

表19-4-66　风机、泵类流量变化形式对节能效果的影响

风机、泵类流量变化形式	恒流量型	流量基本不需要调节
	中低流量变化型	流量变化范围低于50%～100%，见图(a) 转速/% 100 50 0 时间 图(a)　中低流量变化型

续表

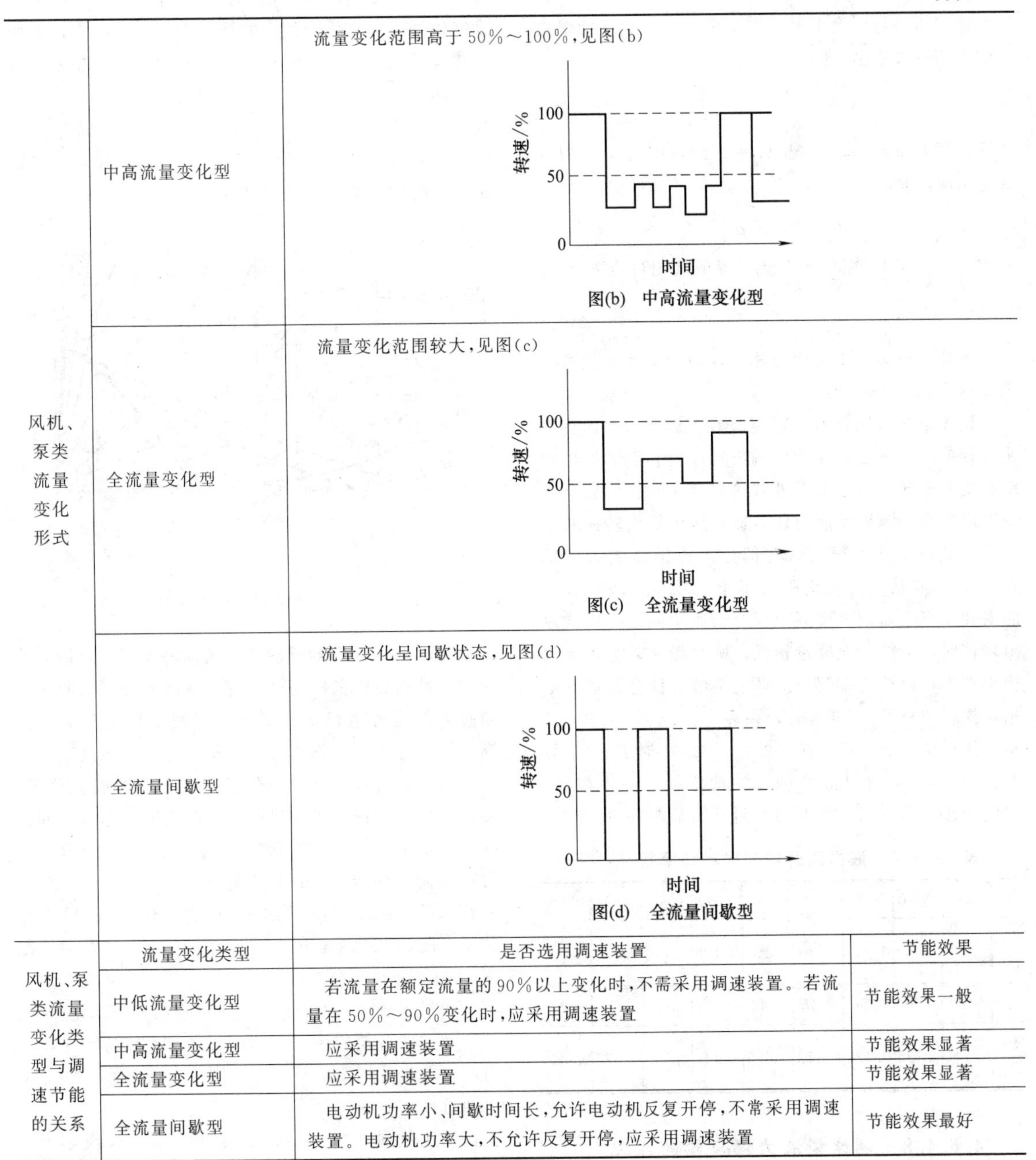

风机、泵类流量变化形式	中高流量变化型	流量变化范围高于 50%～100%，见图(b) 图(b)　中高流量变化型
	全流量变化型	流量变化范围较大，见图(c) 图(c)　全流量变化型
	全流量间歇型	流量变化呈间歇状态，见图(d) 图(d)　全流量间歇型

风机、泵类流量变化类型与调速节能的关系	流量变化类型	是否选用调速装置	节能效果
	中低流量变化型	若流量在额定流量的 90%以上变化时，不需采用调速装置。若流量在 50%～90%变化时，应采用调速装置	节能效果一般
	中高流量变化型	应采用调速装置	节能效果显著
	全流量变化型	应采用调速装置	节能效果显著
	全流量间歇型	电动机功率小、间歇时间长，允许电动机反复开停，不常采用调速装置。电动机功率大，不允许反复开停，应采用调速装置	节能效果最好

4.6.4.7　调速型液力偶合器的效率与相对效率

液力偶合器特性之一是效率等于转速比（即 $\eta=i$），不管是调速型还是限矩型液力偶合器均有此特性。但在谈及功率损耗则另有一番状况。对于恒力矩载荷的调速，相对损耗功率等于 1 减去效率（即 $\overline{P}_S=1-i=1-\eta$），即最大损耗功率在 $i=0.33$ 点，其值为全功率的 0.67。对于风机、水泵（$P\propto n^3$）类型载荷，相对损耗功率 $\overline{P}_S=i^2-i^3$，最大值在 $i=0.66$ 点，$\overline{P}_{Smax}=0.148$（理论值），即最大损耗功率为额定功率的 0.148 倍。损耗功率值在 $i=0\sim0.97$ 区间上呈正态分布规律，在 $i=0.66$ 点有极值。在 $i=0$ 和 $i=0.97$ 处损耗功率极少。因此，风机、水泵在低转速比运行时，虽然效率不高，但因输入功率小，损耗功率很少，故仍有调速节能意义。

为了避免人们把风机、水泵调速运行中的损耗功率与效率等同看待，液力传动中特引入一个相对效率的概念。

额定功率与任意工况损失功率之差与额定功率之比称为相对效率$\overline{\eta}$，即

$$\overline{\eta}=\frac{P_H-P_S}{P_H}=1-\frac{P_S}{P_H} \qquad (19\text{-}4\text{-}29)$$

显然，最大损失功率工况（$i=2/3$），即为最低相对效率工况，此时

$$\overline{\eta}_{min}=1-\frac{P_{Smax}}{P_H}$$

将$P_{Smax}=0.148P_H$代入上式，得最低相对功率

$$\overline{\eta}_{min}=1-\frac{0.148P_H}{P_H}=0.852$$

因此，与额定工况运行相比，液力调速的相对效率范围为0.852～0.97。

调速型液力偶合器与限矩型液力偶合器在运行中输入转速基本不变，在较低输出转速时它们的损耗功率有明显不同。这是由于外载荷的变化和工作腔充液量不同所致。限矩型液力偶合器在较低输出转速时工作腔充液量变化不很大（有部分工作液体泄入辅助腔），其泵轮从动力机仍吸收不小的功率，故有较大的损耗功率。而调速型液力偶合器则不同，在较低输出转速时，工作腔充液量较低，则泵轮从动力机吸收较小功率，损耗功率较小。调速型液力偶合器运行中相对损耗功率见表19-4-67，在额定工况$i=0.97$时，相对损耗功率$P_S/P_H=0.029$，$i=0.66$时P_S/P_H最大值为0.148，可见液力调速的功率损失并不很大，在低转速比的调速状态下仍有明显的节能效益。

表 19-4-67 液力调速相对损耗功率状况

i	1.0	0.97	0.95	0.90	0.85	0.80	0.75	0.70	0.66
$\frac{P_S}{P_H}$	0	0.029	0.045	0.081	0.108	0.128	0.140	0.147	0.148
i	0.60	0.55	0.50	0.45	0.40	0.35	0.30	0.25	0.20
$\frac{P_S}{P_H}$	0.144	0.136	0.125	0.112	0.090	0.08	0.063	0.047	0.032

4.6.4.8 调速型液力偶合器的匹配

调速型液力偶合器与异步电机匹配使用，适用范围很广，归纳起来可适用于图19-4-46所示五类典型的载荷。调速型液力偶合器应用于不同类型载荷，会有不同的工作区域和调速范围。图中纵坐标$T_K=T/T_H$为相对力矩，T为载荷力矩，T_H为额定转差率下偶合器输出力矩。各条细实线为在不同导管开度时偶合器的特性曲线。图中分为四个区域：Ⅰ、Ⅳ为启动区域；Ⅱ为调速工作区域；Ⅲ为超载区域。5条粗实线为各类典型载荷的特性曲线：曲线1为递增力矩曲线，力矩随转差率的上升而增加。例如输送高黏度液体的泵的特性曲线。曲线2为恒力矩曲线，例如带式输送机、斗式提升机的载荷特性。曲线3为递减力矩曲线，例如调压运行的锅炉给水泵载荷特性。曲线4为抛物线力矩曲线，例如无背压运行的透平式风机、水泵载荷特性。曲线5为陡降力矩曲线，例如恒压运行的锅炉给水泵载荷特性。

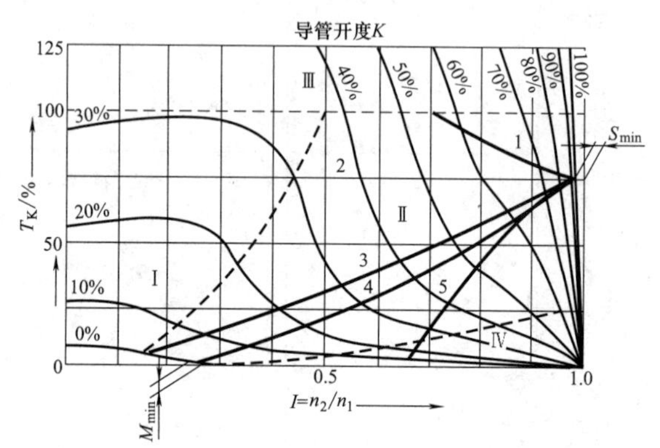

图 19-4-46 调速型液力偶合器与各类载荷的匹配及调速范围（调节特性）

传动系统稳定运行的必要条件是液力偶合器某一导管开度的特性曲线与载荷特性曲线相交。两曲线交角越大，运行越稳定；接近平行则不稳定。交点的纵、横坐标值即为该工况点的相对力矩和转速比。

液力偶合器与某种工作机联合工作的调速范围，为在区域Ⅱ中该种工作机载荷曲线的横坐标的区间长度（即从最小转速比至额定转速比）。如图中抛物线力矩载荷（曲线4）的调速范围，一般为$i=0.25$～0.97（最大调速范围可达$i=0.20$～0.97）。恒力矩载荷（曲线2）调速范围$i=0.4$～0.97（最大调速范围$i=0.33$～0.97）。

通过对图19-4-46的分析，可得出如下结论。

液力偶合器的调速范围主要决定于载荷特性，液力偶合器自身因素影响较小。同一台液力偶合器对于不同特性的载荷，则有不同的调速范围。

调速范围的大小既决定于载荷特性，又决定于匹配状况。例如图19-4-46中曲线2若向上或向下平移（即变换工作机规格和改变匹配状况），会引起调速范围的改变。其他载荷曲线上、下平移时效果亦同。

曲线3、4、5所代表的载荷，在减小液力偶合器充满度、降低转速时驱动功率大幅度下降，与管路节流调节流量相比有明显的节能效果；而曲线1、2类型载荷在调低转速时不能降低能源消耗，即不节能。

液力偶合器的额定转差率决定于匹配状况。通常调速型液力偶合器额定转差率范围$S_H=1.5\%$～3%。其中$S_H=1.5\%$对应着传递功率范围下限值；

S_H=3%对应着传递功率范围上限值。在进行匹配时，为减小液力偶合器额定工况发热和减少冷却水的消耗（缺水地区此点尤为必要），应选液力偶合器规格稍大一些，则 S_H接近 1.5%；若为了传递较大功率，应使 T_K高些，则 S_H大些。图 19-4-46 中的匹配使 T_K=75%，表明载荷力矩 T 仅为液力偶合器额定力矩 T_H的 0.75 倍，则运行中偶合器的转差率 S_H<3%。这意味着偶合器选得稍许大了些，这样可有较小的转差率，较宽的调速范围，较大的过载能力。

4.6.4.9　调速型液力偶合器的典型应用与节能

表 19-4-68　调速型液力偶合器的典型应用与节能

行业	项目	内容
电力行业		电力行业是应用液力偶合器较多的行业，图(a)为液力偶合器在常规火(热)电厂的应用示例(图中以◐代表液力偶合器)。其中锅炉给水泵，锅炉送、引风机，热网循环泵和灰浆泵等对于调速型液力偶合器应用较多。热电厂的负荷是按电网要求按季度而变化的，因此风机、水泵也要变负荷调速运行。火(热)电厂是生产电(热)能的企业，但同时又是消耗电能的大户。通常风机、水泵的耗电量约占其发电总量的 5%～10%，可见风机、水泵的节电很重要。近年来一些热电厂采用了液力偶合器调速，以替代节流调节，取得了显著的技术经济效益 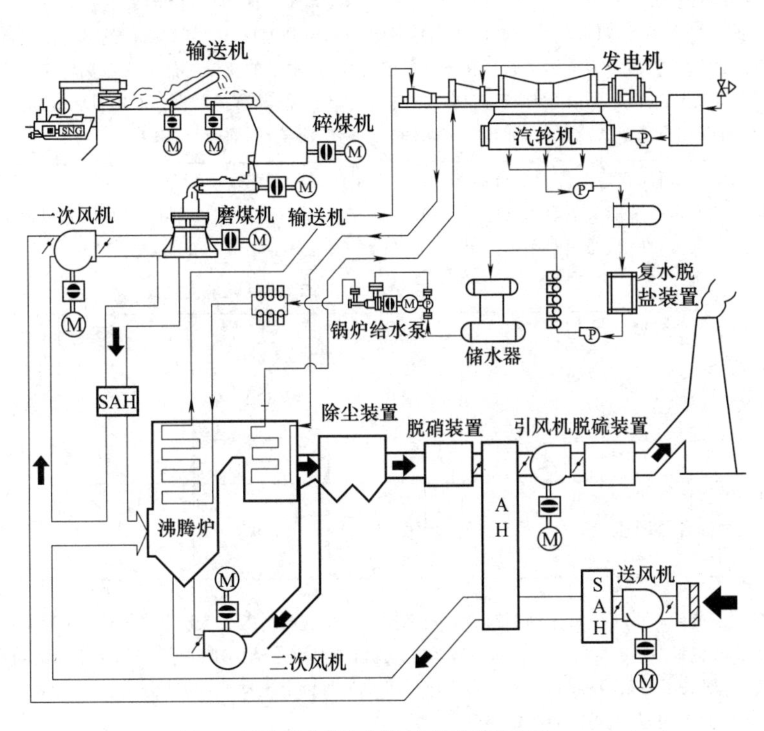 图(a)　液力偶合器在火(热)电厂的应用示意
	锅炉给水泵	应用液力偶合器可改善传动品质，使电动机轻载启动、启动电流小。改善冷启动性能，提高运行效率，简化给水系统，可按需要调节流量。与节流调节相比可节能 20%左右 锅炉给水泵调速运行可获得以下节能效果 ①机组启动节能：以 125MW 发电机组为例，与节流调节相比，一次冷态启动就可节电 8000kW・h ②调峰运行节能：某 125MW 机组在调峰运行时调速泵的平均电流比定速泵低 36.7% ③提高效率节能：给水泵调速调节的效率比节流调节的效率平均提高 5%～8% ④额定运行调节：上述机组使用调速泵在额定工况运行时，由于节省了富余的压头和流量，提高了效率，在满负荷运行时，调速泵比定速泵的电流约下降 9.4%

续表

电力行业

热网循环泵

热电厂和小区供热锅炉房必须根据室外的气温变化调节供热量。通常，热网调节有四种方式

热网调节方式

调节方式	调节原理	热网循环泵	耗能情况
质调节	通过改变换热工质的温度来调节供热量	定速泵	严重浪费电能
量调节	通过改变换热工质的流量来调节供热量	调速泵	节能
质、量调节	通过改变换热工质的温度和流量来调节供热量	定速泵与调速泵并用	较节能
分阶段质调节	根据气温变化分阶段改变换热工质的流量，并采用质调节	采用定速泵台数调节	较节能，调节不方便，占地面积大

我国三北地区冬季供暖时期长达4～5个月。这期间室外气温的变化幅度很大，而为了确保在最寒冷时有供热能力，往往采用本地区的最低气温作为热网设计的依据。以大连地区为例，设计采暖温度为－14℃，可是真正能达到最低气温的不足半个月，只占整个供暖区4个月的1/8，从室外温度5℃直到最冷的－15℃全部要供暖，在选择热网循环泵时必须以最大需求为依据。这样在室外气温升高时，水泵的流量必然大大偏离额定工况点。如果用质调节，因为用的是定速泵，所以只好用阀门节流调节或打回流调节，能源浪费严重。而用量调节或质、量调节，因为采用的是调速泵，可以在不需要大流量时，通过调节泵的转速调低流量，因而能够节能

锅炉送、引风机

某电厂锅炉送、引风机应用液力偶合器调速进行改造的实际节能情况如下

①变负荷调速运行节能。下表为某电厂锅炉鼓风机改造前后耗能对比。由表中可见，风机采用液力偶合器调速，在高速区节电甚微，在中、低速时则节电显著。据统计，改造后全年节电2096000kW·h

某电厂锅炉鼓风机改造前后耗能对比

项目 \ 单位负荷/kW·h·t^{-1}(汽) \ 锅炉负荷/t(汽)·h^{-1}	290	330	370	410	平均
改造前导流器调节	3.42	3.17	3.05	2.98	3.16
改造后液力偶合器调速	1.76	1.97	2.12	2.19	2.01
改造后节能率/%	29.4	—	10.9	5.3	

②提高效率节能。由于风机采用调速后的效率比采用节流阀的效率大为提高，所以成为节能的主要因素

③降低装机容量节能。原用一台1600kW大电动机，为解决启动困难问题，采用了很大的功率裕度。采用液力偶合器调速后，解决了启动困难问题，由一台大电动机改为两台小电动机，功率分别为780kW和650kW，装机总容量降低170kW，比原电动机功率降低10.6%

④降低设备故障率节能。由于应用液力偶合器调速，避免了高压大电动机在启动时对电网的冲击和烧毁电动机现象，所以降低了设备故障率和维修费用。据资料统计，改造前每年烧毁电动机的故障发生1～2次，改造后从未发生电动机烧毁现象。理论与实践证明，热电厂送、引风机采用液力调速是必要的，不仅有节能、环保效果，而且还可以方便选型和工艺调节，值得大力推广应用

灰浆泵

液力调速可使灰浆泵在运行中带来诸多好处。由于对输送物料量与液体流量难以估算准确，常使水泵型号选得过大，运行中需加清水以纠正工况点的偏离，从而造成设备寿命短、输送效率低、耗水、浪费电等弊端。液力调速可使水泵降低转速，以适宜速度运行而消除上述弊端。灰浆泵的泵轮磨损速度近似与转速立方成正比，调低转速会延长泵轮使用寿命，减少更换泵轮次数，节约资金和减少维修工作量

灰浆泵采用液力调速的节能效果，因运转工况而不同，一般可达10%～25%

平顶山姚孟电厂在1000t/h直流锅炉灰浆泵(10/8ST-AH)上配用YOT_{GC}650调速型液力偶合器，仅调整工况减少节流损失一项，每年即可节电12.8×10^{4}kW·h。石横电厂在四机管路串联的WARMAN灰浆泵组的末端加装了YOT_{GC}750调速型液力偶合器(980r/min，380kW)，年节电64.8×10^{4}kW·h，节省电费22.1万元，运行不到一年即可收回投资

续表

行业	项目		内容
冶金行业	分类		钢铁企业是集采矿、选矿、炼铁、炼钢、轧钢在内的综合企业，钢铁企业的设备具有大惯量难启动、大功率耗电高、数量多节能潜力大等特点。特别是各种供风、供水、通风、除尘等项目所用的风机、水泵，大多数属于间歇运行类型，如以调速型液力偶合器调速运行，则可大量节约能源。钢铁企业中已应用液力偶合器的设备很多，归纳起来有以下几类
		除尘风机类	包括高炉、转炉、电炉除尘风机以及铁水预处理除尘风机，拦焦车除尘风机和装煤车除尘风机等
		鼓风机类	包括高炉鼓风机，化铁炉鼓风机，开坯车间均热炉鼓风机，轧钢车间的送、引风机，焦化厂煤气鼓风机，球团竖炉煤气风机和煤气加压风机等
		水泵类	包括轧钢除鳞泵，炼钢厂高炉冲渣水泵，轧钢车间循环水泵等
	转炉除尘风机		由于转炉除尘风机功率大、数量多，最具代表性，以调速型液力偶合器在鞍钢 180t 转炉除尘风机（3000r/min，2000kW）上应用的节能、环保效果为例，加以说明。图(b)所示为电机负载与节电示意。由于所用电动机选型大，能耗高，在未装液力偶合器前，在应用中始终以高速、大功率运行，在不需抽吸烟气时改抽大气而白白浪费电能。装液力偶合器后按图中下部折线运行，在吹氧炼钢时风机以较高转速吸烟（仍低于不用液力偶合器时的转速），非吹炼时怠速运转。在一个炼钢周期 45min 时间内，高速运行 29min，其余低速，因而具有明显的节能效果。与原不调速相比，年可节电 752×10^4kW·h，年可节省电费 361 万元（电费按每千瓦时 0.48 元计）。可年节约标煤 3038t，可年减排 CO_2 7909t。液力偶合器投资 23 万元，投资回收期 0.8 个月。获得了节能环保双丰收 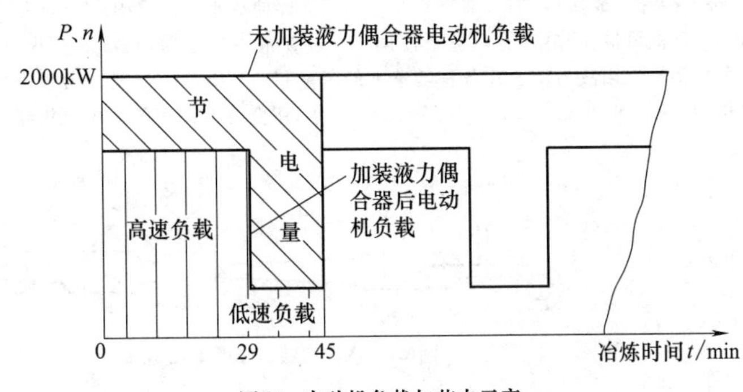 图(b)　电动机负载与节电示意
	轧钢厂除鳞泵		轧钢厂在轧制钢板过程中为轧出表面光洁的钢坯，必须在轧制前去除钢坯上的氧化皮，这一工序由除鳞泵完成。除鳞泵是一种高压水泵，通常功率在 900kW 以上，水压高达 150MPa，全天 24h 运转。它将高压水经喷嘴喷到轧制过程的钢坯上，从而将氧化皮冲掉。钢坯一道轧制平均需时 3min，而冲水时间只有十几秒，可见 90% 以上的时间高压水泵作了无用功，能源浪费相当严重。以调速型液力偶合器使高压水泵调速运行，严重的浪费可以避免。某轧钢厂以调速型液力偶合器用于除鳞泵，水泵轴功率 840kW，电机功率 900kW，转速 2980r/min，应用 GST50 调速型液力偶合器，传递功率范围 560～1250kW。工艺要求是在轧制一块钢坯的 3min 内，水泵全速运行 10s，其余以 50% 速度运行 图(c)所示为水泵运行程序及节能示意。由图可见，水泵按 10s 升速、10s 全速、10s 降速、150s 低速的运行程序会有很大的节能效果。当水泵转速由 2980r/min 降至 1470r/min 时，流量降低 50%，而轴功率却降低至原来的1/8，扣除液力偶合器的功率损失，其节能效果仍很可观。经过逐项分析计算，钢坯每轧制一次节电量为 30kW·h，节省电费 13.5 元（按每千瓦时 0.45 元计算），节电率 67%，三个月节能效益即可收回改造投资 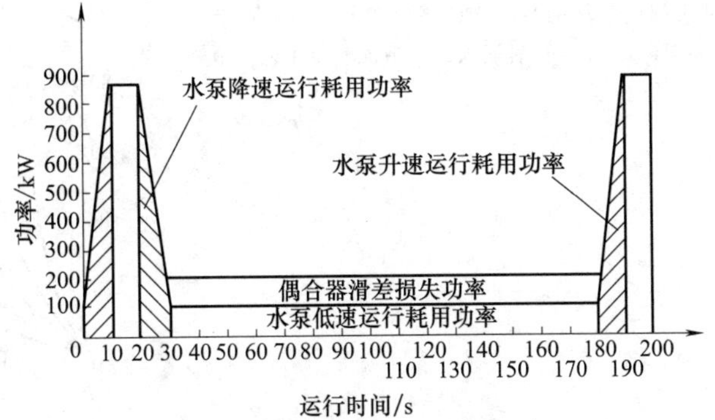 图(c)　水泵调速运行程序及节能示意

续表

<table>
<tr><td rowspan="1">冶金行业</td><td>炼铁高炉鼓风机</td><td>高炉鼓风机的风量和风压均需随高炉炉况而变化，对于不变速的高炉鼓风机，通常用阀门节流调节或放空调节，这样不仅浪费能源，还造成噪声污染。高炉鼓风机的耗电量约占高炉冶炼用电的60%～70%，所以应当成为节电的重点
高炉鼓风机应用液力偶合器调速可以获得以下技术经济效益
①获得工艺参数的最佳工艺调节，以计算机控制，实现风机喘振自控和风机参数的自动调节
②改善风机的启动性能
③延长电动机和风机使用寿命
④降低噪声，有利于环保
⑤节约电能，据多家钢铁厂统计，应用液力调速，每炼铁1t耗电降低10%～15%，虽节电率不算高，但因高炉鼓风机功率大，节电量均在每年200×10⁴kW·h以上。高炉鼓风机系高速风机，宜选用前置齿轮增速型液力偶合器传动装置。如若高炉原有齿轮增速箱，或可利用原地基安装液力传动装置</td></tr>
<tr><td rowspan="2">水泥行业</td><td colspan="2">我国的水泥产量已经跃居世界第一位，水泥行业生产厂遍布全国各地。水泥行业是耗能大户，其中回转窑风机和立窑风机的耗电量约占全厂总用量的15%，居水泥厂用电设备之首，因而节能挖潜改造很有必要</td></tr>
<tr><td>回转窑窑尾风机</td><td>见下文</td></tr>
</table>

图(d)所示为水泥回转窑生产工艺示意。窑头鼓风机1将煤粉注入喷煤管吹进窑内燃烧。将含碳酸钙的生料浆由窑尾4注入窑体内，随窑体旋转并向窑头徐徐前进(窑体有5%倾斜度)。料浆经链条带预热，成球后到分解带高温分解，然后进入冷却带成熟料，加入辅料并经球磨机磨碎便成水泥。窑内产生的废气由窑尾风机8排出。以前都用三轴阀门调节风机风量，既浪费能源且不便调节。改为液力调速后，经济效益很显著。下表是上海吴淞水泥厂78m长回转窑窑尾风机用液力调速在各种转速下的风量和功耗的测定情况。由表中可见，风机的转速由712r/min降至259r/min，转速降低2.75倍，功率却降低了5.3倍，用偶合器调速的窑尾风机年节电110000kW·h

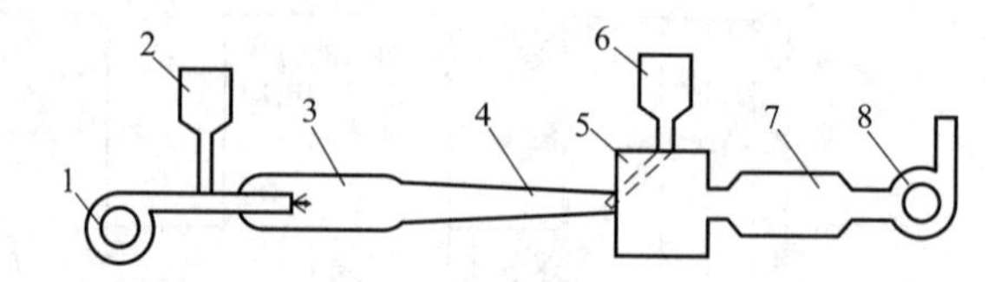

图(d) 水泥回转窑生产工艺示意

1—鼓风机(窑头风机)；2—煤粉；3—窑头；4—窑尾；5—烟室；6—料浆；7—电除尘器；8—排风机(窑尾风机)

窑尾风机用偶合器调速后的风量和功耗测定

风机转速/$r \cdot min^{-1}$	风量/$m^3 \cdot h^{-1}$	电功耗/kW	风机转速/$r \cdot min^{-1}$	风量/$m^3 \cdot h^{-1}$	电功耗/kW
259	25777	13.14	671	68421	60.00
388	40575	24.24	701	74547	68.57
493	47497	34.78	712	74550	71.84
593	62852	48.98			

值得注意的是，当窑尾风机的风量降低到额定风量的70%时，风压降低，窑内会出现浑浊现象，窑内温度波动。若想再降低风量，必须配合使用阀门节流调节。这种调速调节与节流调节并用的特性曲线如图(e)所示。这种两段式调节既满足工艺调节需要而又节电，比较适用

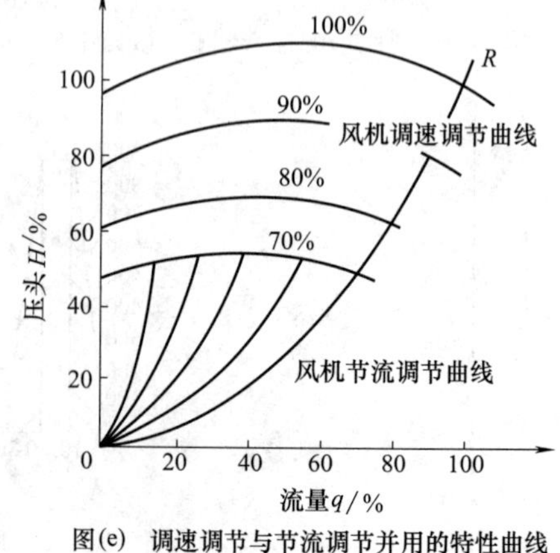

图(e) 调速调节与节流调节并用的特性曲线

续表

水泥行业 — 立窑罗茨风机

立窑在生产水泥过程中，要求窑内压力是可调节的高风压，对风量有严格要求，风量过大使排烟时带走的热风量增加，风量过小则氧气不足，影响熟料质量和产量。为调节风压和风量，以前多采用蝶阀放风调节，有很多缺点。放风卸荷时风压下降很大，影响生产。既有很大的噪声污染，又浪费能源。采用液力偶合器调速后有很好技术经济效益，具体情况如下

①解决了启动困难问题

②降低了装机容量而节能。现以广东省部分水泥厂为例列于下表

广东省部分水泥厂风机使用液力偶合器装机容量对比

企业名称	风机型号	原配电机功率/kW	加装偶合器后电机功率/kW	降低率/%
肇庆市水泥厂	L93WD	210	185	12
四会县马房水泥厂	D60×90/2000	215	155	28
德庆县水泥厂	D60×90/3500	215	155	28
连南县水泥厂	D60×90/2000	183	130	29
博罗县水泥厂	L60-250	215	155	28
梅州市西氮水泥厂	LG700	210	155	26
南海市水泥厂	K60/250	215	155	28

③取消了放风系统

④弥补设计选型误差，通过液力调速使原选型选大了的风机能够运行在需要的工况点，调节方便而且节能

⑤提高产量和质量，由于风压、风量调节合适，煅烧时间缩短，产量、质量有所提高

调速型液力偶合器在车辆和船舶上的应用

设备名称	应用液力偶合器调速的作用	应用举例
军车冷却风扇	坦克车、装甲车等柴油机冷却风扇需要按要求调节温度，用液力偶合器调速可根据温度传感器的控制调节风扇转速，节能、自动化程度高	中国北方车辆研究所设计的车用风扇调速偶合器在军用车辆上使用，调速方便、可靠性高
战地供油车	战地供油车上的供油泵需按要求调节供油量，应用液力偶合器调速比较方便	进口的战地供油车上装有液力偶合器调速装置
挖泥船	挖泥船正常行驶和挖泥作业共用一套动力系统，挖泥时需要按工况调节。应用液力偶合器调速，解决启动困难问题和变工况调节问题，节能	国内的挖泥船已有应用液力调速的，但用量不大

4.7　液力偶合器可靠性与故障分析

4.7.1　基本概念

可定量描述的可靠性，是指系统、产品或零部件等在规定的条件下和规定的时间内，完成规定功能（无故障）的概率，一般称为可靠度。可以认为，可靠度是用时间尺度来描述的产品质量。可靠性工作是为了确定产品可靠性和如何获得产品的高可靠性这两个基本问题而开展的各种活动。可靠性活动贯穿于产品的设计、制造、检验、试验、环境处理，以及安装维修、运行操作等产品整个的寿命过程中，疏忽任何一个环节都可能降低它的可靠度。可靠性工程的根本任务是要采用一切措施，尽量减少和避免各类故障，尽可能地延长产品的使用寿命，提高产品的以时间（寿命）来度量的质量指标。故产品的故障（失效）分析和对策研究，应是可靠性工程的核心问题。

液力偶合器故障的分类见表19-4-69。

表19-4-69　**液力偶合器故障的分类**

故障种类	说　明
本质性故障	由于设计和制造上的原因使设备在规定条件下使用时过早发生损坏，也可称此为早期故障
耗损性故障	由于摩擦、元器件老化、材料疲劳等原因使设备到了一定期限就不能正常工作，这一类故障可事前检测预知，这是属于正常的故障
偶发性故障	由于某些偶然因素引起的设备事故，一般事先无法预测
操作故障	不按规定条件使用、维护而引起的设备故障，是一种责任性故障
独立故障	并非由于系统中其他零部件故障而发生，只是本身原因而发生的故障

4.7.2　限矩型液力偶合器的故障分析

液力元件的零部件大致有三大类：第一类是液力元件的专有零部件，由它们决定元件的特殊功能，如工作轮、旋转壳体、易熔塞等，此外工作介质也可归入此类；第二类是通用机械零部件，如轴类、连接盘、箱体、齿轮、齿轮泵等；第三类是标准件，如紧固件、橡胶密封件、轴承、压力表、温度表等。对限矩型液力偶合器来说，通用机械零部件极少，故障往往是由专用件和标准件引起的，它们的故障模式主要有以下几种：

① 漏油，输出功率达不到规定要求；

② 滚动轴承损坏，一般是泵轮一侧的轴承损坏居多；

③ 泵轮和旋转壳体外表损坏；

④ 起不到应有的限矩作用，造成电机烧毁事故；

⑤ 花键损坏（滚键）；

⑥ 造成减速器输入轴断轴事故。

漏油与输出功率不足是密切相关的。限矩型液力偶合器在不同充液量下有不同的传递功率能力，漏油会使工作腔充满度下降，势必引起传递功率不足。如果因骨架油封失效，将有滴油现象，容易发现。如若泵轮或旋转壳体因铸造质量缺陷而有微细渗油（出汗），则只能在高速旋转时才会出现，往往不易发觉，是一种潜在的失效因素，这种失效是渐发性的，可以通过停机补油恢复工作能力，因此后果一般并不严重。

此外，充液过多使电动机达不到额定转速或工作机卡死、负载过大等外部因素也会出现输出转速偏低的情况。漏油或充液量不足也可能使易熔塞经常熔化，这也是一种非正常工作状态。减速器输入轴断轴，主要是因其承担液力偶合器重量，在轴的危险断面引起的附加弯矩、剪力和工作扭矩。剪、弯、扭联合应力的主应力，对危险断面构成旋转中的交变应力。即使交变应力值不大，在高速转动中应力的交替变化，也易使危险断面发生疲劳断裂而最后断轴。有效的解决办法是不使减速器输入轴承担液力偶合器重量，而由电动机轴承受。

液力偶合器在运转中发生故障必须及时排除，不应拖延以致酿成事故。表19-4-70限矩型液力偶合器的常见故障及排除方法。

图19-4-47为限矩型液力偶合器“工作不正常”的故障树。故障树是一种特殊的倒立树状逻辑因果关系图，它十分直观和逻辑清晰。建故障树的基本方法是首先确定一个“顶事件”作为分析目标，它是一个不希望出现的事件。从它开始，在不断回答“怎么会引起这一事件”这个问题的过程中，寻找导致这一事件的原因，一直追溯到导致“顶事件”发生的各种原因，称这些基本原因为“底事件”或“原始事件”。在“顶事件”与“底事件”之间，可以有若干“中间事件”。所有这类事件都用一些约定的图形符号（GB 4888—2009）加以表示，并用一些直线和逻辑符号按它们之间的因果逻辑关系连接起来，形成一个倒树形的逻辑框图，就成为一般所称的“故障树”或“失效树”。如果各个“底事件”的发生概率可以得知，还可以根据故障树所确定的逻辑关系计算“顶事件”的发生概率，并由此确定系统的可靠度值。因此，故障树分析方法既可用于进行可靠性设计的定性评估，也是一种很有利于计算机使用的分析失效信息流的演绎分析方法。表19-4-71为故障树分析中使用的符号和名词术语。

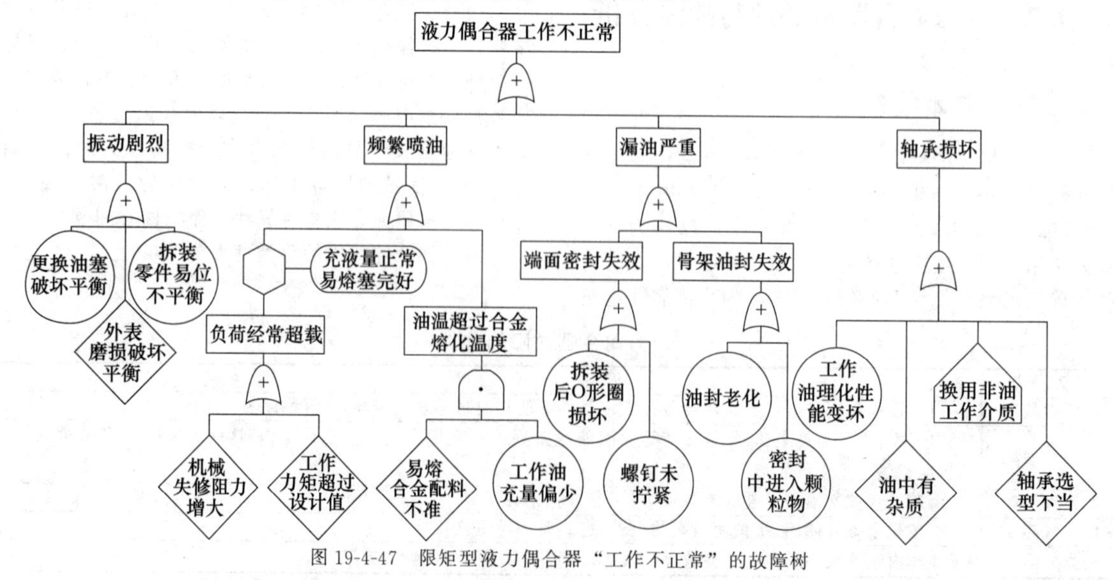

图19-4-47　限矩型液力偶合器“工作不正常”的故障树

表 19-4-70　**限矩型液力偶合器的常见故障及排除方法**

故　障	产 生 原 因	故 障 排 除
工作机达不到额定转速	驱动电动机有毛病或连接不正确	检查电动机的电流、电压、转速及连接方式有无问题
	工作机运转不灵活或被卡住	检查工作机故障并排除
	工作机超载,偶合器被迫加大转差率	排除工作机超载
	偶合器匹配不合理,传递功率不足	重新选择合适的偶合器
	偶合器充液量过少,传递功率不足	重新调整足够的充液量
	偶合器漏油,充液率降低,造成传递功率不足	排除偶合器漏油故障,更换失效密封件
	偶合器全充满油	按规定充油,不得超过 80%的充油率
	轴、孔安装不合格或产生滚键	检查安装情况并进行修理
易熔塞喷液	偶合器充液不足,传递功率不足,效率降低,偶合器发热	按规定充足足够的油
	偶合器漏油,传递功率减低,效率降低	检查漏油部位,更换失效密封件
	工作机超载或被卡住,耗用功率过大	检查并排除工作机故障或超载
	电动机在“星形”状态下运行太久	及早换成“三角形”接线
	电动机或工作机发热,促使偶合器发热	排除电动机或工作机故障
	偶合器匹配不合理,选型规格过小,功率过小,转差率过大,偶合器发热	重新选择较大规格偶合器,保证足够功率
	环境温度过高,偶合器散热不好	外加冷却风扇,强制冷却
	启动过于频繁	排除不应有的频繁启动 适当选择加大规格偶合器 适当提高易熔合金熔化温度
	易熔合金熔化温度过低	适当选择较高熔化温度的易熔合金
设备运转不稳产生振动和噪声	电动机与减速器安装不同轴	按规定值重新安装找正
	基础刚度不够,引起振动	加固基础,增加刚度
	偶合器、电动机或工作机轴承损坏	更换损坏轴承
	偶合器出厂平衡精度低	重新进行偶合器平衡,特别要检查容积是否平衡
	偶合器修理后失去平衡	重新进行平衡
	电动机或减速器底座松动	检查并紧固地脚螺栓
	配合的轴、孔磨损,配合间隙大	检查轴、孔配合精度,并予以维修
	弹性元件磨损,金属相撞	更换弹性元件
	电动机或工作机出故障	检查并排除故障
	偶合器内工作轮叶片损坏	更换或维修
	轴承磨损后,产生窜动,致使偶合器工作轮“扫膛”	更换轴承和已损坏的工作轮
漏油	壳体漏油	更换漏油壳体或用密封胶堵漏
	外径大法兰结合面漏油	更换失效“O”形圈或用密封胶堵漏
	偶合器两端漏油	加油过多,受热后将油封顶翻,降低充油率 油封损坏,更换合格油封
减速器断轴	减速器轴径远小于电动机轴,用外轮驱动偶合器,减速器负担不起偶合器的质量 基础刚度不够,受扭矩后变形,造成电动机、偶合器、减速器不同轴 安装严重不同轴	改用内轮驱动偶合器 加强基础刚度 重新安装调整,达到三机同轴

表 19-4-71　**故障树分析中的符号和名词术语**（摘自 GB 4888—2009）

符　号	名　称		代 表 意 义
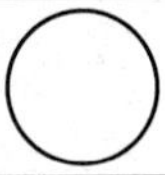	基本事件	底事件	无需探明其发生原因的底事件
	未探明事件		应予以探明但暂时不必或尚不能探明其原因的底事件

续表

符号	名称		代表意义
	顶事件	结果事件	位于故障树顶端，是故障树分析中所关心的结果事件
	中间事件		位于底事件与顶事件之间的结果事件，分别是一些逻辑门的输入和输出事件
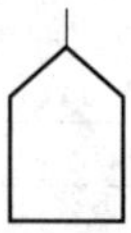	开关事件（房形事件）	特殊事件	在正常工作条件下必然发生或必然不发生的特殊事件
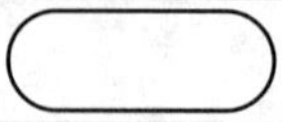	条件事件		描述逻辑门起作用的具体限制的特殊事件
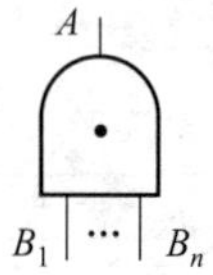 A　B_1 … B_n	与门(AND)		仅当输入事件 $B_1 \cdots B_n$ 都发生时输出事件 A 才发生
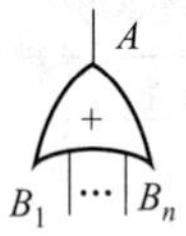 A　+　B_1 … B_n	或门(OR)		输入事件 $B_1 \cdots B_n$ 有一个或几个发生时输出事件 A 都会发生
 ~	非门(NOT)		输出事件是输入事件的对立事件
 顺序条件	顺序与门		仅当输入事件按规定条件顺序发生时输出事件才发生
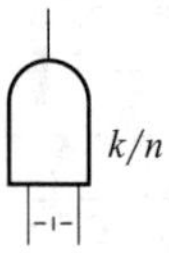 k/n	表决门	特殊事件	仅当输入的 n 个事件中有 k 个或 k 个以上事件发生时，输出事件才发生
 不同时发生　+	异或门		异或门表示仅当单个输入事件发生时输出事件才发生
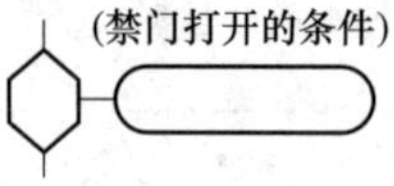 （禁门打开的条件）	禁门		禁门表示仅当条件事件发生时，输入事件的发生才能导致输出事件的发生
 （子树代号）	转向符号	相同转移符号	表示“下面转向”以子树代号所指的子树去
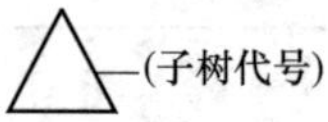 （子树代号）	转此符号		表示由具有相同子树代号的转向符号处转到这里来
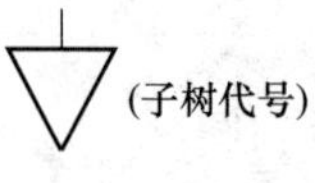 （子树代号）	相似转向	相似转移符号	表示“下面转到以子树代号指出的结构相似而事件标号不同的子树去”在此符号的右侧标出不同事件的标号“××_××”
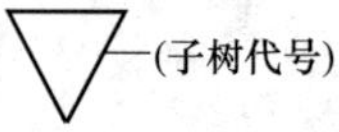 （子树代号）	相似转此		表示“相似转向符号所指子树与此处子树相似但事件标号不同”

4.7.3　调速型液力偶合器的故障分析

调速型液力偶合器的故障形式主要有：

① 轴承损坏；

② 调速系统故障；

③ 供油、润滑系统故障；

④ 叶轮损坏；

⑤ 严重漏油；

⑥ 输出转速降不下来。

漏油是调速型液力偶合器的常见故障之一，由于有油液的冷却系统、导管的调节等增加了漏油因素，故比限矩型液力偶合器更易出现漏油事故。漏油影响外观质量和污染环境，是用户十分关注的故障形式。对于运转工作质量的影响，不同结构形式的液力偶合器影响程度是不同的。对于油液循环呈闭式回路结构，油液的泄漏使工作介质数量减少，势必影响到最高输出转速的下降和调节特性的变化；而对于开式回路结构，少量的漏损不直接对液力偶合器的特性产生影响，油箱存油量的变化范围成为补偿环节。只要采取措施使油液的外漏变成内漏，从动力特性角度来说，泄漏对可靠性就不产生什么影响了。

表 19-4-72 为调速型液力偶合器的常见故障与排除方法，供用户在维护中参考。

表 19-4-72　调速型液力偶合器的常见故障及排除方法

故障现象	可能的原因	排除方法
动力机达到额定转速而工作机不能启动	导管位置不对 ·执行器有故障 ·驱动信号不灵 ·控制油压力过低 ·导管装反了	向 100%导管位置移动导管 ·检修执行器 ·检查并排除驱动信号故障 ·检查并调整控制油压 ·调整导管至正确位置
	油泵不供油或供油不足 ·工作油低于 5℃ ·油位过低 ·吸油管位置过高 ·工作油泵压力过低 ·工作油产生泡沫 ·供油泵吸口滤油器堵塞	按以下处理方法达到油泵供油 ·启动电加热器加热工作油，关闭冷却器冷却水 ·检查油位在油标上限与下限之间 ·加长吸油管至最低油位以下 ·检查油泵内泄或其他故障并予以排除，检查并排除油泵故障，调节工作流量 ·检查油质，更换工作油，检查有无吸空现象，检查液压系统密封性
	易熔塞喷液	检查易熔塞是否喷液并更换
	工作机有故障，启动力矩过高	检查并排除工作机故障
	偶合器工作腔进不去油 ·安全阀压力值过低 ·油路堵塞或泄漏 ·泵损坏 ·泵转向错误 ·泵吸油管路密封不良，进空气	排除故障，使工作腔进油通畅 ·上紧弹簧，调高压力 ·疏通油路 ·检查并维修供油泵 ·调整泵的转向 ·维修管路，加强密封
输出转速振荡、执行器和导管周期性移动	工作油产生泡沫	检查油质并更换，检查有无吸空或漏气现象
	供油泵压力过低	检测供油泵压力，并使其达到要求
	积聚在冷却器中的空气周期性地进入偶合器	检查冷却器的排气孔是否堵塞并排除
	供油泵流量过低	检测供油泵，增加供油流量
	控制系统出现故障	检查并维修控制系统
输出转速不能控制、调速不灵	定位器或控制回路出现故障	排除控制系统故障
	执行器出现故障	检查并排除执行器故障
	导管移动不灵敏	检查导管配合，使之移动灵敏
输出转速达不到最高转速	导管开度未在 100%位置	检查并调整导管开度
	执行器限位调整不正确	重调限位
	转速表失灵	校正或更换
	易熔塞熔化	检查并消除原因，更换易熔塞

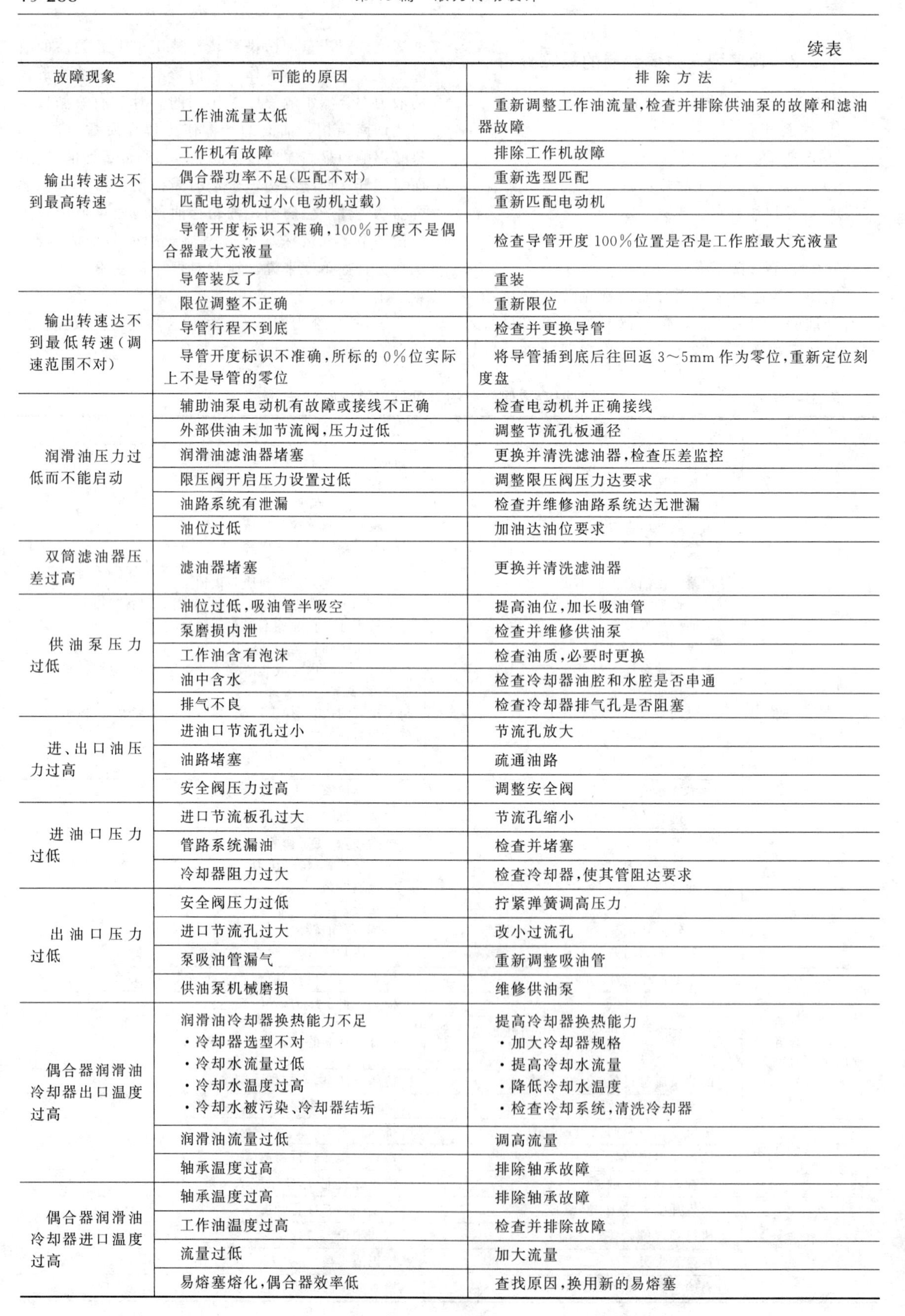

续表

故障现象	可能的原因	排除方法
输出转速达不到最高转速	工作油流量太低	重新调整工作油流量,检查并排除供油泵的故障和滤油器故障
	工作机有故障	排除工作机故障
	偶合器功率不足(匹配不对)	重新选型匹配
	匹配电动机过小(电动机过载)	重新匹配电动机
	导管开度标识不准确,100%开度不是偶合器最大充液量	检查导管开度100%位置是否是工作腔最大充液量
	导管装反了	重装
输出转速达不到最低转速(调速范围不对)	限位调整不正确	重新限位
	导管行程不到底	检查并更换导管
	导管开度标识不准确,所标的0%位实际上不是导管的零位	将导管插到底后往回返3~5mm作为零位,重新定位刻度盘
润滑油压力过低而不能启动	辅助油泵电动机有故障或接线不正确	检查电动机并正确接线
	外部供油未加节流阀,压力过低	调整节流孔板通径
	润滑油滤油器堵塞	更换并清洗滤油器,检查压差监控
	限压阀开启压力设置过低	调整限压阀压力达要求
	油路系统有泄漏	检查并维修油路系统达无泄漏
	油位过低	加油达油位要求
双筒滤油器压差过高	滤油器堵塞	更换并清洗滤油器
供油泵压力过低	油位过低,吸油管半吸空	提高油位,加长吸油管
	泵磨损内泄	检查并维修供油泵
	工作油含有泡沫	检查油质,必要时更换
	油中含水	检查冷却器油腔和水腔是否串通
	排气不良	检查冷却器排气孔是否阻塞
进、出口油压力过高	进油口节流孔过小	节流孔放大
	油路堵塞	疏通油路
	安全阀压力过高	调整安全阀
进油口压力过低	进口节流板孔过大	节流孔缩小
	管路系统漏油	检查并堵塞
	冷却器阻力过大	检查冷却器,使其管阻达要求
出油口压力过低	安全阀压力过低	拧紧弹簧调高压力
	进口节流孔过大	改小过流孔
	泵吸油管漏气	重新调整吸油管
	供油泵机械磨损	维修供油泵
偶合器润滑油冷却器出口温度过高	润滑油冷却器换热能力不足 ·冷却器选型不对 ·冷却水流量过低 ·冷却水温度过高 ·冷却水被污染、冷却器结垢	提高冷却器换热能力 ·加大冷却器规格 ·提高冷却水流量 ·降低冷却水温度 ·检查冷却系统,清洗冷却器
	润滑油流量过低	调高流量
	轴承温度过高	排除轴承故障
偶合器润滑油冷却器进口温度过高	轴承温度过高	排除轴承故障
	工作油温度过高	检查并排除故障
	流量过低	加大流量
	易熔塞熔化,偶合器效率低	查找原因,换用新的易熔塞

续表

故障现象	可能的原因	排除方法
轴承温度过高	轴承损坏	修复及更换轴承
	润滑油温度过高	检查润滑油冷却器
	润滑油压力过低 ·滤油器阻塞 ·压差控制器失灵 ·油位过低 ·减压阀压力过低 ·节流板孔过大	检查润滑油系统 ·更换并清洗 ·检查并维修 ·补油 ·重新调整 ·改小节流孔
偶合器工作油温度过高	冷却器换热能力不足 ·冷却器匹配不对 ·冷却水流量不足 ·冷却水温度过高 ·冷却水被污染,冷却器结垢	提高换热能力 ·加大冷却器换热面积 ·加大冷却水流量 ·降低冷却水温度 ·修复冷却器,清除结垢
	油箱中的油位不对 ·油位过高,旋转件浸油摩擦生热 ·油位过低,泵吸油不足	调整油位达要求 ·适当降低油位 ·适当提高油位
	油泵供油不足 ·油泵机械磨损内泄 ·泵吸口滤网阻塞	提高油泵供油量 ·维修油泵,提高效率 ·清洗滤网
	工作油流量过低 ·工作油量选择不对 ·油泵供油不足 ·管路泄漏 ·安全阀溢流过多	增加工作油量 ·重新选择,调整流量 ·维修油泵,清洗滤网 ·检查并堵塞 ·上紧弹簧,调高压力
	偶合器匹配不对,规格选小,效率降低	适当加大偶合器规格,提高效率
	工作机长期在偶合器的最大发热点下工作	尽量避开最大发热点,偶合器不能当减速器用
	选用冷却器时,没有认清工作机特性,最大发热功率计算不对	计算冷却器换热面积时,先认清工作机性质,再按不同性质工作机计算发热功率
机组运行不均衡,产生振动和噪声	安装不同心	重新调整安装精度
	基础刚度不够	加固基础
	联轴器损坏	检查并维修联轴器
	机组支撑不均衡,产生扭振	重新调整,支承应受力均匀
	机座螺栓松动	拧紧螺栓
	偶合器连接件松动	检查并维修
	偶合器旋转件平衡精度差	重新平衡
	偶合器或电机、工作机轴承损坏	检查并更换
	电动机振动大	维修电动机
	工作机振动大	排除工作机故障,风机叶轮定期除尘
	偶合器工作轮损坏(偶合器内部有噪声)	拆卸偶合器检查并维修
	产生共振	查共振原因,消除共振
漏油	轴端漏油 ·弹性联轴器旋转引起真空效应将油吸出 ·密封装置失效 ·密封处轴有划痕 ·密封装置被污垢封住	排除轴端漏油故障 ·加隔离罩 ·更换合格密封件 ·抛光 ·清除污垢,更换密封装置

续表

故障现象	可能的原因	排除方法
漏油	空气滤清器漏油 ·工作油温过高,喷出滤清器,形成油雾 ·空气滤清器高度不够 ·导管行程不对,导管口被挡住,工作油无法导出,从导管壳体与外壳的缝隙处冲出,甩成油环,直接排到滤油器中	排除漏油故障 ·降低工作油温 ·加装套筒,提高滤清器高度 ·调整导管行程,避免导管口被挡住
	导管与排油体处漏油 ·装导管时未用装配工具,导管处油封被键槽划伤 ·油封磨损老化	排除漏油故障 ·使用装配工具,避免划伤油封 ·更换
	管路漏油 ·焊接管路开焊 ·管路有应力,受热后胀裂 ·管路过长无支承,沉降开焊 ·法兰结合面失去密封	维修管路 ·重焊 ·焊接后消除管路应力 ·修复裂口,加支承 ·更换密封垫或密封胶
	冷却器管路接反	重新正确安装
导管移动不灵活	开机前,未先开冷却器,致使工作油温过高,导管变形	开机前,先开冷却器,更换新导管

4.8 液力偶合器典型产品及其选择

液力偶合器典型产品按限矩型液力偶合器、调速型液力偶合器和液力偶合器传动装置三大类型加以展示。限矩型液力偶合器以静压泄液式、动压泄液式和复合泄液式三类加以介绍。

限矩型液力偶合器的选型主要依据工作机的功率和技术性能要求来确定。

① 根据工作机的功率和转速确定规格大小。

② 根据工作机的技术性能要求确定液力偶合器的结构形式，例如煤矿井下具有一定斜度的带式输送机应选择 YOX_{FZS} 型较为合适。

③ 订购限矩型液力偶合器时应提供液力偶合器输入、输出端有关连接尺寸如孔（或轴）径、长度及键槽等，并应提供电动机型号、功率、额定转速及减速器型号等，以免订货有误。

4.8.1 静压泄液式限矩型液力偶合器

表 19-4-73 YOXJ 液力偶合器主要性能参数

型号规格	20#透平油充液量/L	效率 η(间歇工作~连续工作)	常用输入转速的传递功率范围/kW			过载系数 T_g
			1000r/min	1500r/min	3000r/min	
YOXJ200	1.5	0.9~0.96	0.47~0.95	1.6~3.2	8.96~17.9	2~2.5
YOXJ224	2.8	0.9~0.96	0.95~1.42	3.2~4.8	17.9~26.8	2~2.5
YOXJ250	3.4	0.9~0.96	1.42~2.67	4.8~9.0	26.8~50.4	2~2.5
YOXJ280	5.4	0.9~0.96	2.67~5.19	9.0~17.5	50.4~98	2~2.5
YOXJ320	6.9	0.9~0.96	5.19~9.48	17.5~32	98~179	2~2.4
YOXJ360	10.3	0.9~0.96	9.48~14.8	32~50	179~280	2~2.4

注：工作机为连续工作制时，表中效率取较大值，而传递功率按较小值选取；若为间歇工作制时则表中效率可取较小值而传递功率按较大值选取。

表 19-4-74　YOXJ 液力偶合器结构尺寸　mm

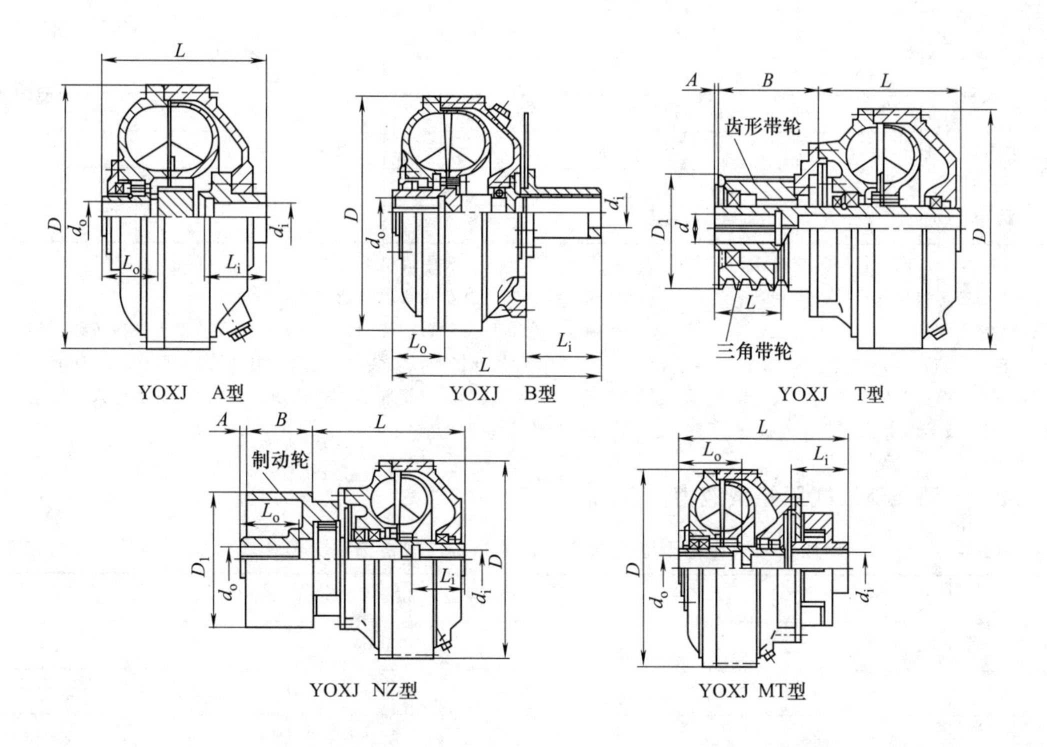

YOXJ　A型　YOXJ　B型　YOXJ　T型　YOXJ　NZ型　YOXJ　MT型

型号规格	连接形式	最大输入孔径及长度 $d_i \times L_i$	最大输出孔径及长度 $d_o \times L_o$	D	L	A	B	D_1
YOXJ200	A	ϕ28×62	ϕ24×52	ϕ235	150			
	T	ϕ28×62			152	5	△	≤145
	MT	ϕ30×60	ϕ30×62		160			
YOXJ224	A	ϕ32×83	ϕ30×63	ϕ260	170			
	T	ϕ30×65			160	5	△	≤150
	MT	ϕ35×50	ϕ35×72		170			
YOXJ250	A	ϕ38×82	ϕ35×72	ϕ290	190			
	NZ	ϕ40×80	△		233	5	△	△
	T	ϕ40×80			180	5	△	≤170
	MT	ϕ40×82	ϕ35×70		270			
YOXJ280	A	ϕ42×112	ϕ38×80	ϕ320	205			
	B	ϕ42×112	ϕ38×80		300			
	NZ	ϕ50×110	△		254	5	△	△
	T	ϕ50×110			199	5	△	≤170
	MT	ϕ50×112	ϕ45×112		305			
YOXJ320	A	ϕ48×112	ϕ42×80	ϕ360	220			
	B	ϕ50×112	ϕ42×80		315			
	NZ	ϕ55×110	△		274	8	△	△
	T	ϕ55×110			205	8	△	≤200
	MT	ϕ55×112	ϕ48×112		320			

续表

型号规格	连接形式	最大输入孔径及长度 $d_i \times L_i$	最大输出孔径及长度 $d_o \times L_o$	D	L	A	B	D_1
YOXJ360	A	ϕ60×112	ϕ55×90	ϕ400	250			
	B	ϕ60×140	ϕ55×90		368			
	NZ	ϕ60×110	△		314	8	△	△
	T	ϕ60×110			232	8	△	≤200
	MT	ϕ60×112	ϕ55×112		350			

注：1. 生产厂商：长沙第三机床厂、大连营城液力偶合器厂（除表中规格型号外还有 YOX_{JA} 各规格）。

2. △—按客户要求设计；未列入表的原有连接形式继续生产，有特殊要求的请与生产厂联系。

3. 连接方式：A 型—异端输入、输出直连型，同轴度要求高且需可靠定位；B 型—异端输入、输出弹性板连接型，安装时允许有少量角位移（<1.5°）；NZ 型—内轮驱动带制动轮弹性块连接型，安装时允许有少量径向位移（<0.5mm）和少量角位移（<1.5°）；T 型—同端输入、输出型，适用 T 带、V 带、齿形带、链轮等方式传动；MT 型—异端输入、输出弹性联轴器连接型，安装时允许少量径向位移（<0.5mm）和少量角位移（<1.5°）。

4.8.2 动压泄液式限矩型液力偶合器

表 19-4-75 动压泄液式限矩型液力偶合器（油介质）规格选用（传递功率） kW

规格	输入转速/r·min^{-1}					
	500	600	750	1000	1500	3000
220				0.4～1.1	1.5～3	12～16.5
250				0.75～1.5	2.5～5.5	15～30
280				1.5～3	4.5～8.7	25～50
320			1.1～2.2	2.5～5.5	9～18.5	45～73
(340)			1.6～3.1	3～9	12～24	
360			2～3.8	4.8～10	15～30	50～100
(380)			2.5～5.5	6～12	20～40	
400			4～8	9～18.5	22～50	80～145
(420)			4.5～9	10～20	30～60	
450			7～14	15～31	45～90	100～200
500(510)			11～22(24)	25～50(54)	70～150(155)	
560(562)			18～36(40)	41～83(90)	130～270(275)	
(600)			25～50	60～115	180～360	
650			37～73	90～180	240～480	
750		36～75	70～143	165～330	480～760	
875(866)	43～88	70～145	135～270	310～620	766～1100	
1000	83～165	145～300	270～595	620～1100		
1150	175～350	300～620	590～1200			
1320	350～705	600～1200	1100～2390			

注：此表用于根据液力偶合器的输入转速和传递功率选定规格大小，同一型号规格的液力偶合器水介质比油介质传递功率大 15%左右，选型时应注意。括号中的规格为非标，不推荐选用。

4.8.2.1 YOX、$YOX_{Ⅱ}$、TVA 外轮驱动直连式限矩型液力偶合器

表 19-4-76　YOX、$YOX_{Ⅱ}$、TVA 外轮驱动直连式限矩型液力偶合器技术参数

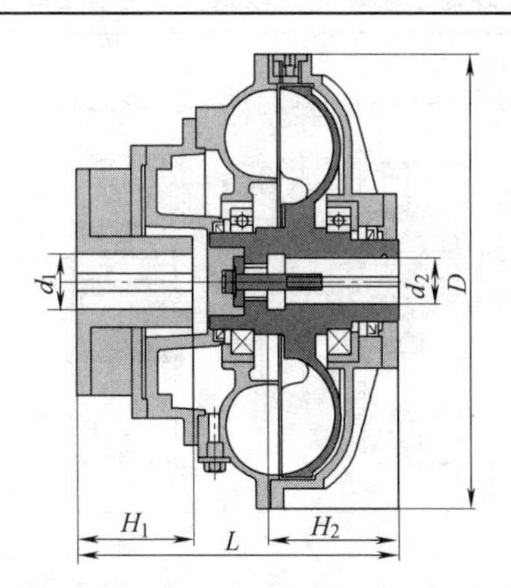

YOX、$YOX_{Ⅱ}$、TVA

型号	输入转速 n /r·min^{-1}	过载系数 T_g	外形尺寸/mm		输入端	输出端	充油量 /L	质量 /kg
			D	L_{min}				
YOX220	1500	2～2.5	ϕ272	190	ϕ28×60	ϕ30×55	1.28～0.64	12
YOX250	1500	2～2.5	ϕ300	215	ϕ38×80	ϕ30×55	1.8～0.9	15
YOX280	1500	2～2.5	ϕ345	246	ϕ38×80	ϕ30×55	5.6～2.8	18
YOX320	1500	2～2.5	ϕ388	304	ϕ48×110	ϕ45×110	5.2～2.6	28
YOX340	1500	2～2.5	ϕ390	278	ϕ48×110	ϕ45×95	5.8～2.9	25
YOX360	1500	2～2.5	ϕ420	310	ϕ55×110	ϕ38×95	7.1～3.55	49
YOX380	1500	2～2.5	ϕ450	320	ϕ60×140	ϕ60×140	8.4～4.2	58
YOX400	1500	2～2.5	ϕ480	356	ϕ60×140	ϕ60×140	9.3～4.65	65
YOX420	1500	2～2.5	ϕ495	368	ϕ60×140	ϕ60×160	12～6	70
YOX450	1500	2～2.5	ϕ530	397	ϕ75×140	ϕ70×140	13～6.5	70
YOX500	1500	2～2.5	ϕ590	411	ϕ85×170	ϕ85×145	19.2～9.6	105
YOX510	1500	2～2.5	ϕ590	426	ϕ85×170	ϕ85×185	19～9.5	119
YOX560	1500	2～2.5	ϕ650	459	ϕ90×170	ϕ100×180	27～13.5	140
YOX562(TVA)	1500	2～2.5	ϕ634	449(471)	ϕ100×170	ϕ110×170	30～15	131
YOX600	1500	2～2.5	ϕ695	474	ϕ90×170	ϕ100×180	34～17	160
YOX650(TVA)	1500	2～2.5	ϕ760	556	ϕ120×210	ϕ130×210	48～24	230
YOX750(TVA)	1500	2～2.5	ϕ860	578	ϕ130×210	ϕ140×210	68～34	350
YOX875	1500	2～2.5	ϕ992	705	ϕ150×250	ϕ150×250	112～56	495
YOX1000	1000	2～2.5	ϕ1120	722	ϕ160×250	ϕ160×280	144～72	600
YOX1150	750	2～2.5	ϕ1295	830	ϕ180×220	ϕ180×300	220～110	910
YOX1320	750	2～2.5	ϕ1485	953	ϕ200×240	ϕ200×350	328～164	1380
$YOX_{Ⅱ}$400	1500	2～2.5	ϕ480	355	ϕ70×140	ϕ70×140	9.3～4.65	65
$YOX_{Ⅱ}$450	1500	2～2.5	ϕ530	397	ϕ75×140	ϕ70×140	13～6.5	70
$YOX_{Ⅱ}$500	1500	2～2.5	ϕ590	435	ϕ90×170	ϕ90×170	19.2～9.6	105
$YOX_{Ⅱ}$560	1500	2～2.5	ϕ634	489(529)	ϕ100×170(210)	ϕ110×170	30～15	131
$YOX_{Ⅱ}$650	1500	2～2.5	ϕ740	556	ϕ130×210	ϕ130×210	46～23	219
$YOX_{Ⅱ}$750	1500	2～2.5	ϕ842	618	ϕ140×250	ϕ140×250	68～34	332

注：1. 对 $YOX_{Ⅱ}$560，() 中的数据为电动机轴≥ϕ100 时。

2. YOX 即 GB/T 5837—2008 规定的 YOX_D。

3. 生产厂商：大连液力机械有限公司、广东中兴液力传动有限公司、沈阳市煤机配件厂、大连营城液力偶合器厂、北京起重运输机械设计研究院、长沙第三机床厂。

4. YOX（YOX_D）为动压泄液式偶合器的基本形式，由其可衍生多种其他型号产品。

5. $YOX_{Ⅱ}$型为带式输送机专用配套产品。

6. TVA 型为大连液力机械有限公司引进德国福伊特（VOITH）公司技术产品。

7. 传递功率见表 19-4-75。

4.8.2.2 YOX_{IIZ}外轮驱动制动轮式限矩型液力偶合器

表 19-4-77　　YOX_{IIZ}外轮驱动制动轮式限矩型液力偶合器技术参数　　mm

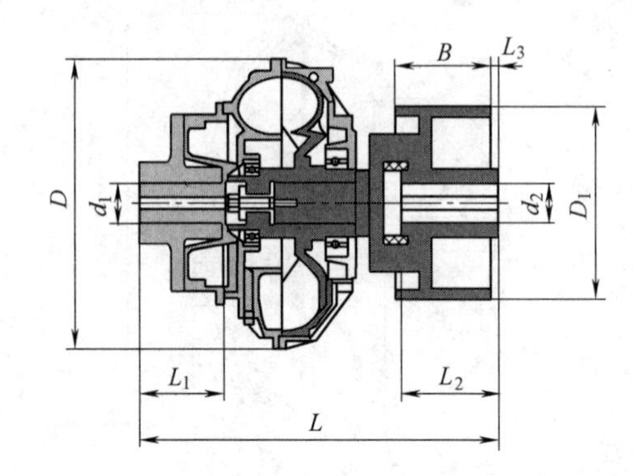

型号	外形尺寸		输入端		输出端		制动轮			充油量 /L		质量(不包括油) /kg	最高转速 /r·min⁻¹
	L	D	d_{1max}	L_1	d_{2max}	L_{2max}	D_1	B	L_3	max	min		
$YOX_{IIZ}400$	556	ϕ470	ϕ70	140	ϕ70	140	ϕ315	150	10	11.6	5.8	105	1500
$YOX_{IIZ}450$	580	ϕ530	ϕ75	140	ϕ70	140	ϕ315	150	10	14	7	125	1500
$YOX_{IIZ}500$	664	ϕ556	ϕ90	170	ϕ90	170	ϕ400	190	15	19.2	9.6	150	1500
$YOX_{IIZ}560$	736	ϕ634	ϕ100	210	ϕ100	210	ϕ400	190	15	27	13.5	200	1500
$YOX_{IIZ}600$	790	ϕ692	ϕ110	210	ϕ110	210	ϕ500	210	15	36	18	260	1500
$YOX_{IIZ}650$	829	ϕ740	ϕ125	210	ϕ130	210	ϕ500	210	15	46	23	385	1500
$YOX_{IIZ}750$	940	ϕ860	ϕ140	250	ϕ150	250	ϕ630	265	15	68	34	480	1500
$YOX_{IIZ}866$	1040	ϕ978	ϕ150	250	ϕ150	250	ϕ630	265	20	111	55.5	645	1500
$YOX_{IIZ}1000$	1140	ϕ1120	ϕ150	250	ϕ150	250	ϕ700	300	25	144	72	847	750
$YOX_{IIZ}1150$	1300	ϕ1312	ϕ170	350	ϕ170	350	ϕ800	340	30	170	85	1080	750

注：1. YOX_{IIZ}是带式输送机专用的配套产品。

2. 生产厂商：广东中兴液力传动有限公司、沈阳市煤机配件厂、大连液力机械有限公司、大连营城液力偶合器厂、中煤张家口煤矿机械有限责任公司。

3. 传递功率见表 19-4-75。

表 19-4-78　　YOXnz 制动轮式、YOXp 式液力偶合器技术参数

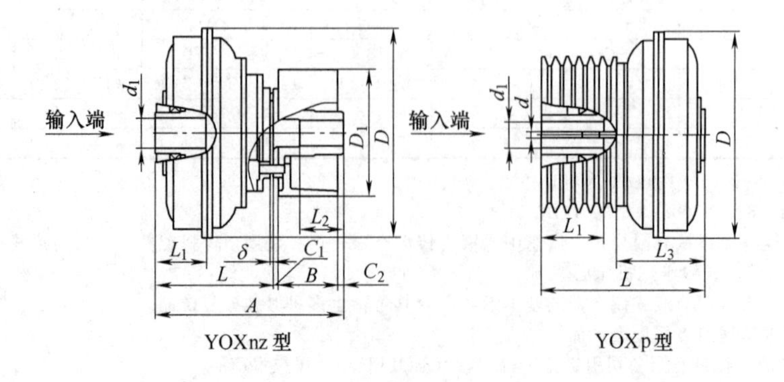

续表

型　号	输入转速 n /r·min^{-1}	传递功率范围 N/kW	充油量 Q/L	偶合器最大外径 D /mm	安装尺寸/mm												质量 /kg
					YOXnz型									YOXp型			
					A	L	C_1	D_1	B	C_2	d_1	L_1	δ	d_1	L_3	d	
YOX280	1000	1.5～2.7	2.5～3.5	ϕ330	345	215	20	ϕ200	100	10	ϕ45	110	2	ϕ40	170	M10	22
	1500	5～9															
YOX320	1000	2.7～5	4.5～6.5	ϕ380	356	226	20	ϕ200	100	10	ϕ48	110	2	ϕ50	186	M12	30
	1500	9～18.5			366			ϕ250	110								
YOX360	1000	5～10	6.5～8.5	ϕ420	380	240	20	ϕ250	110	10	ϕ55	110	2	ϕ55	200	M12	45
	1500	17～35			407		7	ϕ315	150								
YOX400	1000	8～16	7.5～9	ϕ460	420	270	25	ϕ250	110	15	ϕ60	140	2	ϕ60	214	M16	60
	1500	30～55			447		12	ϕ315	150								
YOX450	1000	18.5～30	10～13	ϕ520	476	299	12	ϕ315	150	15	ϕ75	140	2	ϕ75	248	M16	90
	1500	45～100			514		10	ϕ400	190								
YOX500	1000	26～50	14～17	ϕ572	514	332	17	ϕ315	150	15	ϕ85	170	3	ϕ85	260	M16	120
	1500	90～160			552		15	ϕ400	190								
YOX560	750	20～40	18～25	ϕ640	588 608	363	15	ϕ400 ϕ500	190 210	20	ϕ90	180	3	ϕ90	287	M20	160
	1000	45～100															
	1500	160～280															
YOX650	750	40～80	28～40	ϕ744	675 730	425	20	ϕ500 ϕ630	210 265	20	ϕ120	210	3	ϕ120	325	M20	240
	1000	90～200															
	1500	280～550															
YOX710	750	65～135	40～60	ϕ814	708	458	20	ϕ500	210	20	ϕ130	210	3	ϕ130	355	M20	330
	1000	180～315			763			ϕ630	265								
	1500	500～800															
YOX800	600	60～125	65～90	ϕ920	842	527	25	ϕ630	265	25	ϕ140	250	4	ϕ140	400	M24	450
	750	120～240															
	1000	280～500															
YOX875	600	100～200	80～120	ϕ1000	893 928	573	30	ϕ630 ϕ700	265 300	25	ϕ150	250	4	ϕ150	435	M24	550
	750	200～380															
	1000	400～780															

注：1. 生产厂商：上海交大南洋机电科技有限公司。

2. 订货须注明选用偶合器的输入、输出端孔径、长度、键宽、槽深、公差等数据和带轮的技术参数，制动轮可按用户制作。

3. 表中产品的过载系数均为2～2.5，额定转差率≤4%。

4.8.2.3　水介质限矩型液力偶合器

水介质液力偶合器工作介质为清水或水基难燃液。其结构须有如下特点：①腔内钢铁构件须进行防腐蚀、防锈蚀处理；②滚动轴承与腔内水液须设隔离密封；③须设置易熔塞与易爆塞。

表 19-4-79 YOXD*** A 水介质液力偶合器技术参数 mm

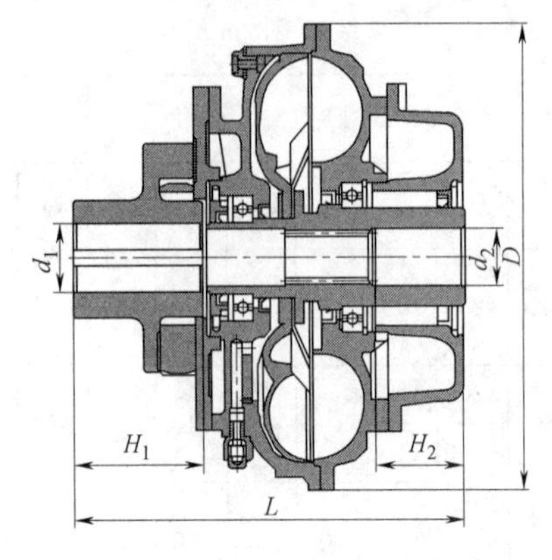

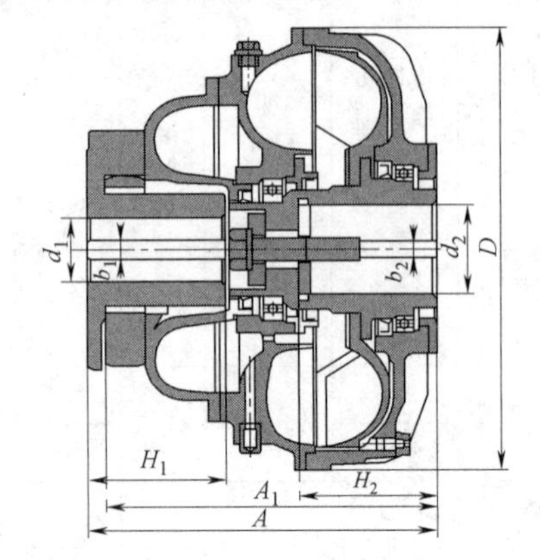

型号	最高转速 n/r·min^{-1}	传递功率 N/kW	效率 η/%	质量 /kg	充水量 q /L	ϕD	L	ϕd_1	H_1	b_1	ϕd_2	H_2	b_2
YOXD360S(A)	1480	17～40	96	60	4.5～7.2	415	380	60	70	16	渐开线 INT16Z×2.5×30pϕ50×55/ϕ45×96		
YOXD400S	1480	30～55	96	68.1	5.6～7.6	465	394	55	110	16			
YOXD450S	1480	110	97	104.4	11.7	520	508	80	170	22	80	160	22
YOXD450S(A)	1475	75、90	97	145.2	9.6	520	488	75	140	20	65	140	18
YOXD450S(B)	1475	75	97	92.5	9.6～11.7	520	451	75	140	20	渐开线 INT16Z×3.5×30p 定心孔：ϕ65×120		
YOXD500	1480	132	96	105.6	16.6	570	478	80	170	22			
YOXD500A	1480	132	97	103	16.6	558	474	80	170	22	75	170	20
YOXD560	1480	200	97	158.7	20.5	634	432	90	170	25	100	170	28
	1475	250	97	165.6	22.75	634	590	100	210	28	100	240	28
YOXD650	1480	375～525	97	287.4	38	720	576	100	210	28	115	220	32
	1480	375～525	97	293	38	720	719	110	210	28	渐开线 INT16Z×5m×30p 定心孔：ϕ115×75		

注：1. 生产厂商：中煤张家口煤矿机械有限公司。

2. 此类偶合器传动介质为水，适用于防燃、防爆、防油污染的工作环境，常用于煤矿井下。此类偶合器专用于刮板输送机。

表 19-4-80 YOXsj 水介质液力偶合器技术参数 mm

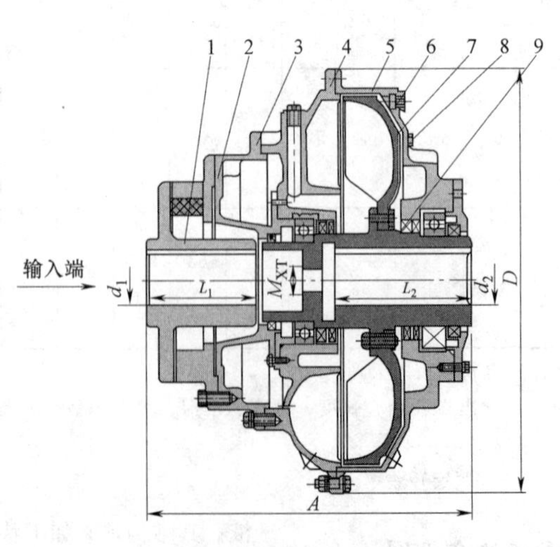

1—主动联轴器；2—从动联轴器；3—后辅腔；4—泵轮；5—外壳；
6—易熔塞；7—涡轮；8—易爆塞；9—主轴

续表

规格型号	输入转速 n/r·min^{-1}	传递功率范围 N/kW	过载系数 T_g		效率 η	外形尺寸		最大输入孔径及长度 $\frac{d_{1max}}{L_{1max}}$	最大输出孔径及长度 $\frac{d_{2max}}{L_{2max}}$	M_{XT}	充水量 q/L		质量 /kg
			启动	制动		D	A				40%	80%	
YOXsj250	1000	1～1.75	2～2.7	2～2.7	0.97	ϕ305	270	ϕ45/80	ϕ40/80	M30×2	1.0	2.1	18
	1500	3～6.5											
YOXsj280	1000	1.5～3.5	2～2.7	2～2.7	0.97	ϕ345	280	ϕ50/80	ϕ45/80	M30×2	1.4	2.8	23
	1500	5～9											
YOXsj320	1000	3～6.5	2～2.7	2～2.7	0.97	ϕ380	300	ϕ55/110	ϕ50/110	M30×2	2.2	4.4	30
	1500	10～22											
YOXsj340	1000	3.5～10	2～2.7	2～2.7	0.97	ϕ390	330	ϕ55/110	ϕ50/110	M30×2	2.7	5.4	38
	1500	14～26											
YOXsj360	1000	6～12	1.5～1.8	2～2.5	0.96	ϕ428	360	ϕ60/140	ϕ55/110	M36×2	3.4	6.8	44
	1500	17～37											
YOXsj400	1000	10～22	1.5～1.8	2～2.5	0.96	472	394	ϕ60/140	ϕ60/140	M42×2	5.2	10.4	60
	1500	30～56											
YOXsj450	1000	17～35	1.5～1.8	2～2.5	0.96	ϕ530	438	ϕ75/140	ϕ70/140	M42×2	7.0	14	85
	1500	55～110											
YOXsj487	1000	23～50	1.5～1.8	2～2.5	0.96	ϕ556	450	ϕ75/140	ϕ70/140	M42×2	9.2	18.4	98
	1500	60～150											
YOXsj500	1000	27～58	1.5～1.8	2～2.5	0.96	ϕ575	480	ϕ90/170	ϕ90/170	M42×2	10.2	20.4	115
	1500	70～170											
YOXsj560	1000	45～100	1.5～1.8	2～2.5	0.96	ϕ640	520	ϕ100/210	ϕ100/180	M42×2	14	28	160
	1500	140～315											
YOXsj600	1000	70～135	1.5～1.8	2～2.5	0.96	ϕ695	540	ϕ110/210	ϕ100/200	M56×2	17	34	190
	1500	230～418											
YOXsj650	1000	100～205	1.5～1.8	2～2.5	0.96	ϕ760	600	ϕ120/210	ϕ110/200	M56×2	24	48	240
	1500	300～560											
YOXsj750	1000	195～385	1.5～1.8	2～2.5	0.96	ϕ860	640/675	ϕ130/250	ϕ130/210	M64×2	34	68	360
	1500	550～885											
YOXsj875	750	168～325	1.5～1.8	2～2.5	0.96	ϕ992	740	ϕ140/250	ϕ140/250	M64×2	56	112	550
	1000	380～720											
YOXsj1000	600	185～350	1.5～1.8	2～2.5	0.96	ϕ1138	780	ϕ150/250	ϕ150/250	M64×2	74	148	665
	750	260～690											
YOXsj1150	600	300～715	1.5～1.8	2～2.5	0.96	ϕ1312	900	ϕ170/300	ϕ170/300	M64×2	85	170	825
	750	610～1390											

注：1. 生产厂商：广东中兴液力传动有限公司。

2. 传动介质为水，适用于防燃、防爆、防油污染的工作环境，常用于煤矿井下。

3. 按 GB/T 5837—2008 规定，型号应为 YOX_D *** S。

表 19-4-81 YOX_A 水介质液力偶合器技术参数 mm

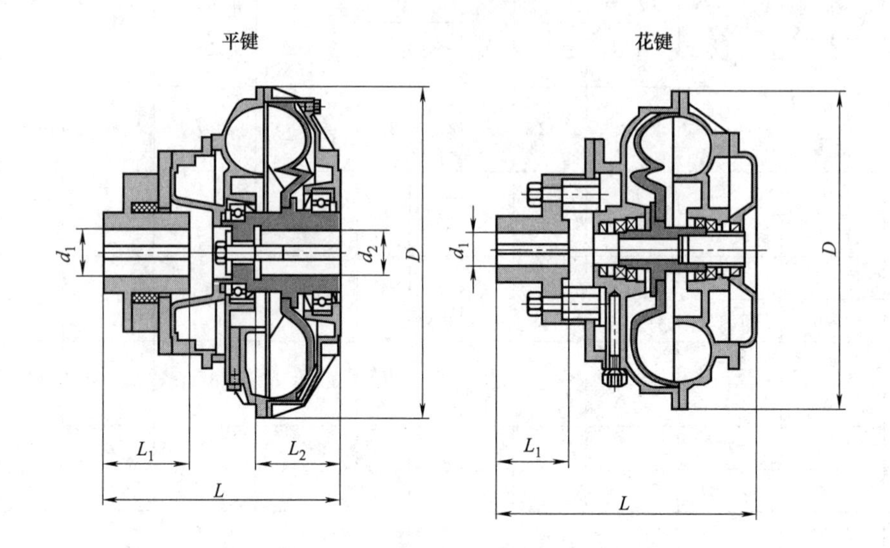

型 号	外形尺寸		输入端		输出端		充水量/L		质量(不包括水)/kg	最高转速 /r·min⁻¹
	L	D	d_1	L_1	d_2	L_2	max	min		
YOX400P	358	ϕ470	ϕ60	140	ϕ65	140	11.6	5.8	65	1500
YOX450C	367	ϕ530	ϕ75	140	ϕ75	140	13.6	6.8	80	1500
YOX450Ⅲ	508	ϕ520	ϕ80	170	ϕ80	170	16	8	87	1500
YOX500C	435	ϕ560	ϕ80	170	ϕ75	170	17.5	8.75	135	1500
YOX560A	433	ϕ634	ϕ90	170	ϕ115	170	21.5	10.75	130	1500
YOX560B	432	ϕ634	ϕ90	170	ϕ115	170	21.5	10.75	130	1500
YOX487	415	ϕ556	ϕ90	170	ϕ106	140	16.5	8.25	93	1500
YOX600	510	ϕ692	ϕ110	210	ϕ100	210	36	18	185	1500
YOX650	536	ϕ740	ϕ125	200	ϕ130	210	46	23	219	1500
YOX360	368	ϕ415	ϕ48	110	INT16Z×2.5M×30P		6.2	3.1	50	1500
YOX360A	229	ϕ425	—	—	INT16Z×2.5M×30P		6.9	3.45	40	1500
YOX400	394	ϕ465	ϕ55	110	INT16Z×2.5M×30P		9.6	4.8	60	1500
YOX450	444	ϕ520	ϕ75	140	INT16Z×3.5M×30P		13.6	6.8	80	1500
YOX450A	449	ϕ520	ϕ75	140	INT16Z×3.5M×30P		13.6	6.8	80	1500
YOX500	478	ϕ570	ϕ75	140	INT16Z×3.5M×30P		19.2	9.6	90	1500

注：1. 生产厂商：沈阳市煤机配件厂。

2. 表中规格分为平键、花键两种连接方式。

3. 按 GB/T 5837—2008 规定，型号应为 YOX_D *** S。

4. 传递功率见表 19-4-75。

表 19-4-82　　YOX_S 水介质液力偶合器技术参数

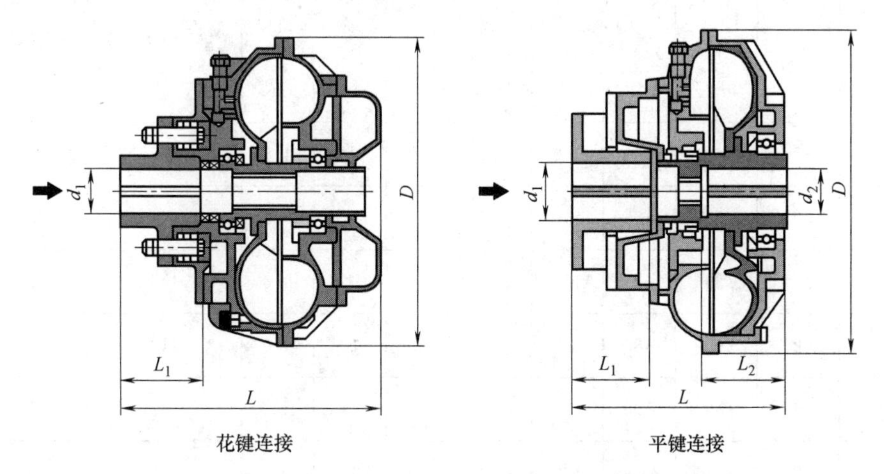

花键连接　　平键连接

规格型号	外形尺寸($D\times L$)/mm	最大输入孔径及长度 d_{1max}/L_{1max}	输出端连接形式及尺寸/mm			充水量/L		质量/kg
			花键连接形式	平键连接形式		50%	80%	
				d_{2max}	L_{2max}			
YOX_S360	ϕ415×365	ϕ48/110	INT16Z×2.5M×30P	ϕ45	80	3.1	6.2	50
YOX_S400	ϕ465×394	ϕ55/110				4.8	9.6	60
YOX_S450	ϕ520×449	ϕ75/140	INT16Z×3.5M×30P	ϕ65	110	6.8	13.6	80
YOX_S500	ϕ570×478	ϕ85/170		ϕ90	170	9.6	19.2	120
YOX_S560	ϕ634×432	ϕ90/170		ϕ100	180	11	22	160
YOX_S600	ϕ692×510	ϕ90/170			180	18	36	185
YOX_S650	ϕ740×536	ϕ125/210		ϕ130	210	23	46	240
YOX_S750	ϕ842×675	ϕ150/250		ϕ150	250	34	68	360

注：1. 生产厂商：大连营城液力偶合器厂。

2. 传递功率见表 19-4-75。

3. 按 GB/T 5837—2008，型号应为 YOX_D *** S。

表 19-4-83　　YOX_S、TVA_S 水介质液力偶合器技术参数　　mm

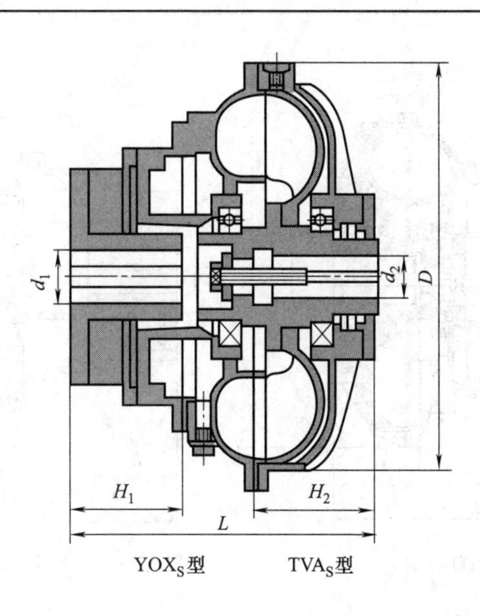

YOX_S型　　TVA_S型

续表

型号	L_{min}	D	输入端		输出端		充水量/L		质量(不包括水)/kg	最高转速/r·min^{-1}	过载系数T_g
			d_{1max}	H_{1max}	d_{2max}	H_{2max}	max	min			
YOX_S400	356	$\phi480$	$\phi60$	140	$\phi60$	150	9.6	4.8	65	1500	2～2.5
YOX_S450	397	$\phi530$	$\phi75$	140	$\phi70$	140	13.6	6.8	70	1500	2～2.5
YOX_S500	444	$\phi590$	$\phi85$	170	$\phi85$	160	19.2	9.6	105	1500	2～2.5
YOX_S510	426	$\phi590$	$\phi85$	170	$\phi85$	160	19	9.5	119	1500	2～2.5
YOX_S560	459	$\phi650$	$\phi90$	170	$\phi100$	180	27	13.5	140	1500	2～2.5
YOX_S562	471	$\phi634$	$\phi100$	170	$\phi110$	170	30	15	131	1500	2～2.5
YOX_S600	474	$\phi695$	$\phi90$	170	$\phi100$	180	36	18	160	1500	2～2.5
TVA_S562	467	$\phi634$	$\phi100$	170	$\phi110$	170	30	15	131	1500	2～2.5
TVA_S650	536	$\phi740$	$\phi125$	225	$\phi130$	200	46	23	219	1500	2～2.5
TVA_S750	630	$\phi842$	$\phi140$	245	$\phi150$	240	68	34	332	1500	2～2.5

注：1. 生产厂商：大连液力机械有限公司。

2. 传递功率见表19-4-75。

3. 按GB/T 5837—2008规定，型号应为YOX_D*** S。

4.8.2.4 加长后辅腔与加长后辅腔带侧辅腔的限矩型液力偶合器

表19-4-84 YOX_Y、YOX_{YS}液力偶合器技术参数 mm

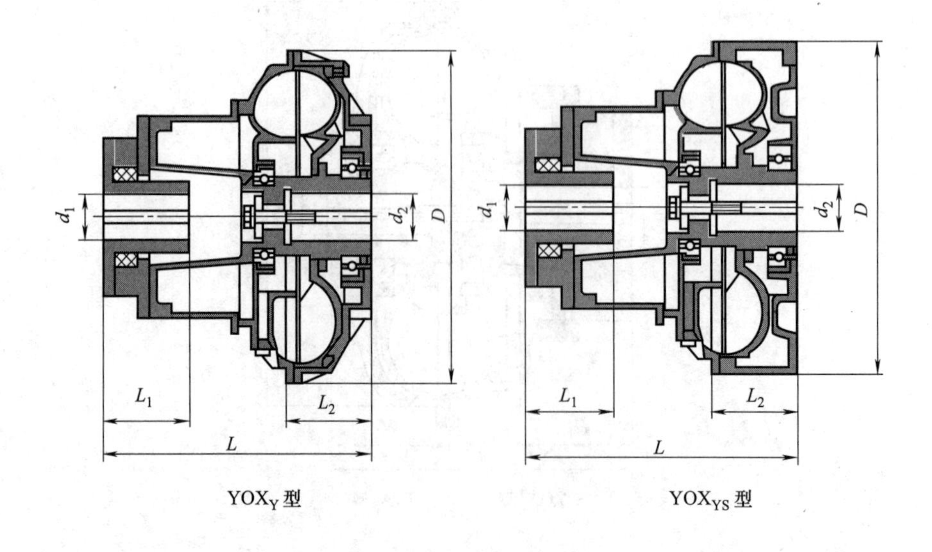

YOX_Y型　　YOX_{YS}型

续表

型　号	外形尺寸		输入端		输出端		充水量/L		质量(不包括水)/kg	过载系数	最高转速/r·min^{-1}
	L_{min}	D	d_{1max}	L_{1max}	d_{2max}	L_{2max}	max	min			
YOX$_{Y}$360	360	ϕ420	ϕ60	110	ϕ55	100	9.6	4.8	48	1.2～2.35	1500
YOX$_{YS}$360							11.2	5.6	53	1.1～2.5	
YOX$_{Y}$400	390	ϕ470	ϕ70	140	ϕ65	120	11.6	5.8	64	1.2～2.35	1500
YOX$_{YS}$400							13.5	6.7	70	1.1～2.5	
YOX$_{Y}$450	447	ϕ530	ϕ75	140	ϕ75	140	14	7	76	1.2～2.35	1500
YOX$_{YS}$450							19.5	9.7	84	1.1～2.5	
YOX$_{Y}$500	470	ϕ556	ϕ90	170	ϕ80	160	19.2	9.6	115	1.2～2.35	1500
YOX$_{YS}$500							26.8	13.4	133	1.1～2.5	
YOX$_{Y}$560	530	ϕ634	ϕ100	210	ϕ115	170	21.5	10.75	142	1.2～2.35	1500
YOX$_{YS}$560							34.2	17.1	163	1.1～2.5	
YOX$_{Y}$600	540	ϕ692	ϕ100	210	ϕ100	210	36	18	200	1.2～2.35	1500
YOX$_{YS}$600							43.6	21.8	220	1.1～2.5	
YOX$_{Y}$650	625	ϕ740	ϕ130	210	ϕ120	200	46	23	229	1.2～2.35	1500
YOX$_{YS}$650							62.4	31.2	250	1.1～2.5	
YOX$_{Y}$750	680	ϕ860	ϕ140	250	ϕ120	220	68	34	357	1.2～2.35	1500
YOX$_{YS}$750							88.4	44.2	388	1.1～2.5	
YOX$_{Y}$866	820	ϕ978	ϕ150	250	ϕ160	265	112	56	505	1.2～2.35	1000
YOX$_{YS}$866							145.6	72.8	555	1.1～2.5	
YOX$_{Y}$1000	845	ϕ1120	ϕ150	250	ϕ160	280	144	72	660	1.2～2.35	750
YOX$_{YS}$1000							192.4	96.2	730	1.1～2.5	
YOX$_{Y}$1150	960	ϕ1312	ϕ170	300	ϕ170	300	170	85	880	1.2～2.35	750
YOX$_{YS}$1150							220	110	940	1.1～2.5	

注：1. 生产厂商：大连液力机械有限公司、沈阳市煤机配件厂。

2. 加长后辅腔与加长后辅腔带侧辅腔者均可使设备延长启动时间、降低启动力矩，使启动变得更“软”，更柔和。

3. 传递功率见表19-4-75。

4. 图中轴孔内紧定螺栓为选配件。

表 19-4-85 YOX_V、YOX_{VS}液力偶合器技术参数 mm

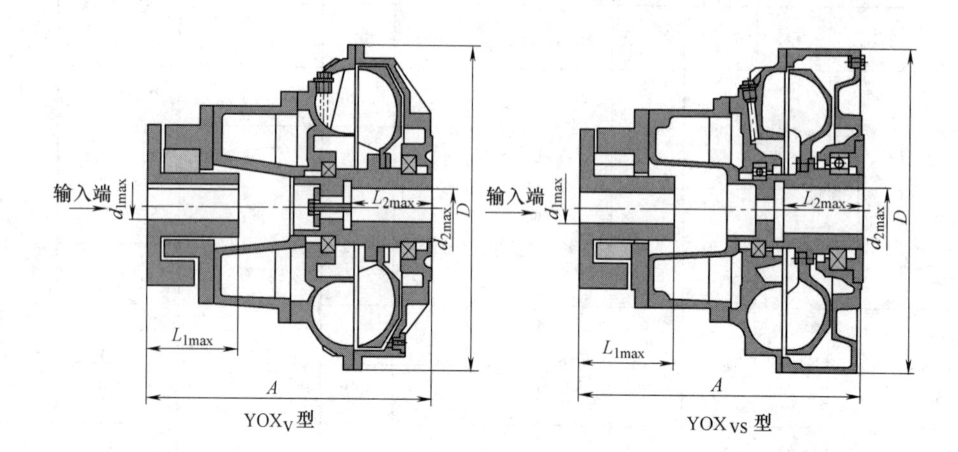

YOX_V型 YOX_{VS}型

规格型号	输入转速 n/r·min^{-1}	传递功率范围 /kW	过载系数 T_g		效率 η	外形尺寸		最大输入孔径及长度 d_{1max}/L_{1max}	最大输出孔径及长度 d_{2max}/L_{2max}	充油量 /L		质量 /kg
			启动	制动		D	A			40%	72%	
YOX_V360	1000	5～10	1.35～1.5	2～2.3	0.96	ϕ428	360	ϕ60/110	ϕ55/110	3.8	6.8	47
	1500	16～30										
YOX_V400	1000	8～18.5	1.35～1.5	2～2.3	0.96	ϕ472	390	ϕ70/140	ϕ60/140	5.8	10.4	71
	1500	28～48										
YOX_V450	1000	15～30	1.35～1.5	2～2.3	0.96	ϕ530	445	ϕ75/140	ϕ70/140	8.3	15	88
	1500	50～90										
YOX_V500	1000	25～50	1.35～1.5	2～2.3	0.96	ϕ582	510	ϕ90/170	ϕ90/170	11.4	20.6	115
	1500	68～144										
YOX_V560	1000	40～80	1.35～1.5	2～2.3	0.96	ϕ634	530	ϕ100/210	ϕ100/210	14.6	26.4	164
	1500	120～170										
YOX_V600	1000	60～115	1.35～1.5	2～2.3	0.96	ϕ695	575	ϕ100/210	ϕ100/210	18.6	33.6	200
	1500	200～360										
YOX_V650	1000	90～176	1.35～1.5	2～2.3	0.96	ϕ760	650	ϕ130/210	ϕ130/210	26.6	48	240
	1500	260～480										
YOX_V750	1000	170～330	1.35～1.5	2～2.3	0.96	ϕ860	680	ϕ140/250	ϕ150/250	37.7	68	375
	1500	380～760										
YOX_V875	750	140～280	1.35～1.5	2～2.3	0.96	ϕ992	820	ϕ150/250	ϕ150/250	62.1	112	530
	1000	330～620										
YOX_V1000	600	160～300	1.35～1.5	2～2.3	0.96	ϕ1138	845	ϕ150/250	ϕ150/250	82.5	148	710
	750	260～590										
YOX_V1150	600	265～615	1.35～1.5	2～2.3	0.96	ϕ1312	885	ϕ170/300	ϕ170/300	95	170	880
	750	525～1195										
YOX_V1250	500	235～540	1.35～1.5	2～2.3	0.96	ϕ1420	960	ϕ200/300	ϕ200/300	120	210	1030
	600	400～935										
	750	800～1800										
YOX_V1320	500	315～710	1.35～1.5	2～2.3	0.96	ϕ1500	975	ϕ210/310	ϕ210/310	140	230	1130
	600	650～1200										
	750	1050～2360										

续表

规格型号	输入转速 n/r·min^{-1}	传递功率范围/kW	过载系数 T_g		效率 η	外形尺寸		最大输入孔径及长度 $\frac{d_{1max}}{L_{1max}}$	最大输出孔径及长度 $\frac{d_{2max}}{L_{2max}}$	充油量/L		质量/kg
			启动	制动		D	A			40%	72%	
YOXvs360	1000	5～10	1.1～1.35	2～2.3	0.96	ϕ428	360	ϕ60/110	ϕ55/110	5.3	8.8	52
	1500	16～30										
YOXvs400	1000	8～18.5	1.1～1.35	2～2.3	0.96	ϕ472	390	ϕ70/100/140	ϕ60/140	7.7	13.5	77
	1500	28～48										
YOXvs450	1000	15～30	1.1～1.35	2～2.3	0.96	ϕ530	445	ϕ75/140	ϕ70/140	11.1	19.5	96
	1500	50～90										
YOXvs500	1000	25～50	1.1～1.35	2～2.3	0.96	ϕ582	510	ϕ90/170	ϕ90/170	15.3	26.8	133
	1500	68～144										
YOXvs560	1000	40～80	1.1～1.35	2～2.3	0.96	ϕ634	530	ϕ100/170/210	ϕ100/210	19.5	34.2	185
	1500	120～270										
YOXvs600	1000	60～115	1.1～1.35	2～2.3	0.96	ϕ695	575	ϕ100/170/210	ϕ115/210	24.9	43.6	220
	1500	200～360										
YOXvs650	1000	90～176	1.1～1.35	2～2.3	0.96	ϕ760	650	ϕ130/210	ϕ130/210	35.6	62.4	260
	1500	260～480										
YOXvs750	1000	170～330	1.1～1.35	2～2.3	0.96	ϕ860	680	ϕ140/250	ϕ150/250	50.5	88.4	406
	1500	380～760										
YOXvs875	750	145～280	1.1～1.35	2～2.3	0.96	ϕ992	820	ϕ150/250	ϕ150/250	83.1	145.6	580
	1000	330～620										
YOXvs1000	600	160～300	1.1～1.35	2～2.3	0.96	ϕ1138	845	ϕ150/250	ϕ150/250	108.5	192.4	780
	750	260～590										
YOXvs1150	600	265～615	1.1～1.35	2～2.3	0.96	ϕ1312	885	ϕ170/300	ϕ170/300	132	220	940
	750	525～1195										
YOXvs1250	500	235～540	1.1～1.35	2～2.3	0.96	ϕ1420	960	ϕ200/300	ϕ200/300	173	280	1120
	600	400～935										
	750	800～1800										
YOXvs1320	500	315 ～ 710	1.1～1.35	2～2.3	0.96	ϕ1500	975	ϕ210/310	ϕ210/310	202	295	1230
	600	650～1200										
	750	1050～2360										

注：1. 生产厂商：广东中兴液力传动有限公司。

2. 加长后辅腔与加长后辅腔带侧辅腔者均可使设备延长启动时间、降低启动力矩、使启动变得更“软”、更柔和。

3. 图中轴孔内紧定螺栓为选配件。

表 19-4-86　　YOX_V、YOX_{VS}型液力偶合器技术参数　　mm

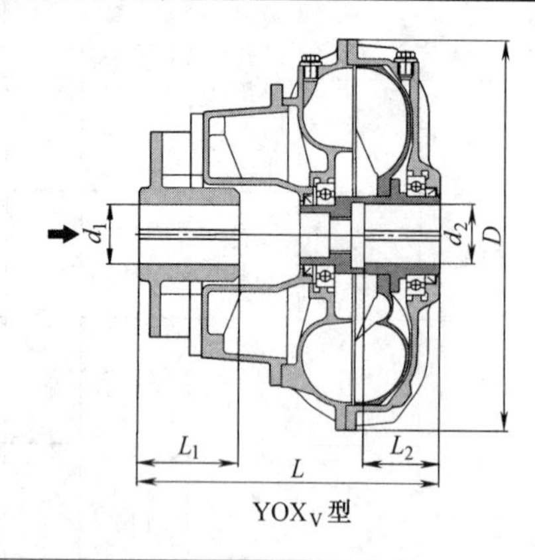

YOX_V型

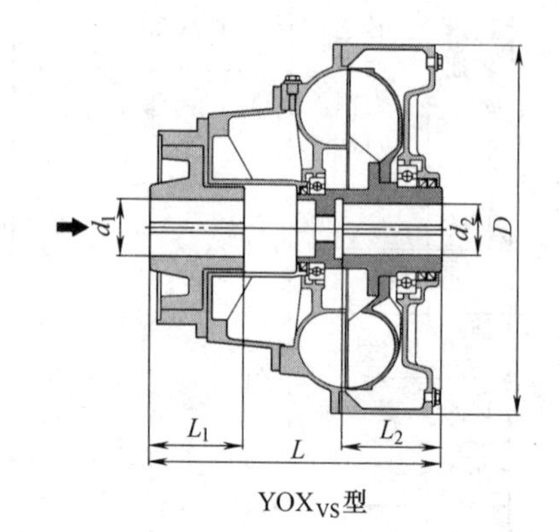

YOX_{VS}型

规格型号	外形尺寸		过载系数		最大输入孔径及长度	最大输出孔径及长度	充油量/L		质量
	D	L	启动	制动	d_{1max}/L_{1max}	d_{2max}/L_{2max}	min	max	/kg
YOX_V400	ϕ480	390	1.35～1.6	2～2.35	ϕ70/140	ϕ60/140	5.8	10.4	71
YOX_V450	ϕ530	445			ϕ75/140	ϕ70/140	8.3	15	88
YOX_V500	ϕ580	510			ϕ90/170	ϕ90/170	11.4	20.6	115
YOX_V560	ϕ650	530		2～2.3	ϕ100/210	ϕ100/210	14.6	26.4	164
YOX_V600	ϕ695	575		2～2.35			18.6	33.6	200
YOX_V650	ϕ740	650			ϕ130/210	ϕ130/210	26.6	48	240
YOX_V750	ϕ842	680			ϕ140/250	ϕ150/250	37.7	68	375
$YOX_{VS}400$	ϕ480	390	1.25～1.4	2～2.3	ϕ70/110/140	ϕ65/140	7.7	13.5	77
$YOX_{VS}450$	ϕ530	445		2～2.34	ϕ75/140	ϕ70/140	11.1	19.5	96
$YOX_{VS}500$	ϕ580	510		2～2.3	ϕ90/170	ϕ90/170	15.3	26.8	133
$YOX_{VS}560$	ϕ650	530			ϕ100/170/210	ϕ100/210	19.5	34.2	185
$YOX_{VS}600$	ϕ695	575				ϕ115/210	24.9	43.6	224
$YOX_{VS}650$	ϕ740	650		2～2.35	ϕ130/210	ϕ130/210	35.6	62.4	260
$YOX_{VS}750$	ϕ842	680		2～2.37	ϕ140/250	ϕ150/250	50.5	88.4	406

注：1. 生产厂：大连营城液力偶合器厂。

2. YOX_V、YOX_{VS}均可使设备延长启动时间、降低启动力矩、使启动变得更软、更柔和。

3. 传递功率见表 19-4-75。

表 19-4-87　　YOX_V、YOX_{VC}液力偶合器技术参数　　mm

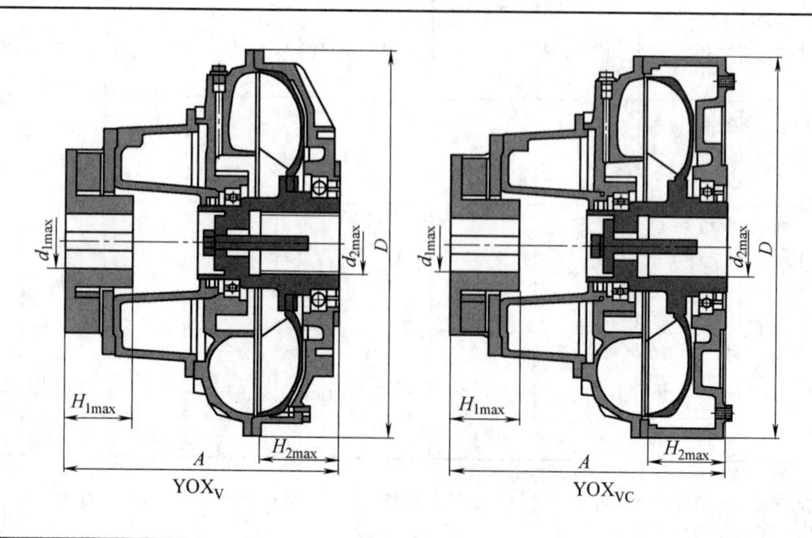

YOX_V　　YOX_{VC}

续表

型号	输入转速 /r·min^{-1}	传递功率范围 /kW	过载系数 T_g	效率 η	外形尺寸 D	外形尺寸 A	输入端孔径及长度 $\frac{d_{1max}}{L_{1max}}$	输出端孔径及长度 $\frac{d_{2max}}{L_{2max}}$	充油量/L min	充油量/L max	质量 /kg
YOX$_V$360	1000	5～10	2～2.7	0.96	ϕ428	360	ϕ60/110	ϕ55/110	3.8	8.1	47
	1500	16～30									
YOX$_V$400	1000	8～18.5	2～2.5	0.96	ϕ470	390	ϕ70/140	ϕ65/140	5.8	10.4	71
	1500	28～50									
YOX$_V$450	1000	15～30	2～2.5	0.96	ϕ530	445	ϕ75/140	ϕ70/140	8.3	15	88
	1500	50～110									
YOX$_V$500	1000	25～50	2～2.5	0.97	ϕ580	510	ϕ90/170	ϕ90/170	11.4	20.6	115
	1500	75～150									
YOX$_V$560	1000	40～80	2～2.5	0.97	ϕ634	530	ϕ100/210	ϕ100/210	15.6	27	164
	1500	120～280									
YOX$_V$600	1000	60～115	2～2.5	0.97	ϕ695	575	ϕ100/210	ϕ100/210	18.6	33.6	200
	1500	200～375									
YOX$_V$650	1000	90～176	2～2.5	0.97	ϕ740	650	ϕ120/210	ϕ120/210	26.8	48	240
	1500	260～480									
YOX$_V$750	1000	170～330	2～2.5	0.97	ϕ860	680	ϕ140/250	ϕ140/250	37.7	68	375
	1500	480～760									
YOX$_V$875	750	140～280	2～2.5	0.97	ϕ992	820	ϕ150/250	ϕ150/250	62.1	112	530
	1000	330～620									
YOX$_V$1000	600	160～300	2～2.5	0.97	ϕ1138	845	ϕ150/250	ϕ150/250	82.5	148	710
	750	260～590									
YOX$_{VC}$360	1000	5～10	2～2.7	0.96	ϕ428	360	ϕ60/110	ϕ55/110	5.3	8.8	52
	1500	16～30									
YOX$_{VC}$400	1000	8～18.5	2～2.5	0.96	ϕ470	390	ϕ70/140	ϕ65/140	7.7	13.5	77
	1500	28～50									
YOX$_{VC}$450	1000	15～30	2～2.5	0.96	ϕ530	445	ϕ75/140	ϕ70/140	11.1	19.5	96
	1500	50～110									
YOX$_{VC}$500	1000	25～50	2～2.5	0.97	ϕ580	510	ϕ90/170	ϕ90/170	15.3	26.8	133
	1500	75～150									
YOX$_{VC}$560	1000	40～80	2～2.5	0.97	ϕ634	530	ϕ100/210	ϕ100/210	19.5	34.2	185
	1500	120～280									
YOX$_{VC}$600	1000	60～115	2～2.5	0.97	ϕ695	575	ϕ100/210	ϕ100/210	24.9	43.6	220
	1500	200～375									
YOX$_{VC}$650	1000	90～176	2～2.5	0.97	ϕ750	650	ϕ120/210	ϕ120/210	35.6	62.4	260
	1500	260～480									
YOX$_{VC}$750	1000	170～330	2～2.5	0.97	ϕ860	680	ϕ140/250	ϕ150/210	50.5	88.4	405
	1500	480～760									
YOX$_{VC}$875	750	140～280	2～2.5	0.97	ϕ992	820	ϕ150/250	ϕ150/250	83	145	580
	1000	330～620									
YOX$_{VC}$1000	600	160～300	2～2.5	0.97	ϕ1138	845	ϕ150/250	ϕ150/250	108	192	780
	750	260～590									

注：1. 生产厂商：中煤张家口煤矿机械有限责任公司。

2. YOX$_V$、YOX$_{VC}$均可使设备延长启动时间、降低启动力矩，使启动变得更“软”、更柔和。

4.8.2.5 加长后辅腔与加长后辅腔带侧辅腔制动轮式限矩型液力偶合器

表 19-4-88　　YOX$_{YⅡZ}$、YOX$_{YSⅡZ}$液力偶合器技术参数　　mm

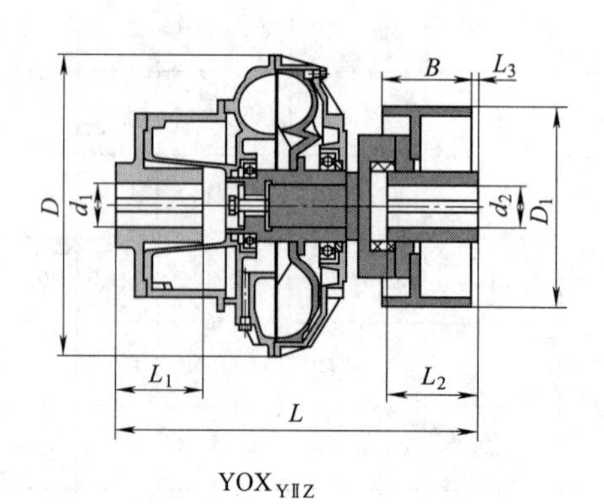

YOX$_{YⅡZ}$

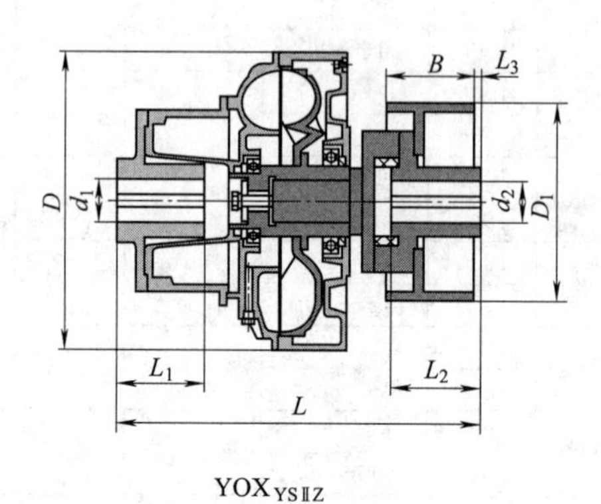

YOX$_{YSⅡZ}$

型号	外形尺寸		输入端		输出端		制动轮			充油量/L		质量(不包括油)/kg	最高转速/r·min^{-1}
	L_{min}	D	d_{1max}	L_{1max}	d_{2max}	L_{2max}	D_1	B	L_3	max	min		
YOX$_{YⅡZ}$400	556	ϕ470	ϕ70	140	ϕ70	140	ϕ315	150	10	11.6	5.8	113	1500
YOX$_{YSⅡZ}$400										13.5	6.7	116	
YOX$_{YⅡZ}$450	600	ϕ530	ϕ75	140	ϕ70	140	ϕ315	150	10	14	7	128	1500
YOX$_{YSⅡZ}$450										19.5	9.7	132	
YOX$_{YⅡZ}$500	680	ϕ556	ϕ90	170	ϕ90	170	ϕ400	190	10	19.2	9.6	155	1500
YOX$_{YSⅡZ}$500										26.8	13.4	165	
YOX$_{YⅡZ}$560	754	ϕ634	ϕ100	210	ϕ100	210	ϕ400	190	10	21.5	10.75	205	1500
YOX$_{YSⅡZ}$560										34.2	17.1	218	
YOX$_{YⅡZ}$600	790	ϕ692	ϕ110	210	ϕ110	210	ϕ500	210	15	36	18	260	1500
YOX$_{YSⅡZ}$600										43.6	21.8	350	
YOX$_{YⅡZ}$650	829	ϕ740	ϕ125	210	ϕ130	210	ϕ500	210	15	46	23	385	1500
YOX$_{YSⅡZ}$650										62.4	31.2	392	
YOX$_{YⅡZ}$750	970	ϕ860	ϕ140	250	ϕ150	250	ϕ630	265	15	68	34	488	1500
YOX$_{YSⅡZ}$750										88.4	44.2	518	
YOX$_{YⅡZ}$866	1040	ϕ978	ϕ150	250	ϕ150	250	ϕ630	265	20	112	56	655	1500
YOX$_{YSⅡZ}$866										145.6	72.8	696	

注：1. 生产厂商：沈阳市煤机配件厂。

2. YOX$_{YⅡZ}$、YOX$_{YSⅡZ}$均为带式输送机专用配套产品，可使设备延长启动时间、降低启动力矩，使启动变得更“软”、更柔和。

3. 传递功率见表 19-4-75。

4. 图中轴孔内紧定螺栓为选配件。

表 19-4-89　YOX_{YZ}、YOX_{YSZ}液力偶合器技术参数　mm

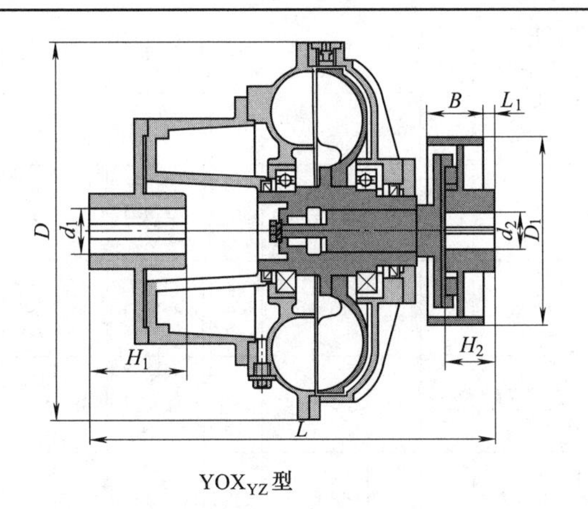

YOX_{YZ}型

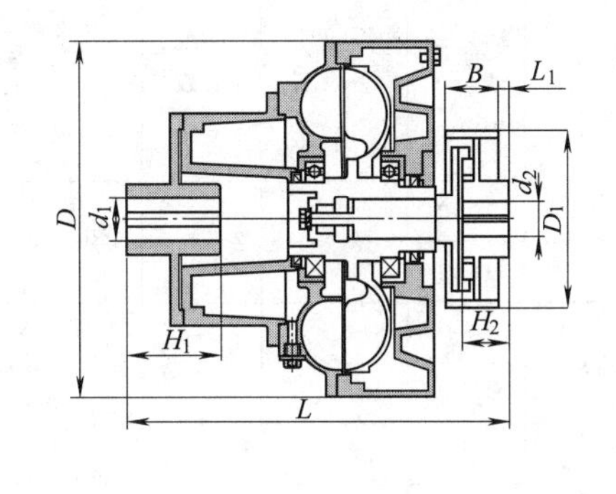

YOX_{YSZ}型

型号	L_{min}	D	L_1	输入端		输出端		制动轮		充油量/L		质量(不包括油)/kg	最高转速/r·min^{-1}	过载系数 T_g
				d_1	H_1	d_2	H_2	D_1	B	max	min			
YOX_{YZ}562	770	ϕ634	15	ϕ100	180	ϕ130	170	ϕ400	170	27	13.5	260	1500	1.1～2.5
YOX_{YZ}650	914	ϕ740	15	ϕ125	225	ϕ130	210	ϕ500	210	46	23	373	1500	1.1～2.5
YOX_{YSZ}400	557	ϕ480	10	ϕ70	140	ϕ70	140	315	150	13.5	6.7	120	1500	1.1～2.5
YOX_{YSZ}450	581	ϕ530	10	ϕ75	140	ϕ70	140	315	150	19.5	9.7	148	1500	1.1～2.5
YOX_{YSZ}500	672	ϕ590	10	ϕ90	170	ϕ90	170	400	190	26.8	13.4	162	1500	1.1～2.5

注：1. 生产厂商：大连液力机械有限公司。

2. YOX_{YZ}、YOX_{YSZ}均为带式输送机专用配套产品，可使设备延长启动时间、降低启动力矩，使启动变得更“软”、更柔和。

3. 传递功率见表 19-4-75。

4. 图中轴孔内紧定螺栓为选配件。

表 19-4-90　$YOX_{VⅡZ}$、$YOX_{VCⅡZ}$液力偶合器技术参数　mm

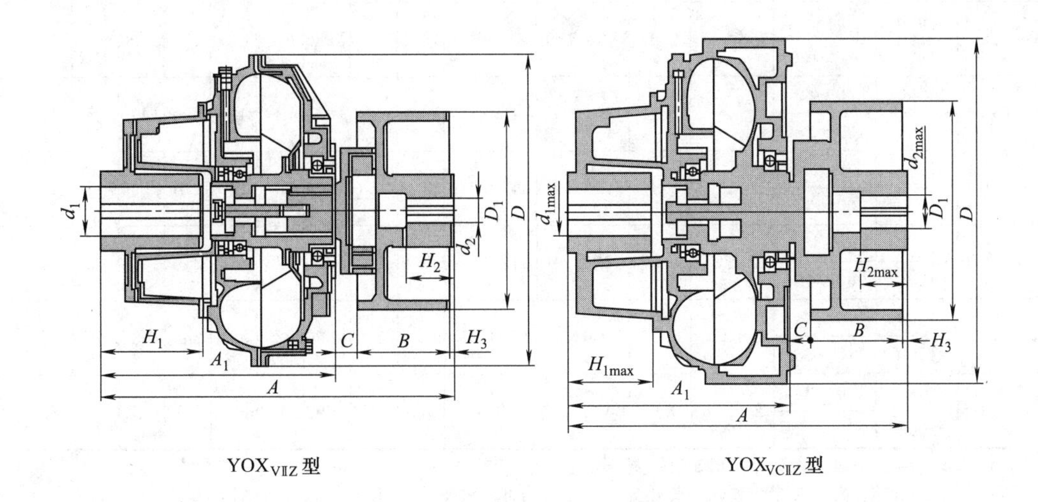

$YOX_{VⅡZ}$型　　$YOX_{VCⅡZ}$型

续表

型号	输入转速/r·min^{-1}	传递功率范围/kW	过载系数 T_g	效率 η	输入孔径及长度 $\frac{d_{1max}}{H_{1max}}$	输出孔径及长度 $\frac{d_{2max}}{H_{2max}}$	充油量/L		外形尺寸							质量/kg
							min	max	D	A	A_1	B	D_1	C	H_3	
YOX$_{\mathrm{VⅡZ}}$360	1000	5～10	2～2.7	0.96	ϕ55/110	ϕ60/110	3.8	8.1	ϕ420	555	360	150	ϕ315	35	10	105
	1500	16～30														
YOX$_{\mathrm{VⅡZ}}$400	1000	8～18.5	2～2.5	0.96	ϕ65/140	ϕ65/140	5.8	10.4	ϕ465	588	390	150	ϕ315	38	10	113
	1500	28～50														
YOX$_{\mathrm{VⅡZ}}$450	1000	15～30	2～2.5	0.97	ϕ75/140	ϕ80/140	8.3	15	ϕ530	643	445	150	ϕ315	38	10	128
	1500	50～110														
YOX$_{\mathrm{VⅡZ}}$500	1000	25～50	2～2.5	0.97	ϕ90/170	ϕ90/170	11.4	20.6	ϕ580	751	510	190	ϕ400	41	10	155
	1500	75～150														
YOX$_{\mathrm{VⅡZ}}$560	1000	40～80	2～2.5	0.97	ϕ100/210	ϕ100/210	15.6	27	ϕ634	760	530	190	ϕ400	45	10	205
	1500	120～280														
YOX$_{\mathrm{VⅡZ}}$600	1000	60～115	2～2.5	0.97	ϕ110/210	ϕ110/210	18.6	33.6	ϕ695	850	575	210	ϕ500	45	15	260
	1500	200～375														
YOX$_{\mathrm{VⅡZ}}$650	1000	90～176	2～2.5	0.97	ϕ120/210	ϕ120/210	26.8	48	ϕ740	925	650	210	ϕ500	45	15	385
	1500	260～480														
YOX$_{\mathrm{VⅡZ}}$750	1000	170～330	2～2.5	0.97	ϕ130/210	ϕ130/210	37.7	68	ϕ842	1010	680	265	ϕ630	50	15	488
	1500	480～760														
YOX$_{\mathrm{VⅡZ}}$875	750	140～280	2～2.5	0.97	ϕ140/210	ϕ140/210	62.1	112	ϕ992	1120	780	265	ϕ630	75	20	655
	1000	330～620														
YOX$_{\mathrm{VCⅡZ}}$400	1000	8～18.5	2～2.5	0.96	ϕ65/140	ϕ65/140	7.7	13.5	ϕ465	556	358	150	ϕ315	38	10	120
	1500	28～50														
YOX$_{\mathrm{VCⅡZ}}$450	1000	15～30	2～2.5	0.96	ϕ75/140	ϕ80/140	11.1	19.5	ϕ530	581	383	150	ϕ315	38	10	135
	1500	50～110														
YOX$_{\mathrm{VCⅡZ}}$500	1000	25～50	2～2.5	0.97	ϕ90/170	ϕ90/170	15.3	26.8	ϕ580	672	431	190	ϕ400	41	10	183
	1500	75～150														
YOX$_{\mathrm{VCⅡZ}}$560	1000	40～80	2～2.5	0.97	ϕ100/210	ϕ100/210	19.5	34.2	ϕ634	733	488	190	ϕ400	45	10	238
	1500	120～280														
YOX$_{\mathrm{VCⅡZ}}$600	1000	60～115	2～2.5	0.97	ϕ110/210	ϕ110/210	24.9	43.6	ϕ695	787	517	210	ϕ500	45	15	370
	1500	200～375														
YOX$_{\mathrm{VCⅡZ}}$650	1000	90～176	2～2.5	0.97	ϕ120/210	ϕ120/210	35.6	62.4	ϕ760	825	555	210	ϕ500	45	15	415
	1500	260～480														
YOX$_{\mathrm{VCⅡZ}}$750	1000	170～330	2～2.5	0.97	ϕ130/210	ϕ130/210	50.5	88.4	ϕ860	920	590	265	ϕ630	50	15	544
	1500	480～760														
YOX$_{\mathrm{VCⅡZ}}$875	750	140～280	2～2.5	0.97	ϕ140/210	ϕ140/210	83	145	ϕ992	1032	672	265	ϕ630	75	20	740
	1000	330～620														

注：1. 生产厂商：中煤张家口煤矿机械有限责任公司。

2. YOX$_{\mathrm{VⅡZ}}$、YOX$_{\mathrm{VCⅡZ}}$均为带式输送机专用配套产品，均可使设备延长启动时间、降低启动力矩，使启动变得更“软”、更柔和。

表 19-4-91　$YOX_{VⅡZ}$、$YOX_{VSⅡZ}$液力偶合器技术参数　mm

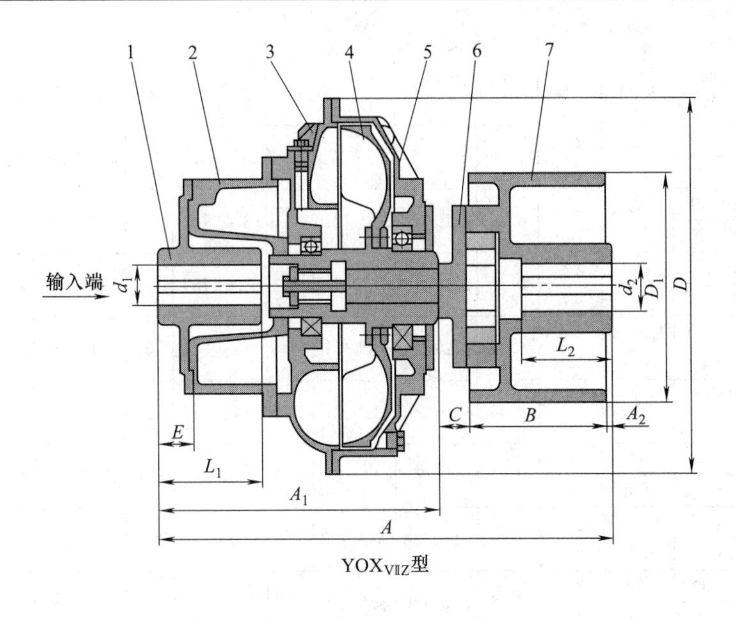

$YOX_{VⅡZ}$型

1—连接盘；2—加长后辅腔；3—泵轮；4—涡轮；5—外壳；6—主轴；7—制动轮

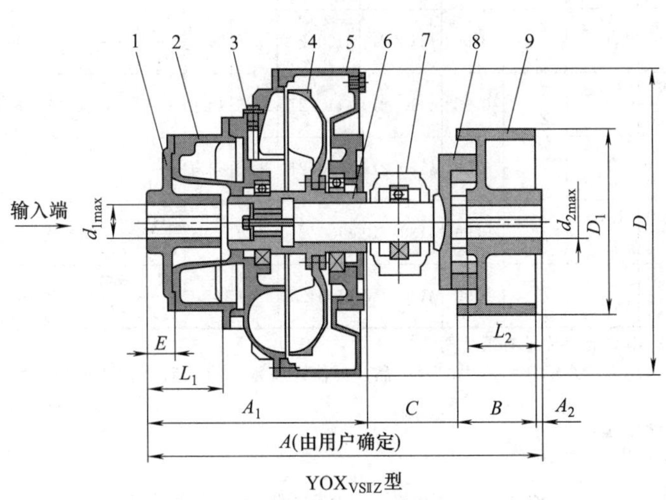

$YOX_{VSⅡZ}$型

1—连接盘；2—加长后辅腔；3—泵轮；4—涡轮；5—外侧辅腔；6—主轴；7—轴承座；8—连接轴；9—制动轮

规格型号	输入转速 /r·min^{-1}	传递功率范围 /kW	过载系数 T_g		效率 η	输入孔径及长度 d_{1max}/L_{1max}	输出孔径及长度 d_{2max}/L_{2max}	充油量 /L		外形尺寸								质量 /kg
			启动	制动				40%	72%	A	A_1	D	B	D_1	A_2	C	E	
$YOX_{VⅡZ}$400	1000	8~18.5	1.35~1.5	2~2.3	0.96	ϕ65/140	ϕ65/140	5.8	10.4	556	358	ϕ472	150	ϕ315	10	38	50	116
	1500	28~48																
$YOX_{VⅡZ}$450	1000	15~30	1.35~1.5	2~2.3	0.96	ϕ75/140	ϕ75/140	8.3	15	581	383	ϕ530	150	ϕ315	10	38	30	132
	1500	50~90																

续表

规格型号	输入转速/r·min^{-1}	传递功率范围/kW	过载系数 T_g		效率 η	输入孔径及长度 d_{1max}/L_{1max}	输出孔径及长度 d_{2max}/L_{2max}	充油量/L		外形尺寸								质量/kg
			启动	制动				40%	72%	A	A_1	D	B	D_1	A_2	C	E	
YOX$_{\text{VⅡZ}}$500	1000	25～50	1.35～1.5	2～2.3	0.96	ϕ90/170	ϕ90/170	11.4	20.6	672	431	ϕ582	190	ϕ400	10	41	40	165
	1500	68～144																
YOX$_{\text{VⅡZ}}$560	1000	40～80	1.35～1.5	2～2.3	0.96	ϕ110/210	ϕ100/210	14.6	26.4	748	503	ϕ634	190	ϕ400	10	45	70	210
	1500	120～270																
YOX$_{\text{VⅡZ}}$600	1000	60～115	1.35～1.5	2～2.3	0.96	ϕ110/210	ϕ110/210	18.6	33.6	787	517	ϕ695	210	ϕ500	15	45	50	350
	1500	200～360																
YOX$_{\text{VⅡZ}}$650	1000	90～176	1.35～1.5	2～2.3	0.96	ϕ120/210	ϕ120/210	26.6	48	825	555	ϕ760	210	ϕ500	15	45	35	390
	1500	260～480																
YOX$_{\text{VⅡZ}}$750	1000	170～330	1.35～1.5	2～2.3	0.96	ϕ130/210	ϕ130/210	37.7	68	920	590	ϕ860	265	ϕ630	15	50	40	513
	1500	380～760																
YOX$_{\text{VⅡZ}}$875	750	140～280	1.35～1.5	2～2.3	0.96	ϕ140/250	ϕ140/250	62.1	112	1032	672	ϕ992	265	ϕ630	20	75	40	690
	1000	330～620																
YOX$_{\text{VSⅡZ}}$400	1000	8～18.5	1.1～1.35	2～2.3	0.96	ϕ65/140	ϕ65/140	7.7	13.5	556	358	ϕ472	150	ϕ315	10	38	50	120
	1500	28～48																
YOX$_{\text{VSⅡZ}}$450	1000	15～30	1.1～1.35	2～2.3	0.96	ϕ75/140	ϕ75/140	11.1	19.5	581	383	ϕ530	150	ϕ315	10	38	30	135
	1500	50～90																
YOX$_{\text{VⅡZ}}$500	1000	25～50	1.1～1.35	2～2.3	0.96	ϕ90/170	ϕ90/170	15.3	26.8	672	431	ϕ582	190	ϕ400	10	41	40	183
	1500	68～144								842	601							
YOX$_{\text{VSⅡZ}}$560	1000	40～80	1.1～1.35	2～2.3	0.96	ϕ110/210	ϕ100/210	19.5	34.2	748	503	ϕ634	190	ϕ400	10	45	70	240
	1500	120～270								933	688							
YOX$_{\text{VSⅡZ}}$600	1000	60～115	1.1～1.35	2～2.3	0.96	ϕ110/210	ϕ110/210	24.9	43.6	787	517	ϕ695	210	ϕ500	15	45	50	370
	1500	200～360								972	922							
YOX$_{\text{VSⅡZ}}$650	1000	90～176	1.1～1.35	2～2.3	0.96	ϕ120/210	ϕ120/210	35.6	62.4	825	555	ϕ760	210	ϕ500	15	45	35	415
	1500	260～480								1010	740							
YOX$_{\text{VSⅡZ}}$750	1000	170～330	1.1～1.35	2～2.3	0.96	ϕ130/210	ϕ130/210	50.5	88.4	920	590	ϕ860	265	ϕ630	15	50	40	544
	1500	380～760								1120	790							
YOX$_{\text{VSⅡZ}}$875	750	140～280	1.1～1.35	2～2.3	0.96	ϕ140/250	ϕ140/250	83.1	145.6	1032	672	ϕ992	265	ϕ630	20	75	40	740
	1000	330～620								1232	872							

注：1. 生产厂商：广东中兴液力传动有限公司。

2. YOX$_{\text{VⅡZ}}$、YOX$_{\text{VSⅡZ}}$均为带式输送机专用配套产品，可使设备延长启动时间、降低启动力矩，使启动变得更“软”、更柔和。

3. 图中轴孔内紧定螺栓为选配件。

4. YOX$_{\text{VSⅡZ}}$图中序号 7 为轴承座。

表 19-4-92　　YOX$_{\text{VWZ}}$（YOX$_{\text{VⅡZ}}$）液力偶合器技术参数　　mm

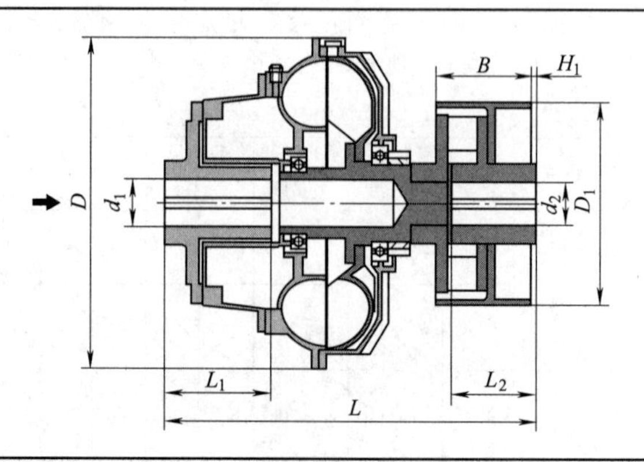

续表

型号规格	总长	外径	制动轮			输入端		输出端		充油量/L	
	L	D	D_1	B	H_1	d_{1max}	L_{1max}	d_{2max}	L_{2max}	min	max
YOXvwz400	591	φ480	φ315	150	10	φ70	140	φ70	140	5.8	10.4
YOXvwz450	580	φ530	φ315	150	10	φ75	140	φ70	140	8.3	15
YOXvwz500	763	φ580	φ400	190	10	φ90	170	φ90	170	11.4	20.6
YOXvwz560	817	φ650	φ400	190	10	φ100	210	φ100	210	14.6	26.4
YOXvwz600	871	φ695	φ500	210	15	φ100	210	φ100	210	18.6	33.6
YOXvwz650	943	φ740	φ500	210	15	φ125	210	φ130	210	26.6	48
YOXvwz750	1002	φ842	φ630	265	15	φ140	250	φ150	250	37.7	68

注：1. 生产厂商：大连营城液力偶合器厂。

2. YOXvwz（YOXvⅡz）为带式输送机专用配套产品，可使设备延长启动时间、降低启动力矩，使启动变得更“软”、更柔和。

3. 传递功率见表 19-4-75。

表 19-4-93　　YOXvyz 液力偶合器技术参数　　mm

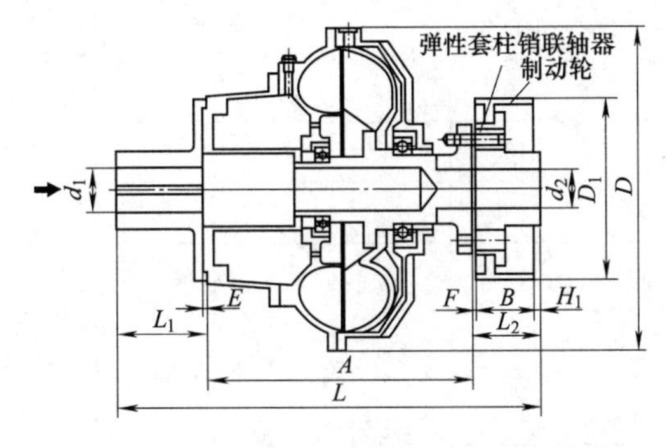

<table>
<tr><th rowspan="2">规格型号</th><th colspan="4">外形尺寸</th><th>最大输入孔径及长度</th><th colspan="3">弹性套柱销联轴器（GB 4323—2017）</th><th colspan="2">充油量 q/L</th><th colspan="3">制动轮</th></tr>
<tr><th>D</th><th>A</th><th>F</th><th>E</th><th>d_{1max}/L_{1max}</th><th>型号</th><th>d_{2max}</th><th>L_{2max}</th><th>min</th><th>max</th><th>D_1</th><th>B</th><th>H_1</th></tr>
<tr><td>YOXvyz400</td><td>φ480</td><td>366</td><td rowspan="2">8</td><td rowspan="4">6</td><td>φ65/140</td><td>TL7</td><td>φ65</td><td rowspan="2">142</td><td>5.8</td><td>10.4</td><td rowspan="2">φ315</td><td rowspan="2">150</td><td rowspan="4">10</td></tr>
<tr><td>YOXvyz450</td><td>φ530</td><td>405</td><td>φ75/140</td><td>TL8</td><td>φ75</td><td>8.3</td><td>15</td></tr>
<tr><td>YOXvyz500</td><td>φ580</td><td>500</td><td rowspan="2">10</td><td>φ95/170</td><td>TL9</td><td>φ95</td><td>172</td><td>11.4</td><td>20.6</td><td rowspan="2">φ400</td><td rowspan="2">190</td></tr>
<tr><td>YOXvyz560</td><td>φ650</td><td>579</td><td rowspan="2">φ120/210</td><td>TL9/TL10</td><td rowspan="2">φ120</td><td rowspan="2">212</td><td>14.6</td><td>26.4</td></tr>
<tr><td>YOXvyz600</td><td>φ695</td><td>580</td><td rowspan="3">12</td><td rowspan="3">8</td><td>TL10</td><td>18.6</td><td>33.6</td><td rowspan="2">φ500</td><td rowspan="2">210</td><td rowspan="3">15</td></tr>
<tr><td>YOXvyz650</td><td>φ740</td><td>615</td><td rowspan="2">φ150/250</td><td>TL10/TL11</td><td rowspan="2">φ150</td><td rowspan="2">252</td><td>26.6</td><td>48</td></tr>
<tr><td>YOXvyz750</td><td>φ842</td><td>637</td><td>TL11/TL12</td><td>37.7</td><td>68</td><td>φ630</td><td>265</td></tr>
</table>

注：1. 生产厂商：大连营城液力偶合器厂。

2. 加长后辅腔易拆卸式偶合器与制动轮式偶合器的组合，具有两种偶合器的特点。

3. 传递功率见表 19-4-75。

4. 安装时，F 尺寸一定要大于 E 尺寸，L_2 尺寸要足够，以保证偶合器顺利装拆。

5. d_1、d_2 分别为输入、输出端尺寸。

4.8.2.6 加长后辅腔内轮驱动制动轮式限矩型液力偶合器

表 19-4-94 YOX_{VFZ}型液力偶合器技术参数 mm

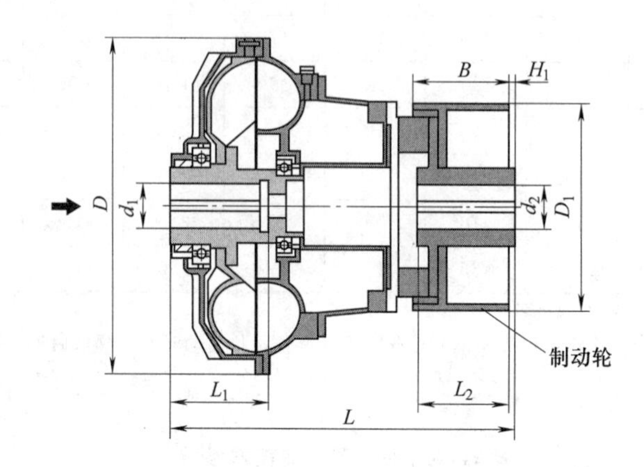

<table>
<tr><th rowspan="2">规格型号</th><th rowspan="2">总长
L_{min}</th><th rowspan="2">外径
D</th><th colspan="3">制动轮</th><th colspan="2">输入端</th><th colspan="2">输出端</th><th colspan="2">充油量/L</th></tr>
<tr><th>D_1</th><th>B</th><th>H_1</th><th>d_{1max}</th><th>L_{1max}</th><th>d_{2max}</th><th>L_{2max}</th><th>min</th><th>max</th></tr>
<tr><td>YOX_{VFZ}400</td><td>511</td><td>ϕ480</td><td>ϕ315</td><td>135</td><td>45</td><td>ϕ50</td><td>150</td><td>ϕ70</td><td>140</td><td>5.8</td><td>10.4</td></tr>
<tr><td>YOX_{VFZ}450</td><td>559</td><td>ϕ530</td><td>ϕ315</td><td>135</td><td>45</td><td>ϕ70</td><td>140</td><td>ϕ70</td><td>140</td><td>8.3</td><td>15</td></tr>
<tr><td rowspan="2">YOX_{VFZ}500</td><td rowspan="2">639</td><td rowspan="2">ϕ580</td><td>ϕ315</td><td>135</td><td rowspan="2">45</td><td rowspan="2">ϕ85</td><td rowspan="2">145</td><td rowspan="2">ϕ90</td><td rowspan="2">170</td><td rowspan="2">11.4</td><td rowspan="2">20.6</td></tr>
<tr><td>ϕ400</td><td>170</td></tr>
<tr><td rowspan="2">YOX_{VFZ}560</td><td rowspan="2">677</td><td rowspan="2">ϕ650</td><td>ϕ315</td><td>135</td><td rowspan="2">45</td><td rowspan="2">ϕ100</td><td rowspan="2">180</td><td rowspan="2">ϕ110</td><td rowspan="2">170</td><td rowspan="2">14.6</td><td rowspan="2">26.4</td></tr>
<tr><td>ϕ400</td><td>170</td></tr>
<tr><td rowspan="2">YOX_{VFZ}600</td><td rowspan="2">698</td><td rowspan="2">ϕ695</td><td>ϕ400</td><td>170</td><td rowspan="2">45</td><td rowspan="2">ϕ100</td><td rowspan="2">180</td><td rowspan="2">ϕ130</td><td rowspan="2">170</td><td rowspan="2">18.6</td><td rowspan="2">33.6</td></tr>
<tr><td>ϕ500</td><td>210</td></tr>
<tr><td rowspan="2">YOX_{VFZ}650</td><td rowspan="2">736</td><td rowspan="2">ϕ740</td><td>ϕ500</td><td>210</td><td>50</td><td rowspan="2">ϕ130</td><td rowspan="2">200</td><td rowspan="2">ϕ130</td><td rowspan="2">225</td><td rowspan="2">26.6</td><td rowspan="2">48</td></tr>
<tr><td>ϕ630</td><td>265</td><td>55</td></tr>
<tr><td>YOX_{VFZ}750</td><td>855</td><td>ϕ842</td><td>ϕ630</td><td>265</td><td>50</td><td>ϕ150</td><td>240</td><td>ϕ150</td><td>245</td><td>37.7</td><td>68</td></tr>
</table>

注：1. 生产厂商：大连营城液力偶合器厂。
2. 加长后辅腔可使设备延长启动时间、降低启动力矩，使启动变得更“软”、更柔和。
3. 传递功率见表 19-4-75。

4.8.3 复合泄液式限矩型液力偶合器

复合泄液式限矩型液力偶合器为内轮驱动，既有动压泄液又有静压泄液，故称复合泄液。复合泄液既有静压泄液结构简单的特点又有动压泄液动态反应快速的优点。它只有泵轮、涡轮和外壳三支盘形构件，而无后辅腔外壳，故结构简单、轴向尺寸小、重量轻、过载系数低。输出端连接简便，轮毂可直接装入制动轮，且使两者总长度相同。输入端固连在电动机轴上，由其承担偶合器重量而非减速器承担，故可减免减速器断轴事故的发生。上述特点使其特别适合三支点浮动支承液力驱动单元的需要。

复合泄液式限矩型液力偶合器近年有较快的发展。

表 19-4-95　　YOX_F、YOX_{FZ}液力偶合器技术参数

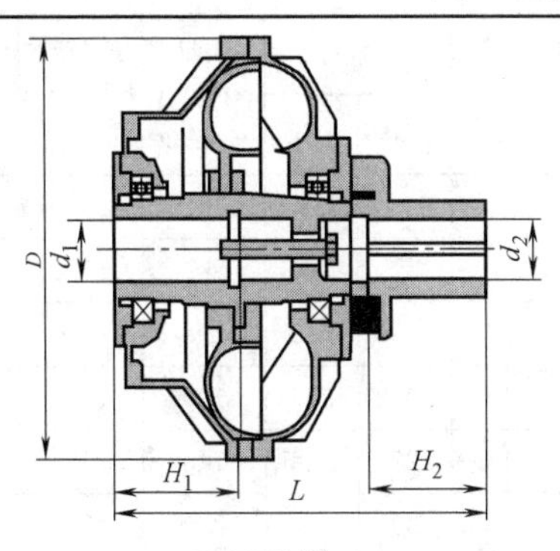

YOX_F型

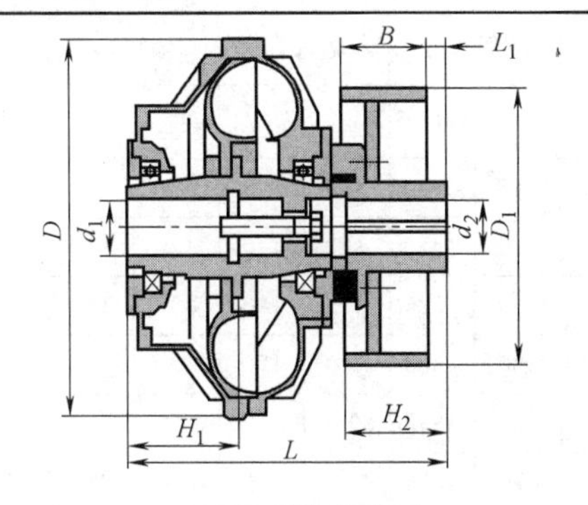

YOX_{FZ}(带制动轮)型

型号	输入转速/r·min^{-1}	过载系数 T_g		外形尺寸/mm			最大输入孔径及长度 $d_{1max}\times H_{1max}$/mm	最大输出孔径及长度 $d_{2max}\times H_{2max}$/mm	充油量/L 40%～80%	质量/kg
		启动	制动	D	L	$D_1\times B$				
YOX_{FZ}220	1500	1.8～2.2	2～2.7	ϕ272	△	△	ϕ40×80	☆	0.8～1.5	14
YOX_{FZ}250	1500	1.8～2.2	2～2.7	ϕ312	△	△	ϕ45×80	☆	1.0～2.1	19
YOX_{FZ}280	1500	1.8～2.2	2～2.7	ϕ330	△	△	ϕ50×80	☆	1.3～2.7	26
YOX_{FZ}320	1500	2～2.2	2～2.7	ϕ376	△	△	ϕ50×110	☆	2.2～4.5	34
YOX_{FZ}360	1500	2～2.7	2～2.7	ϕ422	366	315×150	ϕ55×110	ϕ55×110	3.4～6.4	50
YOX_{FZ}400	1500	1.5～1.8	2～2.5	ϕ475	421	315×150	ϕ70×140	ϕ70×140	7～12.8	72
YOX_{FZ}450	1500	1.5～1.8	2～2.5	ϕ518	466	315×150	ϕ75×140	ϕ70×140	8.5～15.2	95
YOX_{FZ}500	1500	1.5～1.8	2～2.5	ϕ590	500	400×190	ϕ90×170	ϕ90×170	10～19.5	112
YOX_{FZ}560	1500	1.5～1.8	2～2.5	ϕ624	553	400×190	ϕ100×210	ϕ110×210	14～27.2	155
YOX_{FZ}650	1500	1.5～1.8	2～2.5	ϕ758	619	400×190	ϕ125×210	ϕ130×210	22～47	215
YOX_{FZ}750	1500	1.5～1.8	2～2.5	ϕ840	830	500×210	ϕ140×250	ϕ150×250	35～68.5	380
YOX_{FZ}875	1000	1.5～1.8	2～2.5	ϕ985	890	630×265	ϕ140×250	ϕ140×250	58～115	540
YOX_{FZ}1000	750	1.5～1.8	2～2.5	ϕ1136	952	700×300	ϕ150×250	ϕ150×250	75～148	690
YOX_{FZ}1150	750	1.5～1.8	2～2.5	ϕ1310	1080	800×340	ϕ170×350	ϕ170×300	85～170	860

注：1. 生产厂商：北京起重运输机械设计研究院。
2. YOX_{FZ}制动轮以螺栓紧固在轮毂上，卸掉制动轮即成 YOX_F 偶合器，两者外形尺寸全同。
3. 表中质量不含制动轮。表中△、☆尺寸均由用户提供。
4. 传递功率见表 19-4-75。
5. d_1、d_2 分别为输入、输出端尺寸。
6. 特别适用于三支点浮动支承液力驱动单元。

表 19-4-96　　YOX_{FZ}液力偶合器技术参数　　mm

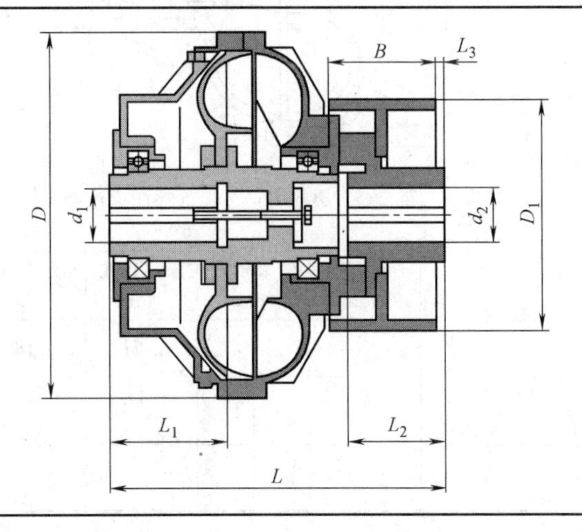

续表

型号	外形尺寸		输入端		输出端		制动轮			充油量/L		质量（不包含油）/kg	最高转速/r·min^{-1}	过载系数 T_g
	L_{min}	D	d_{1max}	L_{1max}	d_{2max}	L_{2max}	D_1	B	L_3	max	min			
$YOX_{FZ}360$	445	ϕ420	ϕ60	140	ϕ60	140	ϕ315	150	10	7.1	3.55	49	1500	0.8～2.0
$YOX_{FZ}400$	470	ϕ480	ϕ70	140	ϕ70	140	ϕ315	150	10	9.3	4.65	65	1500	0.8～2.0
$YOX_{FZ}450$	500	ϕ520	ϕ75	140	ϕ75	140	ϕ315	150	10	13	6.5	70	1500	0.8～2.0
$YOX_{FZ}500$	580	ϕ580	ϕ90	170	ϕ90	170	ϕ400	190	15	19.2	9.6	105	1500	0.8～2.0
$YOX_{FZ}560$	650	ϕ635	ϕ100	210	ϕ110	210	ϕ400	190	15	27	13.5	140	1500	0.8～2.0
$YOX_{FZ}600$	670	ϕ686	ϕ110	210	ϕ120	210	ϕ500	210	15	36	18	200	1500	0.8～2.0
$YOX_{FZ}650$	680	ϕ740	ϕ125	210	ϕ130	210	ϕ500	210	15	46	23	239	1500	0.8～2.0
$YOX_{FZ}750$	830	ϕ842	ϕ140	250	ϕ150	250	ϕ630	265	15	68	34	332	1500	0.8～2.0

注：1. 生产厂商：大连液力机械有限公司、沈阳市煤机配件厂。

2. 表中 YOX_{FZ}代表着 YOX_F。YOX_{FZ}制动轮以螺栓紧固在轮毂上，卸掉制动轮，即成 YOX_F 液力偶合器，两者外形尺寸全同。

3. 传递功率见表 19-4-75。

4. d_1、d_2 分别为输入、输出端尺寸。

表 19-4-97　　YOX_F 复合泄液式液力偶合器技术参数

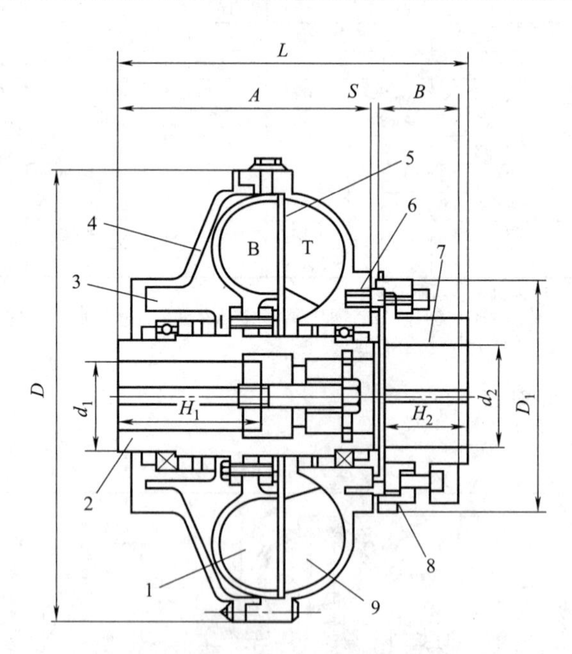

1—泵轮；2—主轴；3—侧辅腔；4—外壳；5—工作腔；6—橡胶弹性块；7—轮毂；8—制动轮；9—涡轮

型号规格	输入转速/r·min^{-1}	传递功率范围/kW	过载系数 T_g	效率 η	外形尺寸/mm		输入轴孔/mm		输出轴孔/mm		充油量/L		制动轮/mm				质量（不含油）/kg
					D	L	d_{1max}	H_{1max}	d_{2max}	H_{2max}	40%	80%	D_1	B	A	S	
YOX_F360	1000	4.8～10	0.8～2.0	0.96	420	445	ϕ60	140	ϕ60	140	3.55	7.1	ϕ315	150	276	3～4	49
	1500	15～30															
YOX_F400	1000	9～18.5	0.8～2.0	0.96	480	470	ϕ70	140	ϕ70	140	4.65	9.3	ϕ315	150	300	3～6	65
	1500	22～50															

续表

型号规格	输入转速 /r·min⁻¹	传递功率范围 /kW	过载系数 T_g	效率 η	外形尺寸 /mm		输入轴孔 /mm		输出轴孔 /mm		充油量 /L		制动轮/mm				质量（不含油）/kg
					D	L	d_{1max}	H_{1max}	d_{2max}	H_{2max}	40%	80%	D_1	B	A	S	
YOX$_F$450	1000	15～31	0.8～2.0	0.96	530	500	ϕ75	140	ϕ70	140	6.5	1.3	ϕ315	150	335	3～8	70
	1500	45～90															
YOX$_F$500	1000	25～50	0.8～2.0	0.96	590	580	ϕ90	170	ϕ90	170	9.6	19.2	ϕ400	190	365	3～8	105
	1500	70～150															
YOX$_F$560	1000	41～83	0.8～2.0	0.96	635	650	ϕ100	210	ϕ110	210	13.5	27	ϕ400	190	435	3～8	140
	1500	130～270															
YOX$_F$600	1000	69～115	0.8～2.0	0.96	686	670	ϕ110	210	ϕ120	210	18	36	ϕ500	210	435	3～8	200
	1500	180～360															
YOX$_F$650	1000	90～180	0.8～2.0	0.96	740	680	ϕ125	210	ϕ130	210	23	46	ϕ500	210	445	4～8	239
	1500	240～480															
YOX$_F$750	1000	165～330	0.8～2.0	0.96	842	830	ϕ140	250	ϕ150	250	34	68	ϕ630	265	535	4～8	332
	1500	380～760															

注：1. 生产厂商：长沙三业液力元件有限公司。
2. 订货可带制动轮，则型号为 YOX$_{FD}$。YOX$_{FD}$与 YOX$_F$ 外形尺寸全同。
3. d_1、d_2 分别为输入、输出端尺寸。
4. 特别适用于三支点浮动支承液力驱动单元。

表 19-4-98　YOX$_F$（MT）、YOX$_F$（Z）液力偶合器技术参数　mm

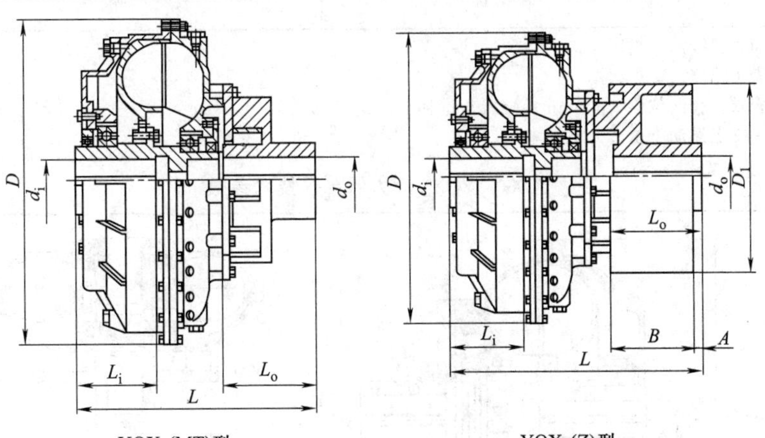

YOX$_F$(MT)型　　YOX$_F$(Z)型

型号	D	L	最大输入孔径及长度 $d_i\times L_i$	最大输出孔径及长度 $d_o\times L_o$	替代原有型号
YOX$_F$360MT	ϕ428	310	ϕ60×110	ϕ60×110	YOXD360MT YOX$_{II}$360
YOX$_F$400MT	ϕ472	355	ϕ70×140	ϕ70×140	YOXD400MT YOX$_{II}$400
YOX$_F$450MT	ϕ530	384	ϕ75×140	ϕ75×140	YOXD450MT YOX$_{II}$450
YOX$_F$500MT	ϕ582	435	ϕ90×170	ϕ90×170	YOXD500MT YOX$_{II}$500
YOX$_F$560MT	ϕ634	489	ϕ100×210	ϕ100×190	YOXD560MT YOX$_{II}$560
YOX$_F$650MT	ϕ760	556	ϕ120×210	ϕ130×210	YOXD650MT YOX$_{II}$650

续表

型号	D	L	最大输入孔径及长度 $d_i \times L_i$	最大输出孔径及长度 $d_o \times L_o$	替代原有型号
YOX_F750MT	ϕ860	578	ϕ140×210	ϕ140×210	YOXD750MT YOX_{II} 750
YOX_F875MT	ϕ992	705	ϕ150×250	ϕ150×250	YOXD875MT YOX_{II} 875

型号	D	L	D_1	B	A	最大输入孔径及长度 $d_i \times L_i$	最大输出孔径及长度 $d_o \times L_o$	替代原有型号
YOX_F400Z	ϕ472	408/442	ϕ315	150	10	ϕ70×140	ϕ70×140	$YOX_{IIZ}400$ $YOX_{nz}400$
YOX_F450Z	ϕ530	430/464	ϕ315	150	10	ϕ75×140	ϕ75×140	$YOX_{IIZ}450$ $YOX_{nz}450$
YOX_F500Z	ϕ582	492/535	ϕ400	190	10	ϕ90×170	ϕ90×140	$YOX_{IIZ}500$ $YOX_{nz}500$
YOX_F560Z	ϕ634	529/571	ϕ400	190	10	ϕ100×210	ϕ100×140	$YOX_{IIZ}560$ $YOX_{nz}560$
YOX_F650Z	ϕ760	616/658	ϕ500	210	15	ϕ120×210	ϕ120×210	$YOX_{IIZ}650$ $YOX_{nz}650$
YOX_F750Z	ϕ860	695/738	ϕ630	265	15	ϕ130×210	ϕ130×210	YOX_{II} 750 $YOX_{nz}750$
YOX_F875Z	ϕ992	862/905	ϕ630	265	20	ϕ140×250	ϕ140×250	YOX_{II} 875 $YOX_{nz}875$

注：1. 生产厂商：长沙第三机床厂。
2. 传递功率见表 19-4-75。
3. 联轴器安装要求：径向位移≤0.5mm；轴线角位移≤1.5°。
4. 特别适用于三支点浮动支承液力驱动单元。

表 19-4-99 YOX_F、YOX_L 液力偶合器技术参数 mm

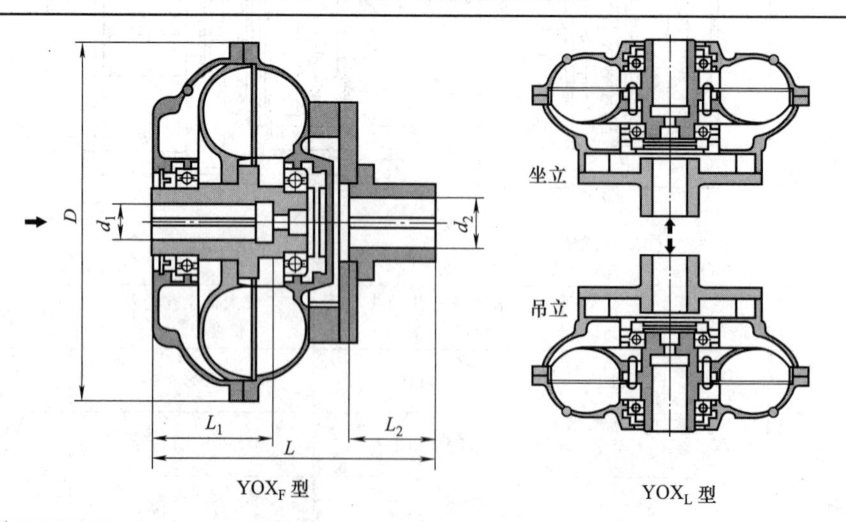

YOX_F 型　　YOX_L 型

规格型号	外形尺寸		输入端		输出端		充油量/L		质量/kg	最高转速/r·min^{-1}
	L_{min}	D	d_{1max}	L_{1max}	d_{2max}	L_{2max}	max	min		
YOX_F200 YOX_L200	150	ϕ245	ϕ28	60	ϕ35	55	0.8	0.4	10	3000
YOX_F220 YOX_L220	170	ϕ262			ϕ40	60	1.3	0.65	12	

续表

规格型号	外形尺寸		输入端		输出端		充油量/L		质量/kg	最高转速/r·min^{-1}
	L_{min}	D	d_{1max}	L_{1max}	d_{2max}	L_{2max}	max	min		
YOX$_F$250 YOX$_L$250	190	ϕ296	ϕ38	80	ϕ40	60	1.8	0.9	15	3000
YOX$_F$280 YOX$_L$280	235	ϕ330			ϕ45	80	2.8	1.4	18	
YOX$_F$320 YOX$_L$320	270	ϕ380	ϕ42	110	ϕ50	110	4.2	2.1	25	
YOX$_F$340 YOX$_L$340	280	ϕ395	ϕ48				5.6	2.8	32	
YOX$_F$360 YOX$_L$360	300	ϕ420	ϕ55	110	ϕ60		7	3.5	40	
YOX$_F$380	320	ϕ450	ϕ60	140		140	8.4	4.2	58	
YOX$_F$400 YOX$_L$400	340	ϕ480					10	5	60	

注：1. 生产厂商：大连营城液力偶合器厂。

2. YOX$_F$ 为复合泄液式，YOX$_L$ 为立式外轮驱动液力偶合器。

3. 传递功率见表 19-4-75。

表 19-4-100　　YOX$_{FP}$型液力偶合器技术参数　　mm

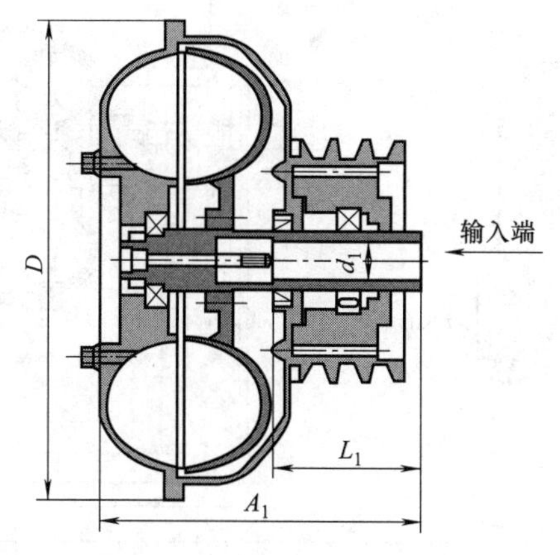

型号	输入转速/r·min^{-1}	过载系数 T_g		外形尺寸		最大输入孔径及长度 $d_{1max}\times L_{1max}$	带轮	充油量/L 40%～80%	质量/kg
		启动	制动	D	A_1				
YOX$_{FP}$320	1500	2～2.7	2～2.7	ϕ376	181	ϕ55×110	用户提供尺寸加工	2.2～4.5	与带轮有关
YOX$_{FP}$360	1500	2～2.7	2～2.7	ϕ422	168	ϕ48×110		3.4～6.4	
YOX$_{FP}$400	1500	1.5～1.8	2～2.5	ϕ475	231	ϕ60×140		7～12.8	
YOX$_{FP}$450	1500	1.5～1.8	2～2.5	ϕ518	266	ϕ65×140		8.5～15.2	
YOX$_{FP}$500	1500	1.5～1.8	2～2.5	ϕ590	256	ϕ85×170		10～19.5	
YOX$_{FP}$560	1500	1.5～1.8	2～2.5	ϕ624	315	ϕ95×210		14～27.2	
YOX$_{FP}$650	1500	1.5～1.8	2～2.5	ϕ758	365	ϕ120×210		22～47	
YOX$_{FP}$750	1500	1.5～1.8	2～2.5	ϕ840	535	ϕ140×250		35～68.5	

注：1. 生产厂商：北京起重运输机械设计研究院。

2. 传递功率见表 19-4-75。

4.8.4 调速型液力偶合器

调速型液力偶合器是一种依靠液体动能来传递扭矩，依靠导管伸缩或其他方式调节工作腔内充液量进行调速的柔性传动装置，它具有改善传动品质和调速节能的双重功能，优点突出，用途广泛，被国家八部委联合推荐为国家级节能产品。

4.8.4.1 出口调节安装板式箱体调速型液力偶合器

调速型液力偶合器广泛地应用于风机、泵类的传动，在应用中可获得如下优点。

① 离心机械（风机、泵类）应用液力偶合器调速运行，节能显著，节电率达 20%～40%。

② 可使电动机空载启动，可利用电动机尖峰力矩启动载荷，提高电动机启动能力，降低电动机启动时峰值电流的延续时间，降低对电网的冲击，降低电动机装机容量。

③ 可使工作机平稳、缓慢启动，减少因难于启动而引起的故障。

④ 减缓冲击、隔离扭振，防止动力过载，保护电动机、工作机不受损坏。

⑤ 能协调多机均衡驱动，可实现顺序延时启动，功率平衡，同步运行。

⑥ 易于实现对工作机的自动控制。

⑦ 操作简便，便于维护，养护费用低。

⑧ 设备投资费用低，使用寿命长，可反复多次大修。

⑨ 结构简单可靠，无机械磨损，适应各种恶劣的工作环境。

表 19-4-101 YOT_{GC}调速型液力偶合器技术参数 mm

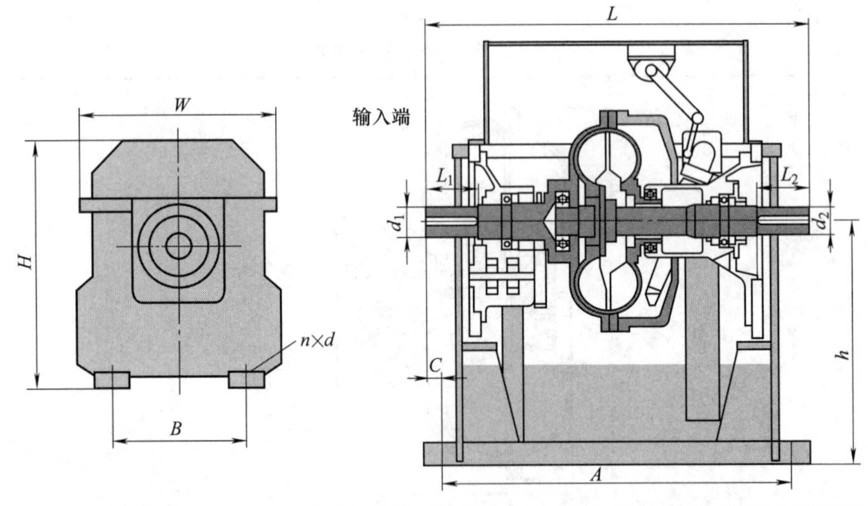

型号	输入转速 /r·min^{-1}	传递功率 /kW	L	W	H	d_1、d_2	L_1、L_2	h	A	B	C	$n\times d$	质量 /kg
GST50	1500 3000	70～200 560～1625	1020	1120	1375	ϕ75	145	635	940	865	38	4×ϕ27	1100
GWT58	1500 3000	140～400 1125～3250	1230	1594	1594	ϕ95	165	810	1080	920	30	4×ϕ27	2100
$YOT_{GC}280$	1500 3000	4～11 30～85	798	919	1144	ϕ40	110	500	636	484	81	4×ϕ27	480
$YOT_{CS}^{GC}320$	1500 3000	7.5～21 60～165	798	919	1159	ϕ40	110	500	636	484	81	4×ϕ27	520
$YOT_{GC}^{CG}360$	1500 3000	13～35 110～305	830	1207	940	ϕ60	120	560	652	680	91	4×ϕ27	580
$YOT_{GC}^{CG}400$	1500 3000	30～65 240～500	830	1207	940	ϕ60	120	560	652	680	91	4×ϕ27	600
$YOT_{CB\ CS}^{CG\ GC}450$	1500 3000	50～110 430～900	1020	1120	1375	ϕ75	145	635	940	865	38	4×ϕ27	790

续表

型号	输入转速/r·min^{-1}	传递功率/kW	L	W	H	d_1、d_2	L_1、L_2	h	A	B	C	$n\times d$	质量/kg
$\mathrm{YOT}^{CG}_{\substack{GC\\CB}}530$	1500 3000	90～260 750～2170	1020	1120	1375	ϕ75	145	635	940	865	38	4×ϕ27	1200
$\mathrm{YOT}^{CG}_{\substack{GC\\CB\\CS}}560$	1000 1500	35～100 115～340	1166	1310	1594	ϕ85	170	810	1080	920	30	4×ϕ27	1370
$\mathrm{YOT}^{CG}_{\substack{GC\\CS}}620$	1500 3000	200～580 1500～4300	1300 2200	1200 1450	1500 1560	ϕ100 ϕ135	150 250	840 1060	1180 1900	900 1350	60 150	4×ϕ35 14×ϕ35	1800 5400
$\mathrm{YOT}^{CG}_{\substack{GC\\CB\\CS}}650$	1000 1500	75～215 250～730	1300	1200	1500	ϕ100	150	840	1180	900	60	4×ϕ35	1920
$\mathrm{YOT}^{CG}_{GC}682$	1000 1500	80～240 280～800	1300	1200	1500	ϕ100	150	840	1180	900	60	4×ϕ35	1800
$\mathrm{YOT}^{CG}_{\substack{GC\\CB\\CS}}750$	1000 1500	150～440 510～1480	1300	1200	1500	ϕ100	150	840	1180	900	60	4×ϕ35	2040
$\mathrm{YOT}_{GC}875$	750 1000	150～400 365～960	1720	1500	1570	ϕ130	250	880	1580	1200	70	4×ϕ45	3100
YOT^{GC}_{CB} 875/1500	1500	1160～ 3260	1720	1500	1570	ϕ135	250	880	1580	1200	70	4×ϕ45	4370
$\mathrm{YOT}^{CG}_{\substack{GC\\CB\\CS}}1000$	750 1000	285～750 640～1860	1930	1840	1810	ϕ150	250	1060	1810	1250	60	4×ϕ35	5100
$\mathrm{YOT}^{CG}_{\substack{GC\\CB\\CS}}1050$	750 1000	360～955 815～2300	1930	1840	1810	ϕ150	250	1060	1810	1250	60	4×ϕ35	6150
$\mathrm{YOT}^{CG}_{\substack{GC\\CB\\CS}}1150$	600 750	360～955 715～1865	1930	1840	1810	ϕ150	250	1060	1810	1250	60	4×ϕ35	6200
$\mathrm{YOT}^{CG}_{\substack{GC\\CB\\CS}}1250$	600 750	440～1170 870～2300	2400	2800	2250	ϕ240	350	1250	2200	1700	100	4×ϕ45	7800
$\mathrm{YOT}^{CG}_{\substack{GC\\CS}}1320$	600 750	580～1540 1150～3000	2400	2800	2250	ϕ240	350	1250	2200	1700	100	4×ϕ45	7800
$\mathrm{YOT}_{GC}1450$	600 750	930～2500 1840～4800	2500	2900	2400	ϕ200	350	1500	2100	1840	280	4×ϕ45	8100
$\mathrm{YOT}^{GC}_{CS}1550$	600 750	1300～3400 2570～6700	2500	2900	2400	ϕ200	350	1500	2100	1840	280	4×ϕ45	8100
$\mathrm{YOT}_{GC}1800$	600 750	2700～7250 5400～14200	2800	3200	2800	ϕ260	400	1800	2500	2140	400	4×ϕ45	9800

注：1. 生产厂商：各厂家相同规格，型号各有差异，参数稍有不同。大连液力机械有限公司（$\mathrm{YOT_{GC}}$、GST、GWT）、沈阳市煤机配件厂（$\mathrm{YOT_{GC}}$）、北京起重运输机械设计研究院（$\mathrm{YOT_{GC}}$）、大连营城液力偶合器厂（$\mathrm{YOT_{CB}}$）、广东中兴液力传动有限公司（$\mathrm{YOT_{CS}}$）、大连创思福液力偶合器成套设备有限公司（$\mathrm{YOT_{CG}}$）、烟台禹城机械有限公司（$\mathrm{YOT_{CG}}$）、长沙第三机床厂（$\mathrm{YOT_{CG}}$）。

2. 此类液力偶合器的额定转差率为1.5%～3%。用于$T\propto n^2$的离心式机械时，其调速范围为1～1/5；用于$T=C$恒扭矩机械时，其调速范围为1～1/3。

3. GST50、GWT58为引进英国技术产品。

4. 防爆型的标记为在型号后加B。

表 19-4-102　　$\mathrm{YOT_{GCD}}$调速型液力偶合器技术参数　　mm

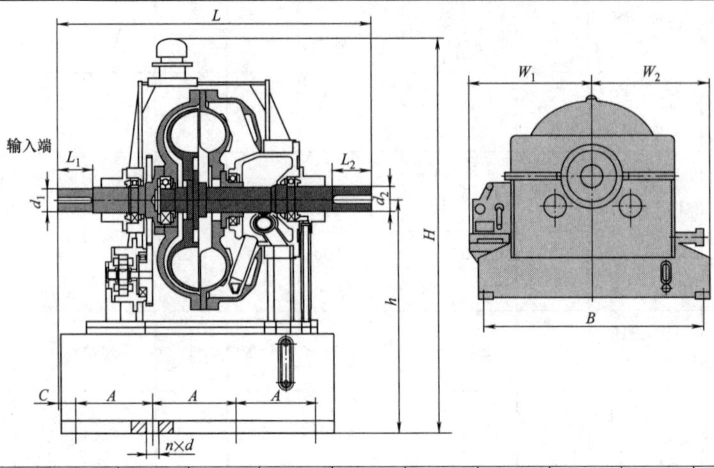

型号	输入转速/r·min⁻¹	传递功率/kW	L	W_1	W_2	H	d_1、d_2	L_1、L_2	h	A	B	C	$n\times d$
$\mathrm{YOT}\begin{smallmatrix}CD\\GCD\\CP\end{smallmatrix}530$	1500 3000	90～260 750～2170	1020	560	560	1375	ϕ75	145	635	940	865	38	4×ϕ27
$\mathrm{YOT}\begin{smallmatrix}CD\\CGP\\GCD\\CP\\PC\end{smallmatrix}560$	1000 1500	35～100 115～340	930	900	600	1250	ϕ75	140	700	3×225	1140	93.5	8×ϕ22
$\mathrm{YOT_{GCD}}620$	1500	200～580	1300	600	600	1500	ϕ100	150	840	1180	900	60	4×ϕ35
$\mathrm{YOT_{GCD}}$ 620/3000	3000	1500～4300	2200	725	725	1560	ϕ135	250	1060	4×475	3×450	150	14×ϕ35
$\mathrm{YOT}\begin{smallmatrix}CD\\CGP\\GCD\\CP\\PC\end{smallmatrix}650$	1000 1500	75～215 250～730	1100	900	600	1505	ϕ85	150	700	3×225	1140	113.5	8×ϕ22
$\mathrm{YOT_{GCD}}682$	1000 1500	150～440 510～1480	1300	600	600	1500	ϕ100	150	840	1180	900	60	4×ϕ35
$\mathrm{YOT}\begin{smallmatrix}CD\\CGP\\GCD\\PC\end{smallmatrix}750$	1000 1500	80～240 280～800	1200	950	755	1555	ϕ100	150	750	4×200	1450	152.5	10×ϕ22
$\mathrm{YOT}\begin{smallmatrix}CGP\\GCD\\CP\end{smallmatrix}800$	1000 1500	230～610 740～2080	1300	1050	755	1555	ϕ120	210	750	4×200	1450	202.5	10×ϕ22
$\mathrm{YOT}\begin{smallmatrix}CD\\CGP\\GCD\\PC\end{smallmatrix}875$	750 1000	150～400 365～960	1400	1050	800	1500	ϕ125	250	850	3×320	1550	220	8×ϕ28
$\mathrm{YOT}\begin{smallmatrix}CD\\GCD\\CP\end{smallmatrix}$ 875/1500	1500	1160～3260	1400	1050	800	1500	ϕ135	250	850	3×320	1550	220	8×ϕ28
$\mathrm{YOT}\begin{smallmatrix}CD\\CGP\\GCD\\CP\end{smallmatrix}1000$	750 1000	285～750 640～1860	1500	1150	855	1595	ϕ135	250	900	3×320	1650	220	8×ϕ28
$\mathrm{YOT}\begin{smallmatrix}CD\\CGP\\PC\\CP\end{smallmatrix}1050$	750 1000	360～955 815～2300	1650	1200	925	1938	ϕ150	250	1150	4×320	1750	185	10×ϕ35
$\mathrm{YOT}\begin{smallmatrix}CD\\CGP\\GCD\\CP\\PC\end{smallmatrix}1150$	600 750	360～955 715～1865	1650	1200	925	1938	ϕ150	250	1150	4×320	1750	185	10×ϕ35
$\mathrm{YOT}\begin{smallmatrix}GCD\\CP\end{smallmatrix}$ 1150/1000	1000	1700～4400	1650	1062	1062	1938	ϕ150	250	1150	4×320	1750	185	10×ϕ35
$\mathrm{YOT}\begin{smallmatrix}CGP\\GCD\\CP\\PC\end{smallmatrix}1250$	600 750	440～1170 870～2300	2400	1400	1400	2250	ϕ240	350	1250	2200	1700	100	4×ϕ45
$\mathrm{YOT}\begin{smallmatrix}CGP\\GCD\\CP\\PC\end{smallmatrix}1320$	600 750	580～1540 1150～3000	2400	1400	1400	2250	ϕ240	350	1250	2200	1700	100	4×ϕ45

续表

型号	输入转速/r·min^{-1}	传递功率/kW	L	W_1	W_2	H	d_1、d_2	L_1、L_2	h	A	B	C	$n \times d$
$YOT_{GCD}1450$	600 750	930～2500 1840～4800	2500	1450	1450	2400	ϕ200	350	1500	2100	1840	280	4×ϕ45
$YOT_{CP}^{GCD}{}_{PC}$ 1550	600 750	1300～3400 2570～6700	2500	1450	1450	2400	ϕ200	350	1500	2100	1840	280	4×ϕ45
$YOT_{GCD}1800$	600 750	2700～7250 5400～14200	2800	1600	1600	2800	ϕ260	400	1800	2500	2140	400	4×ϕ45

注：1. 生产厂商：各厂家相同规格，型号各有差异，参数稍有不同。大连液力机械有限公司（YOT_{GCD}）、大连营城液力偶合器厂（YOT_{CD}）、北京起重运输机械设计研究院（YOT_{PC}）、广东中兴液力传动有限公司（YOT_{CP}）、大连创思福液力偶合器成套设备有限公司（YOT_{CGP}）、烟台禹城机械有限公司（YOT_{CGP}）。

2. 此类液力偶合器的额定转差率为1.5%～3%。用于$T \propto n^2$的离心式机械时，其调速范围为1～1/5；用于$T=C$恒扭矩机械时，其调速范围为1～1/3。

3. 此类液力偶合器结构紧凑，外形尺寸较小，振动值较低。

表 19-4-103　YOT箱体对开式调速型液力偶合器技术参数　mm

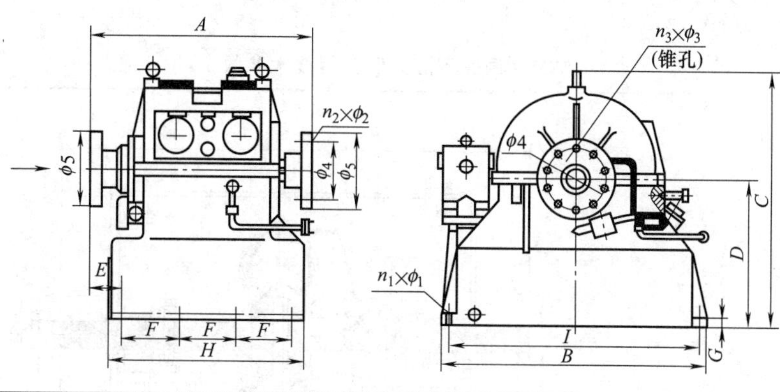

型号	转速/r·min^{-1}	功率/kW	A	B	C	D	E	F	G	H	I	$n_1 \times \phi_1$	$n_2 \times \phi_2$	$n_3 \times \phi_3$	ϕ_4	ϕ_5	质量/kg
YOT28/30	2970	30～72	600	650	668	380	80	1×440	30	490	600	4×24	6×18	6×36	120	170	350
YOT32/30	2970	60～140	600	650	668	380	80	1×440	30	490	600	4×24	6×18	6×36	120	170	500
YOT36/30	2970	100～300	750	820	900	550	115	1×520	40	580	760	4×27	10×18	10×36	170	220	600
YOT40/30	2970	250～520	800	820	900	550	140	1×520	40	580	960	4×27	10×58	10×30	245	330	900
YOT45/30	2970	350～800	960	1120	1088	635	131	3×240	50	800	1060	8×22	10×58	10×30	245	330	1000
YOT50/30	2970	600～1600	1000	1120	1088	635	146	3×240	50	800	1060	8×22	10×58	10×30	245	330	1300
YOT50/15	1470	100～200	960	1120	1088	635	131	3×240	50	800	1060	8×22	10×58	10×30	245	330	900
YOT58/30	2970	1600～3200	1230	1500	1460	810	30	1×1080	60	1160	920	4×27					3500
YOT63/30	2970	2500～5000	1400	1560	1329	810	148	3×350	60	1160	1480	8×32	12×46	10×30	245	330	4000
YOT56/15	1470 970	200～400 50～100	930	1200	1184	700	93.5	3×225	50	750	1140	8×22	10×58	10×30	245	330	1500
YOT63/15	1470 970 730	380～620 90～220 50～80	970	1200	1184	700	113.5	3×225	50	750	1140	8×22	10×58	10×30	245	330	1600
YOT71/15	1470 970 730	500～1100 200～380 70～140	1200	1510	1394	750	152.4	4×200	50	900	1450	10×22	10×72	10×38	310	410	2000

续表

型号	转速 /r·min^{-1}	功率 /kW	A	B	C	D	E	F	G	H	I	$n_1\times\phi_1$	$n_2\times\phi_2$	$n_3\times\phi_3$	ϕ_4	ϕ_5	质量 /kg
YOT80/15	1470	700～1600	1300	1510	1394	750	202.5	4×200	50	900	1450	10×22	10×88	10×46	380	500	2500
	970	260～580															
	730	130～250															
YOT90/10	970	500～1100	1500	1710	1595	900	220	4×240	50	1065	1650	10×28	10×88	10×46	380	500	3400
	730	200～450															
YOT 100/10	970	800～1800	1500	1710	1595	900	220	4×240	50	1065	1650	10×28	10×88	10×46	380	500	3600
	730	350～760															
YOT 115/10	970	2000～3500	1750	1850	1850	1150	235	4×320	50	1390	1750	10×35					8000
	730	850～1600															
YOT 125/7.5	750	1500～2500	2000	2400	2300	1240	71.5	4×430	50	1900	2300	10×48					13000
	600	750～1250															

注：1. 生产厂商：上海七一一研究所。

2. 按 GB/T 5837—2008 规定，YOT 应为 YOT_C。

3. 此类液力偶合器的额定转差率为 1.5%～3%。用于 $T\propto n^2$ 的离心式机械时，其调速范围为 1～1/5；用于 $T=C$ 恒扭矩机械时，其调速范围为 1～1/3。

表 19-4-104 YOT_{FC} 调速型液力偶合器技术参数 mm

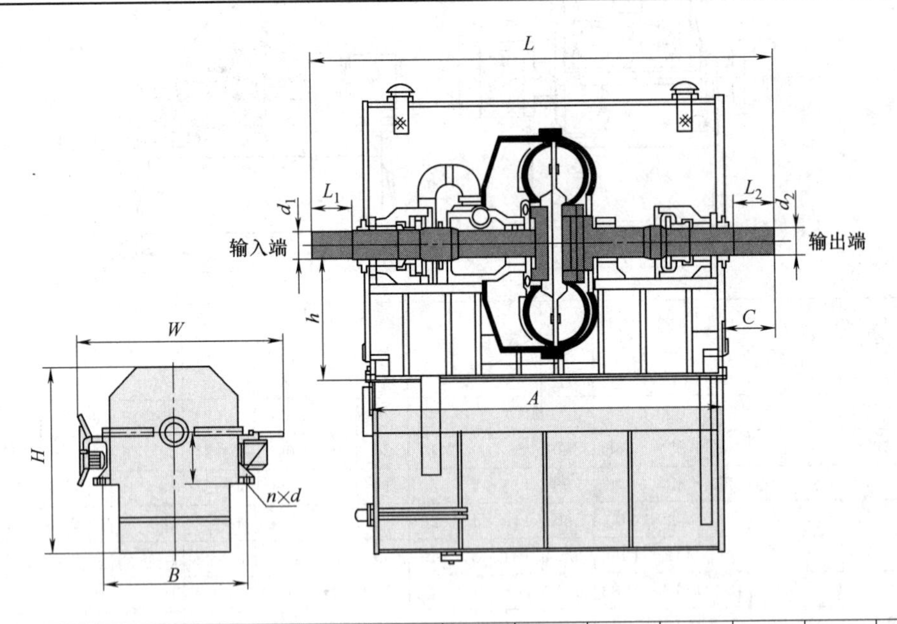

型号	输入转速 /r·min^{-1}	传递功率 /kW	L	W	H	d_1、d_2	L_1、L_2	h	A	B	C	n×d	质量 /kg
$YOT_{FC}320$	3000	60～165	1500	1060	1300	ϕ90	170	580	1240	800	260	8×ϕ27	1300
	6000	480～1320											
$YOT_{FC}360$	3000	110～305	1510	1080	1335	ϕ100	210	600	1258	825	280	8×ϕ27	1400
	6000	880～2440											
$YOT_{FC}400$	3000	240～500	1510	1080	1335	ϕ120	210	600	1258	825	280	8×ϕ27	1400
	6000	1920～4000											
$YOT_{FC}^{CHP}450$	3000	430～900	1530	1100	1335	ϕ140	250	635	1278	845	300	8×ϕ27	1500
	6000	3440～7200											

续表

型号	输入转速 /r·min⁻¹	传递功率 /kW	L	W	H	d_1、d_2	L_1、L_2	h	A	B	C	$n\times d$	质量 /kg
$\mathrm{YOT}_{\mathrm{FC}}^{\mathrm{CHP}}500$	3000	560～1625	1550	1420	1375	$\phi150$	250	635	1298	865	300	$8\times\phi27$	1575
	6000	4480～13000											
$\mathrm{YOT}\begin{smallmatrix}\mathrm{CHP}\\\mathrm{FC}\\\mathrm{CH}\end{smallmatrix}$ 500/3000	3000	560～1625	1550	1120	1375	$\phi75$	145	635	1298	865	300	$4\times\phi27$	1575
$\mathrm{YOT}\begin{smallmatrix}\mathrm{CHP}\\\mathrm{FC}\\\mathrm{CH}\end{smallmatrix}$ 580/3000	3000	1125～3250	1879	1908	1240	$\phi95$	175	810	1220	1380	366	$10\times\phi27$	3600
$\mathrm{YOT}\begin{smallmatrix}\mathrm{CHP}\\\mathrm{FC}\\\mathrm{CH}\end{smallmatrix}$ 620/3000	3000	1500～4300	2200	1450	1560	$\phi135$	250	1060	4×475	3×450	150	$14\times\phi35$	5400
$\mathrm{YOT}_{\mathrm{FC}}^{\mathrm{CHP}}$ 650/3000	3000	1900～5500	2200	1450	1560	$\phi135$	250	1060	4×475	3×450	150	$14\times\phi35$	7250
$\mathrm{YOT}_{\mathrm{FC}}^{\mathrm{CHP}}$ 682/3000	3000	2250～6500	2200	1450	1560	$\phi135$	250	1060	4×475	3×450	150	$14\times\phi35$	7350
$\mathrm{YOT}_{\mathrm{FC}}^{\mathrm{CHP}}$ 875/1500	1500	1160～3260	2500	2335	2200	$\phi140$	250	800	4×380	1550	490	$10\times\phi39$	7450
$\mathrm{YOT}\begin{smallmatrix}\mathrm{CHP}\\\mathrm{FC}\\\mathrm{CH}\end{smallmatrix}1000$	1500	2115～6080	2800	3500	2400	$\phi150$	250	600	4×450	1720	500	$10\times\phi35$	9000
$\mathrm{YOT}\begin{smallmatrix}\mathrm{CHP}\\\mathrm{FC}\\\mathrm{CH}\end{smallmatrix}1050$	1000	815～2300	2800	3500	2400	$\phi150$	250	600	4×450	1720	500	$10\times\phi35$	9970
$\mathrm{YOT}\begin{smallmatrix}\mathrm{CHP}\\\mathrm{FC}\\\mathrm{CH}\end{smallmatrix}1150$	1000	1680～4420	3580	3600	2570	$\phi190$	350	600	4×600	2020	590	$10\times\phi35$	13450
$\mathrm{YOT}\begin{smallmatrix}\mathrm{CHP}\\\mathrm{FC}\\\mathrm{CH}\end{smallmatrix}1250$	750	870～2300	3580	3600	2570	$\phi190$	350	600	4×600	2020	590	$10\times\phi35$	13450
	1000	2060～5450											
$\mathrm{YOT}\begin{smallmatrix}\mathrm{CHP}\\\mathrm{FC}\\\mathrm{CH}\end{smallmatrix}1320$	750	1150～3000	3580	3600	2570	$\phi190$	350	600	4×600	2020	590	$10\times\phi35$	13700
	1000	2720～7110											
$\mathrm{YOT}_{\mathrm{FC}}^{\mathrm{CHP}}1450$	750	1840～4800	4200	3850	2800	$\phi280$	470	700	5×520	2900	800	$12\times\phi35$	14200
$\mathrm{YOT}_{\mathrm{CH}}^{\mathrm{FC}}1550$	750	2570～6700	4200	3850	2800	$\phi280$	470	700	5×520	2900	800	$12\times\phi35$	14500
$\mathrm{YOT}_{\mathrm{FC}}1800$	750	5400～14200	5000	4650	3200	$\phi280$	470	800	6×520	3200	940	$14\times\phi35$	20000

注：1. 生产厂商：各厂家相同规格，型号各有差异，参数稍有不同。大连液力机械有限公司（$\mathrm{YOT_{FC}}$）、广东中兴液力传动有限公司（$\mathrm{YOT_{CH}}$）、大连创思福液力偶合器成套设备有限公司（$\mathrm{YOT_{CHP}}$）、烟台禹成机械有限公司（$\mathrm{YOT_{CHP}}$）。

2. 此类液力偶合器的额定转差率 1.5%～3%。用于 $T\propto n^2$ 离心式机械时，其调速范围为 1～1/5；用于 $T=C$ 恒扭矩机械时，其调速范围为 1～1/3。

表 19-4-105　　YOTCH 调速型液力偶合器技术参数　　mm

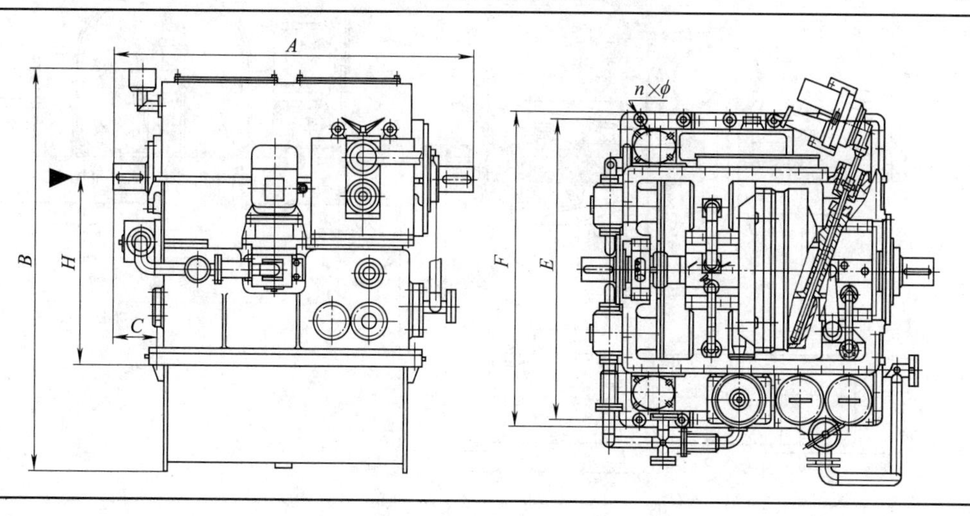

续表

型号	输入转速 /r·min^{-1}	传递功率 /kW	额定转差率/%	A	B	C	E	F	H	n×ϕ
YOTC560H	3000	1500～2800	≤3	1610	1710	267	1280	1340	800	12×ϕ35
YOTC600H	3000	2200～3200								
YOTC650H	3000	3200～4800								

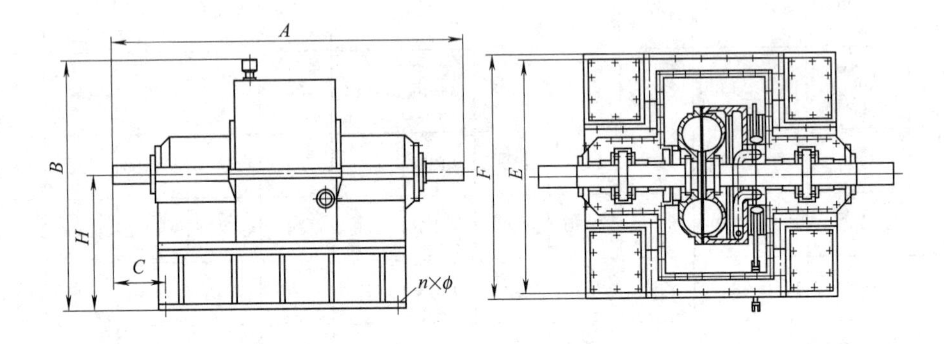

型号	输入转速 /r·min^{-1}	传递功率 /kW	额定转差率	A	B	C	E	F	H	n	ϕ	质量 /kg
YOTC1000H	1500	2800～3550	≤3%	2720	2000	450	1720	1820	1000	12	35	10000
YOTC1150H	1000	2800～3550		3400	2075	509	1720	1820	1000	16	35	12000
YOTC1250H		3550～5000										12500

注：1. 生产厂商：上海交大南洋机电科技有限公司。

2. 结构紧凑，轴向尺寸较小。

3. 按 GB/T 5837—2008 规定，型号应为 YOT_{CH}。

4.8.4.2　回转壳体箱座式调速型液力偶合器

表 19-4-106　　YOT_{HC}回转壳体式调速型液力偶合器技术参数　　mm

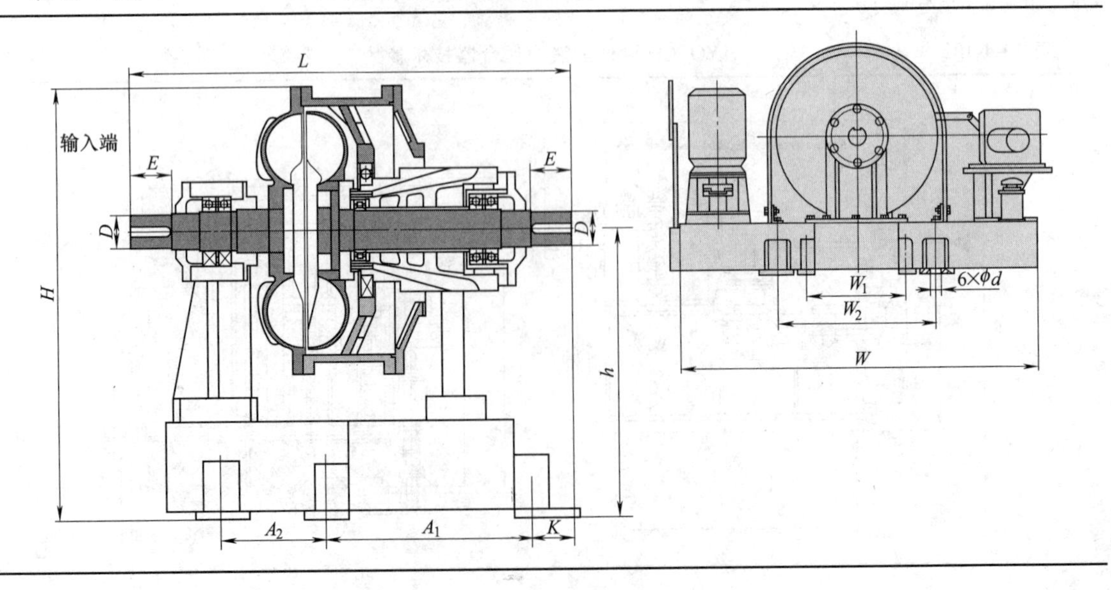

续表

型号	输入转速/r·min^{-1}	传递功率/kW	L	A_1	A_2	W	W_1	W_2	h	H	K	6×ϕd	E	D	质量/kg
$YOT_{HC}280$	1500	4～11	690	470		800		350	405	590	60	20	90	ϕ40	270
	3000	30～85													
$YOT_{HC}320$	1500	7.5～21	690	470		800		350	405	615	60	20	90	ϕ40	290
	3000	60～160													
$YOT_{HC}360$	1500	13～35	925	420	200	1170	450	600	500	730	90	22	115	ϕ60	330
	3000	110～305													
$YOT_{HC}400$	1500	30～65	925	420	200	1170	450	600	500	750	90	22	115	ϕ60	500
	3000	240～500													
$YOT_{HC}450$	1000	12～34	925	420	200	1170	450	600	500	780	90	22	115	ϕ65	570
	1500	50～110													
$YOT_{HC}500$	1000	20～57	1050	520	260	1200	500	700	550	855	37	22	140	ϕ75	800
	1500	70～200													
$YOT_{HC}560$	1000	35～100	1050	560	260	1370	500	700	650	995	37	22	160	ϕ85	830
	1500	115～340													
$YOT_{HC}650$	1000	75～215	1050	560	260	1440	500	700	650	1050	37	22	150	ϕ90	1070
	1500	290～620													
$YOT_{HC}750$	1000	150～440	1450	800	300	1620	700	1000	800	1250	80	35	210	ϕ100	1300
	1500	480～950													
$YOT_{HC}875$	750	150～440	1450	800	300	1620	700	1000	800	1320	80	35	210	ϕ130	1600
	1000	385～960													

注：1. 生产厂商：大连液力机械有限公司、北京起重运输机械设计研究院。

2. 此类液力偶合器额定转差率 1.5%～3%。用于 $T\propto n^2$ 离心式机械时，其调速范围为 1～1/5；用于 $T=C$ 恒扭矩机械时，其调速范围为 1～1/3。

表 19-4-107　YOT_{CK} 调速型液力偶合器技术参数

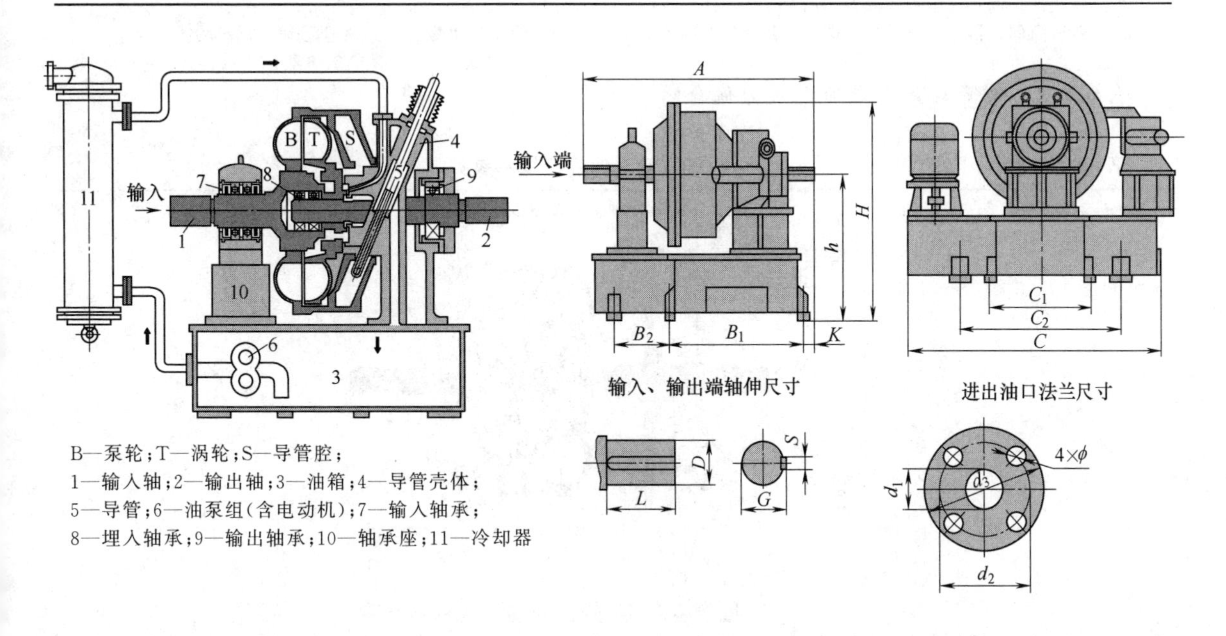

B—泵轮；T—涡轮；S—导管腔；
1—输入轴；2—输出轴；3—油箱；4—导管壳体；
5—导管；6—油泵组（含电动机）；7—输入轴承；
8—埋入轴承；9—输出轴承；10—轴承座；11—冷却器

续表

规格型号	输入转速/r·$\min^{-1}$	传递功率范围/kW	额定转差率S/%	无级调速范围	安装尺寸/mm																	质量/kg
					A	B_1	B_2	C	C_1	C_2	h	H	K	L	D	G	S	d_1	d_2	d_3	$4\times\phi$	
$YOT_{CK}220$	1000	0.4～1	1.5～3	离心式机械：1～1/5；恒扭矩机械：1～1/3	690	470		800		350	405	540	60	90	50	53.5	14	35	75	100	13	250
	1500	1.5～3.5																				
$YOT_{CK}250$	1000	0.75～2	1.5～3		690	470		800		350	405	558	60	90	50	53.5	14	35	75	100	13	260
	1500	3～6.5																				
$YOT_{CK}280$	1000	1.5～3.5	1.5～3		690	470		800		350	405	575	60	90	50	53.5	14	35	75	100	13	275
	1500	5.5～12																				
$YOT_{CK}320$	1000	3～6.5	1.5～3		690	470		800		350	405	600	60	90	50	53.5	14	35	75	100	13	300
	1500	7.5～22																				
$YOT_{CK}360$	1000	5.5～12	1.5～3		925	420	200	1170	450	600	500	722	90	115	70	74.5	20	35	75	100	13	410
	1500	15～40																				
$YOT_{CK}400$	1000	7.5～20	1.5～3		925	420	200	1170	450	600	500	740	90	115	70	74.5	20	35	75	100	13	450
	1500	30～70																				
$YOT_{CK}450$	1000	15～36	1.5～3		925	420	200	1170	450	600	500	765	90	115	70	74.5	20	35	75	100	13	500
	1500	55～120																				
$YOT_{CK}500$	1000	22～60	1.5～3		1050	520	260	1200	500	700	550	735	37	160	90	95	25	35	75	100	13	620
	1500	90～205																				
$YOT_{CK}560$	1000	55～110	1.5～3		1050	560	260	1370	500	700	650	965	37	160	90	95	25	35	75	100	13	660
	1500	155～360																				
$YOT_{CK}650$	1000	95～225	1.5～3		1050	560	260	1370	500	700	650	1015	37	160	90	95	25	35	75	100	13	700
	1500	290～760																				
$YOT_{CK}750$	750	80～185	1.5～3		1450	800	300	1620	700	1000	800	1223	80	210	130	137	32	62	125	160	18	1150
	1000	185～460																				
	1500	510～1555																				
$YOT_{CK}875$	600	85～215	1.5～3		1450	800	300	1620	700	1000	800	1293	80	210	130	137	32	62	125	160	18	1350
	750	155～420																				
	1000	390～995																				

注：1. 生产厂商：广东中兴液力传动有限公司。
2. 此类液力偶合器用于离心式机械时，其调速范围为 1～1/5；用于恒扭矩机械时，其调速范围为 1～1/3。

4.8.4.3　侧开箱体式调速型液力偶合器

表 19-4-108　　SVTL 调速型液力偶合器技术参数

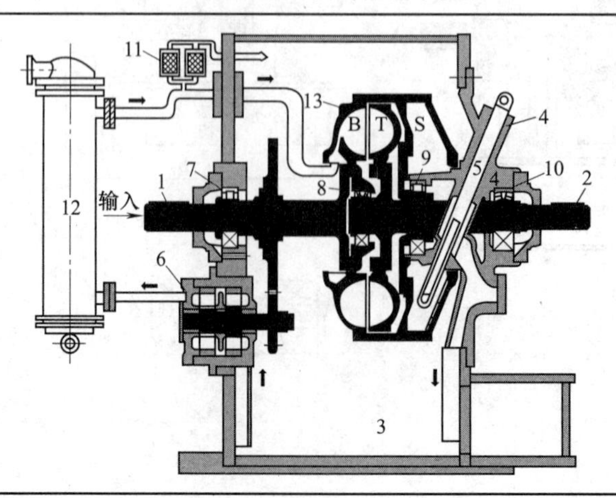

续表

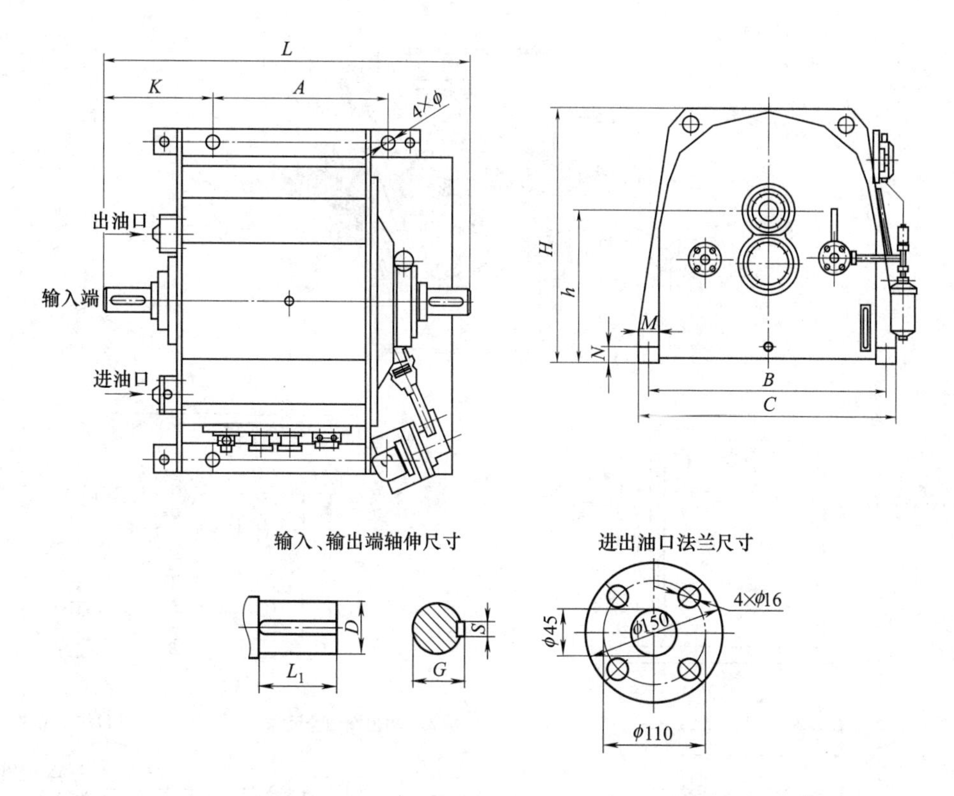

B—泵轮；T—涡轮；S—导管腔；
1—输入轴；2—输出轴；3—箱体；4—导管壳体；5—导管；
6—油泵；7—输入轴承；8—埋入轴承；9—泵轮轴承；
10—输出轴承；11—双联滤油器；12—冷却器；13—易熔塞

规格型号	输入转速/r·min^{-1}	传递功率范围/kW	额定转差率S/%	无级调速范围	安装尺寸/mm														质量(净重)/kg
					A	B	C	L	h	H	K	M	N	4×φ	L_1	D	S	G	
SVTL487	1000	25～55	1.5～3	离心式机械：1～1/5 恒扭矩机械：1～1/3	620	1000	1060	1145	630	1030	260	60	30	23	140	70	20	74.5	750
	1500	80～180																	
SVTL562	1000	55～110	1.5～3		620	1000	1060	1145	630	1030	260	60	30	23	140	70	20	74.5	850
	1500	155～370																	
SVTL650	750	40～95	1.5～3		680	1200	1300	1310	750	1260	313	100	35	40	170	80	22	85	1350
	1000	95～225																	
	1500	290～760																	
SVTL750	750	80～195	1.5～3		680	1200	1300	1310	750	1260	313	100	35	40	170	80	22	85	1450
	1000	185～460																	
	1500	510～1555																	
SVTL875	600	80～215	1.5～3		780	1350	1470	1470	850	1450	370	120	50	40	180	130	32	137	2150
	750	155～420																	
	1000	390～995																	

注：1. 生产厂商：广东中兴液力传动有限公司。
2. SVTL系引进德国福伊特（VOITH）公司技术产品。

表 19-4-109　　YOT_{CL}调速型液力偶合器技术参数

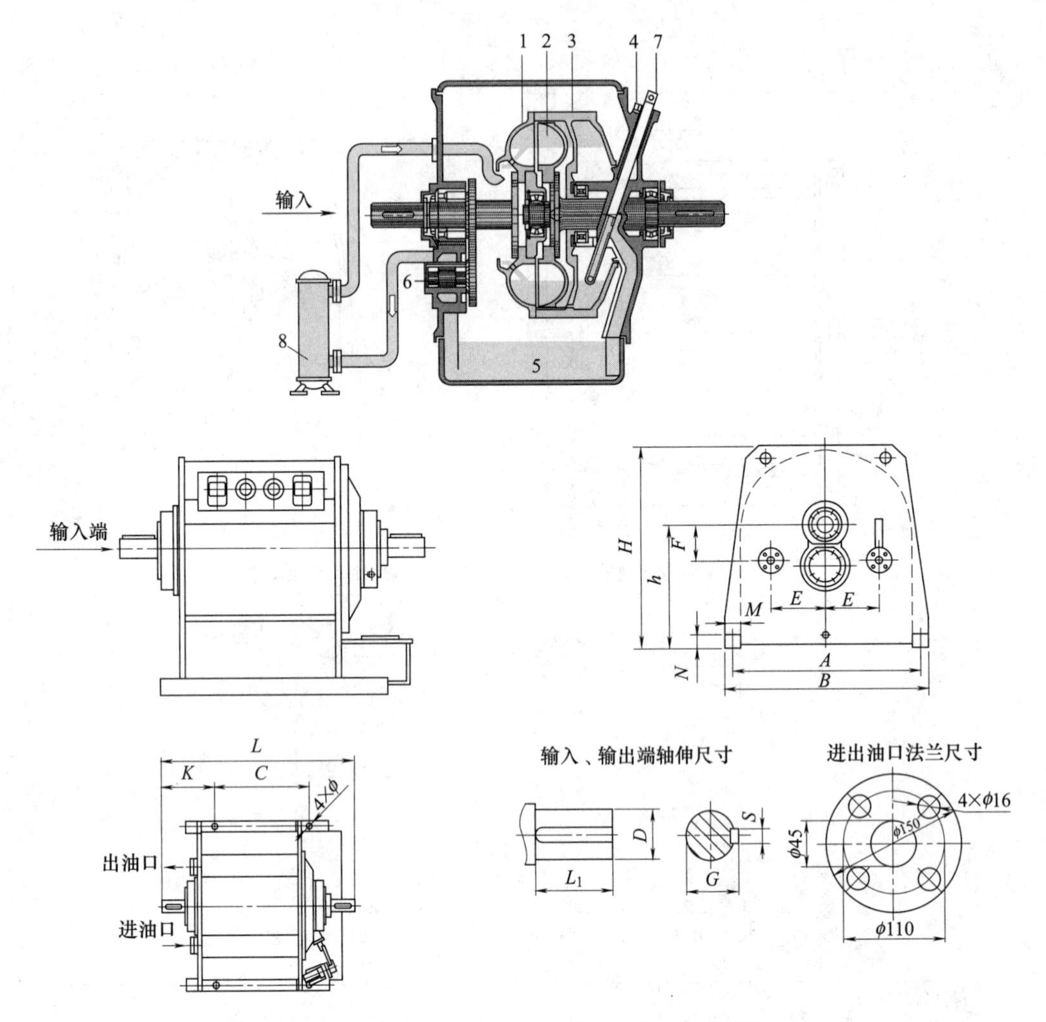

1—泵轮；2—涡轮；3—外壳；4—端盖；5—油箱；6—油泵；7—导管；8—冷却器

规格型号	输入转速/r·min^{-1}	传递功率范围/kW	额定转差率/%	无级调速范围	安装尺寸/mm																质量(净重)/kg
					A	B	C	L	h	H	K	M	N	E	F	4×ϕ	L_1	D	S	G	
$YOT_{CL}400$	1000	7.5～20	1.5～3	离心式机械：1～1/5 恒扭矩机械：1～1/3	800	825	550	973	500	810	240	50	30	290	190	ϕ20	115	70	20	74.5	550
	1500	30～70																			
$YOT_{CL}450$	1000	15～36	1.5～3		800	825	550	973	500	810	240	50	30	290	190	ϕ20	115	70	20	74.5	580
	1500	55～120																			
$YOT_{CL}500$	1000	22～60	1.5～3		1000	1060	620	1145	630	1030	260	60	30	330	240	ϕ23	140	75	20	79.5	750
	1500	90～205																			
$YOT_{CL}560$	1000	55～110	1.5～3		1000	1060	620	1145	630	1030	260	60	30	330	240	ϕ23	140	75	20	79.5	850
	1500	155～360																			
$YOT_{CL}650$	750	40～95	1.5～3		1200	1300	680	1310	750	1260	313	100	35	440	200	ϕ40	170	85	22	90	1350
	1000	95～225																			
	1500	290～760																			

续表

规格型号	输入转速/r·min^{-1}	传递功率范围/kW	额定转差率/%	无级调速范围	安装尺寸/mm																质量（净重）/kg
					A	B	C	L	h	H	K	M	N	E	F	4×φ	L_1	D	S	G	
	750	80～195																			
$YOT_{CL}750$	1000	185～460	1.5～3	离心式机械：1～1/5	1200	1300	680	1310	750	1260	313	100	35	440	200	φ40	170	85	22	90	1450
	1500	510～1555																			
	600	80～215																			
$YOT_{CL}875$	750	155～420	1.5～3	恒扭矩机械：1～1/3	1350	1470	780	1470	850	1450	370	120	50	440	245	φ40	180	130	32	137	2150
	1000	390～995																			

注：1. 生产厂商：长沙第三机床厂。
2. 侧开式箱体，结构简单紧凑，尺寸较小，质量较轻。

4.8.4.4 阀控式调速型液力偶合器

表 19-4-110　　YOT_{GF}调速型液力偶合器技术参数　　mm

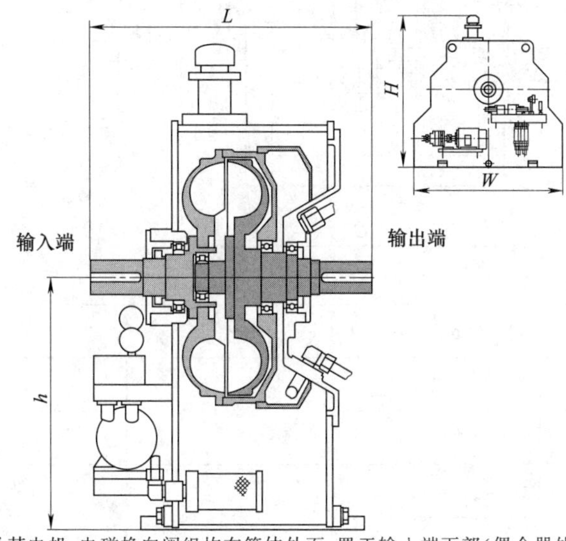

注：供油泵及其电机、电磁换向阀组均在箱体外面，置于输入端下部（偶合器外形尺寸以内）

型号	输入转速/r·min^{-1}	传递功率/kW	L	W	H	h
$YOT_{GF}450$	1000	12～34	600	1100	900	500
	1500	50～110				
$YOT_{GF}500$	1000	20～57	700	1200	990	610
	1500	70～200				
$YOT_{GF}560$	1000	35～100	700	1200	990	610
	1500	115～340				
$YOT_{GF}650$	1000	75～215	1000	1400	1200	740
	1500	250～730				
$YOT_{GF}750$	1000	150～440	1000	1400	1200	740
	1500	510～1480				

注：1. 生产厂商：两厂家生产，规格相同，参数全同，型号各有差异。大连液力机械有限公司（YOT_{GF}）、北京起重运输机械设计研究院（YOT_K）。
2. 新近研发的新产品，结构紧凑，与各类调速型液力偶合器同规格相比，尺寸最小、质量最轻。
3. 侧开式箱体，供油泵外置，便于拆装，并可根据设备对启动快与慢的不同需求，更换供油泵及其流量。
4. 此类液力偶合器额定转差率 1.5%～3%。用于 $T \propto n^2$ 离心式机械时，其调速范围为 1～1/5；用于 $T=C$ 恒扭矩机械时，其调速范围为 1～1/3。
5. 按 GB/T 5837—2008 规定，型号应为 YOT_V。

4.9　液力偶合器传动装置

4.9.1　前置齿轮增速式液力偶合器传动装置

表 19-4-111　　$YOCQ_Z$ 液力偶合器传动装置技术参数　　mm

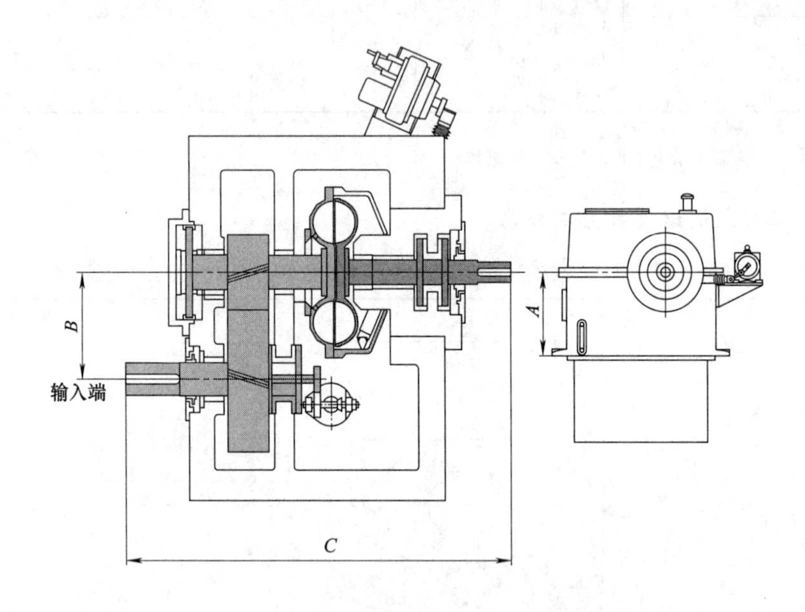

<table>
<tr><th>型　号</th><th>输入转速/r・min^{-1}</th><th>A</th><th>B</th><th>C</th></tr>
<tr><td>$YOCQ_Z$320/3000/*</td><td>3000</td><td rowspan="2">330</td><td>300</td><td>1660</td></tr>
<tr><td>$YOCQ_Z$360/3000/*</td><td>3000</td><td>350</td><td>1680</td></tr>
<tr><td rowspan="2">$YOCQ_Z400/\frac{1500}{3000}/*$</td><td>1500</td><td rowspan="9">440</td><td rowspan="4">350</td><td rowspan="4">1650</td></tr>
<tr><td>3000</td></tr>
<tr><td rowspan="2">$YOCQ_Z420/\frac{1500}{3000}/*$</td><td>1500</td></tr>
<tr><td>3000</td></tr>
<tr><td rowspan="2">$YOCQ_Z450/\frac{1500}{3000}/*$</td><td>1500</td><td rowspan="5">550</td><td rowspan="4">1800</td></tr>
<tr><td>3000</td></tr>
<tr><td rowspan="2">$YOCQ_Z465/\frac{1500}{3000}/*$</td><td>1500</td></tr>
<tr><td>3000</td></tr>
<tr><td>$YOCQ_Z$500/3000/*</td><td>3000</td><td>1900</td></tr>
</table>

注：1. 生产厂商：大连液力机械有限公司。

2. 表中*为输出最高转速，根据用户需要确定。

3. 额定转差率为1.5%～3%，最高总效率≥95%。

4. 用于 $T \propto n^2$ 离心式机械时，调速范围为1～1/5；用于 $T=C$ 恒扭矩机械时，调速范围为1～1/3。

表 19-4-112　YOT_{FQZ}液力偶合器传动装置技术参数

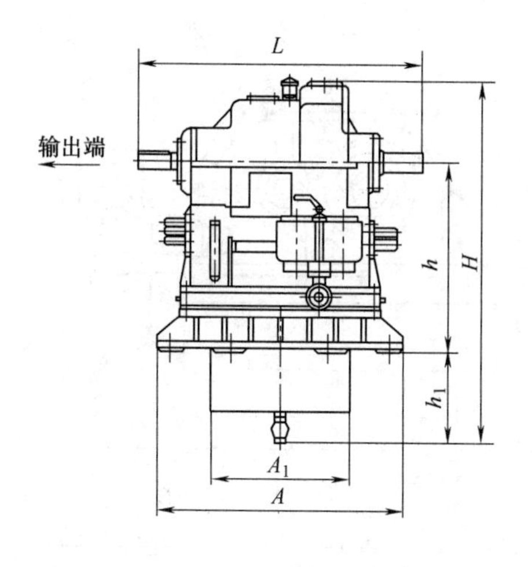

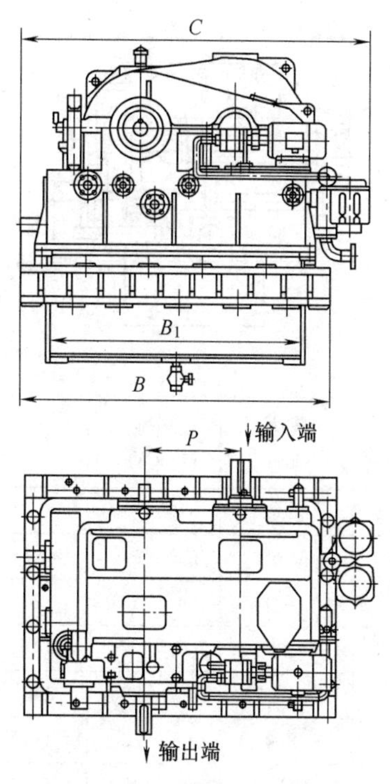

规格型号		$YOT_{FQZ}360$	$YOT_{FQZ}400$	$YOT_{FQZ}460$		$YOT_{FQZ}500$		$YOT_{FQZ}560$	
输入转速/r·min^{-1}		3000	3000	1500	3000	1500	3000	1500	3000
最大传递功率/kW		$9.1\times10^{-9}n_B^3$	$1.6\times10^{-8}n_B^3$	$3.1\times10^{-8}n_B^3$		$4.7\times10^{-8}n_B^3$		$8.3\times10^{-8}n_B^3$	
输出转速/r·min^{-1}		≤8500	≤8500	≤7000		≤7000		≤7000	
额定转差率/%		1.5～3							
无级调速范围		离心式机械:1～1/5；恒扭矩机械:1～1/3							
安装尺寸/mm	h	550	550	535	920	535	920	535	1000
	H	2245	2245	2750	1985	2750	1985	2750	2100
	h_1	1300	1300	1355	650	1355	650	1355	650
	L	1680	1680	1855	1425	1855	1600	2532	2200
	A	1220	1220	1500	1240	1500	1400	1550	1500
	A_1	1100	1100	1365	685	1365	850	1380	920
	B	1240	1240	1780	1650	1780	1750	2020	1940
	B_1	860	860	1350	1380	1350	1450	1570	1600
	C	1450	1450	2100	1885	2100	1930	2280	2190
	P	350	350	550	508	550	512	600	600

注：1. 生产厂商：广东中兴液力传动有限公司。
2. 按 GB/T 5837—2008 规定，型号应为 YOC_{QZ}。

表 19-4-113 YOTZ 液力偶合器传动装置技术参数 mm

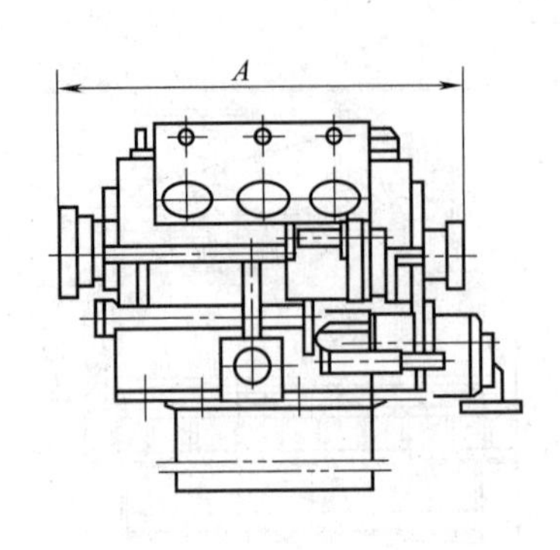

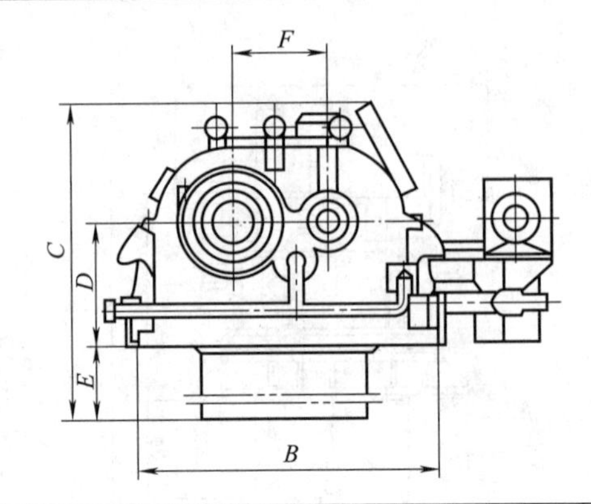

型 号	转速 /r·min⁻¹	功率 /kW	A	B	C	D	E	F	质量 /kg
$YOTZ^{32}/_{48}$	4800	350～710	1031	810	1250	350		396	1000
$YOTZ^{32}/_{58}$	5800	630～970	1035	1334	1007	500		250	1000
$YOTZ^{36}/_{55}$	5500	800～1650	1200	980	1500	400	720	300	1500
$YOTZ^{40}/_{43}$	4300	820～1300	1444	1060	900	400		350	2500
$YOTZ^{40}/_{55}$	5500	1600～2800	1180	1520	1880	620	780	350	2500
$YOTZ^{43}/_{52}$	5200	2000～3500	1424	1226	940	500		350	2800
$YOTZ^{45}/_{51}$	5100	3200～4000	1460	1500	2340	620	980	350	3500
$YOTZ^{48}/_{52}$	5200	3500～4500	1599	2374	2409	650	1000	512	4000
$YOTZ^{50}/_{52}$	5200	4000～6000	1395	1140	1100	550		450	4500

注：1. 生产厂商：上海七一一研究所。

2. 按 GB/T 5837—2008 规定，型号应为 YOC_{QZ}。

3. 额定转差率 1.5%～3%。用于 $T\propto n^2$ 离心式机械时，调速范围为 1～1/5；用于 $T=C$ 恒扭矩机械时，调速范围为1～1/3。

表 19-4-114 YOCQA、OH46、OY55 液力偶合器传动装置技术参数

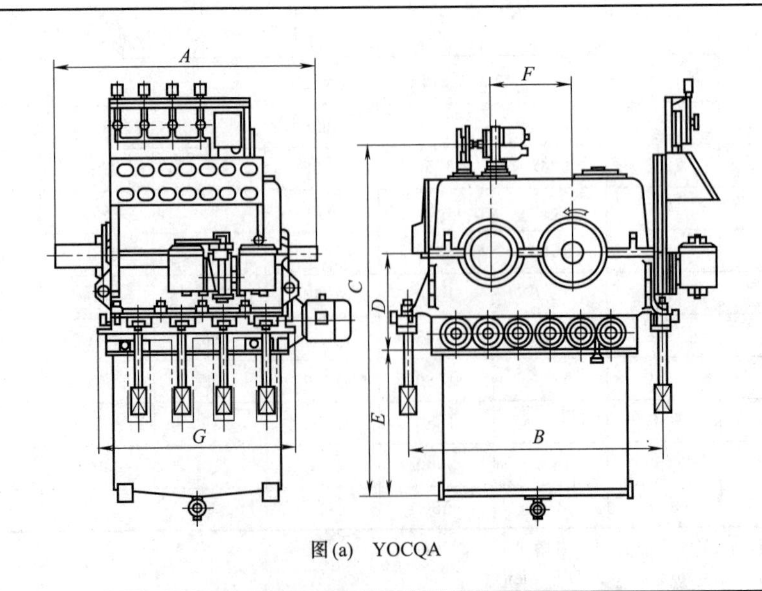

图(a) YOCQA

续表

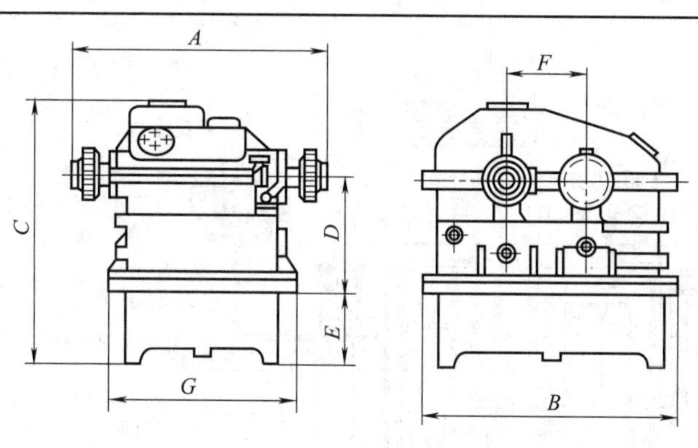

图(b)　OH46

型　号	泵轮转速 /r·min⁻¹	传递功率范围 /kW	外形尺寸/mm						
			A	*B*	*C*	*D*	*E*	*F*	*G*
YOCQA	6100	4200～6200	1855	1700	2385	650	1005	550	1400
OH46	4782	3200	1423	1492	1610	700	463	508	1016
OY55	6170	3700～5500	1855	1700	2180	535			
YOCQ422	6290	3400～5100	1510	1700	2250	535			
YOCQ464	5936	3200～4500							
YOCQ465	5975	3700～6300	1855	1700	2180	535			

注：1. 生产厂商：沈阳鼓风机集团有限公司（原沈阳水泵厂）。

2. 按 GB/T 5837—2008 规定，型号应为 YOC_{QZ}。

3. 额定转差率 1.5%～3%。用于 $T \propto n^2$ 离心式机械时，调速范围为 1～1/5；用于 $T=C$ 恒扭矩机械时，调速范围为1～1/3。

表 19-4-115　　CO46 液力偶合器传动装置技术参数

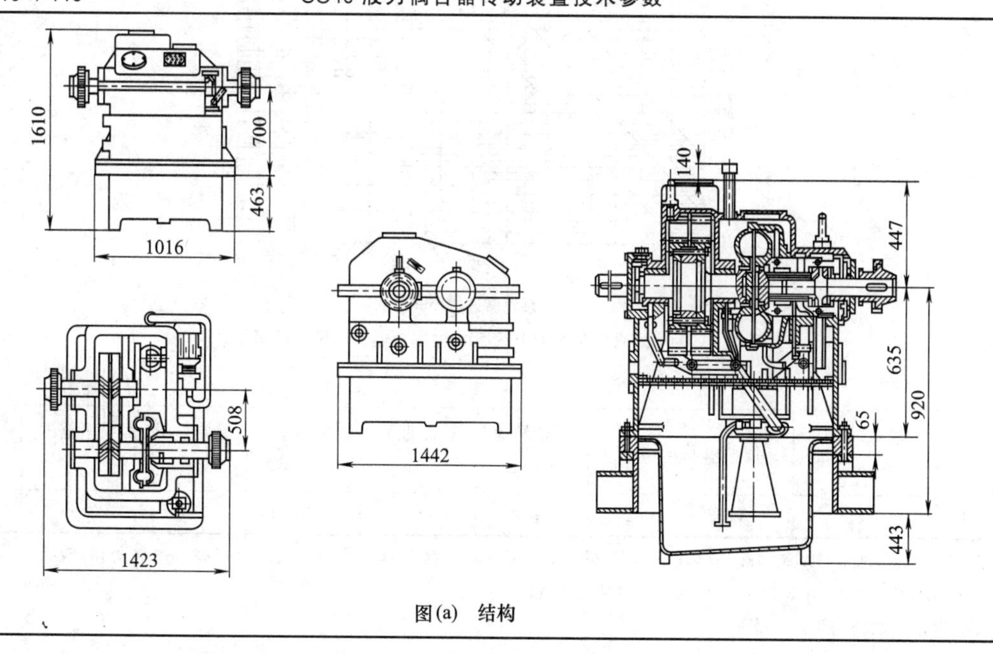

图(a)　结构

续表

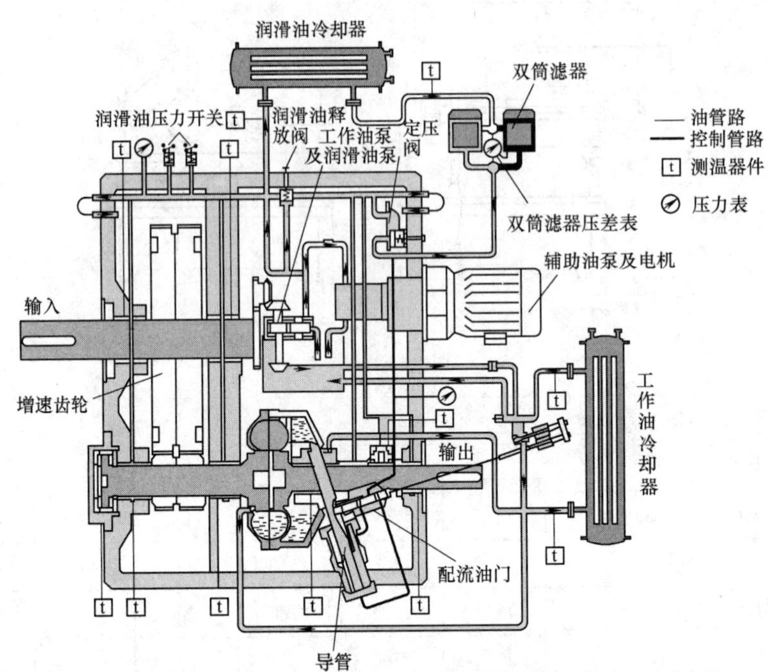

图(b) CO46、YOT51、YOT51A、YOT46-550液力偶合器传动装置机构与配套件系统

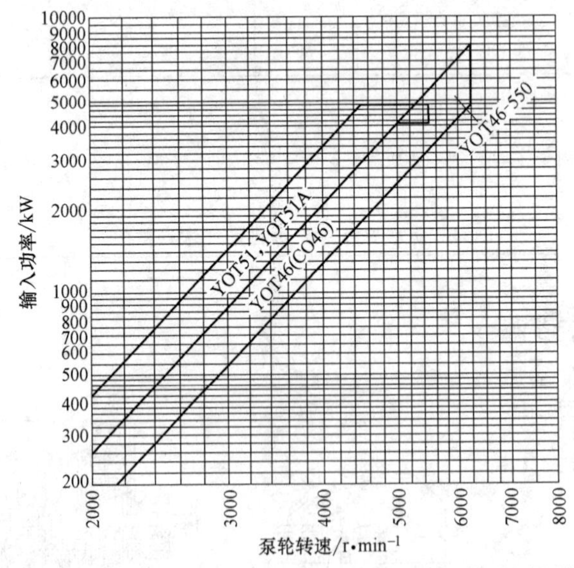

图(c) CO46、YOT51A、YOT46-550液力偶合器传动装置功率图谱

型　号	输入转速 /r·min^{-1}	传动齿轮增速比	泵轮转速 /r·min^{-1}	有效直径 /mm	传递功率范围/kW	额定转差率/%	调速范围 i	总效率 /%
CO46	2985	141/88＝1.602	4782	463	约 3200	≤3	0.25～0.97	95

注：1. 生产厂商：上海电力修造总厂有限公司，生产 CO46、YOT51、YOT51A、YOT46-550 各规格产品。

2. 按 GB/T 5838—2008 规定，上述产品型号应为 YOC_{QZ}。

3. 各规格参数请向生产厂索取。

表 19-4-116　　YOCQ500H 液力偶合器传动装置技术参数　　mm

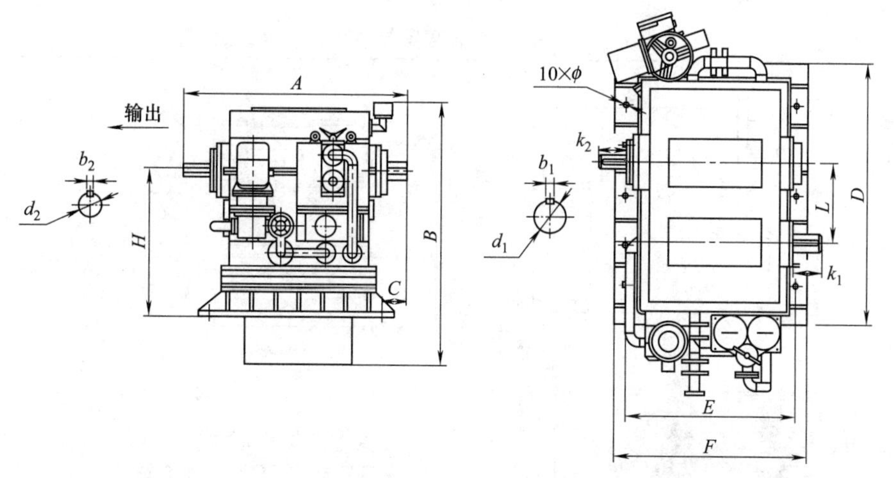

型　号	输入转速 /r·min⁻¹	传递功率 /kW	额定转差率	A	B	C	D	E	F	H	L	ϕ	b_1	b_2	d_1	d_2	k_1	k_2	质量 /kg
YOCQ500H	3000	2500～4000	≤3%	1425	1655	166	1650	1100	1240	920	508	30	32	25	120	85	185	165	6000

注：1. 上海交大南洋机电科技有限公司产品。

2. 外形尺寸以供货时提供的实际外形尺寸为准。

3. 按 GB/T 5837—2008 规定，型号应为 YOC_{QZ}。

表 19-4-117　　$YOTF_Y$ 液力偶合器传动装置技术参数

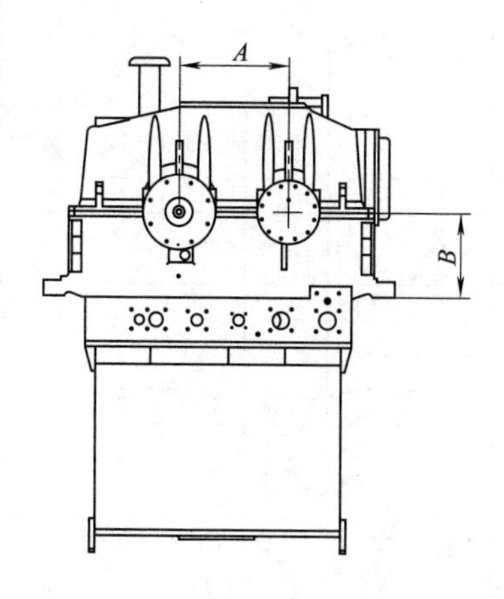

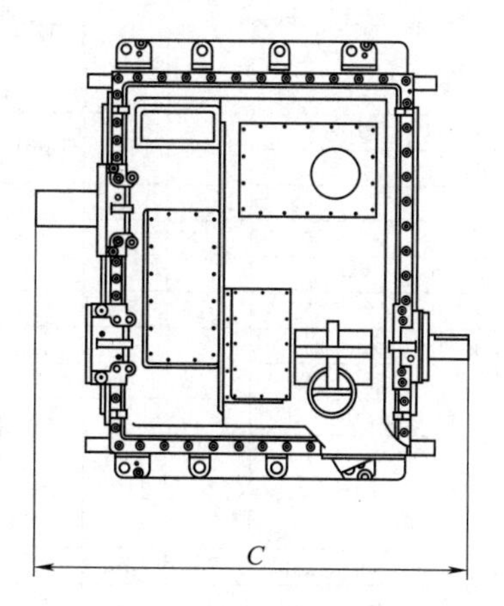

型　号	电机转速 /r·min⁻¹	传递功率 /kW	额定转差率 /%	输出转速 /r·min⁻¹	调速范围	A /mm	B /mm	C /mm
$YOTF_Y420$	1492/2980	600～5500	≤3	3000～6600	20%～97%	550	420	1560
$YOTF_Y460$	1492/2980	1000～6300	≤3	3000～6100	20%～97%	550	420	1885
$YOTF_Y510$	1492/2980	1800～7500	≤3	3000～5600	20%～97%	550	420	1885

注：1. 生产厂商：沈阳福瑞德泵业液力机械制造有限公司。

2. 按 GB/T 5837—2008 规定，型号应为 YOC_{QZ}。

4.9.2 后置齿轮减速式液力偶合器传动装置

表 19-4-118　　$YOCH_J$、$YOCH_{JJ}$液力偶合器传动装置技术参数　　mm

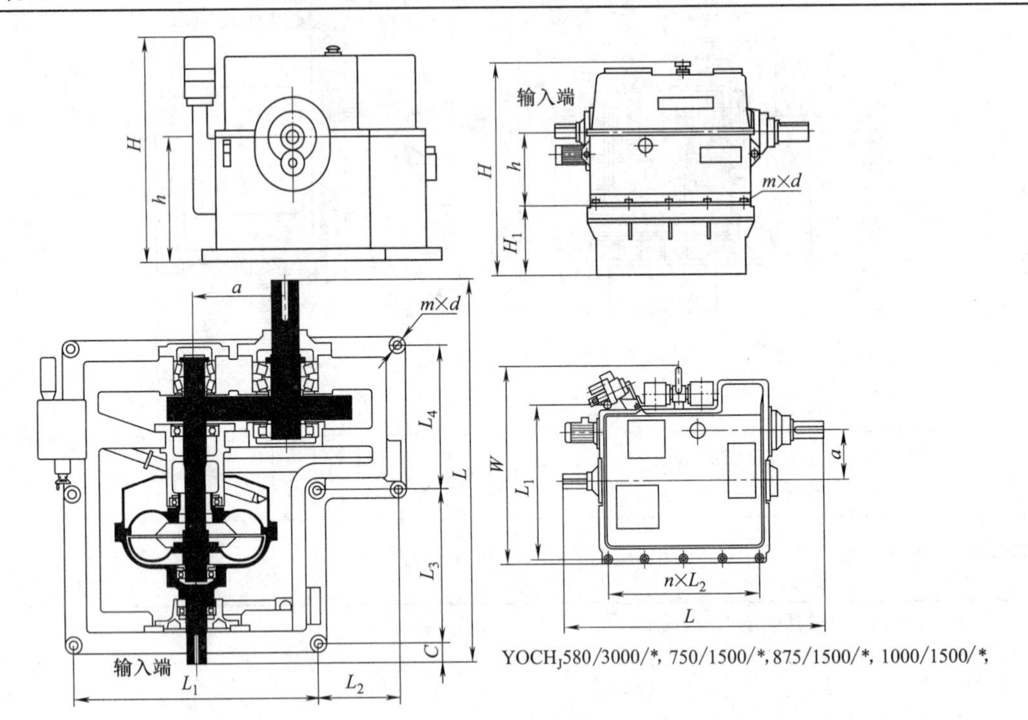

$YOCH_J$580/3000/*, 750/1500/*, 875/1500/*, 1000/1500/*,

型　号	输入转速 /r·min^{-1}	传递功率 /kW	L	H	W	h	a	H_1	L_1	$n\times L_2$	L_3	C	L_4	$m\times d$
$YOCH_J$500/*/*	1000	20～60	1520	1452	1400	635	400		1010	315	570	40	590	9×ϕ27
	1500	70～200												
$YOCH_J$500/3000/*	3000	560～1625	1520	1452	1400	700	400		1125		710	300		4×ϕ35
$YOCH_J$560/*/*	1000	35～100	1600	1630	1400	810	400		1000	320	600	80	600	9×ϕ35
	1500	115～340												
$YOCH_J$580/3000/*	3000	1125～3250	2625	2850	1875	750	450	1500	1400	4×400		354		10×ϕ39
$YOCH_J$650/*/*	1000	75～215	1850	1532	1680	840	450		1200	400	730	100	700	9×ϕ35
	1500	250～730												
$YOCH_J$750/1000/*	1000	150～440	1850	1532	1680	840	450		1200	400	730	100	700	9×ϕ35
$YOCH_J$750/1500/*	1500	510～1480	2390	2180	1815	650	450	830	1573	1512 5孔不均布		297.5		10×ϕ39
$YOCH_J$875/1000/*	1000	300～850	2200	1650	1750	880	450		1360	210	900	200	800	9×ϕ39
$YOCH_J$875/1500/*	1500	1160～3260	2888	2520	2250	800	550	790	1750	4×435		449		10×ϕ39
$YOCH_J$1000/1500/*	1500	1250～3700	2988	2520	2250	800	550	1090	1750	4×460		449		10×ϕ39
$YOCH_{JJ}$650/*/*	1000	75～215	1850	1532	1680	840	450		1200	400	730	100	700	9×ϕ35
	1500	250～730												

注：1. 生产厂商：大连液力机械有限公司。

2. 型号标注示例：输入转速为1500r/min，输出最高转速为900r/min的$YOCH_J$650型液力偶合器传动装置标注为$YOCH_J$650/1500/900。

3. $YOCH_{JJ}$650的第二个J为加装液力减速器的含义，其最大制动力矩为5500N·m。

4. 此类液力偶合器传动装置的额定转差率1.5%～3%，其输出的最高转速（即型号中后一个*处标注的转速），根据用户需要确定，一般最小为输入转速的1/3。其最高总效率≥95%。

5. 此类液力偶合器传动装置用于$T\propto n^2$的离心式机械时，其调速范围为1～1/5；用于$T=C$的恒扭矩机械时，其调速范围为1～1/3。

表 19-4-119　　YOT$_{CHJ}$液力偶合器传动装置技术参数

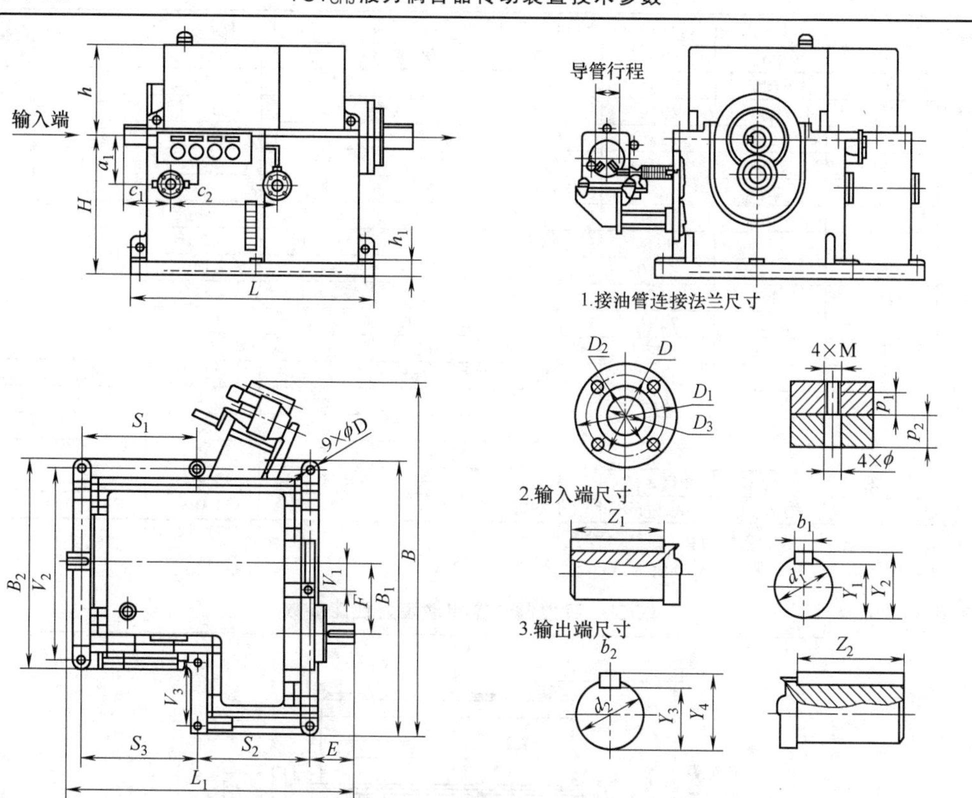

规格型号		YOT$_{CHJ}$500	YOT$_{CHJ}$560	YOT$_{CHJ}$650	YOT$_{CHJ}$750	YOT$_{CHJ}$875		YOT$_{CHJ}$1000	
输入转速 /r·min^{-1}		3000	1500	1500	1500	1000	1500	1000	1500
传递功率范围 /kW		670～1640	155～360	290～760	510～1550	390～995	1240～3360	750～1950	2500～5250
额定转差率 S/%		1.5～3							
无级调速范围		离心式机械:1～1/5；恒扭矩机械:1～1/3							
安装尺寸 /mm	H	810	810	840	840	880	880+200	1060	880+370
	h	485	485	550	550	650	650	725	725
	h_1	40	40	45	45	60	60	60	60
	a_1	75	75	220	220	110	110	300	300
	c_1	145	145	272	272	370	370	335	335
	c_2	520	520	687	687	860	860	1120	1120
	L	1280	1280	1510	1510	1800	1970	2250	2250
	L_1	1600	1600	1850	1850	2200	2650	2800	2800
	S_1	600	600	625	625	900	900	1200	1200
	S_2	600	600	805	805	800	950	1000	1000
	S_3	600	600	625	625	900	900	1100	1100
	B	1800	1800	2140	2140	2250	2450	2700	2700
	B_1	1400	1400	1680	1680	1750	1970	2000	2000
	B_2	1080	1080	1280	1280	1460	1520	1600	1600
	V_1	180	180	200	200	210	200	250	250
	V_2	1000	1000	1200	1200	1360	1400	1500	1500
	V_3	320	320	400	400	210	450	400	400
	E	320	320	320	320	380	520	600	600
	F	400	400	450	450	450	550	550	550
	d_1	ϕ75	ϕ75	ϕ100	ϕ100	ϕ130	ϕ140	ϕ150	ϕ150
	Z_1	145	145	150	150	200	250	250	250

续表

规格型号		$YOT_{CHJ}500$	$YOT_{CHJ}560$	$YOT_{CHJ}650$	$YOT_{CHJ}750$	$YOT_{CHJ}875$		$YOT_{CHJ}1000$	
安装尺寸/mm	b_1	20	20	28	28	32	36	36	36
	Y_1	67.5	67.5	90	90	119	128	138	138
	Y_2	79.5	79.5	106	106	137	148	158	158
	d_2	$\phi110$	$\phi110$	$\phi140$	$\phi140$	$\phi160$	$\phi180$	$\phi200$	$\phi200$
	Z_2	170	170	200	200	250	320	350	350
	b_2	28	28	36	36	40	45	45	45
	Y_3	100	100	128	128	147	165	185	185
	Y_4	116	116	148	148	169	190	210	210
	D	$\phi140$	$\phi140$	$\phi140$	$\phi140$	$\phi140$	$\phi140$	$\phi170$	$\phi170$
	D_1	$\phi178$	$\phi178$	$\phi178$	$\phi178$	$\phi178$	$\phi178$	$\phi210$	$\phi210$
	D_2	$\phi110$	$\phi110$	$\phi110$	$\phi110$	$\phi110$	$\phi110$	$\phi140$	$\phi140$
	D_3	$\phi83$	$\phi83$	$\phi83$	$\phi83$	$\phi83$	$\phi83$	$\phi103$	$\phi103$
	4×M	M16	M16	M16	M16	M16	M16	M16	M16
	$4\times\phi$	$\phi18$	$\phi18$	$\phi18$	$\phi18$	$\phi18$	$\phi18$	$\phi18$	$\phi18$
	p_1	35	35	35	35	35	35	35	35
	p_2	55	55	55	55	55	55	55	55
	$9\times\phi D$	$9\times\phi35$	$9\times\phi35$	$9\times\phi35$	$9\times\phi35$	$9\times\phi35$	$9\times\phi40$	$9\times\phi40$	$9\times\phi40$
质量/kg		约 1850	约 1750	约 2900	约 3100	约 4550	约 4980	约 6800	约 7500

注：1. 生产厂商：广东中兴液力传动有限公司。

2. 按 GB/T 5837—2008 规定，型号应为 YOC_{HJ}。

表 19-4-120　　$YOCH_J$ 液力偶合器传动装置性能参数　　mm

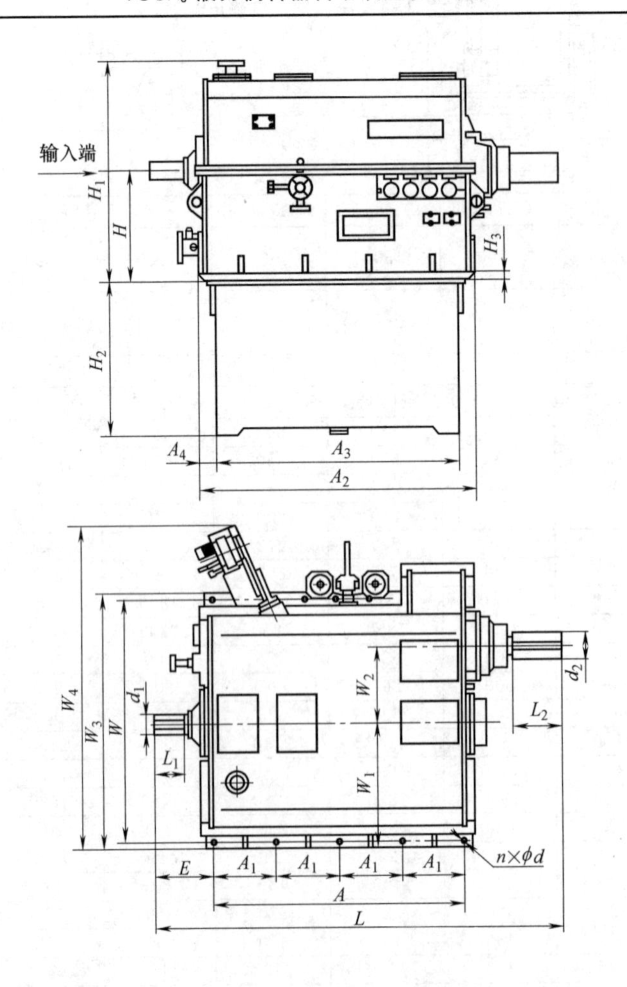

续表

型　号	输入转速/r·min^{-1}	输出转速/r·min^{-1}	传递功率/kW
YOCH$_J$800	1000	1000～500	200～580
	1500	1500～500	610～1960
YOCH$_J$875	1000	1000～500	310～910
	1500	1500～500	1160～3260
YOCH$_J$920	1000	1000～500	440～1170
	1500	1500～500	1360～4000
YOCH$_J$1000	1000	1000～500	615～1770
	1500	1500～500	2060～6000

型　号	L	$n\times\phi d$	E	A	A_1	A_2	A_3	A_4	d_1	d_2	L_1	L_2	H	H_1	H_2	H_3	W	W_1	W_2	W_3	W_4
YOCH$_J$800	2988	10×ϕ40	449	1840	460	1958	1760	99	ϕ140	ϕ200	250	320	800	1650	1090	55	1750	860	550	1850	2355
YOCH$_J$875	2988	10×ϕ40	449	1840	460	1958	1760	99	ϕ140	ϕ200	250	320	800	1650	1090	55	1750	860	550	1850	2355
YOCH$_J$920	2988	10×ϕ40	449	1840	460	1958	1760	99	ϕ140	ϕ200	250	320	800	1650	1090	55	1750	860	550	1850	2355
YOCH$_J$1000	3300	10×ϕ40	500	2000	470	2100	1900	100	ϕ180	ϕ250	300	350	900	1850	1090	55	1900	910	550	2000	2500

注：生产厂商：大连创思福液力偶合器成套设备有限公司、烟台禹成机械有限公司。

表 19-4-121　　YOCH×××B、YOCH×××H型液力偶合器传动装置技术参数　　mm

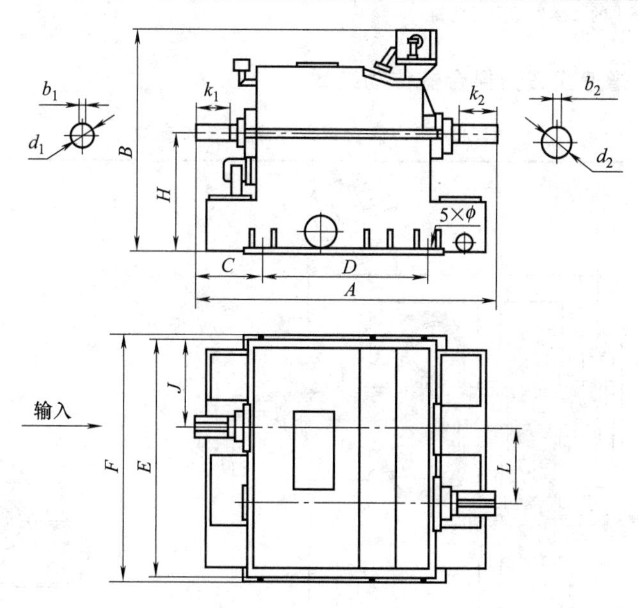

YOCH×××B型

型　号	输入转速/r·min^{-1}	传递功率/kW	额定转差率	A	B	C	D	E	F	H	J	L	ϕ	b_1	b_2	d_1	d_2	k_1	k_2	质量/kg
YOCH560B	1500	200～335	≤3%	1500	1400	290	860	1110	1190	700	465	320	40	22	28	85	100	170	210	1250
YOCH650B		355～750		1830	1680	410	1000	1560	1635	900	672	450	40	28	36	110	150	210	250	3500
YOCH710B		750～1120																		3700
YOCH750B		1250～1400		1850	1670	360	1040	1780	1880	950	690	500	45	28	36	110	150	210	250	4500
YOCH800B		1400～2000																		4600

续表

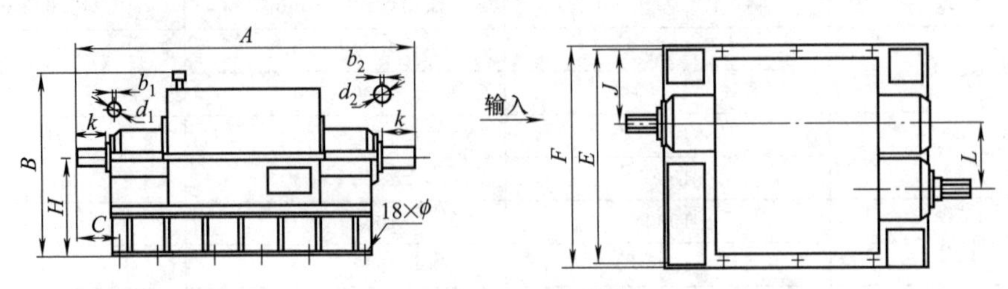

YOCH×××H 型

型号	输入转速 /r·min^{-1}	传递功率 /kW	额定转差率	A	B	C	E	F	H	J	L	ϕ	b_1	b_2	d_1	d_2	k	质量 /kg
YOCH875H	1000	630～900	≤3%	3500	1890	440	2160	2260	1000	855	660	42	40	50	160	210	300	13000
	1500	1600～3000																
YOCH1000H	1000	1000～1800																13400
	1500	2800～4000																

注：1. 生产厂商：上海交大南洋机电科技有限公司。

2. 按 GB/T 5837—2008 规定，型号应为 YOC_{HJ}。

3. 外形尺寸以供货时提供的实际外形尺寸为准。

4.9.3　后置齿轮增速式液力偶合器传动装置

表 19-4-122　　$YOCH_Z$ 液力偶合器传动装置技术参数

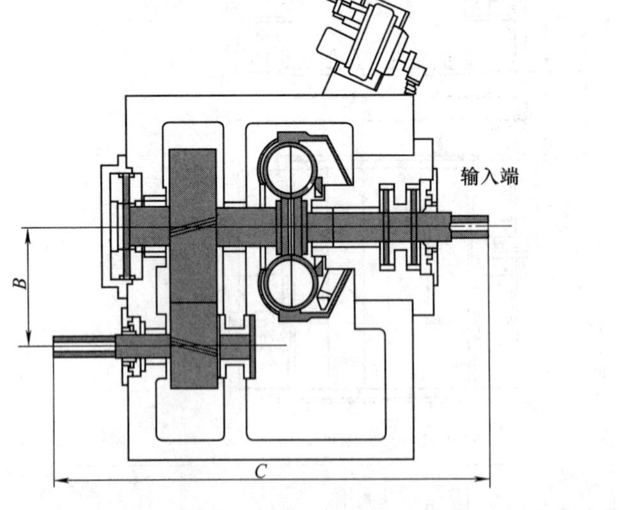

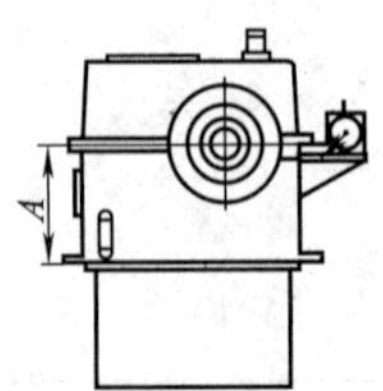

型　号	输入转速 /r·min^{-1}	最高输出转速 /r·min^{-1}	传递功率 /kW	A /mm	B /mm	C /mm
$YOCH_Z$320/3000/*	3000	10000	60～165	330	300	1660
$YOCH_Z$360/3000/*	3000	10000	110～305	330	350	1680
$YOCH_Z$400/3000/*	3000	10000	240～500	440	350	1650
$YOCH_Z$420/3000/*	3000	10000	300～640	440	350	1650

续表

型　　号	输入转速 /r·min^{-1}	最高输出转速 /r·min^{-1}	传递功率 /kW	A/mm	B/mm	C/mm
YOCH$_Z$450/3000/*	3000	10000	430～900	440	550	1800
YOCH$_Z$465/3000/*	3000	10000	500～1050	440	550	1800
YOCH$_Z$500/3000/*	3000	10000	560～1625	440	550	1900

注：1. 生产厂商：大连液力机械有限公司。

2. 此为后置齿轮增速式液力偶合器传动装置，* 号为输出最高转速，根据用户需要确定。

3. 此类液力偶合器传动装置额定转差率 1.5%～3%，最高总效率≥95%。

4. 此类液力偶合器传动装置用于 $T\propto n^2$ 离心式机械时，其调速范围为 1～1/5；用于 $T=C$ 恒扭矩机械时，其调速范围为 1～1/3。

4.9.4　组合成套型液力偶合器传动装置

由调速型液力偶合器与增（减）速齿轮箱连接，安装在基础油箱之上，配以供油、润滑系统，构成组合成套型液力偶合器传动装置，便于制造、安装、拆卸，整套设备成本较低，只是尺寸稍大。

表 19-4-123　YOCQ 前置齿轮箱增速式组合成套型液力偶合器传动装置技术参数　mm

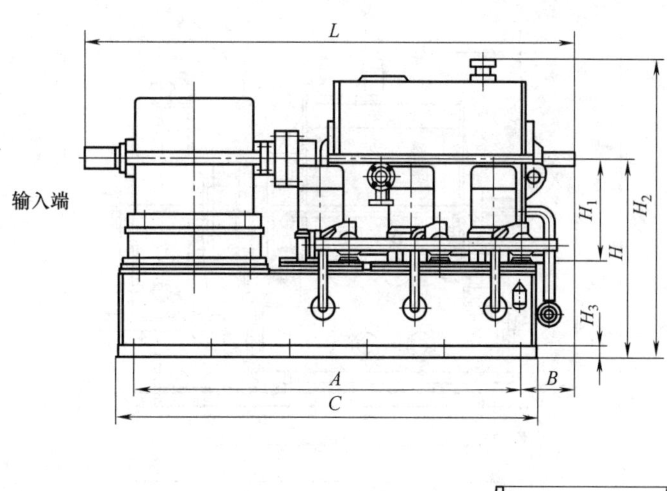

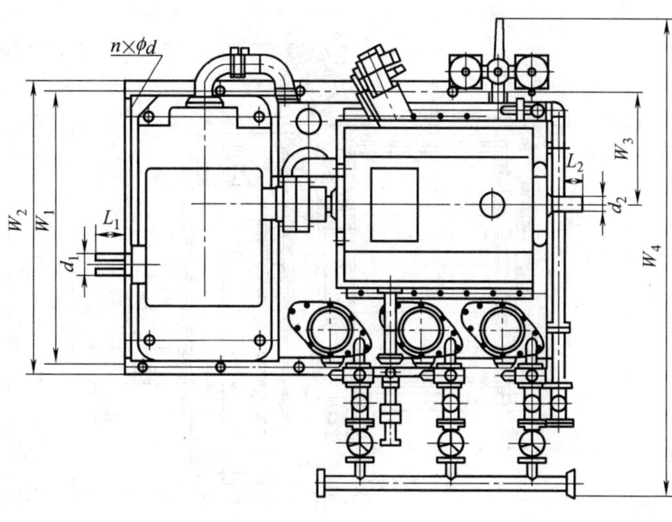

续表

型　　号	输入转速/r・min^{-1}	输出转速/r・min^{-1}	传递功率/kW
YOCQ400	1500	3000～6000	575～2600
YOCQ420	1500	3000～6000	735～3280
YOCQ450	1500	3000～6000	920～4500
YOCQ465	1500	3000～6000	1100～5900
YOCQ500	1500	3000～6000	1600～7800
YOCQ550	1500	3000～6000	2600～12000

型　号	L	A	B	C	d_1	d_2	L_1	L_2	H	H_1	H_2	H_3	W_1	W_2	W_3	W_4	$n\times\phi d$
YOCQ400	2905	2300	315	2500	ϕ120	ϕ90	190	170	1150	600	1730	40	1600	1700	655	2920	8×ϕ45
YOCQ420	2905	2300	315	2500	ϕ120	ϕ90	190	170	1150	600	1730	40	1600	1700	655	2920	8×ϕ45
YOCQ450	2905	2300	315	2500	ϕ120	ϕ90	190	170	1150	600	1730	40	1600	1700	655	2920	8×ϕ45
YOCQ465	2905	2300	315	2500	ϕ120	ϕ90	190	170	1150	600	1730	40	1600	1700	655	2920	8×ϕ45
	3005	2400	315	2600	ϕ170	ϕ90	190	170	1200	600	1780	40	1600	1700	575	2920	8×ϕ45
YOCQ500	3200	2600	335	2800	ϕ180	ϕ110	240	200	1200	600	1780	40	1600	1700	575	2920	8×ϕ45
YOCQ550	3200	2600	335	2800	ϕ210	ϕ130	240	200	1200	600	1780	40	1600	1700	575	2920	8×ϕ45

注：生产厂商：大连创思福液力偶合器设备有限公司、烟台禹成机械有限公司。

表 19-4-124　　YOCH$_{JJ}$后置齿轮箱减速式组合成套型液力偶合器传动装置技术参数　　mm

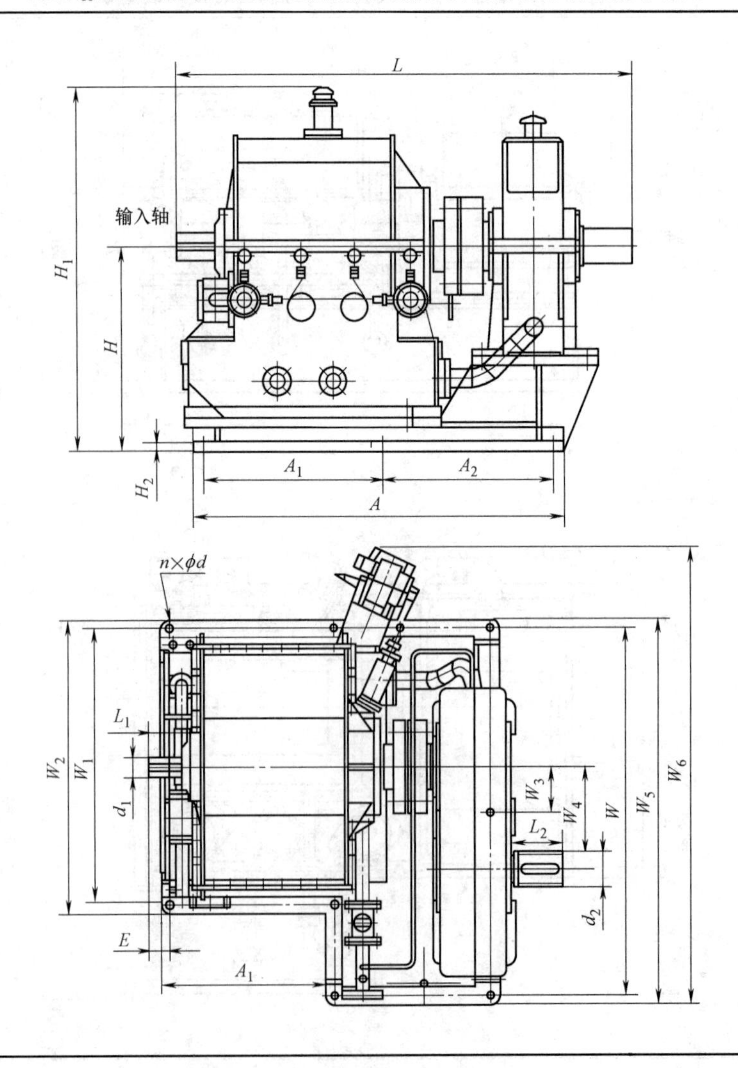

续表

型　号	输入转速/r·min^{-1}	输出转速/r·min^{-1}	传递功率/kW
$YOCH_{JJ}650$	1000	1000～500	70～220
	1500	1500～500	240～700
$YOCH_{JJ}700$	1000	1000～500	110～320
	1500	1500～500	350～1000
$YOCH_{JJ}750$	1000	1000～500	145～460
	1500	1500～500	490～1420

型　号	L	$n\times\phi d$	E	A	A_1	A_2	d_1	d_2	L_1	L_2	H	H_1	H_2	W	W_1	W_2	W_3	W_4	W_5	W_6
$YOCH_{JJ}650$	1850	$9\times\phi35$	100	1510	730	700	100	140	150	249	840	1500	40	1600	1200	1280	200	450	1680	1998
$YOCH_{JJ}700$	1850	$9\times\phi35$	100	1510	730	700	100	140	150	249	840	1500	40	1600	1200	1280	200	450	1680	1998
$YOCH_{JJ}750$	1850	$9\times\phi35$	100	1510	730	700	100	140	150	249	840	1500	40	1600	1200	1280	200	450	1680	1998

注：生产厂商：大连创思福液力偶合器成套设备有限公司。

表 19-4-125　$YOCH_Z$ 后置齿轮箱增速式组合成套型液力偶合器传动装置技术参数　mm

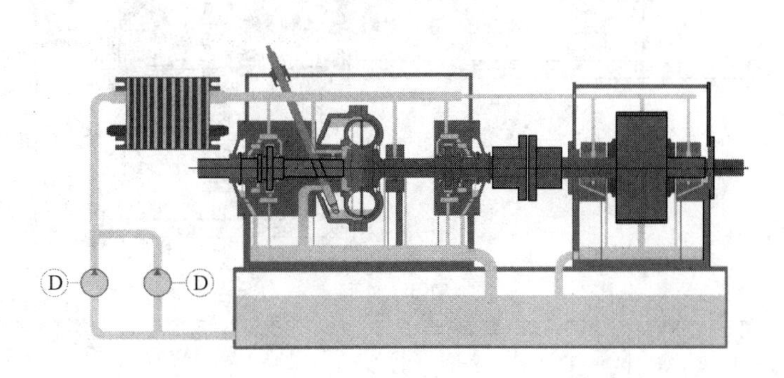

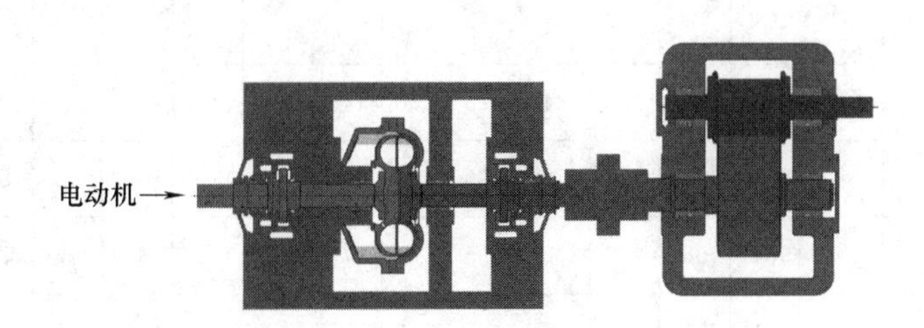

图(a)　示意

续表

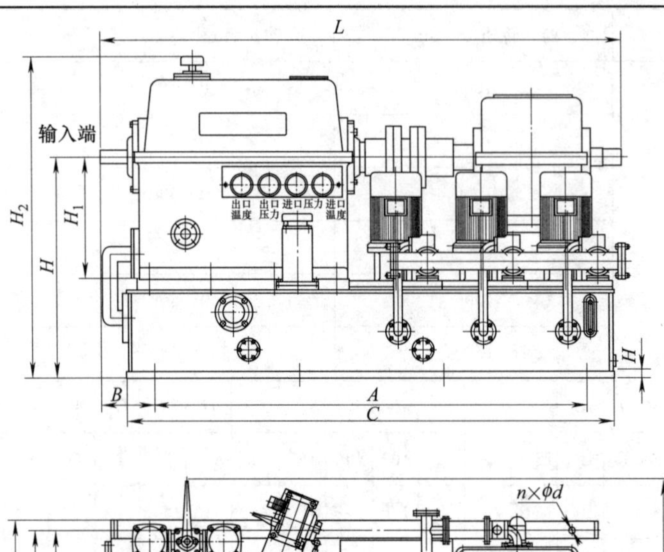

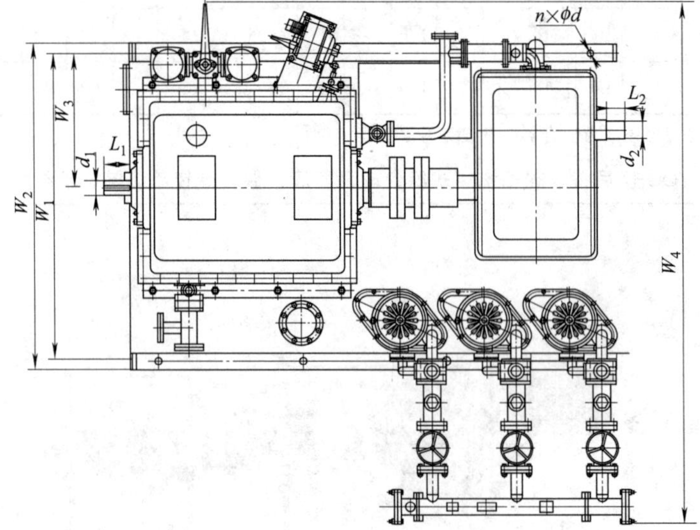

图(b) 外形

型号	输入转速 /r·min^{-1}	输出转速 /r·min^{-1}	传递功率 /kW	L	A	B	C	d_1	d_2	L_1	L_2	H	H_1	H_2	W_1	W_2	W_3	W_4	$n\times\phi d$
YOCHz450	3000	3000～7000	320～920	2483	2040	305	2340	$\phi75$	$\phi70$	145	78	1150	1670	40	1590	1690	675	2700	8×$\phi39$
YOCHz500	3000	3000～7000	550～1600	2760	2280	295	2580	$\phi75$	$\phi90$	145	100	1150	1670	40	1590	1690	675	2700	8×$\phi39$
YOCHz550	3000	3000～7000	910～2600	3040	2560	435	2755	$\phi95$	$\phi90$	175	100	1325	1845	40	1790	1890	695	2900	8×$\phi39$
YOCHz580	3000	3000～7000	950～3250	3040	2560	435	2755	$\phi95$	$\phi90$	175	100	1325	1845	40	1790	1890	795	2900	8×$\phi39$
YOCHz600	3000	3000～7000	1300～3780	3040	2560	435	2755	$\phi100$	$\phi90$	175	100	1325	1845	40	1790	1890	795	2900	8×$\phi39$
YOCHz650	3000	3000～7000	1920～5560	3090	2600	418	2800	$\phi135$	$\phi100$	200	135	1350	2050	40	1790	1890	735	3000	8×$\phi39$
YOCHz700	3000	3000～7000	2800～8350	3090	2600	418	2800	$\phi135$	$\phi100$	200	135	1350	2050	40	1790	1890	735	3000	8×$\phi39$

注：生产厂商：大连创思福液力偶合器有限公司、烟台禹成机械有限公司。

4.9.5　后置齿轮减速箱组合型液力偶合器传动装置［偶合器正（反）车箱］

偶合器正（反）车箱是石油钻机上常用的液力偶合器传动装置，与电动机或柴油机配套用以驱动钻井泵或其他设备。图19-4-48为偶合器正（反）车箱结构与传动原理，输入端与电动机或柴油机连接，输出端与钻井泵或其他设备连接。以前的液力驱动装置用的是液力变矩器，因其效率低、载荷大时冒黑烟，改用阀控式调速型液力偶合器，则传动效率高并减少油耗用量。

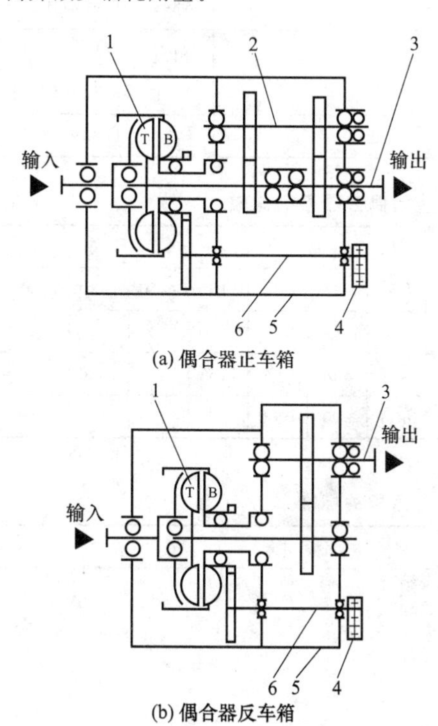

图19-4-48　偶合器正（反）车箱结构与传动原理
1—偶合器；2—中间轴；3—输出轴；4—供油泵；5—箱体；6—供油泵传动轴

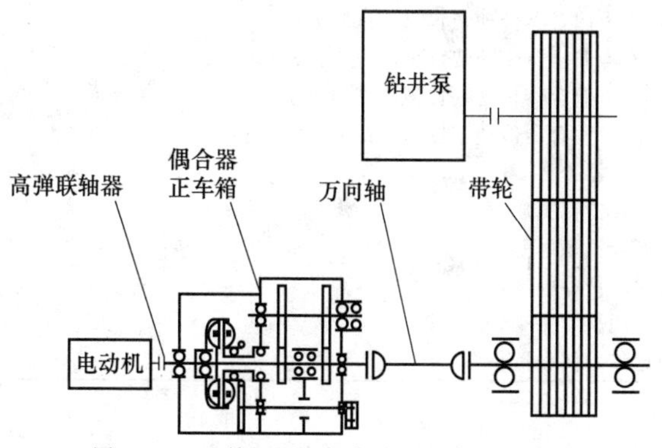

图19-4-49　单机泵组偶合器正车箱传动示意

图19-4-49、图19-4-50为偶合器正、反车箱在钻井泵上的应用。两者减速箱结构不同，万向轴位置与转向均不同。表19-4-126所示为某型号偶合器正（反）车箱技术参数。

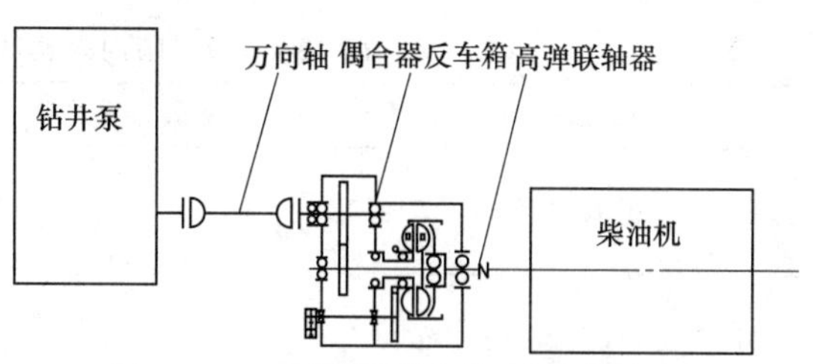

图19-4-50　单机泵组偶合器反车箱传动示意

表19-4-126　YOTZ（F）J700/750型调速型偶合器正（反）车箱技术参数

规格参数		工作腔直径/mm	
		700	750
最大输入功率/kW		1500	1500
最大输入转速/r·min^{-1}		1600	1500
额定转差率/%		1.5～3	
调速范围	（恒转矩）	1～1/3	
	（恒功率）	1～1/5	
最高传动效率/%		92～95	
工作油温/℃		≤110	
使用油品		6号或8号液力传动油	
减速比		1.5～2.5(正)/1.5～3.5(反)	

注：1. 生产厂商：大连恒通液力机械有限公司。
2. 当外界温度低于－20℃时，应采用8号液力传动油。

4.10　国内外调速型液力偶合器标准情况与对照

迄今，尚无液力偶合器国际标准。已有国家标准的只有中国和苏联（ГОСТ 17171—72液力偶合器型式与基本参数）。国际上著名的英国FLUIDRIVE公司和德国VOITH公司也只有技术规范而尚未构成正式标准。

从对比表的备注中折算的泵轮转矩系数（均折算成$S=3.0\%$时的$\lambda_{B0.97}$）来看，我国国标性能参数低于英国FLUIDRIVE公司技术水平，而高于德国VOITH公司、苏联国标ГОСТ 17171—72的技术水平。

国内外调速型液力偶合器标准参数对比见表19-4-127。国内外几种典型调速型液力偶合器系列比较见表19-4-128。

中国 YOTC 为符合 GB/T 5837—2008 标准的调速型液力偶合器系列规格，小于 560 的规格为 $R20$ 优先数系，与苏联 ГОСТ 17171—72 相同；大于 650 的规格为 $R80/5$ 优先数系，与英国 FLUIDRIVE 公司 GST 调速型液力偶合器系列、德国 VOITH 公司调速型液力偶合器系列基本相同，均为大规格档次较稀以便生产批量集中。苏联的系列中大规格档次较密。

表 19-4-129 为我国现行液力偶合器相关标准。

表 19-4-127 国内外调速型液力偶合器标准参数对比

标准或技术规范	转差率 $S/\%$	泵轮转矩系数 $\lambda_B/10^{-6}$	备 注
英国 FLUIDRIVE 公司技术规范	3.25	2.3	相当于 $\lambda_{B0.97}=2.12\times10^{-6}$
德国 VOITH 公司技术规范	3.6	2.01	相当于 $\lambda_{B0.97}=1.68\times10^{-6}$
苏联国标 ГОСТ 17171—72	2.0	1.1	相当于 $\lambda_{B0.97}=1.65\times10^{-6}$
中国国标 GB/T 5837—2008	3.0	1.80	$\lambda_{B0.97}=1.80\times10^{-6}$

表 19-4-128 国内外几种典型调速型液力偶合器系列比较 mm

标准或技术规范	系列规格															
中国 YOTC	360	400	450	(487)	500	560	650	750	(800)	875	1000	1150	(1250)	1320	1550	
英国 FLUIDRIVE			430		500	580	660	750		870	1000	1150				
德国 VOITH	366	422		487		562	650	750		866	1000	1150		1320		1740
苏联 ГОСТ	355	400	450		500	560	630	710	800	900	1000	1120				

注：表中带括号者为不推荐的暂时保留规格。

表 19-4-129 我国现行液力偶合器相关标准

序号	标 准 号	标 准 名 称
1	GB/T 5837—2008	液力偶合器 型式和基本参数
2	GB/T 3858—2014	液力传动术语
3	JB/T 8848—2018	液力元件 系列型谱
4	JB/T 4237—2013	液力元件 图形符号
5	JB/T 9004—2015	限矩型液力偶合器 试验
6	JB/T 4234—2013	普通型、限矩型液力偶合器 铸造叶轮技术条件
7	JB/T 4235—2018	普通型、限矩型液力偶合器 易熔塞
8	JB/T 9000—2018	液力偶合器 通用技术条件
9	JB/T 9001—2013	调速型液力偶合器 叶轮技术条件
10	JB/T 4238.1—2005	调速型液力偶合器、液力偶合器传动装置出厂试验方法
11	JB/T 4238.2—2005	调速型液力偶合器、液力偶合器传动装置出厂技术指标
12	JB/T 4238.3—2005	调速型液力偶合器、液力偶合器传动装置型式试验方法
13	JB/T 4238.4—2005	调速型液力偶合器、液力偶合器传动装置型式试验技术指标
14	MT/T 208—1995	刮板输送机用液力偶合器
15	MT/T 100—1995	刮板输送机用液力偶合器检验规范
16	MT/T 466—1995	刮板输送机用液力偶合器易爆塞
17	MT/T 923—2002	煤矿用调速型液力偶合器检验规范
18	MT/T 243—1991	煤矿井下液力偶合器用高含水难燃液
19	JB/T 11866—2014	塔式起重机用限矩型液力偶合器

第5章 液黏传动

（扫码阅读或下载）

参考文献

[1] 刘应诚. 液力偶合器设计制造与使用维修. 北京：化学工业出版社，2016.
[2] 杨乃乔，姜丽英. 液力调速与节能. 北京：国防工业出版社，2000.
[3] 魏宸官，赵家象. 液体黏性传动技术. 北京：国防工业出版社，1996.
[4] 杨乃乔. 液力偶合器. 北京：机械工业出版社，1989.
[5] 闻邦春主编. 机械设计手册. 第4卷. 第6版. 北京：机械工业出版社，2018.
[6] 成大先主编. 机械设计手册：第2卷. 第4版. 北京：化学工业出版社，2006.
[7] 马文星. 液力传动理论与设计. 北京：化学工业出版社，2004.
[8] 李壮云主编. 液压、气动与液力工程手册：下册. 北京：电子工业出版社，2008.
[9] 李有义. 液力传动. 哈尔滨：哈尔滨工业大学出版社，2000.
[10] 刘应诚，杨乃乔. 液力偶合器应用与节能技术. 北京：化学工业出版社，2006.
[11] 周明衡主编. 联轴器选用手册. 北京：化学工业出版社，2001.
[12] 刘应诚主编. 液力偶合器实用手册. 北京：化学工业出版社，2008.